KB267364

Automotive Body Painting
자동차
도장실무

현대문명의 발달은 자동차 문화의 발달과 너무 밀접한 관계가 있다. 「자동차 문화」라 함은 단순한 수송역할에서 문화의 척도로 발전함을 의미하고 자동차가 운송수단을 넘어선 품격 지향으로 고급화 되는 단면을 나타낸다. 도장기술의 발달 역시 그런 맥락에서 보아야 하며 자동차 도장기술 발달을 통해 자동차 구매자의 다양한 기호가 문화에 반영되고 있다.

자동차 도장은 소비자의 다양한 기호에 따라 컬러와 바디가 변화하고 있으며 소비자의 욕구도 올라가고 있는 실정이다. 자동차보수도장에서도 소비자는 생산회사에서 지정한 컬러를 제외한 컬러를 지향하고 있으며 보다 나아가 디자인을 접목시켜 차를 보다 아름답게 꾸미고 싶은 소비자들이 증가하고 있다. 이에 발 맞춰 보수도장에서도 채도가 높은 선명한 컬러나 특별한 색상을 요구하며 극소수의 소비자는 커스텀도장까지 흘러가고 있다. 또한 지구 환경을 고려하여 유기용제가 다량 함유된 도료가 줄어들면서 환경 친화적인 수용성도료로 바뀌고 있다. 몇십년 전 락카상도가 없어지면서 우레탄도료가 나온 것을 보면 알 수 있을 것이다. 자동차보수용 도료를 법적으로 규제하기 시작하고 보편화가 되면 유성컬러베이스는 없어지고 작업방법이 조금 다른 수용성컬러베이스로 도장해야 하는 현실이 된다.

이에 발맞춰 본서에서는 자동차 도장의 전반적인 개론과 작업방법을 참고하여 도장함으로써 결함이 발생하지 않고 오랫동안 본연의 색상과 광택이 형성될 수 있는 도장에 표준을 만들고자 집필하였다.

저자는 이 책을 읽은 모든 작업자들이 독일의 장인처럼 혼을 담아 작업한 후에 자신의 얼굴과 이름을 걸 수 있는 작업물을 완성하기를 바란다.

자신이 작업한 후에 만족할 수 있는 도장!

끝으로 좋은 책이 나올 수 있도록 늘 아낌없는 도움을 주시는 골든벨 식구여러분께 깊은 감사를 드립니다.

NAVER 카페

http://cafe.naver.com/licenceautopaint

" 독자 여러분을 카페로 초대합니다!! "

CONTENTS

제6장　**자동차 도장공정[표준도장]**

제7장　**자동차 도장공정[부분도장]**

제16장 도장 결함

자동차 도장의 개요

01 도료 일반론

1 도료의 정의

액체나 분체상태의 도료를 소재의 표면에 도장하고 자연건조, 경화건조, 가열건조의 과정을 거치면서 도막을 형성하여 제품의 미관을 좋게 한다. 미관을 좋게 하기 위해서는 아름다운 색채의 도료로 도장하여 피도장물의 상품가치를 향상시킨다. 그리고 녹이나 기타 오염물질 등이 붙어 부식이나 오염되는 것을 방지하며 생물들이 부착되는 것을 방지하기 위하여 독성이 있는 방오도료, 전기를 통하지 않게 하기 위하여 전기절연도료, 열손실을 방지하는 단열도료, 실내의 습기를 조절하거나 원적외선을 방출 또는 특정한 무늬를 지닌 도료도 있다.

피도장물에 사용할 도료의 용도를 파악한 후에 적절한 도료를 선정하여 해당도료의 도장횟수, 사용희석제, 도장방법 등을 정하며 작업 중 발생할 수 있는 안전에 유의하고 올바른 작업방식을 채택하여 공정별로 최선을 다한다면 최상의 도장품질을 만들어 낼 수 있을 것이다.

2 도료의 구성

도료는 도장 후 도막에 존재 유무에 따라 크게 도막형성 주요소, 부요소, 조요소로 나뉜다. 도막형성 주요소로는 피도장물에 안료와 함께 남아서 보호와 미관에 직접적인 역할을 하는 수지(resin)와 아름다운 색을 부여하는 안료(pigment)가 있으며 부요소로는 도막에 소량 첨가하여 도료나 도막에 성능을 향상시키는 첨가제(additive)가 있다. 마지막으로 조요소로는 도료를 사용함에 있어 도장별 용구에 따라 사용하기 편리하게 하기 위하여 점도를 조정하기 위하여 용제(solvents)가 있다.

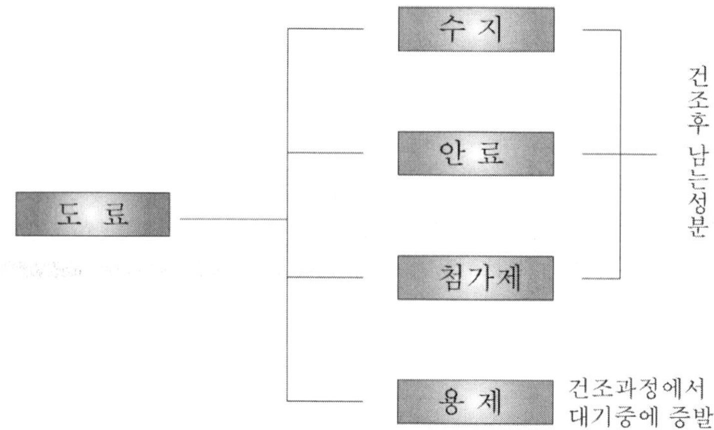

3 도료의 분류

도료는 일반적으로 전색제의 종류, 도료의 도장방법, 상태, 성능, 장소, 용도, 건조조건, 피도물의 종류 등에 따라 분류된다.

분류법	종류와 예
도막주요소에 의한 분류	유성 도료, 프탈산 수지 도료, 합성수지 도료, 에폭시수지 도료, 수성 도료, 아미노알키드수지 도료 등
안료 종류에 의한 분류	메탈릭 도료, 펄 도료, 그라파이트 도료, 징크더스트 도료, 광명단 도료 등
도료 상태에 의한 분류	조합페인트, 분체 도료, 2액형 도료, 에멀션 도료 등
도막 성능에 의한 분류	내산 도료, 내알칼리 도료, 방부 도료, 방화 도료, 내열 도료, 전기 절연 도료 등
도막 성상에 의한 분류	투명 도료, 무광 도료, 백색 도료 등
도장 방법에 의한 분류	붓 도장용 도료, 스프레이도장용 도료, 정전도장용 도료, 전착도장용 도료, 침지도장용 도료, 롤러코터용 도료 등
피도장물에 의한 분류	금속용 도료, 플라스틱용 도료, 목공용 도료, 콘크리트용 도료 등
도장 장소에 의한 분류	내부용 도료, 외부용 도료, 바닥용 도료, 지붕용 도료 등
도장 공정에 의한 분류	하도용 도료, 중도용 도료, 상도용 도료 등
도료의 경화 건조성상에 의한 분류	자연 건조형 도료, 저온 소부형 도료, 가열 건조형 도료, 자외선 경화 도료, 전자선 경화 도료 등
용도에 의한 분류	선박용 도료, 중박식용 도료, 건축용 도료, 자동차용 도료, 목공용 도료 등
유통 경로에 의한 분류	범용 도료, 가정용 도료, 공업용 도료 등

4 도료제조공정

도료의 일반적인 제조공정은 배합 → 분산 → 조합 → 조색 → 충진을 거쳐 완성된다.

(1) 배합

예비 혼합 공정으로 분산 공정 효과를 최대화 하기위해 원재료(수지, 안료, 첨가제, 용제)를 통에 넣어 반죽(paste)을 한다.

(2) 분산

응집되어 있는 안료 입자를 분리하여 수지상에 분산시키고 재응집을 방지한다.

(3) 조합

균일한 상태가 되도록 하는 공정으로 기본적인 원색 도료가 완성된다.

(4) 조색

원색이나 광휘재(메탈릭, 펄)를 넣어 색을 조합한다.

(5) 충진

검사 후 여과하고 용기에 담는다.

02 도료의 구성 원료

도료를 구성하는 원료로는 수지, 안료, 첨가제, 용제가 있으며 도막이 이루어지는 과정에서 피도물에 남아 있는 물질이 있으며 도막이 형성되는 과정에서 도막으로서 사용하기 쉽게 도와주고, 휘발되는 요소가 있다.

도료의 안정성은 단순히 저장 안정성뿐만 아니라, 도막 형성 후의 색상, 광택 등에도 영향을 미친다. 2개 이상의 입자가 응집되지 않기 위해서는 입자에 흡착된 고분자 물질의 입체 장애 효과에 의한 응집력의 감소와 입자가 가진 전하에 의해 발생되는 반발력이 있어야 한다.

입자 간의 반발력에 반대되는 힘은 응집력이 있다. 반발력이 크면 분산 상태를 유지하고, 응집력이 크면 응집하게 된다.

■1 도막형성 주요소

도막형성 주요소는 도료를 도장한 후에 도막으로 남아 있는 수지(resin)와 안료(pigment)가 있다.

(1) 수지(Resin)

고체 또는 반고체의 물질로 나뉘는데 크게 침엽수 등의 수액의 휘발성분이 휘발하고 남아 고화된 수지인 천연수지(natural resin)와 열이나 압력을 가하여 성형이 가능하도록 인공적으로 만든 수지인 합성수지(synthetic resin) 두 가지가 있다. 도료의 기본 골격으로 물리적 · 화학적 특성을 결정하는 요소이며, 안료를 균일하게 분산시켜 피도물에 부착시키고 도막에 내구성, 작업성, 광택 등을 결정짓게 하는 가장 중요한 요소이다. 에폭시 수지 도료, 알키드 수지 도료 등과 같이 수지의 형태에 따라 이름이 붙여진다.

수지는 도료에 사용되는 형태에 따라 크게 두 가지로 나뉘는데 젖은 액체 상태에서 건조된 도막으로 전환시 화학적으로 그 물성이 변화하지 않고 용제가 증발하는 건조 과정에서 도막을 형성하는 비전환형 도료가 있고, 용제 증발에 의한 건조와 함께 화학적인 반응이 일어나면서 물성이 변화(경화반응)하여 도막을 형성하는 전환형 도료가 있다.

경화반응의 종류로는
- 대기 중의 산소와 산화반응 경화
- 경화제의 반응에 의한 경화
- 공기 중의 수분과 반응 경화
- 열에 의한 반응 경화
- 자외선에 의한 반응 경화

+ 자동차도장에 사용되는 공정별 수지

비전환형 도 료	도막이 건조되는 과정에서 화학적 변화가 없이 단순히 용제 증발에 의하여 도막이 형성된다. 건조 후에도 녹일 수 있는 용제가 있으면 쉽게 녹일 수 있다. 아크릴 수지, 염화고무 수지, 비닐 수지 등이 있다.
전 환 형 도 료	도막이 건조되는 과정에서 물리적, 화학적으로 그 성분이 변화하면서 도막이 형성된다. 용제가 증발하면서 도료 건조가 시작되고, 동시에 도료 중에 함유된 반응기를 갖는 물질이 서로 화학적으로 반응하면서 분자 구조가 커지면서 내용제성을 갖는 도막으로 형성되며 한번 형성된 도막은 용제에 녹지 않는다. 폴리에스테르 수지 도료, 에폭시 수지도료, 폴리우레탄 수지도료, 알키드 수지 도료 등이 있다.

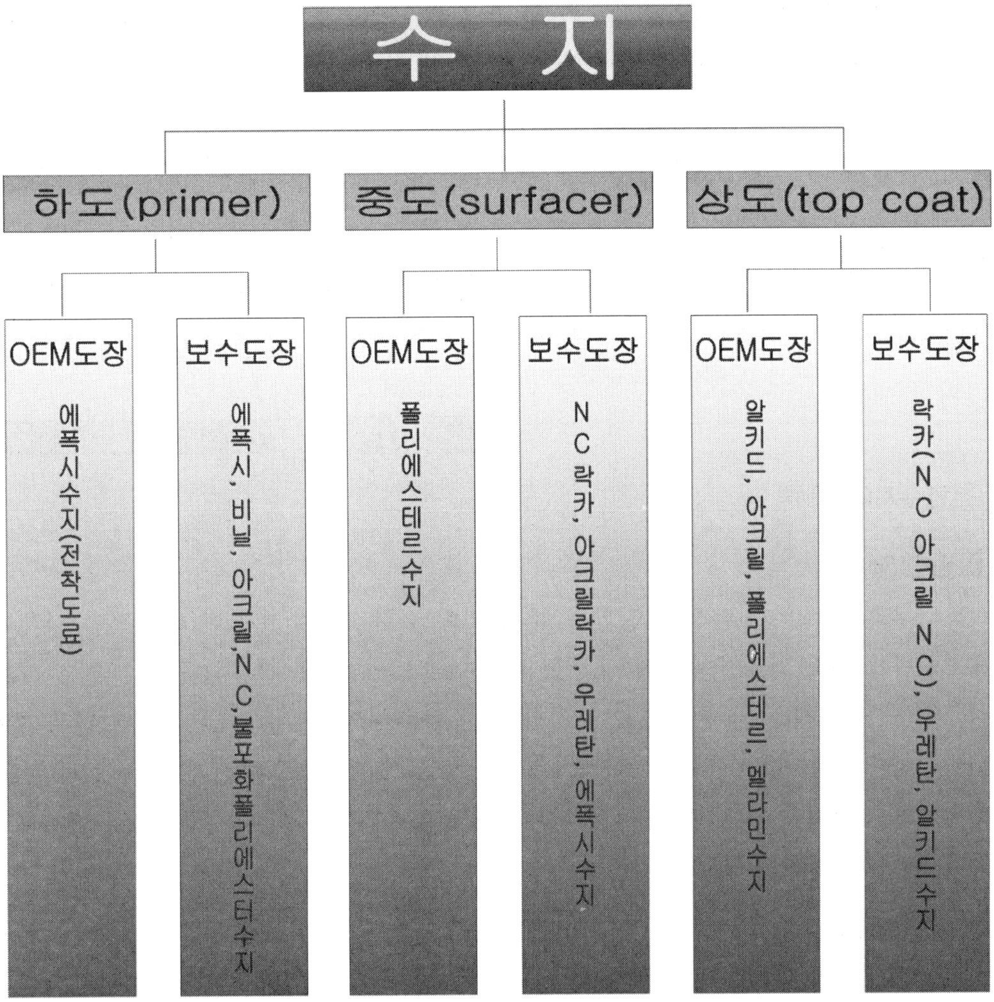

수 지

- 하도(primer)
  - OEM도장 : 에폭시수지(전착도료)
  - 보수도장 : 에폭시, 비닐, 아크릴,N C,불포화폴리에스터수지
- 중도(surfacer)
  - OEM도장 : 폴리에스테르수지
  - 보수도장 : N C 락카, 아크릴락카, 우레탄, 에폭시수지
- 상도(top coat)
  - OEM도장 : 알키드, 아크릴, 폴리에스테르, 멜라민수지
  - 보수도장 : 락카(N C 아크릴 N C), 우레탄, 알키드수지

용어해설 *Glossography*

☑ 천연수지(Natural resin) : 천연수지는 자연의 동·식물 등에서 얻어지는 것으로 고온에 연화 또는 용해되며 로진(rosin), 셀락(shellac) 등이 있다.

☑ 합성수지(Synthetic resin) : 합성수지는 화학적으로 얻은 수지로써 거의 모든 합성수지들은 석유화학에서 얻어지는 여러 가지 원료로 제조되어지며 고분자 화합물이다. 종류로는 크게 열가소성 수지(thermoplastic resin)와 열경화성 수지(thermosetting resin)로 나뉜다. 가열 건조형 도료에는 열경화성 수지를 사용하며 락카계열의 상온에서 자연건조 또는 가소제를 이용한 것이 열가소성 수지이다.

- **열가소성 수지(Thermoplastic resin)** : 열을 가하여 성형한 후 다시 열을 가하면 형태를 변형시킬 수 있는 수지로써 그 종류로는 염화비닐수지, 아크릴수지(자동차용), 질화면(NC), 셀롤로즈, 아세테이드, 부칠레이트(CAB) 등이 있다.

- **열경화성 수지(Thermosetting resin)** : 열을 가하여 성형한 후 다시 열을 가해도 형태

가 변하지 않는 수지로써 경도가 높고 용제에 강한 성질을 가지고 있다. 그 종류로는 에폭시수지, 멜라민수지, 불포화 폴리에스테르수지, 폴리우레탄수지, 아크릴 우레탄 수지 등이 있다.

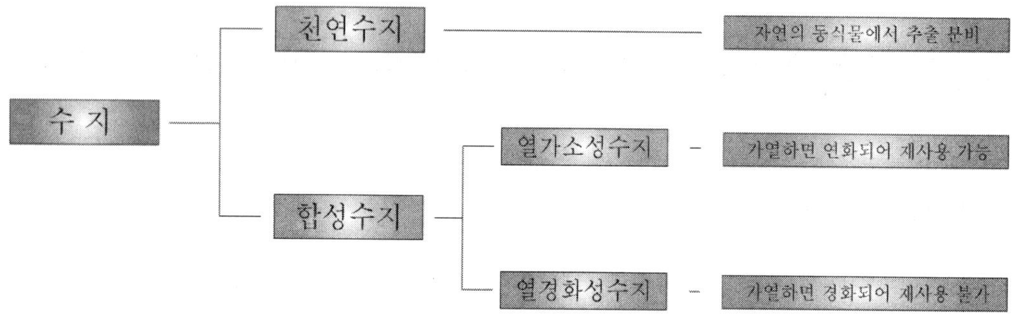

1) 천연수지의 종류

① 송진(Rosin)

소나무과의 나무가 손상을 입었을 때 분비되는 물질로써 미국이 대표적인 산지이다. 제조방법에 따라 검로진(gum Rosin), 톨유로진(tall Rosin)으로 분류된다. 성분은 수지분(로진)이 70~75%, 테레빈유는 18~22%, 물과 기타 불순물 5~7%인데, 그 중 송진산은 전체의 60~65%로 레보피마르산·네오아비에틴산 등으로 되어 있으며 산가가 높기 때문에 그 자체로서 사용하지 않으며 글리세린이나 펜타에리스리톨 등의 다가알코올로 에스테르화하여 에스케르검으로 사용된다.

② 셸락(Shellac)

천연수지의 일종으로 인도에 많이 사는 깍지벌레의 분비물에서 얻는다. 담황색 또는 황갈색이며 물에 녹지 않는다. 건조가 빠르고, 살오름성 및 광택이 좋고, 가격도 싸서 옛날부터 목재의 상도용으로 사용되어 왔으나, 내후성과 내수성이 나쁘고, 균열이 생기기 쉬운 단점이 있다.

③ 담머(Dammer)

인도 수마트라 지방의 수목에서 나오는 수액을 채취한 것으로 비교적 용제에 가용성이며 색상이 양호하여 용제로 용해시켜 휘발성 바니시로 주로 사용한다.

④ 에스테르검(Ester gum)

각종의 로진을 원료로 하여 다가알코올로 에스테르화시킨 것으로 가격이 싸고, 각종 수지와의 상용성이 좋으나, 내수성, 내알칼리성, 건조속도 및 도막경도가 나쁜 단점이 있다.

2) 합성수지의 종류

① 아크릴 수지(Acrylic resin)

아크릴산이나 메타크릴산 등의 에스테르로부터의 중합체로 무색투명하며, 빛이나 자외선이 보통유리보다 잘 투과한다. 자외선에 강하여 옥외에 노출시켜도 변색하지 않고 내약품성·내수성·전기절연성 등이 양호하다.

- **열가소성 아크릴수지(Thermo plastic acrylic resin)**

  열가소성 아크릴수지는 단독 또는 초화면, 염화비닐, 초산비닐 공중합수지 등과 혼합하여 상온건조형 도료로 사용되고 있다. 투명도막은 무색투명, 착색도막은 색이 선명하고, 고온에서도 변색이 잘 되지 않으며 광택이나 광택보유성이 매우 좋고, 내수성, 내후성, 내약품성 등도 우수하기 때문에 자동차, 차량 등 금속용 도료, 플라스틱 도료 등에 많이 사용되고 있다.

- **열경화성 아크릴수지(Thermo setting acrylic resin)**

  열경화성 아크릴수지의 도막은 경도, 부착성, 광택, 내수성, 내약품성, 내오염성, 내후성 등이 우수하여 자동차, 전기기기 도장에 쓰인다.

② 알키드 수지(Alkyd resin)

다염기산과 다가알코올을 에스테르화시켜 축합하여 얻어진 폴리에스테르수지라고 하며 무수프탈산, 글리세린 및 건성유 지방산을 주성분으로 하는 도료용 수지를 알키드수지 또는 프탈산을 다량 사용하기 때문에 프탈산 수지라고 하며 합성섬유 등에 널리 이용되고 있다. 종류로는 단유성으로 유장이 35~45% 정도, 중유성 45~55% 정도, 장유성은 55~65% 정도이며, 그 외 유장이 35% 이하인 것을 초단유성, 65% 이상인 것을 초장유성 알키드수지라고 한다.

③ 페놀 수지(Phenolics resin)

석탄산 수지라고도 하며 합성수지 중 가장 오래된 것으로서 페놀 종류와 포름알데히드를 축합시켜 만든다. 제조 시 촉매를 산으로 사용하면 열가소성인 노불락(novolac)형이 되며, 알칼리를 사용하면 열경화성인 레놀(resol)형 페놀수지가 된다. 내열성, 내약품성, 방식성, 내용제성은 좋지만 도막이 변색하기 쉬운 특징이 있다.

④ 에폭시 수지(Epoxy resin)

비스페놀A(Bisphenol A)와 에피클로로히드린(Epichlorohydrine)을 알칼리 촉매 존재 하에 60~120℃에서 가열축합하여 얻어지는 비스페놀 A형수지이다. 도료로서는 에폭시수지에 멜라민수지, 요소수지, 페놀수지 등의 열경화형 수지를 조합하여 만든 소부도료가 방청 방식도장, 관내면 도료, 전선도장 등에 쓰이며 아민 폴리아마이드(poly-amide)를 경화제로 하여 상온, 저온 건조 도료로 방청, 방식도장에 사용되고 있다.

⑤ 아미노 수지(Amino resin)

요소, 멜라민 등의 아미노 화합물과 포름알데히드와 축합하여 만든 수지를 아미노 수지라고 한다. 대표적인 레졸(resol)형의 축합수지로 알키드 수지, 아크릴 수지, 에폭시 수지와의 조합에 의해 공업용 도료에 많이 사용되고 있으며 현재 주로 쓰이고 있는 아미노 수지는 알키드 수지와 조합하여 가열 건조용의 공업용 도료로 사용되는 멜라민 수지(melamine resin), 산 촉매의 작용으로 경화하는 상온 건조용의 목공용으로 사용되는 요소 수지 등이 있다.

⑥ 비닐 수지(Vinyl resin)

초산비닐 단독의 것과 초산비닐, 염화비닐의 공중합수지가 있으며, 공중합수지는 염화비닐수지의 강인성, 내화학약품성과 초산비닐수지의 가소성, 부착성 등을 도료에 적절하게 응용하기 위해 공중합 시킨 것이다. 소량의 무수말레인산이나 알코올성 OH기를 도입한 것도 있다. 상온건조 도료이지만 각종 아미노수지와 조합하여 소부 건조용으로 내약품 도료, 방식도료, 콘크리트도료, 스트립퍼블(strippable) 페인트, 전선도료 등에 사용된다.

⑦ 폴리에스테르수지(Polyester resin)

도료에 사용되는 폴리에스테르 수지는 불포화폴리에스테르수지(unsaturated poly- ester rosin)라고도 하며, 일반수지 중에서 가장 높은 결정성을 가지고 있으며 내열성, 내부식성, 전기적 특성이 우수하여 절연저항과 내알칼리성이 뛰어나다. 불포화폴리에스테르수지의 구성원료는 불포화 2염기산으로 하는 무수말레인산, 푸말산과 포화 2염기산으로 하는 무수프탈산 등, 글리콜으로 하는 EG, PG, DEG, DPG가 있다. 용도는 살오름성이 좋은 도막을 얻을 수 있으므로 두껍게 칠하는 바니시나 퍼티에 사용한다.

⑧ 폴리우레탄 수지(Polyurethane resin)

분자구조에 우레탄 결합($-NH \cdot CO \cdot O-$)을 함유한 수지는 폴리우레탄 수지로써 3가지 종류가 있다. 첫 번째는 폴리에스테르나 폴리에테르와 이소시아네이트($-NCO$)를 가진 화합물을 반응시키는 형태로 보통 2액형이며, 사용할 때는 지정된 비율로 혼합하여 사용한다. 거의 모든 종류의 소재에 대해서 부착성이 우수하고, 물성, 화학성도 우수하다. 과거에는 황변하는 경우가 많았지만 현재에는 많이 개량되어 있다. 두번째는 공기 중의 수분을 이용하여 경화시키는 형태로서 습기 경화형이라고도 하며 1액형 수지이다. 폴리올

(ployol)과 이소시아네이트로 된 프레폴리머(prepolymer)로 말단에 (−NCO)를 남겨 공기 중의 수분과 반응하여 경화하며 경화속도는 공기 중의 습기의 양에 의해 좌우된다. 세 번째는 건성유 유도체와 이소시아네이트로 된 우레탄 화유로 도막은 알키드수지나 에폭 시수지보다도 딱딱하며 내마모성, 내후성, 내약품성이 우수하지만 실내에서 황변하는 경 향이 있다. 바닥, 벽, 실외 등 건재용 외에도 선박·공업용 방식도료 등에 사용된다.

⑨ **합성수지 에멀션(Synthetic resin emulsion)**

고분자량의 합성수지 미립자를 수중에 현탁시킨 유백색 액체로서 물로 희석이 가능하 며 일반적으로 수성페인트라고 한다. 합성수지 에멀션은 자연 건조형으로 물의 증발과 함께 입자가 융착하여 도막을 형성한다. 용제형의 합성수지보다 고분자량화가 가능하기 때문에 내약품성이 우수하고 기계적 강도도 크지만 온도가 낮아지면 동결되어 에멀션이 파괴되거나, 도막이 갈라지기 쉬운 결점이 있다.

⑩ **수용성 수지(Water soluble resin)**

합성수지 에멀션이 고분자입자의 수중 현탁체이지만 수용성 수지는 일반유기 용제 대 신에 물로 용해할 수 있도록 설계된 합성수지이다. 분자 구조 내에 유리산기를 도입하고, 이것을 암모니아 또는 휘발성 아민으로 중화시켜 수용성을 부여하여 아미노 수지, 아크릴 수지, 알키드 수지, 페놀 수지가 사용되고 있다. 수용성 수지는 도막 형성 후에도 남아있는 유리산기의 영향으로 내알칼리성 등에 의한 결점이 있으며, 용제형 수지와 같은 불휘발분 에 비교하면 점도가 높은 경향이 있다. 하지만 유기용제에 대한 대기오염이 없기 때문에 현재 자동차용 도료로 개발되어 시판되고 있다.

(2) **안료**(pigment)

염료와 안료를 사용하는 목적은 물체에 색상을 부여 외관을 아름답게 하고, 코팅되는 피도 물을 보호하며 도막의 두께를 증가시키기 위한 충진제 역할을 한다. 안료는 물이나 용제에 녹지 않은 착색된 미세한 분말(powder) 입자의 크기는 대략 $0.3 \sim 40 \mu m$ 정도이고, $200 \mu m$가 넘는 메탈릭 안료도 있으며 염료와 비교하면 불투명하다. 전색제(vehicle)와 함께 혼합되어 착색도 막의 두께, 도막의 내구성을 부여하기 위해서도 이용되며, 화학적 성질과 물리적 성질도 안료 에 따라 좌우된다. 도료에 사용되는 안료는 색과 은폐력을 부여하는 착색안료라 하며 이 안료 들은 유기안료와 무기안료로 나뉘게 된다. 사용용도에 따라 단단한 도막을 얻을 수 있으며, 내구성을 향상시키고, 살오름성을 좋게 하는 체질안료, 금속재질에 부식을 방지하는 방청안료, 다양한 색상과 광휘감의 부여하는 금속분안료, 특수한 목적으로 사용하는 특수안료 등으로 나뉜다.

　　도료에 있어서 안료는 도막에 색채와 은폐력을 부여하며 내구성과 강도를 높여주고 도료에 유동성을 주어 도장하는데 적당한 점도가 되게 하며 경우에 따라서는 무광효과를 갖도록 하는 역할을 한다. 이러한 안료가 갖추어야하는 구비요건은 은폐력, 착색력이 좋아야 하며 인체에 해가 없고 분산성, 내광성, 내후성, 내수성, 내용제성 등이 좋아야 하는 것이다. 도료의 사용목적에 따라 내약품성, 내열성 등이 요구되기도 한다.

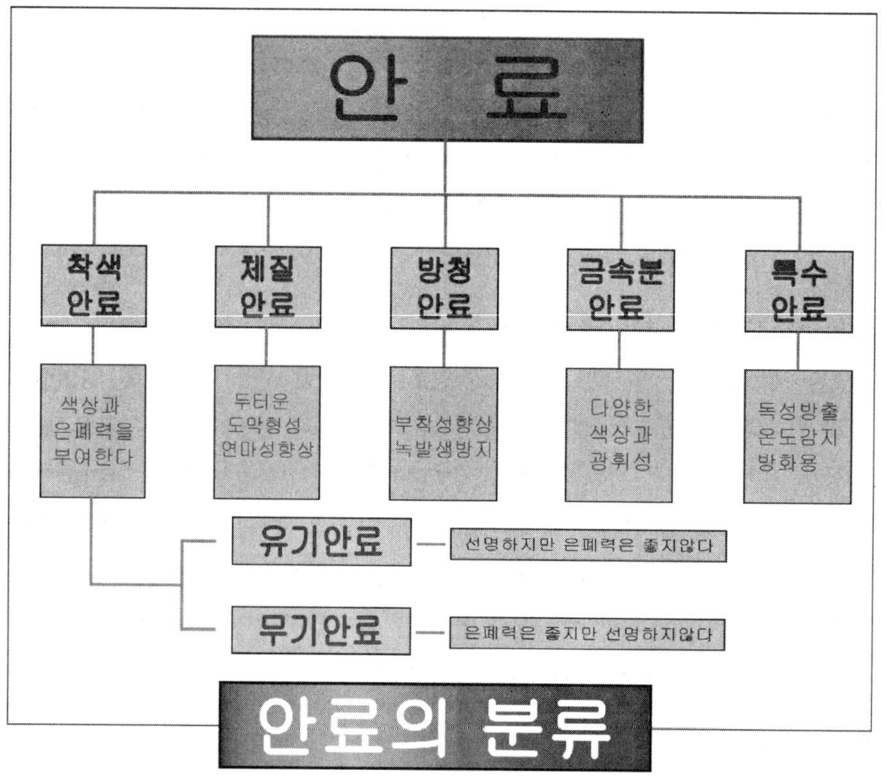

 Glossography

☑ 무기안료(Inorganic Pigment) : 아연, 티탄, 납, 철, 구리, 크롬 등의 금속화합물을 원료로 하여 제조되는 것과 천연광물을 그대로 가공 · 분쇄하여 만들어지는 광물성 안료가 있다. 유기안료와 비교하여 내광성, 내열성, 내후성, 은폐성이 좋지만 불투명하여 단독으로 사용하지 않고, 유기안료와 병행하여 사용한다.

☑ 유기안료(Organic Pigment) : 천연안료와 화학반응에 의한 유기합성으로 만들어지는 합성안료로 나누어지며, 색상은 선명하지만 은폐력이 부족하다. 상도도장용으로 많이 사용되고 무기안료의 색조가 선명하지 못한 것을 보완하기 위해 금속과 유기화물이 결합된 형태인 레이크(Lake) 안료와 물에 녹지 않는 염료 그대로 사용한 색소 안료로 구분된다.

무기안료와 유기안료 특성 비교

	무기 안료	유기 안료
색상	선명성 약함	선명성 좋음
은폐력	높음	낮음
광택	낮음	높음
내광성	높음	낮음
내열성	높음	낮음
광택도	낮음	높음
가격	저가	고가
용도	범용	제한적

1) 착색안료(color pigment)

착색안료는 도막을 착색하는 목적으로 사용하는 안료이다. 대부분의 유기안료(Organic Pigment)는 천연안료와 화학반응에 의한 유기합성으로 만들어지는 합성안료로 나누어지며, 색상은 선명하지만 은폐력이 부족하다. 무기안료(Inorganic Pigment)는 아연, 티탄, 납, 철, 구리, 크롬 등의 금속화합물을 원료로 하여 제조된 내구성과 은폐력이 좋은 금속산화물이며, 인체에 무해한 안료를 사용한다.

① 백색안료

가. 티탄백(Tio2)

이산화티탄(Tio2)의 결정을 주로 사용하며, 농황산으로 처리한 황산티탄으로 하고 이 것을 분해하여 침전시켜 배소하여 제조된 것으로 내쵸킹성, 분산성, 은폐력, 흡유량 등을 개선하기 위해 Al_2O_3, SiO_2, ZnO 등의 수화물과 Ti, Al, Zr, Zn 등의 인산염으로 처리한 것이다. 결정에 따라 2가지로 분류하는데 아나타제(anatase)형은 백색순도는 좋지만 은폐력, 내쵸킹성이 나쁜 특성을 가지고 있으므로 내부용도료나 하도용도료에 많이 사용하며 루틸(rutile)형은 약간의 황미는 있으나 은폐력, 착색력이 좋고 내후성도 좋은 특징이 있으며 외부용, 합성수지도료에 많이 사용된다.

나. 아연화(ZnO)

아연광석을 가공한 산화아연의 미세한 분말로 이루어져 있다. 백색안료 중에서 자외선을 가장 잘 흡수한다. 착색력은 연백의 2배 정도이며, 은폐력은 백색티탄의 1/3~1/4정도로 떨어지고 산, 알칼리에 좋으며 독성이 없다. 보일유, 유성바니쉬, 유용성 페놀수지

바니쉬, 알키드수지바니쉬 등의 유지계의 전색제와 조합하면 건조가 좋고 점착성이 없는 도막을 얻을 수 있는 장점이 있지만, 겔화가 촉진되거나 옥외에서 폭로시킨 도막에 균열이 생기기 쉬운 결점이 있기 때문에 연백과 혼용하여 사용한다. 그리고 티탄백과 혼합하면 도막의 경화나 건조성이 좋아지고 쵸킹화가 적고 보색성도 개량 된다.

다. 리토폰(Lithopone)

황산바륨(BaSo$_4$)과 황화아연(ZnS)의 혼합물로 황화아연의 함유량은 15~50% 정도이며, 표준품은 30% 정도로 제조되고 있다. 중성으로 산가가 높은 유바니쉬와도 반응하지 않으므로 안전하며 무기산에서 황화수소를 발생하나 알칼리 황화수소에는 안전하다. 아연화처럼 건조성을 촉진시키는 일은 거의 없기 때문에 황연, 연백 등을 함유하고 있는 도료와의 혼합은 하지 않도록 한다. 일반적으로 하도용 도료나 내부용 도료로 사용된다.

라. 연백(2PbCO$_3$, Pb(OH)$_2$)

실버화이트(silver white)라고도 하며 염기성탄산납을 주성분으로 하는 백색안료이다. 연에 초산과 탄산가스를 작용 시 제조되며 제조법으로는 오랜티법과 독일법이 있다. 보통 독일법에 의하여 제조된 것이 은폐력이 좋기 때문에 많이 사용하고 있다. 연백을 첨가하여 만든 도료는 부착성이 좋으며 강한 도막을 만들어 단독 사용해도 내구력이 우수한 도막을 얻을 수 있다. 그리고 도료의 건조를 촉진시키기 때문에 퍼티의 건조제로도 사용하며 목재의 하도용이나 외부용 상도도료로도 사용되고 있다. 하지만 연백을 사용한 도료는 어두운 곳에서 황변하기 쉽고 황화물계와 혼합하면 황화현상을 일으켜 흑변하게 된다. 백색 아연계 도료의 균열은 연백도료를 혼합하여 방지시킬 수 있다.

② 흑색안료

가. 카본 블랙(Carbon black)

탄소의 초미립자로 천연가스나 타르 등을 불완전 연소시켜 생긴 그을음이다. 제조법으로는 채널법, 디스크법, 휘네스법 등이 있으며 색, 은폐력, 착색력, 내구력이 뛰어나므로 일반적인 흑색안료로 사용된다. 제조 방법에 따라 비중이 1.8~2.1로 변하고 회색을 나타내는 것을 그레이 블랙(gray black)이라고 한다. 도료용으로는 입자경이 10~30μm 정도의 것이 좋다.

나. 철흑(Fe$_3$O$_4$)

산화철흑이라고도 하며 내열성, 내광성이 좋으므로 내열도료 등에 많이 사용된다. 비중이 크고 착색력, 은폐력은 카본블랙보다 못하지만 산에는 약하고 알칼리에는 강하다.

다. 본 블랙(Bone black)

아이보리 블랙(ivory black)이라고 하며 상아를 태워서 만든 검은색 안료이다. 탄소분이 적으며 인산칼슘을 함유하고 있다. 참고로 복숭아를 태워서 만든 검정색 안료를 피치 블랙(peach black)이라고 한다.

③ **적색안료**

가. 철적(Fe_2O_3)

인도의 벵갈라지방에서 산출되는 산화제2철을 안료로 사용하기 때문에 벵갈라(bengala)라고도 한다. 제조 시 가열온도와 안료입자 크기에 따라 색상이 달라진다. 화학적으로 매우 안정한 상태의 안료로 착색력, 내후성, 은폐력은 크지만 비중이 크기 때문에 쉽게 침전된다.

나. 몰리브덴 레드(Molybdenum red)

크롬산연($PbCrO_4$), 몰리브덴산연($PbMoO_4$)과 미량의 황산연($PbSO_4$)을 함유하고 있는 적색안료로 착색력, 은폐력이 크고 내광성도 좋으나 햇빛에 의해 검게 변하는 경향이 있다. 선명도나 은폐력이 약하고 내알칼리성에 취약하여 다른 안료와 혼용하여 사용된다.

다. 카드뮴레드(Cadmium red)

황화카드뮴과 세렌(selen)화 카드뮴 및 중정석을 혼합하여 만든다. 조성 비율의 변화에 따라 레드오렌지 색상을 띠며 세렌이 많을수록 색상이 짙어진다. 햇빛이나 공기에 의하여 잘 퇴색되지 않기 때문에 내약품이나 내열용 등의 특수용으로 사용되지만 독성을 가지고 있고 가격이 비싼 단점이 있다.

라. 퍼머넌트 레드(Permanent red)

아조계의 붉은 색 유기안료로 블리딩(bleeding)이 없으며, 착색력이 크고 내광성이 좋다.

④ **황색안료**

가. 황연(Chrome yellow, Chrome orange)

금속 납을 질산 또는 아세트산에 용해하고, 중크롬산나트륨 수용액을 가하면 침전되어 만들어 진다. 크롬산 연($PbCrO_4$)이 주성분으로 하고 녹색에 가까운 황색(황연 10G)에서 적미가 있는 황색(황연 5R)까지 있다. 비교적 가격이 저렴하고 착색력, 은폐력이 좋고 햇빛에 강하며 알칼리에서도 침식되지 않지만 황화수소를 첨가하면 검게 변하고 내약품성이 약한 단점이 있다. 감청을 섞어 크롬그린을 제조하는 데에도 사용된다.

나. 철황(FeO/OH)

산화철적 제조시 중간공정에서 황갈색의 안료이다. 250℃ 정도에서 탈수시키면 철적으로 변화하며 내광성, 내약품성이 우수하지만 착색력이 약한 단점이 있다. 합성수지 에멀션도료에 사용된다.

다. 카드뮴 옐로(Cadmium yellow)

황화카드뮴을 주성분으로 하는 안료로서 조성의 변화에 따라 엷은 노랑, 노랑, 주황색 등의 색상이 나온다. 색의 선명도가 좋고 은폐력이 강하지만 내알칼리성이나 내후성에 약하다.

라. 티탄 옐로(Titan yellow)

티탄, 니켈, 안티몬의 3가지 성분을 가지고 있는 새로운 황색안료이다. 내열성, 내후성, 내약품성이 우수하며 독성이 없기 때문에 완구용 도료나 합성수지 도료에 많이 사용된다.

마. 크롬산 바륨(Chrom산barium)

크롬산 수소 원자 대신 바륨 원자가 결합된 유독한 노란색 안료로서 염산에는 녹지만 알칼리에는 불용이다. 현재 방청도료로 많이 사용되고 있다.

⑤ **녹색안료**

가. 에메랄드 그린(Emerald green)

산이나 알칼리에는 약하고 유화수소에 의하여 흑색으로 변한다. 독성이 있기 때문에 선저도료로 사용된다.

나. 크롬 그린(Chrome green)

산화 제 2크롬으로 만드는 짙은 녹색의 안료로 황연과 감청을 섞어서 제조한다. 은폐력이과 착색력이 크며, 내광성이 좋지만 황연의 내산성이 좋지 않은 점과 감청의 내알칼리성이 좋지 않은 단점이 있다. 크롬그린을 배합한 도료를 공기 중에 방치하면 황연이 공기 중의 이산화황(SO_2), 물과 반응하여 백색의 황산연이 되고 그 이유로 청색으로 변하는 경우가 있다.

다. 산화 크롬(Chromium oxide)

크롬은 초록색을 내는 안료이며 착색력은 좋지 않지만 내열성, 내약품성, 내후성이 우수하여 특수도료에 많이 사용된다.

라. 그린 골드(Green gold)

녹황색을 띠고 있는 안료로서 내광성이 매우 좋으며 내열성, 내약품성이 우수하고 명성이 크기 때문에 금속광택 도료의 착색제로 이용된다.

⑥ **청색안료**

가. 군청(Ultramarine blue)

울트라마린블루라고도 하며 초기 제조 시에는 천연광석인 유리로부터 만들었지만 최근에는 합성하여 만들어지고 있다. 제조공정에 따라 규산분이 많이 첨가되고 알루미나분이 적게 첨가되면 적미가 난다. 무기안료로서 내광성, 내열성, 내알칼리성 등이 강하지만 산에는 약하다. 이 안료가 많이 첨가될 경우 광택이 잘 나지 않는다.

나. 감청(Milori blue)

iron blue, iron blue pigment Prussian blue, Milon blue, Berlin blue라고 하며 프러시안화제2철을 주성분으로 한 파란색 안료로 $Fe_4(Fe(CN)6)_3 \cdot nH_2O$의 구조를 갖고 있다. 금속광택이 있는 것은 브론즈, 없는 것은 논브론즈라 하며 브론즈 현상은 감청의 농도가 높을 때 생기고 담색은 생기지 않는다. 착색력이 크며, 산에는 강하며 알칼리나 열에는 약해 150℃ 이하에서도 분해되어 적갈색으로 변하기 때문에 고온에서 건조가 이루어지는 도료에서는 사용할 수 없다. 자연건조형도료에 사용하며 유성도료에서는 건조가 지연되는 경향이 있고, 황색과 혼합하여 사용하면 색분리 현상이 쉽게 나타난다.

다. 프탈로시아닌 블루(Phthalocyanine blue)

선명한 청색의 유기안료로 테트라벤조프로핀이라고도 한다. 착색력이 뛰어나다. 감청의 수배, 군청의 20배 이상이다. 내광성, 내수성, 내산성, 내알칼리성이 우수하지만 벤젠계 아세톤계의 용매에 녹아 결정이 생겨 변색하거나 착색력이 저하되는 단점이 있다.

2) **체질안료**(extender pigment)

착색안료나 방청안료와 함께 사용하여 양을 늘리거나 농도를 묽게 만들기 위하여 사용하는 무채색의 안료로 탄산칼슘, 황산바륨 등을 많이 사용한다. 착색의 역할은 하지 못하며 기존도료에 첨가되거나 단독으로 사용하여 도막의 경도를 높이고, 연마성을 좋게 하며 광택을 없애는 기능을 한다. 분말상태에서는 빛을 반사하여 백색으로 보이나 아마인유나 수지액을 섞으면 반투명으로 보인다. 한 예로 산화티탄과 같은 고가의 안료 사용을 줄이고 백색도를 저해하지 않는 범위에서 탄산칼슘으로 대체하여 물리적 기계적 물성은 유지하지만 제조원가을 줄일 수 있는 장점이 있다.

① 탄산칼슘(CaCO₃)

비결정성의 분말로 입자는 편평상의 형태이며 조개 등의 껍질을 분쇄하여 만들어서 호분이라고도 한다. 분산성이 좋아서 프라이머, 퍼티의 중량제로 사용되고 비중이 크며 분말을 조합페인트에 혼합하면 붓 작업성이 좋아지는 특징이 있다. 소광제, 침강방지제로도 사용되고 있으나 산에는 약하기 때문에 요소수지의 산성경화제와 반응하여 발포하거나 경화하는데 지장을 준다. 아주 적은 알칼리성으로 감청 등의 내알칼리성이 약한 안료 등과 혼합하여 사용하면 백악화(chalking)나 퇴색의 원인이 되기도 한다.

② 크레이(Clay)

규소알미늄을 주성분으로 한 천연 규산염으로 암석이 열이나 물의 풍화작용으로 생긴 것이다. 일반적으로 활력분(talc) 등의 도료에 사용되고 있으며 화학적으로 안전하다.

③ 규조토(Diatomaceous earth, SiO₂/nH₂O)

백색 또는 회백색의 이산화규소화합물로서 규조의 유해로 만들어진 연질의 암석과 토양을 뜻한다. 다공질로 액체에 흡수가 잘된다. 서페이서나 방화도료에 많이 사용되며 침강방지제나 소광제, 흐름방지제로도 사용된다.

④ 황산바륨(Barium sulfate, BaSO₄)

천연산 중정석(barite)을 분쇄하는 과정에서 석고와 함께 산출된다. 순수한 것은 바륨염 수용액에 황산이온을 함유한 수용액 또는 묽은 황산을 첨가하면 흰색 침전이 생겨 얻어진다. 이렇게 물 대신 화학적으로 침전시킨 것을 침강성 바라이트(중정석)라 하며 산과 알칼리에는 안정하며 내열성도료의 체질안료로 사용된다.

⑤ 황토

산화철이 섞인 점토를 물 또는 청각재의 액으로 반죽하여 덩어리로 건조시킨 것으로 입자의 크기와 산지에 따라 황색에서 황갈색을 띤다. 바탕 도료나 착색 결메꿈제로 사용된다.

3) 방청안료

금속은 산성의 물 등이 표면에 닿게 되면 산화 작용을 하게 되어 녹이 발생하게 된다. 이것을 방지하기 위해 방청안료를 사용하며 금속면과 닿기 전에 방청안료와 반응하여 산성을 제거하거나 용해하여 알칼리로 변화시켜 금속표면에 녹이 발생하는 것을 방지하는 안료로 금속의 하도용 도료에 사용된다.

① 광명단(Red lead)

사산화연(Pb₃O₄)을 주성분으로 하는 적색안료로 광택이 쉽게 나고 약간의 리사지(PbO)가 함유되어 있어 화학적으로는 활성이며, 방청력이 매우 우수하다. 공기 중에 방치하면 공기 중의 수분 및 탄산가스와 반응하여 부분적으로 희게 된다. 단독 또는 징크크로메트와 병용해서 사용한다. 광명단 중에 일산화연(PbO)의 함량이 많아지면 염의 생성이 많이 줄어들며 튼튼한 도막을 만들어 내습, 내수성이 좋아지나 저장성은 나빠진다.

② 염기성 크롬산 연(Chrom red)

일산화연(PbO)을 핵으로 하여 그 주위를 염기성크롬산연으로 둘러싼 구조를 갖는 연한 귤색의 방청안료이다. 알칼리성을 나타내며 건성유와 반응하여 금속비누를 만들어 녹을 방지한다. 도료의 저장성이 좋아 장기 저장이 가능하다.

③ 아연 황

징크 크로메이트(zinc chromate)라고도 하며 염기성 크롬산 아연칼륨(K₂O, 4ZnO/4CrO₃/3H₂O)을 주성분으로 하는 황색의 방청안료이다. 수용분 6~8%를 갖고 있으며, 물에 용출되어 금속면에 크롬산 이온을 방출하여 녹막이 피막이 된다. 주로 합성수지 바니쉬와 혼합하여 속건성 프라이머로 사용하는데, 특히 경금속의 하도에 적합하며 징크크로메이트(zinc chromate)나 에칭프라이머(etching primer)로 판매되고 있다.

④ 아연말(Zinc powder)

금속아연(Zn)의 미세한 분말로 무독하며, 은폐력은 크지만 착색력이 좋지 않다. 전색제 중의 지방산과 반응하여 금속비누가 되어 튼튼한 도막을 만들어 유해가스의 침입을 방지하며 자외선을 잘 흡수하여 도막이 노화하는 것을 방지할 수 있다. 아연화와 아연말의 함유량에 따라 징크더스트페인트(아연말 함유량 20~60%), 징크리치페인트(아연말 함유량 60%)로 나누어진다.

4) 금속분안료

자동차 도장에 사용되는 금속분 안료로 메탈릭(Matical)과 마이카(Mica)가 있다. 이들 안료는 자외선이 하도도료로 침투하는 것을 차단하는 역할도 한다.

① 알루미늄 안료

은분이라고도 하며 금속알루미늄의 엷은 판을 비늘조각처럼 분쇄한 것이다. 건식법으로 만들어진 분말형의 은분과 습식법으로 알루미늄페이스트가 있는데 페이스트형은 혼합하기가 쉬워 최근에 많이 사용되고 있으며 도장 후 알루미늄이 표면에 떠 있는 리핑형과 가라앉아있는 논리핑형 두 가지가 있다.

가. 리-핑(Leafing)형

바니쉬와 섞어서 도장하면 알루미늄분이 표면에 떠올라서 알루미늄의 독특한 금속광을 내는 형태로서 은분의 비늘조각 표면의 스테아린산 피막 때문에 떠오르는 것이며, 이 스테아린산 피막은 공기 중의 유해가스, 일광, 습기 등이 도막에 침투하는 것을 방지한다. 기름탱크·난방용의 라지에이타 등의 표면도장에 많이 사용된다.

나. 논리-핑(Non-Leafing)형

이것은 바니쉬에 섞어서 도장하면 알루미늄분이 가라앉아서 은은한 알루미늄 광을 낸다. 현재 전자제품의 케이스로 사용되는 플라스틱 사출품의 고급 도장에 많이 쓰이며 함마톤에나멜 등에도 사용된다. 입자가 큰 것을 사용하면 메탈릭 효과를 얻을 수 있다.

다. 동분

금분이라고도 하며 동과 아연의 합금을 분말로 만든 것인데 합금의 성분에 따라 색상이 달라진다. 리핑성은 알루미늄 안료보다 적은편이며 바니쉬의 산가에 따라 변색하는 수가 있다.

5) 특수안료

① 아산화 동(Cu_2O)

적색안료로 은폐력이 크지만, 독성이 있어 선저도료의 원료로 사용된다. 배의 밑바닥에 조개, 해초 등의 해양 생물이 부착하는 것을 방지한다. 방오효과를 오랫동안 지속하기 위하여 산화수은과 병용하여 사용하고 있다.

② 황색 산화수은

누런색 가루로 아산화동과 혼합하여 선저도료로 사용되며 공기 중에 빛을 받으면 분해되며 독성이 강하지만 단독으로는 방오력이 떨어진다.

③ 산화안티몬(Antimony oxide)

방화도료용 안료로 염화파라핀과 병용하여 사용하며 백색안료이다.

④ 형광안료

눈에 잘 띄는 선명한 형광색을 내지만 내광성이 좋지 않다.

⑤ **발광안료**

약한 방사선을 내는 성분이 있어서 밤에 빛을 받지 않아도 선명하게 보인다.

⑥ **축광안료**

태양광이나 형광체등의 빛을 흡수 또는 축적해 두었다가 어두운 곳에서 에너지를 서서히 방출·발광하는 성질을 가진 안료로서 방사선물질은 포함하고 있지 않다.

⑦ **시온안료**

온도에 따라 색상이 변화하는 안료이다. 9가지 종류의 표준색상이 있으며 $-15℃$에서 $65℃$까지 각 온도별로 색깔이 변하는 종류가 있다. $20℃$에서 $2℃$ 상승할 때 변하는 안료, $31℃$, $43℃$, $65℃$에서 각각 변하는 종류가 있다.

2 도막형성 부요소

(1) 첨가제의 정의 및 기능

도료를 만드는 과정에서 완전히 건조되어 도막이 되기까지 도료나 도막의 성질을 조절하고 보호하며 필요한 기능을 충분히 발휘하기 위하여 도료 중에 첨가되는 것이 첨가제이다. 도료 중에 첨가제의 함유량은 적지만 도료의 물성 개량을 가능하게 한다.

도료를 만드는 과정에서 안료 분산성을 좋게 하며 필요한 도막 물성을 부여, 도료 제조시나 보관 수송시 안정성을 부여하기 위하여 첨가되는 습윤제, 분산제, 증점제 등이 있다. 이렇게 만들어진 도료를 보관할 경우 사용하기 전까지 처음과 같은 형태를 유지하기 위하여 첨가되는 침전방지제, 피막방지제, 방부제 등이 있고 도장 작업 시 편한 작업을 할 수 있도록 첨가되는 소포제 등이 있다.

도장 후 도막이 형성되는 과정에서 색분리방지제, 흐름방지제, 표면평활제 등이 있으며 도막 형성 후에 도장의 목적을 유지하기 위하여 가소제, 자외선방지제 등이 첨가되어 지며 특수한 목적을 위하여 첨가되는 경우도 있다.

(2) 첨가제의 종류

① **방부제(preservative)**

도료의 저장 중에 곰팡이 균에 의한 도료의 부식을 방지한다.

② **색분리 방지제(anti-flooding agent)**

도료의 저장 중에 분산된 안료가 입자경, 비중, 응집력의 차이로 색이 분리되어 전체의 색과 다른 반점이나 무늬모양의 색분리 현상을 방지하여 목적하는 색상을 얻기 위해 첨가한다.

③ **흐름 방지제**(anti-sagging agent)

도장 작업 중이나 건조되는 과정에서 도료가 흘러내리는 것을 방지한다.

④ **침전 방지제**(anti-settling agent)

도료 저장 시 안료의 크기 차이로 바닥에 가라앉는 것을 방지한다.

⑤ **분산제**(dispersing agent)

고체인 안료 미립자를 수지 안에서 분산이 쉽도록 사용하는 첨가제로서 재응집 방지와 안정된 분산 도료를 유지한다.

⑥ **가소제**(plasticizer agent)

도막의 취성을 완화시켜 내부 뒤틀림을 감소시키고, 피도물에 대한 극성분자의 배향성을 높여주기 때문에 부착성, 내구성, 내한성, 유연성이 향상된다.

⑦ **표면평활제**(leveling agent)

도료의 평활성을 원활하게 해준다.

⑧ **소포제**(deformer agent)

도료에 기포가 발생하게 되면 점도가 묽게 되므로 도료의 기포 발생을 억제하여 기포가 발생하지 않도록 한다.

⑨ **증점제**(viscosity control agent)

도료의 점도를 높여서 흐름성을 저하시키고, 안료의 침강을 방지한다.

⑩ **습윤제**(wetting agent)

고체와 액체가 접하는 경우 표면장력을 변화시켜 젖음의 특성을 크게 개선하기 위해 사용하는 첨가제이다. 점도에 영향을 미치지 않고 레벨링성에만 영향을 준다.

⑪ **소광제**(matting agent)

도료의 광택을 제거하기 위하여 첨가된다.

⑫ **건조지연제**(retarder)

건조를 지연시켜 준다.

⑬ **피막방지제**(anti-skinning agent)

도료의 저장 중에 도료 캔의 상단에 발생되는 윗부분의 피막을 제거한다.

⑭ **건조제(drier)**

유성도료나 유변성 합성수지도료에 첨가되어 산화중합을 촉진시켜 경화건조를 빠르게 한다.

⑮ **촉매(catalyst agent)**

불포화 폴리에스테르 수지 도료나 산경화형 아미노 알키드 수지 도료에 첨가되어 중합 반응을 일으켜 도막을 경화시킨다.

⑯ **경화제(hardener agent)**

이소시아네이트의 그물결합을 일으켜 경화시키는 약품이다.

⑰ **난연제**

도막이 고온에서 가열되었을 때 타는 것을 방지한다.

⑱ **동결방지제(anti-freezing agent)**

수성도료나 수용성도료의 경우 물을 다량 함유하고 있어서 저온에서 오랫동안 방치하게 되면 동결되어 에멀션이 파괴되기 때문에 기온이 낮은 겨울철에 어는 것을 방지하기 위하여 사용한다.

⑲ **대전방지제(anti-static agent)**

정전기를 방지할 목적으로 사용한다.

첨가제의 기능성에 따른 분류

사용용도 및 목적	종류
도료상태에서 특성 향상	증점제, 흐름방지제, 침강방지제, 색분리방지제, 레벨링제, 점탄성조정제, 습윤제, 분산제, 소포제, 방청제 등
도막의 기능 향상	윤활제, 긁힘 방지제, 건조제, 광택부여제, 가소제, 안정제, 자외선 흡수제, 부착향상제, 방오제, 방부제 등
도막의 특수한 기능 부여	대전방지제, 도전제, 난연제, 전착도장성 개량제, 형광안료 등

⑳ **황변방지제**

외부 폭로 도료나 자외선을 많이 받는 자동차용 도료, UV경화 투명 도료 등과 같이 장기 폭로로 인하여 도막이 황색으로 변하는 황변현상을 막아준다.

㉑ **자외선 흡수제(UV absorber)**

플라스틱, 고무 등 고분자에 대해 유해한 자외선을 흡수하여 황변이나 열화를 막아주고 내구성을 증대시킨다.

3 도막형성 조요소

(1) 용제(solvent)

도료는 도장할 때 유동상태에서 사용된다. 수지가 액상이고 도료자체에 유동성이 있으면 그대로 사용할 수 있으나 실온에서 유동성이 없거나 혹은 도료 자체의 점도가 높아 그대로는 도장하기 어려울 경우 용제를 희석하여 도장하기에 적당한 유동성을 갖도록 한다. 이러한 목적 때문에 도료에 따라서는 물을 사용하는 경우도 있으나, 물을 용제에 포함하지 않은 유기 용제만을 용제 또는 시너라 하는 것이 일반적이다.

물을 용제로 사용한 수성인 경우 도막의 성능이 용제형의 80% 정도의 물성을 지니고, 분체 도료와 같이 용제가 없는 무용제형 도료도 있지만, 대부분의 도료는 도료 중에 용제를 70% 이상 함유하고 있다.

용제는 용해력, 증발속도, 비점에 따라 크게 좌우되기 때문에 좋은 도장 결과물을 얻기 위해서는 도장 시의 조건을 일정하게 유지하여야 하며 이러한 조건을 충족시킬 수 없을 경우 용제를 조절하여 도료의 도장특성을 유지시켜 주어야 한다.

용제가 갖추어야 할 성질

① 도막형성 주요소인 수지를 잘 용해해야 한다.

② 적당한 증발 속도를 가져야 한다.

③ 전 공정 도료나 소재에 침투하지 말아야 한다.

④ 불순물이 섞여있지 않아야 한다.

☑ **도료에서의 용제 역할**
① 도막형성물질의 표면장력을 저하시켜 도료의 피도물에 대한 젖음성을 좋게 한다.
② 도장성과 피도물로의 침투성을 좋게 한다.
③ 건조속도, 광택, 물성을 조절한다.
④ 도막 물성에 대한 습도의 영향을 감소시킨다.
⑤ 적용분야에 따라 여러 가지 도장법을 사용할 수 있게 한다.(에어스프레이, 점전도장, 전략도장 등)
⑥ 저온에서도 도장이 가능하도록 조절할 수 있다.
⑦ 수성에 비해서 박테리아에 의한 침식 영향이 감소한다.
⑧ 도막 두께 조절을 쉽게 한다.
⑨ 여러 가지 성분 혼합을 균일하게 할 수 있게 한다.

(2) 용제의 분류

용제의 분류에는 용제의 끓는점에 의한 분류와 화학 구조에 의한 분류, 증발속도, 성질 및 용도에 의한 분류가 있다.

1) 용해력(solvency)에 의한 분류

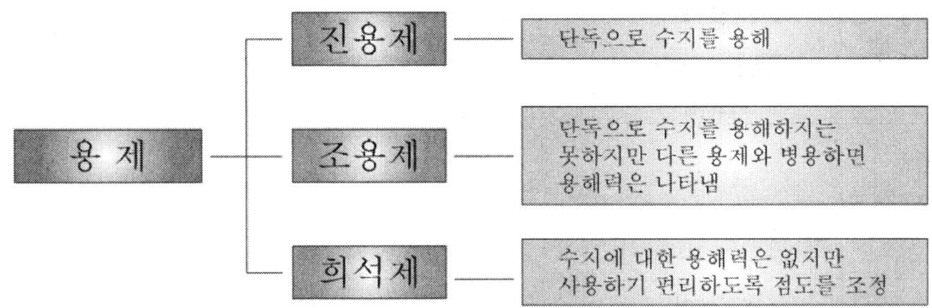

① 진용제

단독으로 수지류를 용해하는 성질이 있으며 용해력이 크다.

② 조용제

단독으로는 용질을 용해하지는 못하지만 다른 성분과 병행하면 용해력을 나타낸다.

③ 희석제

수지에 대하여 용해력은 없고 단지 도료의 점도를 낮추는 기능을 하여 작업성이나 도료의 양을 늘리는 증량제 기능만 한다.

래커용 희석제에는 톨루엔, 초산에틸, 이소프로필알코올, 메틸에틸케톤, 부틸셀로솔브 등이 사용되고 있으며, 아크릴우레탄 희석제에는 크실렌, 톨루엔, 초산에틸, 셀로솔브아세테이트, 메틸이소부틸케톤 등이 사용된다. 그리고 열경화아크릴 희석제는 크실렌, 톨루엔, 부틸알코올, 초산에틸, 부틸셀로솔브 등이 사용되고 있다.

2) 비점(boiling point)에 따른 분류

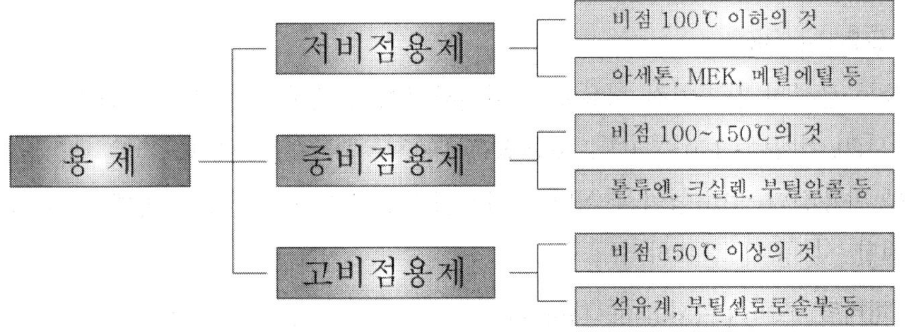

3) 조성에 따른 분류

분류	품명	비 점($^{\circ}$C)	인화점($^{\circ}$C)	용 도
지방족 탄화수소계	백 등 유	170~250	52	유성도료 · 보일유 유변성 합성수지 도료
	미네랄 스피릿	140~220	26~38	
방향족 탄화수소계	톨루엔	110~112	7~13	래커계 도료, 합성수지 도료, 실리콘수지 도료, 프탈산수지 도료 아미노알키드수지 도료
	크실렌	137~142	23	
	솔벤트나프타	110~160	15 이하	
에스테르계	초산에틸	74~77		래커계 도료, 아크릴수지 도료, 염화비닐수지 도료, 아미노알키드수지 도료
	초산부틸	124~126		
	초산아밀	138~142		
케톤계	아세톤	55~60	−20	래커계 도료, 아크릴수지 도료, 염화비닐수지 도료, 아미노알키드수지 도료
	메틸에틸케톤	77~80	0 이하	
	메틸이소부틸케톤	115~118	20	
알코올계	메탄올	64~65	6	주정 도료, 래커계 도료, 에칭프라이머, 아미노알키드수지 도료
	에틸알코올	78~79	18	
	이소프로필알코올	79~82	18~20	
	부틸알코올	114~118	35	
	이소부틸알코올	104~107	22	
에테르계	셀로솔브	128~157	40	래커계 도료, 아크릴수지 도료, 아미노알키드수지 도료
	셀로솔브아세테이트	140~160	47	
	부틸셀로솔브	163~174	60	

① 지방족 탄화수소계

㉠ 등유(kerosine)

원유를 분류하여 얻어진 정유분을 재분류하여 정제한 것으로 끓는점 160~300°C, 비중은 0.780, 비점은 170~250°C, 초류점은 150°C, 증류점은 230°C 주로 보일유, 유성도료 등에 사용된다. 연소성이 뛰어나고 악취물질을 포함하지 않으며 인화점이 높고 취급이 안전한 것 등이 필요하다.

㉡ 미네랄 스피리트(Mineral Spirits)

비점 140~220°C의 각종 탄화수소의 혼합물로서 방향족을 많이 함유한 것은 용해력이 크고, 이소파라핀이 주성분인 것을 무취 미네랄스피릿 이라고 한다. 비교적 값이 저렴하기 때문에 유성도료, 합성수지조합페인트의 용제 및 시너로 많이 사용된다.

② 방향족 탄화수소계

㉠ 톨루엔(Toluene, $C_6H_5CH_3$)

원방향족 탄화수소의 기본물질인 벤젠은 독성 때문에 도료에는 사용하지 않는 대신 용제로써 널리 사용되고 있다. 무색투명하고 독성이 적으며, 벤젠보다 약한 냄새를 갖는다. 휘발성은 초산부칠의 2배, 부탄올보다 4배 빠르며, 용해성은 벤젠과 비슷하며 알코올, 에스테르, 케톤, 탄화수소 등의 많은 유기용제와 혼합하여 사용한다. 순수한 톨루엔의 비점은 110.6℃이나 공업용은 100~120℃이다. 합성수지도료, 래커 등의 용제로 널리 사용되고 있다. 톨루엔의 제조 방법은 석유 나프타 유분을 개질하거나 콜탈 경유분을 분류하여 만들어진다.

㉡ 크실렌(Xylene, $C_6H_4(CH_3)_2$)

무색투명의 액체로 톨루엔에 비해 비점(137~142℃)과 인화점이 높고 증발속도는 늦다. 물에 부용이며 톨루엔과 같이 많은 유기용제와 혼합한다. 유지, 에스테르 검, 알키드 수지, 페놀수지, 염화고무 등을 용해한다. 크실렌은 유성바니쉬, 합성수지도료, 방청페인트의 용제 및 비닐수지, 아크릴수지, 래커 등의 희석제로 톨루엔과 같이 대량 사용되며 종류로는 다음과 같은 3가지가 있다.

무수프탈산, 합성화학의 원료로 사용되는 올소 크실렌이 있고, 이소프탈산, 크실렌 수지의 원료로 사용되는 메타 크실렌이 있다. 마지막으로 테레프탈산, 폴리에스테르 섬유 등에 사용되는 파라크실렌(o-, m-, p-)의 3가지 이성체가 있다. 석유계 크실렌의 조성은 올소 크실렌 20%, 메타크실렌 40%, 파라크실렌 20%, 에칠벤젠 20%이다. 제조 방법은 석유 나프타 유분을 개질하거나 콜탈 경유분을 분류하여 만들어진다.

㉢ 솔벤트 나프타(Solvent naphtha)

무색투명하고 끓는점은 120~200℃이다. 석탄계의 가스경유나 타르경유를 원료로 하는 것은 벤젠계 탄화수소가 주성분이고, 석유계의 가솔린을 원료로 하는 것은 파라핀계 및 나프텐계 탄화수소로 이루어져 있다.

③ 알코올계

㉠ 메탄올(Methyl Alcohol, CH_3OH)

무색투명하고 특유의 방향이 있는 휘발성 액체이다. 비점 64~66℃의 휘발성이 높은 용제로 독성이 있고 용해력은 에탄올보다 작다. 래커의 조용제, 속건니스, 리무버에 사용되며 포르마린의 세정제로도 사용되고 있다. 수성가스의 고압접촉반응 또는 천연가스의 부분산화에 의해 제조된다.

ⓛ **에탄올**(ethanol, CH_3CH_3OH)

특유한 향기와 맛이 있는 무색투명한 액체로서 녹는점 -114.5℃, 끓는점 78.32℃, 비중은 0.818이다. 제조 방법은 옛날부터 녹말이나 당류를 발효시켜 사용하였다.

ⓒ **이소프로필알코올**(Isopropylalcohol, IPA, $(CH_3)_3CHOH$)

독특한 냄새가 나고 물보다 약간 점성이 있는 무색의 휘발성 액체이다. 지방족 포화알코올류의 하나로서 2-프로판올이라고도 한다. 분자량 60.10, 녹는점 -89.5℃, 끓는점 82.4℃, 비중 0.7864이다. 제조 방법은 크래킹으로 얻어지는 프로필렌을 진한 황산에 흡수시키고 이것에 물을 작용시켜 만들게 된다. IPA로 약칭되는 석유화 제품으로 특유의 향기를 가지고 있으며 비점은 81~83℃로 부치랄수지, 셀락, 로진 등의 용제이다. 셀락 니스, 워시프라이머의 용제, 래커의 조용제로 사용된다.

ⓔ **부칠알코올**(butanol, C_4H_9OH)

비점 114~118℃로 자극적인 냄새가 나며, 물에는 상온에서 약간 녹는다. 셀락, 부치랄수지, 로진, 에스테르 검 등을 용해한다. 아세트알데히드를 축합시켜 아세트알코올로 만들고 이것을 탈수하고 수첨하여 증류·정제한다. 래커, 멜라민수지, 요소수지도료, 워시프라이머의 용제로 사용되며 초산부칠, 가소제 제조시 원료가 된다.

④ **에스테르 및 에테르계**

㉠ **초산에틸**(Ethyl acetate, $CH_3COOC_2H_5$)

상온에서 숙성한 과일향기를 가지는 무색투명한 가연성 액체로 많은 dri용제와 혼합하여 사용된다. 녹는점 -83.6℃, 끓는점 76.82℃, 비중 0.9005이다. 초화면, 초산셀룰로오스, 장뇌, 고무, 로진 등을 용해하며 특히 초화면의 진용제이므로 래커의 용제로도 사용되며, 비점이 74~77℃로 낮아 래커 시너의 저비점 부분으로 많이 사용된다. 아세트알데히드를 촉매의 존재 하에서 축합반응하여 제조한다. 래커의 용제로 래커 시너에 다량 사용되며 폴리우레탄, 염화비닐수지도료에도 사용된다.

㉡ **초산뷰틸**(Butyl acetate, $CH_3COOC_4H_9$)

n-Butyl Acetate의 비점은 126℃이며, 과일과 같은 향기를 가지고 있는 용제로 많은 유기용제와 자유로이 혼합하며, 초화면의 진용제로 증발속도도 적당하기 때문에 래커 용제 및 래커 시너에 많이 사용되고, 내백화성이 있는 중비점 용제이다. n-butano1을 초산과 황산 촉매 하에서 가열 반응시켜 정제·제조한다. 래커의 용제로 래커 시너에 다량 사용되며 비닐수지, 아크릴수지, 에폭시수지 도료 등의 용제로도 사용된다.

ⓒ 3-methoxy butyl acetate($CH_3COOCH_2CH_2CH(OCH_3)CH_3$)

3- M.B.A는 물에 대한 용해도가 6.5%이며, 거의 모든 유기용제에 용해한다. 비점이 171℃로 고비점용제임에도 불구하고 증발속도가 비교적 빠른 것이 특징이다.

수지에 대한 상용성이 양호하고 초화면, 염화비닐, 알데히드수지, 페놀수지, 멜라민수지, 알키드수지 등을 용해한다.

ⓔ **셀로솔브 아세테이트**(Cellusolve acetate, $CH_3COOCH_2CH_2OC_2H_5$)

셀룰로오스의 아세트산에스테르. 아세틸셀룰로오스·셀룰로오스아세테이트·초산섬유소라고도 한다. 비점 135~160℃의 무색투명한 액체로 물에는 약 23%가 용해된다. 많은 유기용제와 혼합하며 수지에 대한 용해력은 셀로솔브보다 크고 초화면, 셀락, 로진 등을 용해한다. 제조 방법은 셀로솔브를 초산으로 에스테르화시켜 만들며, 래커시너, 리타다 시너에 주로 사용된다.

ⓜ **부틸셀로솔브**(Butyl cellosolve, $C_4H_9OCH_2CH_2OH$)

비점 171℃의 무색투명한 액체로 온화한 향기가 있으며, 물에 사용할 수 있다. 거의 모든 유기용제와 혼합하며 초화면, 페놀수지, 에폭시수지 등을 용해하고 래커의 백화방지, 도막 평활화에 효과가 있다. 제조 방법으로는 부탄올과 에틸렌글리콜을 산촉매 하에서 축합하여 수세중화 후 분류하여 얻어진다. 리무버 및 래커의 백화방지용 용제로 사용된다.

ⓗ **에틸셀로솔브**(Ethyl cellusolve, $C_2H_5OCH_2CH_2OH$)

비점 136℃의 온화한 향기가 있는 무색투명한 액체로 물에 녹으며 초화면, 페놀수지, 알키드수지, 에폭시수지 등을 용해한다. 내수성·내광성·내약품성 등 안정성이 뛰어나기 때문에 도료·필름 등에 사용되며 산촉매 하에서 에탄올과 에틸렌옥사이드를 축합하고 중화 후 정류하여 얻어진다. 래커, 페놀수지, 알키드, 에폭시 수지 도료의 용제, 리무버에 주로 사용된다.

⑤ **케톤계**

㉠ **아세톤**(Acetone, CH_3COCH_3)

비점 55~60℃의 증발속도가 매우 빠른 저비점 용제이다. 녹는점 -94.82℃, 끓는점 56.3℃, 비중 0.7908, 인화점 -18℃이다. 에테르와 비슷한 냄새로 마취작용이 있으며, 박하와 같은 향기가 있고, 물과 많은 유기용제에 잘 축합한다. 제조 방법은 2-propanol법 프로필렌을 에스테르화시켜 가수분해하여 얻은 2-propanol을 탈수소 또는 산화시켜 얻어진다. 각종 수지, 셀룰로오스 유도체에 대한 용해력이 크지만 휘발성이 높아 다량으로 사용하면 백화현상을 일으키며 래커, 아크릴수지도료, 리무버 등에 사용된다.

ⓛ **메틸에틸케톤**(Methyl ethyl ketone, M.E.K., $CH_3COOC_2H_5$)

향기와 성상이 아세톤과 거의 같다. 비점이 77~80℃로 아세톤보다 높고 초산에틸과 거의 같으며 초화면, 염화비닐수지, 에폭시수지, 아크릴수지에 대한 용해력이 좋다. 제조 방법은 sec-butyl alcohol을 접촉적으로 탈수소 반응시켜 만들고 래커, 염화비닐수지, 에폭시수지, 아크릴수지 용제로 주로 사용되며 접착제, 인쇄잉크의 용제로도 사용된다.

ⓒ **메틸이소부틸케톤**(Methyl Isobutyl ketone, M.I.B.K., $CH_3COCH_2CH(CH_3)_2$)

아세톤이나 메틸에틸케톤보다도 순한 냄새로 비점 115~118℃이다. 초산부칠과 함께 중비점 용제로 널리 사용된다. 초산부칠과 비교하여 증발속도가 조금 빠르고 용해성은 좋다. 제조 방법은 아세톤을 축합, 탈수시켜 메틸옥사이드로 만들고 이것을 수소 첨가시켜 제조하며 래커, 비닐 수지도료, 폴리우레탄 수지 도료에 주로 사용된다.

ⓔ **시크로헥사논**(Cyclo hexanone, Anone, $CH_2(CH_2)_4CO$)

비점 152~157℃, 박하향의 환상케톤이다. 분자량 98.1, 녹는점 -32℃, 끓는점 156℃, 비중 0.9478이며, 용해력은 크나 증발속도는 초산뷰틸의 약 1/5 정도로 느리기 때문에 래커의 백화방지나 리타다 시너, 합성수지도료의 도막평활성 향상에 사용된다.

☑ 도료의 분류

도료는 일반적으로 수지의 종류, 도료의 상태, 성능, 도장 방법, 피도물의 종류와 건조방법 등에 따라 분류된다.

분류방법	종류
수지의 종류에 따른 분류	유성도료, 유성에나멜, 알키드수지도료, 우레탄수지도료, 아크릴수지도료, 에폭시수지도료, 수용성도료, 폴리에스테르수지도료 등
도료의 성능에 따른 분류	속건도료, 가소성도료, 분체도료 등
도막의 상태에 따른 분류	조합페인트, 에멀션페인트, 분체도료 등
도막의 성능에 따른 분류	방화도료, 방청도료, 방오도료, 내열도료, 방균도료, 내약품도료, 전기절연도료, 형광도료 등
피도물의 종류에 따른 분류	철재용도료, 목재용도료, 경금속용도료, 콘트리트용도료, 플라스틱용도료 등
피도물의 명칭에 따른 분류	자동차용도료, 항공기용도료, 선박용도료, 가구용도료, 바닥용도료 등
도료의 상태에 따른 분류	유광도료, 무광도료, 착색도료, 투명도료, 함마톤도료 등

자동차 보수도장 일반

우리나라에 처음으로 외국에서 자동차가 들어온 것은 구한 말 1903년 고종황제의 어차 포드(ford) T형이며 일반인들에게 이용된 것은 일본과 합작한 회사인 오리이자동차상회가 1912년 포드T형 한 대를 수입하여 택시로 영업을 하면서부터이다. 그 후 1955년 국제차량제작주식회사에서 우리나라 최초의 자동차인 시발(始發)이 탄생하였다. 시발자동차는 50~60명의 인원이 일일이 망치 등으로 두드리는 수공업적인 방식으로 차를 만들기 때문에 한 달 100대를 만들기도 어려운 실정이었다.

1962년 5월 제정 공포된 자동차공업보호육성법으로 자동차조립업체에 대한 본격적인 지원이 시작되어 재미교포 박노정 씨가 새나라공업주식회사를 설립하고 새나라자동차를 생산하게 되었다. 새나라자동차의 경우 1년 정도 생산하다가 사라졌고, 그 차량을 본떠서 만든 신진자동차의 신성호가 탄생하게 되었다. 이 차량은 수냉식 4기통에 1,892cc의 엔진을 얹었으며 최고시속을 120km까지 내며 55마력의 힘을 자랑했지만 중고부품의 사용으로 인한 잦은 고장으로 318대를 생산하고 중단하게 되었다. 현재의 르노삼성 SM3의 베이스가 되었던 차량이다.

1966년 미쓰비시(mitsubishi)의 콜트를 100대 수입해서 조립을 하다가 도요타(toyota)와의 기술협정을 맺은 신진자동차공업주식회사는 그해 5월에 코로나를 출시하였다. 4도어 세단(sedan)형 형식으로 4기통에 1,500cc, 72마력의 코로나는 전장이 4,085mm, 전폭이 1,550mm, 전고가 1,420mm, 휠베이스 2,420mm, 차량총중량이 910kg으로 최고속력 146km/h의 차량을 만들게 되었다. 그때 당시 차량가격이 83만7천원으로 한국조폐공사의 기술에 의해 십원, 오원, 일원 등 3종의 주화가 제조되었으며 쌀 100kg이 3,324원이고 달걀 10개가 88.6원이였을 시절이었다. 그리고 코로나자동차의 경우 자동차의 부품을 국산화하는데 투자하여 약 21%에 해당하는 부품을 국산화에 성공하였지만 도요타와 기술제휴를 맺은 5년이라는 시간이 끝나면서 재계약을 하지 못하여 기술과 부품이 끊어지면서 신진자동차공업주식회사는 1972년 11월로 코로나는 46,000대 정도의 생산을 끝으로 사라지게 되었다. 그 후 신진은 새한자동차로 이름을 바꾸고 이후에 대우로 넘어가 대우자동차로 이어지게 된다.

신진자동차는 1967년 5월 도요타의 최고급 자동차인 크라운을 수입해서 우리나라 고급차 시장의 문을 열었다. 크라운은 4도어 세단형 자동차로서 전장 4,285mm, 전폭 1,680mm, 전고 1,525mm, 직렬 4기통, 1,900cc R형 엔진을 장착하였으며 90마력/ 5,000rpm의 출력을 가진 자동차로 같은 해 11월에 일본 도요타의 퍼블리카(Publica)를 수입하여 소형차 시장에도 발을 들여 놓게 되었다. 퍼블리카는 2도어 공랭식 세단형 모노코크보디의 자동차로서 전장 3,585mm, 전폭 1,415mm, 전곡 1.380mm이며 무게는 580Kg이였으며 국내 자동차 시장에서 오너드라이버가 늘어나는 데 기여하였다. 1973년 1월 GM코리아에서 시보레 1700과 레코드 1900을 내놓았으며 다양한 보디 컬러와 편의장치를 두어 고급차 시장에 인기를 모았다. 훗날 레코드 1900은 레코드 로얄과 프리미어로 변화 하였다. 1977년 12월 4도어 세단형 1,492cc 4기통엔진을 장착한 제미니를 출시하였으며 1982년 2월 제미니의 기본골격에 화려하게 만든 맵시를 출시하였으며 1984년 6월 르망이 GM의 오펠 가데트의 베이스로 출시하게 되었다.

1967년 12월에 설립된 현대는 포드와 협력하여 코티나를 발표하여 신진자동차의 독점을 깨고 국내 시장에 합세하였다. 코티나는 4도어 세단형 자동차로서 전장 4,256mm, 전폭 1,389mm, 전고 1,648mm이며 차량중량은 906Kg이였으며 1,598cc의 배기량을 갖추었다.

현대는 1969년 독일 포드로부터 포드20M을 출시하였다. 신진자동차의 크라운에 비해서 전장이 56mm나 더 길어 고급차의 품격을 더하며 4도어 세단형 자동차로서 V6 2,000cc엔진을 장착하여 최대출력 106마력의 성능을 발휘하였고 기동성이 뛰어났으며 고속 주행시 비교적 진동이 적어 안정감을 더해 주었다.

1968년 이탈리아의 피아트사와 자본재 및 기술도입계약을 맺고 1970년 4월 피아트124를 생산하였다. 그 후 현대는 1974년 10월 국내 최초 고유모델인 포니를 탄생시켰으며 1978년 그라나다 V6가 고급차 시장에 뛰어 들었으며 1983년 스텔라가 출시되었다. 1985년 2월에 국내 최초의 앞바퀴 굴림차인 포니 엑셀을 출시하였으며 1986년 7월에 앞바퀴굴림 최고급승용차인 그랜저를 출시하였고 1988년 6월 소나타(Y2)를 출시하고 현재에 이르게 되었다.

아시아자동차는 1970년 배기량 1,197cc, 최고속력 145km/h, 65마력의 피아트 124이며 차후에 기아자동차의 계열사로 흡수되었다.

기아자동차는 삼천리자전거에 1962년 1월 일명 '딸딸이'라고 불리던 세 바퀴 소형 화물차인 K-360으로 시작하여 기술축적으로 이뤄낸 국산화 자동차의 출발점을 제시한 브리사는 1971년 기아를 상용차 메이커로 자리를 잡았다.

브리사는 엔진, 구동축, 클러치 등을 국산화하는데 성공하여 생산 첫해에 국산화율을 65%까지 달성하였으며 다음 해에는 80% 이상으로 높였다.

1974년 12월 소하리 공장에서 생산을 시작한 브리샤는 전장 3,875mm, 전폭 1,540mm, 전고 1,399mm의 크기와 수냉식 직렬 4기통의 985cc 배기량에 연비가 좋으면서 62마력의 힘과 최고속력은 140Km/h를 냈다. 1979년 4월에 출시한 피아트 132는 신뢰의 기아를 다진 주춧돌로서 1,995cc 112마력의 DOHC엔진으로 171Km/h의 속력을 냈다. 그 후 1980년 9월 국산 첫 원박스카 봉고 코치가 탄생하였다. 일본의 마쯔다(mazda) 기술지원으로 탄생한 봉고 코치는 원박스카로 좋은 성능과 뛰어난 경제성과 다양한 용도에 사용할 수 있으며 디젤엔진을 장착하여 힘이 향상되었다. 1986년 베스타가 출시되었으며 1987년 3월에 1,100cc와 1,300cc의 프라이드가 출시되면서 현재에 이르고 있다.

01 　도장 목적

자동차는 전 세계 각지에서 다양한 기후와 환경조건하에서 장기간 사용되기 때문에 오랜 기간 동안 견딜 수 있도록 품질과 기술이 도장에 적용되어 자동차 차체를 보호해야 한다.

자동차 차체는 자외선과 염분 등 각종 오염물과 화학물질에 견딜 수 있도록 도장되어 진다. 즉 자동차에서의 도장은 물체를 보호하고 상품가치를 향상시키기 위하여 차체에 도료를 피복하는 것으로 건조 후 도막을 형성시키기 위하여 하는 작업을 말한다.

일반적인 자동차를 구성하고 있는 주재료로는 철판을 사용하며 철판은 그 자체로 외부에 노출되었을 경우 공기 중의 수분이나 산소와 반응하여 녹이 발생하게 된다. 녹이 발생하게 되면 차체의 강도가 약해지며 사고 발생 시 안전을 보장 받지 못하게 된다. 자동차의 디자인은 나날이 발전하여 미적 아름다움을 갖추고 있다. 이러한 디자인에 아름다운 색상을 입혀 입체적인 색채감과 함께 자동차의 미관을 향상시키며 또한, 소방차나 경찰차 등 특수한 용도를 알 수 있도록 색상을 표시하기도 한다.

자동차도장은 하도, 중도, 상도로 이루어지며 각 공정이 도장계에서 소홀히 할 수 없는 공정이다. 그러므로 각 공정에 최선을 다하여 작업에 임한다면 마지막 작업이 끝난 후 최고의 품질이 도출되게 된다. 각각의 공정의 목적을 보면 먼저 하도공정은 차체의 요철을 수정하고 녹이 발생하지 않도록 하는 작업이며 중도공정은 상도가 하도에 침투하지 않게 하고 미세한 요철을 수정하는 공정이고, 마지막 공정인 상도공정은 미적 아름다움을 갖도록 하며 오염물 등이 하도로 침투하는 것을 방지하여 소재를 보호하는 기능을 한다.

02 신차 도장(OEM 도장)

신차도장라인 공정은 판금라인 공정으로부터 도장 공장으로 들어간 화이트보디(white body)는 표면처리(제청, 탈지, 화성피막)공정을 거치고 수세하여 하도도장(전착도장, 수세, 제정)을 한다. 도장이 완료된 보디(body)는 가열 건조를 통해 완전히 건조된 후 언더코트(under coat), 차체 실링 작업, 아스팔트 시트 깔기 공정을 거치고 차체의 손상부위는 연마를 한 후 정전 도장에 의해서 중도도장 공정에 들어가게 된다. 중도 도장 후 가열 건조가 이루어지며 완전 건조되면 도막의 먼지나 상처, 흐름 부분을 수정하여 상도 도장 공정으로 이어진다. 차량의 색상에 맞게 도장되면 가열 건조하여 조립라인으로 이동하게 된다.

1 표면처리공정

차체 조립 공장에서 방청유가 묻어 있는 차체로써 조립이 완료된 차량은 탈지와 화성처리를 통해 기름성분을 완전히 제거하고 부착력과 방청력을 갖도록 화성피막처리가 이루어진다.

① 제청공정

겨울철이나 장마철에 생기기 쉬운 차체의 녹을 제거한다.

탈지공정

② 탈지공정

판금라인에서 조립 시 묻어있던 방청유와 프레스 오일, 지문자국, 분필 등을 제거한다. 샤워방식으로 이루어지며 약알칼리성 탈지제를 사용한다.

③ 표면조정

타탄을 주성분으로 하는 처리제를 사용하여 인산아연 피막 형성시 반응성을 높여 주며, 미세하고도 치밀한 결정을 형성시킨다.

④ 화성피막공정

강판의 녹 발생을 방지하며 후속공정인 전착도장 시 금속면과의 부착을 증진시키고 내구성을 증가시키기 위하여 화학적인 약품(인산아연계)이 가득 찬 욕조에 차량을 담근다(deepping). 건조 도막 두께는 0.7㎛ 정도이다.

Glossography

> ☑ **인산 아연계 피막**
> 내식성이 우수한 인산 아연계 피막 입자인 Phosphophyllite 피막[$Zn_2Fe(PO_2)_4$]를 얻고자 아연 이외의
> 조 금속으로 MG, Ni 등을 첨가함으로써 Phosphophyllite계 피막입자 [$Zn_2(MeO_2)_4$] 형성을 극대화하고,
> 내식성과 내수성, 도막과의 부착성을 향상시킨다. 하지만 화성피막에 과도한 피막중량이 형성되는 경우
> 기계적인 물성의 약화를 일으킨다.
> 일반적으로 냉연압연 강판의 경우 1.5~2.5g/m²을 추천하고 있다. 도금 강판의 경우 일차적으로 아연성분이
> 소재에 도포되어 있어 피막입자 [$Zn_2Fe(PO_2)_4$] 형성이 다소 어렵다. 아연도금 강판의 사용 목적은 관통부
> 식 방지 및 적녹(red rust) 발생방지를 위한 것으로 자동차용 강판에 많이 적용되고 있다.

⑤ **수절건조**

전처리 과정이 끝나고 피도장물에 묻어 있는 수분을 완전히 제거하는 공정이다.

2 하도도장

표면처리를 한 차체는 수세를 거쳐 방청력을 목적으로 도장하기 힘든 부분을 포함하여 전체적인 면을 균일한 도막 두께로 도장한다. 전착용 도료 속에 차체를 담가서 전기화학적으로 도막을 형성시키는 방법을 사용한다. 열경화형의 수용성 도료를 사용하며 도장 후의 도막 두께는 약 20~30㎛이다.

(1) **전착도장**(electro-deposition coating)

전착용 수용성 도료 용액 중에 피도물을 양극 또는 음극으로 하고 피도물과 그 대극 사이에 직류 전류를 통하여 피도물 표면에 전기적으로 도막을 석출시키는 도장방법이다.

음이온 전착도료의 경우 아크릴(acryl)계 수지를 사용하여 알루미늄(Al) 등의 비철 금속에 적용하였으며 전착도장의 초기에 사용했던 방식이다.

캐티온 전착도료의 경우 에폭시(epoxy)계 수지를 사용함으로 내식성이 우수하여 철강 등 자동차 및 부품 전착용으로 1980년 이후부터 자동차 하도 도장용으로 90% 이상 적용하고 있다.

전착도장의 특징으로는 자동화 생산으로 인한 생산성 증가, 복잡한 형상에도 균일한 도막을 얻고, 도료의 손실이 적어 경제적이며, 도막두께는 시간이나 전압의 조정에 의해서 조절이 가능하다.

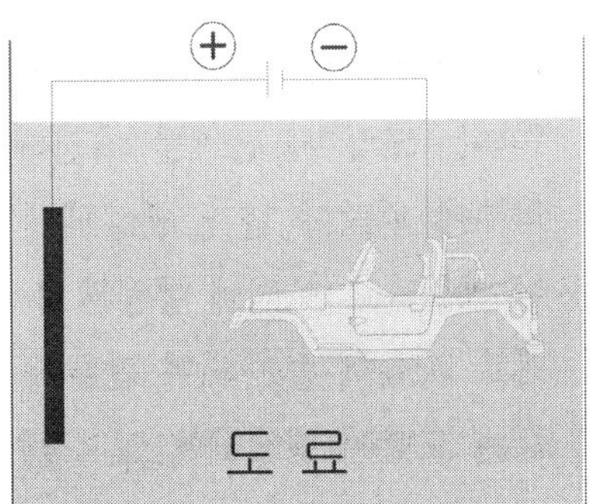

cation electro-deposition coating

음이온 전착 도장 anion electro–deposition coating	피도물에 양(+)극을 통하게 하여 도장 도료에는 음(–)극을 통하게 한다.
양이온 전착 도장 cation electro–deposition coating	피도물에 음(–)극을 통하게 하여 도장 도료에는 양(+)극을 통하게 한다.

① 전착도장 석출과정(캐티온)

반응식

양극 : $2H_2O \rightarrow 4H^+ O_2 \uparrow + 4e_-$

(물의 전기분해)

음극 : $2H_2O + 2\bar{e} \rightarrow 2OH_- + H_2 \uparrow$

$$\sim\sim NH^+ + OH^- \rightarrow \sim\sim N + H_2O \quad (석출, 불용화)$$

with R_1, R_2 branches on the nitrogen atoms.

② 캐티온 · 전착도장 장점

❶ 생산성 증가   ❷ 복잡한 형상에도 균일한 도장

❸ 접합부 등의 내부 침투성 우수   ❹ 유지 · 보수가 용이

❺ 결함 발생률 낮다.   ❻ 물로 세척 가능

❼ 용제함유량이 1% 정도로 대기 오염이 적다.

❽ 수용성 도료로 화재의 위험성이 적다.

③ 전착도장 TP성

전착도장 시 방청을 위해서 복잡한 차체의 내부까지 도장되어야 한다. 내부까지 도장되는 원리는 도장 시 전기를 대전하면 전위가 높은 외부에 피막이 먼저 생성되어 피도물에 도막이 석출되고, 도막이 형성된 후 외부는 도막 두께로 저항이 증가되어 전류가 낮아지면서 도료는 도막이 형성되어 있지 않아 저항이 낮은 피도물의 내부에 도착되는 것이다.

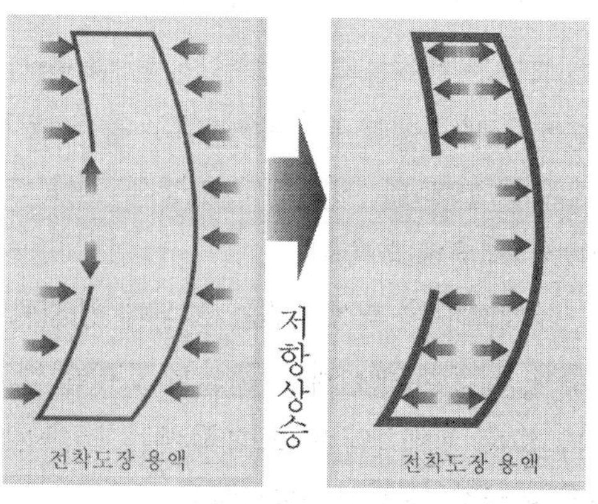

3 중도도장

하도의 방청기능과 상도의 미장을 최대한 발휘하도록 보조적 역할을 하며 도장계 전체 품질 향상 기능을 한다. 정전도장에 의하여 도장을 하며 폴리에스테 멜라민(polyester melamine) 수지 도료가 사용된다. 150℃×30분 가열건조를 하며 건조도막 두께는 약 30~40㎛이다. 차종에 따라 중도도장을 생략하는 경우도 있다.

중도도장은 소재의 스크래치(scratch)를 제거하거나 평활성을 부여하며 상도도막이 하도도막으로 침투하는 것을 방지하고 광택과 선영성을 부여하며 내구성, 내수성, 내치핑성 등을 향상시킨다.

건조가 완료된 도막은 평활성 확보와 먼지, 상처, 흐름 부분의 수정과 부착성 향상을 위해 샌더(sander)나 수연마를 시행한다. 상도 도장에 들어가기 전에 연마가루를 제거하기 위하여 샤워식 세척과 건조과정을 거친다. 최근에는 내치핑 향상을 위해 중도 전공정에서 치핑프라이머를 wet on wet로 도장하기도 한다.

(1) 중도 기능

① **평활성** : 전착도막의 표면조도를 피복하여 상도도장 후의 외관 평활화에 기여한다.
② **내용제성** : 상도도료 용제에 의한 중도도막이 팽윤, 용해되는 것을 억제함으로써 고선영의 외관 품질이 얻어진다.
③ **도료절감성** : 보편적으로 중도도막은 회색이지만 최근에는 컬러 서페이서(color surfacer)를 적용하여 은폐성이 낮은 상도도료를 적용하는 것이 가능하다.

(2) 중도도장이 도장계에 요구되는 품질

① 전착도장과 밀착성이 좋아야 한다.
② 상도도장과 밀착성이 좋아야 한다.
③ 하지 은폐성이 우수해야 한다.
④ 내치핑성이 우수해야 한다.
⑤ 내광선, 열전도성이 우수해야 한다.
⑥ 상도 광소실을 하지 않아야 한다.

4 상도도장

자동차에 아름다움과 내구성을 확보하기 위하여 행하여지는 마무리 공정이다. 상도도료는 플레이크(flake) 첨가 유무에 따라 솔리드 컬러, 메탈릭 컬러, 마이카 컬러로 나뉜다.

에어스프레이(air spray)방식과 현재 많이 사용하고 있는 자동 도장 건으로 하는 벨(bell)도장이 있다. 이러한 자동 도장 건 방식도 고정식 bell 도장과 현재의 이동식 bell 도장으로 변화하고 있다. 고정식의 경우 메탈릭(metallic)도장을 살펴보면 안료 입자가 적으면서 반짝반짝 빛나는 형태로 밝은 색감을 띄며 도장을 할 경우 메탈릭 안료 입자들이 평활하게 다 누워야 하는 특징이 있다. 하지만 이동식의 경우 안료의 입자들이 정면은 밝으면서도 측면에서 보면 메탈릭 입자감이 크게 나타나는 형태로써 도장을 할 경우 메탈릭 안료 입자들이 세워져 있는 특징이 있다.

컬러(color) 종류, 도장법 종류에 따라 상도도장이 이루어지며 색상은 컴퓨터 조색에 의해 자동 도장 건으로 도장된다. 멜라민(melamine)도료를 사용하여 완료된 도장은 130~150℃에서 20분 정도 가열건조하며, 1coat의 건조 도막 두께는 약 30~50㎛이다. 2coat의 건조 도막 두께는 베이스코트가 10~20㎛, 클리어코트가 35~40㎛ 정도이다.

솔리드 컬러의 경우 일반적으로 아미노 알키드 수지 도료(멜라민 수지 도료)를 사용하며 광택, 경도, 내후성, 내용제성 등이 우수하다. 메탈릭 컬러의 경우 열경화성 아크릴 수지 도료를 사용하며, 색상이 선명하고 내후성, 광택복원성이 우수하다. 불소 수지 도료의 경우에는 열경화성 불소 수지 도료를 사용하며 내후성, 내자외선, 내산성, 내알칼리성에 우수하다.

(1) 상도도료에 요구되는 품질

① 외관성(광택감, 평활성, 선영성, 육지감)

② 내구성(광택유지와 보호, 색변화 퇴색)

③ 부착성　　　　④ 내용제성　　　　⑤ 내약품성

⑥ 내치핑성　　　⑦ 내세치기성

도장 방식에 따른 분류

1coat 1bake	일반승용차	솔리드(solid)
2coat 1bake	일반승용차	메탈릭(metallic), 펄(pearl)
2coat 2bake	고급승용차	솔리드, 메탈릭, 펄
3coat 2bake	일반, 고급승용차	3coat pearl 차종

(2) 기능성 도료

① **복합가교형 도료**(CCS : Complex Crosslinking System)

아크릴·멜라민 수지계에서 산성비에 취약한 멜라민 수지 일부를 우레탄계나 실란수지로 대처한 타입으로 내산성, 내스크래치성을 향상시킨다.

② **신가교형 도료**(NCS : New Crosslinking System)

아크릴 수지에 산·에폭시 경화를 시킨 비멜라민계 도료로써 내산성, 내스크래치성이 우수한 도료이다.

③ 최근 상도도료 개발 방향

최근 상도도료는 경도를 높여 스크래치 발생률을 줄이는 세라믹 클리어(ceramic clear)와 발생된 스크래치를 복원하는 스크래치 복원 클리어(scratch recovery clear)로 양분되었다.

벤츠에서 가장 먼저 적용한 세라믹 클리어는 자동세차나 가벼운 긁힘에 견디도록 도막의 경도를 증가시켜 스크래치가 발생하는 것을 방지하지만 도막의 경도가 강해서 기존도료와 비교하여 광택작업이 힘든 도료이며, 닛산에서 적용한 스크래치 복원 클리어(scratch recovery clear)는 자동세차나 가벼운 긁힘에 생긴 스크래치를 차체표면 온도가 25℃ 이상일 때 한 시간 이내 자동복원 가능하다. 스크래치 실드 기술은 최초 휴대폰에서 적용되었다가 자동차로 넘어온 것이다.

5 검사

도장이 완료된 자동차는 검사 후 조립라인으로 이동하게 된다.

6 신차라인의 도장구성

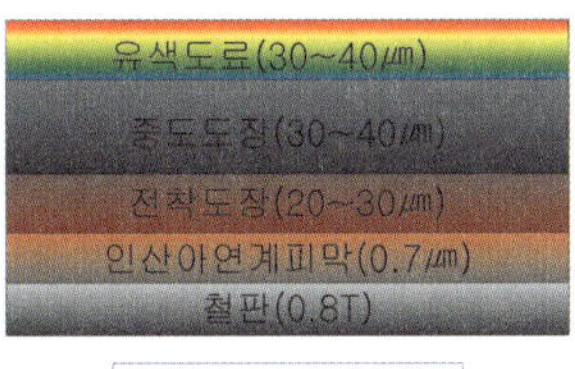

1coat1bake 도장면

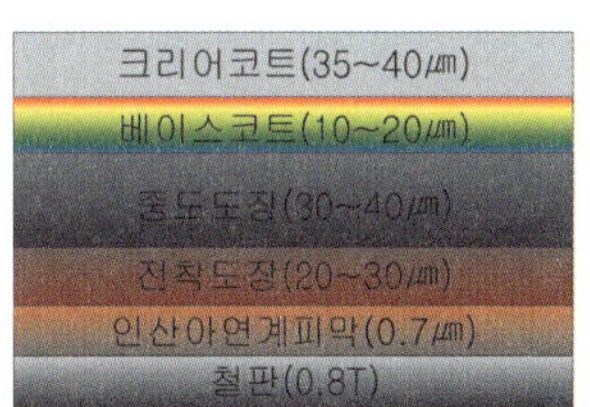

2coat1bake 도장면

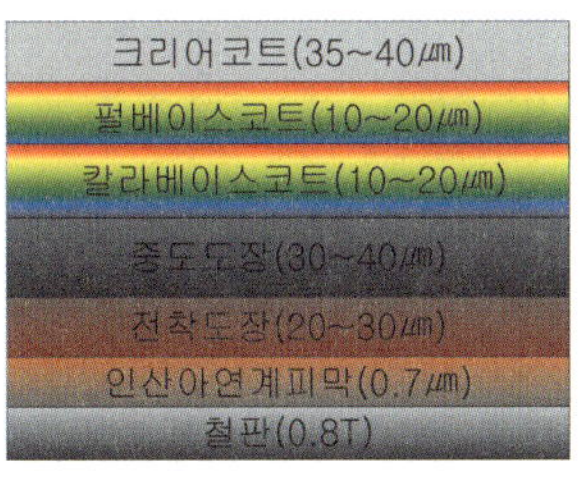

3coat2bake 도장면

신차도장면의 구성

7 신차도장 공정별 사용원료

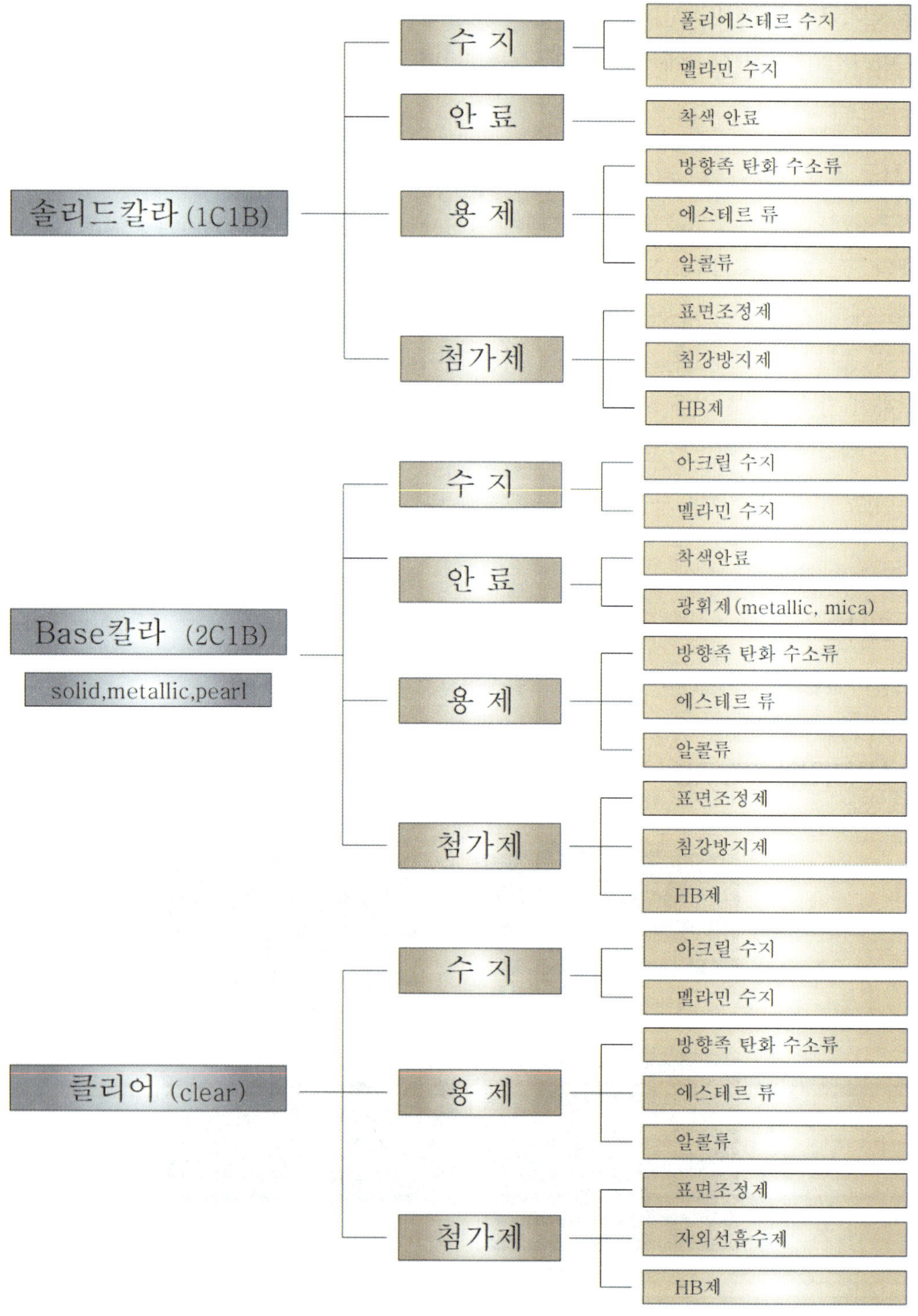

03 자동차 보수도장

신차가 소비자에게 인도된 후 주행을 하던 중 사고가 발생하여 원래의 모습으로 복원해야 하는 경우와 장기간의 관리 부족으로 인해 차량의 고유의 색상과 광택이 소멸되었을 때 외관을 다시 향상시키기 위하여 작업을 한다. 신차도장에서 사용하는 도료와는 물성과 작업방법이 틀리지만 자동차가 한번 공장에서 출고된 이후에는 다시 자동차 공장으로 들어가서 고칠 수 없는 실정이므로 출고장이나 정비공장, 해당자동차의 정비사업소 등에서 작업이 행하여지고 있다.

보수도장을 함에 있어서는 본래 색상과 아주 근접하게 조색작업이 이루어져야하며 보수한 도장면이 기존 면과 비교하여 표시가 나지 않도록 작업하고 광택이 잘 나도록 하여 소비자가 수리한 차량을 보았을 때 신차와 같은 기분이 들도록 기술과 경험을 집합하여 작업을 해야 한다.

1 보수도장의 목적

자동차 주행 중 또는 주차 중 접촉 등으로 손상된 자동차를 판금 정형 후 도장하여 복원한다. 복원이 가능한 패널은 요철을 수정하는 퍼티(putty)를 도포하고 중도, 상도를 도장하여 복원하며 복원이 불가능한 패널(panel)은 신품의 패널로 교체하여 복원한다.

자동차는 장시간의 사용으로 인하여 자동차 도막이 열화되어 균열(crack), 벗겨짐(flaking)이 발생하고, 환경오염으로 인한 산성비와 오염물질 등으로 변색이 되거나 소재에 녹이 발생하였을 때 또는 중고차의 상품성을 높이기 위하여 보수도장을 한다. 그리고 자신만의 개성 있는 색상으로 도장을 하기 원할 때 특별한 안료와 도료의 배합으로 특색있는 외관을 만든다.

2 보수도장의 공정

자동차 보수 도장의 기본 공정은 신차라인 도장과 비슷하지만 자동 로봇 도장이 아닌 사람의 손으로 이루어지고 있다. 많은 차종과 사고 부위의 다양화로 자동화가 거의 불가능하다고 볼 수 있다. 이 장에서는 공정별 대략적인 내용만 집고 넘어가도록 하겠다.

(1) 하도공정

주로 사고로 인한 요철을 메우거나 녹 또는 결함요소를 제거하는 공정으로 자동차 보수도장 도장계에서 가장 많은 노력과 기술을 요하는 공정으로 볼 수 있다. 하도작업의 불충분은 사상누각(砂上樓閣) 같은 형태이기 때문에 좋은 품질을 얻기 위해서 노력해야 한다.

(2) 중도공정

하도공정을 완료 후 하도도막을 보호하기 위하여 하는 공정이다. 중도공정은 상도도료가 하도로 흡습되는 것을 방지하여 상도도장 시 광택이 나도록 하며 하도공정에서 수정하지 못한 요철을 수정하고 내치핑성을 향상시킨다.

(3) 상도공정

중도공정을 완료 후 자동차 본연의 색상과 광택을 맞추기 위하여 하는 공정으로 아름다움과 내구성을 증진시키기 위하여 행하는 공정이다.

(4) 광택공정

상도공정 후 도장면에 이물질이나 결함이 발생하였을 경우 도장면을 평활하게 만들고 광택을 증진시키는 공정이다.

자동차 보수 도장면 구성

04   최근 자동차 도장의 변천

최근의 도장공정은 이전의 방식을 벗어나 자동차의 내구성과 환경오염을 막기 위해 계속해서 새로운 방식들이 나오고 있다. 외국의 신차라인에서는 이미 클리어(clear)의 강도를 높이기 위하여 내스크래치성이 강하고 광택이 오래가도록 하는 클리어를 도장하고 있으며 보수도장에서도 그러한 차종들의 내구성을 지속시켜주기 위하여 새로운 도료를 개발하고 시판한다.

현재 신차라인 도료의 개발방향은 방청성(anti corrosion), 납이 들어가지 않고(lead free), 환경 친화적인(environmentally resistant), 내스크래치성 클리어코트(scratch resisting clear coat), 낮은 온도에서 건조가 이루어지는(lower temperature drying), 수용성 언더코트와 베이스코트(waterborne undercoats and basecoat), 색이 바라지 않은 고광택컬러(anti-fade direct gloss colors)를 추구하고 있다.

소수의 자동차 오너들은 자기만의 개성을 살려 세상에 단 한 대뿐인 자동차를 원하고 있다. 이러한 현실에 자동차보수도장은 현재 3코트(coat) 도장 방식으로 새로운 컬러(color)를 개발하고 도장법 또한 기존의 도장법을 변칙적으로 이용하여 아름다운 색과 무늬들을 만들어내고 있다.

05   자동차보수도료의 조성

이 책에서는 공정별로 사용되는 도료의 종류와 특성 등에 대해서 서술하겠다.

■1 하도용 도료

자동차보수도장에서 사용하는 하도용 도료로는 체질안료가 많이 함유되어 있기 때문에 살오름성이 좋은 퍼티(putty)를 들 수 있다.

현재 현장에서 주로 사용하는 퍼티(putty)는 폴리에스테르 퍼티(polyester putty)이며, 줄여서 폴리퍼티(poly putty)라고도 한다. 이 퍼티는 주제와 경화제를 혼합하여 경화 건조되는 형태로 그대로 강판 위에 직접 도포한다.

국내 애프터 마켓(after market)에서는 폴리퍼티를 가장 많이 사용하며 요철이 심한 부분에 사용하는 판금퍼티의 경우 거의 사용하지 않고 있다. 또 기공 제거용 퍼티(일명 레드퍼티)는 중도도장 전 퍼티의 기공을 제거할 때 사용해야 하지만 현재 현장기술자들은 중도도장 후 기공제거 퍼티를 사용하고 있는 실정이다. 하도공정 도료가 중도공정 아래에 있어야 하지만 잘못된 작업방법으로 하도도료가 중도위에 남게 되면 중도의 기능을 발휘할 수 없거나 일부분에 중도공정이 생략된 작업이 되게 됨을 잊어서는 안 된다. 이 책을 읽는 모든 기술자들은 중도 도장 후에 래커퍼티를 사용하지 말고 퍼티공정에서 사용하고 건조 후 폴리퍼티 연마와 같은 방법으로 더블액션샌더기(double action sander)나 오비탈샌더기(orbital sander)를 이용하여 건식연마한 후 중도도장을 하여 시간 단축과 도장의 품질을 올리기를 바란다.

퍼티의 특징을 보면 거의 모든 금속에 적용이 가능하며 후속도장에 우수한 부착력과 방청력을 가진다. 1회 도포에 최적의 도막을 얻을 수 있지만 너무 두껍게 도포하면 부착력이 저하되고 습도에 민감하기 때문에 습도가 높은 때에는 가급적 사용하는 것을 피한다. 부득이하게 사용해야 할 경우에는 소재 면에 묻어 있는 습기를 제거하고 도장하도록 한다. 제품에 따라서는 도포를 일정하고 편하게 하기 위한 스프레이 방식도 있지만 가격이 고가이고 스프레이건의 노즐을 부식시키기 때문에 사용 후, 즉시 세척해야 하는 단점이 있다.

종 류	장 점	단 점	최대도막두께
판금 퍼티	철판과 부착성을 좋게 한다.	건조성과 연마성이 좋지 않다.	3~5cm
폴리에스테르퍼티	용제휘발이 없고 100% 도막형성	약한 내용제성과 철판과의 부착불량	2cm
래커 퍼티	건조가 빠르다.	유연성이 적고 수축이 있다.	1mm 이하
스프레이 퍼티	쉽게 사용할 수 있다.	공구의 노즐을 부식시킬 수 있다.	1cm

(1) 퍼티(putty)

강판에 직접 도포하여 요철을 메우는 기능을 하는 도료로서 후속도장에 우수한 방청성과 부착성을 갖는 도료이다.

① 판금퍼티(metal putty)

제품에 따라 최대 3~5cm까지 도포가 가능하며 철판과의 부착성을 좋게 하면서 두꺼운 도막을 형성한다. 하지만 완전히 건조 되는 시간이 오래 걸리고 건조 후 연질(soft)이라서 연마성이 좋지 못하다. 그러한 이유로 소프트 퍼티(soft putty)라고도 한다. 교환하는 리어펜더(rear fender)의 접합부나 요철의 깊이가 큰 부분 등에 이 퍼티를 먼저 사용하여 어느 정도 요철을 메우고 다시

마무리 퍼티인 폴리에스테르 퍼티를 이용하여 기공과 퍼티의 평활성을 확보하는 작업으로 이루어진다.

② **폴리에스테르 퍼티**(polyester putty)

경화제의 색상에 따라 퍼티의 색상이 틀리지만 경화 건조된다. 주제와 경화제의 혼합은 100 : 1~3 정도이며, 경화제의 양이 규정량보다 적게 들어가면 건조가 너무 늦어지고 부착성이 나오질 않거나 건조 후 부스러지게 된다. 그리고 경화제의 량이 규정보다 많으면 건식연마공정 시 연마지에 퍼티의 경화제가 끼어 연마가 잘되지 않고 시간이 흐른 뒤 퍼티가 깨지는 결함이 발생하는 경우도 있으며 형광색이나 밝은 메탈릭 색상의 상도에서는 블리딩(bleeding)이 발생할 수 있으므로 규정량보다 많이 첨가하지 않도록 한다.

일반적으로 5mm 정도의 요철이나 퍼티면의 굴곡 등을 수정하며 마무리 타입으로 사용할 경우에는 퍼티면의 기공이나 거친 연마자국을 제거하기 위하여 사용한다. 하지만 일반적인 폴리에스테르 퍼티의 경우 아연도금강판에서는 부착성이 잘 나오지 않기 때문에 아연도금강판용 폴리에스테르 퍼티를 사용하여 철판에 부착을 만들고 후속작업에서 저렴한 일반적인 폴리에스테르 퍼티를 사용해도 된다.

기존 강판은 외부에 노출되면 아주 짧은 시간에 녹이 발생된다. 하지만 아연도금 강판의 경우에는 철(Fe)은 그대로 있고, 아연(Zn)이 먼저 부식을 일으키기 때문에 사고 후 아연이 부식되는 과정에 보수 작업이 이루어지면 녹 발생을 방지할 수 있는 특징이 있다.

아연도금강판 보수작업의 경우 작업할 부분에 일반적인 폴리에스테르 퍼티를 도포하면 폴리에스테르 퍼티의 경화제 성분이 철판의 아연(Zn)을 다 말려버리게 된다.

따라서 아연도금강판을 보수할 경우 아연도금 강판에 일반 폴리에스테르 퍼티를 바로 도포하지 말며, 아연도금강판용 퍼티를 사용하도록 한다. 특징으로는 용제 휘발이 없고 100% 도막으로 형성되지만 내용제성이 약하며 철판과의 부착이 좋지 않다.

폴리에스테르 퍼티에 점도를 묽게 하기 위하여 시너를 첨가하지 않도록 하자. 폴리에스테르 퍼티는 이소시아네이트(Isocyanate)의 화학반응으로 건조 되면서 단단한 도막을 형성하는데 신나(thinner)나 안료(은분)를 첨가할 경우 사슬결합이 제대로 되지 않아 도막 형성에 좋지 않다.

예전과 다르게 퍼티를 손으로 전체 면을 연마하지 않는다. 기계로 건식연마를 하기 때문에 퍼티 연마 시 전과 비교하여 힘이 적게 드므로 도장의 좋은 품질을 얻기 위해서는 은분이나 기타첨가물을 첨가하지 않도록 한다.

⬇ KCC 슈퍼퍼티

- KCC 슈퍼 퍼티는 하절용과 동절용이 있으며
- 혼합비는
  혼합주제 : 경화제(928(T)C.A) = 100 : 1~3(무게비)이다.

작업성-하절형(30℃ 기준)			
주제 / 경화제	100/1	100/2	100/3
연마가능시간	30분	20분	15분
가사시간	10분	5분	3분

작업성-동절형(20℃ 기준)			
주제 / 경화제	100/1	100/2	100/3
연마가능시간	30분	20분	15분
가사시간	10분	5분	3분

⬇ 아연도금강판 및 알루미늄재질용 퍼티

- 적용소지 : 철판, 알루미늄, 아연도금판, 유리섬유 강화 플라스틱
- 혼합비율
  주제 : 경화제 = 100 : 2~3(무게비)
- 가사시간 및 건조시간

가사시간	자연건조	적외선건조
3~5min /20℃	20~30분 /20℃	중파장 5분, 단파장 3분

⬇ 플라스틱용 폴리퍼티

- 유연성이 있기 때문에 유리섬유 강화 플라스틱에 사용
- 혼합비율
  주제 : 경화제 = 100 : 2~3(무게비)
- 가시시간 : 3~5분(20℃)
- 건조시간 : 20~30분/20℃

⬇ 유리섬유 퍼티

- 유리섬유를 포함한 퍼티로서 200㎛ 도포 후 45° 로 구부려도 갈라지지 않는다.
- 혼합비율
  주제 : 경화제 = 100 : 2~3(무게비)
- 가시시간 : 4~10분(20℃)
- 건조시간 : 20~30분/23℃

③ 1액형 래커계 퍼티

폴리에스테르 퍼티 사용 후 아주 작은 기공이
나 거친 연마자국이 있을 경우 사용하는 제품으
로 용제가 휘발하면 바로 건조되기 때문에 건조
가 빠르지만 유연성이 적고 수축이 발생하며 도
장계에서 도막의 성능을 저하시키므로 가급적
사용을 하지 않는 것이 좋다.

각종 래커 퍼티

현재 현장에서 중도 도장 후 건조성이 좋아서 많이 사용하고 있지만 하도용 퍼티임을
망각해서는 안 된다. 퍼티 위에 상도를 도장할 수는 없는 것이 아닌가? 사용을 하지 않고도
충분히 다른 제품을 사용해서 보다 좋은 품질과 작업성을 만들어 낼 수 있음을 간과하지
말고, 꼭 사용해야 한다면 중도도장 전 도포하고 건조된 래커퍼티를 연마하기 바란다.
또한 제품의 색상에 따라 블리딩이 발생할 수 있기 때문에 후속도장을 할 때 참고한다.

이 제품들은 소량 도포시에는 건조성과 연마성이 좋지만 약간이라도 두꺼워질 경우
건조가 잘되지 않으며 오랜 시간이 지나 건조가 된 이후에 샌더를 이용하여 연마할 경우
연마가 잘 되지 않아 물을 묻혀 수연마를 해야 하는 단점이 있다.

퍼티 작업이 끝난 후 중도도장을 하기 전에 기공이나 연마자국이 있을 경우 폴리에스테
르 퍼티를 얇게 도포하고 가열건조 시킨 후 더블액션샌더를 이용하여 연마하고 중도를
도장하는 습관을 가지길 바란다. 시간적으로 볼 때 위와 같은 방법으로 작업 할 경우
기공제거 퍼티를 중도에 사용하거나 퍼티 공정 후 사용을 한다고 하더라도 폴리에스테르
퍼티를 사용하고 연마하는 시간과 얼마나 차이가 나겠는가? 이제부터라도 내후성을 생각
해서 표준도장 방법을 지켜 도장하도록 하자.

④ 스프레이 퍼티(spray putty)

폴리에스테르 퍼티는 도포를 하기 위해서는 주걱(헤라)을 이
용하여 도포를 해야 하지만 이 제품들의 경우에는 퍼티 작업부
위가 넓은 부분이나 손으로 퍼티를 도포를 하기 힘든 굴곡 부
위나 초보자에게 편리한 제품이다.

특히 마무리 퍼티 대용으로 사용한다면 보다 좋은 품질의
도장면을 만들 수 있다. 하지만 2액형 타입의 경우 스프레이건
(spray gun)의 노즐(nozzle)을 손상시키므로 사용 후 바로 세척
하는 습관을 갖도록 하자.

스프레이 퍼티

(2) 프라이머(primer)

강판에 직접 도포하여 녹 방지 및 부착성을 증대시키는 도료로서 자동차보수도장에서는 퍼티 연마 후 퍼티 주변의 노출된 강판에 도장한다. 이것이 다른 도장과 자동차 보수도장의 다른 점이다.

퍼티를 도포하면 전 작업의 도료를 용해시켜 들뜨게 하기 때문에 퍼티를 도장하기 전에 도포하지 않고 퍼티완료 후에 도장하는 것이다. 그리고 퍼티 작업 후 강판이 노출되지 않은 경우에는 도포하지 않아도 된다. 퍼티의 후속도장인 중도도장이 녹 방지 기능을 갖추고 있기 때문이다. 이 내용은 중도도료에 가서 자세히 설명하도록 하겠다. 자동차 보수도장에서 현재 가장 많이 사용하고 있는 프라이머는 워시 프라이머이다. 현재 기술자들은 프라이머가 도장계에 미치는 영향과 중요성을 잊고 작업하는 경우가 많다.

① 워시 프라이머(wash primer)

에칭프라이머(etching primer)라고도 하며 금속을 도장할 때 바탕 처리에 사용하는 프라이머 성분의 일부분인 징크크로메이트가 함유된 도료를 말하며 바탕의 금속과 반응하여 화학적 생성물을 만든다. 비철금속의 경우 철에 비해 부착성이 떨어지므로 에칭프라이머로 사용한다. 철판면이 드러난 부위에 사용하며 이 후의 후속도장으로 인해 부착성이 증가하고 녹 방지 기능이 있다. 절대 단독으로 사용해서는 충분한 물성을 내지 못하며 인산, 크롬산을 함유하고 있다.

1액형 타입과 2액형 타입이 있으며, 1액형의 경우 시너만 첨가한 후 점도를 조정하여 사용하고 2액형의 경우 주제와 경화제를 넣고 시너를 첨가하여 점도를 조정한다.

- 점도 : 포드컵 No. 4로 18~20초 (20℃)
- 건조도막두께 : 30㎛

- 주제 / 경화제 = 2 / 1 (부피비)
- 가사시간 : 8시간 (20℃)
- 점도 : 포드컵 No. 4로 14~16초 (20℃에서)
- 건조도막두께 : 10㎛(초과하면 부착력이 감소)

② 래커 프라이머(lacquer primer)

니트로셀룰로오즈(nitrocellulose)를 주요소로 하며 자연건조형 도료로서 건조성이 빠르고 연마하기 쉬운 도막이 형성되므로 작업성이 우수하다. 하지만 내후성, 부착성, 살오름성이 좋지 않다. 니트로셀룰로오즈, 수지, 가소제를 용매에 녹여서 만든 전색제에 안료 등을 분산시켜 만든다. 시너를 50% 정도 첨가하여 점도를 맞추고 살오름성이 좋지 않기 때문에 2회 도장하여 완성한다. 건조시간은 30분~1시간 정도이다.

③ 오일 프라이머(oil primer)

래커 에나멜, 프탈산 수지 에나멜 등을 도장할 때 하도에 적합한 액상·불투명·산화 건조성의 페인트로 건성유와 수지를 주요 도막 형성 요소로 하여 자연 건조 도막을 형성한다. 유성 바니쉬에 안료를 분산시켜서 만들며 내후성, 부착성이 우수하지만 도막에 주름 현상이 발생한다. 도장 시 시너를 20% 정도 첨가하여 점도를 맞추고 건조시간은 12~20시간 정도이다.

④ 우레탄 프라이머(urethane primer)

알키드 수지로 구성된 2액형 타입을 주제로 이소시아네이트가 포함된 경화제를 혼합할 때 경화된다. 침투력이 우수한 저점도의 도료로 우수한 상도 부착력과 녹방지 기능을 가진 우레탄 도료로써 상온에서 경화 반응이 늦어 60℃×20분 정도 강제 건조가 필요하다.

⑤ 에폭시 프라이머(epoxy primer)

에폭시 수지를 사용한 프라이머이고 대부분이 2액형 타입으로 아민계열의 경화제를 혼합할 때 경화된다. 부착성과 녹 방지에 아주 좋지만 상온에서 경화 반응이 늦어 60℃정도에 20분 정도의 강제 건조가 필요하다. 신차(OEM)공정에서는 수용성 에폭시를 전착도장으로 사용되며 150℃ 정도에 30분 정도 가열건조 시킨다.

	장 점	단 점
워시프라이머	밀착성, 내부식성을 좋게 함	사용 후 빠른 세척
래커프라이머	빠른 건조성, 작업성이 우수	내후성, 부착성, 살오름성이 떨어짐
오일프라이머	내후성, 부착성이 우수	도막의 주름현상 발생
우레탄프라이머	부착성, 녹 방지가 우수	강제건조가 필요
에폭시프라이머	부착성, 녹 방지가 우수	강제건조가 필요

2 중도용 도료

중도는 도장계에서 하도도료와 상도도료와의 부착성을 향상시켜주며 상도가 하도도료로 흡습되어 광택이 없어지는 것을 방지해 주고 주행 중 돌 등에 의해 페인트가 떨어져 녹이 발생하는 것을 막아주는 기능(내치핑)을 한다. 보통 2~3회 도장하여 마무리 하며 1액형 타입의 자연건조 형태가 있으며 1액형 타입과 비교하여 물성이 좋은 2액형 타입의 도료가 있다. 2액형의 경우 가열건조가 필요하고 1액형의 경우 건조성이 빠르며 연마성이 좋지만 자동차 보수도장에서 사용하는 상도도료가 흡습되는 경우가 빈번하므로 가능하면 사용을 피하고 2액형 타입의 중도도료를 사용하는 것을 추천한다.

도료 회사별로 많은 종류의 프라이머서페이서가 출시되어 시판하고 있고 페인트 별로 특성이 있으며 작업 방법은 항상 페인트통의 측면의 사용지침서나 도료회사의 기술자료집을 참고하여 사용함에 있어 오류를 범하지 않고 빠른 작업이 이루어지도록 하자.

현재 자동차 보수도장에서 사용하는 중도용 도료는 프라이머(primer)의 기능인 녹 방지 기능과 서페이서(surfacer)의 충진과 차단성을 동시에 겸한 프라이머 서페이서를 사용하고 있다. 중도 건조 완료 후 연마를 하여 평활성을 목적으로 할 경우 서페이서의 기능을 강조해서 사용한 것이고, 연마를 하지 않고 바로 상도를 도장할 경우에는 프라이머의 녹 방지 기능을 강조해서 사용하는 것이라고 보면 된다. 프라이머 서페이서의 글이 길어 줄여서 프라·서페라고도 하며 현장에서는 사훼사, 시다지 등의 용어를 사용하기도 한다.

현재 자동차 보수도장업체에서는 중도를 퍼티가 도포된 부위에만 도장하는 경우가 빈번하다. 이러한 작업은 프라이머 위에 중도공정이 생략되어 시간이 경과한 후에 중도를 도장하지 않은 부분에서 먼저 광택이 감소하고 녹이 발생하고 부착이 잘 나오지 않는 경우가 발생하므로 시간적 여유가 된다면 도장하는 패널(panel) 전체에 중도를 도장하여 결함이 발생하지 않도록 작업하여야 한다.

하도용과 중도용에 가장 많이 함유되어 있는 체질안료는 도막의 살오름성을 좋게 하기 때문에 도료 중에 많이 함유된다. 중도용에 사용되는 체질안료(이하 탈크라고 함)는 퍼티에 사용되는 탈크와는 전혀 다른 모양을 갖는다. 하도용에 사용되는 탈크는 구상탈크가 많이 사용된다. 구상탈크는 건조 후 용제나 수분의 침투가 용이한 구조로 되어있다. 하지만, 중도의 경우에는 편상탈크가 많이 사용된다. 편상탈크는 건조 후 용제나 수분이 침투가 잘 되지 않는 구조이다. 다음의 그림을 참고한다.

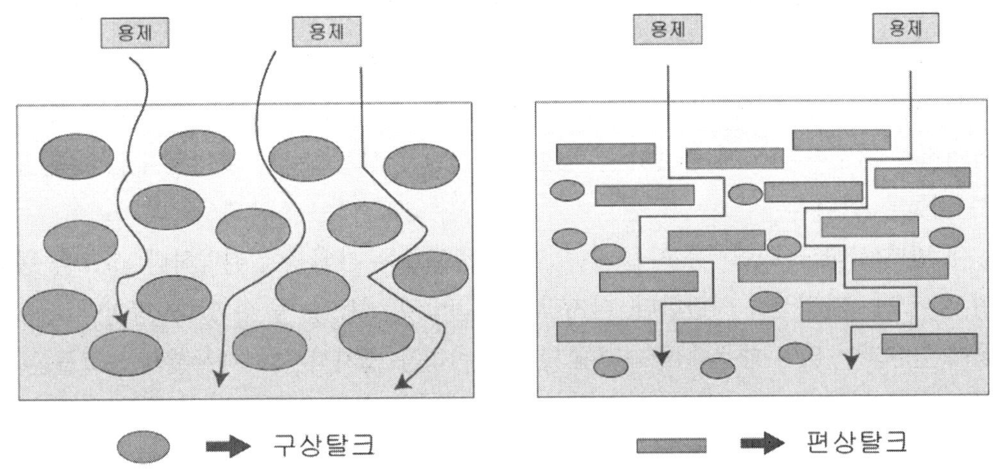

구상탈크와 편상탈크의 차이

① 서페이서(surfacer)

도료의 용제 침투를 방지하고, 상도 도장
시 용제침투로 인한 리프팅(lifting), 내수성
과 내구성을 증대시키고 주름이 지는 것을
방지하며 특히 하도도료에 상도도료가 흡
습되는 것을 방지한다.

② 프라이머 서페이서
(primer-surfacer)

프라이머(primer)의 녹 방지 기능과 서페이서(surfacer)의 충진 기능과 차단 기능을 강조
하고 작업의 편의성을 위해서 만든 제품으로 1액형 타입의 래커(lacquer)계와 2액형 타입
의 우레탄(urethane)계 2가지가 있으며 현재 UV 관련 서페이서도 시판 예정 중이다.

1액형 타입은 2액형 타입과 비교하면 작업성이 우수하나 내후성이 2액형 타입에 비하여
많이 떨어진다. 작업이 편하기 때문에 액형 타입을 많이 사용하고 있지만 모든 자동차보수
도장 관련 현장에서 2액형 타입의 중도를 사용하기를 바란다.

프라이머 서페이서의 주요기능은 첫 번째로 차단성을 들 수 있다. 용제가 하도에 침투되
는 것을 방지하여 상도 도장 후 광택을 지속시켜 품질이 떨어지는 것을 방지시켜 준다.
퍼티가 도포된 도장면의 경우 퍼티는 다공질로서 흡습이 우수하여 프라이머 서페이서를
미적용하거나 저급의 도료를 사용하면 특히 퍼티 도포 부분만 광택이 소실되는 경우가
있다.

두 번째로 평활성을 들 수 있다. 피도체 면의 미세한 요철을 수정하여 평활성과 우수한 살오름성을 갖게 하여 상도 도료가 요철이 없는 평활한 면에 도장 되어 미려한 광택이 나도록 하는 기능을 한다. 세 번째로 부착성을 들 수 있다. 상도도막이 외부 충격에 쉽게 떨어지지 않도록 하도에 충분한 부착성능을 지니고 상도도료가 떨어지지 않도록 잡아주는 기능을 한다.

네 번째로 하도 보호기능을 들 수 있다. 하도도료는 자외선에 취약하다. 상도를 통과하여 들어오는 자외선을 차단한다. 마지막으로 녹방지 기능을 들 수 있다. 방청안료가 도료 중에 함유되어 있기 때문에 금속면에 발생하는 녹을 방지시킨다. 대부분의 도료들은 방청 기능을 함유하고 있다. 이러한 기능들 때문에 도막 구성에서 절대 빠지면 안 되는 도료지만 현장 기술자 분들은 신품의 패널 교환 도장 때 전착 도장된 프라이머 위에 바로 상도를 도장하는 오류를 범하지 않기를 바란다.

하도 위에 상도를 도장하면 중도의 중요 기능들을 필요가 없는 그런 공정이 되고 만다. 또한 일부분만 도장할 경우 중도가 도장되어 있는 면과 되지 않은 면의 흡습이 틀려 완전히 건조 후 광택도 차이가 발생하게 된다. 좋은 품질을 얻기 위해서라도 교환하는 패널들은 꼭 중도도장을 하여 좋은 결과물을 얻길 바란다.

프라이머-서페이서의 주요 기능

차단성　〉　평활성　〉　부착성　〉　하도보호　〉　녹 방지

 2액형 프라서페

⬇ e-프라서페(gray)

- 아크릴폴리올수지와 황변성 이소시아네이트를 주성분으로 한 2액형 도료로서, 자동차 보수 도장 시 하도 및 중도 겸용으로 사용 가능하다.
- 혼합비
  주제 : 경화제 : 희석제 = 100 : 20 : 30 (부피비)
  주제 : 경화제 : 희석제 = 100 : 15 : 20 (무게비)
  로 하여야 하며 반드시 주제와 경화제를 정해진 비율대로 먼저 혼합한 후 희석제를 혼합하여야 한다.
- 점도 : 16~20초 (Ford Cup #4, 20℃ 기준)
- 건조 도막 두께 : 40~50μm

⬇ spies hecker 8590

- 2액형 아크릴릭 서페이서로써 웨트 온 웨트(wet on wet) 방식으로 사용가능하며 오버스프레이 흡수성이 좋다.
  자동차 보수 도장 시 하도 및 중도 겸용으로 사용 가능하다.
- 혼합비
  주제 : 경화제 = 2 : 1 (부피비)
  희석제는 5~10% 첨가한다.
- 점도 : 20~25초 (Ford Cup #4, 20℃ 기준)
- 가사시간 : 20~45분
- 건조 도막 두께 : 2회 도장 시 50~80μm
  　　　　　　　　 3회 도장 시 100~120μm

⬇ 컬러 서페이서(color surfacer)

- 6가지 색상의 서페이서로써 백색, 흑색, 황색, 적색, 녹색, 청색이 있으며 첨가제를 20% 넣어 광택이 나도록 할 수도 있다.
- 인테리어 컬러(내판색상)로도 사용가능하며 상도컬러와 비슷한 색상을 만들어 스톤칩에 의한 손상자국이 들어나지 않으며 베이스코트를 절약할 수 있는 장점이 있다.
- 혼합비
  주제 : 경화제 = 2 : 1
- 점도 : 16초 (Ford Cup #4, 20℃ 기준)
- 가사시간 : 60분
- 건조 도막 두께 :　인테리어컬러로 사용　　70μm
  　　　　　　　　　웨트온웨트로 사용　　　30μm
  　　　　　　　　　샌딩작업으로 사용　　　60~200μm

■3 상도도료

자동차의 본연의 색상과 광택을 살리기 위한 페인팅(painting) 작업 중 마지막에 사용되는 도료이다. 특히 색채, 광택, 경도 등을 고려하여 선정하는 것이 중요하며, 작업한 도막이 자동차 소유자의 눈에 직접 보이게 되므로 미적 효과를 위한 가장 큰 역할을 한다.

도장을 할 경우 색상과 도료의 특성에 따라 작업방법이 달라지기 때문에 많은 경험과 연습을 하여 좋은 품질의 색상이 보이도록 해야 한다. 자동차 보수도료가 나오기까지 도료는 끝없는 노력을 하였다.

1920년 미국의 듀폰(dupont)사에서 NC래커(nitrocellulose lacquer)를 개발하였다. 건조시간이 1시간 정도면 단단한 도막을 얻고 내구력이 좋아서 광택작업을 하여도 도막이 박리되는 현상이 적지만 황변성, 광택소실, 균열 등의 결함이 있어 CAB변성 아크릴 래커가 나오게 되었다. NC래커의 결점을 보완하였지만 강한 용제 사용으로 구도막 및 하지 도막을 녹여 도장 결함을 발생시켜 NC래커를 개선하고 변색, 변질을 줄이고 메탈릭 감을 향상시킨 NC변성 아크릴 래커로 이어진다.

이후 서독의 바이엘사가 신차 도막과 유사한 성능을 가진 아크릴우레탄도료를 개발하였다. 아크릴우레탄도료의 단점인 건조성과 작업성을 개선한 속건 우레탄으로 이어지며 1액형 베이스코트에서 하이 솔리드 고광택 우레탄으로 발전해 왔다.

현재 현장에서는 고가의 솔리드 우레탄 도료를 도장 후 보다 좋은 광택을 내기 위해 클리어를 도장하고 있다. 고가의 도료 도장 후 클리어를 또 도장하여 작업단가가 상승하고 결함이 발생할 수 있기 때문에 작업자는 솔리드 우레탄 도료 보단 베이스코트 타입의 제품을 찾게 되어 지금 현재는 거의 모든 컬러가 베이스코트 타입과 우레탄 도료 타입으로 두 가지 모두 생산하고 있다.

자동차 보수도장에서 사용하는 도료를 보면 여러 가지 종류가 있다. 각각의 도료별 색상에 따라 작업 방법이 틀려지며 도료의 도장 횟수에 따라 도료의 조성에 따라 나뉜다.

(1) 도장 횟수에 따른 분류

자동차의 색상에 따라 크게 3가지의 도장방식이 있다. 중도 도장 후 상도를 1회 도장하는 1coat 방식과 2회 도장하는 2coat 방식, 마지막으로 3회 도장하는 3coat 방식이 있다.

1coat의 경우 대부분 솔리드컬러(solid color)를 들 수 있다. 도료 중에 메탈릭(metallic), 펄(pearl)이 함유되어 있지 않고 유색안료가 2액형 수지상에 분산되어 있는 종류로서 2액형 우레탄 클리어(urethane clear)를 도장하지 않아도 된다. 클리어(clear)를 도장하지 않아도 광택이 나온다. 솔리드 우레탄(solid urethane)을 잘못 도장하여 광택이 나지 않은 경우 클리어를 다시

도장하는 경우가 있다. 이렇게 도장할 경우 건조되는 시간이 길어지고 경화제의 차이 문제와 도막의 두께가 두꺼워 결함이 발생할 수 있다. 필자 역시 현장 근무 때 경우에 따라 흑색, 적색 계열의 우레탄 도료 도장 후 광택이 만족하지 못하여 마감광택을 상승시키기 위해 클리어를 도장하는 경우가 있었다. 이렇게 작업하였을 경우 지금 당장은 광택이 더 나지만 시간이 조금 지난 후 작업한 결과물을 확인하게 되면 광택이 많이 소실된다는 것을 알게 될 것이다.

광택이 감소되는 이유는 상도도료의 도막 두께가 두껍기 때문이다. 지금부터라도 클리어를 도장할 생각으로 솔리드우레탄을 도장할 계획이라면 베이스를 도장하고 클리어를 도장하는 2coat방식으로 작업하여 광택을 오랫동안 지속할 수 있는 작업을 하자. 솔리드우레탄도료에 클리어를 도장하는 것은 조금이나마 더 좋은 광택을 확보하기 위한 작업이지만 하면 안 되는 작업임을 명심하자.

2coat는 광택이 나지 않는 컬러 베이스(color base)를 도장 후 2액형 클리어를 도장하는 방법으로 컬러 베이스에 메탈릭(metallic)안료와 펄 안료들이 함유되어 있다. 컬러베이스에 메탈릭이나 펄이 함유되면 아름다운 색상이 만들어지기 때문에 현재 자동차 컬러에서 많이 사용되고 있다. 하지만 컬러베이스의 경우 단독으로는 도막의 성능을 발휘할 수 없기 때문에 컬러베이스코트를 보호해 주는 클리어가 도장된다. 이렇게 컬러베이스코트 도장 후 클리어 코트가 도장되므로 2coat 방식이라고 한다.

3coat는 컬러베이스를 도장 후 다시 은폐가 되지 않는 펄 베이스를 도장하여 컬러베이스의 색상과 동시에 펄 베이스의 색상이 보이도록 한다. 펄 안료의 특징을 간단히 설명하면 보는 각도에 따라 아름다운 색상을 나타내는 도료이다. 이 내용은 펄 조색편에서 자세히 다루도록 하겠다. 펄 베이스 도장 후 2coat 방식과 같이 클리어가 도장되어야 한다. 자동차 보수도장에서 사용하는 컬러베이스의 경우 단독으로는 도막의 성능을 발휘 못하므로 항상 컬러베이스 도장 후에는 클리어를 도장해야 한다.

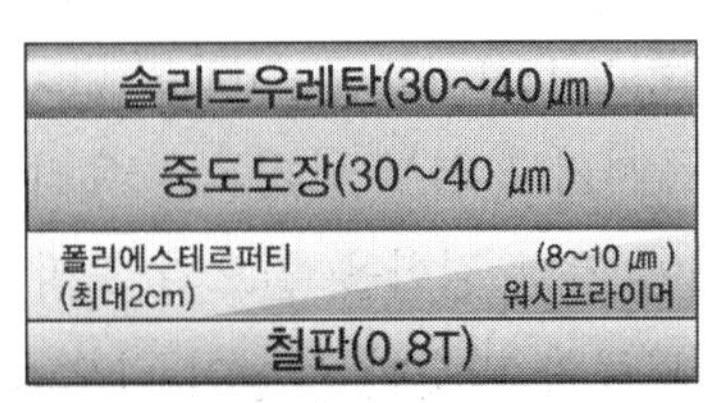

메탈릭 안료

펄 안료

도장횟수에 따른 분류

(2) 도료 조성에 따른 분류

자동차에 사용되고 있는 도료 주성분의 종류에 따른 분류이다.

1) 우레탄 도료(urethane paint)

폴리우레탄 도료(polyurethane paint)라고도 하며 도막 중에 우레탄 결합($-OCONH-$)을 갖고 있는 도료를 말한다. 우레탄 도료는 부착성, 내마모성이 우수하고 내약품성도 강한 특징이 있지만 이소시아네이트(isocyanate)의 환 구조 때문에 쉽게 황변할 수 있다. 하지만, 지방족 이소시아네이트(무황변)인 HMDI(hexamethylene diisocyanate)나 IPDI(isophorone diisocyanate)를 사용하면 황변을 방지할 수 있다.

① **2액형 우레탄 수지 도료** : 이소시아네이트($-N=C=O$)기를 가진 경화제와 수산기를 다수 가진 폴리올 성분의 주제를 사용 직전에 혼합하여 사용하는 타입으로 지금 현재 자동차 보수도장에서 가장 많이 사용하고 있는 형태로써 도장 후 건조과정에서 $R-NCO+HO-R' \rightarrow R-NH-\overset{O}{\overset{\|}{C}}-O-R'$ 와 같이 우레탄 결합을 형성하여 도막이 생성된다. 부착성, 내약품성, 내마모성이 우수하기 때문에 모든 분야에서 많이 사용하고 있으며 자동차 보수용 도료가 이 형태의 도료를 사용한다.

② **블록형 폴리우레탄 도료** : 이소시아네이트의 폴리포리마의 유리 $-NCO$기를 페놀 또는 알코올(alcohol)성 수산기로 차단시켜 $-NCO$기가 수산기와 반응할 수 없도록 차단하기 때문에 실온에서는 안정적이지만 가열하면 페놀이 떨어져 나와 이소시아네이트가 다시 활성화되어 도료 중에 들어있는 수산기와 반응하여 건조된다.

③ **습기 경화형 폴리우레탄 도료** : TDI(toluene diisocyanate)를 다가 알코올(polyhydric alcohol) 또는 유변성품과 반응시키고 일부 남겨놓은 유리 이소시아네이트기가 도장 후에 공기 중의 습기와 반응하여 가교 결합을 일으켜 도막을 형성하는 도료이다. 1액형 도료이면서도 2액형 우레탄 도료와 비슷한 물성이 나오기 때문에 저장 안정성이 좋지 않음에도 불구하고 많이 이용하고 있다.

④ **유변성 폴리우레탄 도료** : 알키드(alkyd) 수지에 TDI(toluene diisocyanate)를 도입하여 분자 중에 우레탄 결합을 갖도록 한 수지로써 유리 이소시아네이트기가 없어 1액형 도료로 사용되고 시중에 우레탄 바니시(urethane varnish)라 칭하여 판매되고 있다.

2) 불소도료(fluorine paint)

현재 보수도장 시장에서 클리어에서만 적용하고 있으며 고급차의 경우 옵션(option)으로 도장되어 판매되고 있으며 보수도장에서 소비자가 해당 클리어를 원하기 때문에 작업이 이루어지고 있다. 신차라인의 불소수지 클리어의 보수용으로 이소시아네이트의 반응경화형이다. 불소수지의 특징은 발수성 및 광택을 장기간 유지하는 특성과 내오염성이 매우 좋다.

3) **수용성도료**(waterborne paint)

대기환경의 오염으로 인해 자동차 생산라인(OEM)에서는 VOC(volatile organic compounds)를 줄이기 위하여 VOC 함량이 적은 수용성 제품을 사용하고 있는 추세이다. OEM 도장에서는 하도에서 상도까지 전체를 수용성제품을 사용하고 있다. 이에 보수도장에서도 환경오염이 대두되어 수용성 제품 중 베이스코트가 시판되고 있고 하도, 중도는 판매하고 있지 않은 실정이다.

이미 유럽이나 선진국에서는 수용성 도료를 자동차보수도장 적용하여 사용하고 있고, 국내도 수도권 대기 오염물질 배출 허용기준을 마련하여 규제하고 있으며 훗날 유성계 도료의 특성상 VOC배출기준을 충족시킬 수 없기 때문에 VOC함량이 적은 하이솔리드타입의 클리어나 수용성 도료가 나오게 되었다. 하지만 국내 자동차보수용 도료 생산 업체에서는 기술력과 자동차보수도료시장에서 한계에 처해있다.

2008년 8월 VOC배출기준을 자동차보수용 베이스코트로 예를 들면 지금 현재 620g/ L로 VOC 37종 물질만을 규제하지만 2009년 7월부터는 배출허용치는 같은 620g/ L와 VOC 37종 물질 외에 {탄화수소(HC)유기화합물－(아세톤+PCBTF)}의 규제도 들어가며 2010년 1월부터는 500g/ L, 2014년 1월부터는 420g/ L이기 때문에 현재의 유성계 도료로는 VOC 배출기준을 맞출 수 없는 실정이다.

유성계 도료와 비교하여 눈으로 보았을 때 가장 큰 특징으로 도장 후 수용성 도료는 채도가 높아 색상이 선명하고, 유성계 베이스코트와 비교하여 건조 후 면이 평평한 것을 들 수 있다.

도장면이 평평한 이유는 수용성 도료의 물 분자의 표면장력이 유성보다 높기 때문에 후레쉬 오프타임이 없이 많은 양의 도료를 도장하여도 유성보다 쉽게 흐르지 않기 때문이다. 또한 수직 방향으로 잘 흘러내리지 않는 이유도 중력의 힘보다 표면장력이 크기 때문이며, 이러한 이유로 현재 유성계 도료를 이용하여 조색을 하지 못하는 컬러도 있다.

제품의 특징을 보면 다음과 같다.

- **수용성 수지** : 전색제(binders)들이 작은 입자(0.1~0.5㎛)의 형태로 존재하며 색상은 유성계

와 비교하였을 때 우유처럼 뿌옇다. 시너를 용매로 사용하지 않기 때문에 유기용제 냄새도 적고 화재의 위험도 없어 일반인들도 쉽게 다룰 수 있다.

- 현재 1coat 방식의 수용성 상도 도료는 없으며, 솔리드 색상의 경우에도 2coat 방식으로 도장해야 한다. 그리고 수용성 베이스코트가 완전히 건조 된 후 후속도장인 클리어 코트를 도장해야 한다.
- 유성베이스코트에 비해서 은폐력이 높다. 유성베이스코트의 경우 완전 은폐를 위해서 2~4회 정도 도장해서 20~30㎛의 도막두께가 나오지만 수용성베이스코트의 경우 1.5~2.5회 도장으로 20 ~30㎛의 도막두께가 나와 은폐가 가능하여 작업 시간을 단축시킬 수 있다.
- 메탈릭 도장 시 발생할 수 있는 메탈릭 얼룩이 거의 발생하지 않는다. 1회 도장 시 미디엄 코트(medium coat)를 하고 플래시오프타임(flash-off time)이 없이 즉시 2회 웨트 코트(wet coat)를 한다. 촉촉이 젖은 도막의 건조속도가 유성계와 비교하여 8배 정도 늦어 메탈릭 입자들이 자리를 잡을 시간이 충분하여 안료들이 도장 된 도료 중에 골고루 퍼지게 된다.
- 수분증발에 의해 건조가 되기 때문에 도장실의 유속이 기존 도장실에 비해 빨라야 하거나 에어드라이건(air dry gun) 등의 보조 건조기구를 사용해서 건조시킨다.
- 겨울철 동결되기 때문에 춥지 않은 곳에서 보관해야 한다.
- 사용한 스프레이건은 시너를 사용하지 않고 물을 이용해서 깨끗이 세척한다.

작업자의 건강과 대기환경오염을 막기 위한 수용성제품의 도장법과 도장공구들은 보수도장 공정과 도장장비 부분에서 자세히 다루도록 하겠다.

④ 래커 도료(lacquer)

용제의 증발에 의해서 건조된다. 독특한 광택과 윤기가 나타나며 살붙임이 없고 금속면과의 부착도 별로 좋지 않지만 건조가 빠르고 먼지가 덜타는 장점이 있어 많이 사용하고 있다. 하지만 현재 자동차 보수도장에서는 사용하고 있지 않으며 우레탄 방식의 도료가 나오기 전에 가장 많이 사용했던 도료이다.

(3) 상도 첨가제

자동차 보수도장에서 사용되는 첨가제로는 레벨링제, 건조제, 가소제, 분산제 자외선 흡수제, 침전 방지제, 색분리 방지제 등이 있다. 이외에도 첨가제의 종류는 많지만 자동차 보수도장에 사용되는 도료들의 주된 첨가제라 꼭 알고 넘어가도록 하자.

① 레벨링제(leveling agent) : 도료가 스프레이 도장이 된 후 잘 퍼지도록 한다. 즉 도료의

편평성을 높여 거울과 같은 면을 만들도록 도와주는 첨가제이다.

② **건조제**(dryer) : 산화 중합형 도료에 첨가되어 산화중합을 촉진시켜 경화건조를 빠르게 한다.

③ **가소제**(plasticizer) : 도막에 노화를 방지시켜 내구성, 내한성을 좋게 하며 유연성을 부여 한다.

④ **분산제**(dispersing agent) : 고체인 안료 미립자를 수지상에 분산이 쉽도록 사용하는 첨가제로 재응집 방지와 안정된 분산 도료를 유지한다.

⑤ **자외선 흡수제**(UV absorber) : 플라스틱, 고무 등 고분자에 대해 유해한 자외선을 흡수 하여 변색을 막아주고 내구성을 증대시킨다.

⑥ **침전 방지제**(anti-settling agent) : 안료가 침전되는 것을 방지시켜 도료의 저장성을 향 상시킨다.

⑦ **색분리 방지제**(anti-flooding agent) : 도료의 저장 중에 분산된 안료가 입자경, 비중, 응집력의 차이로 색이 분리되어 전체의 색과 다른 반점이나 무늬모양을 일으키게 되는 색분리 현상을 방지하여 목적하는 색상을 얻기 위해 첨가한다.

4 경화제

자동차 보수도장용 도료에 사용되는 경화제는 수지와 화학적으로 반응하여 액체 상태에서 고체 상태로 만들어주는 역할을 한다.

(1) **우레탄 경화제**(urethane hardener)

가격이 저렴하지만 황변이 있다. 속건 타입으로 하도나 중도용으로 사용하는 경화제로는 TDI(toluene diisocyanate)와 MDI(methylene diphenyl diisocyanate) 타입의 경화제가 있으며, 가격이 하도나 중도용에 비해 비싸지만 내후성과 반응성이 우수하고, 황변을 일으키지 않는 HMDI(hexa methylene diisocyanate)와 IPDI(isophone diisocyanate) 타입의 경화제가 주로 사 용된다.

(2) **에폭시 경화제**(epoxy hardener)

에폭시 수지는 내후성이 나쁘기 때문에 주로 하도용 도료로 사용되며 에폭시 경화제로는 아민(amine)류, 폴리아마이드(polyamide) 수지나 이것을 변성시켜 사용된다.

(3) **불포화 폴리에스테르 경화제**(unsaturated polyester hardner)

과산화벤조익산, MEKPO(methyl ethyl ketone peroxide), 사이클로헥사논, 퍼옥사이드 등이 경화제로 사용된다.

06　도료의 건조

　액체의 도료를 도장 후 도막을 형성하는 과정을 말하며 자연 건조형 도료, 열중합 건조, 2액 중합 건조가 있다. 이 중에서 열중합 건조는 자동차신차라인(OEM)에서 건조하는 형태이며 자동차 보수도장에서 사용되는 도료의 건조는 자연 건조형 및 2액 중합 건조형이다.

　열중합 건조 형태는 크게 가열온도에 따라 3가지로 구분되는데 60~80℃에서 건조시키는 **저온가열법**, 120℃정도에서 건조시키는 **중온가열법**, 150~160℃ 정도에서 가열건조시키는 **고온건조법**이 있으며 도료 사용 목적과 용도에 따른 도료를 선정하고 도료 별 요구하는 온도까지 가열시켜 시간이 경과해야 건조가 이루어지며 해당온도까지 올라가지 않으면 건조가 이루어지지 않기 때문에 가열건조 온도까지 상승시켜 건조시킨다.

　자동차 보수도장에서 강제건조는 우레탄 결합을 촉진시키고 내구성을 개선시키기 위해서 사용된다. 그리고 페인트 제조사에서 말하는 가열건조시간은 도장이 끝난 후 세팅타임(setting time)을 준 후 가열건조 스위치를 누르는 시간부터 계산하는 것이 아니라 물체의 온도가 추천하는 온도에 도달한 다음부터 계산되어야 함을 잊지 말자. 이러한 이유로 외국의 스프레이 부스(spray booth)의 경우에는 사용자가 지정하는 온도에 도달한 다음부터 시간이 계산되는 형태로 제작되어 있지만 물체의 실제온도는 계절에 따라 달라지므로 가열건조 시에 주의 깊게 생각하자.

1 도료 건조의 기본 조건

　도료가 건조되는 장소는 다음과 같은 장소이여야 한다.

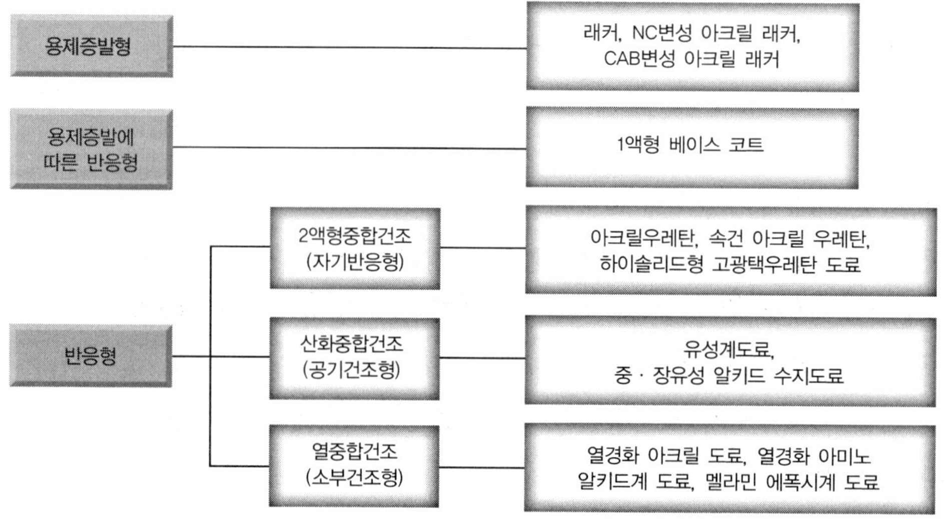

① 도장하는 장소 및 사용하는 공기는 먼지나 수분이 없이 깨끗해야 한다.

② 자연 건조형 도료의 건조는 공기의 흐름이 빠르면 건조는 잘되나 표면이 거칠어지기 때문에 적당한 공기의 흐름이 있으면서 환기가 잘되는 곳이어야 한다. 하지만 수용성 도료의 경우에는 수분을 건조시켜야 하기 때문에 유성계 도료의 건조 시의 공기흐름보다 빨라야 건조 시간을 단축시킬 수 있다.

③ 자연 건조의 경우 건조실의 온도 및 습도를 적당히 유지하여야 한다.

④ 중복 도장을 할 경우에는 도장 후 충분하게 건조한 후 도장이 이루어져야 건조시간을 단축시킬 수 있다(flash-off time).

⑤ 가열 건조의 경우 일정한 세팅타임(setting time) 후에 가열 건조하고, 휘발성 유기용제를 배출해야 한다(화재 및 핀홀 예방).

2 건조의 종류

(1) 자연 건조

도장 후 용제가 증발하면 도막으로 형성되는 도료로는 래커도료(lacquer paint)를 들 수 있고 자동차 보수용 베이스코트 도료도 자연 건조용 도료이다. 작업의 빠른 진행을 위해서는 가열 건조를 하면 건조시간이 단축되지만 너무 높은 온도로 올리면 도료의 성질이 파괴되므로 주의해야 한다.

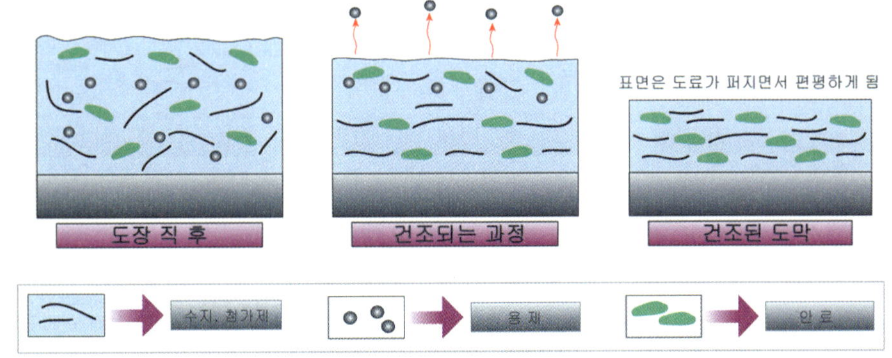

자연건조형 도료의 건조과정

(2) 열중합 건조

도장 후 일정하게 건조시키기 위하여 가열건조를 한다. 이때의 온도는 약 120~160℃에서 20~30분 정도로 화학반응을 일으켜 도료가 건조되도록 한다.

OEM 도료의 종류와 적용

도료의 종류	적용범위
에폭시 도료	언더코트
폴리우레탄 도료	플라스틱 재질
가열건조형 아크릴 도료	메탈릭, 펄의 상도도장
가열건조형 아미노알키드 도료	중도도장 및 솔리드 상도도장

(3) 2액 중합 건조

　자동차 보수도장의 2액형 도료에서 볼 수 있는 건조법으로 대부분의 우레탄수지, 에폭시수지가 함유된 도료이다. 사용 직전에 경화제를 혼합하여 사용하며 도장완료 후 건조시키는 형태이지만, 이 건조법의 경우 열중합건조와는 달리 건조가 이루어지는 온도까지 상승시키지 않아도 건조가 이루어진다. 즉 자연건조상태에서도 건조가 이루어지며 용제증발 함께 가교반응이 진행되면서 건조가 된다. 자연건조를 하면 건조되기 위한 시간이 너무 오래 걸리기 때문에 온도를 올려 화학반응을 활발하게 하여 건조를 촉진시키기 위해서 사용하는 방법으로 이해하면 되겠다.

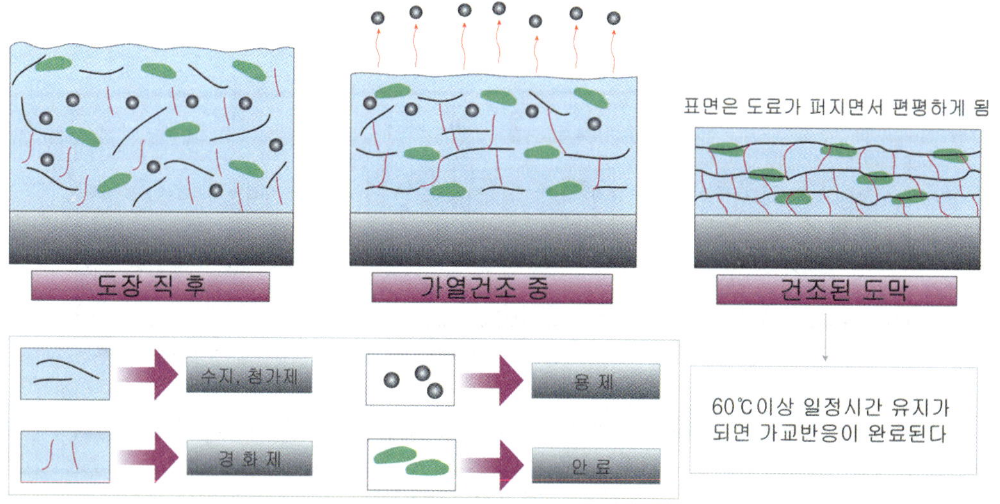

2액 중합 도료의 건조과정

도료의 종류	적용범위
에폭시 도료	언더 코트
아크릴 우레탄 도료	언더코트 및 상도도장
불소 우레탄 수지 도료	불소클리어

자동차 보수용 도료의 종류와 적용

(4) 산화중합건조

공기 중의 산소를 흡수해 산화하여 중합을 일으켜 건조되는 형태의 건조로 건조시간이 오래 걸리고 분자구조가 약하여 자동차용 도료로는 사용하지 않는다.

■3 건조시간

대부분의 자동차 보수용 도료의 건조시간은 해당제품에 보면 상세히 설명되어 있다. 아래 도료의 캔 라벨을 참고하면 사진과 같이 페인트에 대한 모든 작업방법이 명시되어 있으므로 꼭 참고하여 작업한다. 그리고 픽토그램에 대한 설명은 도장 공정에서 자세히 설명하겠다. 작업을 빨리 마무리 하고 싶은 마음에 충분한 플래시 오프 타임(flash-off time)과 세팅타임 (setting time)을 지키지 않고 작업했을 경우 도장결함이 발생할 확률이 급격히 증가한다.

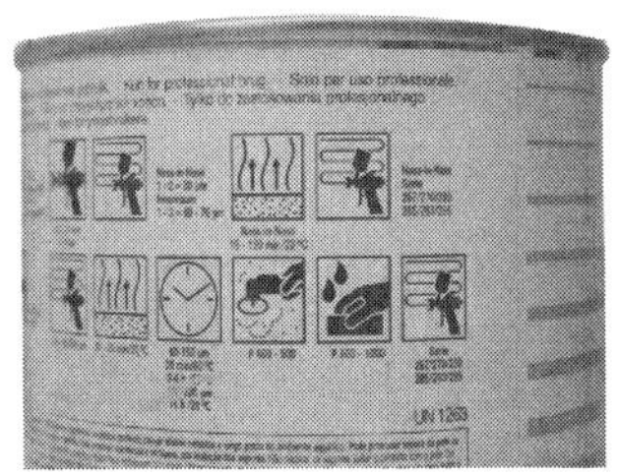

페인트 라벨의 건조 시간표시 예

(1) 플래시 오프 타임(flash-off time)

플래시 오프 타임(flash-off time)은 도장과 도장사이에 용제가 증발할 수 있는 시간을 부여 해주는 것으로 충분한 플래시 오프 타임이 없이 진행되는 후속도장은 건조시간을 더욱 더 느리게 만들며 도료 중에 용제 휘발이 원활하지 않아 건조 완료 후 핀 홀(pin hole)이 발생하거 나 흐름(sagging), 광택감소 등의 결함이 발생하게 된다. 이러한 현상을 막기 위하여 도장과 도장사이에 아주 간단한 것이지만 플래시 오프 타임을 준다. 이것은 도장 후의 품질을 많이 좌우하기 때문에 항상 플래시 오프 타임을 주는 습관을 갖도록 한다.

플래시 오프 타임(flash-off time)은 5분 정도 시간을 도장과 도장사이에 주며 특히 2코트 (2coat)도장에서 베이스코트(basecoat)를 완료하고 클리어 코트(clear coat)를 도장하기 전에 주는 플래시 오프 타임은 다른 도장에서 주는 시간보다 2배 이상 주어야 한다.

한 예로 작업을 빨리 끝내고 싶은 마음에 플래시 오프 타임을 지키지 않고 도장 후 즉시 도장하였을 경우 작업 시간은 플래시 오프 타임을 지켜 작업했을 때보다 훨씬 늦어지고 결함 까지 발생시킨다. 도막이 2배 정도 두꺼워지면 시너 성분의 증발은 4배 정도 늦어진다. 패널에 젖은 도막을 30㎛ 정도 도장 후 플래시 오프 타임을 5분 정도 부여 후 다시 30㎛ 정도의 도장을 한 후 또 5분 정도의 플래시 오프 타임을 부여하여 플래시 오프 타임을 10분 정도 주었다고 할 때 중간의 플래시 오프 타임이 없이 30㎛의 도장 후 즉시 30㎛의 도장 후 20분 정도의 플래시 오프 타임을 부여해야 하며, 전공정의 도막이 과도한 용제로 의해 용해되어 결함을 발생시킬 수 있다.

급한 나머지 플래시 오프 타임을 무시하고 작업한 경우 더 늦어지는 것을 잊지 말 것이며 도료에 따라 추천하는 플래시 오프 타임이 있으므로 항상 해당 도료회사의 기술자료집과 페인 트라벨을 참고하여 작업 할 수 있도록 하자.

(2) 세팅타임(setting time)

세팅타임은 도장 완료 후 가열 건조를 하기 전에 주는 시간으로 10분 정도이다. 세팅타임을 부여하지 않고 본 가열에 들어갔을 경우 도장 결함인 핀홀이 발생하기 때문에 빠뜨리지 말고 꼭 주는 습관을 갖자.

대부분의 도료의 경우 20℃ 정도일 때 도장 직후 10분 정도의 시간에 80~90%의 용제가 급격히 증발하기 때문에 세팅타임이 없이 도장 후 바로 가열건조에 들어간다면 온도가 상승하 여 용제의 휘발이 더욱 더 빨라지게 되면서 도장면의 표면부터 건조가 되기 시작한다. 이렇게 되면 도료 중에 빠져 나가지 못한 용제가 표면의 건조되지 않은 도막을 뚫고 나오기 때문에 도장결함인 핀홀(pin hole)이 발생하게 되는 것이다.

☑ **건조시간**
1. 플래시 오프 타임 : 도장과 도장 사이에 부여하는 시간으로 약 **5분**
2. 세팅타임 : 도장완료 후 가열건조하기 전에 부여하는 시간으로 약 **10분**
   이 시간은 도료들의 평균적인 시간이며, 도료별로 증감이 있기 때문에 해당 기술자료집과 페인트통의 정보를 참고하여 작업하도록 한다.

차량 출고 시간이 촉박하여 중간건조 시간을 지키지 않고 작업을 진행하는 작업자가 많다.

이렇게 용제 증발 시간을 주지 않고 작업할 경우 작업이 더욱더 늦어지고 하자가 발생할 확률도 증가한다. 도장 도막 두께가 2배 증가하면 용제 증발 시간은 4배가 증가하게 된다.

도료에 따라 조금씩 다르지만 2coat 베이스 도료를 이용하여 도어 한 판을 도장하였을 경우 1회 드라이 코트 30초, 플래시 오프타임 1분 정도, 2회 웨트 코트 1분 30초, 플래시 오프타임 5분, 3회 웨트 코트 도장 1분 30초 후 5분, 합계 13분 30초지만 플래시 오프 타임이 없이 1차 드라이코트 30초, 즉시 2차 웨트 코트 1분 30초, 즉시 3차 웨트 코트 1분 30초의 시간을 도장하고 후속도장이 되기 위해서는 20분 정도의 시간이 지난 후 용제가 증발하기 때문에 더 빨리 작업을 하려다 결함도 발생하고 시간도 늦어지는 것을 알 수 있다.

4 건조 7단계

도장 완료 후 완전 건조가 될 때까지의 단계이다.

① **지촉건조**(set to touch) : 손가락 끝을 도막에 가볍게 대였을 때 점착성은 있으나 도료가 손가락 끝에 묻어나지 않는 상태의 건조이다.

② **점착 건조**(dust free) : 손가락 끝으로 도막을 눌러 가볍게 스쳤을 때 도료가 손가락에 묻지 않는 상태의 건조이다.

③ **정착 건조**(tack free) : 인지나 검지로 최대의 압력으로 눌렀을 때 도막이 벗겨지지 않으며 가볍게 마찰하여도 마찰한 흔적이 나지 않는 상태의 건조이다.

④ **고착 건조**(dry free) : 도막을 손가락 끝으로 약간의 압력으로 눌렀을 때 지문이 남지 않는 상태의 건조이다.

⑤ **경화 건조**(dry to handle) : 도막 면에 팔이 수직이 되도록 하여 힘껏 엄지손가락으로 누르면서 90° 각도로 비틀어 보았을 때 도막이 늘어나거나 주름이 생기지 않고 또한 도막에 다른 이상이 생기지 않는 상태의 건조이다.

⑥ **고화 건조**(dry through) : 엄지와 인지 사이에 시험판을 잡고 도막이 엄지 쪽으로 향하도록 하여 힘껏 눌렀다가 떼어내어 부드러운 헝겊으로 가볍게 문질렀을 때 도막에 지문자국이 없는 상태의 건조의 건조이다.

⑦ **완전(경화) 건조**(full handle) : 손톱으로 도막을 벗기기가 곤란하고 칼로 자르더라도 충분히 저항을 나타낸 때의 상태 건조이다.

이와 같은 검사는 숙련자가 판정하면 재현성이 있지만 검사자에 따라 계속 달라질 수 있다.

07 도료 및 도막시험법

제품의 성질을 아는 것은 그 제품을 사용하거나 관리하는데 있어서 대단히 중요하다. 도료나 도장법을 결정하거나 도료의 이용범위를 이해하여 성질 및 도장 후의 도막의 한계 및 특징을 파악하여 적당한 도료나 도장법을 선정하는데 있다.

이러한 이유로 도장하는 대상물의 종류나 용도에 따라 사용하는 도료나 도막의 시험 항목을 정하여 그 성질의 일정한 범위를 규정해 두고 도료 작업이나 도장이 완료된 제품을 관리해야만 도장의 목적을 달성하기 때문에 시험을 한다.

1 시험 방법에 관한 규격

시험 방법에 관한 규격은 KS를 비롯해 ASTM, JIS 등이 있다.

① 국제 규격

ISO(International Organization for Standardization) : 1947년 설립되었으며 100여개 나라를 대표하는 대표자들로 구성된 「국제표준화기구」이다.

② 국가 규격

국가마다 정하는 제품의 표준 규격이다.

- **한국산업규격(Korean Industrial Standard) - KS** : 산업제품의 품질개선과 생산능률 향상에 기여하기 위하여 거래의 단순화, 공정화에 도모하기 위하여 1961에 한국공업규격에서 1992년에 한국산업규격(KS)으로 명칭을 바꾸었다.
- **일본공업규격(Japanese industrial standard) - JIS** : 1949년 광공업제품 및 구조물의 품질개선, 생산능률 향상과 합리화, 단순화, 공공의 복지를 증진하기 위해서 제정 시행된 공업표준화법이다.
- **EU(European Union)공업규격(European Standard) - EN** : 각 회원국들이 기존 국가 규격을 폐지하고 의무적으로 채택해야 하는 국가수준의 유럽통일규격이다.

③ 단체나 학회, 협회 규격

단체나 학회, 협회 규격으로 가장 많이 사용되는 미국재료시험협회(American Society for Testing Materials)의 ASTM으로 1902년 발족하여 미국의 공업원료 및 그 시험법에 표준화를 권장하는 기관이다.

▣2 시험 및 결과 판정시 주의사항

시험 후 결과를 정확히 판정하기 위해서는 아래의 내용을 고려해야 한다.

① 도막의 성질은 계속 변화한다

도막은 도장이 완료된 후부터 장시간의 폭로에 의해 열화하기까지 계속 변화하기 때문에 시험시기의 도막이 어느 시기인지 고려해야 한다.

② 도료나 도막의 성질은 정성적인 것이 많다

도료나 도막 시험법에는 색이나 오염성, 연마성 등 시험자의 관능검사에 의한 수치로 표시하기 힘든 평가가 많으므로 가능한 1회 시험으로 판정 짓지 말아야 하고 가능한 많은 종류의 시험법으로 많은 횟수로 시험하고 종합적인 판단을 내려야 한다.

③ 시험법을 숙지하고 그 결과의 신뢰도를 고려해야 한다

도료나 도막의 성질은 시간을 두고 조금씩 변화하기 때문에 측정 조건에 따라서도 변화한다. 특히 도료의 점도는 온도에 따라 크게 영향을 받기 때문에 측정조건이나 규정을 엄수해야 한다.

④ 시험편을 정확하게 제작하여야 한다

정확한 측정값을 얻는 데에는 90% 이상이 시험편의 정확한 제작에 달려있다. 시험편의 제작이 불량하면 아무리 측정을 잘한다고 해도 신뢰성이 떨어지기 마련이다. 시험편을 만들 때에는 시간을 많이 투자해서 아주 작은 것까지 빠트리지 말아야 한다. 이것이 빠른 시험의 지름길이라는 것을 잊지 말아야 한다.

⑤ 결과에 대한 상식적 판단을 잊지 말아야 한다

시험의 미숙련자는 상식적으로 이해할 수 없는 결과를 그대로 제출하는 경우가 빈번하다. 결과를 예측할 필요가 있으며 시험에 의해 얻어진 결과와 비교, 관찰, 해석하여 결론을 내리는 것이 좋다.

⑥ 언제나 실용적 성질과의 관계를 고려해야 한다

도막의 내구성을 측정하는 시험으로 장기 옥외 폭로 시험은 중요하지만 기상이나 기타 시험 조건이 일정하지 않기 때문에 오랜 시험기간을 필요로 한다.

⑦ 시험기 및 시험 방법에 대해 항상 연구해야 한다

간단한 시험만으로도 충분히 원하는 결과값의 도출이 가능하다. 고가의 시험기를 이용하여 시험을 하지 않으면 시험이 불가능 하다는 생각은 하지 말아야 하며 정밀도가 높은 시험기의 사용은 꼭 사용하여 정확한 측정값을 얻도록 하자.

■3 도료 시험법

도료 시험법에는 도료의 종류, 피도물, 도장 방법, 도료 환경 등을 고려하여 시험 항목을 정하고 시험한다.

(1) 도료의 물성시험

① 투명성 - KSM 5000-2051

도료는 장시간 방치하면 수지가 중합 반응을 일으켜 용제에 녹지 않게 되거나 도료에 수분이나 이물질의 침투로 인하여 혼탁물이 생기는 경우가 있다. 이러한 이유로 투명 도료에서는 투명 액체의 겉모양 시험 방법을 이용한다.

② 점도

도료의 점도는 도장 작업성이나 도장 후의 두께, 기타 도장 품질 등 실용성에 직접적인 관계가 많아 도장 전에 항상 측정해야 한다.

- **모세관 점도계** : 오스트왈드(ostwald) 점도계에 의해 동점도를 구한다. 정밀도가 매우 좋지만 착색 도료에는 적용할 수 없기 때문에 실용적으로는 사용하지 않는다.
- **기포 점도계** : 기포 점도계는 가드너(gardner)점도계를 일반적으로 사용하며 규정된 모양과 크기의 경질 유리관에 시료를 넣고 점도관을 뒤집어 수직으로 하여 기포 (bubble)의 올라가는 속도로서 점도를 측정하고 초 단위의 시간을 스토크(stokes) 단위의 점도로 환산하거나 표준 점도관과 기포의 상승 속도를 비교하는 점도계이다.
- **점도컵** : 시험 컵에 도료를 가득 채우고 일정 온도에서 규정된 형태의 구멍을 통해 유출에 소요된 시간을 측정한다. 소형으로 구조가 간단하며 세척이 용이하고 유색도

료나 투명도료도 측정하기 때문에 많이 사용하고 있다. 포드컵(ford cup), 딘컵(din cup), 잔컵(zahn cup), 이와다컵(iwata cup) 등이 사용되며 일반적으로는 포드컵#4가 널리 사용되고 있다.

측정 도료	사용 점도계
바니쉬, 건성유	기포 점도계
초화면 용액	중·고점도용 초화면 용액에는 낙구식을 사용하고 저점도에는 포드컵을 사용
안료가 든 도료 원액	스토머 점도계
안료가 든 희석 도료	포드컵 #2~4, 투언컵

- **회전 점도계** : 두 개의 회전 원통 사이에 일정한 회전을 주어 그 회전의 각속도를 측정하여 점성계수를 측정하는 스토머 점도계(krebs-stomer viscometer)가 있고, 원통형의 용기에 액체를 넣고 구, 원판, 원통의 용기 중앙에 강성의 철사로 매달아 회전 진동을 주어 그 진폭의 감쇠율을 측정하여 점성계수를 구하는 B형 점도계(brookfield viscometer)가 있다.

④ 비중(specific gravity)

비중(specific gravity)은 어떤 물질의 질량과 같은 부피를 가진 표준물질의 질량과의 비율로 도료의 본질적인 성질과는 크게 관계가 없지만 면적을 도장하는데 필요한 도료의 양을 결정하기 위하여 사용된다.

- **비중컵을 이용** : 50cc와 100cc의 컵 크기가 있다. $25 \pm 0.5\,^{\circ}\!C$로 유지한 도료를 컵에 넣고 기포가 완전히 없어지면 컵의 뚜껑을 덮은 후 컵의 외부에 묻어 있는 도료를 닦아내고 측정한다. 측정값의 계산은 시료의 비중의 총무게에서 빈 용기의 무게를 제외한 후 100으로 나눈 값으로 표현한다.
- **비중계를 이용** : 용제나 희석제의 비중을 측정하는 방법으로 보메(baume)비중계를 사용한다. 실린더에 100㎖를 넣고 $15 \pm 0.05\,^{\circ}\!C$에서 비중계를 시료에 넣어 비중계가 정지했을 때 액면과 일치되는 눈금을 읽는다.

⑤ 입도

도료 중의 안료의 모양과 크기는 도장면의 평활성이나 광택에 매우 큰 영향을 미치기 때문에 중요한 시험이다. 연화도 측정기를 사용하여 측정하며 깊이가 직선적으로 연속해서 변화하고 있는 홈 속에 직선 모양의 날 끝이 직각 방향으로 훑어 도료의 표면에 입자가 이동할 수 있는 근이 나타난 곳의 홈 깊이로 입자의 크기에 대한 대략적인 수를 안다.

(2) 도료의 실용성 시험

① 용기 중에서의 상태

용기 내의 도료가 즉시 사용할 수 있는 상태에 있는지 또는 교반에 의해 내용물 전체가 쉽게 균일한 상태로 되는가를 파악한다.

도료가 불균일한 상태는 다음과 같이 분류된다.

- **분리(separation)** : 도료가 2개의 상태로 분리
- **침전(settling)** : 도료 중에 안료가 침전되어 분리된 상태
- **피막현상(skinning)** : 도료의 표면이 건조되어 피막이 형성된 상태
- **겔화(gelling)** : 도료가 유동성이 없어진 상태
- **레벨링(leveling)** : 수지와 안료가 서로 반응하여 도료의 점도가 상승된 상태
- **케이킹(caking)** : 레벨링 상태가 열이나 압력, 수분에 의하여 굳어진 상태
- **점도상승(after thickening)** : 도료 중의 용제 휘발이나 부적당한 용제에 의한 희석 또는 도료 중의 기름이 산화하여 점도가 상승하는 것

② 희석제

시너가 소정의 도료를 용해하는 성질이 있는가를 조사한다.

③ 작업성

도료가 도장 작업에 지장이 없는가를 확인한다.

④ 저장 안정성

시간이 경과에 따른 도료의 변화나 변질에 대해 견디는 것을 확인한다.

(3) 도료의 성분 시험

① 가열 잔분 및 가열함량

가열잔분(nonvolatile content)은 불휘발분으로 도료를 일정한 조건에서 가열하였을 때 도료성분 중의 일부가 휘발 또는 증발한 후 남은 것의 무게에서 본래 무게에 대한 백분율이다. 도료를 105 ± 2℃에서 3시간 가열 후 측정한다.

가열함량(loss on heating)은 휘발분으로 도료를 일정한 조건에서 가열하였을 때 본래 무게에 대한 백분율로서 도료를 105 ± 2℃에서 3시간 가열 후 측정한다.

$$V = \frac{A - B}{C} \times 100$$

V : 휘발분　　　A : 접시와 시료의 무게(g)

B : 가열 후 접시와 시료의 무게(g)

C : 시료 채취량(g)

N(불휘발분%) : 100 - V

② 화학 분석 및 기기 분석

도료의 성질은 도료를 구성하는 성분의 종류나 양에 영향을 받기 때문에 성분 조성이나 양을 알아야 할 필요가 있으며 여과, 원심 분리 등으로 분리하여 기기 분석법을 통해서 알 수 있다. 기기 분석법으로는 용제분의 정성, 정량분석에 사용되는 가스크로마토(gas chromato)법, 수지류의 조성 분석에 사용되는 적외선 분광 분석법(infrared spectroscopic analysis)이 있다. 그 외 원자 흡광 분석법(atomic absorption analysis), 발광 분광 분석법 (synchronizer spectroscopic analysis), 시차열 분석법(differential Thermal Analysis), 핵 자기 공명 흡수법, 질량 분섭법, 형광 X선 분석법, X선 회석 분석법 등이 있다.

4 도막 시험법

도막에 간단하게 할 수 있는 시험방법으로는 육안에 의한 조사로 평활성, 색상의 차이, 은폐력, 주름, 붓 자국, 흐름, 얼룩, 부풀음, 기포, 백화현상 등을 조사할 수 있으며 지문에 의해 점착성의 유무를 판별할 수 있다. 그리고 도막의 냄새를 맡아서 래커(lacquer), 에나멜 (enamel), 수용성(waterborne)인지를 판별할 수 있다.

(1) 도막의 상태 시험법

도막의 상태는 도료의 성질, 도장 방법과 도장 환경에 따라 크게 영향을 받는다. 도막이 형성되는 과정에서 발생하는 결함이 있으며 도막이 되고나서 폭로와 시간의 경과에 의해 발생하는 결함이 있다. 이러한 결함은 도장의 물리적 상태를 나쁘게 할 뿐 아니라 외관적으로도 도료 본연의 색상과 광택을 잊어버리게 된다.

결함에 대한 내용은 결함에서 자세히 다루도록 하겠다.

① 은폐력
(hiding power)

도장 전 은폐율 시험지(hiding-chart)에 규정량을 도장 후 건조시키고 시험지의 흑색면과 백색면 위에서 도막의 45°, 0° 확산 반사율을 측정한다.

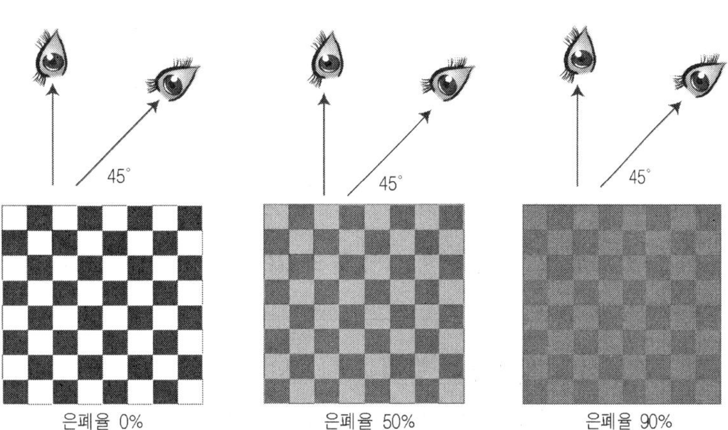

② **광택 시험(gloss meter)**

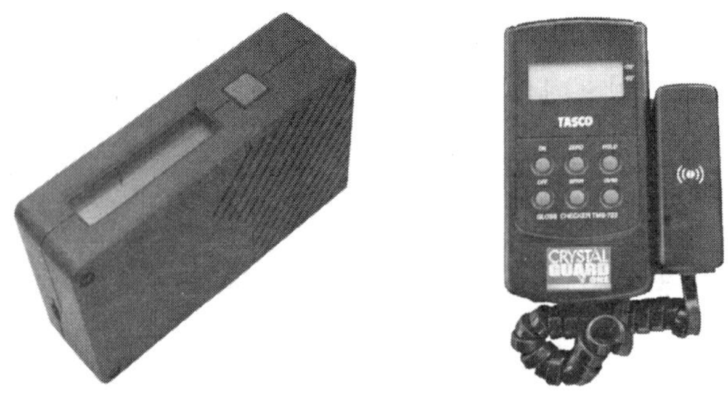

- 광택계는 일반적으로 60°의 경면 반사율의 것을 사용하며 표준판과 비교 측정한다.
- 광택계의 눈금을 표준판에 맞춘 다음 표준판 대신에 시험판을 놓고 눈금을 읽어 시험판의 광택으로 결정한다.
- 시험판의 3곳 정도 광택을 측정한 뒤 평균값으로 사용한다.
- 그림의 개용도와 같은 경면 광택도 측정 장치에 의한 광원의 입사 각도를 측정한다.

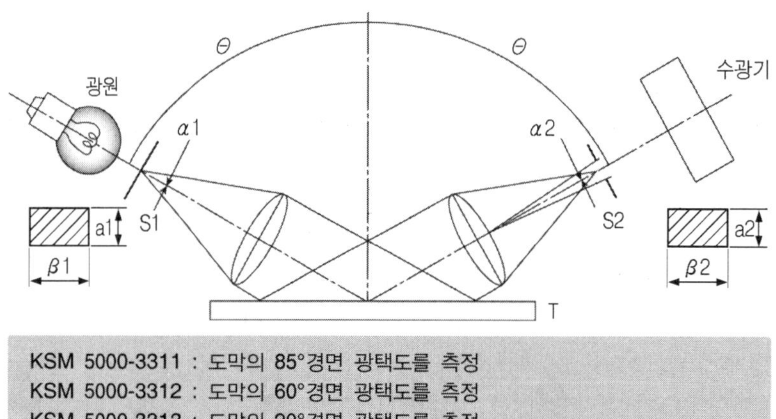

③ **경도시험(hardness test)**

도막의 단단한 정도를 측정하기 위한 시험으로 기계를 이용하여 하는 방법과 손으로 하는 방법이 있다.

　㉠ **시험기를 이용하는 방법**
　- 연필의 경도로 표시하는 연필 경도 시험이 보편적으로 사용되고 있다.
　- 연필은 17단계로 되어 있으며 다른 연필을 차례로 바꿔가면서 해당되는 연필을

도막의 연필 경도로 한다.

- 1회 시험에 사용된 연필은 사용하지 않는다.

연필경도 시험기

ⓛ **손으로 하는 방법**

연필과 도면의 각도를 45°로 하고 연필을 누르는 속도를 3mm/sec로 하여 연필의 심이 부러지지 않을 정도까지 강하게 누르면서 일정하게 이동한다.

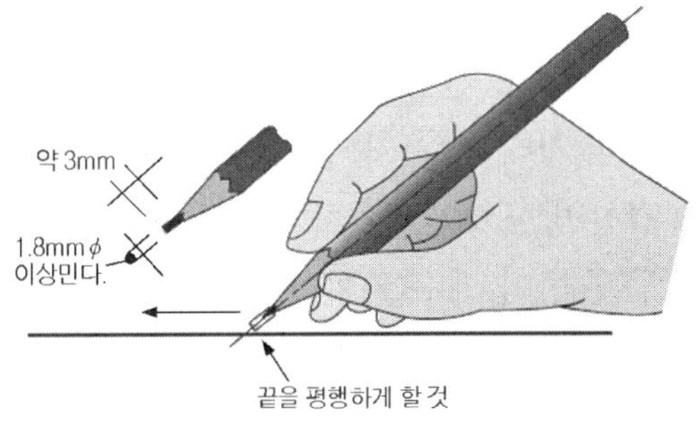

손으로 하는 연필경도 시험법

④ **부착성 시험**(adhesion test)

도막이 소재에 부착해서 잘 떨어지지 않는 정도를 측정한다.

㉠ **묘화시험**(drawing tester)

핸들의 회전에 의해 바늘이 일정한 반경을 갖는 원을 그리고 동시에 시험판을 수평으로 이동하면서 흠을 남긴다. 이때 도막의 박리 상태를 조사한다.

묘화시험

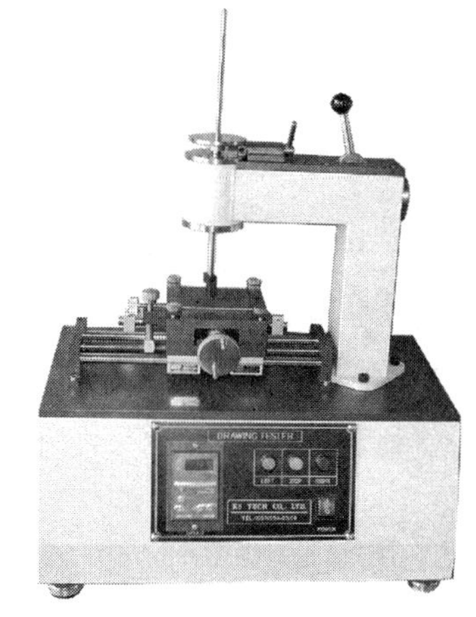

바둑판 모양의 부착성 테스트

ⓛ **바둑판 모양의 부착성 테스트**

도장면에 편날의 면도날을 소지에 도달하는 등간격의 평행선 11개를 그리고 이러한 평행선에 수직으로 교차하는 등간격의 평행선 11개를 그려서 정사각형 100개를 만든다. 이 위에 폭 24mm의 점착테이프를 붙일 때 기포가 생기지 않도록 부착한 후 테이프의 끝을 잡고 180도 겹친 방향으로 급격하게 당겨서 시험편에서 테이프를 벗겨 100개의 정사각형 중에서 남은 방의 개수를 확인한다. **남은 방의 개수 ÷ 100**으로 표시한다. 평행선의 간격은 일반적으로 1mm이나 도장 막의 두께가 두꺼울 경우에는 2mm 정도로 한다.

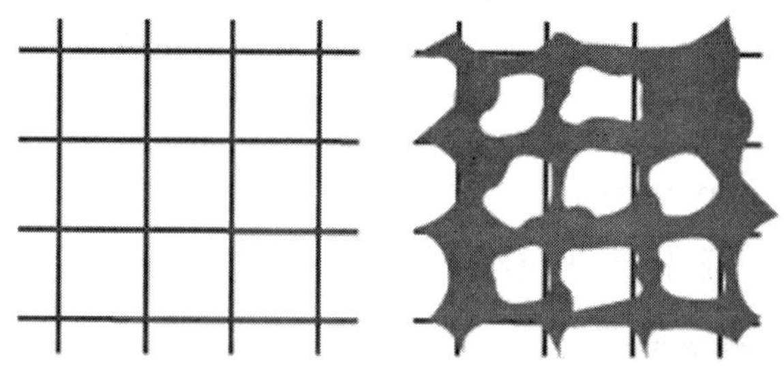

커팅 → 시험 후 테이프를 벗겨낸 후의 모습

ⓒ **에릭션 시험**(erichsen test)

시험판은 넓이 70mm 이상 두께 0.5~1mm의 철판을 사용한다. 시험판의 도막이 시험기의 거울을 향하게 넣고 간격을 없이 고정시킨 다음 거울을 통하여 도막을 보면서 중심을 0.01mm/sec의 속도로 이동시킨다.

이 시험의 판정방법은 다음과 같다.
- 도막이 파괴될 때까지의 거리를 측정하는 방법
- 일정한 거리에서 도막의 파괴여부를 판단하는 방법
- 도막 면에 예리한 칼로 십자를 그어서 그 교차점을
  중심에 일정거리를 두어 그 면에 tape test하여 부착
  여부를 조사하는 방법

ㄹ **내굴곡성 시험**(flexibility test)

도막의 변형에 필요한 비교적 긴 경우의 파괴 신장을 평가하는 방법으로 도장된 시험
편을 꺾어서 꺾인 부분의 도막 박리 및 균열을 조사한다.

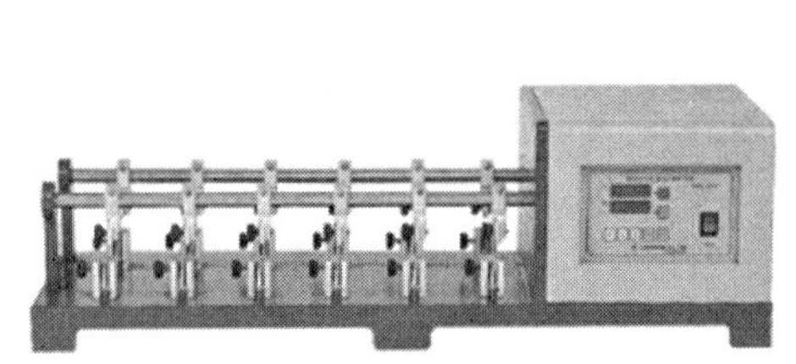

ㅁ **충격 시험**(impact test)

순간적으로 도막에 힘이 가해지는 경우의 파괴 신장을 평가하는 방법
- 규정된 추를 규정거리에서 낙하시켰을 때 도막의 파괴여부를 시험하는 방법(그림1)
- 도막이 파괴되도록 요하는 추의 무게와 거리를 얻기 위한 방법(그림2)

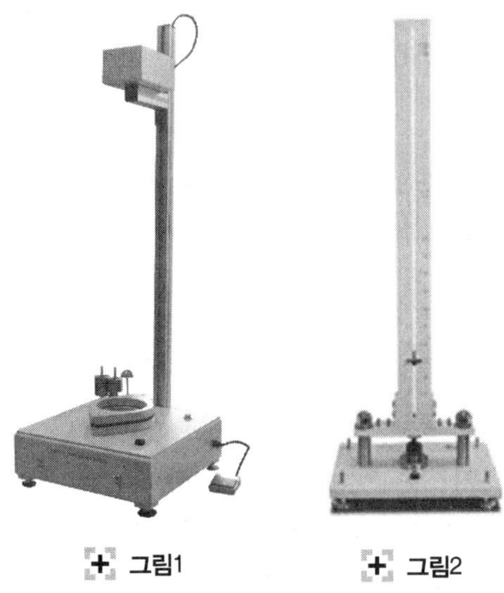

그림1   그림2

- **내마모성 시험기**(abrasion resistance test) : 내마모성 시험은 도장 판 도면의 수평면에 대해 45° 각도로 고정한 시험편에 관을 통해 모래를 낙하시켜 시험편 도막의 마모상태를 조사하는 시험이다. 낙하시킨 양의 다소에 의해서 내마모성을 판정한다.

(2) 도막의 화학적 저항성에 관한 시험법

① 가열시험

열에 의해 연화 또는 경화되는 물리적 성질의 변화나 열분해에 의한 변색, 퇴색 등의 화학적 변화 또는 광택을 평가한다. 시험편을 고온에서 일정기간 넣어 두었다가 꺼내어 도장외관, 색상, 광택의 변화 및 점착정도를 비교한다.

② 내오염성

외부로부터의 오염 물질에 대해서 도막에 오염 물질로 인한 얼룩이 남아 있는가를 조사한다.

③ 침전 시험

건조 도막의 침지 저항성 시험 방법이다. 침전 시험 후 도막의 외관 변화를 조사한다.

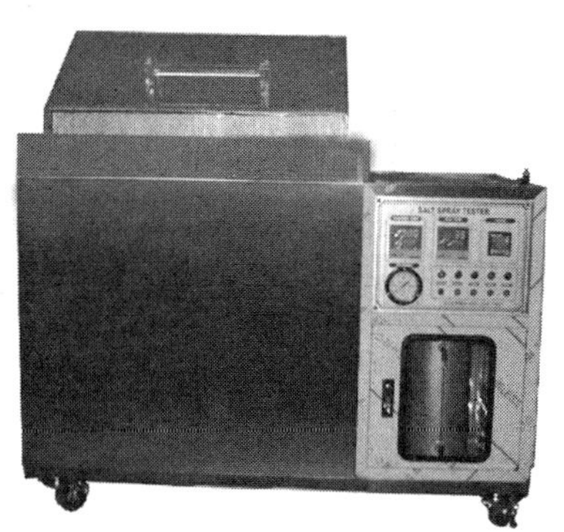

④ 염수 분무 시험

촉진시험의 하나로 시험편에 염수를 분무하여 도막에 녹이나 부풀음 등이 발생하는 가를 시험한다. 시험편은 미리 도막에 칼로 소지까지 두개의 대각선을 그어 놓고 염수를 분무하여 녹 발생을 파악한다.

⑤ 내습시험

고온 다습에 도막이 부풀음이 생기는 경우가 많으므로 항온 항습기(50 ± 2℃, 습도 95% 이상) 속에 일정시간 동안 시험편을 넣어둔 후 꺼내어 외관을 조사한다.

⑥ 내팽윤성 시험

㉠ **내습 시험 방법** : 부풀음, 광택소실 등을 측정한다. 일반적으로 48, 72, 96, 144시간 계속 실시하여 이상 유무를 판정한다.

㉡ **내습수 침정 시험** : 40℃의 온수차 속에 도장판을 침정시켜 도면에 발생하는 이상을 조사한다. 시험 중 온수가 증발하여 손실되기 때문에 항상 침청선이 유지하도록 보충하고 침수시간은 24, 48, 72, 96시간 등 도료 및 도장의 횟수에 따라서 시험시간

결정한다. 침정 직후나 시험 후 2시간 방치하고 도장 상에 녹, 부풀음, 주름, 광택소실 등의 결함을 비교한다. 이상이 발생할 때까지 침정시간이 길면 길수록 내온수성이 좋다.

ⓒ **내수시험(water resistance test)** : 도장판 주변을 실링하여 도판 1판에 대해서 300cc 비커 1개에 약 20℃의 물을 약 90mm까지 넣고 그 중에 도장판을 약 80mm 정도 침정시켜 규정시간이 경과 후 주름, 부풀음, 박리, 광택소실과 같은 도장 결함을 비교한다. 도막의 이상이 발견될 때까지 시간이 길면 길수록 내수성이 좋다.

(3) 도막의 장기 성능에 관한 시험법

① **내후성 시험(weather resistance test)**

실외폭로시험(보통 6~12개월)을 행하나 장시간이 요하므로 촉진시험법(100~300시간)을 많이 이용한다.

도막은 실외에 있어서 자외선, 눈과 비 등의 영향을 받게 되면 퇴색, 노화 등의 현상을 일으켜 도막의 강도나 부착력이 떨어진다.

㉠ **폭로시험(자연폭로)** : 도막을 자연환경에 일정 연 월간 폭로해서 도막상태를 조사하는 방법이다. 도막에 있어서 요인으로는
  - 환경 : 열, 온도, 계절 등에 있어서 기상조건의 차이, 내륙과 해와의 차이, 공장지대 등
  - 기상조건 : 기온, 습도 등
  - 계절 : 춘하추동 시험판의 형상과 재질
  - 시험판과 지평면에 대한 각도
  - 도장조건 : 녹 방지, 도장횟수, 각도, 도장 시 하지상태의 차

폭로방법은 폭로되는 도장판의 도면을 남면으로 향하게 하고 그 장소의 자오면에 수직으로 도면과 수평면에 각도는 그 장소의 위도보다도 약 5° 정도 각도로 되게 한다. 미국은 플로리다 마이애미 해안이 폭로시험에 기후적, 태양 에너지의 양이 가장 적합한 폭로 표준지대로 되어있다. 1개소를 표준지로 결정하기는 곤란하므로 대표지구를 선정해서각지역의 결과에서 폭로성을 판단한다.

폭로기간은 일정 일시가 경과하면 도막의 광택, 변색, 균열, 녹, 부풀음, 박리, 부착성 등을 조사, 기록한다(단, 시험판의 뒷면은 왁스나 바니스로 처리한다.).

※ KSM 5000-3241 : 도료의 옥외 폭로 내후성 시험 방법

ⓛ **촉진폭로시험(Weather-Meter)** : 자연폭로시험은 기간이 길기 때문에 시간이 단축된 결과를 얻을 목적으로 한다. 시험결과는 자연폭로와 꼭 일치된다고 볼 수 없다. 예를 들면 백화, 변색현상은 빨리오나, 균열, 박리 등은 비교적 늦게 온다. 따라서 이는 다음과 같은 이점을 갖고 있다.

- 시험기간 단축
- 광선, 온도, 습도 등 제 조건을 임의로 선택 변경할 수 있다.
- 도료의 조성 및 도막의 내구력과 작용관계가 거취하고 각 조건 및 실험을 재현할 수 있다.

> ※ KSM 5000-3231 : 도료의 내후성 촉진 시험 방법

ⓒ **장기 침적 시험** : 선저 도료나 해양 구조물용 중방식 도료의 해양 침적 시험으로 조수의 차에 의한 시험편의 수심 변화를 막기 위해 대나무 뗏목에 시편을 매달아 침적시킨다. 해저도료의 방오성, 내구성, 방식성 등을 조사한다.

(4) 기타 측정도구

● **도막두께 측정기**

● **확대기구**

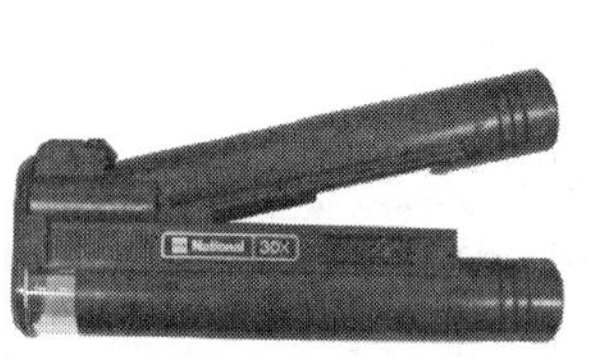

✚ 확대경

✚ 루페

도장장비와 공구

03

자동차 보수 도장에 사용되는 설비, 장비, 공구의 특성과 사용법 등을 이해하여 적절한 설비, 장비, 공구를 사용해야 한다. 도장 작업장은 항상 깨끗이 유지 관리되어야 함을 잊지 말자.

01 보수도장 설비

자동차 보수 도장의 설비로는 도장실과 연마실, 공압 설비가 있다.

1 도장실(spray booth)

자동차 보수 도장 시 스프레이건(spray gun)을 이용하여 액체의 도료를 안개모양으로 만들어 도장하고자 하는 부위에 도장할 때 도료의 전체가 도착되지 않고 비산되는 도료가 발생하게 된다. 도착되지 않은 도료는 유기용제로 인체에 유해하다. 비산되는 도료로 인하여 작업의 능률이 떨어지고 대기환경을 오염시키며 인화나 폭발 등의 위험성이 있기 때문에 배기장치가 필요하다. 이러한 이유와 도장을 함에 있어 먼지나 이물질 등이 도장면에 부착되어 도장품질이 떨어지는 것을 방지하는 목적이 있다.

자동차 보수 도장에 이용하는 스프레이부스(spray booth)는 건식방식의 도장실을 사용하고 있다. 도장실은 항상 깨끗이 유지하여 도장 시 분진이 피도물에 붙는 것을 방지하고 차량의 입고와 출고, 작업자의 출입을 제외하고는 항상 닫아 놓도록 하여 벌레들이 들어가는 것을 방지한다.

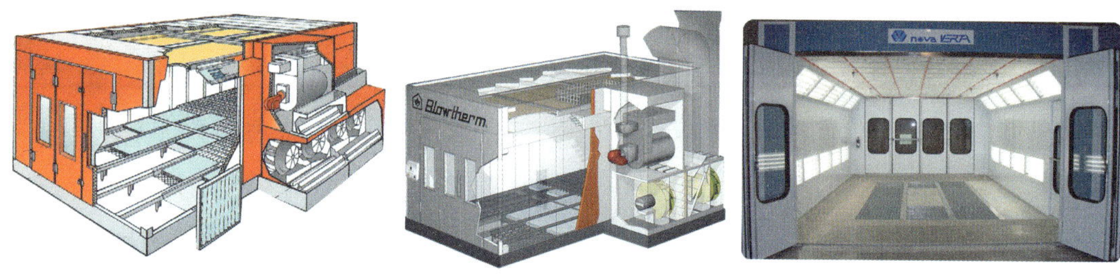

현재에는 유성도료 도장용 도장실과 수용성도료 도장용 도장실 2가지가 있으며, 유성용 도장실과 수용성용 도장실의 가장 큰 차이점은 도장실내의 공기흐름이다. 수용성용 도장실의 경우 바람을 이용하여 베이스코트(base coat)를 건조시키기 때문에 공조장치의 모터(motor)마력이 유성용 도장실보다 높아야 하고 먼지가 도장면에 붙을 경우 제거하는데 어려움이 있기 때문에 정전기 억제장치를 설치해야 한다.

그리고 습도를 조절하기 위하여 습도 조절 장치가 필요로 한다. 지금 당장 수용성도장부스를 설치하고 수용성 도료를 도장해야 하는 업체 중 금전적 문제로 수용성 도장부스 설치가 어려울 경우 기존에 사용하던 스프레이 부스에 제습용량이 큰 제품을 설치하고 사용하면 수용성 베이스 코트 도료 건조에 많은 도움이 될 것이다.

자동차 보수도장에서 가장 많이 사용하고 있는 건식 도장실에 대해서 설명하겠다.

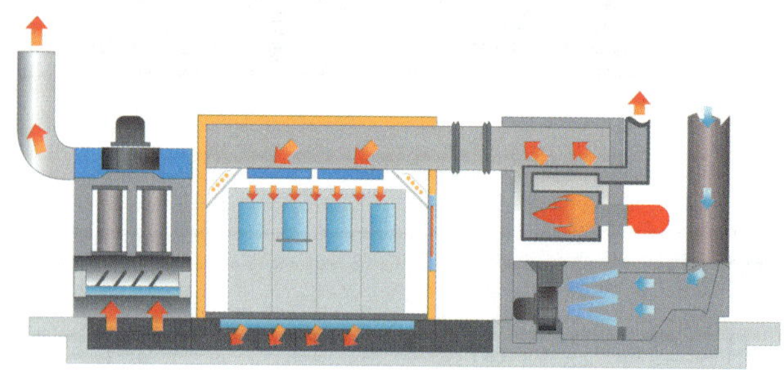

도장부스의 공기흐름도

■ 2 구비요건

① 흡기필터는 먼지나 이물질 등이 도막에 붙지 않도록 깨끗한 공기를 공급해야 한다.

② 배기필터는 도장중 발생하는 유기용제나 분진을 포집하고 외부로 유출되는 것을 방지해야 한다.

③ 강제배기는 작업자가 도장중 유해가스와 분진을 흡입하는 것을 방지해야 한다.

④ 도료의 부착성을 높이기 위해서 도장실 내부 공간은 일정하고 균일한 온도를 확보해야 한다.

⑤ 인화성 물질을 사용하므로 화재방지 기능이 있어야 한다.

⑥ 조명은 분진의 날림으로 오염이 잘 되지 않도록 고려해야 하고, 색상식별이 용이하며 적당한 조도를 확보해야 한다(600~800Lux, 30~50W/1m²).

⑦ 각종 필터의 교환이 용이해야 한다.

⑧ 내부공기의 유속은 0.3~0.5m/sec가 되도록 설계한다(도장실의 종류에 따라 조금씩 차이가 있다.).

수용성 도장부스의 경우 기존의 부스요건에서 공기의 유량과 유속을 증가시켜 사용해야 한다. 기존의 도장부스에서 사용할 경우에는 바람을 불어주는 드라이젯(dryjet)을 이용하여 도장 후 도료를 건조시키는 것이 작업 시간 단축에 도움이 된다.

수용성 도장 부스

(1) 수용성 도료 적용을 위한 도장 부스의 변천

수용성 상도 베이스코트 도장 후 건조시간을 조정할 수 있는 요건으로 상대습도, 온도, 공기유량이 있다. 작업성 및 건조속도를 향상시키기 위하여 아래와 같이 변천되었다.

1) 에어 블로우 건(air blow gun) 채택(1994~)

고압력의 압축 공기를 집중 분사하여 건조를 촉진시키지만 에어 젯에 의한 기류 형성으로 인한 분진이 유발되어 도장면에 부착하여 결함을 발생시킨다. 또한 많은 양의 압축공기가 필요하기 때문에 큰 용량의 공기 압축기가 필요하다.

부분 건조용으로 적합하다.

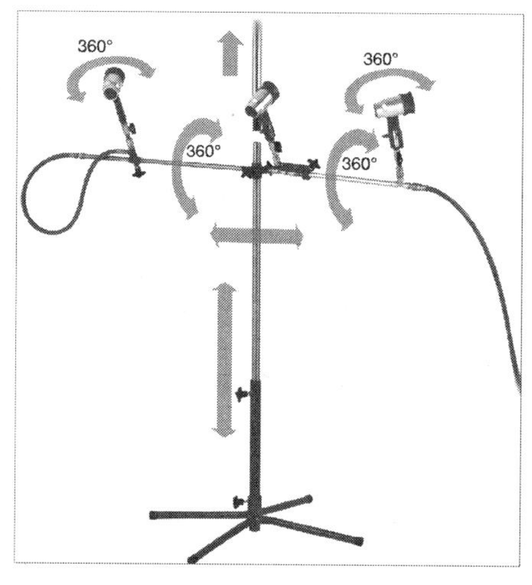

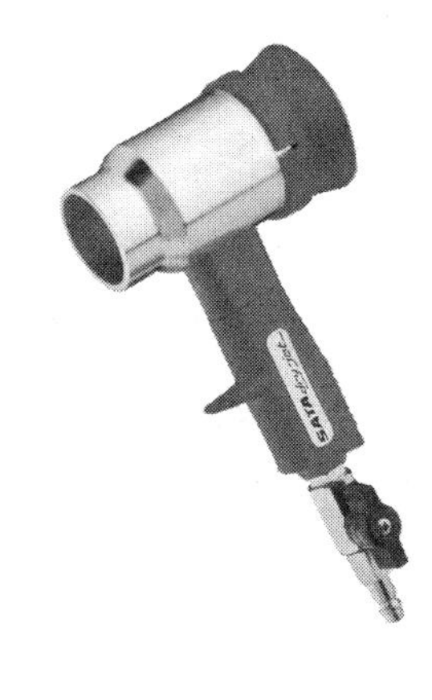

2) 에어노즐(air nozzle) 채택형(1997~)

도장 부스 좌우 측면 상단에 콘(cone)형태의 에어노즐(air nozzle)을 설치하여 노즐을 통해 고속의 공기를 분사하여 건조를 촉진시킨다. 하지만 에어 제트에 의한 기류형성으로 분진이 유발하여 결함이 발생한다. 또한 도장실 내부의 기류는 부스 천장으로부터의 공기 유입 속도와 에어 노즐로부터의 공기 속도 차이로 인한 와류 및 양쪽의 여러 노즐에서 중앙으로 분사되는 기류의 부딪힘으로 인해 차량 주변의 공기는 난류를 형성하게 된다.

3) 흡·배기 공기량 조절형(2005~)

도장 시에는 적정 풍속(0.3~0.5m/sec)을 공급하고, 건조 시에는 풍량조절을 위한 인버터(inverter)가 있고 수용성 도료의 종류와 작업 내용에 따라 선택하고 조절할 수 있는 컨트롤시스템(control system)이 있다.

버너(burner)의 용량을 증대시켜 환기 및 지촉 건조 공정에서 다량의 공기를 공급하고 예비 건조 공정에서는 150~180%의 풍량을 공급함과 동시에 실내 건조 온도를 40℃로 유지시킨다.

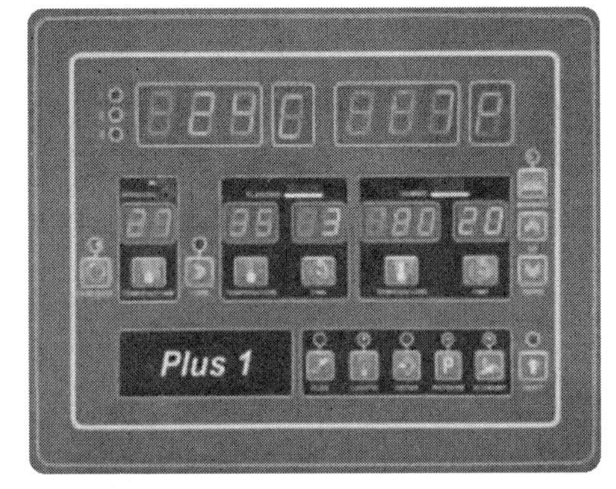

전체 풍량을 늘리므로 부스 내에서의 와류 발생이 없고, 증가된 풍량도 흡기 필터를 통해 공급되므로 먼지로 인한 결함이 없지만 가변 제어를 위한 인버터 및 컨트롤시스템 등의 비용증가가 발생한다.

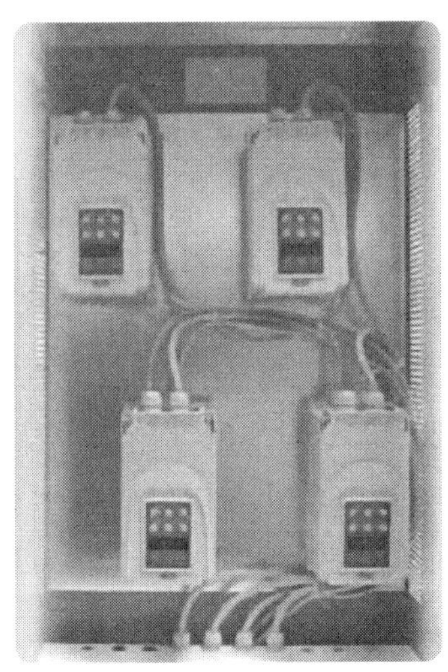

4) 전용 터보팬(turbo fan) 채택형(2001~)

기존 도장 부스 보완형으로 도장 부스 천장 상단 4모서리에 터보팬(turbo fan)을 설치 가동시켜 건조를 촉진시킨다. 간편하게 추가 시설하기가 적합하지만 회오리바람 형성으로 분진이 유발하여 결함이 발생한다.

5) 가열 질소 공기 공급 방식

압축 공기 중의 질소를 추출하고 가열하여 스프레이용으로 공급하는 시스템으로 가열
된 질소 공기의 특성은 건조를 촉진시키고 정전기 발생을 방지시키며, 기존 압축 공기
공급 라인에 간편하게 추가 시설이 가능한 것이지만 아직까지 검정되지 않은 시스템이고
입자각의 변화에 의해 컬러에 미치는 영향이 있으며 장비 비용이 고가이다.

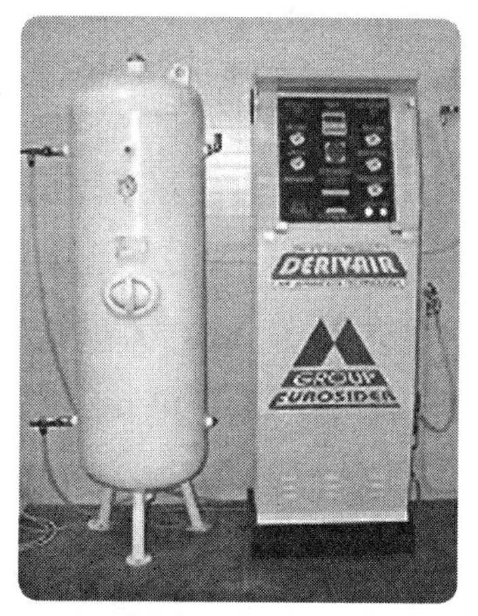
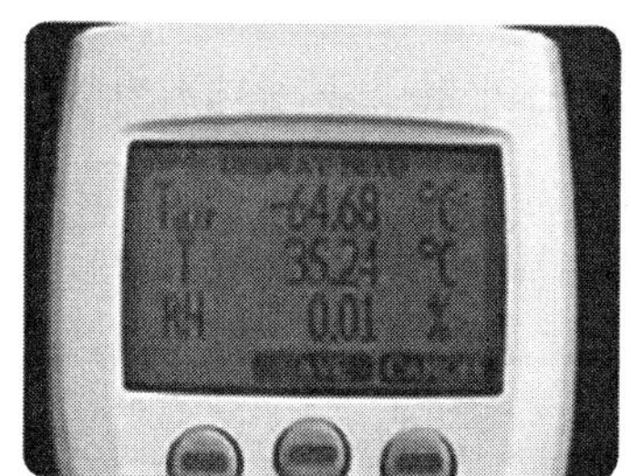

6) 부스터(booster) 방식(2003 ~)

기존 부스 보완형으로 부스 내부 좌, 우측 벽면에 수평으로 또는 4코너에 수직으로
콘(corn)형태의 에어노즐(air nozzle)을 설치하여 고속의 공기를 분사하여 건조를 촉진시킨
다. 부스 천장으로부터의 공기 유입 속도와 에어 노즐로부터의 공기 속도 차이로 인한
와류 및 양쪽의 여러 노즐에서 중앙으로 분사되는 기류의 부딪힘으로 인해 차량 주변의
공기는 난류상태가 되기 때문에 분진 유발로 인한 결함이 발생할 수 있다. 기존 부스에
간편하게 저렴한 비용으로 추가시설이 가능하다.

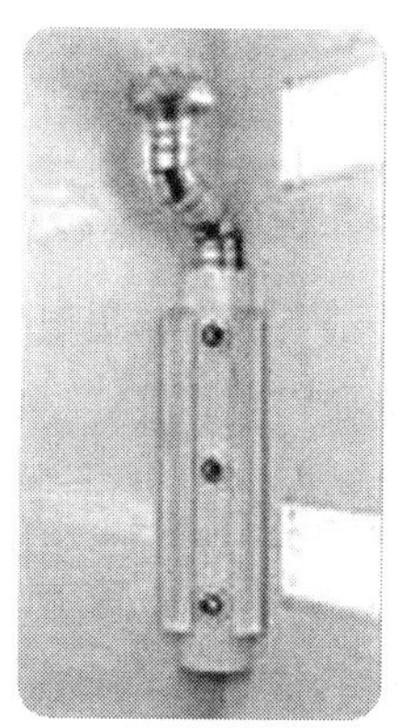

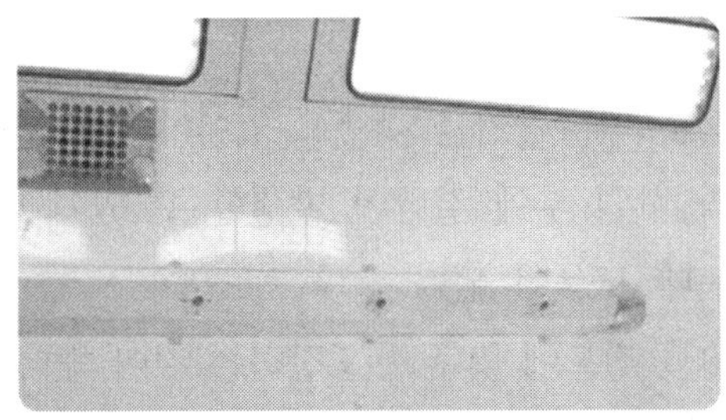
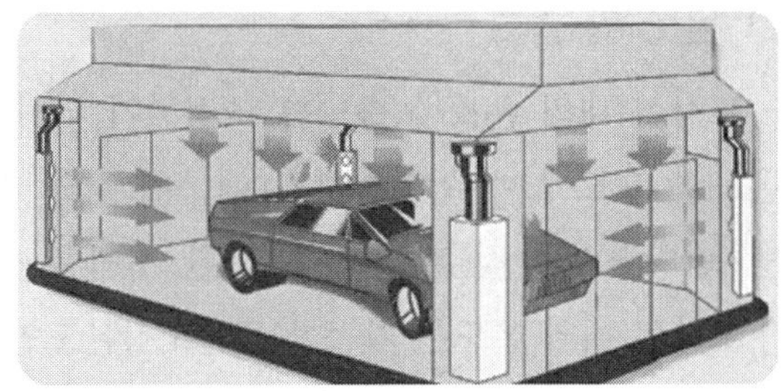

☑ 수용성 도장실에서 요구되는 사항

기본적인 도장실의 구비요건을 충족시켜야 하고 아래의 요건을 만족시켜야 한다.

- 유속이 빨라야 한다 : 기존의 유성도장실의 유속 평균이 0.3~0.5m/sec인 것에 비해 수용성 도장실은 2m/sec 정도를 만족해야만 생산성이 증가된다.
- 건조 시 따뜻한 공기를 흘려보내는 장치가 있어야 한다 : 물을 건조시키기 때문에 온도가 높아지면 더욱 더 빨리 건조된다. 또한 겨울철 같은 경우 유성도료는 건조가 늦어지는 반면, 수용성도료의 건조는 빨라지는 특징이 있다.

3 도장실의 조건

무거운 중량의 자동차가 입고되고 바람과 열에 의한 수축과 팽창을 반복하기 때문에 충분한 내구성이 있도록 설계되어야 한다. 부스(Booth) 조립 때 용접 > 리벳 > 볼트의 순으로 변형할 확률이 높다.

부스 외벽은 불연재질을 사용하고 필터류는 난연재질, 열교환기는 내부식성이 있어야 하고, 사용하는 유리는 경화유리 또는 라미네이팅 코팅 2겹 유리를 사용해야 한다.

1) 도장실 내의 유속

도장실 내의 바람이 상부에서 하부로 내려오는 경우 바닥면에서 1.5m 정도의 높이로 하여 풍속을 측정한다. 또한 도장실 내의 공기는 실내의 유동이 상부에서부터 하부로 내려오는 구조이다.

도장 부스 내부에서의 공기흐름은 도장 작업 시는 물론 건조 시에도 전체 면적 어느 지점에서나 그 속도가 균일하여야 와류로 인한 도료 분진 등의 날림 현상, 열풍의 집중으로 인한 도장 결함 현상을 방지할 수 있다.

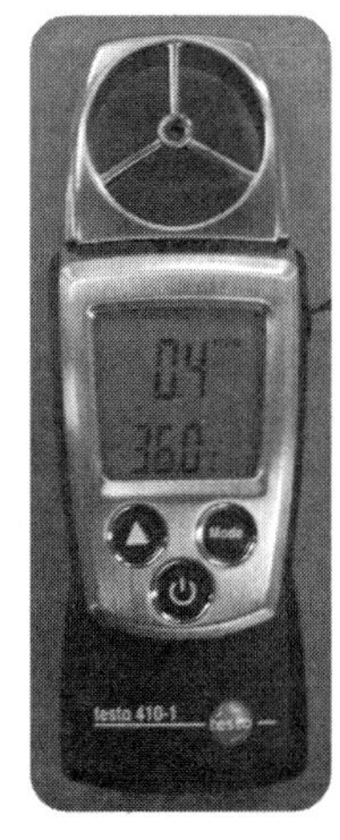

＋ 유속측정기구

2) 온도 및 습도

도장실 내의 온도나 습도를 조절하기 위하여 냉·난방장치를 갖추고 있어야 한다. 도료는 온도와 습도에 매우 민감하기 때문에 작업 중과 작업 후에 결함이 발생할 수 있기 때문에 냉·난방장치를 갖추어야만 양호한 도막을 얻는데 도움이 된다.

도장실 내의 온도는 가능한 표준도장온도인 20℃ 정도에 맞추고 도장하는 것이 좋다. 온도가 올라가면 도료자체의 점도가 묽어지며 겨울철과 같은 경우에는 도료의 점도가 높아지기 때문에 항상 일정한 온도를 유지하는 것이 좋다. 또한 습도의 경우 도료에 수분이 응착할 수 있기 때문에 습도조절기를 이용하여 항상 75% 이하의 습도에서 작업을 하도록 하여 결함 발생을 줄이고 좋은 품질의 도장면을 만들 수 있도록 해야 한다.

3) 조도

도장실 내의 조도는 일반적으로 제품의 위치에서 측정한다. 최하 600~800 Lux, 30~50 W/㎡ 이며 가능하면 1,000Lux 이상되어야 하고 자연광에 가까운 데일라이트(daylight) 전구를 사용하는 것이 좋다.

아래의 사진과 같이 상단과 허리에 형광등을 위치하게 하여 도장실 내에 그늘이 발생하지 않도록 하는 것이 좋다.

➕ 도장부스의 내부

➕ 도장실 바닥 모습

4) 도장실의 크기

무엇보다도 작업하고자 하는 제품이 들어가서 어떤 부위라도 걸리는 것이 없게 설계되어야 한다. 제품과 벽면과의 거리는 70cm 이상되어야 하며, 가능하면 100cm 정도가 좋다.

대부분의 자동차용 도장실의 경우 4,000(W) × 7,000(L) × 3,300(H) 정도는 되어야 하며, 작업의 편의성을 위해서라면 조금 더 큰 것이 좋다. 현재 자동차들이 대형화 추세이기 때문에 미래를 생각한다면 약간 큰 제품을 구입하여 설치하는 것을 추천한다.

5) 분진 발생 방지

분진은 도장함에 있어 적으면 적을수록 좋다고 할 수 있다. 도장 시에 가능하면 분진이 즉시 배출될 수 있는 구조를 갖추어야 한다.

- **도장실의 내부에 공기가 맴도는 곳이 없어야 한다** : 도장 시에 도장 후 남은 도료인 미스트(mist)가 바닥을 통해 외부로 배출되어야 하는데 도장실의 구석에서 맴도는 경우가 발생한다. 이것을 방지하기 위해서는 작업을 하는 공간에만 공기가 배출되는 것보다는 바닥 전체가 배출되는 형태의 도장실을 추천한다. 도장실 제작회사에 따라 천정필터 내부의 공간에 댐퍼(damper)를 설치하여 천정필터 내부의 공기가 입구에서 먼 곳까지 골고루 갈 수 있도록 해준다.

- **도장 시 자동차의 출입이나 작업자의 출입에 외부의 먼지가 내부로 들어가는 것을 방지한다** : 도장실은 외부에 비해서 약간의 (+)압을 가지고 있다. 즉 상부에서 유입되는 공기가 하부에서 배출시키는 공기보다 약간 높다는 것이다. 이 형태가 되어야만 출입문을 열어도 외부의 공기가 도장실 내부로 들어가는 것을 막을 수 있다. 하지만 사용을 하다 보면 배출되는 곳의 필터가 서서히 막히게 되어 (+)압의 증가로 출입문이 닫히지 않고 배기가 되지 않는 경우가 발생한다. 이것을 보완하기 위하여 도장실 제작회사에 따라 내부의 압력을 조정할 수 있는 장치가 설치되어 있는 것도 있으니 설치할 때 고려한다.

- **천정필터는 점성이 있는 것으로 사용한다** : 도장실 내의 천정필터는 다른 필터와는 달리 약간의 점성이 있는 제품을 사용한다. 도장 중 발생한 미스트나 유입되는 공기 중에 포함되어 있는 먼지를 달라붙게 하여 도장 중 도장면에 묻는 것을 방지할 수 있다. 또한 천정필터를 교환하였을 경우 빈 곳이 없도록 꼼꼼하게 살펴 공기의 유동이 골고루 될 수 있도록 한다.

- **도장실 진동 방지를 위하여 진동을 일으키는 것은 도장실에 부착하지 않는다** : 도장실에 진동이 발생하면 도장실 내부에 부착되어 있던 먼지나 이물질 등이 떨어져 도장을 할 때 도장면에 붙게 되므로 모터를 비롯한 열풍장치는 도장실 케이스에 직접 부착하지 않도록 한다.

6) 공기 유입 장치

도장실 내의 온도나 습도를 조정하고 깨끗한 공기를 유입시켜 먼지가 없는 작업공간을 만들기 위해서 필요하다.

- 급기량은 20,000m³/hr 이상의 제품을 사용한다.
- 흡입되는 공기에 온도와 습도를 제거하기 위하여 가열이나 가습을 통과한다.
- 송풍기는 원심송풍기 형식을 많이 사용하며 터보팬(turbo fan)방식과 시로코팬(siroco fan) 방식 2가지를 많이 사용하고 있다.

급기의 경우 시로코팬을 사용해도 되지만 배기의 경우에는 터보팬 방식을 사용하여 팬(fan)에 분진이 부착하여 고장이 나는 것을 방지하는 것이 좋다. 현재 외국의 도장실의 대부분은 터보팬방식을 사용하지만 국내의 도장실 제작업체는 시로코팬을 많이 사용하고 있다.

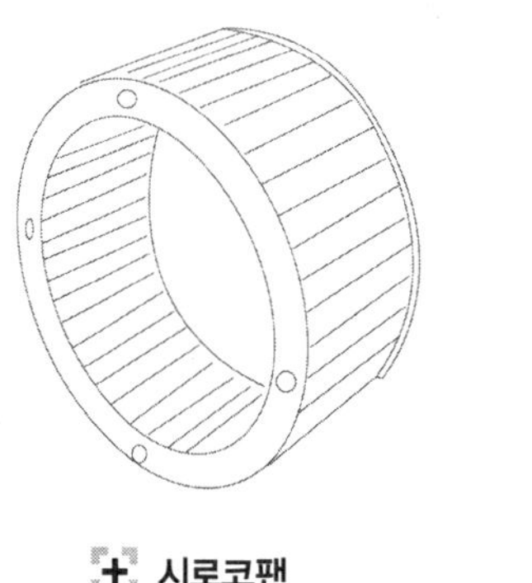

시로코팬

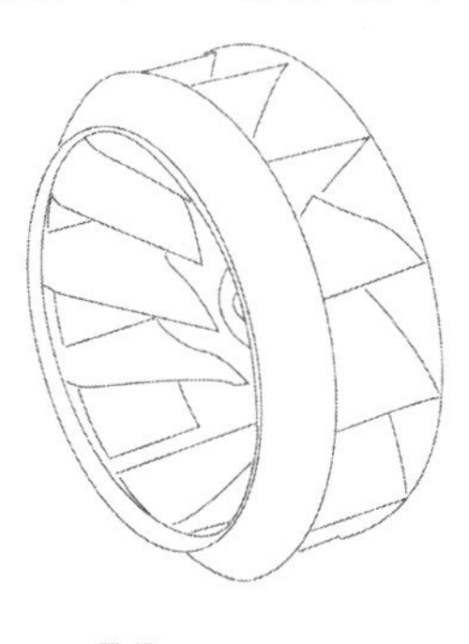

터보팬

Glossography

☑ 터보팬(turbo fan) : 날개가 회전 방향과 반대로 구부러져 있어 바람을 날개로 밀어내는 형식으로 날개에 퇴적물이 시로코팬에 비해서 많이 쌓이지 않는다.
☑ 시로코팬(siroco fan) : 날개의 매수가 많고 회전방향을 구부러져 있어 바람을 안고 가는 형식으로 날개에 퇴적물이 많이 쌓이므로 자주 청소해야 한다.

4 유지관리

도장실은 항상 깨끗한 상태로 유지 관리되어야 하며 각종 필터류들은 오염정도에 따라 교환주기를 선택해야 한다. 교환할 경우에는 도장실 제조 메이커에서 요구하는 필터를 이용하여 교체해야 한다.

도장실 내부 벽면에 부직포를 붙이거나 도장실 전용 부직포(dirt trap) 부스코팅 등을 이용하여 도장실 내부의 오염을 방지하여 도장 시 먼지가 달라붙는 것을 방지하며 내벽에 페인트가 묻더라도 쉽게 제거할 수 있기 때문에 금전적 여유가 된다면 사용하는 것이 좋다.

부스코팅

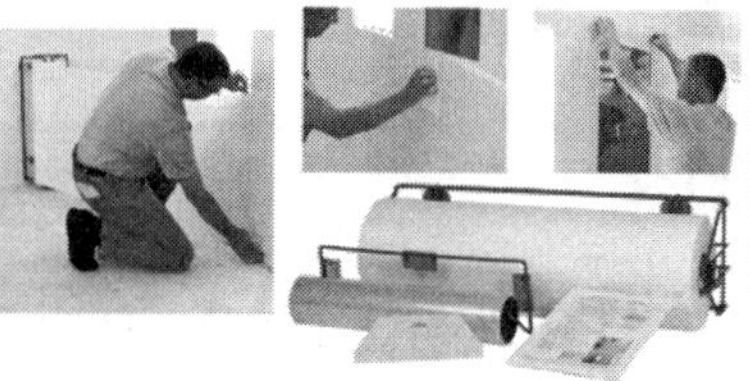

Dirt Trap

도장부스 유지 관리스케줄

※ 올바른 작업, 설비의 성능 유지 그리고 작업상의 안전 등을 위해서는 도장 – 건조 부스를 적절히 관리 해 주어야 한다.

※ 아래의 도표는 각 부분품의 유지 관리 기간의 평균치를 나타낸다.

※ 설비사용자(1~21), 자격 있는 기술자(22~24)가 관리해야 할 사항

No	항목＼작업 시간	50	100	150	200	250	300	350	400	450	500	550	600	650	700	750	800	850	900	950	1000
1	흡기 필터						◎						◎						◎		
2	천정 필터				◎				◎				◎				◎				◎
3	부스 천정 필터										◎										◎
4	바닥 필터		◎		◎		◎		◎		◎		◎		◎		◎		◎		◎
5	활성탄 필터				◎				◎				◎				◎				◎
6	부스 내부 벽		◎		◎		◎		◎		◎		◎		◎		◎		◎		◎
7	바닥 그레이팅		◎		◎		◎		◎		◎		◎		◎		◎		◎		◎
8	유리 표면				◎				◎				◎				◎				◎
9	배기 공간										◎										◎
10	흡 배기 덕트										◎										◎
11	연통 청소										◎										◎
12	설비 외관										◎										◎
13	Air라인 점검	◎	◎	◎	◎	◎	◎	◎	◎	◎	◎	◎	◎	◎	◎	◎	◎	◎	◎	◎	◎
14	연료라인 점검	◎	◎	◎	◎	◎	◎	◎	◎	◎	◎	◎	◎	◎	◎	◎	◎	◎	◎	◎	◎
15	댐퍼 작동상태				◎				◎				◎				◎				◎
16	버너 연소 상태		◎		◎		◎		◎		◎		◎		◎		◎		◎		◎
17	부스내압 조정				◎				◎				◎				◎				◎
18	Fan 소음 점검				◎				◎				◎				◎				◎
19	모터 소음 점검				◎				◎				◎				◎				◎
20	버너 분해 청소										◎										◎
21	Fan 청소										◎										◎
22	모터 베어링 교환																				◎
23	열 교환기 청소																				◎
24	컨트롤패널점검				◎				◎				◎				◎				◎

※ 도료의 사용량에 따라 각각의 점검 교환 기간은 달라진다.

※ 1,000시간의 작업 주기로, 유지관리는 재순환된다.

도장부스 Check Sheet

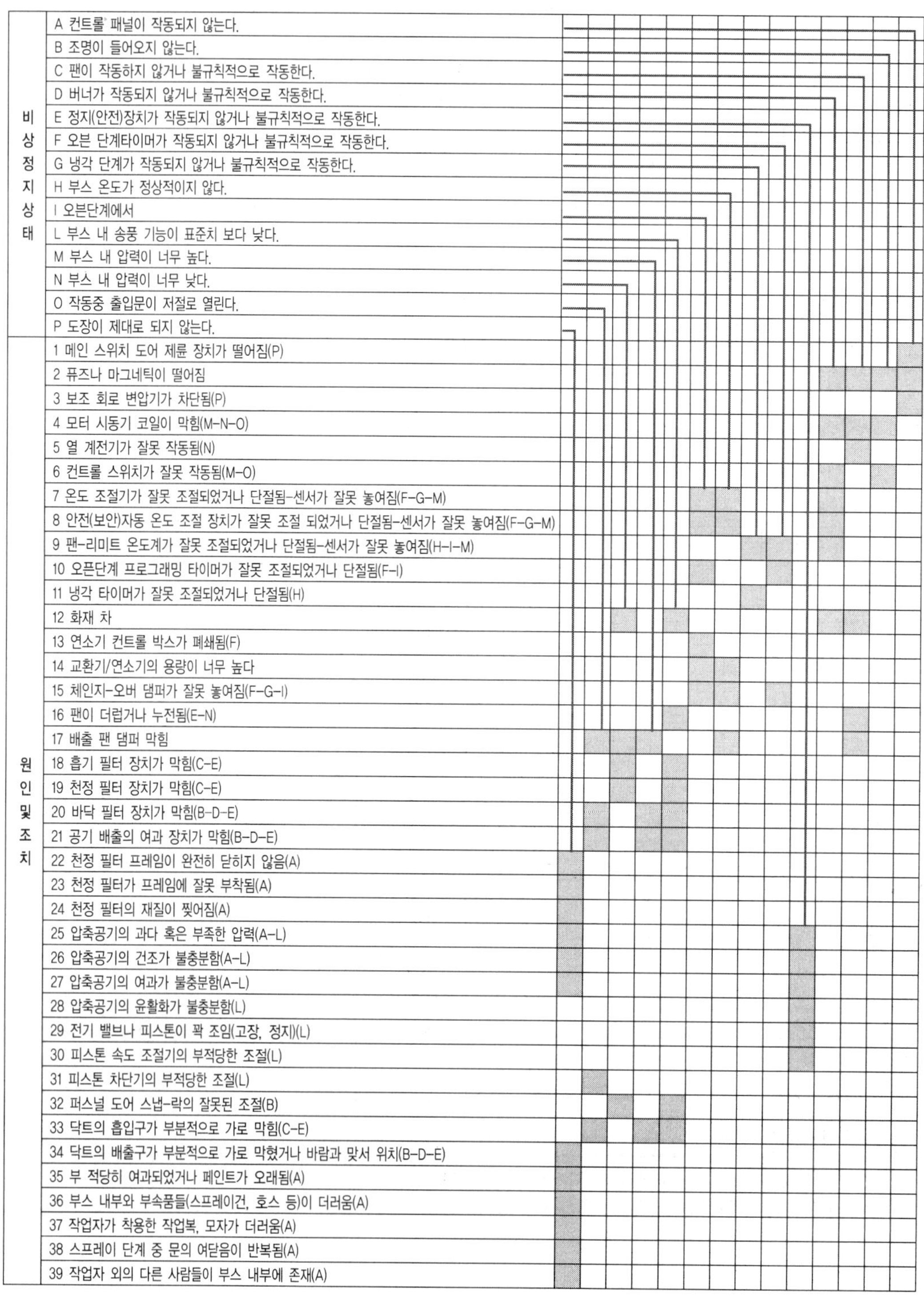

02 연마실(sanding room)

자동차 보수 도장에서 상도도장을 하기 전의 준비작업장이다.

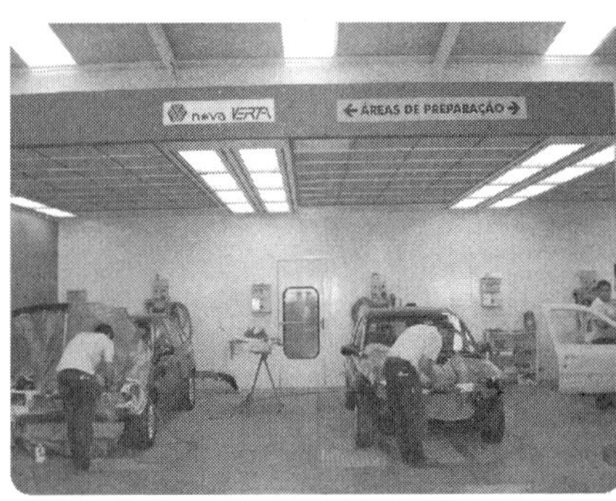

상도도장 하기 전 준비작업장

상도도장 전의 하도공정인 퍼티(putty)연마 시의 분진이 작업장에 비산되는 것을 막아주며 중도공정 시의 중도도료의 비산과 중도연마 시의 분진을 포집하여 분진이 없는 깨끗한 작업장을 만들 수 있다.

대부분의 연마실은 개방형 형태를 갖추고 있으며 작업을 할 때 커튼을 닫아서 먼지나 도료가 외부로 날리는 것을 방지하며 바닥에는 그레이팅(grating)으로 되어 있고, 도장실과는 달리 구조상 흡기송풍기가 없으며, 배기송풍기만 있는 형태이다.

하도와 중도를 건조시킬 경우에는 대부분 적외선 건조기를 사용하여 건조시킨다. 이때 다음의 적외선 건조기가 설치되어 있는 사진을 참고한다. 또한 다음 사진과 같이 최근에는 연마실 바닥에 리프트를 설치하여 자동차의 하단 부분을 연마할 경우 작업자가 편리하게 작업할 수 있도록 하고, 작업의 품질도 올릴 수 있게 되었다.

도장실과 건조실 설치 연마실

연마실 리프트

03 공압설비(air piping)

공기 압축기(air compressor)에서 만들어진 높은 압력의 압축공기는 공압 라인(air line)을 통해 도장 작업장에 보내지게 된다.

이 책에서는 공기압축기의 종류와 특성, 공압 라인에 대해서 설명하겠다.

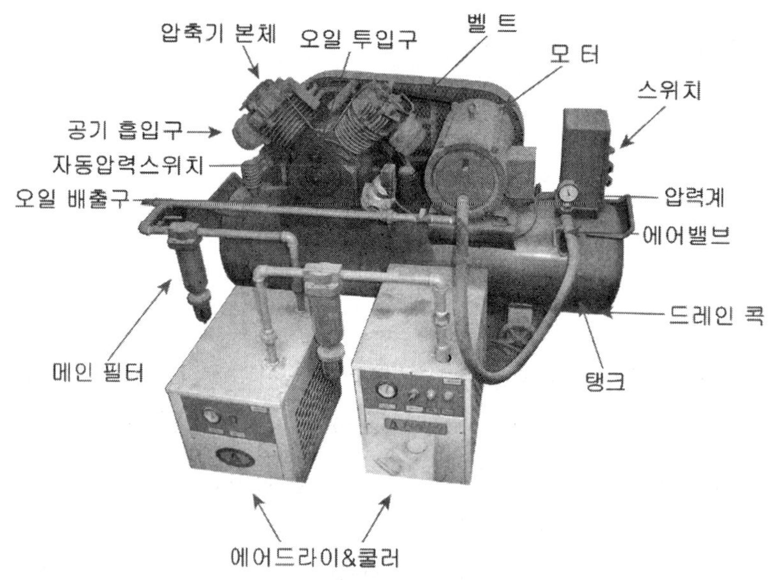

1 공기압축기(air compressor)

공기압축기는 압축 공기를 만들어 공기의 압력으로 도장 작업 시 필요한 장비와 공구를 구동시킬 수 있게 하는 장치이다. 공기압축기의 구조는 왕복피스톤식과 회전식 두 가지가 있다.

공기압축기의 원리는 일정온도에서 기체의 압력과 그 부피는 반비례하여 공기 용적은 작게 된다는 보일의 법칙(Boyle's law)과 공기의 용적은 종류에 관계없이 온도가 1℃ 올라갈 때마다 0℃일 때 부피의 1/273씩 증가한다는 샤를의 법칙(Charles' law)을 이용하여 만들었다.

공기압축기의 하단에 드레인 콕에서 수분이 나오는 것도 이러한 원리 때문에 생기는 것이다. 대기 중의 공기에 수분이 압축될 때에 에어탱크나 배관 중에서 냉각되기 때문이다. 이러한 수분이나 이물질 등을 제거하여 깨끗한 공기를 내보는 장치가 에어 트랜스포머(air transformer)이며 에어 드라이와 쿨러는 탱크에서 나오는 공기의 온도를 상승, 하강 시켜 압축 공기 중의 수분을 제거하여 공기배관을 통해 보내지게 된다.

(1) 종류

가장 많이 사용하고 있으며 가격이 저렴한 왕복동식(왕복 피스톤식)이 있고 고가이기 때문에 많은 곳에서 사용하지는 않지만 효율이 좋은 회전식이 있다.

① 왕복 피스톤식 공기압축기

왕복으로 움직이는 피스톤(piston)에 의해 흡입 밸브에서 공기를 실린더(cylinder) 안으로 흡입하고 이 공기를 압축하여 토출밸브를 거쳐 탱크(tank)로 보내진다.

- 1단 공기압축기는 최고 압력이 10kg/cm² 이하의 제품에 사용되며 그 보다 높은 압력을 사용할 경우에는 2단 압축기를 사용하여 1단 압축된 압축공기를 실린더 사이에서 냉각, 재압축의 공정을 거쳐 고압의 공기를 만드는 데 사용한다. 압축압력이 10kg/cm²이 넘어가면 공기의 온도가 상승하여 압축 효율이 감소하게 된다.

피스톤 타입 공기압축기

- 실린더의 수는 보통 2기통을 사용하며 V형, W형으로 조합하여 사용하며 토출 공기량 증가에 따라 실린더 수를 늘린다.
- 냉각방식은 수냉식과 공랭식이 있으며 대부분 공랭식을 채택하고 있다.

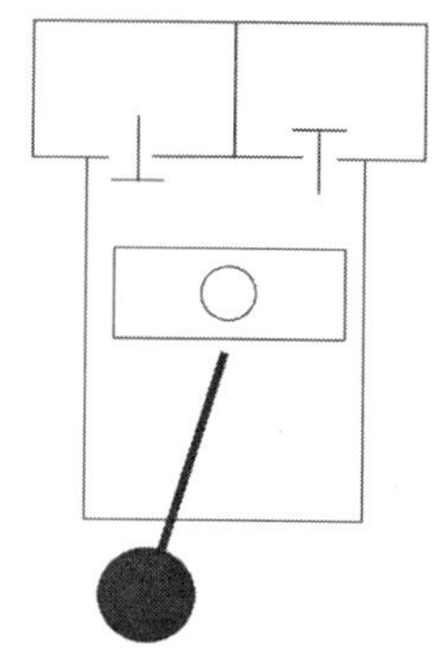

왕복 피스톤식 공기압축기

② 회전식 공기압축기

왕복 피스톤식에 비하여 고속화, 소형화가 가능하고 진동도 작게 되어 있으며 그 종류로는 공사용으로 사용되는 가동 날개형과 도장용으로 사용되는 나사형이 있다.
특징으로는 많은 공기를 생산하지만 오일과 오일 수증기가 파이프로 유입된다. 많은 공기를 필요로 하는 사업장에서 사용한다.

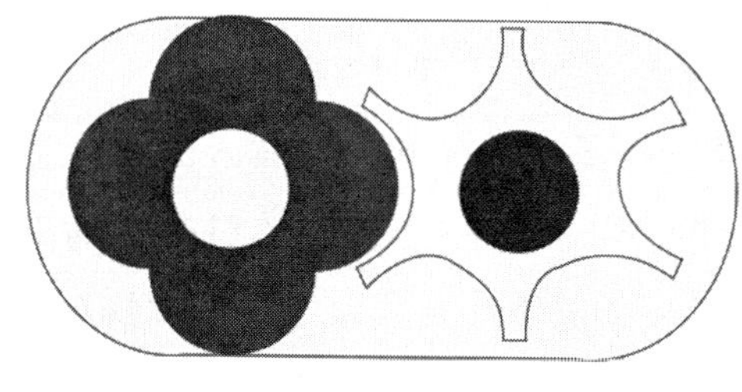

회전식 공기압축기

왕복 피스톤식 공기압축기와 회전식의 비교

종류	설치가격	오일소비량	작동소음	압축효율
왕복피스톤식	저렴하다	적 다	크 다	낮 다
회전식	비싸다	많 다	적 다	높 다

③ 다이어프램식 공기압축기

생산하는 공기량은 적지만 압축공기 내의 오일이 유입되지 않기 때문에 공기를 많이 소모하지 않는 도구 사용에 적당하다.

(2) 설치장소

① 실내온도는 5~60℃를 유지한다.

② 직사광선을 피하고 환기가 가능해야 한다.

③ 습기나 수분이 없는 장소이어야 한다.

④ 수평이고 단단한 바닥에 설치한다.

⑤ 먼지, 오존, 유해가스가 없는 장소이어야 한다.

⑥ 방음이고, 보수점검을 위한 공간 확보한다.

다이어프램식 공기압축기

(3) 주의사항

① 왕복 피스톤식의 경우 V벨트의 중심부를 손으로 눌렀을 때 15~25mm 정도의 장력이 필요하며 V벨트의 장력이 크면 순간 회전할 경우 모터에 무리한 힘이 가해지므로 점검이 필요하다.

② 공기 흡입구의 필터는 주 1회 정도 청소하며 6개월에 한 번씩 교환한다.

③ 실린더에 들어가는 윤활유는 정기적으로 점검하고 교환을 해야 할 경우에는 지정된 윤활유를 사용한다.

④ 실린더 헤드의 방열부는 수시로 청소하여 분진이나 기타 퇴적물로 인하여 방열에 지장이 없도록 한다.

⑤ 하루에 한 번은 꼭 드레인 밸브를 열어 공기탱크 내의 수분을 배출시킨다.

(4) 구조

공기압축기는 모터(motor)의 회전 운동이 왕복 피스톤식의 경우 피스톤(piston)의 왕복운동으로 압축공기를 만들고 회전식의 경우 회전을 하면서 만들어진다. 회전식이 왕복동식과 비교하여 진동이 적은 이유는 좌우 대칭이 가능하기 때문에 진동이 상쇄되는 구조이기 때문이다.

즉, 왕복피스톤식의 경우 자동차의 내연기관에서 피스톤이 움직이면서 배기 행정에서 생기는 압력을 깨끗한 공기로 압축시켜 배출시킨다고 이해하고 회전식의 경우에는 방켈기관의 경우를 이해하면 되겠다.

① 흡기구

외부의 공기를 흡입하여 소음을 줄여주며 불순물과 습기를 제거하고 실린더로 보내진다.

② 실린더

공기를 압축하여 공기탱크로 보내진다.

③ 압력제어장치

- **언로더(unloader)** : 규정압력이 되면 자동 언로더가 작동하여 흡입 밸브를 개방한 상태에서 공기압축기를 정지시킨다. 규정압력 이하가 되면 다시 언로더가 해제되면서 공기압축이 이루어진다.
- **안전밸브** : 공기 탱크 내의 압력이 너무 높아질 경우 안전밸브 내의 스프링을 밀어 올려 공기를 빼는 방법이다.
- **압력 개폐기** : 규정 압력에 도달하면 압력 개폐기가 작동하여 전기를 차단한다.

(5) 공기압축기의 이상원인 조치방법

고장 현상	고장 원인	조치 방법
압력 상승 불량	흡입구 막힘	교 환
	에어밸브 작동불량	교 환
	흡배기밸브 고장	교 환
	압력계 파손	교 환
	압축배관 공기누출	누출부위 교체나 수리
	언로더 작동불량	핸들을 풀어주고 리프트 확인
공기압축기 작동 불량	피스톤 로드 이상	교 환
	크랭크 축 베어링 이상	교 환
	흡 · 배기 밸브 이상	교 환
	피스톤 카본 부착	분해 청소 후 조립
	벨트 중심 이상	벨트는 중심을 잡음
	수평으로 설치 불량	수평을 잡고 고정시킴
	나사의 풀림으로 인한 진동	조 임

고장 현상	고장 원인	조치 방법
공기압축기의 과열	흡기구의 막힘	교 환
	흡·배기 밸브 이상	교 환
	크랭크 케이스의 오일 부족	보 충
	실린더 헤드에 먼지 고착	청 소
공기압축기의 압력 저하	시트 부분의 마모	교 환
	언로드 나사의 이완	압력조절나사 조절
압축공기에 기름 혼입	피스톤 링의 마모	교 환
	흡입구 막힘	교 환
	규정량 이상의 윤활유 주유	배출시켜 맞춤

2 **공압 배관**(air pipe)

공기압축기에서 만들어진 압축공기를 사용하는 작업장까지 도달함에 있어 수분이나 불순물들이 들어가지 않도록 하며 압축공기 내의 수분과 유분을 분리하여 작업하기 충분한 공기와 깨끗한 공기를 공급하기 위하여 적절한 배관을 설계하고 설치해야 한다.

따라서 도장을 하기 위한 압축공기의 조건은

- 먼지와 실리콘이 없는 상태로 깨끗해야 한다.
- 응축액과 기름이 없는 상태의 건조한 공기이여야 한다.
- 사용기구를 구동시킬 수 있는 지속적이고 일정한 압력을 가져야 한다.
- 기구마다의 성능을 발휘할 수 있도록 충분한 공기량을 유지해야 한다.

이러한 요건을 만족시켜주지 못할 때 작업면의 결함이나 작업자의 스트레스, 불량제거를 위한 시간낭비 및 재료의 사용 등이 발생할 수 있기 때문에 항상 압축공기를 유지 관리 해야 한다.

압축공기 배관의 설치 시 다음의 사항을 만족시켜야 한다.

① 공압 배관은 공기 흐름 방향으로 1/100 정도의 기울기로 설치한다.

② 주배관의 끝부분은 오염물 배출이 용이한 드레인 밸브를 설치한다.

③ 이음은 적게 하고, 공기압축기와 배관의 연결은 플렉시블 호스로 연결하여 진동에 의한 손상을 방지한다.

④ 배관의 중간 중간에 사용하는 기기에 적합한 감압밸브나 에어트랜스포머(air transformer)를 설치한다.

④ 배관의 지름을 여유 있게 하여 압력저하에 대비한다.

⑤ 냉각효율이 좋아야 한다.

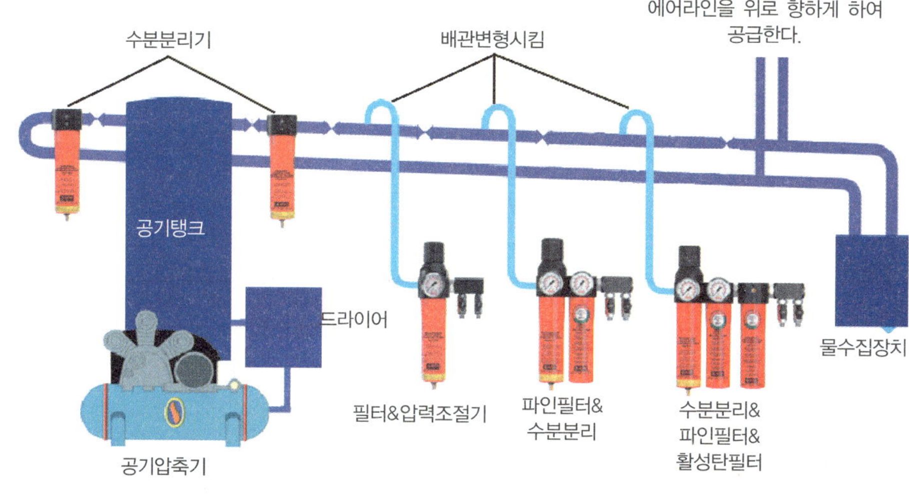

+ 에어라인 설치도

(1) 주변기기

+ 공기압축기실

가. 에어쿨러(air cooler)

공기의 특성상 고온에서 수분을 다량 함유하고 있다. 따라서 공기압축기에서 만들어진

압축공기는 고온으로 공기 중에 수분이 많이 들어가 있게 된다. 수분의 양은 온도가 올라갈수록 증가하게 되기 때문에 고온의 압축공기를 -20℃까지 급격히 냉각하여 수분을 제거한다.

나. 에어드라이어(air dryer)

에어쿨러에서 나온 차가운 압축공기를 직접 공압라인을 통해서 공급하면 관내나 외부에 이슬이 맺히게 되기 때문에 차가운 압축공기를 다시 상온으로 만들어 수분이 제거된 압축공기를 공급하게 된다.

다. 에어 트랜스포머(air transformer)

에어드라이어에서 보내진 압축공기가 공급되면서 다시 수분이 생기고 유분이 함유되기 때문에 수분이나 유분을 제거하기 위하여 공압라인의 마지막 플렉시블 호스(flexible hose)를 장착하는 말단에 에어 트랜스포머를 설치하게 된다. 몸체의 하단에 드레인 콕을 열어 내부의 수분과 유분을 배출시킨다.

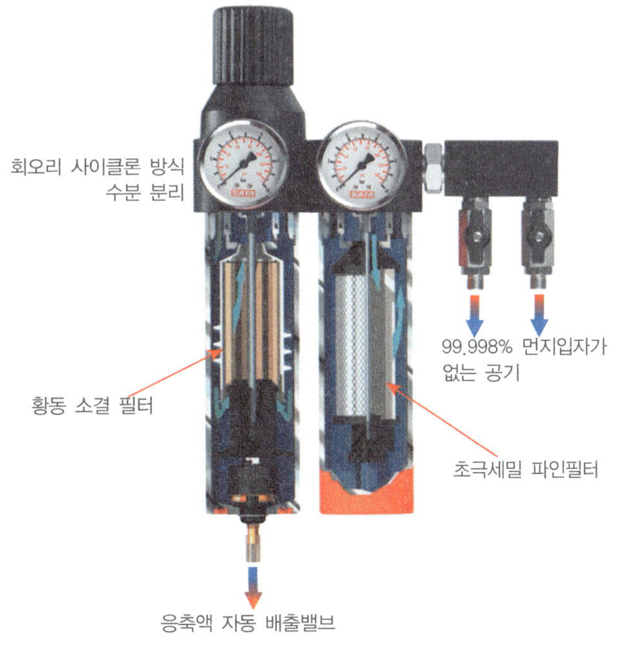

✛ **에어트랜스포머 구조**

3 압축 공기 중의 수분

온도 25℃, 습도 80%의 조건에서의 1m³의 공기에는 18g 수분이 포함되어 있다. 도장 전에 압축공기의 수분을 제거하지 않을 경우 도장 결함을 발생시킬 수 있다. 따라서 압축공기의 수분과 수증기를 제거하기 위해서는 적절한 유·수분 분리장치를 사용하여 압축공기 중에 수분을 완전히 제거하고 사용한다.

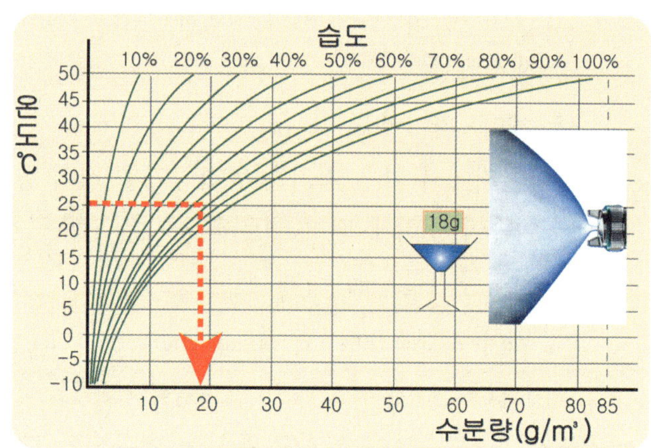

 ✛ 압축공기 중의 수분량

> 분당 30ℓ 공기를 소모하는 스프레이건으로 3분 간 도장작업을 할 경우 발생되는 물의 발생 그래프이다. 온도와 습도에 따른 1m³에 발생하는 물의 량을 참고한다.

4 자동차 보수 도장 시의 공기소모량

자동차 보수 도장에서 사용하는 압축공기의 사용량을 기준으로 하여 공기압축기의 용량을 선택하여 사용해야 한다.

종 류 (SATA 제품)	수량	공기소모량(ℓ /min)	
		소모량	합 계
블로우 건(blow gun)	2	150	300
폴리에스테르 스프레이 프라이머 건(KLC P)	1	190	190
하도용 스프레이건(KLC HVLP)	1	350	350
상도용 스프레이건(jet 3000 HVLP)	2	430	860
부분도장용 스프레이건(minijet 4 HVLP)	1	115	115
수용성 도료 건조용 드라이 노즐(dry jet)	2	350	700
공기 공급식 마스크(vision 2000)	3	170	510
건 세척(multi clean 2)	1	100	100
폴리싱(excenter)	2	250	500
공기 소모량 합계			3,625
공기 소모량	33.33% 정도		1,208
유효 압축공기량			1,570

█5 압축 공기 라인 설계 시 최소 직경

압축 공기 라인을 설계 시 아래의 표를 참고하여 공기량에 따른 관의 직경을 설치하면 압축 공기의 압력 저하를 막고 압축 공기를 생산하는 비용을 절감시키면서 높은 압력의 압축 공기를 유출할 수 있게 된다.

공기량 (ℓ/min)	길이에 다른 관의 최소 직경(공기압축기에서)		
	50m까지	150m까지	150m이상
500	G 3/4	G 1	비례에 따라 증가한다.
1000	G 1	G 1 1/4	
1500	G 1	G 1 1/2	
2000	G 1 1/4	G 2	
3000	G 1 1/2	G 2	

※ 작업압력 : 6bar. 압축공기라인은 150bar의 작업 압력을 견뎌야 한다.

█6 사용 호스와 길이에 따른 압력 저하

공기 압축기에서 높은 압력을 만들어 작업장에 보내진 압축공기는 에어트랜스포머까지 도달한다. 하지만 에어트랜스포머의 압력창과 실제로 사용하는 기구의 압력을 확인하면 많이 저하되어 있는 것을 확인할 수 있다. 이것은 플렉시블 호스의 내경과 길이에 따라 압축공기의 압력이 저하되기 때문이다.

국내 도장업체 도장실의 경우 플렉시블 호스의 길이가 대부분 10~15m 정도이다. 이렇게 길게 사용할 경우 에어트렌스포머 압력과 호스 말단 압력차를 생각해야하고, 시설유지비가 조금 더 발생하는 것을 인지해야 한다. 따라서 부스 내부에 한 곳만 압축공기를 사용하게 제작하기 보다는 적어도 2곳 이상을 설치하여 압력 강화가 줄어들도록 하는 것을 추천한다.

호스 내부 직경	작동압력	길이 변화에 따른 저하압력(bar)		
		5m	10m	15m
6mm	3	0.7	1.2	1.8
	4	1.0	1.6	2.2
	5	1.3	1.9	2.5
	6	1.5	2.2	2.8
9mm	3	0.23	0.38	0.60
	4	0.34	0.55	0.81
	5	0.43	0.63	0.92
	6	0.60	0.80	1.10

앞의 표에서 확인한 것과 같이 내경이 6mm인 호스의 경우 압력저하가 심하기 때문에 가급적이면 9mm인 것을 사용하며, 호스의 길이가 길어질 경우 내경이 13mm인 호스를 사용하여 압력이 저하되는 것을 피한다. 따라서 정확한 압축공기의 압력을 측정하기 위해서는 사용공구의 압축공기가 유입되는 부분에 압축공기를 측정할 수 있는 에어압력게이지를 부착한다. 스프레이를 할 경우 압력이 잘못되면 이색현상이 발생하기 때문에 항상 일정한 압력을 유지하여 공기압력 차이에 의한 이색현상을 방지할 수 있다.

아래의 우측 그림과 같이 대부분의 스프레이건들은 건의 하단에 게이지가 장착된다. 하지만 작업 중에 압력을 확인할 수가 없는 단점이 있다. 이런 단점을 보완하기 위해 기존에 장착되어 있는 에어량 조절나사를 제거하고 그곳에 에어게이지 도킹을 설치, 작업 중 공기 압력 확인이 용이하도록 만든 제품도 있으니 제품 구매 시 고려한다.

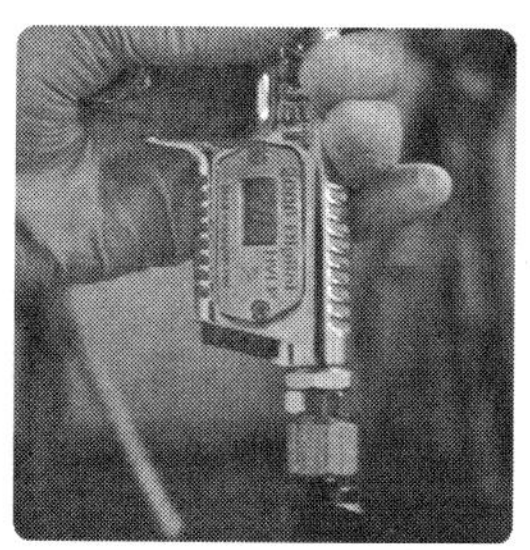

디지털 에어 압력게이지

7 압축공기의 관내에서의 문제점

- 압축 공기 탱크의 불충분한 작동으로 인하여 압력이 변한다.
- 압축 공기 라인의 직경이 너무 좁다.
- 공기 건조기 쪽으로 메인 경사가 없고 배출관의 목변형을 하지 않았다.
- 적합한 필터를 사용하지 않고 필터의 수가 기준보다 적다.

04 기타 장비 및 공구

(1) 스프레이건 세척기

스프레이건을 사용 후 깨끗이 세척해 두어 차후 작업에 무화가 잘될 수 있도록 세척해

주고, 수고를 덜어주는 기계이다.

세척액(물, 시너)을 펌핑해서 스프레이건 도료통로를 세척한다.

스프레이건 세척기

(2) 폐시너 재생기

오염된 시너를 재생시킨다. 신품의 시너와 같이 깨끗한 시너는 기대할 수 없기 때문에 도료에 첨가하여 도장작업을 하지 않는 범위에서 보통 시너와 같이 사용가능하지만 대부분 세척용으로 사용하고 있다.

(3) 시너 디스펜서

시너 사용이 편리하도록 만든 시너통 거치대이다.

(4) 페인트쉐이커

도료를 사용하지 않은 상태에서 오랜 기간 방치하면 안료가 바닥에 가라앉아 있기 때문에 사용할 때 교반봉으로 교반하기가 곤란한 경우가 있다. 이런 경우 쉐이커에 장착하여 약 5분 정도 교반 후 리드기를 부착해서 사용하면 작업능률이 향상된다.

폐시너 재생기

시너 디스펜서

페인트 쉐이커

(5) 패널 거치대(jig)

교환이나 장착되어 있는 패널을 탈거하여 거치할 경우에 사용한다.

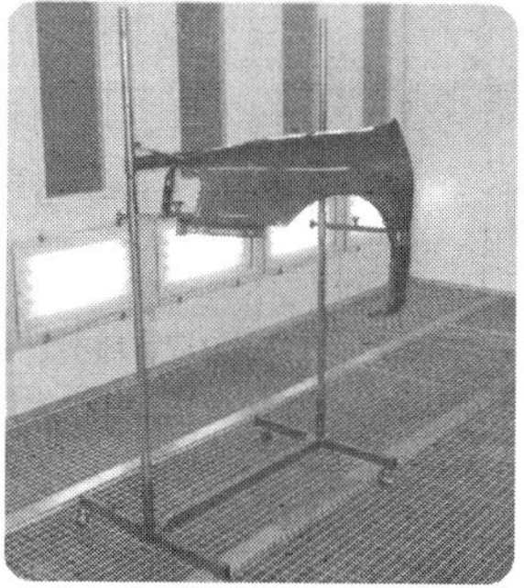

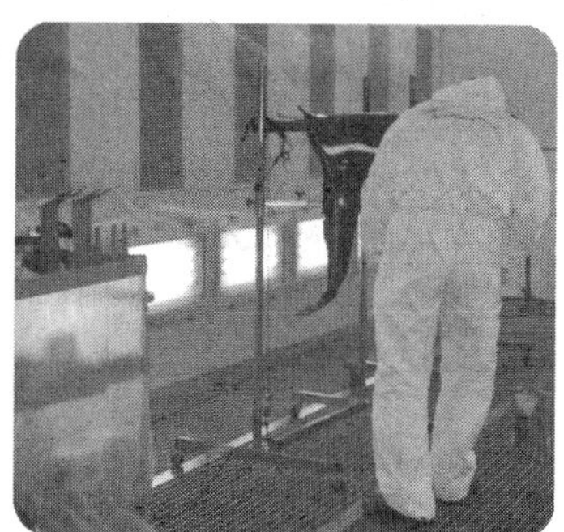

05 공정별 사용 장비 및 공구

자동차 보수 도장 작업을 할 경우 스프레이건, 샌더기, 건조기와 같이 모든 공정에 사용하는 대표적인 공구가 있으며 해당 공정에서만 사용하는 장비 및 공구가 있기 때문에 이 장에서는 대표적인 공구와 공정별 사용하는 장비와 공구에 대해서 설명하겠다.

대표적인 공구

1 스프레이건(spray gun)

스프레이건을 선택할 시 그 기준으로는 도료의 종류, 공기압축기의 압축공기량, 작업방식이나 습관이 있다.

도장 작업에 매우 중요한 공구로서 구조가 정밀하기 때문에 취급에 주의해야 하고, 사용후 다음 사용 때 무화가 잘된 도료가 나갈 수 있도록 내·외부를 깨끗이 세척하여 둔다.

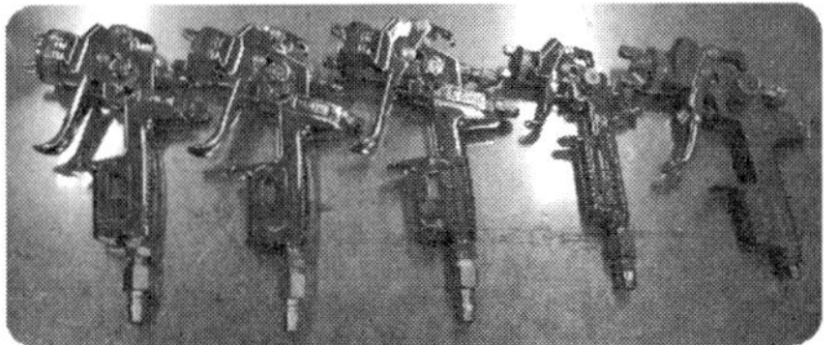

중력식 스프레이건

흡상식 스프레이건

(1) 종류

① 도료 공급방식에 따른 분류

	특 징	장 점	단 점
중력식	도료 용기가 노즐 위에 위치되어 있다.	적은 양의 도료도 끝까지 사용가능, 사용 후 처리가 용이하고 가볍다.	컵 용량이 적어 넓은 면적 도장에 부적합하다.
흡상식	도료 용기가 아래에 위치되어 있고 압력차에 의해서 도료 공급	중력식과 비교하여 도료컵의 크기가 커서 넓은 부위 도장에 유리하고, 컵에서 도료 흘러 넘치지 않는다.	중력식에 비해서 무겁고, 도료용기 컵 바닥에 있는 도료가 낭비되며 건을 세척할 때 많은 시너가 필요하다.

※ 압송식 : 넓은 부위 작업에 적합하고, 점도가 높은 도료의 도장작업에 유리하지만 도료의 보충과 색상 교체시 세척시간이 많이 소비된다. 자동차 보수도장에서는 사용하지 않는다.

② 건의 구경에 따른 분류

	구 경	특 징
상도용	1.3 ~ 1.7mm	균일하고 얇은 도막을 얻을 수 있다.
중 · 하도용	1.7 ~ 2.5mm	두꺼운 도막이 필요한 경우 사용

③ 패턴에 따른 분류

	특 징	적 용 도료
튤립형	미립화가 좋고 도막이 매끄럽다.	2액형 우레탄수지 도료 (건조가 늦은 메탈릭 등의 도료에 적합)
세미 튤립형	튤립형보다 약간 두꺼운 도막	2액형 우레탄 수지 도료 (솔리드도료와 클리어 도장에 적합)
스트레이트형	건조가 빠르고 비교적 두꺼운 도막	하도 도장에 적합

④ 에어브러시

노즐의 지름이 0.15~1.0mm로 도료를 미세하게 분무한다. 대부분 더블액션 방식으로 방아쇠를 누르면 공기만 나가며 누른 상태에서 방아쇠를 당기면 무화된 도료가 나가는 방식이다.

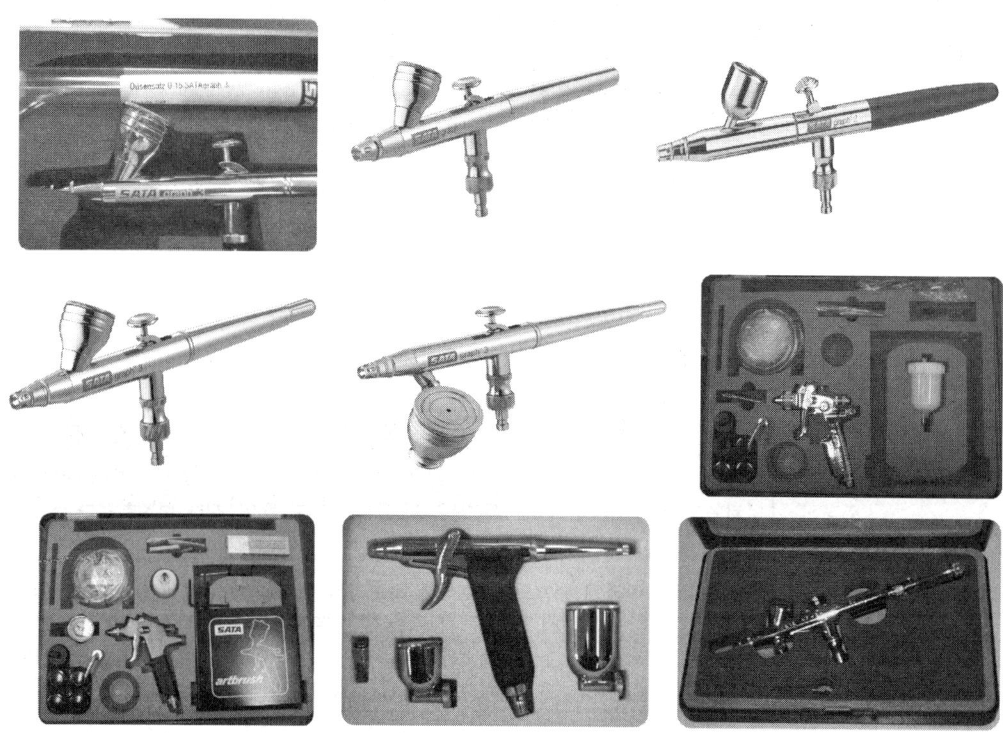

각종 에어브러시

(2) 구조

① 흡상식 건

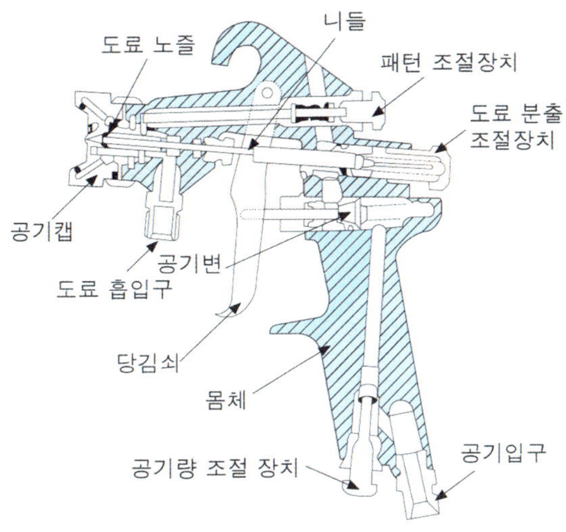

② 중력식 건

- 도료 노즐 : 도료 통로와 공기 통로로 구성되어 있다.
- 에어 캡 : 중심 공기 구멍, 측면 공기 구멍, 보조 공기 구멍으로 구성되어 있다.
- 조절부 : 공기량 조절 장치, 도료량 조절기, 패턴 조절기 등으로 구성되어 있다.

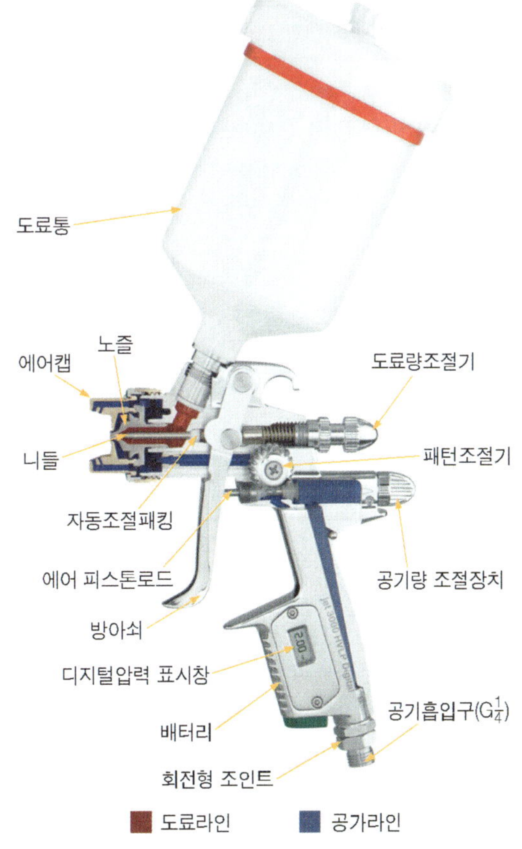

(3) 스프레이 패턴에 따른 고장원인 및 해결방법

1) 패턴이 위나 아래쪽으로 치우치는 현상

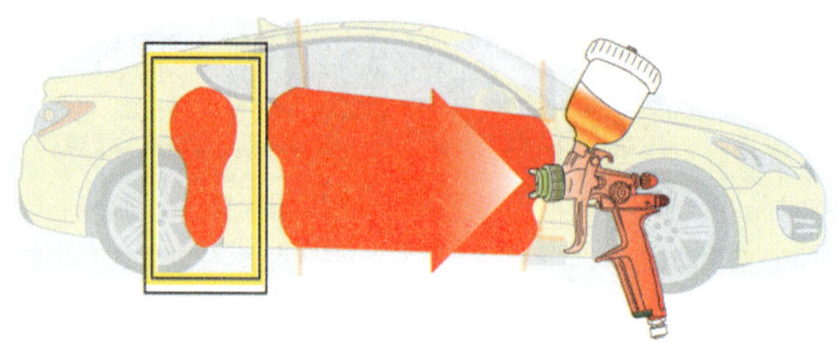

현 상 도료가 위쪽이나 아래쪽으로 치우치는 현상이다.

고장 원인	해결 방법
• 에어 캡과 도료 노즐과의 간격에 부분적으로 이물질이 묻어있다.	• 에어 캡과 도료 노즐의 이물질을 제거한다.
• 에어 캡이 느슨하다.	• 에어 캡을 조인다.
• 노즐이 느슨하다.	• 노즐을 조인다.
• 에어 캡과 노즐의 변형이 일어났다.	• 에어 캡과 노즐을 교환한다.

2) 패턴이 좌측이나 우측으로 치우치는 현상

현 상 도료가 좌측이나 우측으로 치우치는 현상이다.

고장 원인	해결 방법
• 에어 캡과 도료 노즐과의 간격에 부분적으로 이물질이 묻어있다.	• 에어 캡과 도료 노즐의 이물질을 제거한다.
• 에어 캡이 느슨하다.	• 에어 캡을 조인다.
• 노즐이 느슨하다.	• 노즐을 조인다.
• 에어 캡과 노즐의 변형이 일어났다.	• 에어 캡과 노즐을 교환한다.

패턴이 위나 아래로 치우치거나 좌우로 치우칠 경우 아래와 같이 해결한다. 에어 캡에 이물질이 묻어 있을 경우 비철금속을 이용하여 이물질을 제거해야 한다. 캡을 반 바퀴 돌려 패턴이 반대방향이 되게 분사해 본다. 같은 현상이 지속될 경우 에어 캡의 원인이다. 따라서 에어 캡을 청소한다. 캡을 분해한 후 시너를 이용하여 에어 캡의 안쪽에 말라있는 페인트를 제거하여 사용하면 된다. 그래도 같은 현상이 지속될 경우 노즐의 문제이기 때문에 노즐을 분리한 후 청소하여 사용한다. 같은 현상이 지속될 경우 노즐을 교체한다.

3) 가운데가 진한 패턴

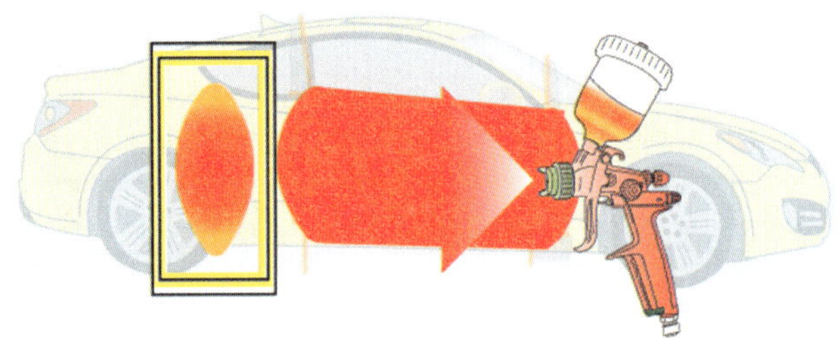

현 상 전체가 골고루 되지 않고 중심 쪽으로 많은 도료가 분사되는 현상이다.

고장 원인	해결 방법
• 분사압력이 너무 낮다.	• 분사압력을 적당하게 조절한다.
• 도료의 점도가 높다.	• 도료의 점도를 낮춘다.

4) 패턴의 상·하부 패턴 치우침

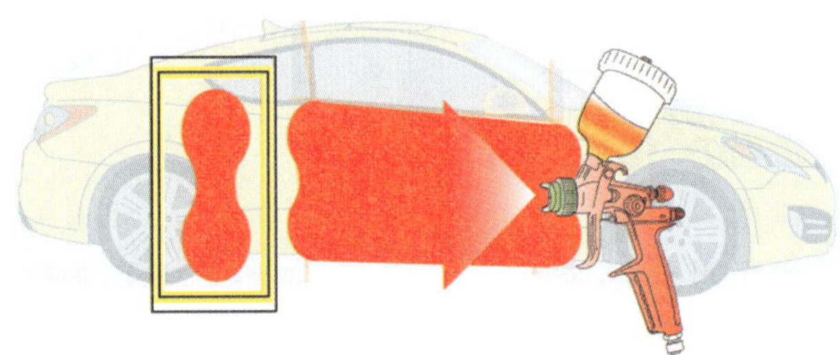

현 상 중앙 쪽은 조금 묻고 상하로 많이 묻는 현상이다.

고장 원인	해결 방법
• 공기압력이 높다.	• 공기압력을 조절한다.
• 도료의 점도가 낮다.	• 도료의 점도를 높인다.
• 도료 토출량이 적다.	• 도료 토출량을 높인다.

5) 도료 토출의 불규칙으로 숨 끊김

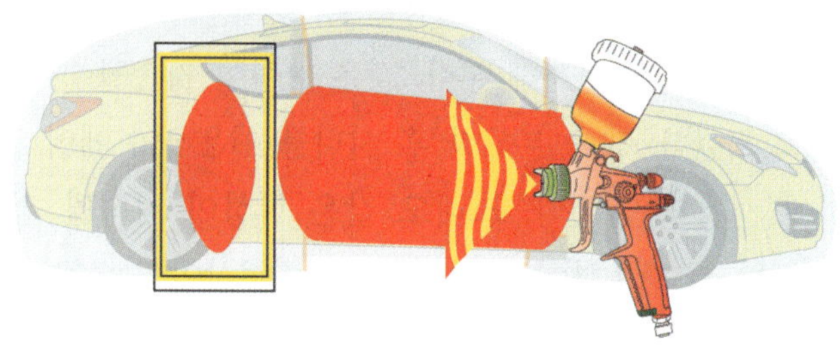

현 상 일정하게 도료가 분사되지 못하고 숨 끊김이 일어나는 현상이다.

고장 원인	해결 방법
• 도료 통로에 공기가 혼입되었다.	• 도료 통로로 유입되는 공기를 차단한다.
• 도료 조인트의 풀림이나 파손이 발생하였다.	• 도료 조인트를 조이거나 교환한다.
• 도료의 점도가 높다.	• 시너를 첨가하여 점도를 낮춘다.
• 도료 통로가 막혔다.	• 분해하여 세척하거나 시너를 흘려보낸다.
• 니들 조정 패킹의 풀렸거나 파손이 발생하였다.	• 니들 조정 패킹을 조이거나 교환한다.
• 흡상식의 경우 도료컵에 도료가 조금 있다.	• 도료컵에 도료를 보충한다.

※ 건트러블 확인

• 스프레이건의 이상 유무를 판별하기 쉽고, 이상이 발생되었을 때 조치 사항도 기입되어 있다.
좌측에는 학인 날짜, 에어압, 패턴 등을 기입하는 칸이 있다.

※ 노즐을 교체해야 할 경우 에어 캡과 노즐, 니들을 같이 교체해야 한다.

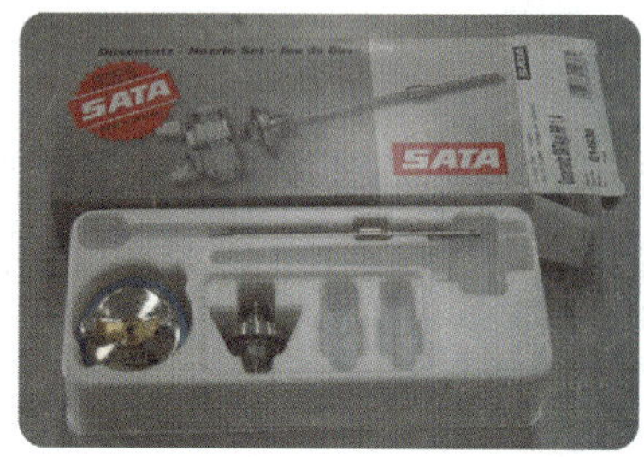
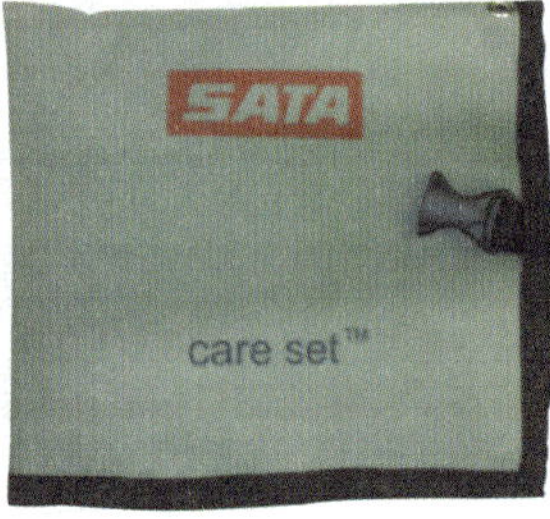
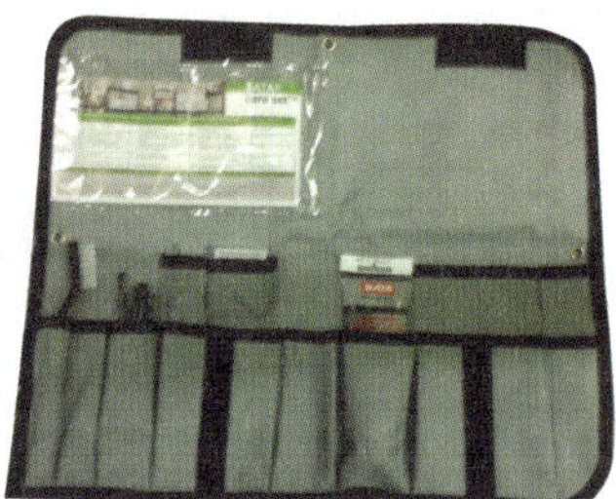

※ 사용에 따른 스프레이건의 종류 참고

• 왼쪽부터 수용성 스프레이건으로 노즐지름(WSB), 중앙 베이스코트 전용건(1.4mm HVLP),
오른쪽 클리어코트나 다목적용 건(1.3mm RP)

• 노즐 지름이 크면 클수록 같은 시간동안 많은 량의 도료를 흘려보낸다.

(4) 저압식 스프레이건

HVLP 방식과 RP 방식이 있다.

현재 자동차 보수도장 현장에서 HVLP 방식은 중도, 상도(베이스코트)에 사용하며 특히 상도 베이스 코트 도장 전용 건으로 사용하며 RP 방식은 클리어코트 전용 건으로 사용되고 있다. 대용량 공장이나 페인트를 절감하기 위해서는 HVLP 방식이 좋으며 공기압축기의 용량이 작거나 규모가 작은 곳은 RP 방식의 건을 추천한다.

HVLP 방식

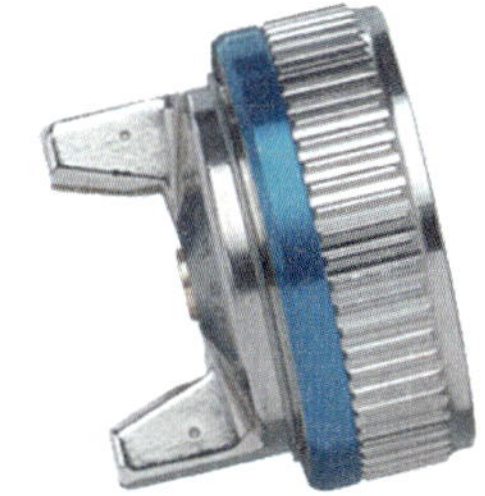

RP 방식

특 징

● 공기유속이 늦어서 도장면에 도료가 닿고 튕겨나가는 것이 적다.
● 토착(吐着)효율이 높아서 환경선진국 법적한계인 전달효율이 65% 이상을 만족한다.
● 작업자에 대한 유기용제의 노출을 줄이고 재료의 절감을 할 수 있다.

1) HVLP (high volume low pressure)

현재 생산라인에서 하는 도장 방법으로 벨(bell)도장이 있다. 벨도장의 장점은 도료의 도착효율을 증가하여 사용량을 줄이고, 필터의 수명을 연장하여 결국 대기환경 오염을 방지하는 것으로 자동차 보수 도장에서는 사용하기가 어려워 벨도장과 유사한 HVLP 방식의 스프레이건을 개발하였다.

스프레이 도장 시 무화(atomization)된 도료가 일반적인 스프레이건의 경우 높은 압력으로 인하여 도장면에 붙지 못하고 리바운드(rebound)나 오버 스프레이(over spray) 되는 것을 줄이기 위해 유입된 2bar 압력을 에어 캡에서는 0.7bar까지 떨어뜨려 도료가 비산되는 것을 방지하는 스프레이방식이며, 공기압축기의 압축공기를 430 L 정도 소모하기 때문에 용량이 큰 공기압축기가 필요한 단점이 있다.

토출되는 압력이 줄어들면 무화가 잘 되지 않기 때문에 충분한 공기를 공급시켜 무화가 이루어지도록 한다.

일반적인 스프레이건의 도착효율이 35~40% 정도이고, 에어레스(airless) 스프레이의 경우 약 35~55%인 것에 비해 HVLP 방식의 스프레이건의 도착효율은 65% 이상으로 환경 친화적이며, 일반적인 스프레이건 도장법으로 도장할 경우 도료의 손실이 많고 여러 가지 결함이 발생하게 된다(흐름, 핀홀, 광택감소 등). 따라서 HVLP 방식의 건은 유입되는 공기 압력은 최대 2bar이다.

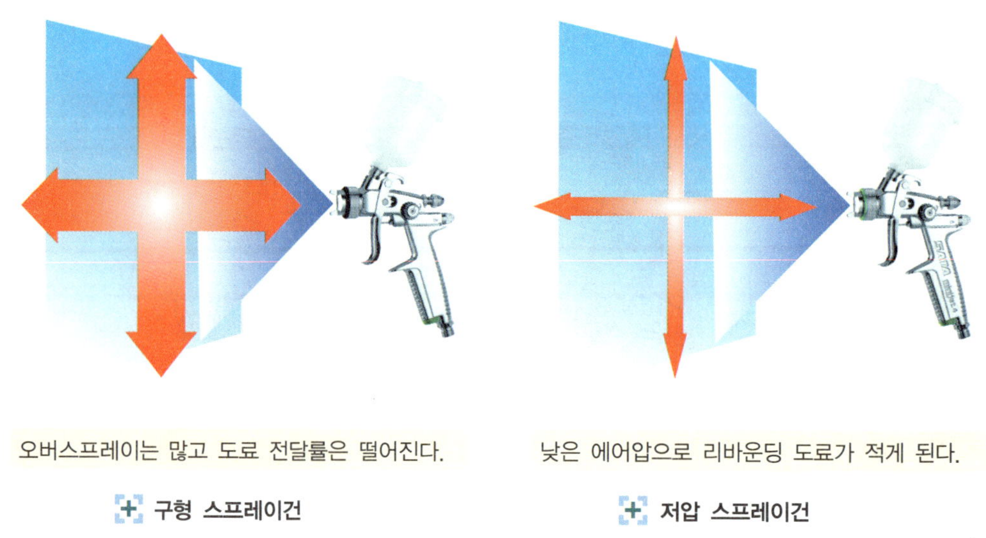

오버스프레이는 많고 도료 전달률은 떨어진다.	낮은 에어압으로 리바운딩 도료가 적게 된다.
구형 스프레이건	저압 스프레이건

특 징

- 높은 점도의 도료나 넓은 부위를 작업할 경우 일반적인 스프레이건에 비해 도장면이 거칠다.
- 오버스프레이가 적고 도착효율이 증가하여 낭비되는 도료를 줄일 수 있다.
- 오버스프레이가 적어 작업자를 보호할 수 있다.
- 도장실의 필터 교환 주기를 늘릴 수 있다.
- 환경오염이 감소된다.

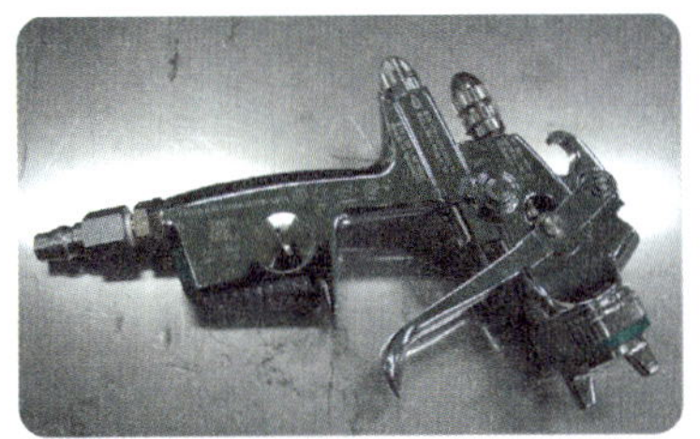

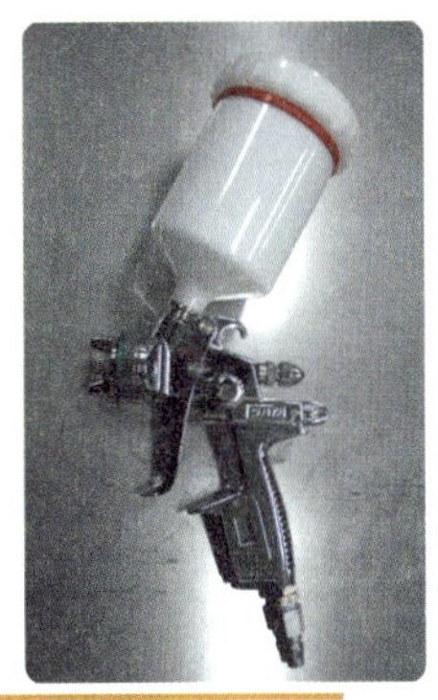

SATA HVLP 3000	
에어 인입 압력	2bar
에어소모량	430ℓ /min
스프레이거리	13~21cm

※ 상기 기술사양은 메이커에서 추천하는 사양이며, 실제 작업에서는 스프레이거리가 변동될 수 있다.

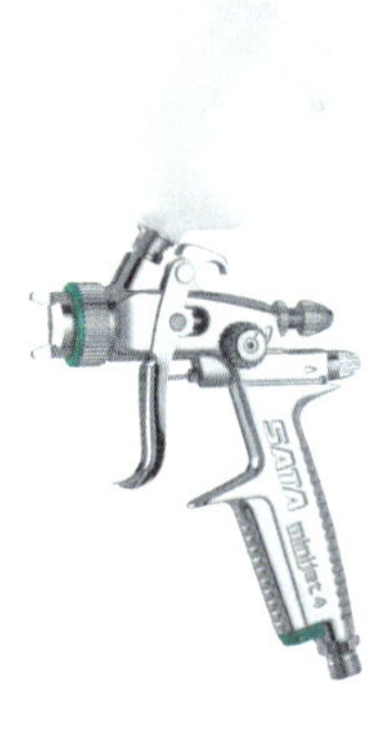

SATA minijet HVLP	
에어 인입 압력	2bar
에어소모량	115ℓ /min
스프레이거리	12~15cm

※ 상기 기술사양은 메이커에서 추천하는 사양이며 실제 작업에서는 스프레이거리가 변동될 수 있다.

부분도장이나 그래픽 작업용 스프레이건은 일반적인 스프레이건에 비해 크기가 작으며 오버스프레이가 작은 특징이 있다. 건의 크기가 소형이기 때문에 손이 닿기 어려운 부분도 쉽게 도장할 수 있다.

※ SR 노즐의 경우 보통의 노즐과 비교하여 패턴의 폭이 넓기 때문에 베이스 코트 중 메탈릭이나 펄 도장할 경우 얼룩이 적게 생기며 오버스프레이 되는 면적이 적어져 부분도장에 적합하다.(미니제트의 예)

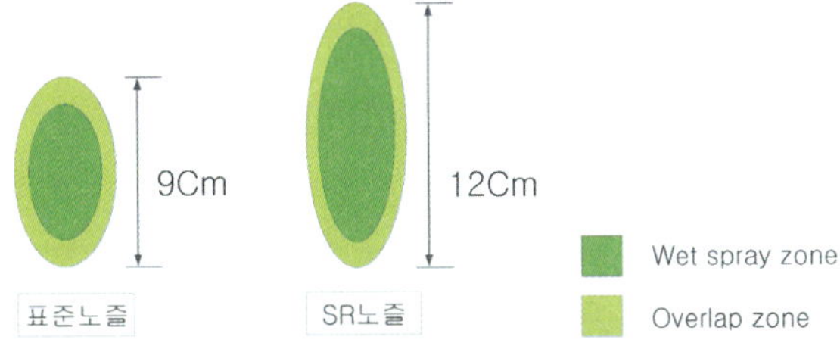

◆ **수용성 도료 도장 전용 스프레이건**

유성도료 도장용 건에 비해 노즐 지름이 가늘고(WSB 1.27mm 정도) 녹이 잘 생기지 않는다.

2) RP(reduced pressure)

HVLP건 방식과 일반적인 스프레이건의 중간정도의 압력으로 도장하는 스프레이방식이다. 이 방식의 경우 압력을 일반적인 스프레이건에 비해 압력을 적당히 낮추어 사용하게 된다. 일반적인 스프레이건의 경우 일반적인 사용압력이 3.5bar 정도에서 사용하지만 RP 방식의 경우 최대 2.5bar 정도의 압력을 사용한다. 분당 295 L의 공기가 필요하며 2bar의 압력이 유입되면 토출되는 압축 공기는 1.7~1.8bar 정도로 감소된 압력으로 토출된다.

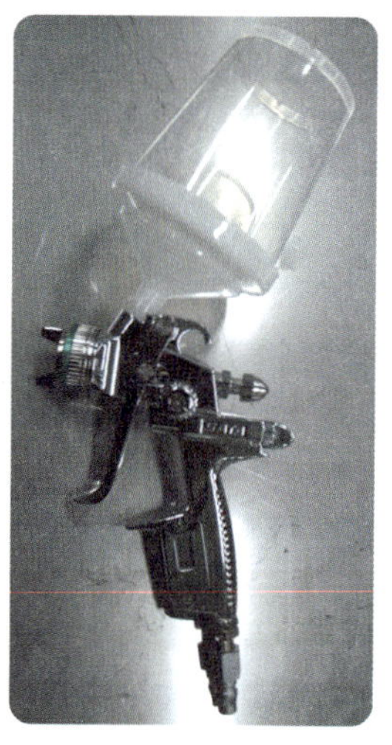
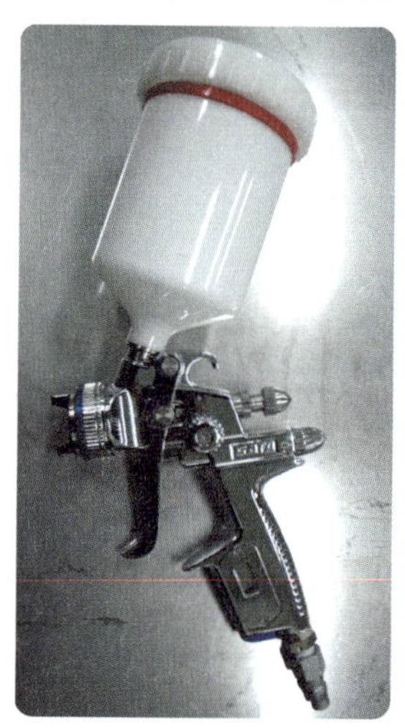

HVLP 건 방식의 오렌지 필(orange peel)이 발생하는 것을 방지하기 위하고 대기환경오염도 방지하고자 출시된 방식이다. HVLP 건의 경우 클리어(clear)를 도장할 경우 오렌지 필이 심하기 때문에 현재 현장에서는 베이스코트(base coat) 도장할 경우에만 사용한다. 하지만 RP 방식의 건의 경우 도착효율에만 치중하는 HVLP 건을 보안하여 오렌지 필이 발생하는 것을 줄이고 클리어를 도장할 경우에도 사용 가능 하도록 설계되어 있다.

뒷면을 보면 스프레이건에 대한 내용들이 있다.

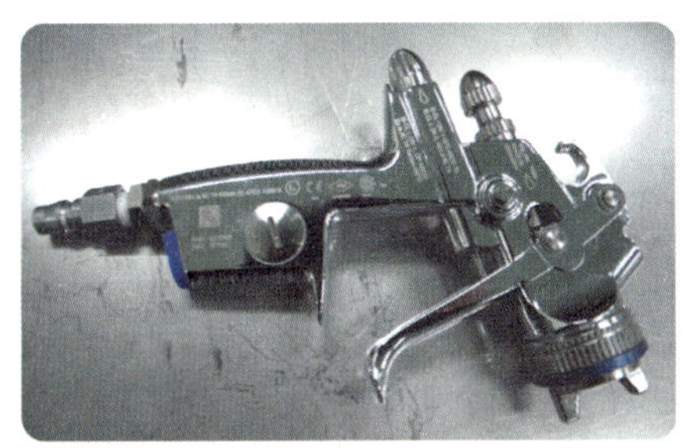

SATA RP 3000	
에어 인입 압력	2.5bar
에어 소모량	295ℓ /min
스프레이 거리	18~23cm

※ 상기 기술사양은 메이커에서 추천하는 사양이며, 실제 작업
에서는 스프레이 거리가 변동될 수 있다.

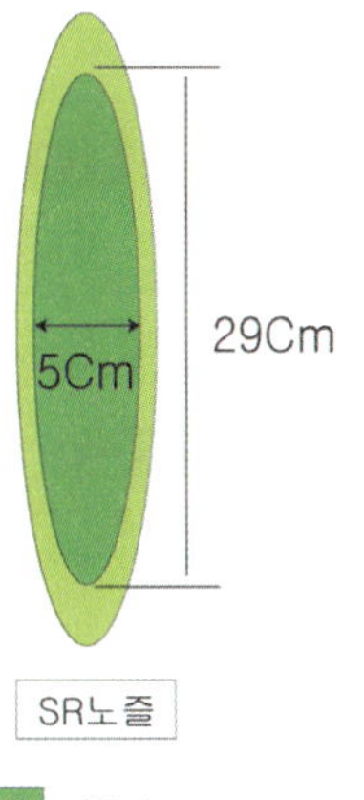

SATAjet 3000RP 1.3

작업에 따른 노즐크기

SATA jet 3000 HVLP		SATA jet 3000 RP		SATA minijet 3000 RP	
노즐지름	사 용 부 분	노즐지름	사 용 부 분	노즐지름	사 용 부 분
1.0	부분도장	1.0	부분도장	0.3	디자인작업
1.2	베이스코트	1.2	베이스코트	0.5	디자인 작업 및 도자기 작업
1.3	베이스/클리어코트	1.3	베이스/클리어코트, 솔리드우레탄도료	0.8	도자기 작업 및 베이스/클리어코트
1.4	클리어코트	1.4		1.0	베이스/클리어코트 및 좁은 표면도장
1.5	베이스/클리어코트, 솔리드우레탄도료	1.6	점도가 높은 도료	1.1	수용성 도료 및 좁은 표면도장
1.7	포드컵 No.4 26초 이상의 도료	1.8		SR노즐 0.8 1.0 1.2 1.4	부분도장 및 좁은 표면 도장
1.9		2.0			
2.2		2.5	구조물 도장		

※ **디지털 압력게이지를 장착한 스프레이건 사용시 주의사항**

- 시너에 담그거나 필요 시간 이상으로 길게 세척하
  지 않는다.
- 건 세척기에 장기간 저장하지 않는다.
- 초음파 세척기를 사용하여 세척하지 않는다.
- 정면의 디스플레이 유리부분을 열지 않는다.
- 떨어뜨리거나 날카로운 도구를 이용하여 유리부
  분을 세척하지 않는다.
- 배터리 교환 시 정품의 배터리와 실링, 리드를 사
  용한다.

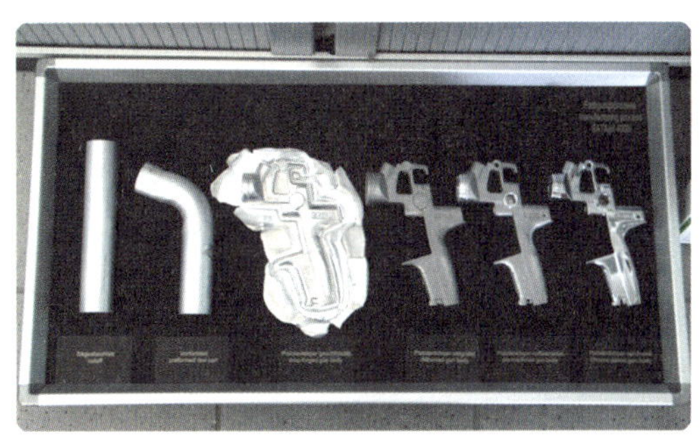

SATA Spray Gun 몸체형성순서

Paint application chart

Find the right SATA spray gun for your material.

Please choose the guns, which data should be compared.

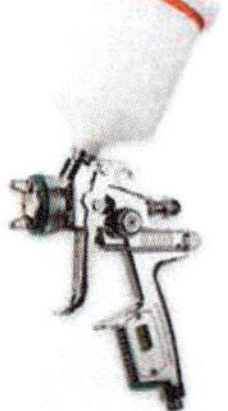
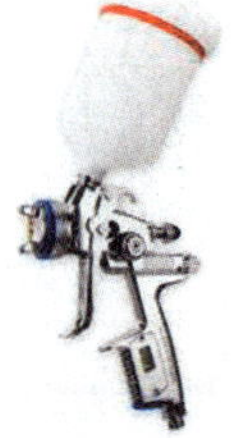
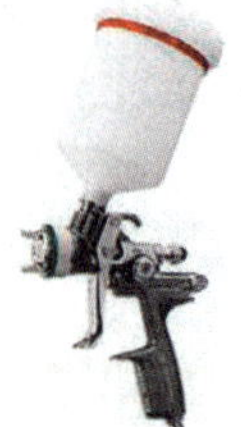

Material	SATAjet® 3000 B HVLP (DIGITAL) Nozzle size Atomisation pressure	SATAjet® 3000 B RP® Nozzle size Atomisation pressure	SATAjet® 100 B F™ HVLP Nozzle size Atomisation pressure
WaterBase Serie 900	WSB / 1,3 2 bar (29,0 psi)	---	---
BeroBase Serie 500	WSB / 1,3 2 bar (29,0 psi)	1,3 2 bar (29,0 psi)	---
HS Klarlack 8-104	1,3 2 bar (29,0 psi)	1,2 / 1,3 2 - 2,5 bar (29,0 - 36,3 psi)	---
HS Klarlack 8-214	1,3 2 bar (29,0 psi)	1,2 / 1,3 2 - 2,5 bar (29,0 - 36,3 psi)	---
MS Klarlack 1-104	1,3 2 bar (29,0 psi)	1,2 / 1,3 2 - 2,5 bar (29,0 - 36,3 psi)	---
HS Klarlack 8-204	1,3 2 bar (29,0 psi)	1,2 / 1,3 2 - 2,5 bar (29,0 - 36,3 psi)	---
HS Klarlack 8-404	1,3 2 bar (29,0 psi)	1,2 / 1,3 2 - 2,5 bar (29,0 - 36,3 psi)	---
Berocryl Serie 400	1,3 / 1,4 2 bar (29,0 psi)	1,3 / 1,4 2 - 2,5 bar (29,0 - 36,3 psi)	---
BeroCryl Serie 700	1,3 / 1,4 2 bar (29,0 psi)	1,3 / 1,4 2 - 2,5 bar (29,0 - 36,3 psi)	---
HS Füller 8-145	---	---	1,7 2 bar (29,0 psi)
Tinting Surfacer 8-149	---	---	1,7 2 bar (29,0 psi)
MS Surfacer 1-146	---	---	1,7 2 bar (29,0 psi)
Tinting Surfacer 8-149 naß in naß	1,3 2 bar (29,0 psi)	1,3 2 - 2,5 bar (29,0 - 36,3 psi)	---
Naß-in-Naß Füller 1-746	1,4 2 bar (29,0 psi)	1,3 / 1,4 2,0 - 2,5 bar (29,0 - 36,3 psi)	---
Washprimer 1-15	1,3 / 1,4 2 bar (29,0 psi)	1,2 / 1,3 2 - 2,5 bar (29,0 - 36,3 psi)	1,7 2 bar (29,0 psi)
Washprimer 1-17	1,3 / 1,4 2 bar (29,0 psi)	1,2 / 1,3 2 - 2,5 bar (29,0 - 36,3 psi)	1,7 2 bar (29,0 psi)

Paint application chart

DuPont Refinish

Find the right SATA spray gun for your material.

Please choose the guns, which data should be compared.

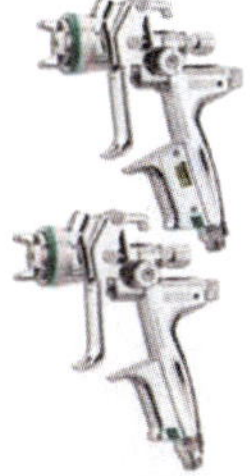
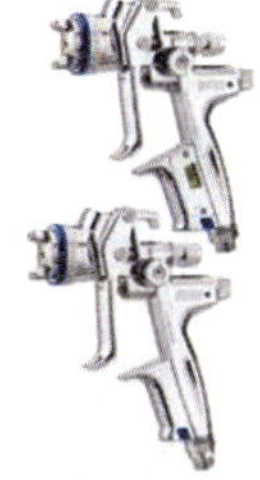

Material	SATAjet® 4000 B HVLP (DIGITAL) Nozzle size Atomisation pressure	SATAjet® 4000 B RP (DIGITAL) Nozzle size Atomisation pressure	SATAjet® 100 B F™ RP Nozzle size Atomisation pressure
2K HS Grundierfüller 1052R - 1056R, LE2001 - LE2007	---	---	1,6 / 1,8 1,5 - 2 bar (21,8 - 29,0 psi)
2K HS Grundierfüller Nass-in-Nass: NS2502-NS2506, LE2001 - LE2007	1,2 / 1,3 2 bar (29,0 psi)	1,2 / 1,3 2 bar (29,0 psi)	---
2K UHS Decklack Centari® 5035	1,2 / 1,3 2 bar (29,0 psi)	1,2 / 1,3 2 bar (29,0 psi)	---
Wasserbasislack Cromax®	1,3 2 bar (29,0 psi)	1,3 2 bar (29,0 psi)	---
Wasserbasislack Cromax® Pro	1,2 / 1,3 2 bar (29,0 psi)	1,2 / 1,2 W 2 bar (29,0 psi)	---
2K HS Klarlack 3300S, 3550S, 3750S, 3800S	1,2 / 1,3 2 bar (29,0 psi)	1,2 / 1,3 2 bar (29,0 psi)	---

DuPont Refinish

Find the right SATA spray gun for your material.

Please choose the guns, which data should be compared.

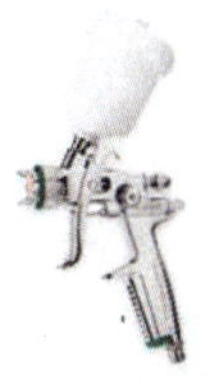

Material	SATAjet® 3000 B HVLP (DIGITAL) Nozzle size Atomisation pressure	SATAjet® 3000 B RR® Nozzle size Atomisation pressure	SATAminijet® 3000 B HVLP Nozzle size Atomisation pressure
2K Reaktionsgrundierung 820R, 635R, 840R	1,2 / WSB / 1,3 / 1,4 2 bar (29,0 psi)	1,2 / 1,3 / 1,4 2 bar (29,0 psi)	---
2K HS Grundierfüller Nass-in-Nass: NS2502-NS2506, LE2001 - LE2007	1,2 / 1,3 2 bar (29,0 psi)	1,2 / 1,3 2 bar (29,0 psi)	---
2K UHS Decklack Centari® 5035	1,2 / 1,3 2 bar (29,0 psi)	1,2 / 1,3 2 - 2,5 bar (29,0 - 36,3 psi)	1,0 SR 1 - 2 bar (14,5 - 29,0 psi)
Wasserbasislack Cromax®	1,3 2 bar (29,0 psi)	1,2 / 1,3 2 bar (29,0 psi)	1,0 SR / 1,2 SR 1 - 2 bar (14,5 - 29,0 psi)
Wasserbasislack Cromax® Pro	1,2 / 1,3 2 bar (29,0 psi)	1,2 / 1,3 2 - 2,3 bar (29,0 - 33,3 psi)	1,0 SR 1 - 2 bar (14,5 - 29,0 psi)
2K HS Klarlack 3300S, 3550S, 3750S, 3800S	1,2 / 1,3 2 - 2,3 bar (29,0 - 33,3 psi)	1,2 / 1,3 2 - 2,3 bar (29,0 - 33,3 psi)	1,0 SR 1 - 2 bar (14,5 - 29,0 psi)

Paint application chart

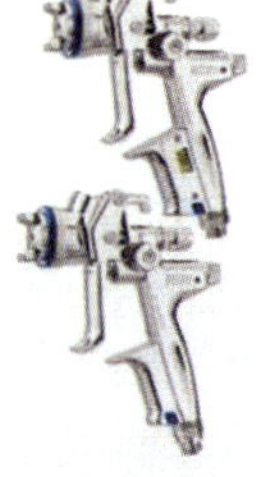

Find the right SATA spray gun for your material.

Please choose the guns, which data should be compared.

Material	SATAjet® 4000 B HVLP (DIGITAL) Nozzle size Atomisation pressure	SATAjet® 4000 B RP (DIGITAL) Nozzle size Atomisation pressure	SATAjet® 100 B F™ RP Nozzle size Atomisation pressure
PKW-Grundfüller 283-150 VOC	1,3 / 1,3 C 2 bar (29,0 psi)	1,3 2 bar (29,0 psi)	1,4 / 1,6 / 1,8 2 bar (29,0 psi)
HS Grundfüller/Füller 285 VOC	---	---	1,6 / 1,8 2 bar (29,0 psi)
1K-Grundfüller 176-72	---	---	1,6 / 1,8 2 bar (29,0 psi)
Non-Sanding-Füller 285-VOC	1,3 / 1,3 C 2 bar (29,0 psi)	1,3 2 bar (29,0 psi)	1,6 / 1,8 2 bar (29,0 psi)
HS 2K-Decklack 22-VOC	1,3 / 1,3 C 2 bar (29,0 psi)	1,3 2 bar (29,0 psi)	---
2-Schicht-Decklack 55-	1,3 2 bar (29,0 psi)	1,3 2 bar (29,0 psi)	---
2-Schicht-Decklack 90-	1,3 2 bar (29,0 psi)	1,3 2 bar (29,0 psi)	---
HS/VOC Klarlack 923-	1,3 / 1,3 C 2 bar (29,0 psi)	1,3 2 bar (29,0 psi)	---

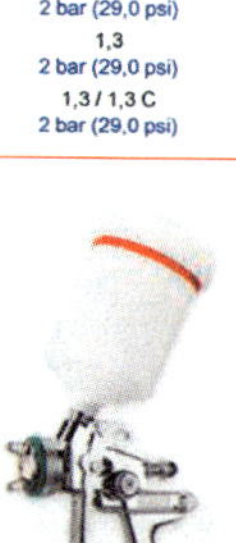
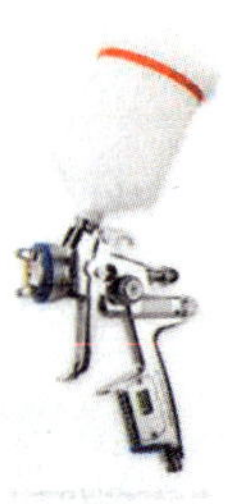

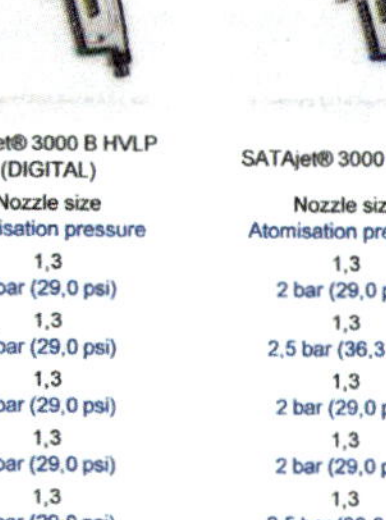

Find the right SATA spray gun for your material.

Please choose the guns, which data should be compared.

Material	SATAjet® 3000 B HVLP (DIGITAL) Nozzle size Atomisation pressure	SATAjet® 3000 B RP® Nozzle size Atomisation pressure	SATAminijet® 3000 B HVLP Nozzle size Atomisation pressure
Non-Sanding-Füller 285-VOC	1,3 2 bar (29,0 psi)	1,3 2 bar (29,0 psi)	---
HS 2K-Decklack 22-VOC	1,3 2 bar (29,0 psi)	1,3 2,5 bar (36,3 psi)	1,0 SR / 1,2 SR 1,5 - 2 bar (21,8 - 29,0 psi)
2-Schicht-Decklack 55-	1,3 2 bar (29,0 psi)	1,3 2 bar (29,0 psi)	1,0 SR / 1,2 SR 1,5 - 2 bar (21,8 - 29,0 psi)
2-Schicht-Decklack 90-	1,3 2 bar (29,0 psi)	1,3 2 bar (29,0 psi)	0,8 SR / 1,0 SR 1,5 - 2 bar (21,8 - 29,0 psi)
HS/VOC Klarlack 923-	1,3 2 bar (29,0 psi)	1,3 2,5 bar (36,3 psi)	1,0 SR / 1,2 SR 1,5 - 2 bar (21,8 - 29,0 psi)

Paint application chart

Find the right SATA spray gun for your material.

Please choose the guns, which data should be compared.

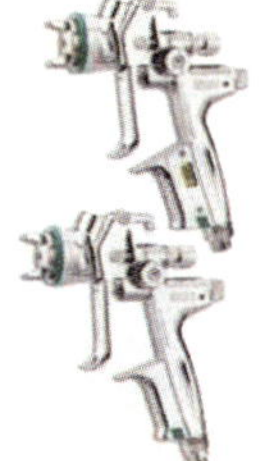 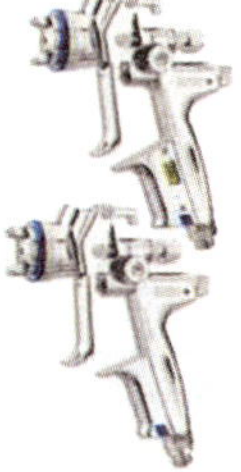 

Material	SATAjet® 4000 B HVLP (DIGITAL) Nozzle size / Atomisation pressure	SATAjet® 4000 B RP (DIGITAL) Nozzle size / Atomisation pressure	SATAjet® 100 B F™ RP Nozzle size / Atomisation pressure
Universal Washprimer chromatfrei D8092	1,3 2 bar (29,0 psi)	1,4 2 - 2,2 bar (29,0 - 31,9 psi)	---
Epoxy-Grundierfüller wasserverdünnbar D8012	1,3 / 1,4 2 bar (29,0 psi)	1,3 / 1,4 2 bar (29,0 psi)	---
2K HS NiN Füller D8077/D8078	---	1,3 / 1,4 2 - 2,2 bar (29,0 - 31,9 psi)	---
DP4000 2K Primer D8501/D8505/D8507	1,2 / 1,3 1,8 - 2 bar (26,1 - 29,0 psi)	1,2 / 1,3 2 - 2,2 bar (29,0 - 31,9 psi)	---
2K UHS Greymatic Füller D8018/D8019/D8024	---	---	1,6 / 1,8 2 bar (29,0 psi)
2K HS Rapid Greymatic Füller D8010/D8015/D8017	---	---	1,6 / 1,8 2 bar (29,0 psi)
2K HS Füller High Build D8046	---	---	1,6 / 1,8 2 bar (29,0 psi)
Deltron Progress 2K UHS D60XX	---	1,3 2 - 2,2 bar (29,0 - 31,9 psi)	---
Envirobase High Performance T4XX	1,3 1,6 - 1,8; Nebelgang 1-1,3 bar bar (23,2 - 26,1 psi)	---	---
2K UHS Klarlacke D8141, D8135, D8130, D8138	---	1,2 2 - 2,2 bar (29,0 - 31,9 psi)	---
2K CeramicClear™ "Reflow" D8122	---	1,2 / 1,3 2 - 2,2 bar (29,0 - 31,9 psi)	---
MultiClear D8171	---	1,2 / 1,3 2 - 2,2 bar (29,0 - 31,9 psi)	---
2K Matt Klarlack D8113	---	1,2 / 1,3 2 - 2,2 bar (29,0 - 31,9 psi)	---

Find the right SATA spray gun for your material.

Please choose the guns, which data should be compared.

 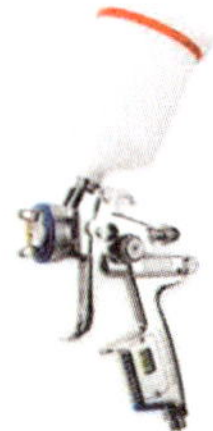 

Material	SATAjet® 3000 B HVLP (DIGITAL) Nozzle size / Atomisation pressure	SATAjet® 3000 B RP® Nozzle size / Atomisation pressure	SATAminijet® 3000 B HVLP Nozzle size / Atomisation pressure
Universal Washprimer chromatfrei D8092	1,3 2 bar (29,0 psi)	1,4 2 - 2,5 bar (29,0 - 36,3 psi)	---
Epoxy-Grundierfüller wasserverdünnbar D8012	1,3 / 1,4 2 bar (29,0 psi)	1,3 / 1,4 2 bar (29,0 psi)	---
2K HS NiN Füller D8077/D8078	---	1,3 2 - 2,5 bar (29,0 - 36,3 psi)	---
DP4000 2K Primer D8501/D8505/D8507	1,2 / 1,3 1,8 - 2 bar (26,1 - 29,0 psi)	1,2 / 1,3 2 - 2,5 bar (29,0 - 36,3 psi)	---
Deltron Progress 2K UHS D60XX	---	1,2 / 1,3 2 - 2,5 bar (29,0 - 36,3 psi)	---
Envirobase High Performance T4XX	1,3 1,6 - 1,8 bar; Nebelgang 1-1,3 bar (23,2 - 26,1 psi)	---	1,2 SR / 1,4 SR 1 - 2 bar (14,5 - 29,0 psi)
2K UHS Klarlacke D8141, D8135, D8130, D8138	bar (0,0 psi)	1,2 2,3 - 2,5 bar (33,3 - 36,3 psi)	1,2 SR 1,0 - 2,0 bar (14,5 - 29,0 psi)
2K CeramicClear™ "Reflow" D8122	---	1,2 / 1,3 2 - 2,5 bar (29,0 - 36,3 psi)	1,2 SR 1 - 2 bar (14,5 - 29,0 psi)
MultiClear D8171	---	1,2 / 1,3 2 - 2,5 bar (29,0 - 36,3 psi)	1,2 SR 1 - 2 bar (14,5 - 29,0 psi)
2K Matt Klarlack D8113	---	1,2 / 1,3 2 - 2,5 bar (29,0 - 36,3 psi)	1,2 SR 1 - 2 bar (14,5 - 29,0 psi)

Paint application chart

Find the right SATA spray gun for your material.

Please choose the guns, which data should be compared.

Material	SATAjet® 4000 B HVLP (DIGITAL) Nozzle size Atomisation pressure	SATAjet® 4000 B RP (DIGITAL) Nozzle size Atomisation pressure	SATAjet® 100 B F™ RP Nozzle size Atomisation pressure
MULTIFILLER CP BLACK CP	---	---	1,6 / 1,8 2 bar (29,0 psi)
EXTRASEALER WHITE/BLACK	1,3 / 1,3 C 2 bar (29,0 psi)	1,3 2 bar (29,0 psi)	---
HYDROFILLER II	---	---	1,6 / 1,8 2 bar (29,0 psi)
DIAMONT	1,3 / 1,4 / 1,5 2 bar (29,0 psi)	1,3 2 bar (29,0 psi)	---
ONYX HD	1,5 2 bar (29,0 psi)	---	---
UNO HD/UNO HD 420	1,3 / 1,3 C 2 bar (29,0 psi)	1,3 2 bar (29,0 psi)	---
CHRONOTOP	1,3 / 1,3 C 2 bar (29,0 psi)	1,3 2 bar (29,0 psi)	---
DIAMONTOP MS	1,3 / 1,3 C 2 bar (29,0 psi)	1,3 2 bar (29,0 psi)	---
STARTOP HS	1,3 / 1,3 C 2 bar (29,0 psi)	1,3 2 bar (29,0 psi)	---
CRYSTALCLEAR CP	1,3 / 1,3 C 2 bar (29,0 psi)	1,3 2 bar (29,0 psi)	---
CHRONOLUX CP	1,3 / 1,3 C 2 bar (29,0 psi)	1,3 2 bar (29,0 psi)	---
SUPREMELUX CP	1,3 / 1,3 C 2 bar (29,0 psi)	1,3 2 bar (29,0 psi)	---

  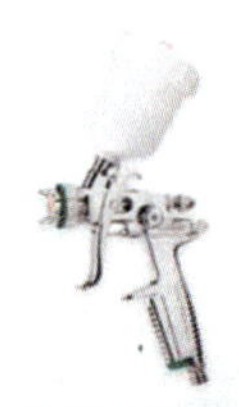

Find the right SATA spray gun for your material.

Please choose the guns, which data should be compared.

Material	SATAjet® 3000 B HVLP (DIGITAL) Nozzle size Atomisation pressure	SATAjet® 3000 B RP® Nozzle size Atomisation pressure	SATAminijet® 3000 B HVLP Nozzle size Atomisation pressure
EXTRASEALER WHITE/BLACK	1,3 2 bar (29,0 psi)	1,3 2,5 bar (36,3 psi)	---
DIAMONT	1,3 / 1,4 / 1,5 2 bar (29,0 psi)	1,3 / 1,4 2 bar (29,0 psi)	1,0 SR / 1,2 SR 1,5 - 2 bar (21,8 - 29,0 psi)
ONYX HD	1,5 2 bar (29,0 psi)	---	1,0 SR / 1,2 SR 1,5 - 2 bar (21,8 - 29,0 psi)
UNO HD/UNO HD 420	1,3 2,0 bar (29,0 psi)	1,3 / 1,4 2,5 bar (36,3 psi)	1,0 SR / 1,2 SR 1,5 - 2 bar (21,8 - 29,0 psi)
CHRONOTOP	1,3 2 bar (29,0 psi)	1,3 / 1,4 2,5 bar (36,3 psi)	1,0 SR / 1,2 SR 1,5 - 2 bar (21,8 - 29,0 psi)
DIAMONTOP MS	1,3 2 bar (29,0 psi)	1,3 / 1,4 2,5 bar (36,3 psi)	1,0 SR / 1,2 SR 1,5 - 2 bar (21,8 - 29,0 psi)
STARTOP HS	1,3 2 bar (29,0 psi)	1,3 / 1,4 2,5 bar (36,3 psi)	1,0 SR / 1,2 SR 1,5 - 2 bar (21,8 - 29,0 psi)
CRYSTALCLEAR CP	1,3 2 bar (29,0 psi)	1,3 / 1,4 2,5 bar (36,3 psi)	1,0 SR / 1,2 SR 1,5 - 2 bar (21,8 - 29,0 psi)
CHRONOLUX CP	1,3 2 bar (29,0 psi)	1,3 / 1,4 2,5 bar (36,3 psi)	1,0 SR / 1,2 SR 1,5 - 2 bar (21,8 - 29,0 psi)
SUPREMELUX CP	1,3 2 bar (29,0 psi)	1,3 / 1,4 2,5 bar (36,3 psi)	1,0 SR / 1,2 SR 1,5 - 2 bar (21,8 - 29,0 psi)

Paint application chart

Find the right SATA spray gun for your material.

Please choose the guns, which data should be compared.

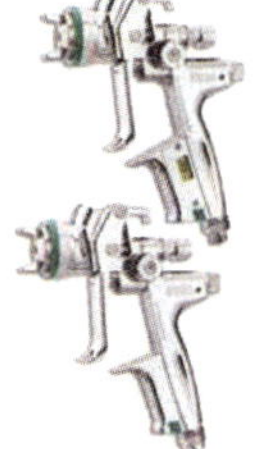

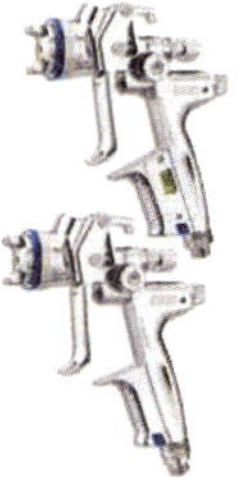

Material	SATAjet® 4000 B HVLP (DIGITAL) Nozzle size Atomisation pressure	SATAjet® 4000 B RP (DIGITAL) Nozzle size Atomisation pressure	SATAjet® 100 B F™ RP Nozzle size Atomisation pressure
Washprimer 1k CF	1,4 2 bar (29,0 psi)	1,3 / 1,4 2 bar (29,0 psi)	1,4 2 bar (29,0 psi)
Primer Surfacer EP II	---	---	1,6 / 1,8 2 bar (29,0 psi)
Primer Surfacer EP II nass in nass	1,3 / 1,4 2 bar (29,0 psi)	1,3 2 bar (29,0 psi)	1,4 2 bar (29,0 psi)
Autosurfacer WB	1,3 2 bar (29,0 psi)	1,3 2 bar (29,0 psi)	1,4 2 bar (29,0 psi)
Autosurfacer HB	---	---	1,8 / 2,0 2 bar (29,0 psi)
Colorbuild Plus	---	---	1,6 / 1,8 2 bar (29,0 psi)
Autosurfacer Rapid	---	---	1,6 / 1,8 2 bar (29,0 psi)
Multi Use Filler HS	---	---	1,6 / 1,8 2 bar (29,0 psi)
Colorbuild Plus nass in nass	1,3 / 1,4 2 bar (29,0 psi)	1,3 2 bar (29,0 psi)	1,4 2 bar (29,0 psi)
Autocryl Plus LV	1,3 / 1,3 C 2 bar (29,0 psi)	1,2 / 1,3 2 bar (29,0 psi)	---
Autowave Basislack	WSB / 1,3 2 bar (29,0 psi)	1,2 2 bar (29,0 psi)	---
Autoclear LV Exclusiv	1,3 / 1,3 C 2 bar (29,0 psi)	1,2 / 1,3 2 bar (29,0 psi)	---
Autoclear LV Superior	1,3 / 1,3 C 2 bar (29,0 psi)	1,2 / 1,3 2 bar (29,0 psi)	---
Autoclear LV	1,3 / 1,3 C 2 bar (29,0 psi)	1,2 / 1,3 2 bar (29,0 psi)	---
Autoclear UV	---	1,1 / 1,2 2 bar (29,0 psi)	---

Find the right SATA spray gun for your material.

Please choose the guns, which data should be compared.

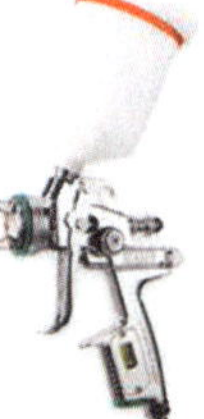

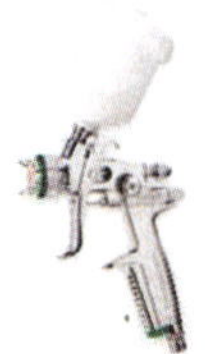

Material	SATAjet® 3000 B HVLP (DIGITAL) Nozzle size Atomisation pressure	SATAjet® 3000 B RP® Nozzle size Atomisation pressure	SATAminijet® 3000 B HVLP Nozzle size Atomisation pressure
Washprimer 1k CF	1,4 2 bar (29,0 psi)	1,4 2 - 2,5 bar (29,0 - 36,3 psi)	---
Primer Surfacer EP II nass in nass	1,3 / 1,4 2 bar (29,0 psi)	1,3 2 - 2,5 bar (29,0 - 36,3 psi)	---
Autosurfacer WB	1,3 2 bar (29,0 psi)	1,3 2 - 2,5 bar (29,0 - 36,3 psi)	---
Colorbuild Plus nass in nass	1,3 / 1,4 2 bar (29,0 psi)	1,3 2 - 2,5 bar (29,0 - 36,3 psi)	---
Autocryl Plus LV	1,2 / 1,3 2 bar (29,0 psi)	1,2 / 1,3 2 - 2,5 bar (29,0 - 36,3 psi)	1,0 SR / 1,2 SR 1 - 2 bar (14,5 - 29,0 psi)
Autowave Basislack	WSB / 1,3 2 bar (29,0 psi)	1,2 / 1,3 2 bar (29,0 psi)	1,0 SR / 1,2 SR 1 - 2 bar (14,5 - 29,0 psi)
Autoclear LV Exclusiv	1,2 / 1,3 2 bar (29,0 psi)	1,2 2 - 2,5 bar (29,0 - 36,3 psi)	1,0 SR / 1,2 SR 1 - 2 bar (14,5 - 29,0 psi)
Autoclear LV Superior	1,2 / 1,3 2 bar (29,0 psi)	1,2 2 - 2,5 bar (29,0 - 36,3 psi)	1,0 SR / 1,2 SR 1 - 2 bar (14,5 - 29,0 psi)
Autoclear LV	1,2 / 1,3 2 bar (29,0 psi)	1,2 2 - 2,5 bar (29,0 - 36,3 psi)	1,0 SR / 1,2 SR 1 - 2 bar (14,5 - 29,0 psi)
Autoclear UV	---	1,1 / 1,2 2 - 2,5 bar (29,0 - 36,3 psi)	---

Paint application chart

Find the right SATA spray gun for your material.

Please choose the guns, which data should be compared.

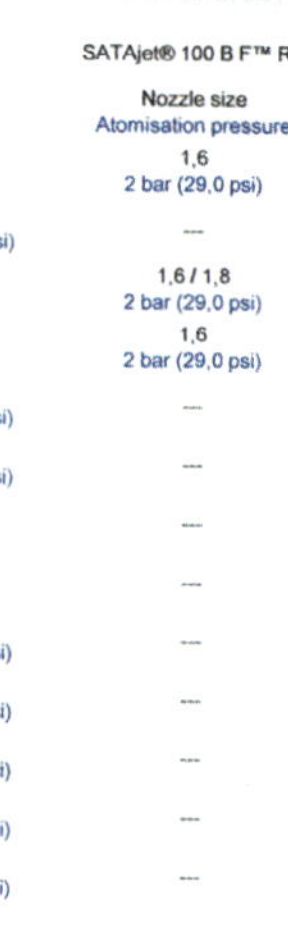

Material	SATAjet® 4000 B HVLP (DIGITAL) Nozzle size / Atomisation pressure	SATAjet® 4000 B RP (DIGITAL) Nozzle size / Atomisation pressure	SATAjet® 100 B F™ RP Nozzle size / Atomisation pressure
Permasolid SpectroFlex 5400	---	---	1,6 2 bar (29,0 psi)
Permasolid SpectroFlex 5400 Nass in Nass	1,3 / 1,4 / 1,5 2 bar (29,0 psi)	1,2 / 1,3 / 1,4 2 - 2,5 bar (29,0 - 36,3 psi)	---
Permasolid HS PREMIUM Füller 5310	---	---	1,6 / 1,8 2 bar (29,0 psi)
Permasolid HS EXPRESS Füller 5250	---	---	1,6 2 bar (29,0 psi)
Permasolid HS Nass in Nass Füller 5330	1,4 / 1,5 2 bar (29,0 psi)	1,2 / 1,3 / 1,4 2 - 2,5 bar (29,0 - 36,3 psi)	---
Permasolid HS Vario Füller 8590 Nass in Nass	1,3 / 1,4 / 1,5 2 bar (29,0 psi)	1,2 / 1,3 / 1,4 2 - 2,5 bar (29,0 - 36,3 psi)	---
Permahyd Basislack Serie 280/285	WSB / 1,3 2 bar (29,0 psi)	1,2W / 1,2 / 1,3 2 bar (29,0 psi)	---
Permahyd Hi-TEC 480	WSB / 1,3 2 bar (29,0 psi)	1,2W / 1,2 / 1,3 2 bar (29,0 psi)	---
Permasolid HS Klarlack 8030	1,4 / 1,5 2 bar (29,0 psi)	1,3 / 1,4 2 - 2,5 bar (29,0 - 36,3 psi)	---
Permasolid HS Klarlack 8034	1,3 / 1,4 2 bar (29,0 psi)	1,2 / 1,3 2 - 2,5 bar (29,0 - 36,3 psi)	---
Permasolid HS Klarlack 8035	1,3 / 1,4 2 bar (29,0 psi)	1,2 / 1,3 2 - 2,5 bar (29,0 - 36,3 psi)	---
Permasolid HS Optimum Klarlack 8600	1,3 / 1,4 2 bar (29,0 psi)	1,2 / 1,3 2 - 2,5 bar (29,0 - 36,3 psi)	---
Permasolid HS Optimum Plus Klarlack 8650	1,3 / 1,4 2 bar (29,0 psi)	1,2 / 1,3 2 - 2,5 bar (29,0 - 36,3 psi)	---
Permasolid HS Diamant Klarlack 8450	1,3 / 1,4 2 bar (29,0 psi)	1,2 / 1,3 2 - 2,5 bar (29,0 - 36,3 psi)	---
Permasolid HS Autolack Serie 275	1,3 / 1,4 2 bar (29,0 psi)	1,2 / 1,3 2 - 2,5 bar (29,0 - 36,3 psi)	---

Find the right SATA spray gun for your material.

Please choose the guns, which data should be compared.

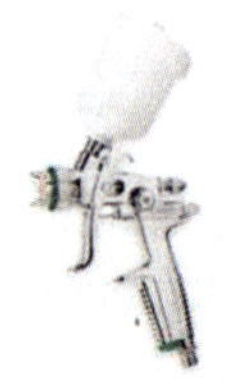

Material	SATAjet® 3000 B HVLP (DIGITAL) Nozzle size / Atomisation pressure	SATAjet® 3000 B RP® Nozzle size / Atomisation pressure	SATAminijet® 3000 B HVLP Nozzle size / Atomisation pressure
Permasolid SpectroFlex 5400	1,3 / 1,4 / 1,5 / 1,7 2,0 bar (29,0 psi)	1,3 / 1,4 / 1,6 2,0 - 2,5 bar (29,0 - 36,3 psi)	---
Permasolid HS Nass in Nass Füller 5330	1,4 / 1,5 2 bar (29,0 psi)	1,2 / 1,3 / 1,4 2 - 2,5 bar (29,0 - 36,3 psi)	---
Permasolid HS Vario Füller 8590 Nass in Nass	1,3 / 1,4 / 1,5 2 bar (29,0 psi)	---	1,0 SR / 1,2 SR 1 - 2 bar (14,5 - 29,0 psi)
Permahyd Basislack Serie 280/285	WSB 2 bar (29,0 psi)	1,2 2,0 bar (29,0 psi)	1,0 SR / 1,2 SR 1 - 2 bar (14,5 - 29,0 psi)
Permahyd Hi-TEC 480	WSB 2 bar (29,0 psi)	1,2 2,0 bar (29,0 psi)	1,0 SR / 1,2 SR 1 - 2 bar (14,5 - 29,0 psi)
Permasolid HS Klarlack 8030	1,4 / 1,5 2 bar (29,0 psi)	1,3 / 1,4 2 - 2,5 bar (29,0 - 36,3 psi)	1,0 SR / 1,2 SR 1,0 - 2,0 bar (14,5 - 29,0 psi)
Permasolid HS Klarlack 8034	1,3 / 1,4 2 bar (29,0 psi)	1,2 / 1,3 2 - 2,5 bar (29,0 - 36,3 psi)	1,0 SR / 1,2 SR 1,0 - 2,0 bar (14,5 - 29,0 psi)
Permasolid HS Klarlack 8035	1,3 / 1,4 2 bar (29,0 psi)	1,2 / 1,3 2 - 2,5 bar (29,0 - 36,3 psi)	1,0 SR / 1,2 SR 1,0 - 2,0 bar (14,5 - 29,0 psi)
Permasolid HS Optimum Klarlack 8600	1,3 / 1,4 2 bar (29,0 psi)	1,2 / 1,3 2 - 2,5 bar (29,0 - 36,3 psi)	1,0 SR / 1,2 SR 1,0 - 2,0 bar (14,5 - 29,0 psi)
Permasolid HS Optimum Plus Klarlack 8650	1,3 / 1,4 2 bar (29,0 psi)	1,2 / 1,3 2 - 2,5 bar (29,0 - 36,3 psi)	1,0 SR / 1,2 SR 1,0 - 2,0 bar (14,5 - 29,0 psi)
Permasolid HS Diamant Klarlack 8450	1,3 / 1,4 2 bar (29,0 psi)	1,2 / 1,3 2 - 2,5 bar (29,0 - 36,3 psi)	1,0 SR / 1,2 SR 1,0 - 2,0 bar (14,5 - 29,0 psi)
Permasolid HS Autolack Serie 275	1,3 / 1,4 2 bar (29,0 psi)	1,2 / 1,3 / 1,4 2,5 bar (36,3 psi)	1,0 SR / 1,2 SR 1,0 - 2,0 bar (14,5 - 29,0 psi)

(5) 스프레이건 공기분배링 분해 조립방법

스프레이건의 노즐을 분해, 조립하고 난 후 플라스틱 패킹을 교체하지 않을 경우 숨 끊김이 발생하게 된다. 이유는 플라스틱패킹과 노즐 나사산 사이에 흠집이 발생하여 생기는 현상으로 노즐을 분해할 경우 플라스틱을 필히 아래의 분해 및 조립방법을 참고하여 교체한다.

① 스프레이건과 만능스패너 및 스프레이건용 그리스(grease)를 준비한다.

② 사타(sata) 스프레이건의 경우 완전 분해 후 조립할 경우 교환을 해야 하는 부품이 있다. 교환하지 않고 조립할 경우 분사 시 스프레이 패턴이 불규칙하게 된다. 따라서 몸체에서 노즐을 제거 후에는 교환하는 것을 추천한다.

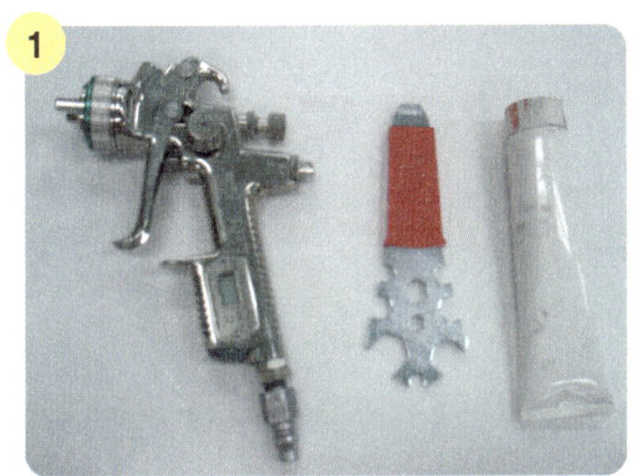

③ 스프레이건의 도료조정나사를 완전히 풀러 제거한다.

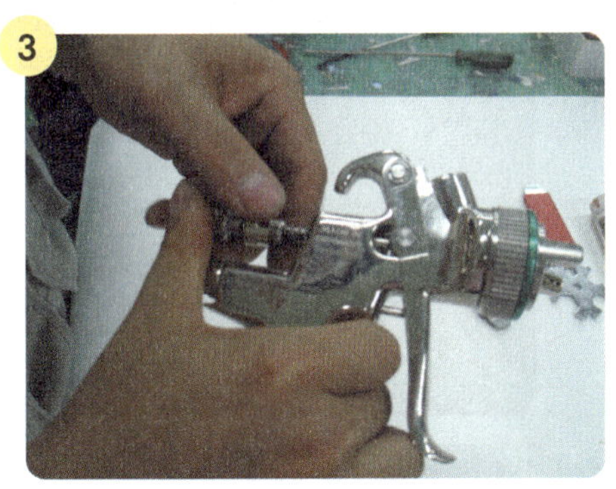

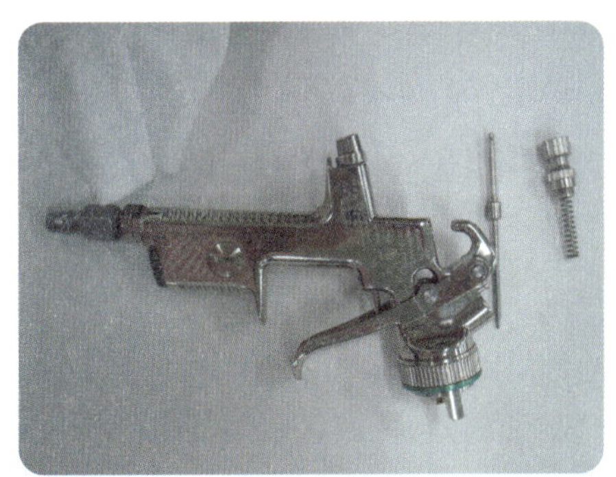

④ 스프레이건을 바이스에 고정시키고 도료노즐을 제거한다. 도료노즐을 제거할 때 전용 스패너를 이용하여 맞추고 사진과 같이 도료노즐의 중앙을 엄지로 눌러 풀 때 어긋나지 않도록 주의해서 푼다.

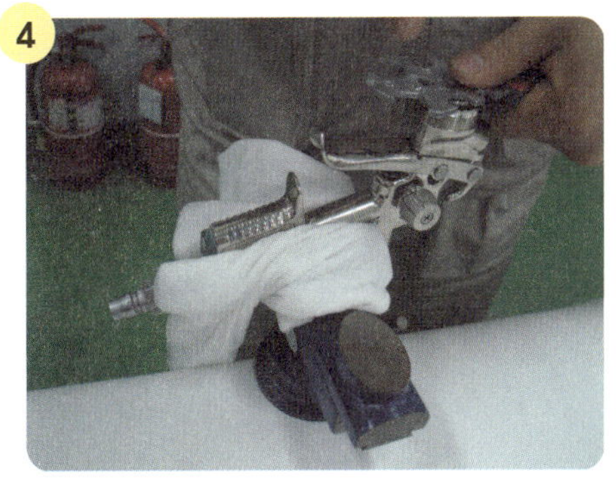

⑤ 도료노즐의 제거한 모습

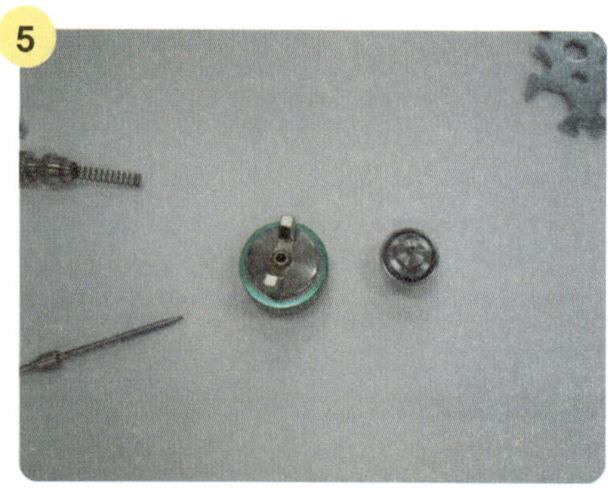

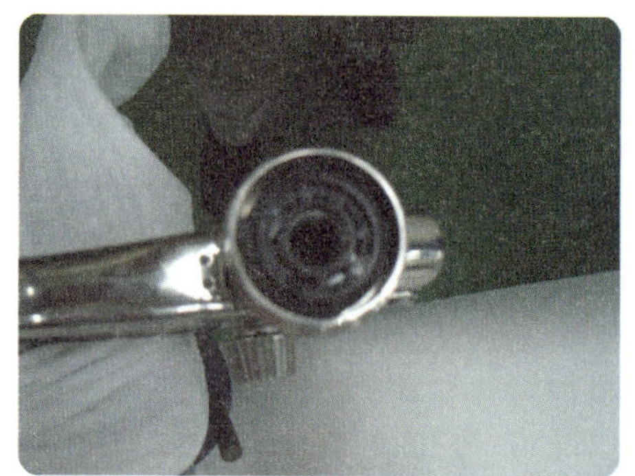

⑥ 도료노즐을 제거하고 나면 플라스틱 패킹이 보인다. 이 부품은 스프레이건을 분해 조립을 한 후 무조건 교체하여 주는 것이 좋다. 교체를 하지 않을 경우 스프레이 패턴 불규칙이 발생한다. 전용 공구를 사용하여 제거한다. 전용공구는 스프레이건 수리 키트에 있다. 오른쪽 사진과 같이 전용 공구를 잡는다.

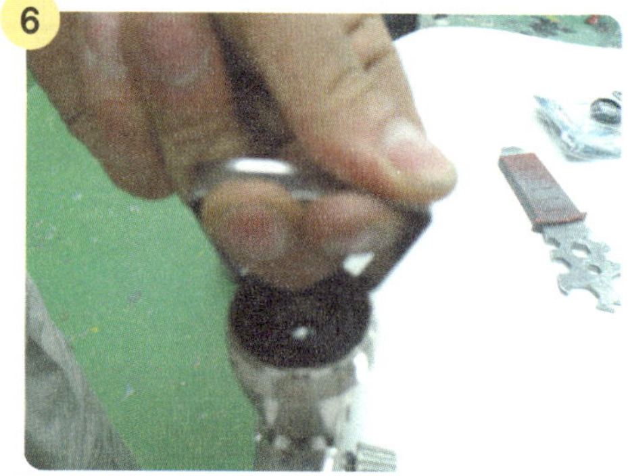

⑦ 바이스에 고정되어 있는 스프레이건을 잡고 패킹을 제거한다.

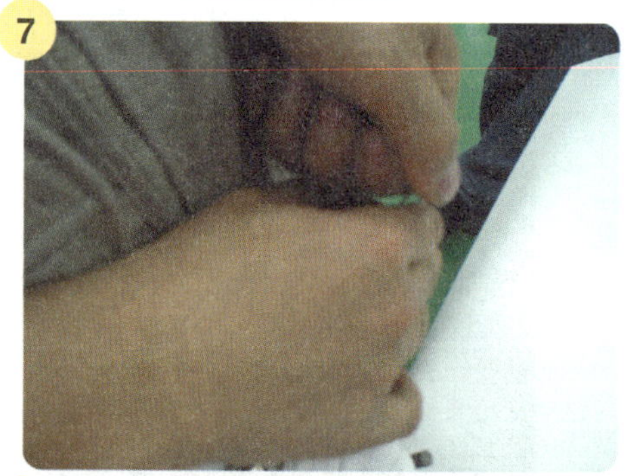

⑧ 패킹을 제거한 모습이다.

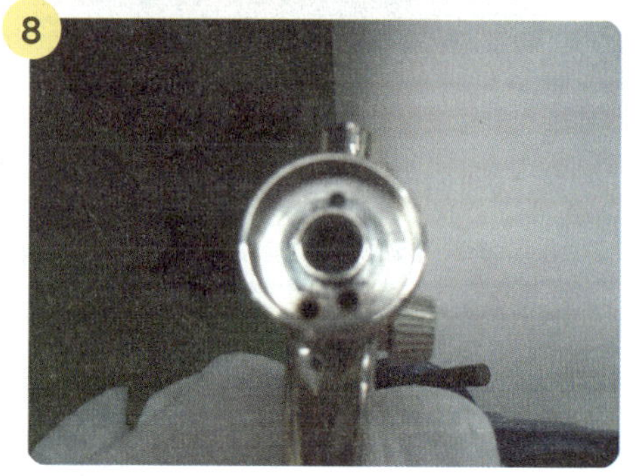

⑨ 스프레이건을 깨끗이 청소한 후 다시 조립한다. 이 때 신품의 패킹으로 교체한다.

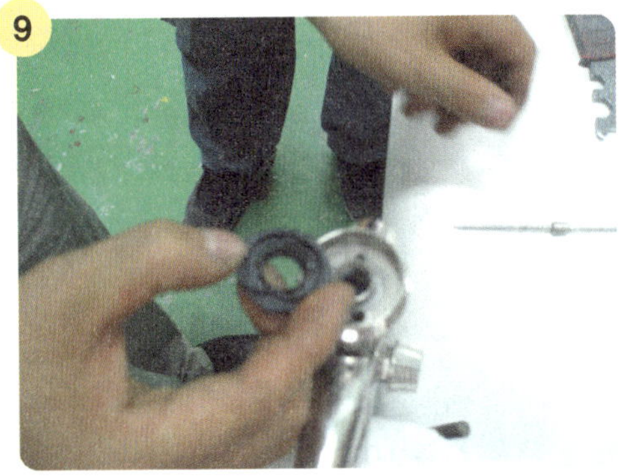
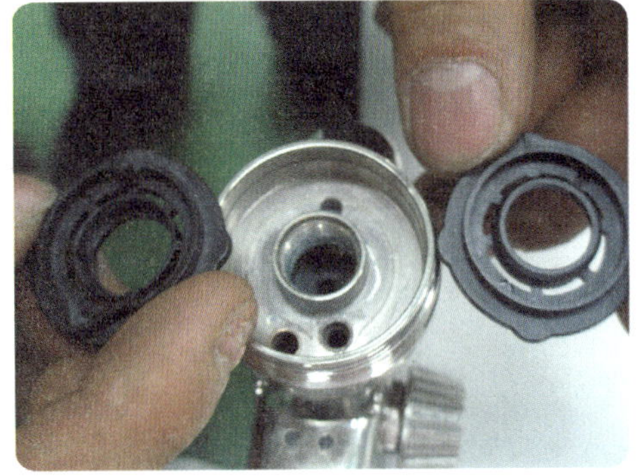

⑩ 패킹의 중심을 잘 맞추어 넣는다.

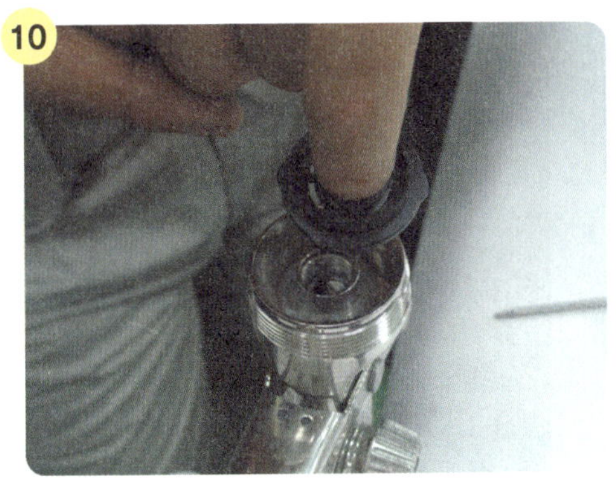
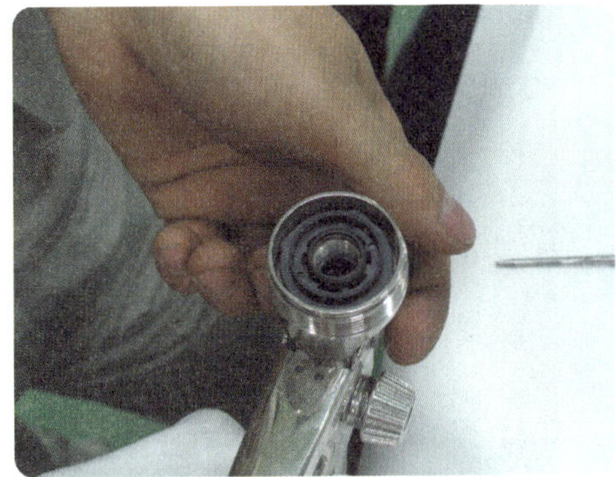

⑪ 도료 노즐을 정확히 맞추어 손으로 조인다.
⑫ 전용공구를 이용하여 완전히 조인다.

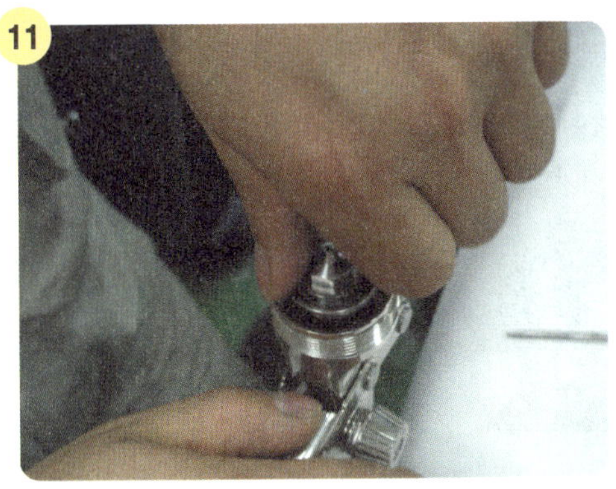
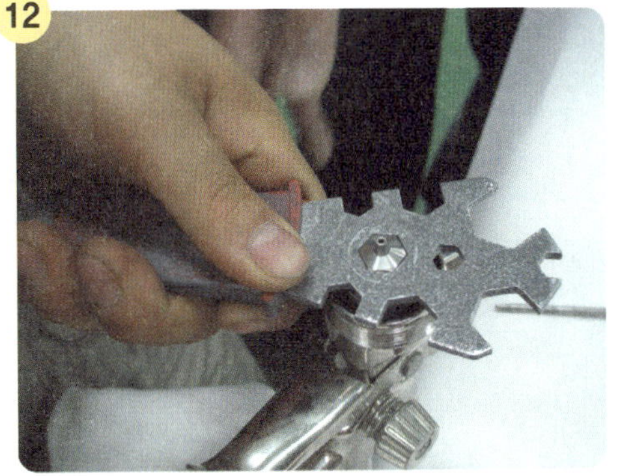

⑬ 도료노즐의 손상을 방지하기 위하여 에어 캡을 즉시 조립한다.

⑭ 전용그리스를 이용하여 니들에 발라주어 부드럽게 움직일 수 있도록 한다.

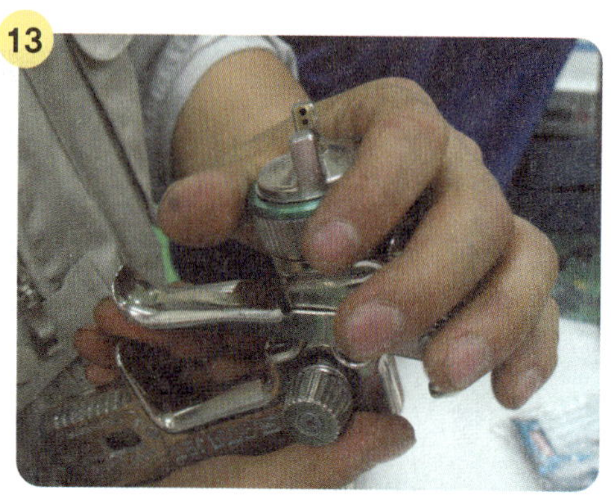

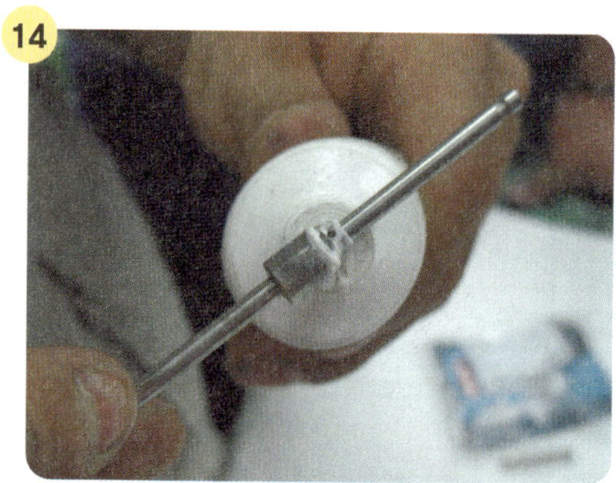

⑮ 도료조절나사 안쪽의 스프링에도 전용그리스를 발라준다.

⑯ 도료조정나사에 전용그리스를 발라준다.

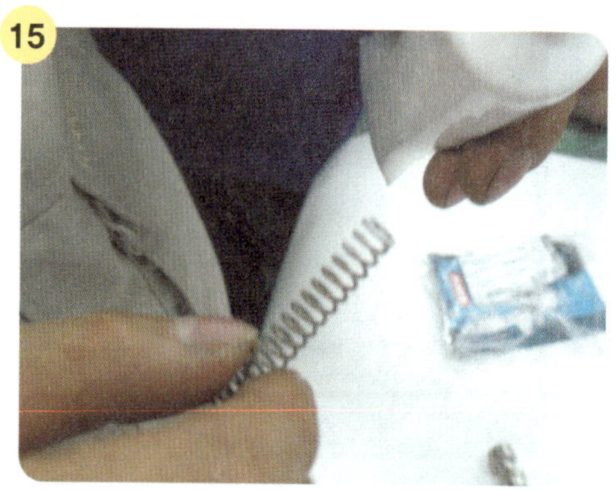

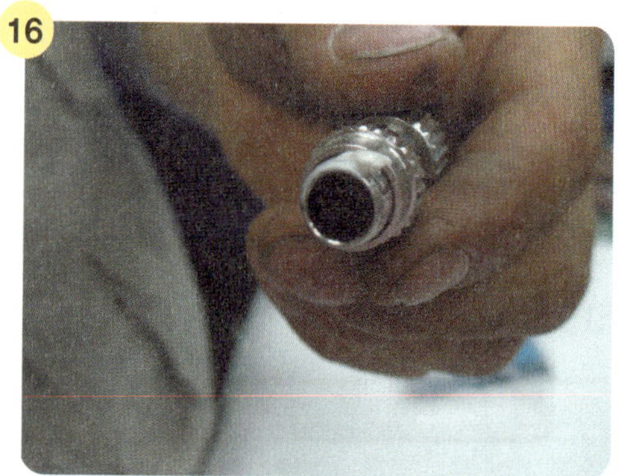

⑰ 리턴밸브에도 전용그리스를 발라준다.

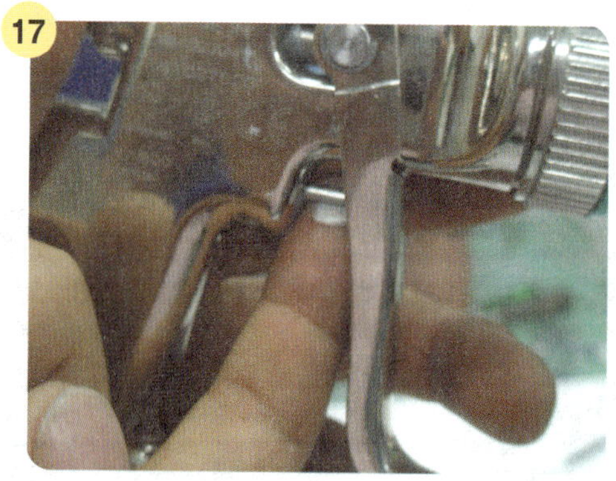

최대 여기까지만 분해하며 완전분해하지 않는다.

스프레이건은 분해와 조립의 반복에 의해 연결부위와 밀봉 부위가 헐거워져 고장의 원인이 되는 것을 잊지 말고 세척할 경우 스프레이건을 세척용 시너 등에 담그지 말아야 하며, 에어 캡 앞부분을 한손으로 막은 상태에서 방아쇠를 당기면 토출되는 시너가 역류되는데 이럴 때 패킹에 도료나 시너가 틈새로 들어가 고장의 원인이 된다. 도료 통에 있는 시너를 역류시키지 말아야 한다. 가장 근본적인 고장은 위의 내용을 지키지 않아 발생하므로 하지 않도록 하여 고가의 장비를 오랜 기간 사용할 수 있도록 하자.

(6) 스프레이건 전체 분해 순서

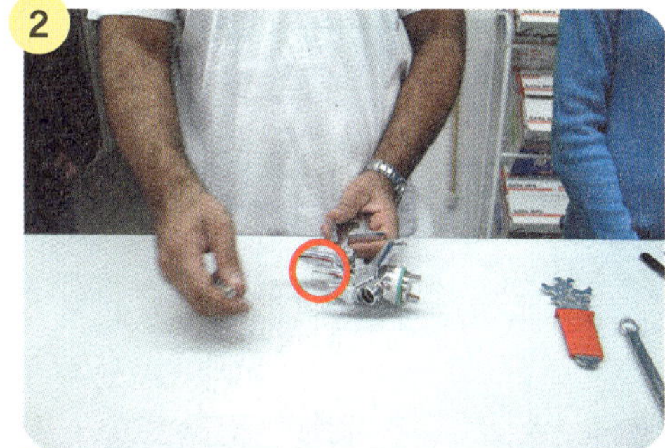
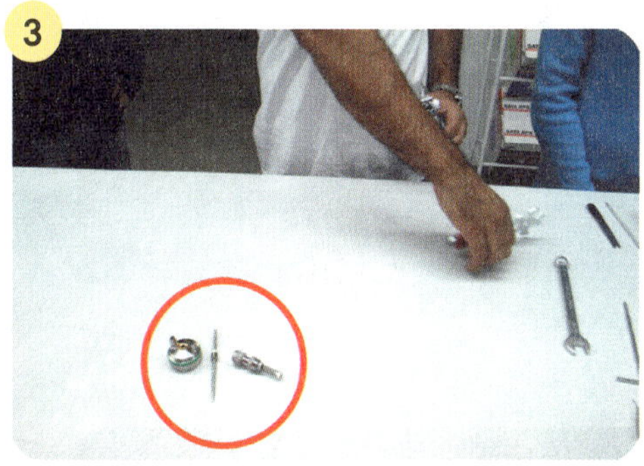
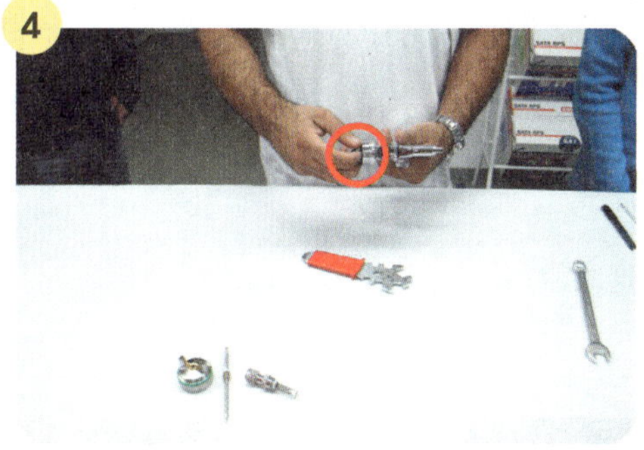

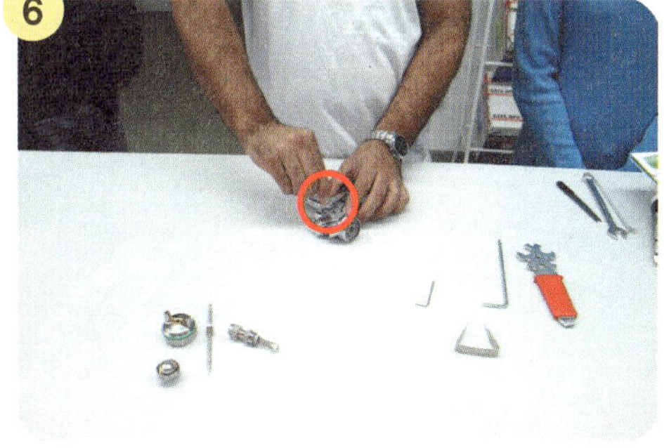

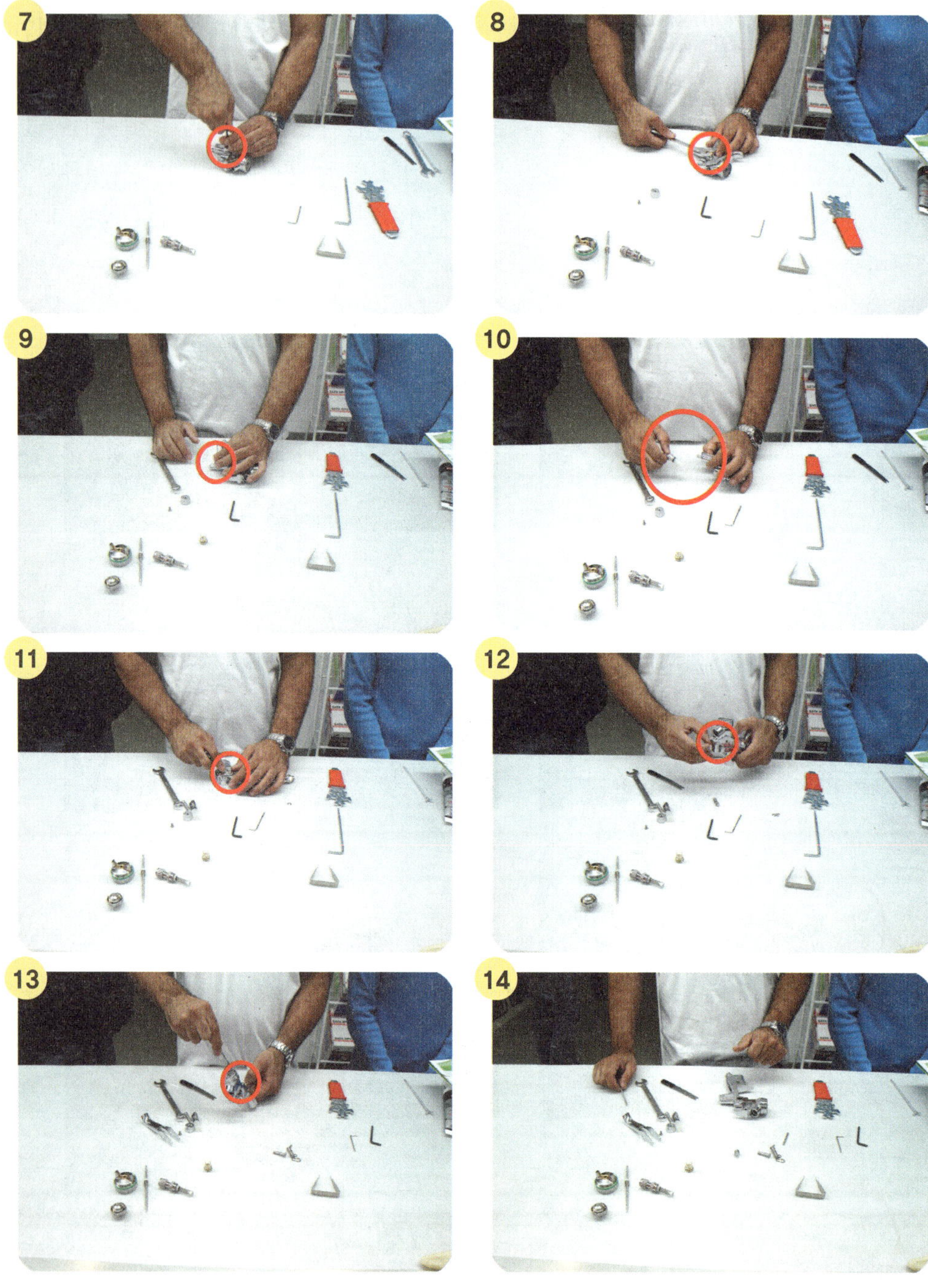

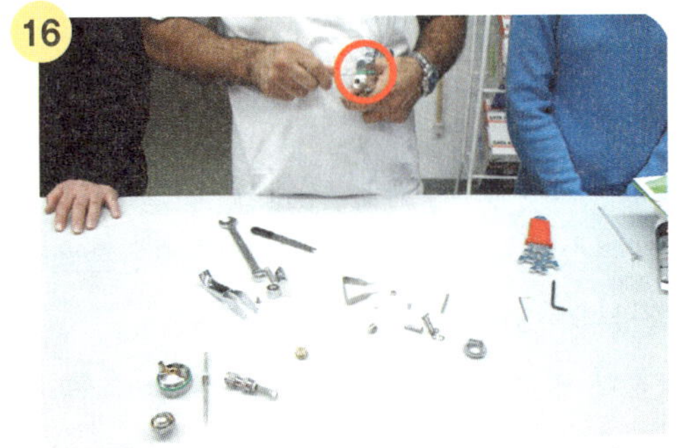

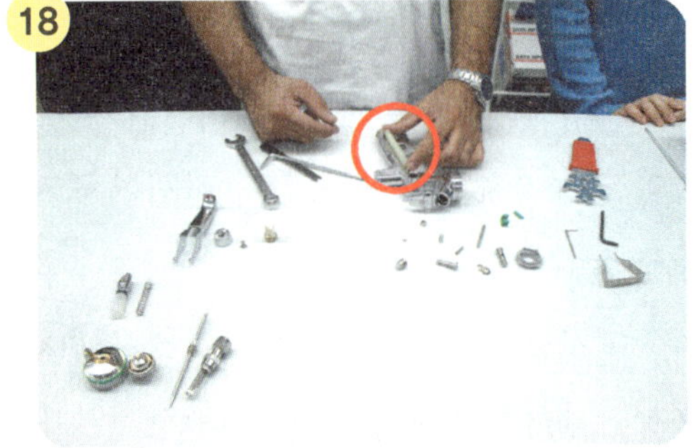

(7) 스프레이건 컵

중력식과 흡상식 스프레이건에는 도료 컵이 장착된다. 도료 컵은 재질에 따라 크게 알루미늄과 플라스틱으로 나뉜다.

플라스틱은 용제에 강해서 변형이 일어나지 않지만 잘 깨지는 아세탈(acetal)재질과 잘 깨지지는 않지만 용제에 약해서 변형이 잘 일어나는 나일론(nylon) 재질이 있다.

(8) 1회용 스프레이건 컵

유가의 가격이 상승함에 따라 시너의 가격도 상승되었고, 유기용제의 과다 사용은 환경을 오염시키기 때문에 일회용으로 보관이나 폐기할 수 있도록 만든 제품들이다.

특 징

- 세척이 필요 없고 폐기가 쉽다.
- 스프레이건의 몸체만 세척하면 되기 때문에 시너 사용량이 줄어든다.
- 케이스에 눈금자가 있기 때문에 혼합할 경우 편하다.
- 잔분의 도료를 보관하기가 쉽다.
- 조색 작업 시 간단한 세척으로 다른 컬러를 도장할 수 있다.
- 일회용 비닐컵을 사용하지 않아도 된다.

자사 제품이 아닌 경우 연결용 어댑터가 필요하다. 어댑터를 꽂고 일회용 컵을 사용하면 컵의 높이가 높아지고 무게 중심이 바뀌어 장시간 사용할 경우 작업자가 피로를 느끼게 된다.

① **에어압력 게이지**

항상 일정한 작업이 이루어져야 같은 색상이 나오는 도료들이 있으나 압축공기 압력을 작업자의 감각에만 취중해서는 매번 같은 압력으로 도장을 할 수 없기 때문에 사용하고 있는 압축공기의 압력을 작업자가 정확하게 조정하고 사용할 수 있도록 만들어진 제품이다.

디지털 압력게이지   아날로그 압력게이지

② **스프레이건 캡**(spray gun cap)

건의 에어 캡을 보호하는 마개이다.

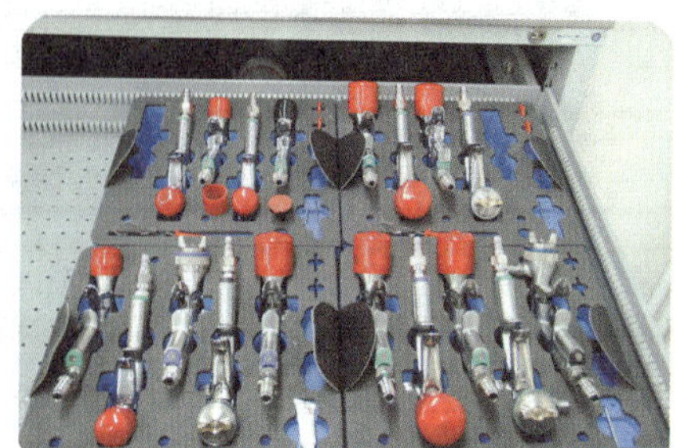

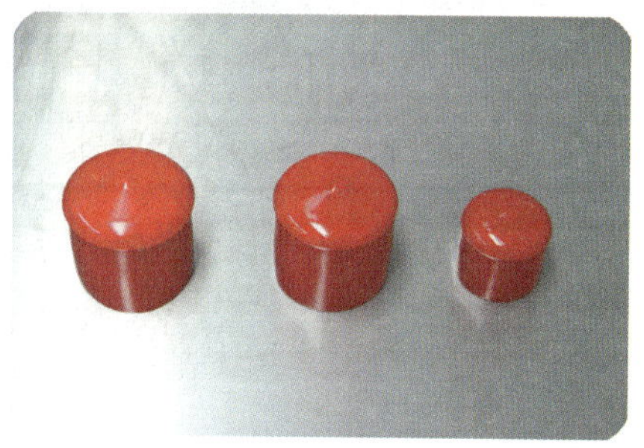

2 샌더(sander)

1) 용도에 따른 분류

① 디스크 샌더(disk sander)

자동차 보수 도장에서 판금 정형 후 구도막의 박리와 녹 제거를 위한 작업용으로 사용하는 샌더로서 전기식과 에어식이 있으며 저속에서 연마력이 강하다.

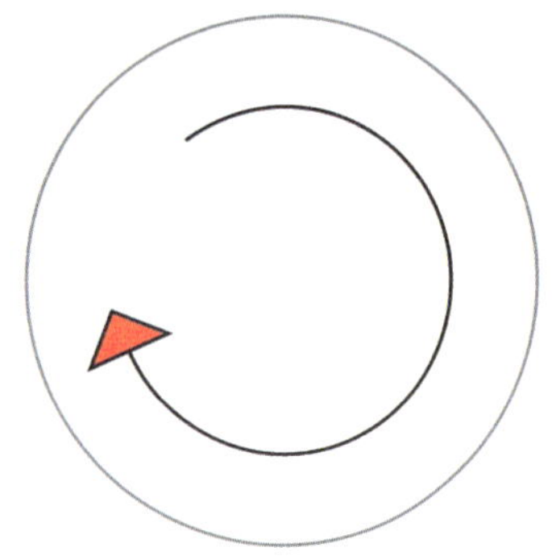

- 연마력이 강하므로 구 도막 제거, 녹 제거 등에 사용한다.
- 패드형상 : 원형
- 운동방식 : 모터의 회전이 패드에 그대로 전달된다.
- 약간 기울여서 바깥부분으로 연마한다.
- 스월마크가 일정하게 나온다.
- 딱딱한 패드를 사용한다.

② 더블액션 샌더(double action sander)

싱글액션 샌더는 단순 원운동으로 연마되지만 더블액션 샌더는 이중 회전을 하면서 연마를 한다. 샌더 패드의 회전축이 중심에서 어긋나 있어 이중 회전하는 샌더기이다.

오버다이어(샌더기의 중심축과 패드의 중심이 어긋난 거리)가 크면 클수록 연삭력이 좋아
지지만 표면이 거칠게 된다. 중도연마 할 경우 3mm 정도를 사용하며 퍼티는 5~7mm
정도를 사용한다. 또한 광택공정에서 인터베이스 패드를 부착하여 P1,200~ 1,500 연마지
를 이용해 컬러 샌딩을 할 때도 사용되고 있다.

- 퍼티연마나 단 낮추기에 사용한다.
- 패드형상 : 원형
- 운동방식 : 편심축을 사용한다(오버다이어 : 중심축과 패드중심과의 어긋난 거리이며
  오버다이어가 크면 클수록 연삭력이 좋아진다.).

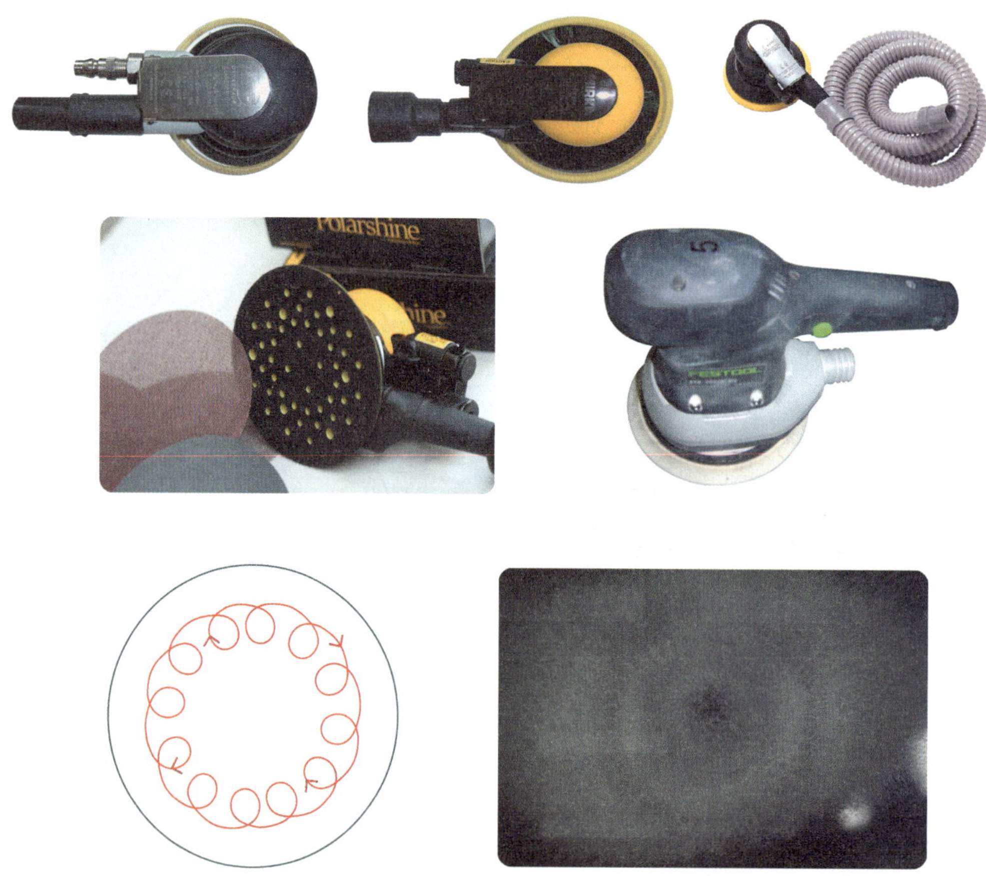

③ 기어액션 샌더(gear action sander)

더블액션 샌더는 연마면 쪽으로 많은 힘을 주면 회전력이 감소하지만 기어액션 샌더는
힘을 주어도 회전속도가 일정한 장점이 있다.

- 연마력과 작업속도가 빠르다.

- 더블액션 샌더의 연삭력을 높이기 위해서 강한 힘을 주면 회전을 하지 못하는 것을 보안한 연마기(저속회전운동)
- 현재에는 오버다이어를 조정할 수 있도록 만들어진 제품도 있다.

④ 오비털 샌더(orbital sander)

패드가 사각형이며 타원형으로 움직인다. 평평한 넓은 면을 연마 할 경우 좋지만 연삭력이 약한 단점이 있다.

- 대부분이 사각형이고 패드가 넓다.
- 연삭력은 약하지만 패드가 사각형이고, 평면연마에 적합
- 구도막의 가장자리 연마에 사용

오버다이어 조정 가능 샌더

오비털 샌더 연마자국

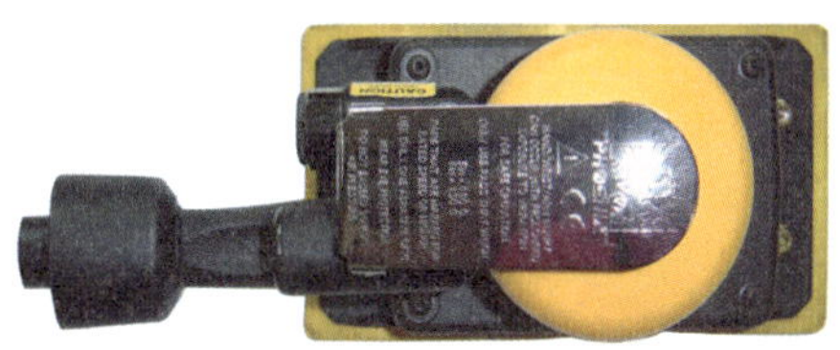

⑤ 스트레이트 샌더

- 작은 요철제거에 적합

⑥ 샌더기 사용 방법

- 연마 도장면에 수평으로 유지한다.
- 샌더기를 도장면 쪽으로 힘을 주지 않고 가볍게 쥐고 연마한다.
- 회전수를 줄여서 사용한다.
- 굴곡 부위나 프레스 라인은 사용을 하지 않는다.
- 가장자리 연마 시에 회전수를 줄여 연마하고 가능하면 손 연마를 하는 것이 좋다.

⑦ **건식연마**(dry sanding) VS **습식연마**(water sanding)

구 분	건식연마	습식연마
작 업 성	양호	보통
연마상태	매끈한 마무리	거친 마무리
연마속도	빠르다	늦다
연마지 사용량	많다	적다
먼지발생	있다	없다
결 점	분진의 흡입을 위해 집진장치의 필요	연마 중 사용한 물을 완전 건조시켜야 함
현재 작업 추세	많이 사용하고 있다	점차 줄어들고 있다

(2) 샌더용 패드의 종류

딱딱한 패드, 부드러운 패드, 인터페이스 패드가 있으며 디스크의 크기는 5인치, 6인치가 주로 사용되고 있다. 딱딱한 패드는 싱글액션 샌더, 더블액션샌더를 사용하여 구도막을 박리하거나 퍼티면의 평활성을 확보하기위하여 사용하며 패드가 딱딱하기 때문에 요철을 타고 넘지 않고 깎아 편평한 면을 만들기가 용이하다.

연질의 소프트한 패드는 더블액션샌더의 마무리용으로 사용되며 요철을 타고 넘기 때문에 중도연마와 컬러 샌딩에 적합하다. 마지막으로 인터페이스 패드는 소프트한 재질의 패드에 중간패드를 하나 더 붙여 사용함으로서 패널의 굴곡이나 프레스라인이 한 번에 박리되는 것을 방지하기 위하여 사용된다.

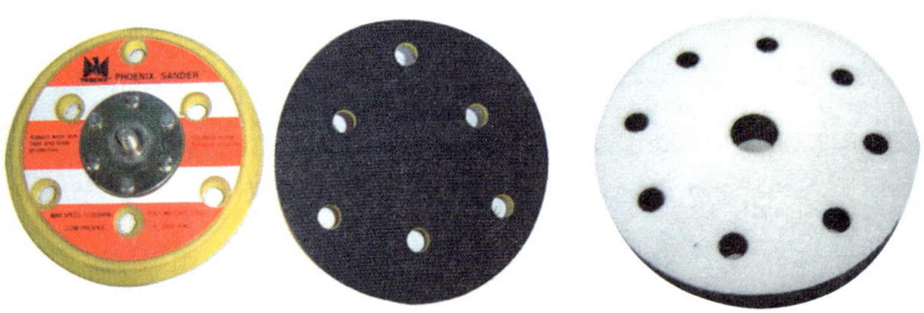

인터페이스패드(중간패드)

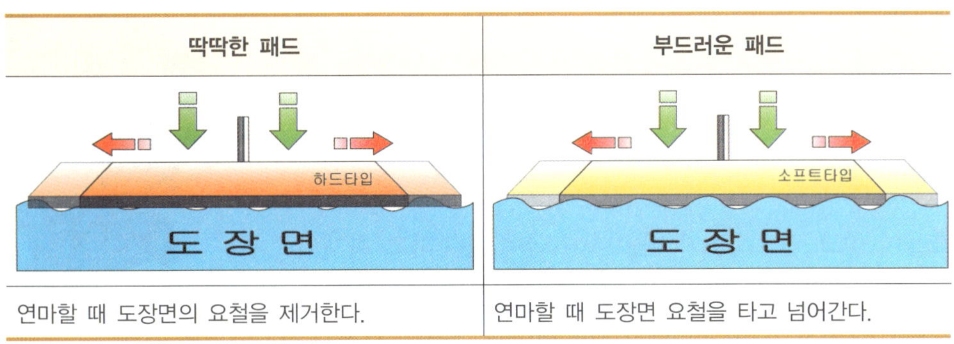

＋ 패드 일러스트 그림 및 특징

3 흡진기

연마작업 시의 연마분진을 집진하여 분진이 비산하는 것을 방지한다.

4 건조기(dryer)

자동차 보수 도장용 도료는 자연 건조를 시키는 도료보다는 우레탄 결합을 일으켜 경화
반응에 의해 건조되는 도료가 대부분이다. 경화 반응은 앞에서 다루었듯이 온도가 상승하면 이소시아네이트의 반응을 촉진시켜 빨리 건조되게 된다. 자연 건조를 하면 시간이 너무 오랜 시간이 걸리기 때문에 이러한 이유로 가열건조를 시킨다. 가장 많이 사용하는 방식으로 석유계 연료를 사용하여 온도를 상승시키는 열풍대류형과 전기를 이용하여 건조시키는 적외선 건조기가 있다.

＋ 적외선 건조기로 중도를 건조하고 있는 모습

(1) 열풍대류형 건조기(원적외선)

등유를 열원으로 하여 버너의 불꽃으로 열판을 가열한다. 집
중적인 가열보다는 넓은 범위로 퍼지는 특징이 있다.

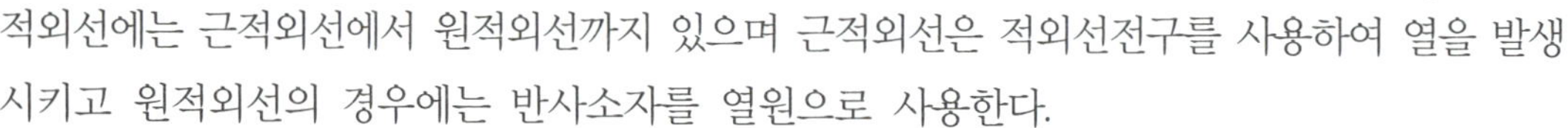

(2) 적외선 건조기

열효율이 좋고 건조속도가 빠르며 취급이 용이하고 화재의
위험이 적기 때문에 소규모 건조를 하는 공장에서 사용한다.
적외선에는 근적외선에서 원적외선까지 있으며 근적외선은 적외선전구를 사용하여 열을 발생
시키고 원적외선의 경우에는 반사소자를 열원으로 사용한다.

파장의 길이에 따라 근적외선(0.8~2㎛), 중적외선(2~4㎛), 원적외선(4㎛ 이상)으로 분류되며
램프의 숫자에 따라 건조부위가 커지므로 작업에 맞게 사용하도록 한다. 근·중적외선의 경우
흰색광이 나오지만 흰색광의 파장이 안정성에 좋지 않기 때문에 대부분의 램프에 루비를 코팅
하여 붉은 빛을 내거나 금을 코팅하여 노란빛을 발산한다.

근적외선의 경우 처음에 의료용으로 사용되었다. 원적외선은 파장이 길기 때문에 침투가
되지 않지만, 근적외선은 파장이 짧기 때문에 인체의 외부보다는 내부의 기관 등을 치료의
목적으로 사용하였다. 이러한 원리 때문에 자동차 보수 도장에서 도료의 건조 시에 사용하게
되었다. 자동차 보수 도장에서 도막이 건조 될 경우 내부의 온도를 상승시키고 외부는 열을
이용하여 내부와 외부를 복합적으로 건조시켜 도장결함을 방지할 수 있어 사용하게 되었다.

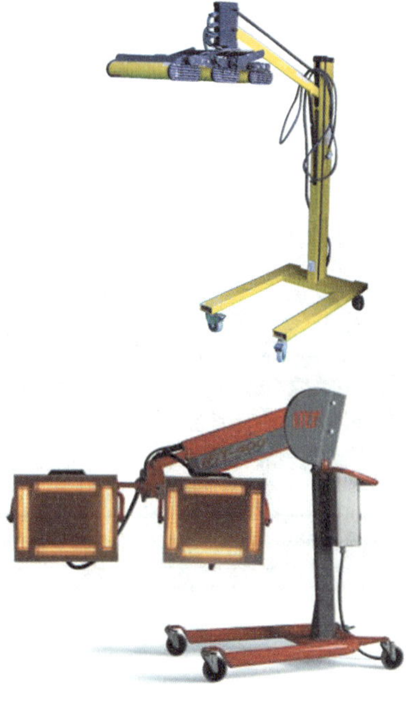

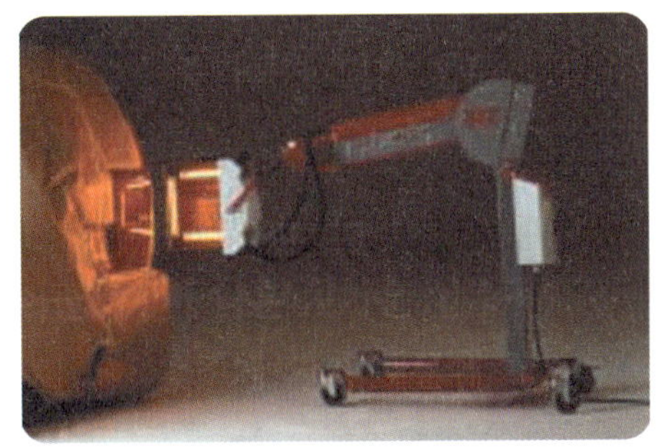

① 근적외선 건조기

가장 짧은 파장의 건조기로 전원을 공급하면 붉은 빛을 발산하며 조사각도를 피도체와 직각으로 배치하는 것이 좋다. 온도가 급격히 상승하기 때문에 피도물에 따라 건조속도가 빠르지만 열효율이 떨어지는 단점이 있다.

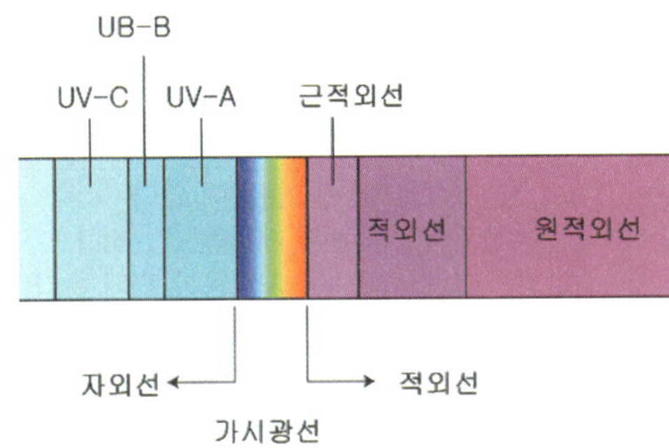

② 중적외선 건조기

원적외선과 근적외선의 중간의 파장을 가지고 있으며 건조기로 근적외선과 많이 사용되고 있다.

③ 원적외선 건조기

원적외선의 경우 복사선이 직선이기 때문에 피도장물의 위치와 건조기의 조사방향에 따라 큰 차이가 발생한다. 복잡한 피도물 건조를 피한다. 온도 상승이 빠르기 때문에 많이 사용하고 있다. 내열 섬유나 철판 위에 특수 점토나 카본 등을 칠하고 열선에 전기를 통하게 하여 가열하는 방식이다.

근적외선 건조기와 원적외선 건조기의 특징

	근적외선	원적외선
파장크기	13/1000mm(단파장)	5/1000mm(장파장)
발생온도	1800~2200℃	400~500℃
출력온도	900℃ 이상	300℃
열전달	복사열(직접가열)	대류열(간접가열)
열효율	85~90%	40~50%
전달시간	0.1초	5분 이상

(3) 자외선 건조기

도료 분자 중 연쇄 반응을 활발하게 하는 분자를 발생시켜 중합 반응으로부터 가교가 진행되어 경화가 이루어진다.

조사거리 및 조사시간

	램 프	등 수 : 오븐길이 1m	조사거리	조사시간
예비 경화존	케미컬 형광등	10개	100mm	1분
경화존	고압수은등	4개	2000mm	30초

건조기 장·단점

	장 점	단 점
전기식	• 그을음이 없다. • 화재위험도가 적다. • 유지비용이 적게 든다.	• 가열범위가 좁다. • 기기가격이 비싸다. • 사용범위가 좁다.
석유식	• 기기가격이 저렴하다. • 전기가 없는 곳에서도 사용 가능하다. • 가열범위가 넓다.	• 유지비용이 많이 든다. • 화재위험도가 높다. • 그을음이 발생한다.

공정별 공구

1 하도 공정

하도공정에서는 위에서 설명한 스프레이건과 샌더기와 같이 대표적인 공구로는 퍼티를 도포할 때 사용하는 공구를 들 수 있겠다.

(1) 주걱

퍼티를 도포할 때 사용한다. 주걱(헤라)의 소재에 따라 여러 가지가 있으나 자동차 보수도장에 사용하는 주걱은 일반적으로 플라스틱 주걱이며, 연질과 경질이 있다. 또 굴곡이 심한 부위에 도포할 때 사용하는 고무주걱이 있다.

① 플라스틱 주걱

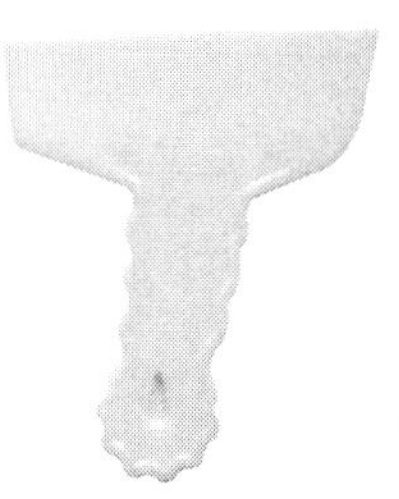

일반적으로 가장 많이 사용하고 있으며 평편한 면에 퍼티를 도포할 때 사용한다. 좌측과 우측 끝단의 5~10mm 정도는 퍼티가 묻지 않도록 하는 것이 퍼티 도포 시에 퍼티의 산을 줄일 수 있다. 사용 시에는 주걱의 끝을 연마지로 갈아서 사용한다. #600 정도의 연마지를 유리창이나 굴곡이 없는 면에 대고 주걱에 퍼티를 묻히는 면만 연마한다. 뒤쪽을 연마할 경우 퍼티를 도포 할 때 퍼티가 주걱을 타고 뒤로 넘어가 퍼티 면이 매끄럽게 되지 않기 때문에 항상 퍼티가 묻는 면만 연마해야 한다.

② 고무주걱

플라스틱 주걱으로 도포하기 힘든 굴곡진 부분 도포 시에 사용한다. 또한 현장에서는 래커퍼티(기공제거퍼티)를 도포할 때도 사용하고 있으며 폴리에스테르 퍼티를 도포할 경우 사용하면 기공이 적게 발생하고 도포면이 매끄러운 특징이 있지만 요철을 타고 가기 때문에 평활성을 확보해야 하는 작업에는 가급적 사용하지 않는 것이 좋다.

③ 쇠주걱

평평한 넓은 면을 도포할 경우 사용하는 주걱이다. 딱딱한 재질이므로 요철을 메우는데 가장 좋지만 자동차 보수도장 현장에서는 사용하지 않고 있다.

④ 스프레더(spreaders)

3M에서 나오는 제품으로 6인치, 5인치, 4인치 3가지가 있으며 상당히 유연하고 사용 후 퍼티를 닦아둘 필요가 없는 특징이 있다. 퍼티 건조 후 손으로 가볍게 떼어낼 수 있다.

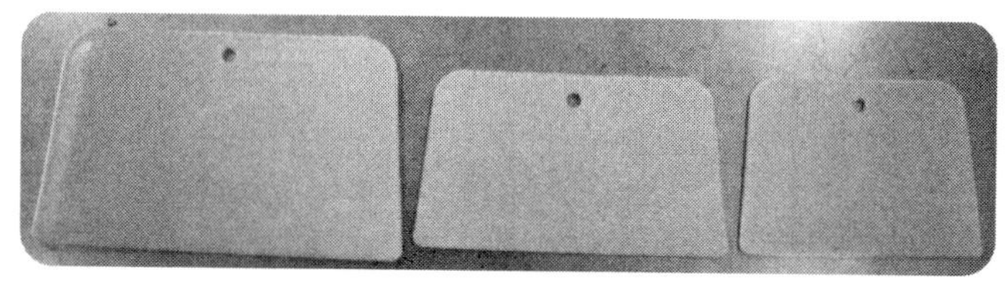

(2) 퍼티 이김판(퍼티 혼합판)

퍼티를 혼합할 때 사용하는 판으로 사용 후 잔량의 퍼티를 세정하지 않고 바로 버릴 수 있도록 만들어진 1회용 종이 타입도 있지만 대부분 쇠나 플라스틱 제품을 사용한다. 주걱을 쥔 손으로는 퍼티를 혼합하고 다른 손으로는 이김판이 움직이지 않도록 지지 하면서 퍼티를 혼합한다.

(3) 핸드블록

연마 과정에 사용하는 제품으로 손 연마할 경우 사용한다.

① 곡면조정가능 핸드블록

곡면부분 평활성 확보가 용이한 제품으로 중앙의 나사를 돌려 핸드블록 연마면을 조정한다.

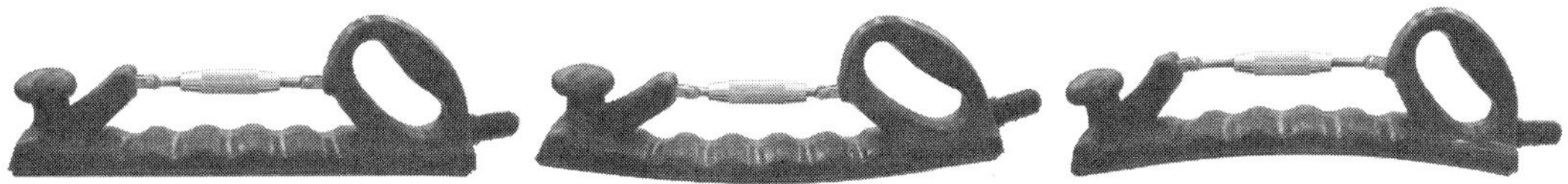

(4) 스크레이퍼

퍼티 이김판이나 주걱의 잔여분 정리에 사용한다. 또한 페인트 통을 열거나 퍼티 도포 후의 퍼티를 정리한다.

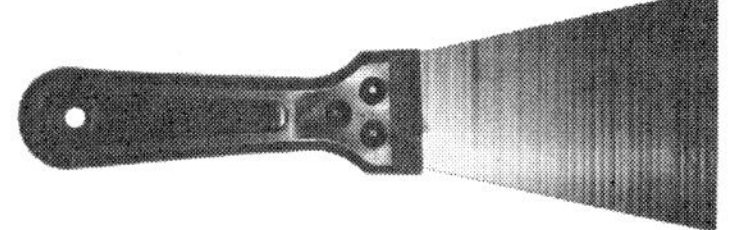

(5) 교반봉

페인트 통 교반 및 퍼티를 덜어낼 때 사용한다. 나무재질과 금속재질이 있으며 금속재질의 경우 대부분 알루미늄 재질을 사용하며 눈금이 그려져 있어 혼합 시에 편리하게 사용할 수 있게 만들어져 있다. 나무재질의 경우 나무가 페인트를 흡습하기 때문에 자동차 도장에서는 퍼티를 덜어낼 경우 사용하며 페인트를 교반할 경우에는 사용하지 않는다.

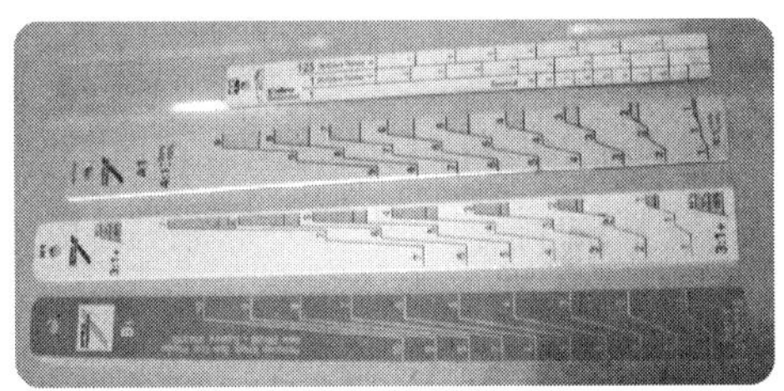

(6) 펀치

판금정형이 완료 된 철판의 돌출된 부분을 기준도장면보다 들어가게 하는 기구이다. 철판이 기준 도막보다 튀어나와있으면 도장 완료 후 표면이 매끄럽게 되지 않기 때문에 하도공정에서 망치나 펀치를 이용하여 요철을 수정한 후 퍼티를 도포하지만, 현재 도장기술자들은 이 제품보다 작은 망치, 스크레퍼를 사용하여 튀어 나온 요철을 타격하고 있다.

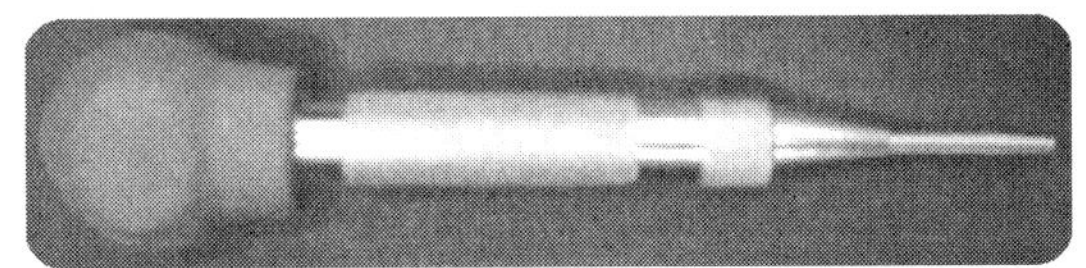

■2 중도공정

중도공정은 중도 프라이머서페이서의 도장에 사용되는 스프레이건과 연마에 사용되는 샌더기, 마스킹에 사용되는 것들을 들 수 있다. 스프레이건과 샌더기에 대한 사항은 앞의 내용을 참고한다.

(1) 스프레이건

점도가 높은 도료를 분사하기 위해서 상도용 스프레이건에 비해서 노즐지름이 큰 특징이 있다. 중도용은 1.6~2.0mm의 노즐(nozzle)을 사용한다.

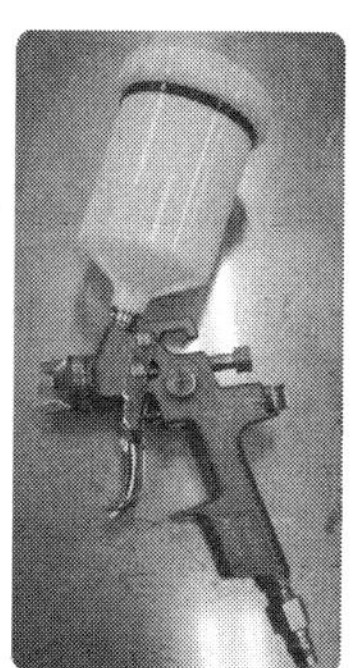

SATA KLC RP 3000	
에어 인입 압력	2~3bar
에어소모량	200ℓ /min
스프레이거리	18~23cm

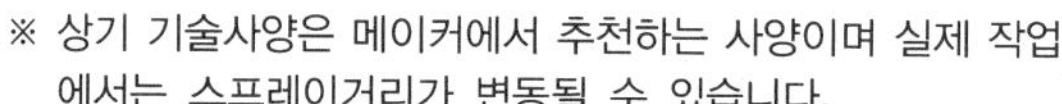

※ 상기 기술사양은 메이커에서 추천하는 사양이며 실제 작업
　에서는 스프레이거리가 변동될 수 있습니다.

(2) 샌더기

자동차 보수 도장 모든 공정에서 연마 시에 사용하며 특히 중도 공정에서는 중도를 도장하기 위한 면의 부착성을 증가시킬 목적과 중도 도장 후 중도도막의 오렌지필을 제거하여 평평한 면을 만들고 상도와의 부착성을 증가시킬 목적으로 사용한다. 샌더에 대한 자세한 내용은 하도공정 내용을 참고한다.

① 더블액션 샌더나 기어액션 샌더를 사용 할 때에는 오버다이어가 적은 것을 선택하여 사용하고, 샌더패드는 부드러운 것을 선택하여 작업하면 좋은 결과물을 얻을 수 있다. 경우에 따라 더 좋은 결과물을 얻기 위해서 인터페이스 패드를 부착하여 작업한다.

② 기능의 숙련이 미숙환 작업자의 경우에는 가급적 인터페이스 패드를 부착하여 패널의 가장자리 부분이나 프레스라인에 도장된 중도도막의 연마방지에 도움이 된다.

(3) 컬러카드

컬러 서페이서 조색 시에 참고하는 컬러카드이다. 기존에 범용적으로 판매되고 있는 제품들과 비교하여 가격이 비싸지만 100가지 이상의 컬러 조색이 가능하고 첨가제를 추가로 혼합할 경우 무광택이 아닌 반광택의 결과물도 얻을 수 있다. 사진은 컬러서페이서 조색 시에 참고하는 컬러 카드이다.

3 조색공정

조색공정에 사용되는 대표적인 장비로는 시편도장부스와 스프레이건, 시편을 들 수 있으며 도료를 교반할 때 사용하는 도료 교반기, 컬러를 비교할 때 사용하는 데이라이트가 있다. 스프레이건에 대한 내용은 앞의 내용을 참고한다.

(1) 시편도장부스

조색 작업 시 표준색과 조색시편을 도장을 하는 곳이다. 대형과 소형이 있다.

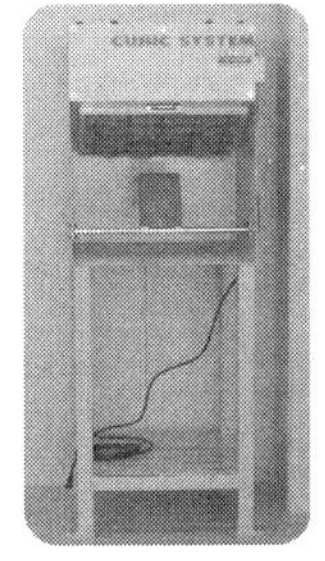
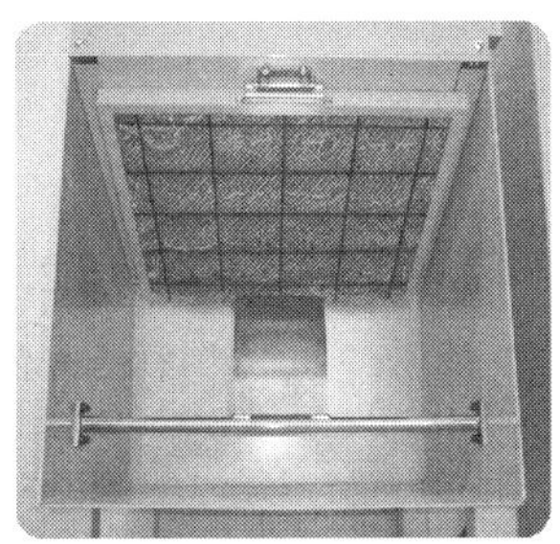

(2) 도료 교반기(mixing machine)

많은 종류의 도료를 장착하여 모터의 힘으로 도료를 회전시킨다. 도료 통 위에 리드기를 장착하고 교반기의 홈에 끼워 사용한다. 특히 수용성조색기의 경우 겨울철 동결 방지를 위하여 히팅장치가 되어 있고, 내부와 외부와의 온도 차단을 위해서 투명한 문이 설치되어 있다. 유성 조색기, 수용성 조색기가 있다.

수용성도료 교반기는 가열장치와 함께 데워진 공기를 상하좌우로 고르게 순환시키므로 도료의 동결을 방지하고 열기의 집중으로 인한 도료의 경화도 방지한다. 가동시 내부는 24℃로 유지한다.

KCC 도료 및 교반기

Spies-hecker 도료 및 교반기

Dupont 도료 및 교반기

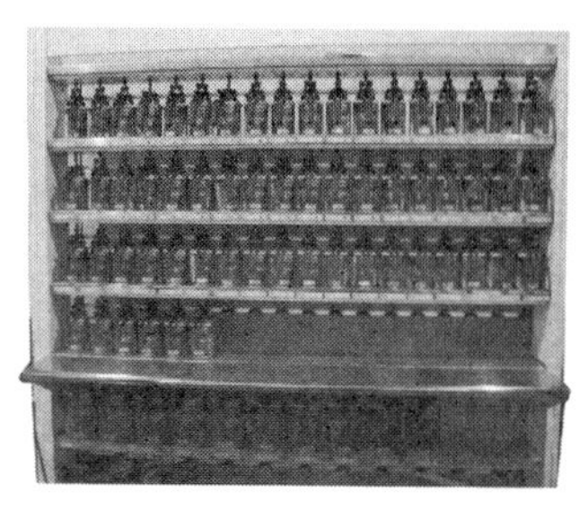

시켄스 도료 및 교반기

글라슈리트 도료 및 교반기

수용성 도료교반기

(3) 컬러 측색기

12시간마다 한 번씩 캘리브레이션(0점 조절)한다. 흰색을 찍고 검정색은 암실에서 찍은 후 흰색을 찍는다. 현재 최신형의 컬러 측색기는 흰색과 검정색 외에 녹색의 표준녹색도 있다. 표준 녹색의 경우에는 한 달에 한번 정도 캘리브레이션을 하면 된다.

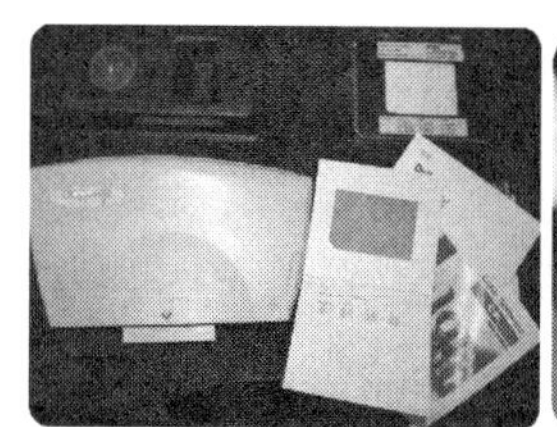
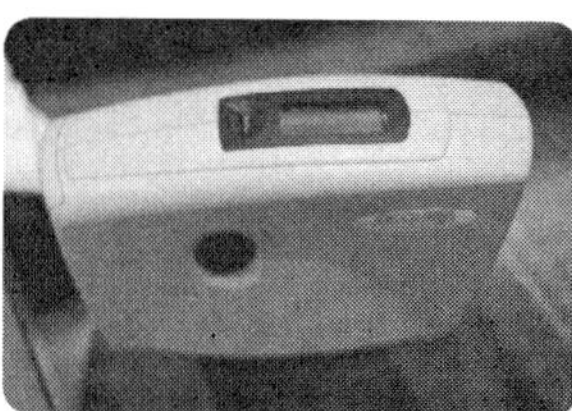

컬러측색기

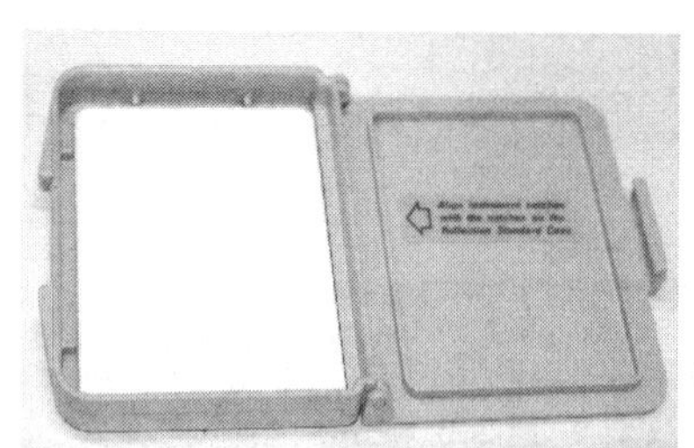

표준백색

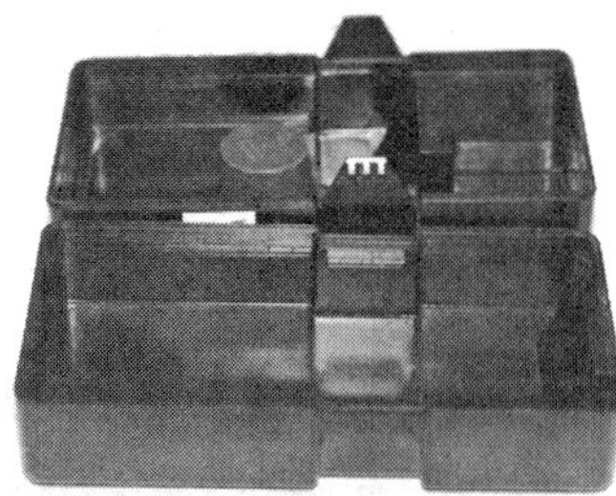

표준 흑색

표준 녹색

(4) 전자저울

대부분 자동차 보수 도장 업계에서 사용하는 전자저울의 경우 최대 계량 5kg 정도를 사용하며 보통 최소 단위가 0.1g를 사용하고 있지만 현재 수용성 도료와 펄 컬러의 조색배합의 정밀

화로 인하여 최소 단위 0.01g를 사용하고 있다.

한 예로 소수점 첫째자리 저울의 경우 오차가 +0.09g이다. 저울의 수치상 0.11g도 0.1g으로 표시되고, 0.19g도 0.1g으로 표시되기 때문에 극소량 넣는 조색제의 경우 오차가 크게 된다. 하지만 소수점 둘째자리 저울의 경우 0.1g까지 계량되기 때문에 소수점 한자리 계량 저울과 비교하여 보다 정확한 계량이 가능함으로 소수점 두 자리 계량 저울을 사용하도록 추천한다.

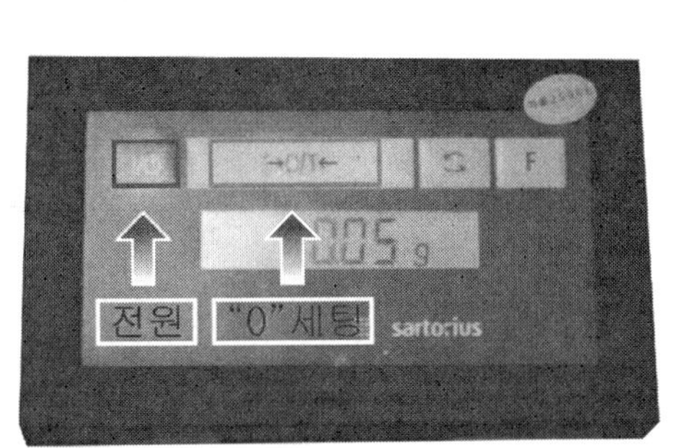

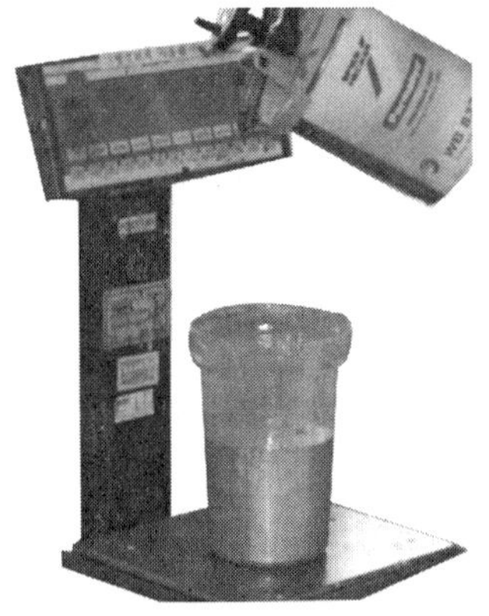

전자저울의 예

정확한 도료 계량을 위해 0.01g까지 측정하는 기구로서 설치할 장소가 흔들리지 않아야 하며 바람이 불지 않는 곳을 선택한다. 계량 시 바람이나 바닥의 진동이 있을 경우 전자저울의 눈금이 흔들려 정확한 계량이 불가능 하므로 항상 계량할 때는 위의 내용과 작업자의 숨 쉬는 방향도 전자저울 쪽으로 향하지 않도록 한다.

(5) 데일라이트(daylight)

조색 및 색상비교에 사용한다. 주변의 불을 끄고 데일라이트 조명만을 이용하여 색상 및 도료 속의 안료 등이 맞는지를 판별한다.

＋ 시편확인용 데일라이트

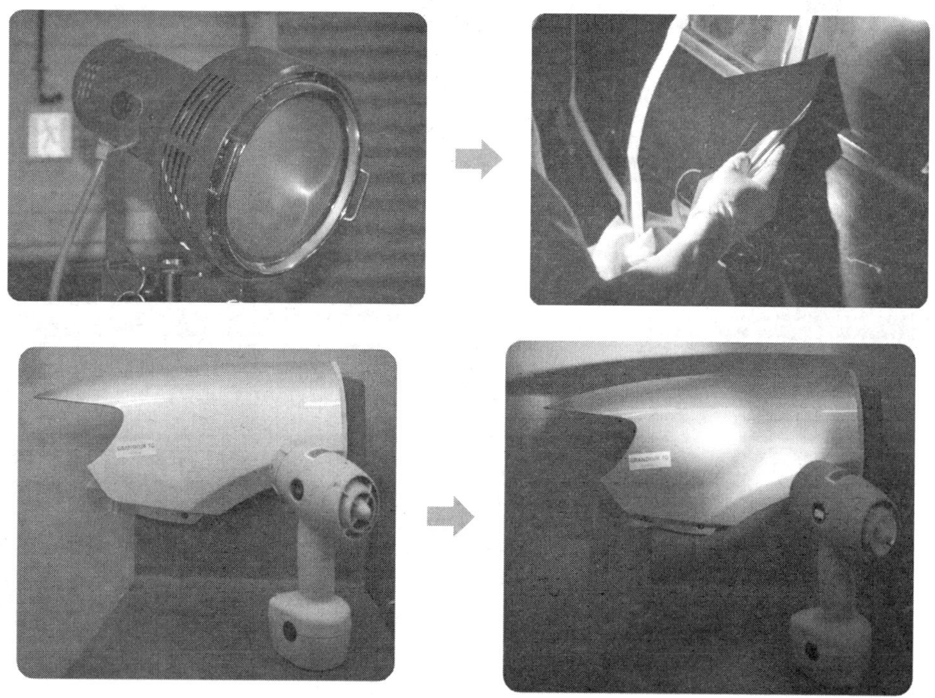

＋ 전원공급 후 색상확인 그림

(6) 컬러카드 및 컬러북

① 컬러카드(color card)

조색시 차량과 비교하여 조색배합을 선정할 때 사용한다.

➕ 유성계 국내차 컬러카드

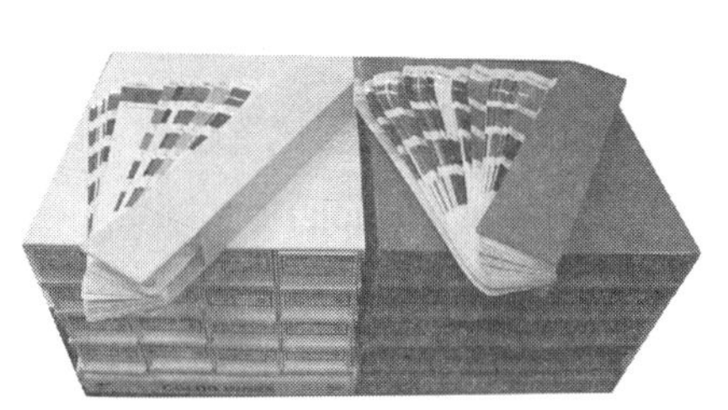 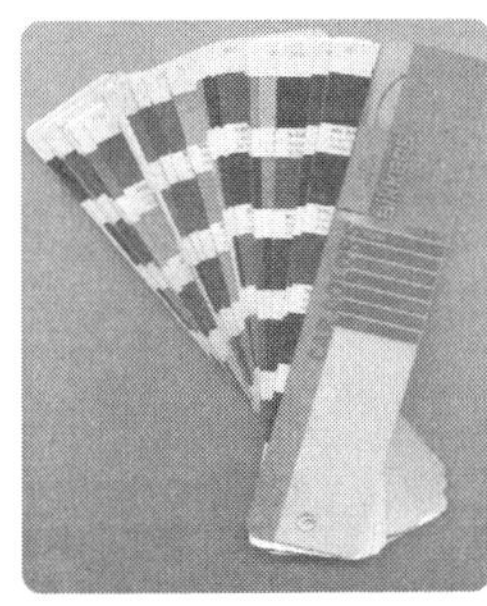 

➕ 유성계 전세계 컬러카드   ➕ 수용성 전세계 컬러카드

② 컬러북(color book)

전 세계에 시판되고 있는 차량과 지금까지 출시되었던 모든 차량의 컬러가 수록되어 있다.

  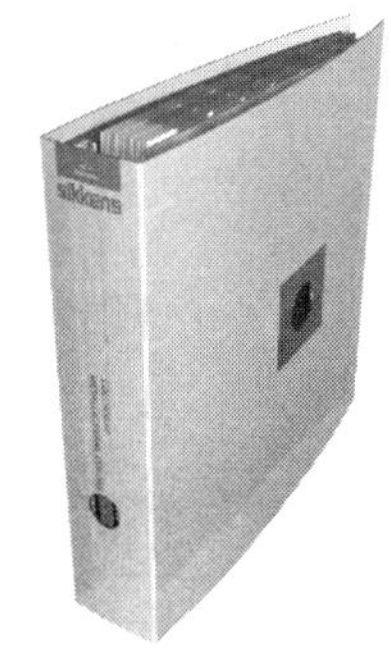

컬러맵(colormap)

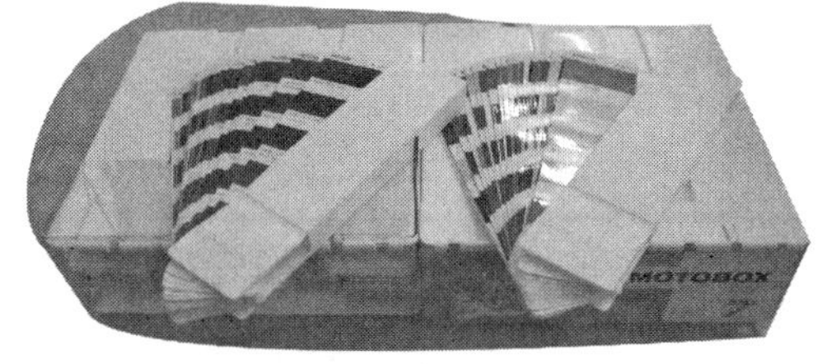

오토바이용 컬러카드

컬러 데이터 CD

(7) 시편

시편 도장에 사용되는 시편의 크기는 대략 10×20cm 정도이다. 폴리프로필렌재질에 코팅이 되어 있어 금속감이 나며 뒤가 비치지 않는다.

색상에 따라 은폐가 되지 않았지만 인간의 시각으로 보면 은폐가 된 것처럼 보이는 경우가 있기 때문에 은폐지를 붙여서 사용한다. 사람에 따라서는 은폐지를 붙인 곳을 다른 곳에 비교하여 더 많이 도장하여 은폐지 붙인 곳만 은폐를 시키기 위해 많이 도장하는 경우가 있기 때문에 전체를 골고루 도장하여 은폐지가 보이지 않게 도장하는 것이 올바른 시편 도장법이다.

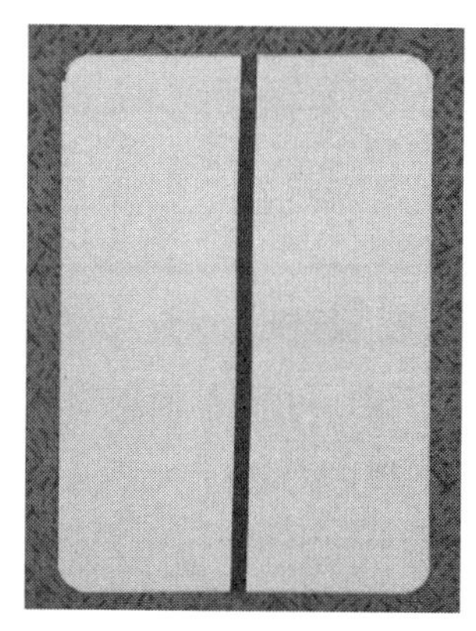

컬러조색시편

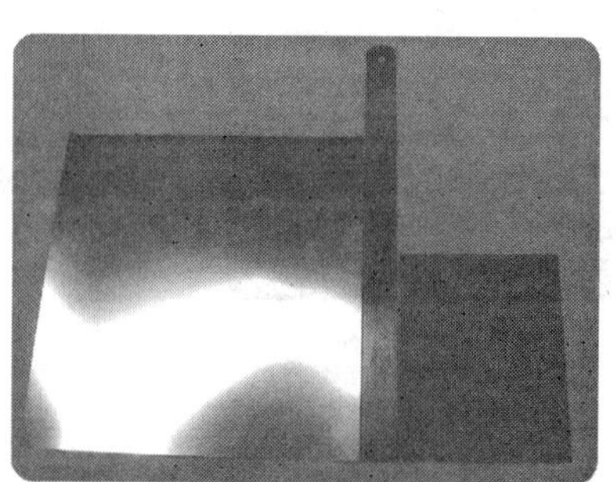

컬러조색시편

은폐지

(8) 시편건조기

조색 작업을 많이 하는 곳의 경우 스프레이 도장 부스를 가열하여 시편을 건조시키면 너무 비효율이기 때문에 시편을 도장 한 후에 건조를 시키기 위한 기기로서 작은 시편을 건조시키기 최적이다.

(9) 교반 기구

리드기라고 하며 도료 교반기에 도료를 장착하여 지정된 장소에 넣어 교반기의 스위치를 넣으면 자동으로 교반이 될 수 있도록 설계되어 있다. 0.5 L, 1 L, 3~4 L(도료 통의 용량 표시 외국제품은 3 L, 국내제품은 4 L)가 있다.

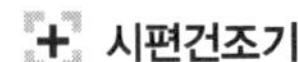
+ 시편건조기

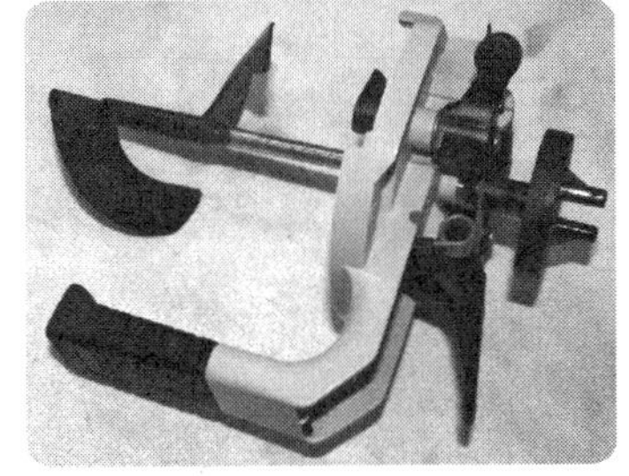
+ 교반기구

■4 상도공정

상도공정에서 사용하는 대표적인 기기로는 스프레이건을 들 수 있다. 또한 도장 시에 사용하는 지그가 있다. 패널거치대(jig)와 스프레이건에 대한 내용은 앞의 내용을 참고한다.

■5 광택공정

(1) 광택기

광택작업 시 광택기에 붙여서 사용하는 각종 버프류에 대한 내용은 광택작업에 대한 부분에서 다루도록 하겠다.

- 회전수 : 900~2,500rpm
- 최대 폴리싱 패드 크기 : 150mm
- 무게 : 2.7kg

+ 중형광택기

- 회전수 : 800~2,400rpm
- 최대 폴리싱 패드 크기 : 180mm
- 무게 : 3.6kg

+ 대형광택기

☑ 광택기를 사용할 때 저회전으로는 광택 후의 스월마크를 제거하며 고회전에서는 도막면의 결함이나 기타의 상처를 제거한다.

(2) 컬러샌딩용 샌더기

- 회전수 : 6,000~13,000rpm
- 오버다이어 : 2.5mm
- 무게 : 1.1kg

(3) 홀로그램 제거용 다기능 샌더기

오버다이어의 조정이 가능하여 그라인딩작업, 샌딩, 광택작업을 할 수 있는 기기이다.

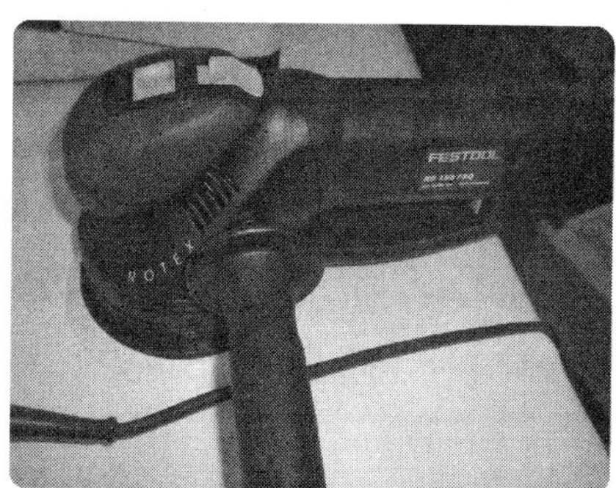

- 회전수 : 3,000~6,000rpm
- 오버다이어 : 3.6mm
- 무게 : 1.9kg

(4) 스폿연마용

고무성분으로 작업 부위 주변의 손상을 방지하고 작은 잡티 제거에 사용하여 연마지는 별모양의 형태로 코너부분의 작업까지 용이하며 1,000~4,000까지의 4가지 종류가 있다.

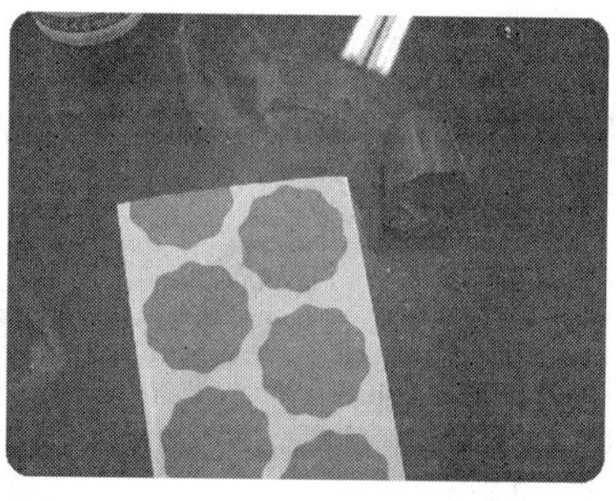

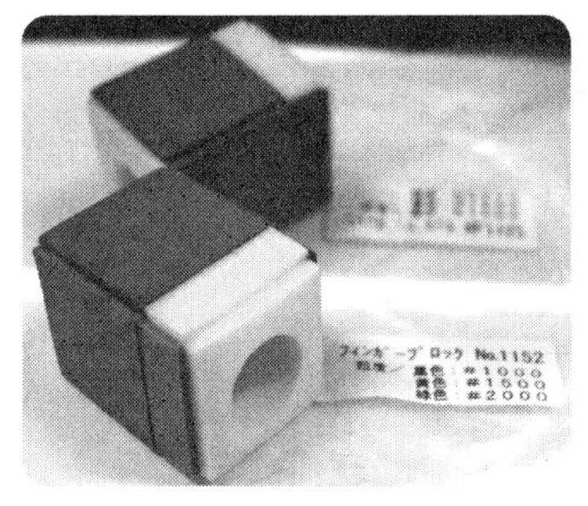 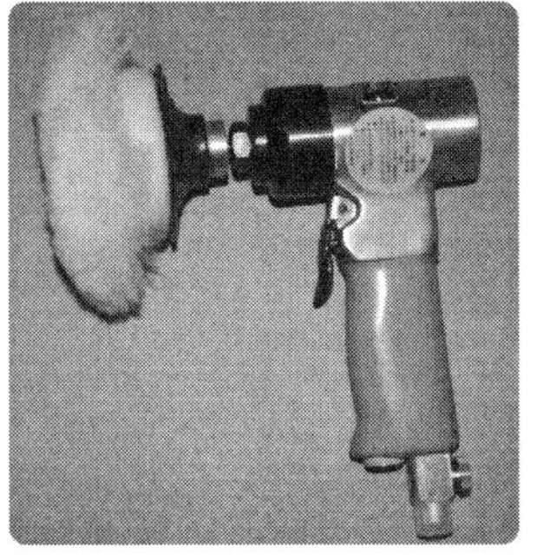 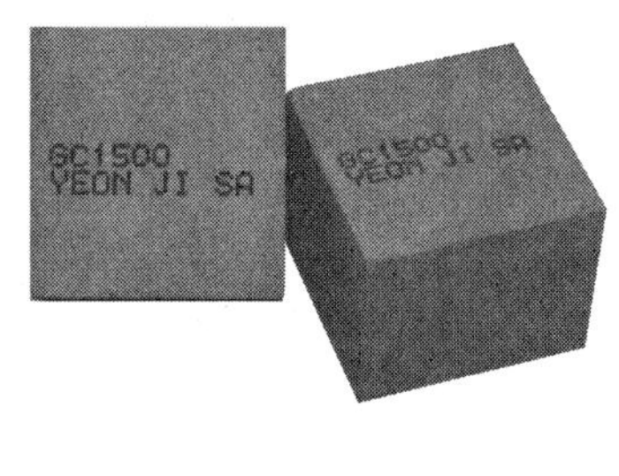

(5) 기타

① 버퍼(buffer)

- **양모버퍼** : 털의 길이에 따라 분류되며 털의 길이가 길어지면 털의 허리 부분으로 연마하기 때문에 연삭력이 떨어진다. 장모의 경우 8mm 정도이며, 단모의 경우 5mm 정도이다. 연삭력이 좋아 거친 표면의 연마자국 제거 및 표면 고르기에 사용한다.
- **스펀지버퍼(흰색)** : 양모버퍼의 사용 후 거친 광택을 제거하기 위하여 사용하며 현재는 광택관련 샌딩기구와 광택연마지의 다양한 선택으로 대부분 광택작업 시 첫 번째 또는 두 번째 공정에 사용되고 있다.
- **스펀지버퍼(흑색)** : 흰색 제품에 비해 연삭력이 떨어진다. 흰색 버퍼 사용 후의 광택작업을 하기 위하여 사용하며 홀로그램 제거용이나 마무리 광택 작업에 사용한다.

양모 버퍼

스펀지 버퍼(흰색)

스펀지 버퍼(흑색)

> ☑ **종류별 패드**
> - 오렌지 평면 : 도장 흡집 제거
> - 흰색평면 : 모든 콤파운딩 및 먼지 제거
> - 노란색 평면 : 중고차의 거친 콤파운딩
> - 양모 : 오렌지 필, 샌딩 흡집 제거
> - 베이지 평면 : 도장 흡집 제거
> - 검정 평면 : 신차 및 마무리 미세 광택
> - 흰색 엠보 : 신차 및 홀로그램 제거
> - 검정색 엠보 : 홀로그램 제거

오렌지평면 패드	흰색평면 패드	노란색 평면 패드	양모 패드
베이지 평면	검정 평면	흰색 엠보	검정색 엠보

② 콤파운드(compound)

- 유기용제의 함유가 많은 콤파운드(현재 VOC 배출규제에 따라 사용이 감소)

- 유기용제 함유량이 적은 콤파운드

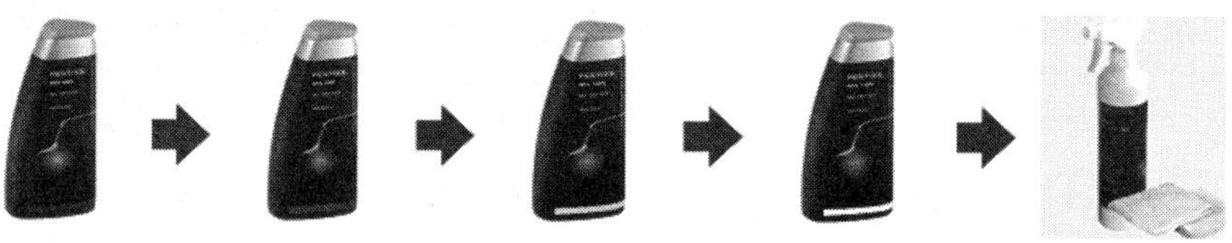

MPA 6,000
거친 콤파운드

MPA 8,000
고운 콤파운드

MPA 10,000
중고차용 광택

MPA 11,000
신차 / FRESH
PAINT용 광택
세라믹용 광택

MPA F
Finish Cleaner
초 극세사

06 기타 재료

모든 공정에 골고루 사용하는 부자재들이 있다.

1 마스킹(masking) 관련 재료

마스킹 테이프(masking tape)와 마스킹 페이퍼(masking paper)를 들 수 있으며 작업의 편리성을 높이기 위하여 전차마스킹, 비닐 테이프 등이 있다.

마스킹 테이프의 기본구조를 살펴보면

	역할 및 재료
처리제	사용 전 테이프끼리 달라붙는 것을 방지
기초재료	종이, 플라스틱
프라이머	접착물이 잔류하는 것을 방지
접착제	접착제

(1) 마스킹 테이프(masking tape)

대부분 종이식 마스킹 테이프를 사용하며 상도나 중도 스프레이 도장 시 마스킹 페이퍼를 붙여서 쓸 때 많이 사용한다.

① 종이테이프

가장 일반적이고 많이 사용되고 있는 마스킹 테이프로 마스킹 페이퍼를 붙여서 사용한다. 다른 도장용으로 사용하는 테이프에 비해서 잔사가 적게 남는 것이 특징이다. 테이프의 길이는 50m이며 범용적으로 판매하는 폭은 12mm, 15mm, 24mm, 48mm이다.

② 고온용 마스킹테이프

종이식 일반 마스킹 테이프와 비교하여 솔벤트에 대한 저항성이 크며 100℃ 이상의 고온에서도 잔사가 남지 않으며 깨끗한 페인트라인 및 곡선작업이 가능한 테이프다. 마스킹테이프의 기초재료인 종이의 두께가 두꺼워 잘라내기가 약간 힘들지만 표면은 기본재료인 종이가 신축되기 쉽도록 주름모양으로 된 크레이프 테이프(crape tape)인 것이 특징이고, 최근에는 수용성 도료의 등장으로 많이 사용하고 있다. 수용성 도장 작업에 사용되는 이유는 물에 강하기 때문이다.

테이프의 길이는 50m이며, 폭은 12mm, 15mm, 24mm의 것이 일반적이다.

③ 고온용 평면 마스킹 테이프

고온에서도 잔사가 남지 않는 고급형 테이프로서 평면 종이 재질로 정확한 직선을 얻을 수 있으며 테이프의 두께가 얇아 페인트의 선이 깨끗하기 때문에 깨끗한 마무리가 가능한 테이프이다. 또한 접착제도 미세하게 골고루 도포되어 있어 작업 후 제거하기가 쉽고 선의 길이가 길어도 가운데가 처지지 않기 때문에 투톤 컬러 작업에 많이 사용되고 있다. 가격의 여유가 있으면 사용할 경우 최상의 품질을 얻을 수 있는 종류이다. 테이프의 길이는 50m이며, 폭은 12mm, 15mm, 100mm의 것이 일반적이다.

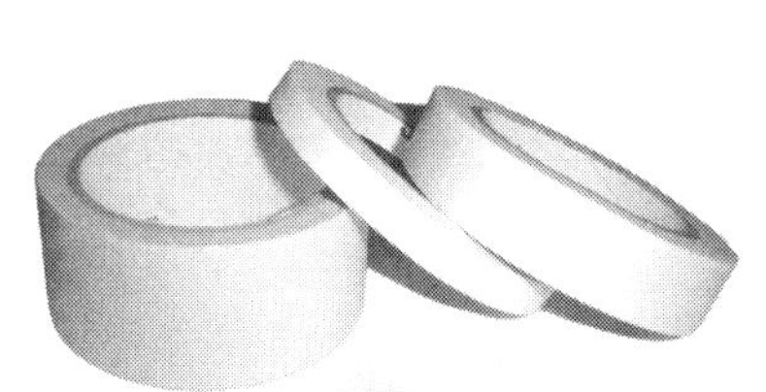

＋ 종이 테이프

＋ 고온용 마스킹 테이프 수용성

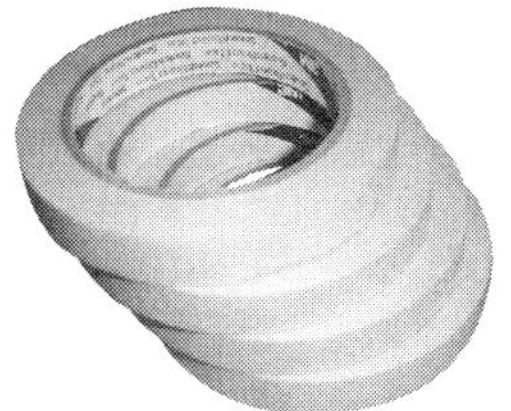

＋ 고온용 평면 마스킹 테이프

④ 플라스틱 마스킹 테이프

종이 재질의 마스킹 테이프에 비해 유연성이 좋기 때문에 심한 굴곡이나 요철 작업 시 사용하고 고무 몰딩에 부착하여도 잔사가 남지 않으며 곡선 테이핑 작업에 사용한다. 테이프의 길이는 32m이며 폭은 6.35mm이다.

노란색과 파란색 두 가지 종류가 있다.

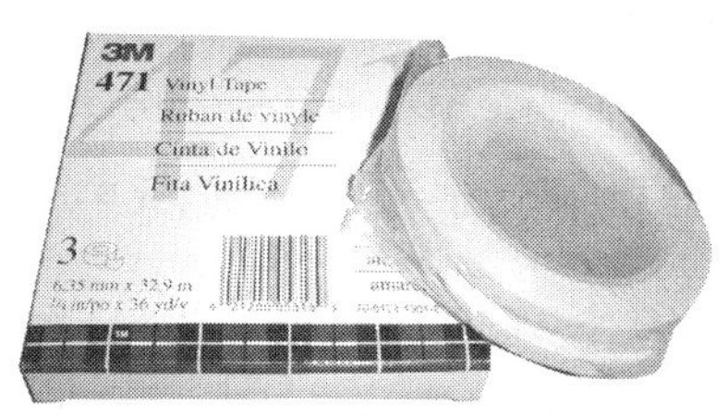

＋ 플라스틱 마스킹 테이프

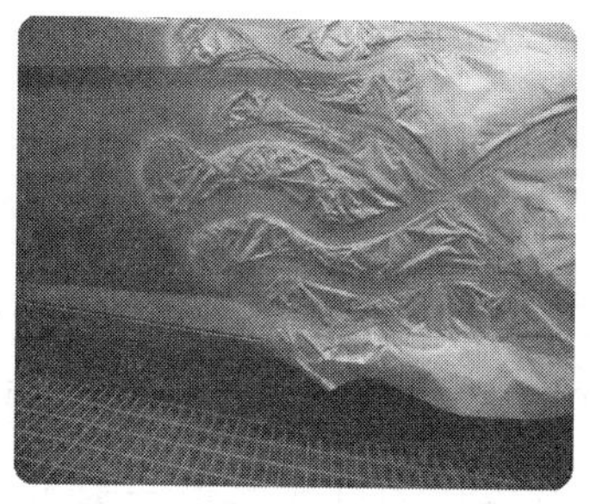

＋ 플라스틱 마스킹 테이프 사용 예

⑤ 트림 마스킹 테이프(trim masking tape)

유리 고무 몰딩의 정밀한 마스킹 작업을 하기 위한 종류이며, 특히 유리를 탈착해야 하는 작업에 탈착을 하지 않고 탈착한 효과의 작업을 발휘할 수 있는 제품이다. 위의 파란색 부분이 틈새로 들어가 있는 부분이며 아래쪽 흰색 부분은 접착제가 묻어 있어 붙이는 부분이다.

+ 트림 마스킹 테이프 작업 예

⑥ 마스킹 스펀지(soft edge foam masking tape)

도어, 후드, 트렁크 내부의 굴곡진 부분에 적용하여 마스킹을 하는 시간을 절약시켜 주며 마스킹 턱이 발생하지 않기 때문에 깨끗한 마무리가 가능한 제품으로 마스킹 제거 후 다시 사용할 수 있다. 최근에는 작업부위에 따라 폭이 좁은 것부터 넓은 것까지 여러 가지가 시판되고 있다.

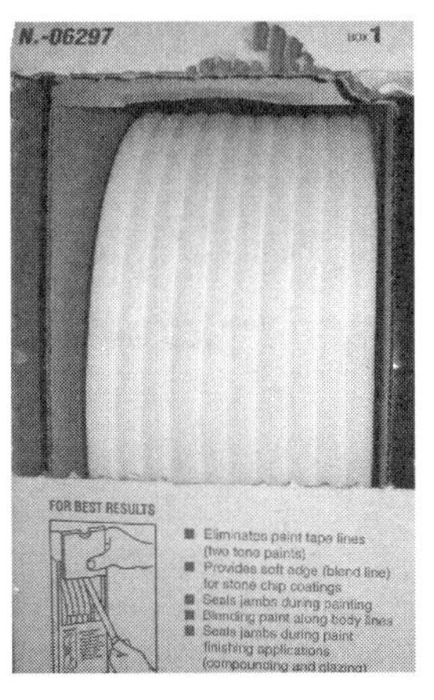

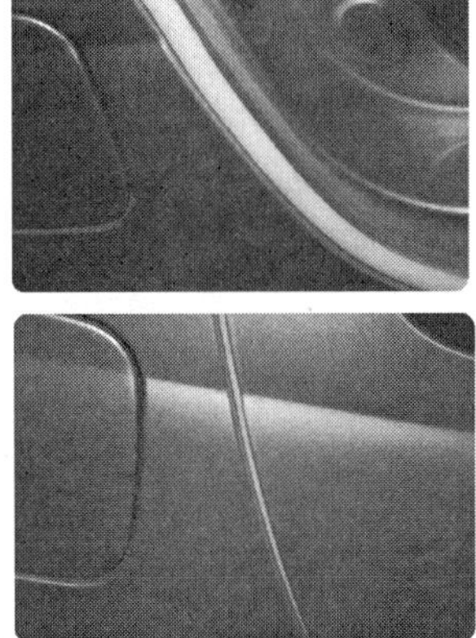

+ 마스킹 스펀지 작업 예

⑦ **전차 마스킹 필름**(overspray protective sheeting)

특수 정전기 처리로 필름이 차량에 밀착되기 때문에 작업자 혼자서 자동차 한 대를 그대로 덮을 수 있는 제품이다.

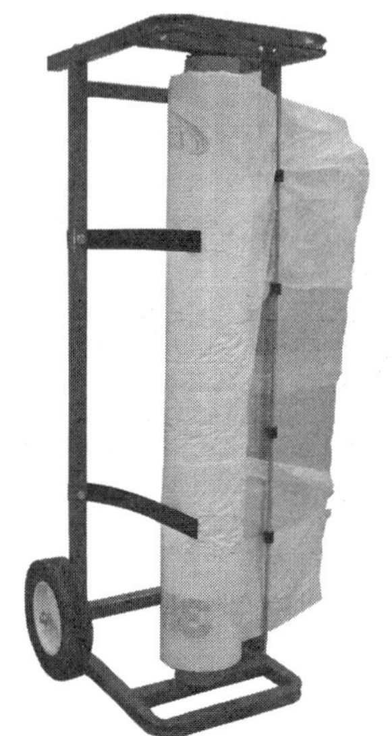

⑧ **마스킹 페이퍼**(masking paper)

마스킹용 종이로 종이 입자가 날리지 않아 도장면을 오염 시키지 않으며 두께가 얇으며, 찢김성이 좋고, 솔벤트에 강해 페인트가 스며들지 않는다. 현장에서 마스킹 페이퍼 대용으로 신문을 사용하지만 수용성 도료를 사용 할 경우에는 필수적으로 사용해야 하는 제품이라고 할 수 있다.

길이는 750inch이며, 폭은 6inch, 12inch, 18inch 3가지 종류가 있다.

현재 국내에서 사용되는 제품으로는 화이트 마스킹 페이퍼가 있다.

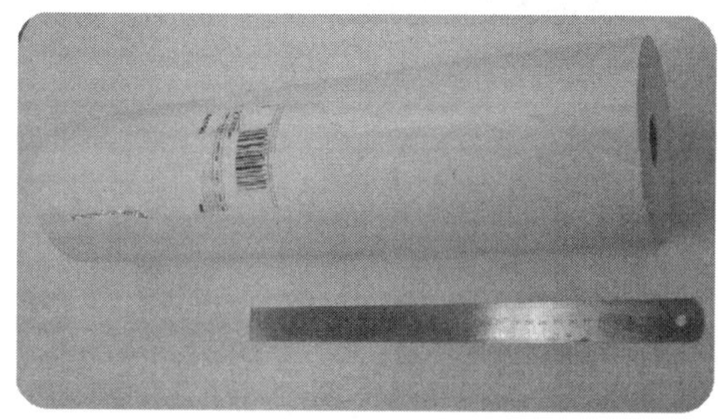

✚ 마스킹 페이퍼 18인치

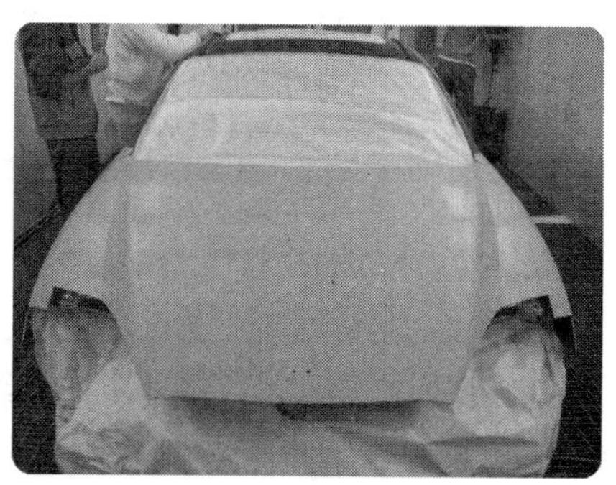

✚ 마스킹 페이퍼 작업 예

⑨ 비닐 마스킹테이프(vinyl masking tape)

작업 시간 단축을 위해서 나온 제품이며 비닐의 끝단에 마스킹 테이프가 있어 사용이 편리하고 비닐에는 엠보싱처리가 되어 있어 위에 도료가 묻어도 쉽게 떨어지지 않는다. 하지만 3코트(3coat)처럼 오랜 시간 동안 도장을 해야 하는 작업의 경우에는 비닐에 묻어 완전히 건조된 도료가 스프레이 도장 중 바람에 의해 비닐이 펄럭거릴 때 떨어져 다시 도장 중인 면에 묻게 된다. 또한 테이프 제거 시에도 완전 건조된 도료가 떨어져 건조되지 않은 도장 면에 묻게 되어 결함이 발생되므로 사용할 경우 직접 도료가 묻는 도장면 주변은 마스킹 페이퍼를 이용하여 마스킹을 하고 주변부를 마스킹 할 때 사용하는 것을 추천한다.

비닐의 길이가 다양하므로 작업자가 사용 목적에 따라 선택하여 사용한다. 특히 중도 도장 공정 마스킹으로 사용하면 작업 시간을 단축할 수 있어 편리한 제품이다.

⑩ 블렌딩 마스킹 테이프(blending masking tape)

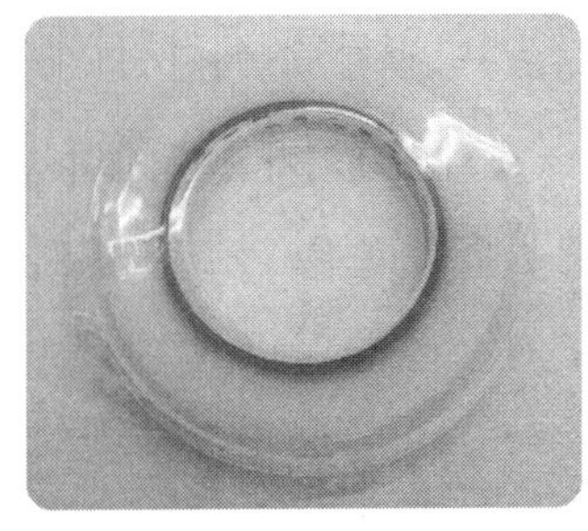

패널에 프레스 라인이 있는 부분에 붙이고 도장하고 건조 후 테이프를 제거한다.

⑪ 편리기(masking paper dispenser)

마스킹 페이퍼와 마스킹 테이프를 편리하게 사용하기 위해서 페이퍼를 거치해 두고 마스킹테이프를 페이퍼에 첨부시켜 사용할 수 있도록 제작하는 공구이다.

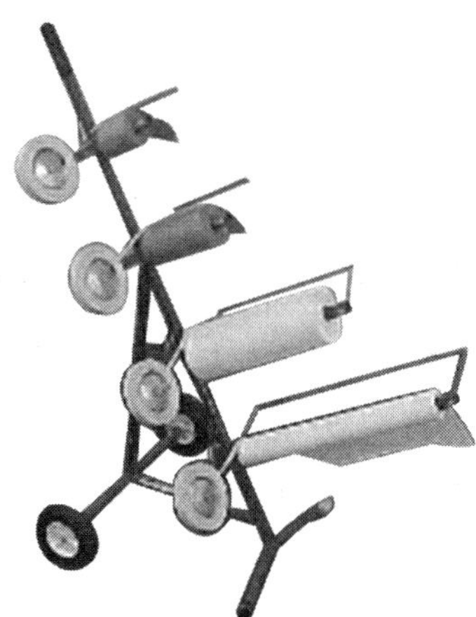

(2) 마스킹 테이프와 마스킹 페이퍼의 구비요건

마스킹 테이프

① 접착성이 좋아야 한다

마스킹 작업은 도장이 되는 부분 이외에 도료나 이물질 등이 부착하지 않아야 하기 때문에 사용한다. 자동차 보수도장 시 작업 중 테이프의 접착성이 좋지 않아 들뜨게 되어 도료가 도장 되지 않아야 하는 부분에 침투하게 된다면 마스킹의 목적을 잊어버리게 된다. 이러한 이유로 마스킹 테이프를 제거하기 전까지는 떨어지지 않도록 접착성이 좋아야 한다.

② 제거할 때 쉽게 제거되어야 한다

마스킹을 제거할 때 고가의 제품도 온도에 따라 접착제가 남는 경우가 있다. 이때 마스킹 테이프의 잔사를 제거하기 위해 접착제 클리너를 사용하여 제거하다 보면 실수로 도장한 면까지 침범하게 되어 낭패를 볼 수가 있다. 따라서 마스킹 테이프는 두 번의 작업이 필요 없도록 제거 시에 잔사가 남지 않아야 한다.

③ 잘라내기가 용이해야 한다

폭이 좁은 마스킹 테이프의 경우 잘라낼 때 무리가 없지만 24mm 이상의 제품은 잘라내기가 힘들어 작업 시간이 오래 걸리게 된다. 또한 신축성 좋거나 너무 질겨서 잘라 낼 때 늘어나게 된다면 작업 하는데 걸리는 시간이 증가되기 때문에 잘라내기가 용이한 제품이여야 한다.

④ 용제침투가 일어나지 않는 재질이여야 한다

마스킹 작업 후 도장을 하게 되면 마스킹 테이프 위에 페인트가 묻게 된다. 이 때 마스킹 테이프를 통해서 용제가 침투하게 되면 용제로 인하여 마스킹 테이프의 접착제가 녹아서 떨어지게 되며 떨어진 부분으로 도료가 침투한다. 이렇게 되면 도장 후 잔사를 제거해야하기 때문에 내용제성을 가진 제품이여야 한다.

⑤ 높은 온도에서 잘 견디는 재질이여야 한다

자동차 보수용 도료는 작업 완료 후 생산성 향상을 위해 가열건조를 하여 건조가 이루어진다. 보통 60~80℃ 정도로 가열건조를 하게 되는데 가열 건조 중 마스킹 테이프가 떨어져 도장 완료된 면에 부착하게 되어 다시 작업을 해야 하는 경우가 발생하게 된다. 따라서 마스킹 테이프의 경우 열에 잘 견디는 재질이여야 한다. 가열건조 온도에 따라 해당 온도에서도 사용 가능한 제품을 사용하여 결함이 발생하는 요소를 미연에 방지하자.

⑥ **유연성이 좋아야 한다**

보통 마스킹 테이프로 작업하는 경우 직선이 많지만 경우에 따라서는 굴곡이 많은 부분이나 곡선을 그려야 할 때가 있다. 테이프의 신축성이 없으면, 원하는 마스킹 면이 나오지 않는 경우가 있으므로 마스킹 테이프는 유연성이 좋아 작업자가 원하는 선이 나올 수 있도록 되어야 한다. 특히 곡선이 많은 경우 유연성이 좋은 마스킹 테이프를 이용하여 작업 목적에 맞는 마스킹 면이 만들어질 수 있는 제품을 사용한다.

마스킹 페이퍼

① **도료나 용제 침투가 되지 않아야 한다**

마스킹 작업의 목적은 도료나 용제가 침투되는 것을 막아 마스킹 페이퍼 아래의 구도막이 녹거나 결함을 발생하지 않도록 해야 하는 것이다.

② **도구를 이용하여 재단 할 경우 자르기가 용이해야 하고 작업 중 잘 찢어 지지 않아야 한다**

마스킹은 평면에만 하는 작업이 아니며 도어의 내부나 굴곡이 많이 진 부분에 마스킹페이퍼를 작업하는 경우도 있다. 마스킹 페이퍼가 쉽게 찢어지면 찢어진 부분에 또 다시 마스킹 테이프를 붙여야 하고 결국 작업 시간이 증가하게 되므로 작업 중 잘 찢어지지 않는 제품이여야 한다.

③ **높은 온도에 견디는 재질이여야 한다**

도장 완료 후 가열 건조를 하기 위해서 마스킹 페이퍼를 제거하다 보면 건조되지 않은 도장면이 손상될 수 있기 때문에 가열 건조가 완료된 후에 제거하게 된다. 가열 건조 중 온도에 견디지 못하고 변형되면 결함이 발생하기 때문에 높은 온도에서도 견딜 수 있는 재질이여야 한다.

④ **먼지가 발생하지 않는 재질이여야 한다**

마스킹 작업 중이나 도장 중, 도장 완료 후 제거 시에 먼지가 비산된다면 도장면에 결함을 발생시키게 된다. 가능한 좋은 재질의 마스킹 페이퍼를 사용하여 먼지가 생기지 않도록 한다.

⑤ **마스킹 작업이 편리해야 한다**

작업하기 편리하지 않은 제품은 작업 시간이 증가하기 때문에 피하는 것이 좋다.

2 연마지(sand paper)

자동차 보수 도장 공정 중 표면 다듬기 및 부착을 위해서 연마작업을 할 경우 샌더나 핸드블록에 부착하여 사용하거나 그대로 손으로 연마할 때 사용한다. 연마지는 여러 가지 종류와 형태가 있으며 작업 중 적절한 연마지를 선택하여 사용함으로 작업 시간을 단축할 수 있고, 작업 품질도 향상되게 된다. 또한 좋은 연마재의 선정에 있어 해당 연마지의 그레이드(grade)에 해당하는 연마재가 많이 함유되어 있어야 연마 후 요구하는 면을 얻을 수 있을 것이다.

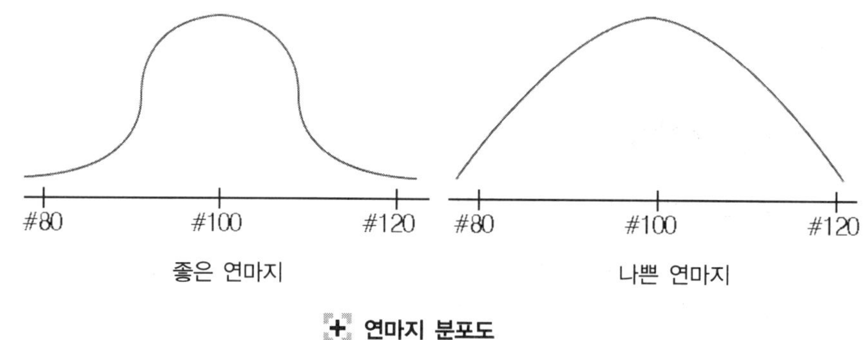

➕ 연마지 분포도

연마지의 수명을 결정짓는 요소로는 연마입자의 끼임, 탈락, 마모가 있다. 따라서 좋은 연마지는 연마지의 해당 그레이드의 연마입자가 가장 많이 분포되고 작업 중 연마가루가 연마입자 사이에 잘 끼지 않고, 연마재는 백킹에서 잘 떨어지지 않아야 하며, 단단한 재료를 연마하더라도 연마입자가 마모되지 않고 견딜 수 있는 구조이여야 한다.

(1) 연마지의 구조

연마지는 연마재의 부착방식에 따라 크게 두 가지로 분류된다.

① 오픈 코트(open coat)

입자 간격이 넓어 발생 분진이 끼는 것을 방지하고 백킹에 연마재 도포율은 50~70% 정도이며, 건식연마에 주로 사용한다. 퍼티 연마에 적합하다.

② 클로즈드 코트(closed coat)

연삭력이 필요한 연마작업에 사용하며 백킹에 연마재 도포율은 100%이며, 습식연마에 사용한다. 금속면 수정작업에 적합하다.

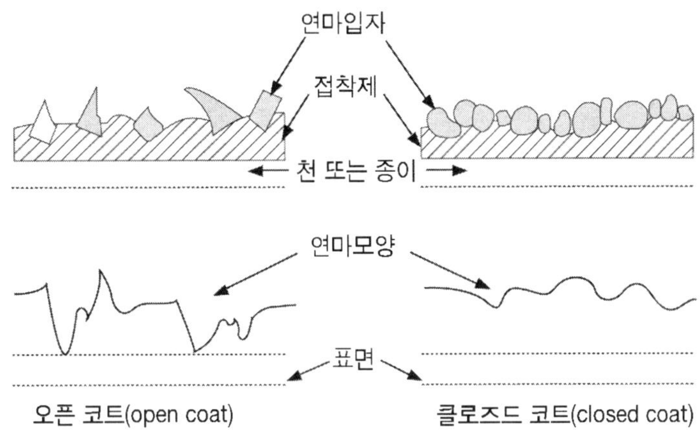

③ 세미 오픈 코트(semi open coat)

오픈 코트와 클로즈드 코트의 중간정도 도포율로 샌더기용 연마지에 많이 사용된다.

> 하도작업을 위한 연마지는 분진이 잘 끼지 않는 오픈코트방식이고 연마작업 중 입자가 조금씩 떨어져 나가기 때문에 내구성이 좋은 실리콘카바이트 재질을 사용하는 것이 좋다.

(2) 연마 입자

백킹에 붙어 있는 연마입자는 실리콘 카바이드 재질과 알루미늄 옥사이드 재질, 큐비트론 재질로 나눌 수 있다. 최근에는 알루미늄 옥사이드 재질의 연마지에 스테아린산염을 코팅하여 건식연마 시 로딩현상을 줄인 제품을 자동차 보수용으로 사용하고 있다.

① 실리콘 카바이드(silicon carbide)

- 탄화규소를 주성분으로 하여 검정색을 띠며 날카로운 쐐기 모양이다.
- 경도가 높으며 절삭성이 우수하고 파쇄성이 좋은 특징이 있다.
- 사용 용도로는 퍼티연마에 적합하다.
- 연마지의 뒷면에 CC - ○○○ 로 적혀져 있다.

② 알루미늄 옥사이드(caluminum oxide)

- 산화알루미늄을 주성분으로 하여 갈색을 띠며 끝이 뭉툭하다.
- 내마모성이 우수하고 지속성이 있어 오래 사용 가능하다.
- 사용 용도로는 금속면 수정, 녹 제거에 사용된다.
- 연마지의 뒷면에 AA - ○○○ 로 적혀져 있다.

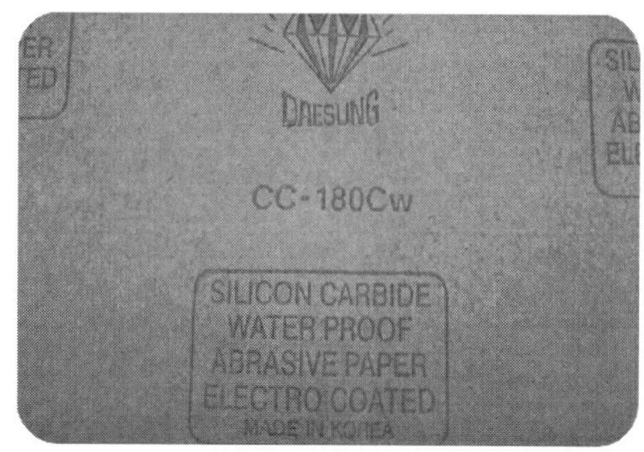

실리콘 카바이드

알루미늄 옥사이드

③ 큐비트론(cubitron)

- 금속과 플라스틱 화이버글라스를 합성하여 만든 것으로 백색을 띈다.
- 사용 용도로는 금속 절단이나 그라인딩에 사용된다.
- 최근 자동차 보수용 그라인딩 작업에는 알루미늄 옥사이드나 연삭력이 조금 더 우수한 알루미나 지르코니아(alumina zirconia) 재질이 많이 사용되고 있다.

(3) 백킹(backing)의 종류

종이 재질, 천 재질, 화이버 재질, 종이와 천을 혼합한 재질, 폴리에스터 필름 재질이 있다.

(4) 접착제(adhesive) 부착 종류

백킹에 연마재를 붙일 때 사용하는 방법으로는 두 가지 종류가 있다. 접착제로 아교를 사용하는 방법은 백킹과 연마재를 붙일 때 연마 입자끼리의 접착 강도를 높이기 위해서 둘 다 아교를 사용하는 것으로 연마지를 유연하게 만들 수 있지만 열과 습기에 약해진다.

다른 하나는 백킹과 연마재를 붙일 때 아교를 연마재 입자와 접착할 경우 레진(resin)을 사용하는 방법으로 열과 습기에 대한 저항성이 강하여 많이 사용되고 있다. 접착에 사용되는 합성수지로 열가소성 수지인 에폭시 수지나 페놀 수지가 있다.

(5) 연마 입자 규격

가로, 세로 각각 1인치의 면적에 격자를 두어 정사각형을 12개로 나누면 12mesh라고 하고 #12로 표시한다.

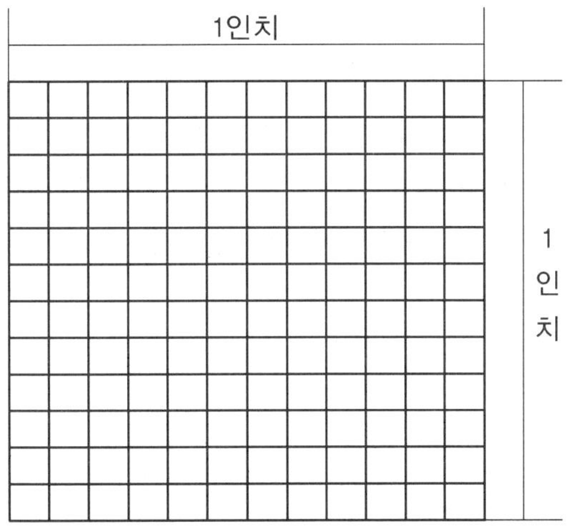

※ 연마재 입자 등급 비교

U.S. CAMI(Coated Abrasive Manufacturers Institute)

European P(Federation of European Produces of Abrasives)

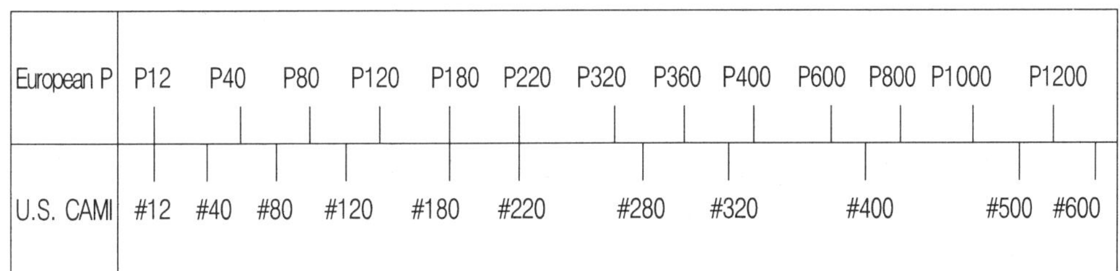

※ 연마재 입자크기

평균입자 크기(nm)	U.S. CAMI grade	FEPA P grade	평균입자 크기(nm)	U.S. CAMI grade	FEPA P grade
1815		P12	25.8±1.0		P600
1324		P16	23.6	400	
1320	16		16.0	600	
1000		P20	15.3±1.0		P1200
201		P80	12.6±1.0		P1500
192	80		12.2	800	
82		P180	10.3±0.8		P2000
78	180		9.2	1000	
46.2±1.5		P320	8.4±0.5		P2500
36	320		6.5	1200	
35.0±1.5		P400	3	1500	

(6) 연마지 부착방식

연마지를 샌더나 핸드블록에 부착하여 사용할 때 붙이는 방식으로 매직식과 풀접착식 두 가지 종류가 있다. 딱딱한 패드를 사용할 경우 매직식의 털 부분에서 완충작용을 하여 정확한 연마가 풀 접착식에 비해서 좋지 않다. 풀 접착식의 경우 정확한 연마가 가능하다. 따라서 딱딱한 패드에는 풀 접착식을 권장하며 부드러운 패드를 사용하는 연마 작업의 경우에는 매직식을 사용하는 것이 좋다.

① 매직식(velcro tape)

깔깔이라고도 하며 샌드페이퍼 뒷면에 접착털이 있어 샌더기의 패드와 탈부착이 용이한 방식이다. 샌더 패드의 경우 잔털이 붙을 수 있도록 되어 있다.

※ 벨크로테이프

| 샌더 패드면 | 연마지 뒷면 |

② 풀 접착식

샌드페이퍼 뒷면에 접착제를 발라 놓아 샌더기의 패드와 부착하는 방식으로 한 번 부착한 후 다시 뜯어서 재사용하기가 어렵다. 샌더패드의 경우 연마지 부착면이 매끈하다.

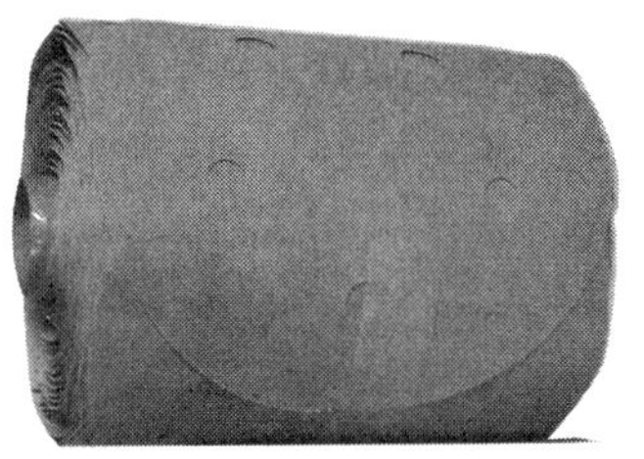 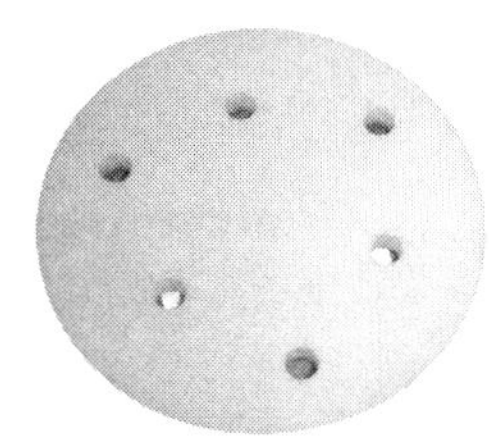 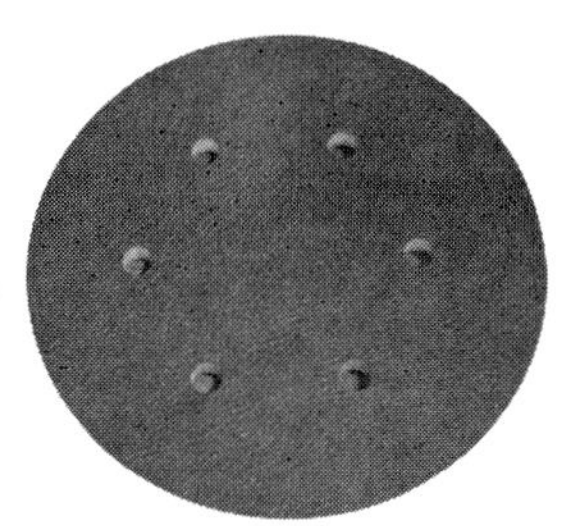

(7) 연마지의 종류

① 샌더용 연마지

집진 타입

필름 타입

P400까지의 연마지는 대부분 두꺼우면서 집진 구멍이 있지만 P600 이상의 연마지들은 얇으면서 집진 구멍이 없는 것이 특징이다.

또한 연마지 뒷면 전체가 망사재질로 되어 있어 집진성능을 높인 제품들도 있다. 집진 구멍이 없는 필름식 연마지는 건식 샌딩용이 아닌 도장면에 물을 뿌려주면서 작업하는 습식 샌딩 연마지로 건식 샌딩을 하면 로딩현상이 있어서 연마지를 자주 교환해야 한다.

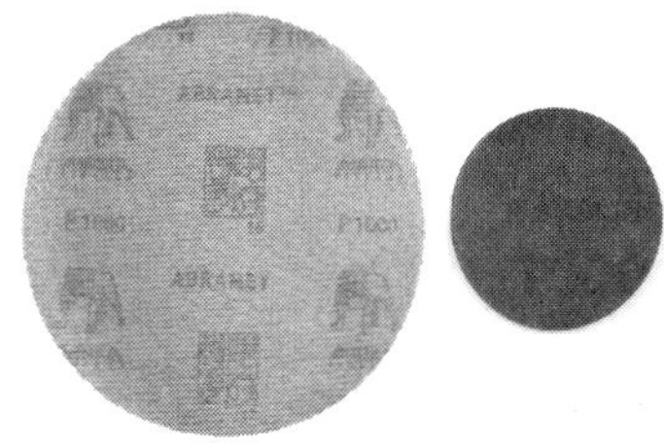 

용어해설 Glossography

☑ 로딩현상
연마지에 분진이 부착하여 연마가 잘되지 않고, 경우에 따라 해당 그레이드보다 거친 연마가 된다

② 부직포 연마지

곡면 부위 및 연마가 어려운 부분의 작업이 용이하며 습식, 건식 연마에 사용된다.

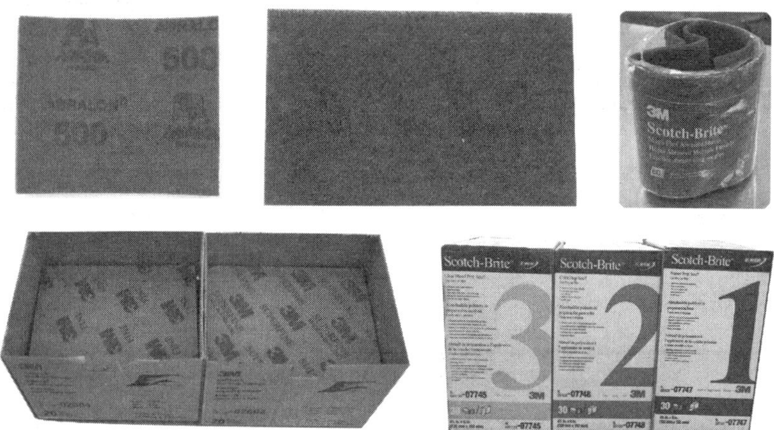

＋ 부직포 연마지 그레이드(grade)별 사용 용도

종 류	해당 그레이드	사용 용도
미디엄	P120~180	거친 연마(퍼티)
파 인	P320~400	중도도장 전 연마
수퍼 파인	P500~600	중도연마
울트라 파인	P800~1,000	블랜딩 작업
마이크로 파인	P1,200~1,500	컬러샌딩, 클리어연마

＋ 작업별 추천 연마지

	방 식	적용 작업
연마지 접착방식	오픈 코트	퍼티연마
	클로즈 코트	금속면 수정
연마 입자	실리콘 카바이드	금속면연마
	퍼티연마	금속면 수정
패드 부착방식	풀접착식	정밀연마, 연마지 교환이 없는 작업
	매직식	습식연마, 연마지 교환이 빈번한 작업
작업방법	건식연마	퍼티작업
	습식연마	상도연마(컬러샌딩)

※ **연마지 확대사진**

- **3m 후킷 골드 연마지**(200배)

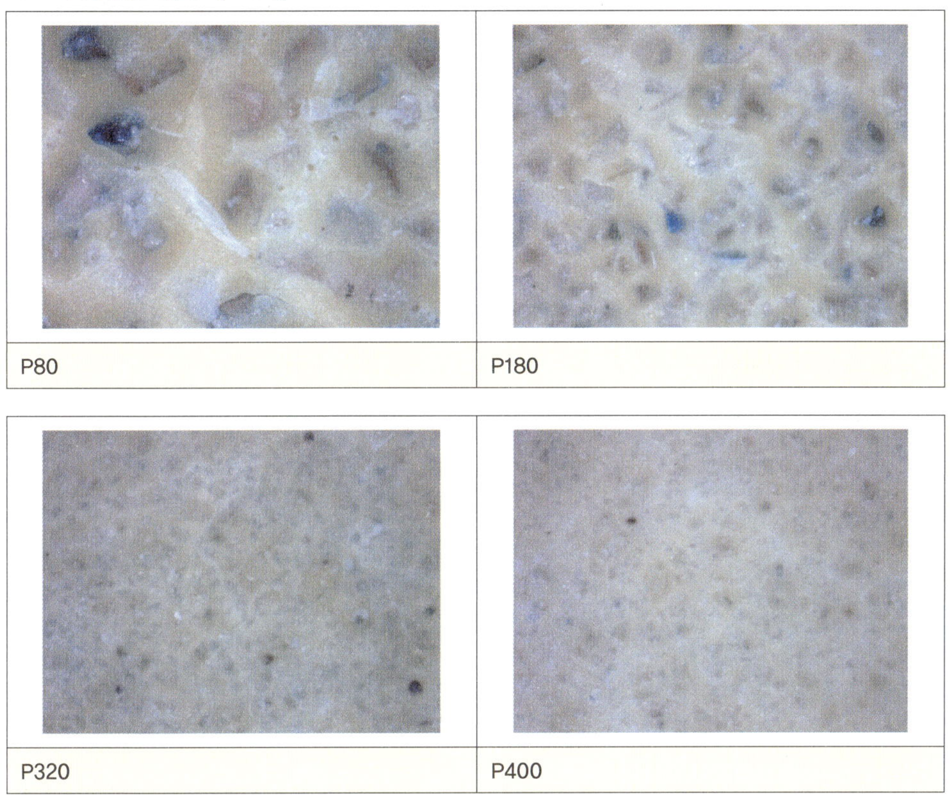

| P80 | P180 |
| P320 | P400 |

확대사진에서 보면 연마재 도포 방식이 오픈코트임을 알 수 있다.

- **A4 size 내수연마지**(silicon carbide) (200배)

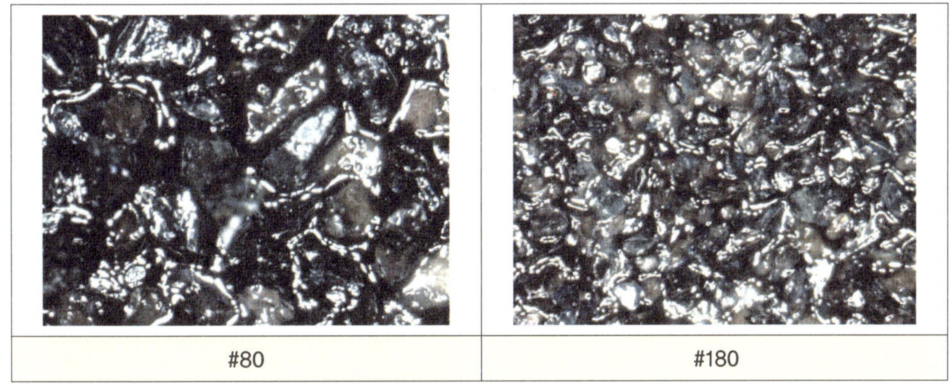

| #80 | #180 |

확대사진에서 보면 연마재 도포 방식이 클로즈코트임을 알 수 있다.

● 3m 후킷 피니싱 필름(finishing film discs) (200배)

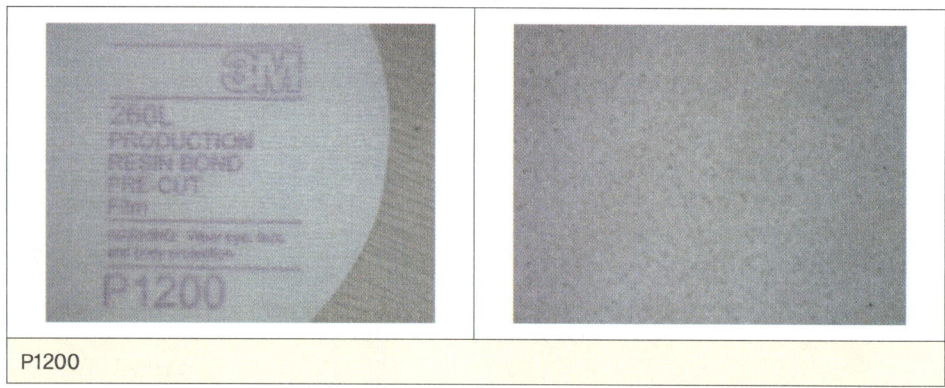

P1200

● 3m trizact(200배)

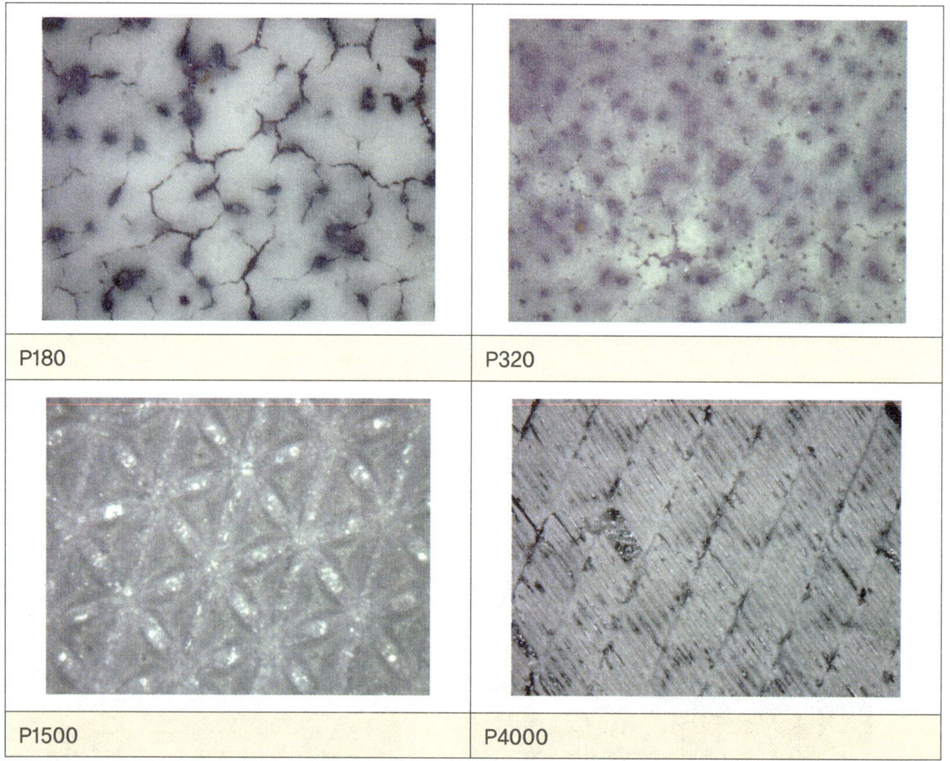

P180

P320

P1500

P4000

(8) 자동차 보수용 연마지 분류

종류	백킹 (Backing)	연마입자종류 (Abrasive Mineral Type)	부착방식 (Attachment Type)
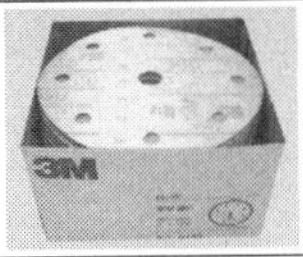	Polyester Film	Aluminum Oxide	velcro (벨크로)
	Paper	Aluminum Oxide	synthetic resin (합성수지)
	Polyester Film	Aluminum Oxide	velcro (벨크로)
	Polyester Film	Silicon Carbide	velcro (벨크로)
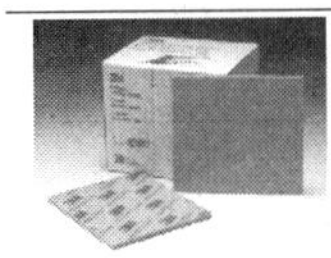	Foam	Aluminum Oxide	
		Aluminum Oxide	
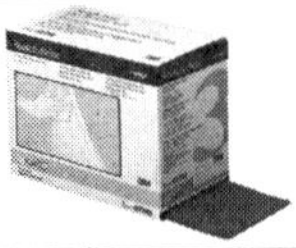		Aluminum Oxide	
	Fibre	Cubitron	
	Paper	Ceramics – Aluminum Oxide	synthetic resin (합성수지)
	Paper	Silicon Carbide	Paper

3 송진포(tack cloth)

스프레이 도장 전 피도장물에 묻어 있는 먼지를 제거하기 위하여 사용하며 천이나 스펀지에 송진이 묻어 있어 송진포라고 한다.

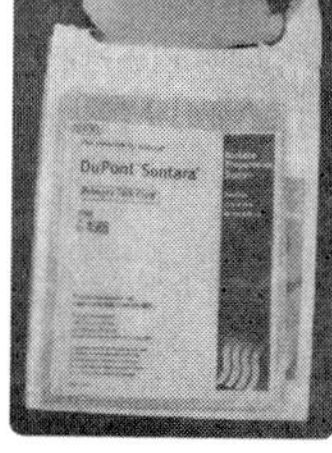
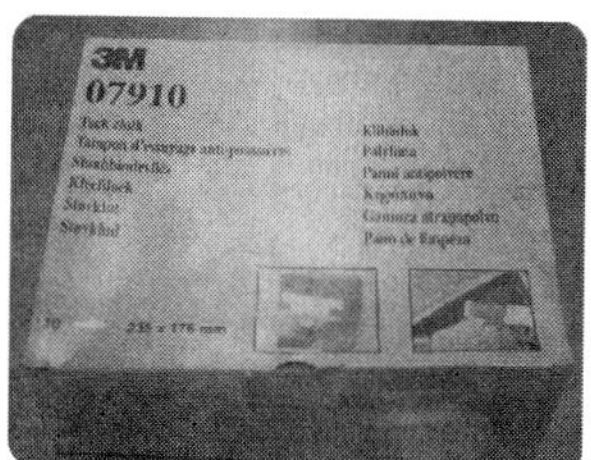

➕ 수용성 송진포   ➕ 유성계 송진포

4 여과지(strainer)

도료 중에 있는 불순물을 제거하여 도장 중 결함이 발생하지 않도록 한다. 도료를 도료 용기에 넣기 위해서 거를 때 사용하는 것과 걸러진 도료를 스프레이건 내부로 들어가기 전에 거르는 형태가 있다.

종이 재질의 하단에 여과망으로 되어 있고, 일회용으로 사용하며 여과망은 가로·세로 1inch 길이 안에 들어 있는 눈금으로 메쉬를 사용하며, 보통 100메쉬에서 200메쉬 크기를 사용하지 만, 최근에는 국제표준단위계 사용권고로 마이크로미터(nm) 표기 제품들도 있다.

특히 수용성 도료는 물을 함유하고 있어서 종이 재질의 여과지가 녹을 수 있기 때문에 가능하면 플라스틱 재질의 여과지를 사용하는 것을 추천하며 여유가 되지 않을 경우 종이 재질의 여과지를 2장 겹쳐서 사용하여 여과망이 떨어져 여과되지 않은 도료가 바로 흘러 들어가는 것을 방지한다.

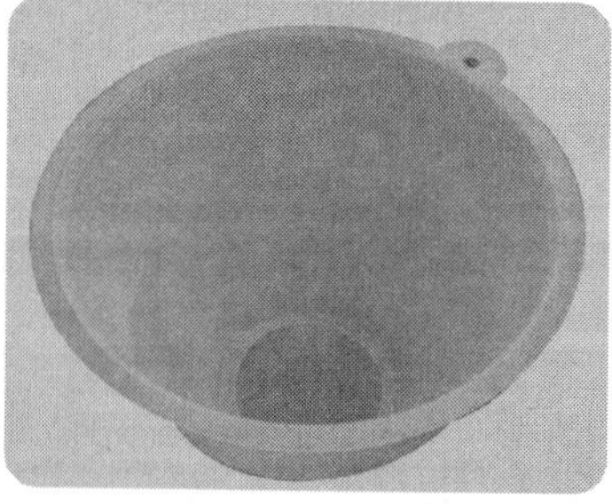

➕ 종이 필터   ➕ 플라스틱 필터   ➕ RPS 필터 장착모습

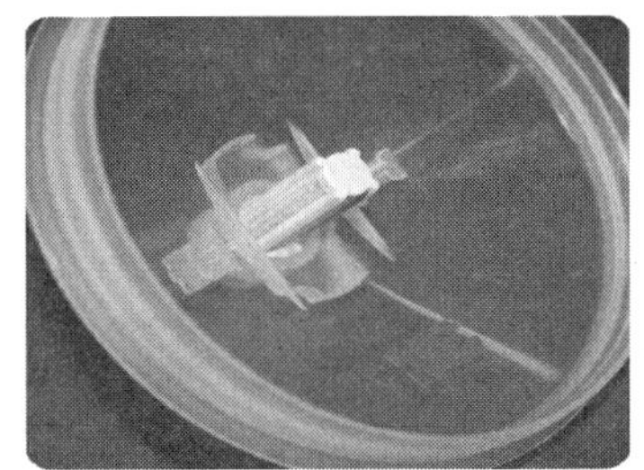

+ PPS 필터 장착모습

+ 스프레이건에 장착된 모습

규격은 메쉬(mesh) 단위와 마이크로미터(nm)가 있다.

최근에는 메쉬 단위보다 마이크로미터 단위를 사용하며 메쉬의 경우 숫자가 크면 클수록 조밀한 여과지이지만 마이크로미터에서는 숫자가 적은 것이 조밀한 여과지이다. Medium(220nm), Fine(190nm), Super fine(125nm) 등으로 분류된다. 3M 여과지의 경우 메이커에서 회사 자체의 기호로 붙인 것으로 대략 200nm 정도이고, SATA 내부 삽입 필터의 경우에는 대략 300nm 정도이다.

- **메쉬(mesh)와 마이크로미터(nm) 단위 비교**

U.S MESH	MICROMETER	INCHES	MM
5	4000	0.157	4
7	2830	0.111	2.83
10	2000	0.0787	2
35	595	0.0232	0.595
100	149	0.0059	0.149
120	125	0.0049	0.125
200	74	0.0029	0.074
325	44	0.0017	0.044

- **작업 도료별 추천 여과지**

분 류	마이크로미터 (nm)
프라이머서페이서	220
유성베이스코트, 우레탄, 클리어	190
수용성베이스코트	125

아래의 표에서 격자 형태의 창은 220배율로 촬영하였다.

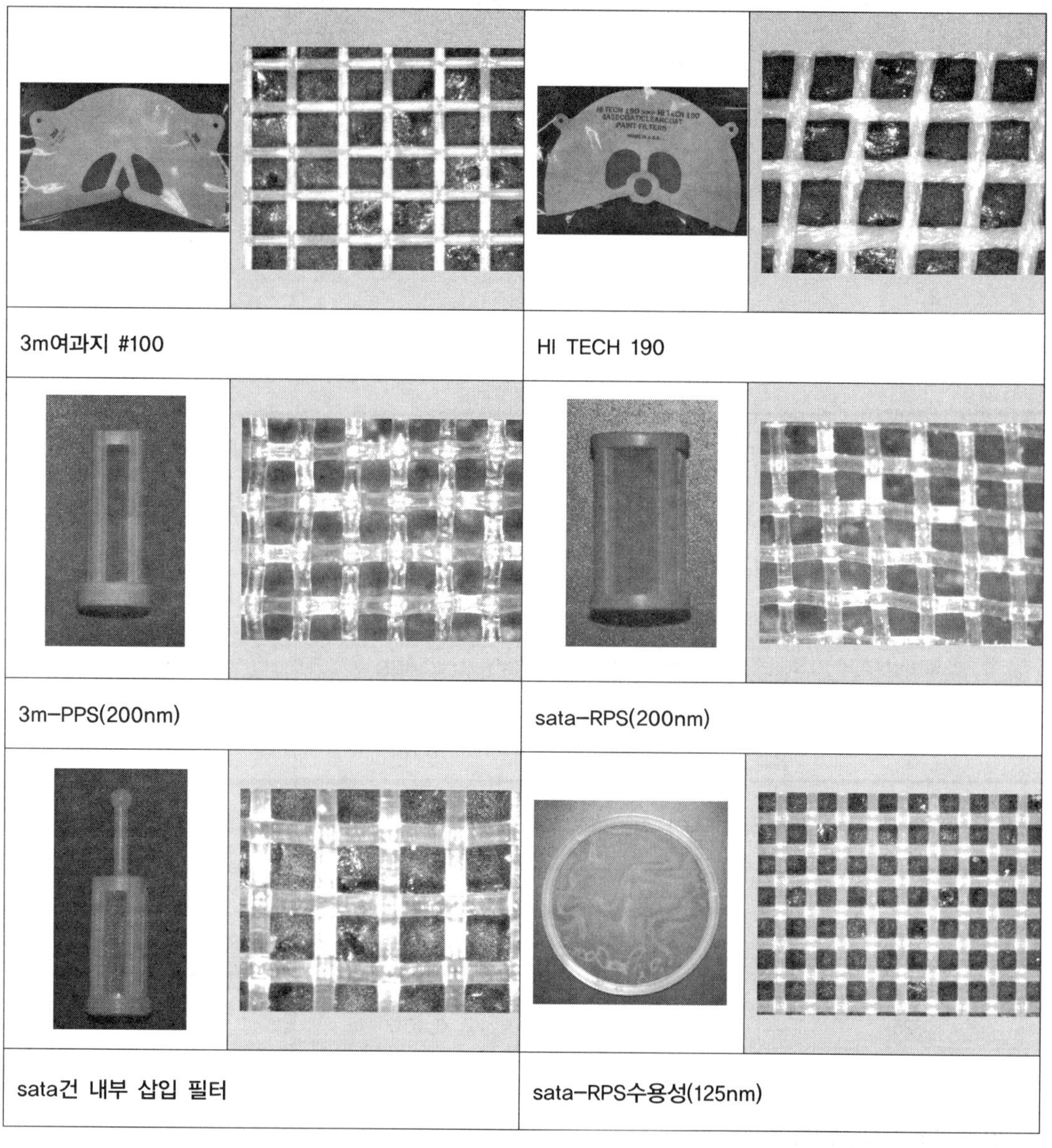

3m여과지 #100	HI TECH 190
3m-PPS(200nm)	sata-RPS(200nm)
sata건 내부 삽입 필터	sata-RPS수용성(125nm)

5 용기

대부분 1회용 타입으로 도료의 조색과 혼합에 사용된다. 현재에는 도료의 용기와 스프레이 건의 도료 용기를 같이 겸비하여 세척 시 시너의 절약과 작업의 편리성을 도모하는 제품들이 있다.

+ PPS와 RPS 용기는 그냥 도료 용기로도 사용 가능

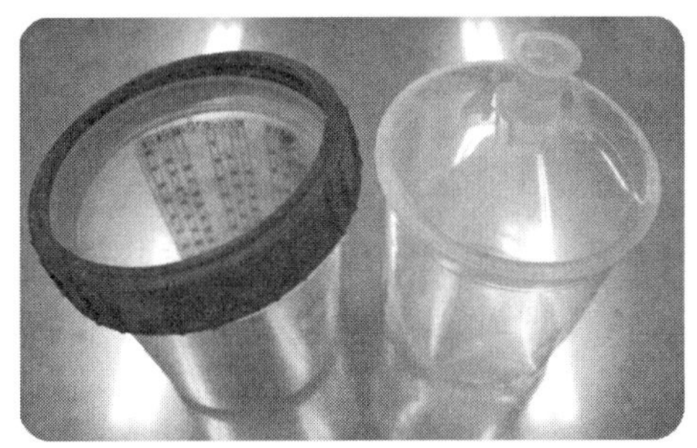

+ 3M사의 PPS 용기

+ SATA사의 RPS 용기
스프레이 컵과 조색용 용기가 일체인 타입

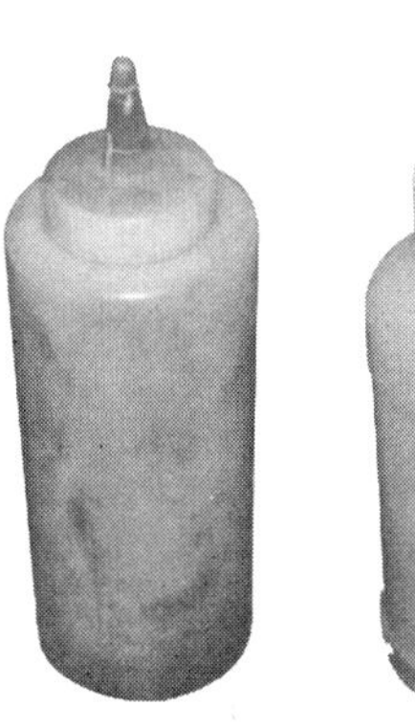

+ 시너를 담아두는 용기

6 에어 블로 건(air blow gun)

도장 공정 중 연마 분진이나 먼지 등을 불어내거나 도장면에 묻어 있는 수분을 건조 시킬 때 사용하는 기구이다. 용도에 따라 적당한 건을 선택하여 사용한다.

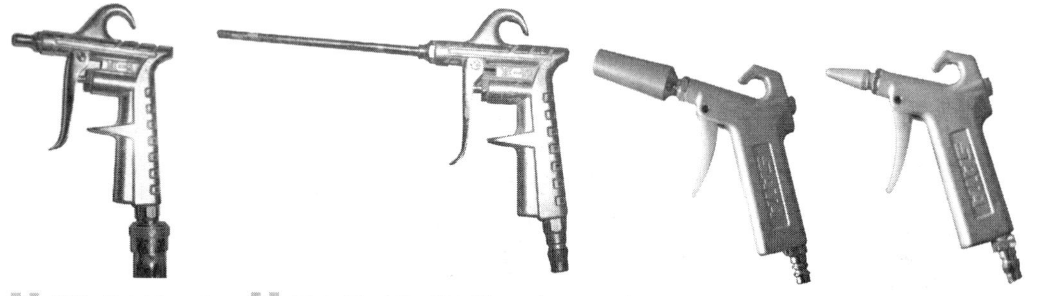

✚ 일반 에어 블로 건 ✚ 롱 노즐 타입 에어 블로 건 ✚ 제트 타입 에어 블로 건

에어드라이기는 다른 형식의 에어블로와 비교하여 토출구가 크기 때문에 공기가 토출될 때 주변의 먼지가 빨려 들어가는 경우가 적어 도료를 건조시킬 때 이상적이다. 손으로 들고 건조시킬 수 있으며 아래의 사진과 같이 거치대에 거치하고 건조시킬 수 있다.

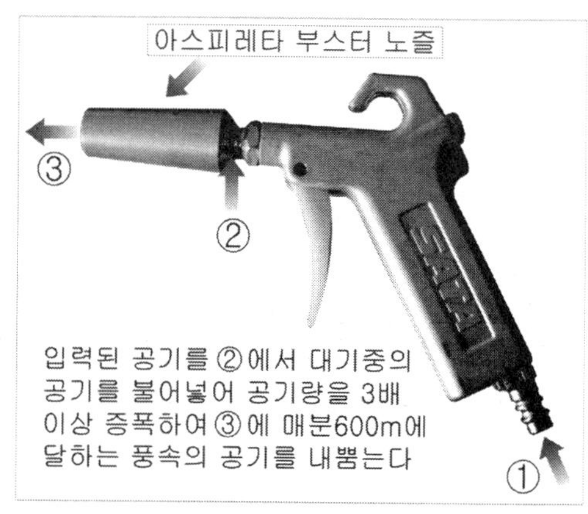

✚ 제트에어건의 원리

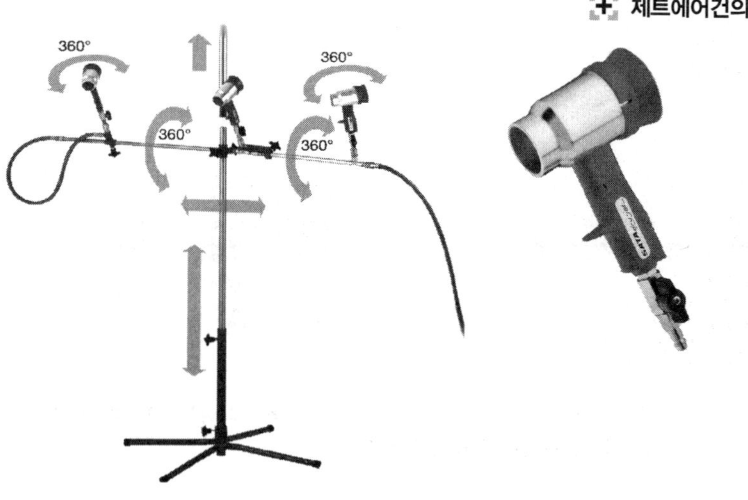

✚ 도료를 건조시킬 때 사용하는 에어드라이기 및 거치대

7 스프레이건 거치대

사용 후 에어 캡에 도료가 고착되는 것을 방지하며 스프레이건을 거치할 수 있도록 설계되어 있다.

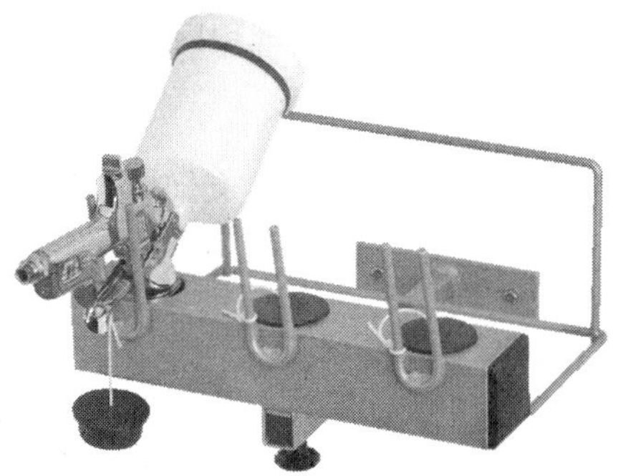

8 걸레

도장 작업 중 탈지 공정에서 탈지할 경우 사용하며, 페인트나 기타 오염물질을 닦아 내야 할 때 사용하며 광택 공정 때 도장면에 스크래치를 발생시키지 않는 제품들도 있다.

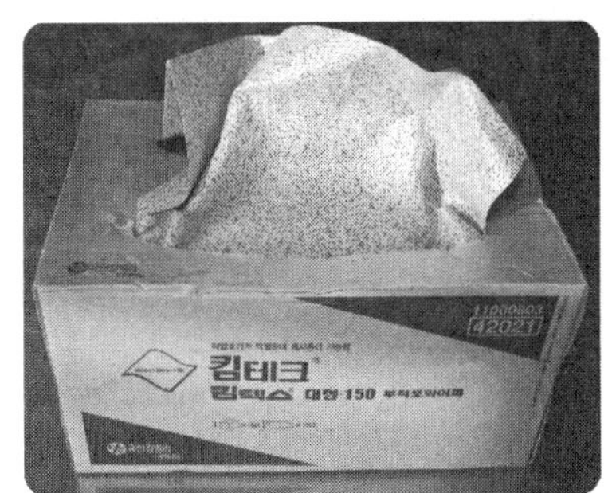
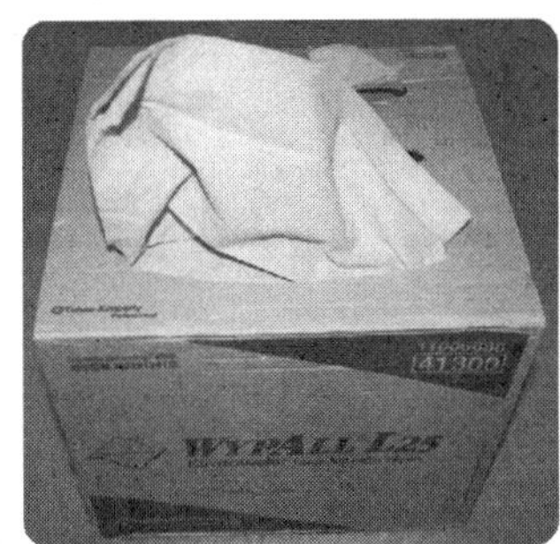

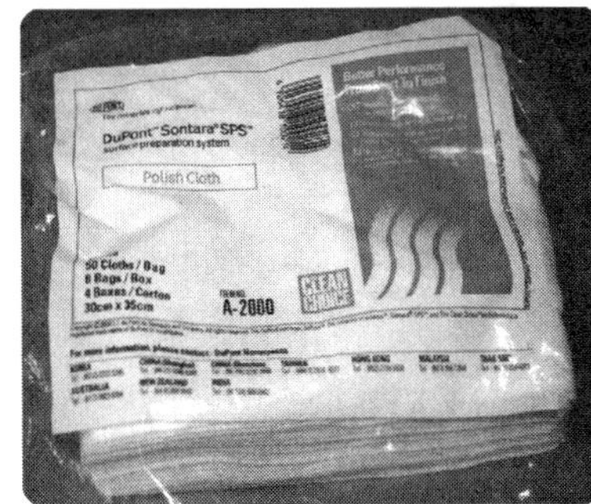
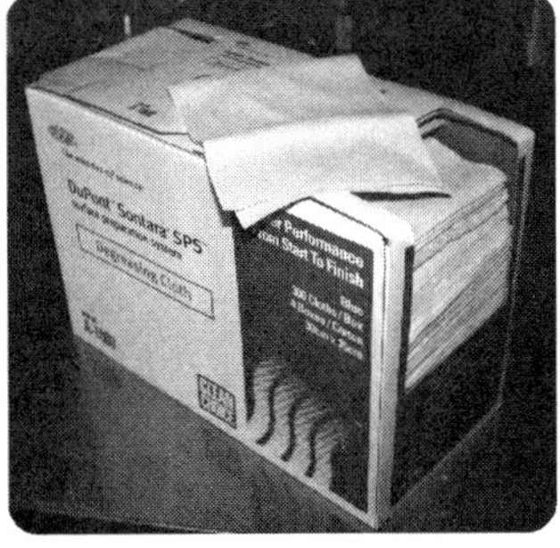

각종 걸레의 예

9 세척용 기구

스프레이건을 사용한 후 깨끗이 세척하고 세척작업 중 작업자가 유기용제에 노출되지 않도록 설계되어 있다. 또한 수용성 세척기의 경우에는 세척에 사용했던 물과 수용성도료가 혼합되어 있기 때문에 분리시키기 위해서 탱크에 모았다가 약품처리를 하여 도료만 응고시키는 방식으로 되어있다.

10 적외선 온도계

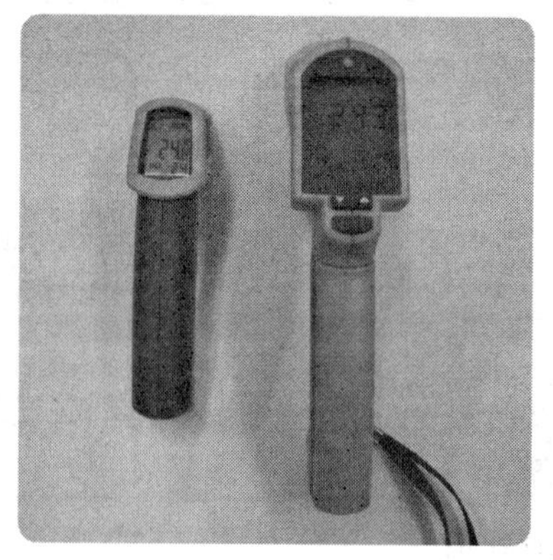

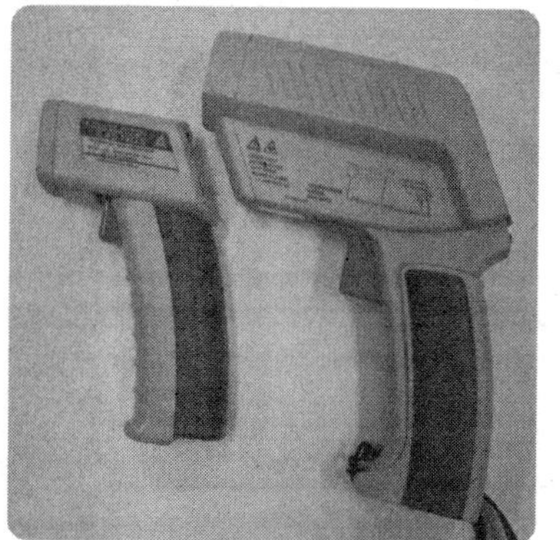

　자동차도장의 경우 가열건조 때 접촉식 온도계를 이용하여 온도를 측정할 수가 없다. 건조되지 않은 도막에 접촉식 온도계를 이용하면 도장면의 흠집을 남기게 된다. 따라서 비접촉식 온도계를 이용하여 측정한다.

　도료 회사에서 추천하는 온도는 도장실 내부의 온도가 아니며 피도체(도장면)의 온도이다. 온도계는 측정하는 최대온도에 따라 여러 가지 종류가 있다.

색상에 따른 피도체의 온도

　가열건조를 할 경우 같은 온도에서도 색상에 따라 핀홀과 같은 결함이 발생하기도 한다. 아래의 사진을 참고하여 동일조건에 따른 피도체의 온도를 이해하여 결함 발생을 줄이도록 하자.

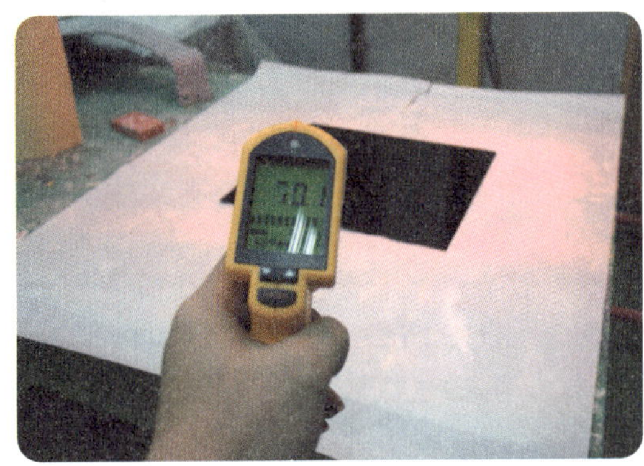

피도체 색상 - 검정색 70.1℃

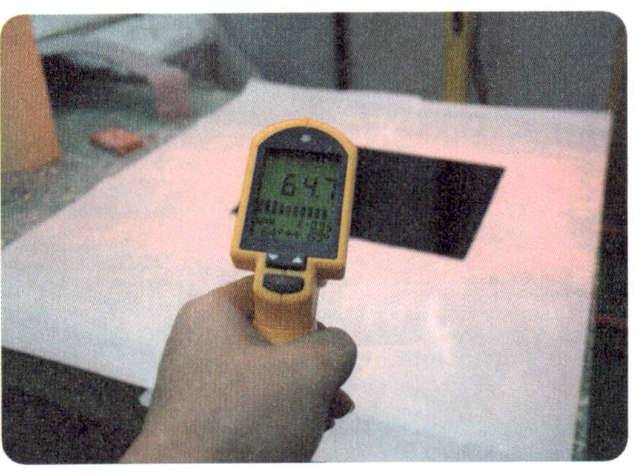

피도체 색상 - 파랑 64.7℃

피도체 색상 - 초록 63.5℃

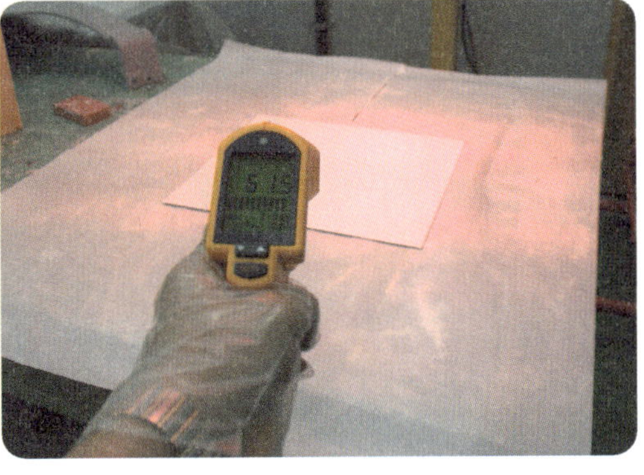

피도체 색상 - 흰색 61.5℃

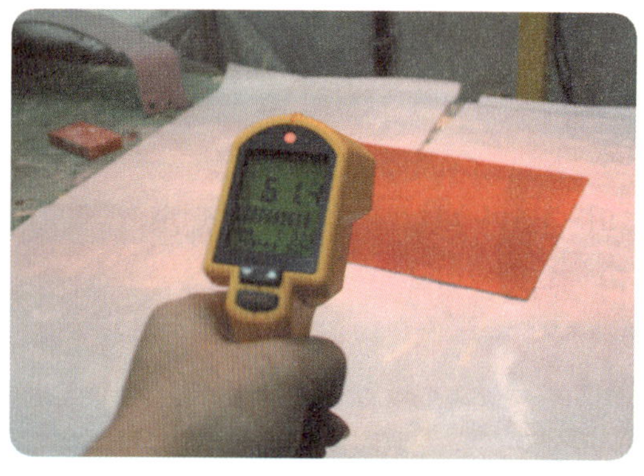

➕ 피도체 색상 - 빨강 61.3℃

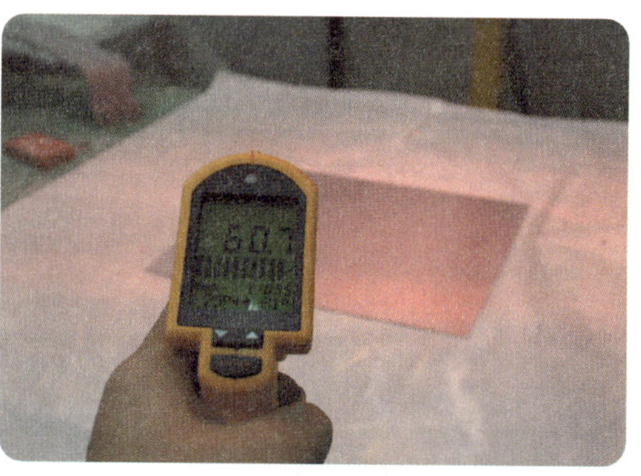

➕ 피도체 색상 - 메탈릭 60.7℃

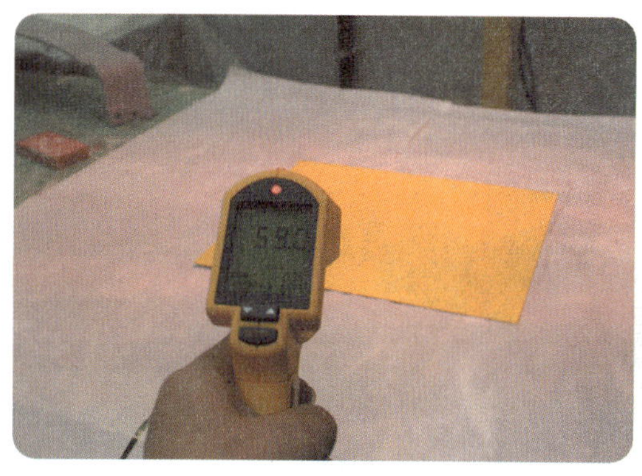

➕ 피도체 색상 - 노랑 59.0℃

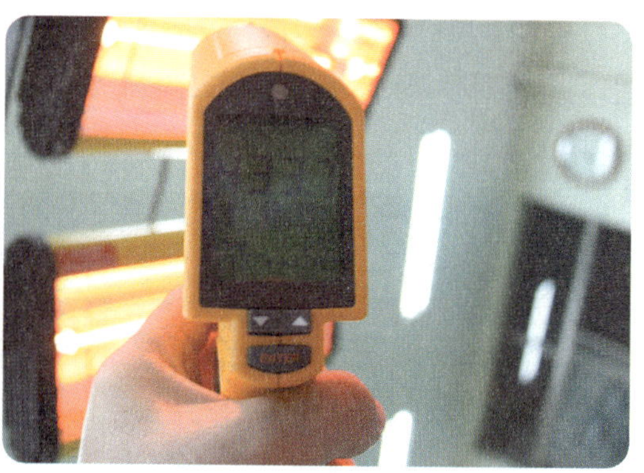

➕ 적외선램프 측정(최대 470℃)

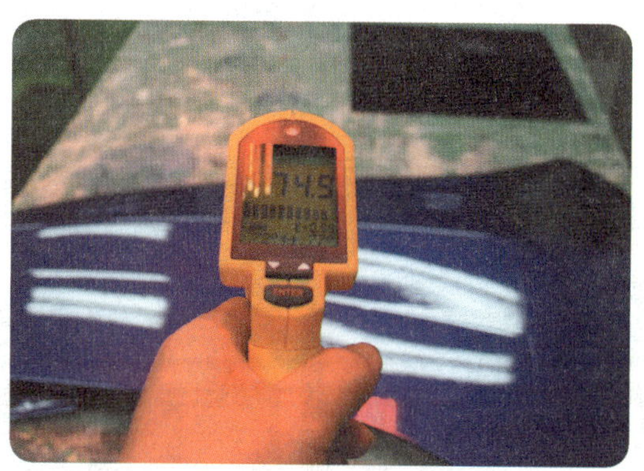

➕ 도장면 측정(470℃ 램프를 1미터 간격을 두고
도장면 온도를 측정 - 74.9℃)

 금속판의 경우 작업대에 일부 열을 전도하기 때문에 자동차 패널과 비교하여 표면온도가 낮다.

04

조 색

---

01 색의 기본원리

1 색을 지각하는 기본원리에 관한 일반 지식

(1) 색을 지각하는 기본원리

① 색

빛이 물체에 비추었을 때 생겨나는 반사, 흡수, 투과, 굴절, 분해 등의 과정을 통해 인간의 시신경을 자극하여 감각되는 현상으로써 그 파장에 따라 서로 다른 느낌을 얻게 되는데 그 신호를 인식하게 되는 것을 색이라고 한다. 즉, 색이란 빛이 눈을 자극함으로써 생기는 시감각이다.

② 빛

빛은 인간이 물체를 지각하는 근본이 되며, 물체의 형태, 색채, 질감 등을 우리 눈에 보이도록 전달해 주는 역할을 한다. 사람의 눈에 보이는 전자파를 빛(가시광선)이라고 한다. 전자파의 파장은 수천 m에서 10억 분의 1m까지 광범위한 파장의 영역을 가지고 있다. 가시광선의 파장 단위는 nm(나노미터)이며, 이것은 10억 분의 1m, 즉 10^{-9}m가 된다.

☑ 빛의 종류
- 가시광선 : 380~780nm, 사람이 볼 수 있는 광선의 범위를 말한다.
- 적외선 : 780~400,000nm, 빨간색보다 긴 광선으로서 레이저, 공업용 등에 사용된다.
- 자외선 : 400~10nm, 보라색보다 짧은 광선으로서 화학용, 과학용 등에 사용된다.
- r(감마)선, X(엑스)선 : 아주 짧은 파장으로 의료용으로 사용된다.

③ 빛의 분광에 의한 스펙트럼

스펙트럼(spectrum) : 1666년 뉴턴(Newton)이 발견한 것으로 태양광선을 프리즘에 통과시키면 380~780nm 범위의 가시광선들이 파장의 길이에 따라 다른 굴절률로 분광되어 무지개색과 같이 연속된 색의 띠로 나타나게 된다. 즉, 태양광이 프리즘을 통과하면 각 파장별로 분광되는 것을 알 수 있는데, 이것은 백색광이 혼색광이기 때문이며, 이를 복합광이라도 한다.

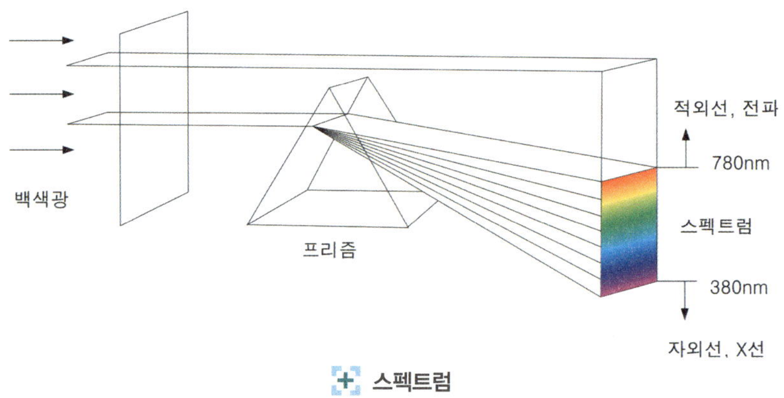

■ 스펙트럼

(2) 물체의 색(색채)

색채란 색과는 달리 물체 자체가 발광하지 않고, 빛을 받아 반사에 의하여 직접 눈에 보이는 색을 말한다. 빛을 받아서 반사, 흡수 또는 투과하는가에 따라 그 물체의 색채가 결정된다. 빛을 모두 반사하면 흰색으로 보이고, 모두 흡수하면 검정색으로 보인다.

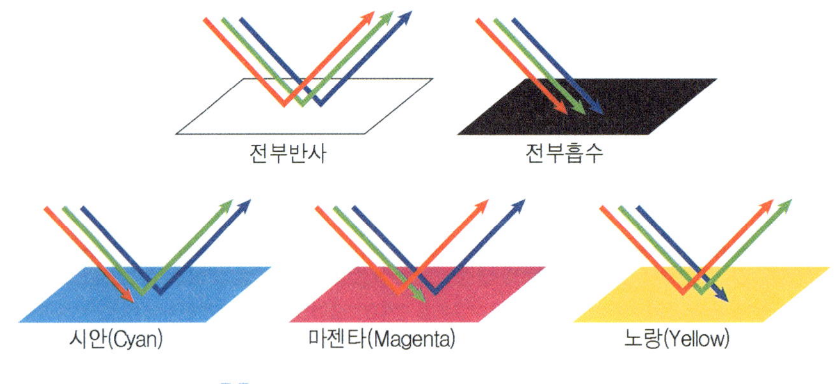

■ 물체의 색(빛의 흡수와 반사에 의한 색)

(3) 눈의 구조와 특성

① 빛과 시각의 관계

빛에 의해 반사된 물체의 색은 눈에 들어와 수정체에서 빛을 모아 망막에 전달되면 시신경을 통하여 뇌에서 색을 판단하게 된다.

빛 → 안구의 망막 → 시세포(간상체, 추상체) → 시각의 흥분 → 중추신경 → 뇌의 색 식별

☑ **시세포**
- 간상체 : 약한 빛에도 작용하며 어두운 곳에서 물체를 볼 수 있게 하는 시세포로써 명암을 인식한다.
- 추상체 : 색을 느끼게 하는 시세포로서 색각과 시력에 관련 있다.

② 눈의 구조

- **각막(cornea)** : 안구를 보호하는 방어막의 역할과 광선을 굴절시켜 망막으로 도달시키는 창의 역할을 한다.
- **동공(pupil)** : 홍채의 중앙에 구멍이 나 있는 부위로 빛이 여기를 통과한다. 동공은 안구 안으로 들어가는 광선량을 조절한다.
- **수정체(lens)** : 양면이 볼록한 돋보기 모양의 무색투명한 구조, 각막과 함께 눈의 주된 굴절기관으로 눈으로 들어오는 빛을 모아 망막에 초점을 맞춘다.
- **홍채(iris)** : 각막과 수정체 사이에 위치하고 인종별, 개인적으로 색의 차이가 있으며, 눈에 들어오는 빛의 양을 조절해 준다.
- **망막(retina)** : 안구 뒤쪽 2/3을 덮고 있는 투명한 신경조직으로 카메라의 필름에 해당되는 부분이다. 망막의 시세포들이 시신경을 통해 뇌로 신호를 보내는 기능을 한다.
- **황반부** : 망막 중 빛이 들어와서 초점을 맺는 부위를 말한다. 이 부분은 망막이 얇고 색을 감지하는 세포인 추상체가 많이 분포되어 있어 시신경을 통해 뇌로 영상신호를 전달한다.

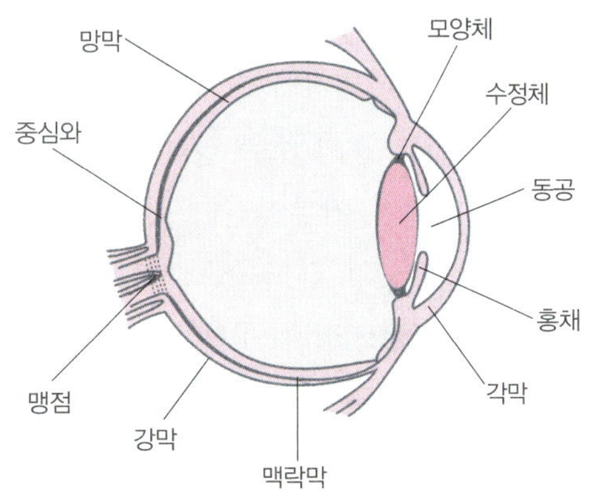

➕ **눈의 구조**

③ 눈의 기능과 카메라 비교

눈	카메라	기 능
수정체	렌즈	빛의 굴절(초점 맞힘/굴곡률 조정)
홍채	조리개	빛의 양 조절
망막	필름	상이 맺힘

④ 빛에 대한 감도
- **시감도** : 똑같은 에너지를 가진 단색광에 의하여 생기는 밝기의 감각을 말하는데 같은 에너지를 가진 단색광일지라도 그 밝기는 다르게 느껴진다.
- **비시감도** : 최대 시감도에 대한 특정 시감도의 비를 말한다. 최대 시감도는 파장이 555nm일 때 가장 밝게 느껴지며, 507nm일 때 가장 어둡게 느껴진다.

(4) 색채자극과 인간의 반응

1) 순응(adaptation)

순응이란 적응과 비슷한 의미로서 수용하는 개체가 환경조건에 잘 적응하는 현상을 말한다.

① 명암순응
- **암순응** : 밝은 곳에 있다가 갑자기 어두운 곳에 들어가면 순간적으로 아무 것도 보이지 않지만 시간이 지나면서 차차 정상적으로 보이는 현상이다.
- **명순응** : 어두운 곳에 있다가 갑자기 밝은 곳으로 나왔을 때 처음에는 잘 보이지 않지만 시간이 지나면서 밝은 빛에 순응하는 상태로 돌아가 정상적으로 보이는 현상이다.
- **명소시** : 밝기가 어느 정도 이상 높은 상태 또는 명순응 아래서의 시각으로 낮의 밝은 장소에서의 눈의 보통 상태를 일컫는다. 세부적인 부분에 대한 식별이 우수하고 색에 대한 판별이 이루어진다.
- **시감도** : 빛의 강도를 느끼는 능력이다.
- **박명시 현상** : 밝은 곳에 있다가 갑자기 어두운 곳에 들어가면 갑자기 아무것도 안 보이는 현상을 말한다. 추상체와 간상체가 함께 활동하는 시기로써 밝은 곳에서는 노랑, 어두운 곳에서는 청록색을 가장 밝게 느낀다.
- **푸르킨예 현상** : 어두운 곳에서는 간상체가 작용하므로 빨간색 계통은 어두워 보이고,

파란색 계통의 색은 밝아 보이는 현상이다. 비상구 표시를 파란색 계통으로 표시하는 이유도 푸르킨예 현상을 응용한 것이다.

② **색순응** : 색광에 대하여 순응하는 것으로 색광이 물체의 색에 영향을 주어 순간적으로 다르게 느껴지지만 나중에는 물체의 원래 색으로 보이게 되는 현상을 말한다.

2) 연색성과 조건 등색

① 연색성

조명의 빛에 의하여 물체의 색이 보이는 상태가 결정되는 광원의 성질을 말한다. 예를 들면 정육점에 진열된 빨간색의 고기가 적색성분이 적은 수은 램프나 형광등에서는 칙칙해 보이지만 적색 성분이 많은 백열등 아래에서는 싱싱하게 보이는 현상을 말한다.

② 조건 등색

특수한 조명 조건 아래에서 서로 다른 색의 물체가 같은 색으로 보이는 현상을 말한다 (백열등).

3) 색각 이상

① 색각

빛의 파장 차이에 의해서 색을 분별하는 감각이다.

② 색맹

- **전색맹** : 추상체의 기능은 없고, 밝고 어두움을 구별하는 간상체의 기능만이 존재한다.
- **부분색맹** : 적록색맹이 가장 많고, 일상생활에는 별 지장이 없지만 색의 판별과 관련한 전문직에는 적절하지 못하다.

③ 색약

색조는 느낄 수 있지만 그 감수능력이 낮아서 비슷하거나 무리지어 있는 색조의 구별이 어려운 상태를 말한다.

2 색의 분류 및 색의 3속성

(1) 색의 분류

1) 무채색

① 흰색과 검정색을 포함하여 그 사이에 나타나는 회색 단계이다.

② 색상과 채도가 없는 색으로 명도만 가지고 있다.
③ 무채색을 neutral이라 하며 머리글자를 따서 N으로 표시한다.

2) 유채색

① 무채색을 제외한 모든 색을 말한다.
② 색상, 명도, 채도를 모두 가지고 있다.

(2) 색의 3속성

① 색상(Hue)

색 자체의 명칭으로 명도와 채도에 관계없이 빨강, 노랑, 파랑과 같이 각 색에 붙인 명칭 또는 기호를 그 색의 색상이라고 한다.

② 명도(Value)

물체색의 밝고 어두운 정도. 색을 모두 흡수하면 완전한 검정으로 N'0'으로 하고, 모든 빛을 반사하면 순수한 흰색으로 N'10'으로 표시하고 그 사이를 정수로 표시한다. 명도는 흰색에서 검정색까지 11단계로 구분된다.

③ 채도(Chroma)

색의 선명하고 탁한 정도를 말하며, 색의 맑기, 색의 순도(색의 강하고 약한 정도)라고도 한다. 색의 선명도에 따라 순색, 청색(clear color), 탁색(dull color)으로 구분한다.

☑ 채도에 따른 분류
- 순색 : 채도가 가장 높은색
- 청색 - 명청색 : 순색 + 흰색
    - 암청색 : 순색 + 검정색
- 탁색 : 순색 + 회색

(3) 색입체

색의 3속성인 색상, 명도, 채도를 3차원의 공간에서 입체로 만들어 놓은 것으로서 색상은 원, 명도는 수직축, 채도는 중심에서 방사선으로 표시한다.
① 가로로 절단된 면이 등명 도면이 된다.
② 무채색 축을 따라 올라갈수록 명도가 올라가고 내려가면 내려간다.
③ 무채색 축에서 멀리 나올수록 고채도가 된다.

02 색의 혼합

1 가산혼합

빛의 3원색 빨강(Red), 녹색(Green), 파랑(Blue)을
모두 혼합하면 백색광을 얻을 수 있는데 이는 혼합
이전의 상태보다 색의 명도가 높아지므로 가법혼합
이라고 한다.

```
G + B = C
R + B = M
R + G = Y
R + G + B = W
```

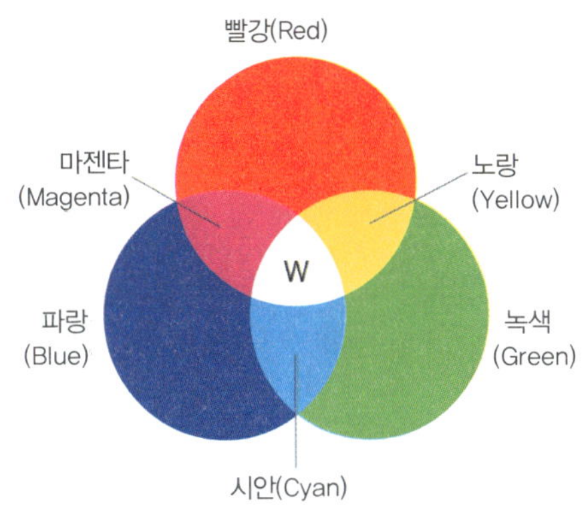

＋ 가산 혼합

2 감산혼합

자주(Magenta), 노랑(Yellow), 시안(Cyan)을 모두 혼합하면
혼합할수록 혼합전의 상태보다 색의 명도가 낮아지므로 감법
혼합이라고 한다.

```
M + Y = R
C + Y = G
C + M = B
C + M + Y = K(Black)
```

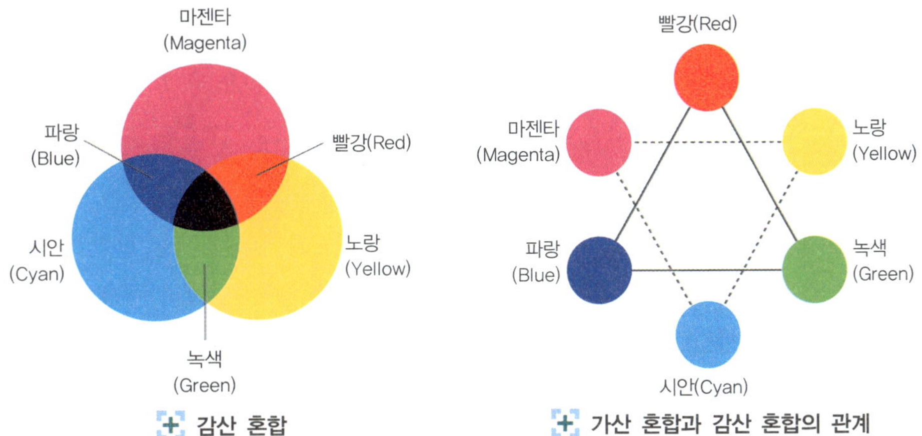

＋ 감산 혼합   ＋ 가산 혼합과 감산 혼합의 관계

3 중간혼합

중간혼합은 시각적으로 혼합되어 보이는 것으로 색 주변의 환경적인 요인에 따른 결과이다.

① 회전혼합

- 계시가법혼합에 속한다.
- 색팽이와 같은 빠른 회전에(1초에 40~50회 이상의 속도로 회전할 때) 의해 일어나는 혼합이다.
- 혼합된 색의 명도는 혼합되기 전 두색의 중간색이 된다.
- 영국의 물리학자 맥스웰에 의해서 발견되었다,

② 병치혼합

- 선이나 점이 서로 조밀하게 병치되어 있어 시각적으로 혼합되어 보이는 현상을 말한다.
- 모자이크나 직물, TV의 영상, 신인상파의 점묘화, 옵아트 등에서 예를 찾아 볼 수 있다.
- 면적 또는 거리에 비례하는 눈의 망막에서 혼합되는 현상이다.
- 면적이 작거나 좁을수록 혼색이 잘되어 보인다.
- 병치 감법혼합 : 직물, 인쇄, 점묘작품
- 병치 가법혼합 : 컬러 TV의 혼색

03 색의 표시

■ 1 관용색명, 일반색명

(1) 관용 색명

옛날부터 전해오는 습관적인 색 이름이나 고유한 이름을 붙여놓은 색을 말한다. 지명, 장소, 식물, 동물 등의 고유한 이름을 붙여 놓은 색을 말하지만 색을 정확히 구별하기가 힘들기 때문에 보다 체계화 시킨 방법으로 계통색명을 만들었다.

- ① **기본색에 의한 색명** : 적(赤), 황(黃), 녹(綠), 청(靑), 청록(靑綠), 자(紫), 자주(紫朱) 등으로 표현되어 왔다.
- ② **동물의 이름에 따른 색명** : 살색, 쥐색, 낙타색, 갈색, 베이지색 등 동물의 이름이나 가죽 등에서 색명이 유래하였다.
- ③ **식물의 이름에 따른 색명** : 녹두색, 홍매화색, 가지색, 밤색, 살구색, 딸기색, 복숭아색, 팥색, 계피색 등 식물의 이름이나 열매 등에서 유래하였다.

④ **광물과 원료에 따른 색명** : 황토색, 금색, 은색, 에메랄드 그린, 세피아(오징어 먹물), 호박색, 고동색 등 광물이나 원료에 따라서도 색 이름이 유래하였다.

⑤ **인명이나 지명에 따른 색명** : 프러시안블루, 하바나, 보르도, 마젠타 등 지역적 특성이나 특산물, 자연조건 등에서 유래하였다.

⑥ **자연현상에 따른 색명** : 하늘색, 물색, 풀색, 눈색, 무지개색, 땅색 등 기후나 환경적인 요소에서 유래하였다.

- 네이비블루(navy blue) : 영국 해군 수병의 제복에서 생긴 색 이름(감색) 어두운 청색 (dark blue 6.0PB 2.5/4.0)
- 라벤더(lavender) : 라벤더의 꽃의 색 연한보라(light violet 5.5P 6.0/5.0)
- 마젠타(magenta) : 이탈리아 북부 도시의 이름. 새뜻한 자주 (vivid red purple 9.5RP 3.0/9.0)
- 세피아(sepia) : 오징어의 먹(sepia)으로 만든 물감. 회색기미의 짙은 갈색(dark grayish brown 10YR 2.5/2.0)
- 사이언(블루, cyan(blue)) : 그리스어의 kyanos(어둠, 검정)에서 유래된 말. 사이언은 시아닌(cyanine)계로서 약간의 녹색기미를 띤 청색으로 원색판 인쇄의 3원색 중 하나로 쓰인다. 감법혼색의 원색으로 녹색기미의 새뜻한 파랑(vivid greenish blue 5.5B 4.0/8.5)

(2) 일반 색명

계통색명이라고도 하며, 색채를 부를 때 색의 3속성인 색상(H), 명도(V), 채도(C)를 나타내는 수식어를 특별히 정하여 표시하는 색명으로 빨강기미의 노랑, 검파랑, 연보라 등으로 부르는 것을 말한다. 관용색명의 애매한 표현에 비해 정확한 색을 표시 가능하다.

2 먼셀의 표색계

(1) 먼셀 색채계의 구조와 속성

1905년 미국 화가 먼셀에 의하여 창안되고 발전시킨 표색계이다. 현재 한국공업규격(KS)으로 제정되어 있다.

① **구성**

- **색상(Hue) <H>** : 기본 5색인 빨강, 노랑, 녹색, 파랑, 보라를 나누고 다시 중간색 주황, 연두, 청록, 남색, 자주를 기본으로 한다. 등 간격으로 10개의 색 단계를 가지고 있어

100가지 색상을 만들 수 있다.

- **명도(Value) <V>** : 빛에 의한 색의 밝고 어두움을 나타내는 것으로 무채색의 명도에서 흰색을 N "10"으로 검정을 N "0"으로 규정하여 11단계로 구분하고, 유채색 명도를 2에서 9까지 나눈다.(실제로 N "0", N "10"은 존재하지 않음)
- **채도(Chroma) <C>** : 색의 순도나 포화도를 의미하고, 무채색 축을 "0"으로 한다. 수평 방향으로 번호가 커질수록 채도가 높게 구성되어 있고, 가장 높은 채도를 14로 규정하였다.

☑ 표시기호 : H V/C(색상, 명도/채도)

(2) 색상환, 색입체

① 색상환

- 색상이 유사한 것끼리 둥글게 배열하여 만든 것이다.
- 가까운 색들을 유사색, 인접색이라고 하고 거리가 먼 색은 반대색이라 한다.
- 색상환에서 정반대의 색을 보색이라고 한다(보색을 혼합하면 어두운 무채색이 됨).

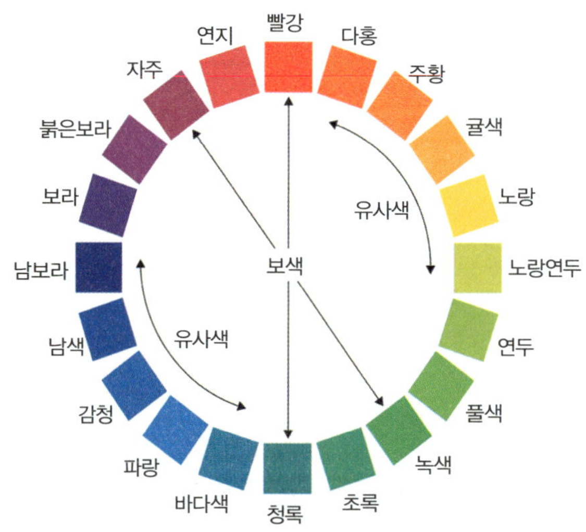

먼셀의 20색상환

② 색입체

- 색의 3속성인 **색상**(H), **명도**(V), **채도**(C)를 3차원 공간속에 표현한 것을 말한다.
- 색상은 원, 명도는 수직중심축으로 위로 갈수록 고명도, 아래쪽으로 갈수록 저명도가

된다.

- 등명도면 : 색입체를 수평으로 절단
  하면 같은 명도를 가진 모든 색상이
  나타난다.
- 색의 계통적 분류가 가능하며, 색을
  조직적으로 사용하는데 도움이 된다.

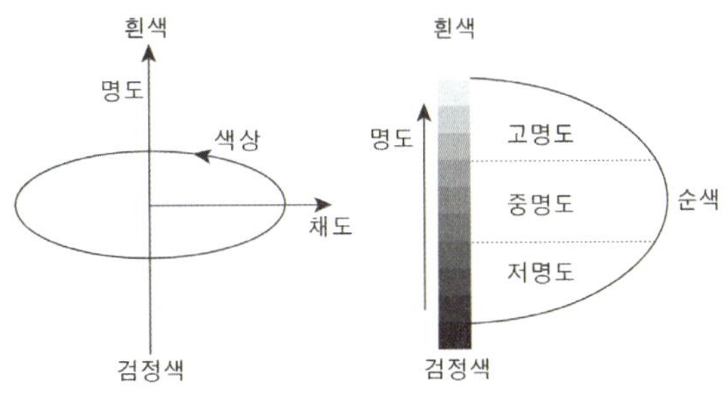

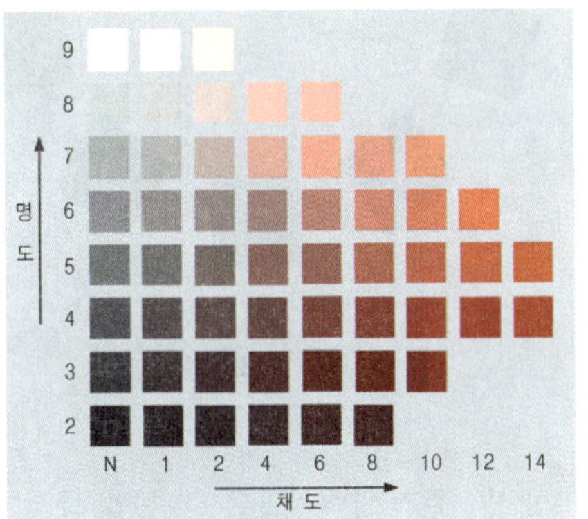

색 입체 구조 및 수직 단면도

③ 먼셀의 색 표기법

눈	기본색명	영문이름	기호	먼셀색상기호
1	빨강	Red	R	5R4/14
2	주황	Orange, Yellow Red	YR	5YR6/12
3	노랑	Yellow	Y	5Y9/14
4	연두	Green Yellow, Yellow Green	GY	5GY7/10
5	녹색	Green	G	5G5/8
6	청록	Blue Green, Cyan	BG	5BG5/6
7	파랑	Blue	B	5B4/8
8	남색	Purple Blue, Violet	PB	5PB3/12
9	보라	Purple	P	5P4/12
10	자주	Red Purple, Magenta	RP	5RP4/12

가. 기본 10색 : 빨강, 주황, 노랑, 연두, 녹색, 청록, 파랑, 남색, 보라, 자주

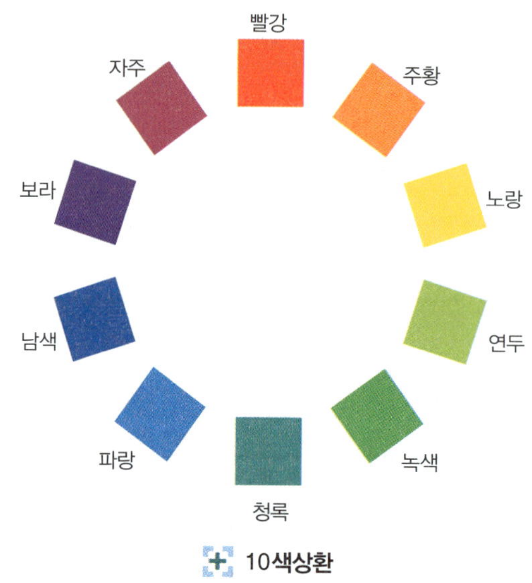

나. 기본 20색 : 기본 10색에 중간색 10색을 포함한다.

	기본색명	영문이름	기호	기호
1	빨강	Red	R	5R 4/14
2	다홍	Pale Yellow Red	yR	10R 6/10
3	주황	Orange, Yellow Red	YR	5YR 6/12
4	귤색	Pale Red Yellow	rY	10YR 7/10
5	노랑	Yellow	Y	5Y 9/14
6	노랑연두	Pale Green Yellow	gy	10Y 7/8
7	연두	Green Yellow, Yellow Green	GY	5Y 9/14
8	풀색	Pale Yellow Green	yG	10Y 6/10
9	녹색	Green	G	5G 5/8
10	초록	Pale Blue Green	bG	10G 5/6
11	청록	Blue Green, Cyan	BG	5BG 5/6
12	바다색	Pale Green Blue	gB	10B 5/6
13	파랑	Blue	B	5B 4/8
14	감청	Pale PurPle Blue	pB	10b 4/8
15	남색	Purple Blue, Violet	PB	5PB 3/12
16	남보라	Pale Blue Purple	bP	10Pb 3/10
17	보라	Purple	P	5P 4/12
18	붉은보라	Pale Red Purple	RP	10P 4/10
19	자주	Red Purple, Magenta	RP	5RP 4/12
20	연지	Pale Purple Red	pR	10RP 5/10

3 CIE 표색계

1931년 CIE 국제 조명회에 의해 개발된 표색계는 색을 정량화시켜 수치로 나타낸 것이다. 광원과 관찰자에 대한 정보를 표준화하고 표준 광원에서 표준관찰자에 의해 관찰되는 색을 수치화하였다. XYZ계의 3자극치를 기본으로 하여 XYZ 표색계라 불렸으며 맥아담을 통해 수정된 Yxy 표색계와 RGB 표색계도 함께 제정하였다. 1976년 기존의 색표계를 보완 수정하여 L*a*b, L*u*v 등의 색 공간을 규정하였다. 하지만 색을 표시할 경우에는 먼셀, NCS, KS 등을 함께 표시하는 것이 바람직하다.

색을 관찰할 때에는 2° 시야를 이용하여 기준관찰자를 정의하고 1964년 추가적으로 10° 시야를 기준으로 해서 10°보조 기준 관찰자라 했다. 2° 시야와 10° 시야와 비교하여 무엇이 비슷한지를 보았다. 2° 기준 관찰자는 1~4°까지 색상을 확인하는데 사용되어야 하고 10° 보조 기준 관찰자는 4° 이상의 시각에서 사용되어야 한다.

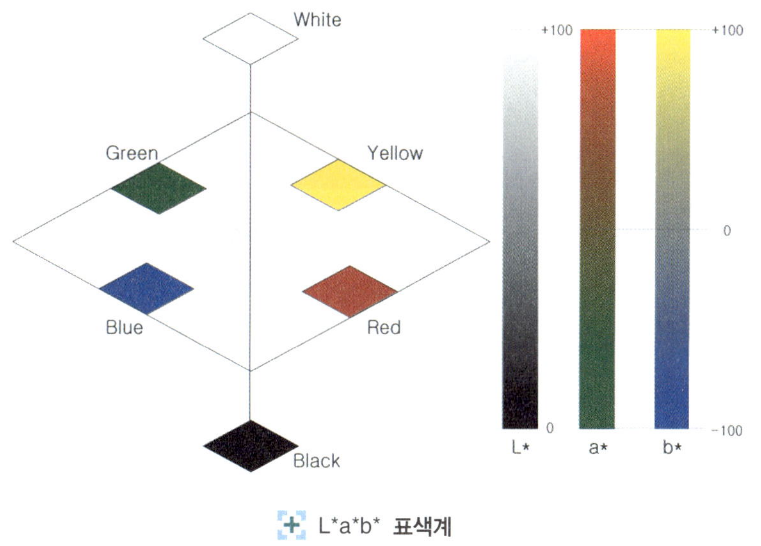

L*a*b* 표색계

L*a*b* 색표계는 빨강, 노랑, 파랑, 녹색의 4원색설을 기초로 하여 인간이 색채를 지각하는 감성적 접근으로 개발되었다. L*은 명도를 나타내며 a*는 Green과 Red, b*는 yellow와 Blue의 관계를 표시한다.

현재 물체의 색을 측정할 때 가장 많이 사용되고 있고 모든 색소 산업 분야와 페인트, 플라스틱, 종이, 직물과 같은 것들에서 색 오차들과 작은 색 차이들을 표현할 때 필요에 의해 생겨났다. a*와 b*는 색방향을 의미하며 +a*는 Red 방향, -a*는 Green 방향, +b*는 Yellow 방향, -b*는 Blue 방향을 나타낸다.

04 색의 지각적인 효과

1 색의 대비

서로 다른 색을 비교하여 보았을 때 어떤 색이 다른 색의 영향으로 실제와는 다른 색으로 보이는 현상을 말한다.

(1) 동시 대비

가까이 있는 두 가지 이상의 색을 동시에 볼 때 일어나는 현상이다.

① 색상대비

서로 다른 두 가지 색을 서로 대비했을 때 각 색상의 차이가 더욱 크게 느껴지는 현상으로써 색상이 서로 다른 색끼리 배색되었을 때 각 색상은 그 보색 방향으로 변한다.

② 명도대비

명도가 다른 두 색이 서로의 영향에 의해서 명도 차가 더욱 크게 일어나는 현상으로 명도 차이가 클수록 대비가 강해지며, 밝은 배경의 어두운 색은 어두운 배경의 어두운 색보다 좀 더 어둡게 보인다. 밝은 색은 더욱 밝게, 어두운 색은 더욱 어둡게 보인다. 동시대비 중 가장 예민하게 눈에 지각된다.

③ 채도대비

채도가 높은 색은 더 선명하게, 낮은 색은 더 탁하게 보이는 대비 현상을 말한다. 동일한 색이라도 주위의 색 조건에 따라서 채도가 더욱 높아 보이거나 낮아 보이는 것으로 색상대비가 일어나지 않는 무채색에서는 채도대비가 일어나지 않는다.

④ 보색대비

색상환의 반대색으로 보색끼리 대비 되었을 때 서로의 색이 더욱 뚜렷해 보이는 현상을 말하며 보색잔상이 일치하기 때문에 3속성의 차이가 크게 나서 더욱 뚜렷하게 보인다. 색의 대비 중 가장 강한 대비를 나타낸다.

☑ 보색 : 색상환에서 정반대에 있는 색으로 서로 마주보게 되며, 가장 거리가 멀고 색상차가 많이 나게 되고 혼합 시 무채색이 된다.

(2) 계시대비

시간적 차이를 두고 일어나는 대비를 말한다. 어떤 색을 보고 난 후에 시간차를 두고 다른 색을 보았을 때 먼저 본 색의 영향으로 뒤에 본 색이 다르게 보이는 현상이다.

(3) 기타 대비

① 면적대비

색이 차지하고 있는 면적의 크고 작음에 의해서 색이 다르게 보이는 대비 현상이다. 면적이 큰 색은 명도와 채도가 높아져 실제보다 좀 더 밝고 맑게 보이고, 반대로 면적이 작아지면 실제보다 어둡고 탁하게 보인다.

② 한난대비

색의 차고 따뜻함에 변화가 오는 대비 현상으로 중성색 옆의 한색은 더욱 차게 보이고 중성색 옆의 난색은 더욱 따뜻하게 느껴진다.

③ 연변대비

색과 색이 접하는 경계부분에서 강한 색채대비가 일어나는 현상으로 두색의 차이가 본래의 상태보다 강조된 상태로 색상, 명도, 채도 대비현상이 더 강하게 나타나는 현상이다.

2 색의 동화, 잔상, 명시도와 주목성, 진출, 후퇴, 수축, 팽창 등

(1) 색의 동화

특정 색이 인접되는 색의 영향을 받아 인접색에 가까운 색이 되어 보이는 현상으로 인접색이 유사색일 경우, 명도 차이가 적을 경우, 변화되는 색의 면적이 아주 작을 경우에 일어난다. 자극이 오래 지속되는 색의 긍정적 잔상에 의해서 생겨나고 색상, 명도, 채도 동화가 동시에 일어난다.

Glossography

☑ 베졸트 효과 : 면적이 작거나 무늬가 가늘 경우에 생기는 효과가 있다. 배경과 줄무늬의 색이 비슷할수록 그 효과가 커진다.

(2) 색의 잔상

망막에 색의 자극이 생긴 후 자극을 제거하여도 시각 기관에 흥분 상태가 계속되어 시각작용이 잠시 남아 있는 현상을 말한다. 망막의 피로현상으로 인해 어떤 자극을 받았을 경우 원자극을 없애도 상이 그대로 남아 있거나 반대상이 남아 있는 현상이다.

① 정의 잔상

자극이 사라진 뒤에도 망막의 흥분상태가 계속적으로 남아있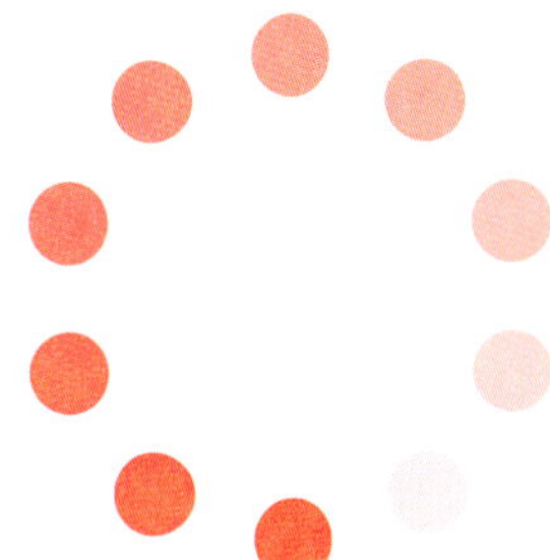
어 본래의 자극광과 동일한 밝기와 색을 그대로 느끼는 현상이
다. 예로 들면 형광등을 응시한 후 천정을 보았을 경우 나타나
는 그림자를 볼 수 있다.

② 부의 잔상

음성 잔상이라고도 하며 일반적으로 가장 많이 느끼는 잔상으로 자극이 사라진 뒤에
보색으로(색상, 명도, 채도가 정반대로) 느껴지는 현상을 말한다. 그림에서 좌측을 주시하
다가 우측의 원을 보면 뚜렷한 음성 잔상을 느낄 수 있다. 부의 잔상을 활용한 예로는
수술실의 바닥이나 벽면을 청록색계통으로 칠하거나 수술복을 적색의 보색으로 사용하여
수술도중 생기는 음성적 잔상을 막는 방법으로 사용한다.

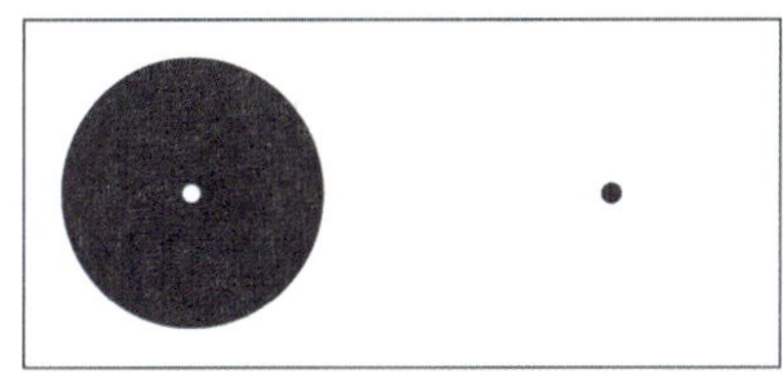

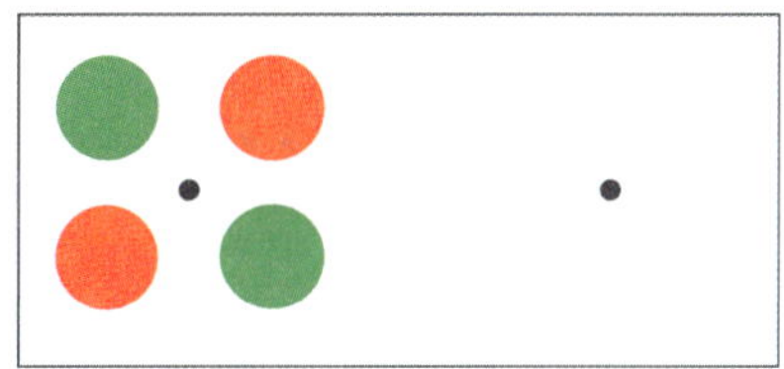

(3) 명시도와 주목성

① 명시도(시인성)

같은 거리에 같은 크기의 색이 있을 때 잘 보이거나, 잘 보이지 않는 것에 따라 그
색이 '명시도가 높다 또는 명시도가 낮다'라고 한다. 일반적으로 흑색 배경에는 노랑, 주황
등의 난색이 시인성이 높고, 백색 배경에는 초록색, 파랑 등의 한색이 시인성이 높다.

	글씨색	배경색
1	검정	노랑
2	노랑	검정
3	초록	하양
4	빨강	하양

- **흰색 바탕색일 경우** : 검정, 보라, 파랑, 청록, 빨강, 노랑 순

- **검정색 바탕색일 경우** : 노랑, 주황, 빨강, 녹색, 파랑 순이다.

- **명시도가 높은 배색** : 검정과 노랑의 배색으로 노랑은 유채색 중에서 명도와 채도가 가장 높은 색이기 때문에 흰색보다 명시도가 높아진다. 표지판, 중앙선, 전신주등 주의를 요하는 부분에 많이 활용한다.

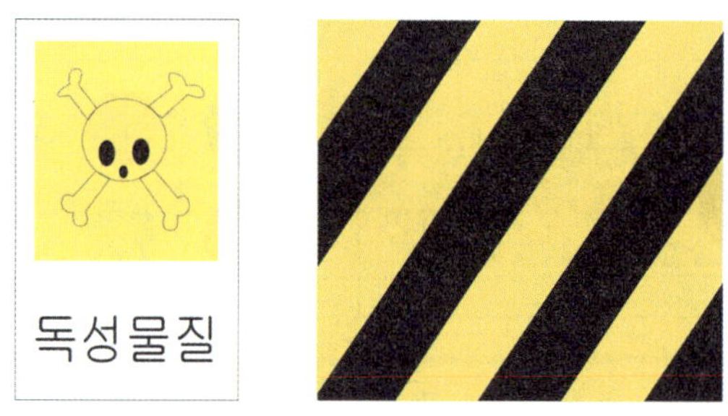

② 주목성(유목성)

색이 사람의 눈을 이끄는 힘을 말하며 고명도, 고채도의 색과 따뜻한 색이 저명도, 저채도, 차가운 색보다 주목성이 높다. 시인성이 높은 색은 주목성도 높아진다.

(4) 진출, 후퇴, 팽창, 수축

① 진출색

가까이 있는 것처럼 앞으로 튀어나와 보이는 색으로, 고명도의 색과 난색은 진출성향이 높고, 유채색이 무채색에 비해 진출되어 보인다.

② 후퇴색

뒤로 물러나 보이거나 멀리 있어 보이는 색으로 저명도, 저채도, 한색 등이 후퇴되어 보인다.

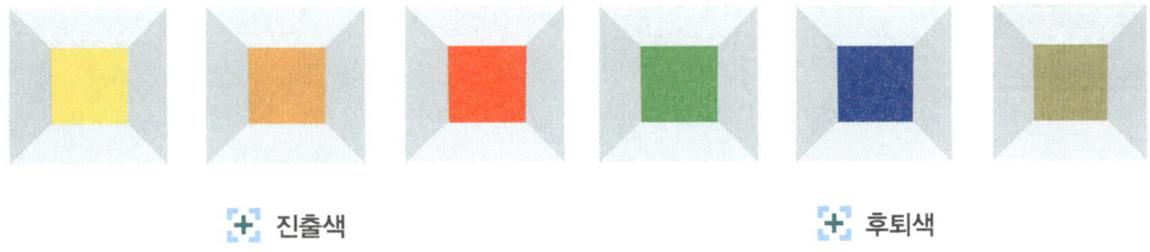

진출색

후퇴색

③ 팽창색

실제보다 더 크게 보이는 색을 말한다.

진출색과 비슷하여 난색이나 고명도 고채도의 색은 실제보다 확산되어 보인다.

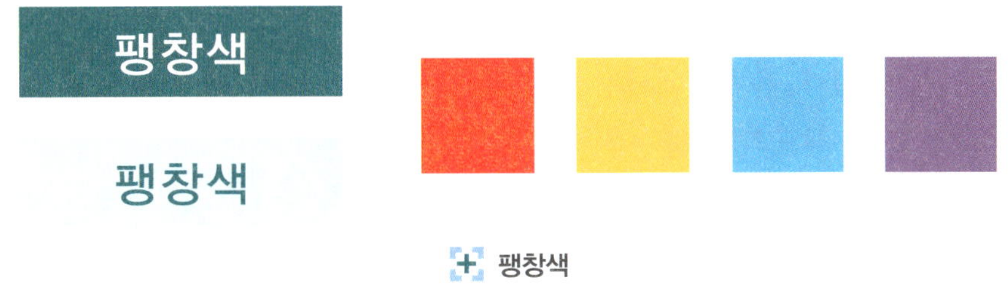

팽창색

④ 수축색

실제보다 축소되어 보이는 색을 말하며 후퇴색과 비슷하다.

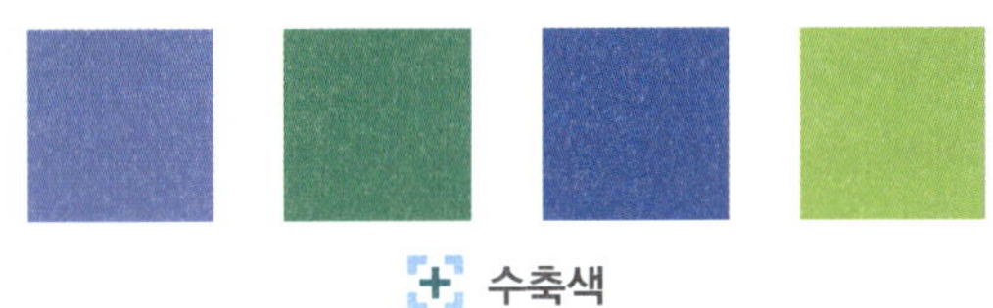

수축색

진출, 팽창	난색, 고명도, 고채도, 유채색
후퇴, 수축	한색, 저명도, 저채도, 무채색

수축색과 팽창색

05 색의 감정적인 효과

1 온도감, 중량감, 흥분과 침정, 색의 경연감 등 색의 수반감정에 관한 사항

(1) 온도감

색을 보고 느낄 수 있는 따뜻함과 시원함 등의 느낌을 말한다.

① 난색

색 중에서 따뜻하게 느껴지는 색으로서 빨강, 노랑 등이 있다. 유채색에서는 빨강 계통의 고명도, 고채도의 색일수록 더욱 더 따뜻하게 느껴지지만, 무채색에서는 저 명도의 색이 더 따뜻하게 느껴진다.

② 한색

색 중에서 차갑게 느껴지는 색으로 청록, 파랑, 남색 등이 있다. 유채색에서는 파랑 계통의 저명도 저채도의 색이 차갑게 느껴지지만, 무채색에서는 고명도인 흰색이 더 차갑게 느껴진다.

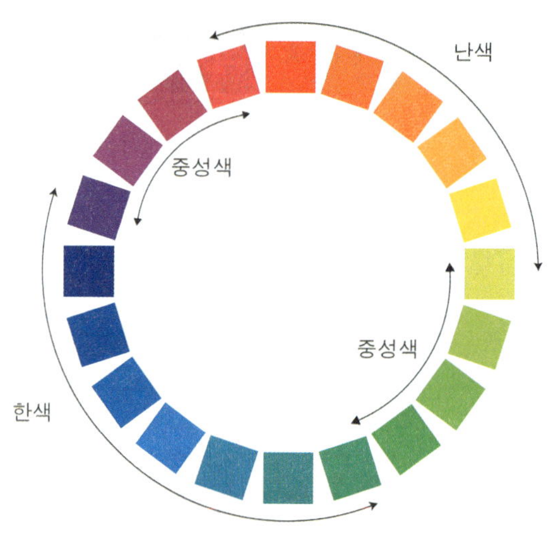

③ 중성색

색 중에서 난색과 한색에 포함되지 않은 색으로 연두, 녹색, 보라, 자주 등이 있다. 중성색 주위에 난색이 있으면 따뜻하게 느껴지고, 한색 옆에 있으면 차갑게 느껴진다.

난색	빨강, 주황, 노랑	따뜻함
한색	파랑, 청록	차가움
중성색	연두, 자주, 보라	중간적

(2) 중량감

색의 3속성 중 명도에 의해서 좌우된다.

가장 무겁게 느껴지는 색은 검정색, 가장 가볍게 느껴지는 색은 흰색이다.

검정, 파랑, 빨강, 보라, 주황, 초록, 노랑, 하얀 순으로 중량감이 느껴진다.

명도에 의해 좌우	
고명도	가볍게 느껴짐
저명도	무겁게 느껴짐

(3) 경연감

딱딱하게 느껴지거나 부드럽게 느껴지는 효과로서 명도와 채도에 영향을 받게 되고, 명도가 높고 채도가 낮은 난색의 색들은 부드러운 느낌을 느끼게 하고, 중명도 이하가 되는 명도가 낮고 채도가 높은 한색의 색들은 딱딱한 느낌을 준다.

경감	고채도, 저명도, 한색
연감	저채도, 고명도, 난색

(4) 강약감

색의 강하고 약함을 나타내는 말로서 대부분 순도를 나타내는 채도에 의해서 좌우된다. 빨강과 파랑 등과 같은 원색은 강한 느낌을 주며, 회색이나 중성색은 약한 느낌을 주게 된다.

채도에 의해 좌우	
고채도	강한 느낌
저채도	약한 느낌

(5) 흥분색과 진정색

① 흥분색

난색 계통의 색, 명도와 채도를 높게 하면 흥분감을 느끼게 된다.

② 진정색

흥분상태를 가라앉히는 색, 한색 계통의 명도가 낮은 색을 말한다.

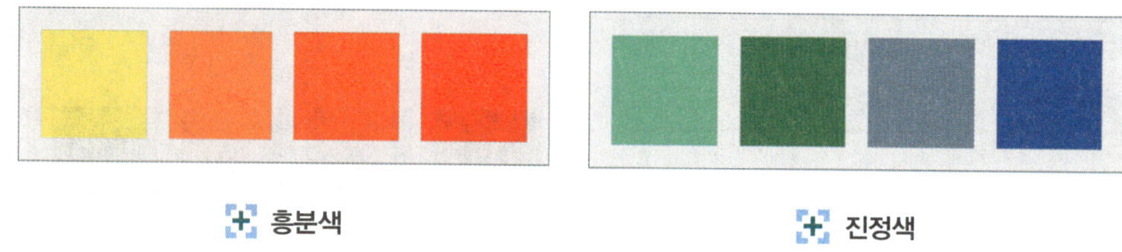

➕ 흥분색   ➕ 진정색

(6) 시간의 장단

장파장 계통의 빨강, 주황, 노랑 등의 난색은 시간이 길게 느껴지고, 단파장 계통의 파랑, 청록 등의 한색은 시간이 짧게 느껴진다. 버스대기실은 한색을 주로 사용한다.

시간이 길게 느껴짐	빨강, 주황, 노랑
시간이 짧게 느껴짐	초록, 청록, 파랑

2 색의 연상과 상징에 관한사항

(1) 색채의 연상과 상징 및 효과

색채의 연상은 생활양식, 문화, 지역, 환경, 계절, 성별, 연령 등에 따라 차이가 있다.
상징은 하나의 색을 보았을 때 특정한 형상이나 뜻으로 상징되어 느껴지는 것을 말한다.

	연상, 상징	치료, 효과
마젠타	코스모스, 복숭아, 애정, 연	우울증, 저혈압, 월경불순
빨강	자극적, 열정, 능동적, 화려함	빈혈, 황달, 발정, 정지, 적혈구강화
주황	만족, 기쁨, 즐거움	무기력, 공장위험표시, 소화계에 영향
노랑	명랑, 환희, 희망, 광명, 초여름	염증, 신경제, 완화제, 신경계 강화
연두	위안, 친애, 청순, 젊음	위안, 피로회복, 방부, 골절
녹색	평화, 고요함, 나뭇잎	안전색, 해독, 피로회복, 신체적 균형유지
청록	청결, 냉정, 이성, 질투	기술 상담실의 벽, 면역성분 증강
파랑	차가움, 바다, 추위, 무서움	염증, 눈의 피로 회복, 침정제, 호흡계
남색	천사, 숭고함, 영원, 신비	살균, 정화, 출산, 마취성

	연상, 상징	치료, 효과
보라	창조, 우아, 고독, 외로움	종교, 방사선물질, 예술, 신경 진정
흰색	청결, 소박, 순수, 순결	고독, 비상구
회색	겸손, 우울, 무기력, 점잖음	우울한 분위기
검정	밤, 부정, 절망, 정지, 침묵	예복, 상복

06 색채 응용

1 색채의 조화와 배색에 관한 일반지식

(1) 색채의 조화

1) 유사 조화

비슷한 성격을 가진 색들끼리 잘 어우러져 조화를 이룬다.

① 명도의 조화

같은 색상의 색에 단계적으로 명도에 변화를 주었을 때 조화를 이룬다.

② 색상의 조화

비슷한 명도의 색상끼리 배색 하였을 때의 조화를 말한다.

③ 주조색의 조화

일출이나 일몰처럼 여러 색 중에서 한 가지 색이 주조를 이룰 때 조화를 말한다.

2) 대비 조화

반대되는 성격을 가진 색들끼리 배색되었을 때의 조화를 말한다.

① **명도 대비의 조화** : 같은 색상을 명도차이를 주었을 때의 조화를 말한다.

② **색상 대비의 조화** : 색상환에서 등간격 3색끼리 배색 하였을 때의 조화를 말한다.

③ **보색 대비의 조화** : 색상환에서 가장 먼 거리에 있는 보색들끼리 배색 하였을 때의 조화를 말한다.

④ **근접 보색 대비의 조화** : 한 색과 그 보색의 근접색을 같이 배색했을 때의 조화를 말한다.

3) 색채조화의 공통원리

미국의 색채학자 저드(Judd)가 주장한 4가지 원칙을 기준으로 삼아, 가장 보편적이며 공통적으로 적용할 수 있는 색채조화의 원리를 말한다.

① 질서의 원리

시각적으로 같은 색 체계 위에서 고려된 것이다. 규칙적으로 선택된 색은 질서 있는 조화가 이루어지며, 이에 따라 효과적인 반응을 일으킬 수 있다.

② 동류성의 원리(유사성의 원리)

일반적으로 2가지 색이 조화되지 않았을 경우에 서로의 색을 적당하게 섞어 배합하면 두 색의 차가 적어져 공통성이 인식되는데, 이러한 원리를 이용하여 색의 공통된 상태와 성질이 내포되어 있을 때 색채군이 조화될 수 있다는 원리이다.

③ 친근성의 원리

사람들에게 익숙한 배색이 서로 잘 조화할 수 있다는 원리로, 그 근본은 자연환경이며, 이렇게 익숙한 자연의 색감에서 친근한 조화감을 느낄 수 있다.

④ 명료성의 원리(비모호성의 원리)

색의 조합이나 면적의 배분 등에서 애매함이 없고 명료하게 선택된 배색이 성공한다는 원리로 색상차나 명도차, 채도차, 면적차를 두어 대비 효과를 주려는 원리를 말한다.

⑤ 대비의 원리

동일 색상이나 유사 색상의 조화의 경우가 무난하지만 변화가 적기 때문에 명도차, 채도차를 두어 대비 효과를 주려는 원리이다.

4) 조화 이론

① **셔브뢸** : 색의 3속성에 근거한 독자적 색채 체계를 만들어 유사성과 대비성의 관계에서 조화를 규명한 것이다. 색채의 조화는 유사성의 조화와 대조에서 이루어진다.

② **오스트발트** : 대표 색상을 24색으로 분할하고 명도를 8등분한다. 조화는 질서와 동일하다고 주장하고 채도가 높을수록 면적을 좁게 해야 한다고 주장하였다.

③ **저드** : 질서의 원리, 친근성의 원리, 공통성의 원리, 명백성의 원리를 주장하였다.

④ **문과 스펜서** : 색 공간에 있어서 기하학적 관계, 면적 관계, 배색의 아름다움의 척도 등에서 조화를 강조하였다.

⑤ **베졸드, 브뤼케** : 유사 색상의 배색과 보색의 배색이 조화를 이룬다.

⑥ **비렌** : 창조적 조화론이라 하며 미는 인간의 환경에 있는 것이 아니라 우리 인간의 머릿속에 있다고 주장하였다.

(2) **색채의 배색**

두 가지 이상의 색이 서로 어울려서 한 가지 색으로 얻을 수 없는 효과를 만들어 내는 것을 말한다.

1) **배색의 심리**

① **동일 색상의 배색** : 색상에 의해 부드러움이나 딱딱함 또는 따뜻함이나 차가움 등의 통일된 느낌을 형성하여 같은 색상의 명도나 채도의 차이를 둔 배색에서 느낄 수 있다.

② **유사 색상의 배색** : 동일 색상의 배색과 비슷하며 색상의 차이가 적은 배색이다. 온화함, 친근감, 즐거움 등의 느낌이 있다.

③ **반대 색상의 배색** : 조색 관계에 있는 색들의 배색으로써 화려하고 강하며 생생한 느낌을 준다.

④ **고채도의 배색** : 동적이고 자극적이며, 산만한 느낌을 준다.

⑤ **저채도의 배색** : 부드럽고, 온화한 느낌을 준다.

⑥ **고명도의 배색** : 순수하고, 맑은 느낌을 준다.

⑦ **저명도의 배색** : 무겁고, 침울한 느낌을 준다.

2) **배색의 명도 효과**

① **명도와 면적** : 명도가 낮은 색은 넓은 면적에, 명도가 높은 색은 좁은 면적에 배색하면 명시도가 높아진다.

② **채도와 면적** : 채도가 낮은 색은 넓은 면적에 채도가 높은 색은 좁은 면적에 배색하면 명시도, 주목성이 높아져 화려한 느낌을 주며 저채도의 색을 많이 사용하면 수수한 느낌을 준다.

③ **온도감과 면적** : 난색 계통의 색은 넓은 면적에 한색 계통의 색은 좁은 면적에 배색하면

자극적이고 강렬한 느낌을 주고 반대로 배색하면 차분한 느낌을 준다.

▨2 조색방법에 관한 사항

(1) 조색

여러 가지 색료(물감, 페인트, 잉크 등)를 혼합하여 자신이 원하는 색을 만드는 작업이다.

1) CCM(Computer Color Matching)

컴퓨터 자동배색으로 사용되는 색료의 양을 정확히 지정할 수 있다.

2) 육안 조색

계량조색과 미조색의 2단계 작업으로 이루어진다.

① 기본원칙

- 광원을 일정하게 유지한다.
- 사용량이 많은 원색부터 혼합한다.
- 가능한 보색은 혼합하지 않아야 한다.
- 많은 종류의 색을 혼합하면 명도, 채도가 낮아진다.
- 견본색과 근접한 색상을 혼합하는 것이 채도가 높다
- 견본 색상과 동일하게 조색 하였더라도 적업조건에 따라 색상차이가 생길 수 있다.

② 조색 작업 순서

- 색상 배합표 검색
- 견본색과 결과색의 대조
- 계량조색
- 테스트 칠을 통한 확인 및 색상 비교
- 미조색 확인
- 조색 작업 완료

자동차 보수도장 조색

05

01 조색이란

자동차 보수 도장에서 하도, 중도, 상도, 광택, 조색 중 일반적으로 가장 어렵게 느끼는 부분이 조색이다. 국내의 자동차 보수 도료 시장은 외국과 달리 도료 제조 회사에서 사용하기 편리하도록 자동차 색상별로 먼저 조색하고 페인트를 조합하여 판매하고 있다. 이러한 도료를 레디믹스(ready-mixed)라 한다. 이렇게 판매되는 도료로 인하여 국내의 현장 기술자들은 조색을 등한시 하는 경향이 발생하고 굳이 현장조색기를 사용하여 조색을 하지 않고도 도장할 수 있다는 고정관념에 젖어있다.

왜일까? 저자는 이렇게 생각한다. 편하기 때문이라고……. 그리고 뛰어난 색감각을 요구하는 공정이므로 섣불리 조색을 한다고 했다가 못했을 경우 관리자의 눈에 박혀 자신의 기술이 낮게 평가될 수도 있기 때문에 기피하고 있다.

레디믹스를 사용하면 혹시 도장 후의 색상이 틀리더라도 핑계를 댈 수가 있고, 현장조색기가 없어서 색상을 조색할 수 없다고 말을 돌릴 수가 있다. 하지만 유성계에서 수용성으로 전환될 경우 조색이 불가피하게 될 것이다. 지금 당장은 자신에게 필요가 없는 기술이라고 생각하지만 반복적인 작업으로 색상에 눈을 뜨고 조색하는 기술을 습득하여 비슷한 기술의 기술자들보다 높은 위치에 서기를 바란다.

조색을 함에 있어 매칭하는 시간을 너무 많이 소비하거나 많은 양의 도료를 낭비하면 기업의 궁극적 목적인 이윤추구에 어긋나게 된다.

따라서 조색 기술자가 되기 위해서는 아래의 요소들을 만족시켜야 한다.

첫째는 항상 주변의 정리정돈을 생활화 한다.

깨끗한 작업장에서 도장 품질은 향상되고 조색 시에도 주변 색상에 영향을 받지 않으며, 정확한 색상을 판독할 수 있기 때문이다. 이것은 조색공정 뿐만 아니라 항상 생활화하여 깨끗한 작업장에서 근무할 수 있는 환경을 기술자 자신이 만들어나가야 한다.

둘째는 작업하기 전 충분히 생각하고 작업을 시작한다.

어떠한 방향으로 작업을 진행할 것인가? 대략적인 시간은 얼마정도가 소요될 것인가? 색상이 잘 맞지 않을 경우 대처법 등을 생각하고 작업에 임해야 한다.

셋째는 재료를 적절히 사용한다.

많은 양의 도료를 사용하여 색상을 똑같이 맞춘다면 무슨 의미가 있겠는가? 도장할 부분의 도료 양을 생각하여 너무 많이 만들지 않도록 한다. 자동차 보수 도장에서 사용하는 도료는 다른 용도의 도료에 비하여 고가인 경우가 많다. 자칫 잘못하면 작업 완료 후 고객에게 받는 돈에 비하여 재료비가 더 많이 들어가서 기업의 이윤추구에 방해가 될 수 있다. 따라서 항상 조색 시에는 적은 양에서 출발하여 도료가 낭비되는 것을 막아야 한다.

넷째는 현장조색기 메이커별 컬러시편을 적절하게 사용한다.

아무런 컬러정보(color data)가 없는 상태에서 색상을 조색하면 시간이 오래 걸리게 된다. 유사한 색상의 색상정보는 현장조색기 판매 업체에서 컬러시편을 제작하고 해당 시편 색상의 조색데이터가 기재 되어 있으므로 참고하여 조색한 후 실차와 대조하여 미조색을 한다.

다섯째는 장시간 조색하지 않는다.

오랜 시간동안 조색할 경우 작업의 진척이 없기 때문에 20분 이상 시간이 소요 예상되면 가급적 조색하여 도장하는 것보다는 부분도장(blending)을 하여 색상차이와 시간을 절약하도록 해야 한다.

1 색상차이의 원인

색상차이의 원인은 자동차를 만든 제작사, 자동차의 생산년도, 페인트 메이커, 보수도장도료, 보수 도장하는 작업자 등의 원인으로 색상이 틀려지게 된다. 또한 신차 도장면이 외부의 오염물이나 산성비 등에 노출되면서 색상이 변색되거나 퇴색되어 처음의 색상을 유지하지 못하는 경우도 있다.

(1) 자동차 생산라인(OEM)에서의 원인

① 동일한 모델의 생산 공장의 차이 때문

자동차 생산라인에 따라 출고되는 신차의 경우에도 색상차이가 발생하는 경향이 있다.

예를 들면 이전의 소나타Ⅲ의 경우 아산공장과 울산공장에서 이원화되어 생산되었다. 레디믹스(ready-mixed)로 출고되는 색상에도 울산공장에서 생산되는 차종은 (2)라고 적혀 있으며, 아산공장은 (7)이라고 적혀 있는 사례가 있다.

② 도료 제조업체가 다르기 때문

도료 제조업체가 다르면 같은 색상의 안료도 색상이 조금 상이한 경우가 있기 때문에 똑같은 배합표에 따라 조색을 하더라도 색상이 달라지는 경우가 있다.

③ 도료의 생산일자에 따라 컬러가 다르기 때문

도료의 생산일자가 다를 경우 조색 시 안료의 교반정도나 생산일자에 따라 색상이 조금씩 다르기 때문에 컬러의 편차가 생길 수 있다.

④ 상도도료 도장 전의 유색 중도의 색상차이 때문

유색 중도의 색상에 따라 상도도장 후 은폐나 빛의 투과에 의해 색상이 달라 보이는 경우가 있다.

⑤ 탑코트(top coat)의 은폐 불량 때문

마지막에 도장되는 탑코트의 은폐가 불량하여 이전의 도료 색상이 상도의 색상에 영향을 주기 때문이다. 또한 은폐력이 약한 색상의 경우에는 중도도료를 비슷한 계열의 색상으로 하여 도장하면 가격이 비싼 상도도료를 절약할 수 있다.

(2) 자동차 보수 도장에서 발생하는 원인

① 현장 기술자가 잘못된 컬러를 선택하였을 경우

도장 직전 현장 기술자가 색상을 잘못 인식하는 실수로 인하여 다른 색상으로 도장하였을 때 발생한다.

② 도료교반기의 교반불충분

도료를 매일 교반하지 않고 방치하게 되면 안료가 바닥에 침전되어 교반기를 적정시간 동안 교반하여도 잘 섞이지 않아 다른 색상이 발생하게 된다. 따라서 유성계 도료 교반기의 경우 1일 2회 5분 정도씩 가동시켜 도료의 침전을 막아야 하며 수용성 도료는 유성계 도료와 달리 사용하지 않을 경우 교반기를 가동시키지 말며 사용 시에 5분정도 가동시켜 사용한다. 수용성계 도료는 도료교반기의 리드기 날개에 의해 안료코팅이 깨지면 엉겨 붙게 되므로 가급적 많이 구동시키지 않도록 한다.

③ 혼합된 컬러를 충분히 교반하지 않고 사용한 경우

다양한 종류의 안료를 전자저울에 정확히 계량하여 만들었을 때 여러 가지 안료를 골고루 잘 섞어서 사용해야한다.

④ 잘못된 방법으로 사용하였을 경우

제조회사의 기술 자료집이나 페인트 통의 사용설명서를 참고하여 작업하여 색상이 달라지는 것을 방지해야 한다.

⑤ 유색 중도를 도장면의 일부분만 도장하였을 경우

밝은 색의 중도도료를 일부분만 도장하고, 상도를 도장하면 밝은 색 중도를 도장한 부분이 상도도장 전체면 중에서 밝아 보이고, 어두운 색의 중도를 도장하면 상도도장 전체면 중에서 일부분이 어두워 보인다. 하지만 중도도료의 명도가 상도도료와 일치하면 상도의 색상에 영향을 미치지 않고 좋은 품질의 도장면을 얻을 수 있다.

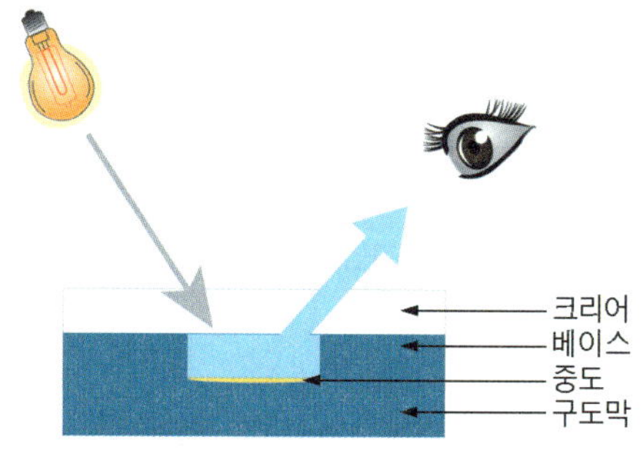

부분적으로 중도를 도장하였을 경우 중도용 도료로 인하여 상도가 밝아 보이게 된다.

(3) 사용재료로 인하여 발생하는 원인

① 오래된 도료의 사용이다.

제조일자가 오래된 도료는 안료가 엉켜져 있어 교반을 충분히 하여도 수지상에 분산이 되지 않아 발생하게 된다.

② 클리어 코트의 차이이다.

대부분의 경우에는 투명하지만 황색기미가 있는 클리어가 있다. 특히 밝은 색상의 상도를 도장 후 황색기미의 클리어를 도장하면 원했던 색상에 황색기미가 더해져 미미하게 틀려지는 경우가 발생하고 색상이 달라 보이게 된다.

③ 작업 부위 및 온도에 맞는 시너를 사용하지 않았다.

여름철과 같이 기온이 높거나 도장범위가 넓을 경우 시너의 증발속도가 늦은 것을 사용한다. 시너의 증발 속도에 따라 색상이 달라지기 때문이다.

④ 특정안료의 특성상의 원인이다.

적색계열의 색상들은 도장 후 시간이 지나면서 검은끼를 띠는 이유는 유기 안료가 다량 들어가 있기 때문에 조색 시 고려해야 한다.

(4) 색상비교 시의 광원의 종류에 따른 원인

빛의 파장에 따라 색상이 달라 보이게 된다(조건등색). 따라서 가능한 자연광아래에서 색상을 대조하는 습관을 갖자. 예를 들면 형광등에서 비교할 경우 색상은 푸른빛이 강해지며 수은등에서는 노란빛이 강해진다.

☑ **조건등색으로 색상이 달라 보이는 것을 방지하는 방법**
① 가능한 태양광에서 색상을 비교한다.
② 실내에서 색상을 비교할 경우 적절한 광원에서 비교한다.
③ 실내의 벽면이나 물건들은 가능한 흰색 계열로 하여 주변의 색상으로 인하여 색상비교 시 간섭을 받지 않도록 한다.

2 색상의 비교

색상을 비교할 경우에는 비교차량의 패널(panel)에 폴리싱(polishing) 작업을 하여 기준이 되는 도장면의 스크래치(scratch)나 오염물을 제거한 후 비교하도록 한다.

(1) 색상비교 각도 및 거리

일반적으로 정면과 측면을 확인하여 정면색과 측면색을 맞추도록 한다.

① 조색시편의 비교

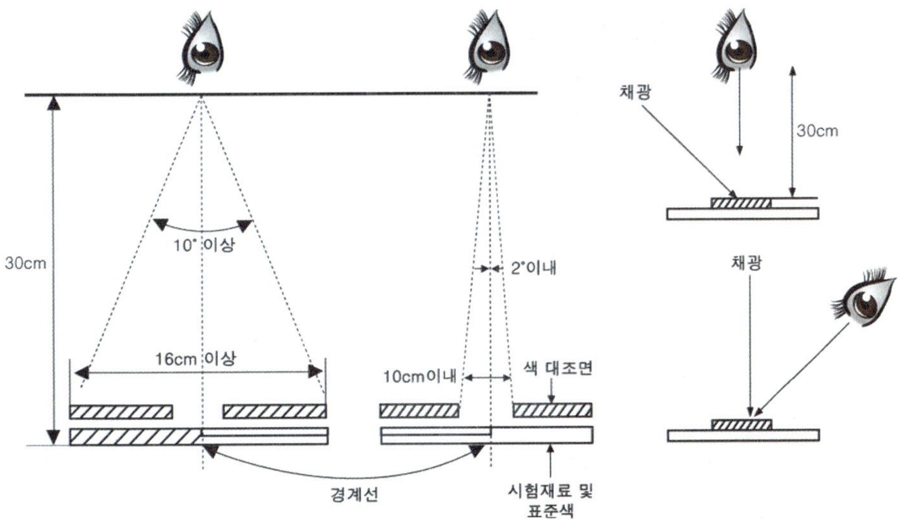

② 차체 색상의 비교

③ 광원에 대한 색상 관찰각도

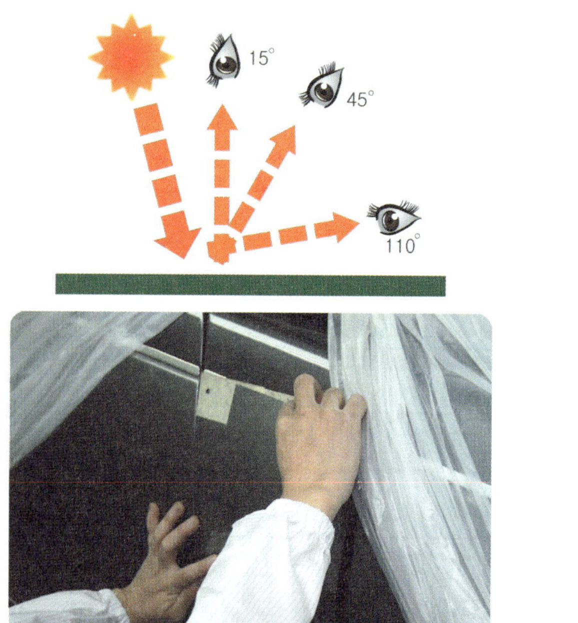

🔲 차체색상비교의 예

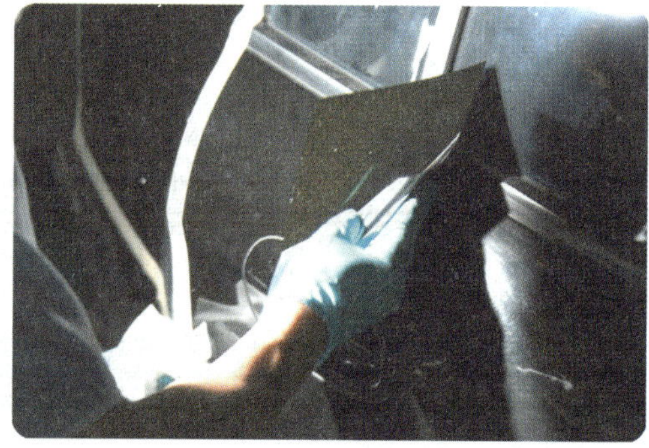

🔲 데일라이트에서 확인하면 도료 중의 안료입자들이 보이게 된다

(2) 비교가능 시간 및 조건

색상을 비교하기에 가장 좋은 광원은 태양광이지만 상황에 따라 실내에서 비교하기도 한다. 실내에서 비교할 경우 태양광에 가까운 램프로는 필립스(philips) TL84, 95, 96, 950, 965 등이 있으며, 오스람(osram) TL 13램프가 있다. 램프의 교환 주기는 약 2,000시간이다.

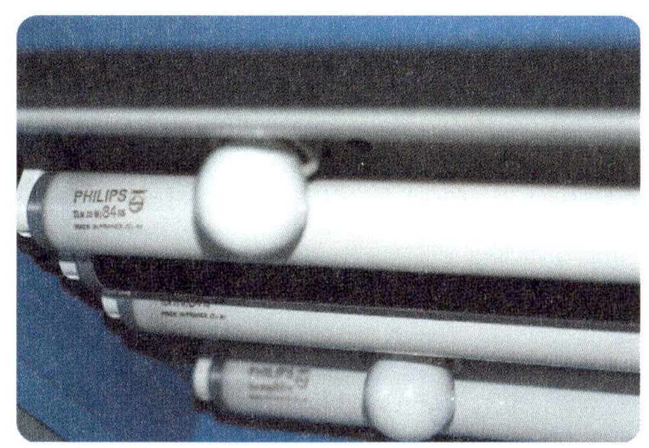
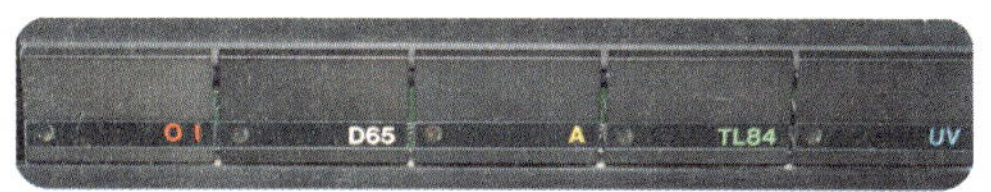

색상을 비교할 경우에는 아래의 조건들을 충족시켜 다시 작업하는 경우를 줄이도록 한다.

① 일출 3시간 후, 일몰 3시간 전에 한다.

② 빛에 따라 색상이 달라지기 때문에 벽에서 50cm 떨어진 북쪽 창가에서 주변의 다른 색의 반사광이 없는 곳으로 한다. 가능하면 주변 색을 무채색으로 하면 좋다.

③ 견본과 비슷한 크기와 광택을 유지한다.

④ 직사광선을 피하고 실내에서 관찰할 경우에는 최소 500Lux 이상되어야 하며 1,000Lux 정도를 권장한다.

⑤ 색상을 비교하는 관찰자는 색맹이나 색약이 아니어야 하며 시신경이나 망막질환이 없는 건강한 사람이여야 한다.

(3) 표준광원

CIE국제 조명회(Commission International de I'Eclairage)에서 정한 표준광원은 A, B, C, D, F가 있다. 색의 온도에 따라 광원이 틀려지며 단위는 ℃를 사용하지 않고 절대온도인 K(켈빈)를 사용한다. 섭씨온도(℃)는 물의 특이성을 기준으로 한 온도계이지만 켈빈은 물질의 성질에 의존하지 않는 온도이다.

$$T_c = T - 273.15$$

켈빈으로 물의 어는점은 273.15K, 끓는점은 373.15K가 된다.

① **표준광 A**

백열전구(텅스텐전구) 불빛으로 색온도가 약 2,856K이다.

② **표준광 B**

한낮의 직사광과 같은 광원으로 색온도가 약 4,870K이다.

③ **표준광 C**

자외선이 없는 평균 낮 직사량의 색온도는 약 6,774K이다. 형광색이 함유된 컬러의 경우 측색은 가능하지만 C광원에서는 형광기미가 느껴지지 않는 색상이 된다. 형광색 측색 불가능한 것이 단점이다.

④ **표준광 D**

D65광원과 D75광원이 있으며 뒤에 숫자는 색의 온도를 나타낸다. D65광원의 색온도는 6,500K, D75광원의 색온도는 7,500이다. C광원의 보완으로 제작된 것이며, 임의로 색온도를 조정한 것이다. 육안 측색의 경우 D65광원에서 측색하도록 규정하고 있다(KS0064). D65광원은 자외선을 포함한 한 낮의 빛으로 측색에 가장 많이 사용하는 이유는 색을 만들 때 100% 일반안료로만 사용하여 만드는 것이 아니라 형광안료가 포함 되는 경우가 많기 때문이다.

⑤ **표준광 F**

형광등의 표준광원으로 F1, F2 등으로 세분화된다.

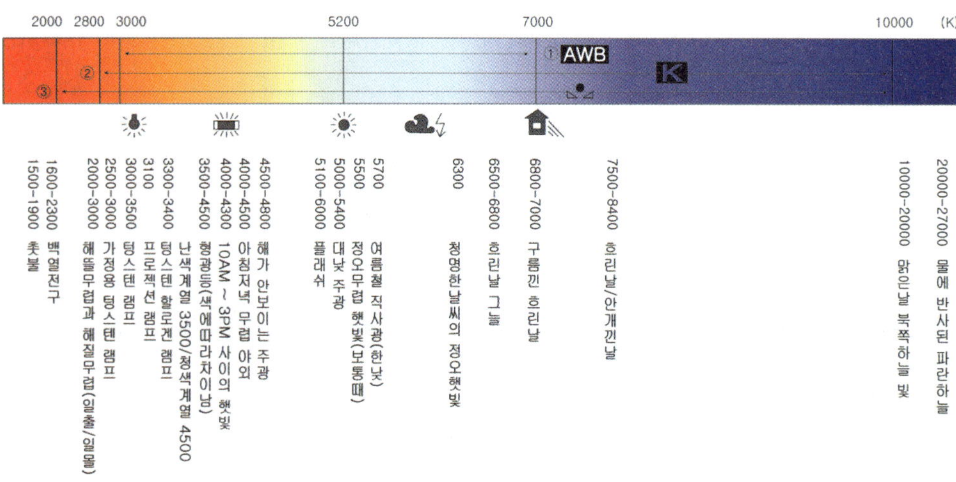

> ☑ **조건등색(Metamerism)**
> 스펙트럼 분포가 다른 두 개의 컬러가 특정한 광원과 관찰자에 따라 동일한 컬러로 보이는 것이다. 특정한 광원에서는 동일한 컬러로 보이지만 광원이 달라지면 두 개의 컬러가 달라 보이는 현상으로 조건등색을 방지하는 방법은
> 1. 광원을 청결한 상태로 유지한다.
> 2. 컬러비교장소(조색실 스프레이 부스)의 내부 컬러는 흰색이나 밝은 그레이 계열로 한다. 어두운 계열로 내부가 되어 있는 곳에서 비교하면 블루계열을 발산시킨다.
> 3. 첨가되는 조색제를 완벽하게 혼합 후 사용한다.
>   - 수지 안료를 골고루 교반한다.
>   - 가벼운 안료는 위로 뜨고, 무거운 안료는 바닥에 가라앉는다.
> 4. 미조색시 적절한 안료를 선정한다.
>   - 범용적으로 사용되는 안료들을 첨가한다.
>   - 배합비에 7~8가지 안료가 들어가는 경우 배합비 내의 첨가되는 안료를 선정해야 한다. 그 외의 안료를 첨가하면 조건등색이 발생하는 경우가 있다.
>   간혹 측면 패널 중 한 패널만 도장된 차량을 야간 가로등 밑에서 보았을 때 색상이 틀린 것을 볼 수 있다. 이렇게 보이는 현상은 도장된 패널이 메탈릭 안료의 배합구성이 도장하지 않은 패널 메탈릭 안료 배합 구성과 틀려서 보이는 것으로 조건등색이 아니다.

3 조색방법

조색하는 방법으로는 눈으로 하는 목측조색, 배합비에 의한 계량조색, 컴퓨터를 이용한 컴퓨터조색(CCM)이 있다.

첫째, 목측조색은 눈으로 이색을 확인하여 컬러 원색별 비율을 생각하고 기준시편에 근접해 가는 조색방법으로 많은 경험과 숙련이 필요하다. 회사나 용도별 차량의 솔리드 컬러 조색에 이용되고 있지만 최근의 보수도장 조색작업에 사용하지 않고 있다.

둘째, 계량조색은 페인트 제조회사에서 사전에 만들어진 조색 배합비를 이용해서 전자저울에 원색 도료를 계량하여 사용한다. 조색 시간을 단축시키고 복잡한 원색이 다량 함유되어 있는 현재의 컬러에 사용하기 적합하다. 계량 조색된 도료를 테스트 시편에 도장하여 차이를 목측 미조색한다. 현재 가장 많이 사용하고 있는 방법이다.

셋째, 컴퓨터조색으로 원색도료의 특성을 입력하여 원색 배합비를 컴퓨터가 계산하는 방법으로 페인트 회사에서 소비자인 작업자에게 사전 배합비를 주기 위하여 하는 방법이다. 목측조색과 비교하여 보다 정확하고 빠른 시간 안에 근접한 색상의 배합비를 얻을 수 있으나 장비의 가격이 고가인 단점이 있어 현장에서는 사용하지 않고 있다.

(1) 컴퓨터 조색 순서

① 컬러측색기의 구동 프로그램을 컴퓨터에 설치하고 측색기와 컴퓨터 연결을 확인한다.

② 측색기 전원을 연결한다.
③ 측색기를 캘리브레이션(calibration)한다(0점 조정).

Black, White, Green 3가지 종류의 기준편을 찍는다. 구형 측색기의 경우에는 Black, White 2가지를 기준으로, 하지만 최신 기종의 경우에는 Green 컬러 값을 주어 좀 더 정확하게 0점을 조정한다. Black, White 기준편은 24시간마다 0점을 조정하며, Green 기준편은 한 달에 1회 시행한다. 이렇게 0점을 조정하는 이유는 컬러 판독의 정확도를 향상시키기 위함이다.
④ 컬러를 측정한다.
⑤ 컴퓨터 프로그램으로 데이터 값을 전송한다.
⑥ 도출된 배합비를 참고하여 계량조색한다.

(2) 도료회사 배합비가 없는 경우 원색도료 확인 방법

도료회사의 원색 특성치가 없어 컴퓨터로 조색 배합비를 얻지 못할 경우 측색기의 표시창을 보면 모든 컬러는 L*a*b 값으로 표시된다. L*a*b 값은 국제조명위원회(CIE)에서 정한 표색법 이다. 15° L*a*b . 45° L*a*b . 110° L*a*b 로 나타난다.

솔리드 컬러의 경우 대부분 45° 측정값만 확인한다. 은폐가 다되었을 경우15°, 45°값과 110°값은 같다. 신차도장에서는 은폐가 약한 컬러의 경우 중도의 서페이서 컬러가 3coat 컬러 베이스처럼 보여 110°값이 조금 틀린 경우도 발생한다. 이와 같은 데이터 값이 나올 경우 조색으로 맞추기 힘들게 된다. 따라서 110°인 완전 측면 색을 먼저 1차 도장하고 15°, 45°의 원래 색상을 100% 은폐시키지 않고 아주 조금 모자란다는 느낌으로 도장하면 색상도 유사하고, 작업 시간도 단축시킬 수 있다. 언젠가 이와 같은 컬러를 접하게 되어 조색을 하여도 매칭이 안 될 경우 시도해 보길 바란다. 이 작업은 기존 상도도장이 은폐가 잘되지 않는 컬러계열에 국한한다.

또한 메탈릭 컬러의 경우에는 15°, 45°, 110°의 측정값을 다 확인해야 하며 3coat 펄 컬러의 경우 펄 베이스는 15°, 45°측정값을 확인하고, 언더베이스인 컬러베이스는 110°의 측정값으로 컬러를 잡는다.

L (명도) : Lightness (White − Black)
              (+)   (0)
a (적녹) : Red − Green
        (+80) (−80)
b (황청) : Yellow − Blue
        (+80)   (−80)

예를 들어 45° L값이 20이고, a값이 30, b값이 -40이면 어두운 계열의 바이올렛 색상이 된다. 그리고 흰색보다 실버계열의 컬러가 L값이 더 많이 나오는데 15°에서 측정값이 100을 넘어가는 경우도 있지만, 블랙 컬러는 측정값이 (-)가 나오지 않는다.

02 솔리드 컬러 조색

색상에 메탈릭, 펄 등의 안료 등이 함유되어 있지 않는 도료의 조색으로 감산혼합의 원리에
따라 색상을 조색하며 감산혼합의 1차색인 마젠타(magenta), 노랑(yellow), 시안(cyan) 3가지
색상은 다른 컬러를 이용하여 조색할 수 없다. 하지만 2차색인 빨강(red), 녹색(green), 파랑
(blue) 색상은 1차 색상의 혼합으로 조색할 수 있다. 솔리드 조색의 경우 색상환을 완벽하게
이해하고 있어야 한다.

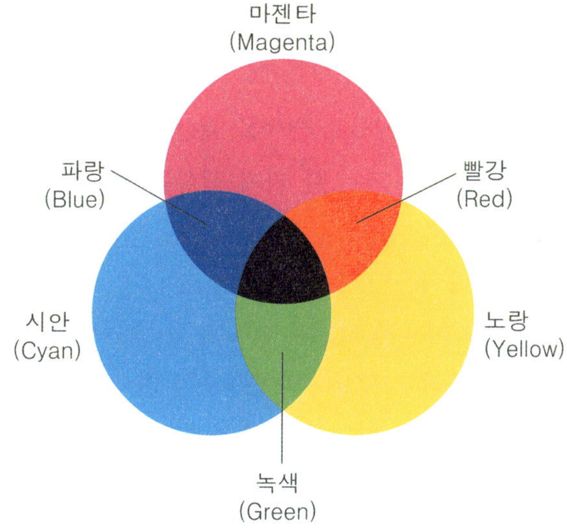

위의 내용을 기본으로 하여 색상환의 반대의 색상을 첨가하게 되면 탁해지면서 어두운 갈색
(dark brown)계열로 가게 된다. 이와 동시에 채도는 떨어지고 조건 등색의 원인이 되기 때문에
색상환을 먼저 숙지하고 솔리드 조색에 들어가기 바란다. 또한 솔리드 조색이 가능해진 후
메탈릭이나 펄 조색에 입문하면 메탈릭이나 펄 조색이 그리 어렵게 느껴지지 않을 것이다.
따라서 앞에 있는 색채의 일반적인 내용을 완벽하게 숙지하고 조색을 시작하면 많은 연습을
통해 훌륭한 조색사가 되는 길이 가까워 질 것이다.

1 조색의 목적

자동차의 일부분만 도장을 할 경우 자동차의 색상과 일치하도록 조색하며 전체도장이나
자동차의 색상을 교체할 경우에는 자동차 소유주의 취향에 따라 색을 만들어 도장한다.

2 조색공정

조색을 시작하기 전에는 사용하는 기구와 장비를 점검하고 청결하게 유지하며 생산한지 오래 되지 않은 도료를 사용한다. 또한 온도와 작업범위에 따라 희석제 선정을 올바르게 하여야 하며 만들어진 도료를 확실히 교반해야 한다.

배합비 중 극소량 첨가되는 조색제의 경우에는 조색 컵의 가장자리에 묻어있는 조색제가 색상을 좌우하는 경우가 많기 때문에 투명한 조색컵 내부 벽면에 묻어있는 도료까지 확실하게 교반한다. 비닐 컵 내부의 도료를 쉽게 교반하기 위해서는 만들고자 하는 도료 총량에 희석제 첨가량 중 10% 정도만 조색제를 넣기 전 비닐 컵에 미리 넣어두고 작업을 하면 도료보다 가벼운 시너가 위로 올라오면서 조색제가 골고루 교반된다. 미조색시에는 조색데이터 내에서 가감하여 조색하는 것이 색상을 쉽게 맞출 수 있다.

① 기준이 되는 마스터시편을 확인하고 원색을 결정한다

순간적으로 보았을 때 기준이 되는 한 가지 색상을 색상환에서 선정하여 기본 원색으로 결정한다. 컬러 방향은 색상환에서 인접한 색상들로만 움직인다. 예를 들면 레드계열의 색상은 오렌지색 쪽이나 바이올렛 쪽으로만 움직이지만 무채색계열은 빨, 주, 노, 초, 파, 보 6가지 방향으로 어느 쪽이든지 갈 수 있다. 또한 솔리드 우레탄 도장이 된 도장면인지 베이스코트를 도장한 후 클리어가 도장되어진 도장면인지를 판별해야 한다. 솔리드 색상의 경우에는 클리어가 도장되면 밝아지기 때문에 시너 걸레나 연마지 등으로 판별한 후 조색을 해야 한다.

② 보조 원색을 선정한다

기본 원색에 색상방향을 확인한 후 많이 들어가는 색상부터 순차적으로 넣어 색상을 조정하며 색상이 탁해지는 색은 나중에 넣도록 한다.

- 밝은 색상의 경우에는 조금만 첨가하더라도 색상의 변화가 크기 때문에 주의한다.
- 착색 안료는 다른 안료에 비하여 무거워 변화가 크기 때문에 주의해서 첨가해야 한다.
- 기본 원색에 색상을 첨가할 경우 한꺼번에 많은 량의 안료를 넣지 말며 색상이 변화하는 폭을 확인한 후 첨가하도록 한다.
- 감각적으로 하지 말며 전자저울 등을 사용하여 조색하며 항상 첨가되는 양은 기록하여 잘못되었을 경우 처음부터 시작하는 오류를 범하지 않도록 한다.

③ 색상의 밝고 어두움을 조절한다

색상을 희게 만들려고 할 경우에는 백색을 소량 첨가 하지만 적색의 경우에는 백색을 첨가하게 되면 분홍색으로 색상의 방향이 바뀌기 때문에 절대 첨가시 고려해야 한다.

적색을 밝게 만들고자 할 경우에는 첨가되어진 적색계열 중에서 밝은 적색을 선정하여 첨가하고 색상을 맞추어 나가도록 한다.

색상을 어둡게 만들려고 할 경우에는 흑색을 첨가하여 색상을 검게 만든다. 하지만 색상 자체가 선명할 경우에는 흑색을 첨가하지 말며 색상을 만들기 위해 들어간 안료들 중에서 어두운 색상을 선정하여 첨가하도록 한다.

④ 색상의 맑고 탁함을 조절한다

색상, 명도를 맞추기 위해서 너무 많은 종류의 조색제를 사용하면 채도가 떨어진 색상이 나오게 된다. 따라서 가능한 여러 가지의 조색제를 사용하지 말아야 한다.

색상을 선명하게 만들려고 할 경우에는 처음부터 다시 시작하여 만드는 것을 추천한다. 색상이 죽게 되면 많은 량의 도료가 필요로 하고 원래의 색으로 되돌리는 시간이 많이 걸리기 때문에 가능한 다시 만들도록 한다.

색상을 탁하게 만들려고 할 경우에는 흑색을 소량 첨가하여 탁하게 만든다. 하지만 한꺼번에 많은 량을 첨가하지 않도록 해야 한다.

색상 : 색은 혼합하면 할수록 채도가 떨어진다.
빨강 + 흰색 = 명도는 올라가고 채도는 떨어진다.
빨강 + 검정 = 명도가 내려가고 채도도 떨어진다.

⑤ 색상 비교

클리어 코트 도장 후 비교한다. 2coat 솔리드 색상은 클리어를 도장하면 선명하고 진해진다.

자동차 도장 색상 중 은폐가 잘 되지 않는 색상들이 있는데 대표적으로 황색과 백색을 들 수 있다. 이 색상들이 다른 색상과 비교하여 은폐가 잘 되지 않는 이유는 수지와 안료의 굴절률이 크기 때문이다.

03 | 2coat 메탈릭·펄 컬러 조색

자동차 보수용 도료 중 메탈릭(metallic)이나 펄(pearl)을 함유하고 있는 도료의 조색으로 현재 생산차종의 대부분이 2coat 방식의 도료이다.

1 메탈릭 컬러(metallic color)

조색 작업 시 메탈릭 입자의 정렬을 맞추는 것이 중요하다. 메탈릭 입자가 불규칙적으로 배열되어 있을 경우 색상이 달라 보이기 때문에 색상 판별 후 도장 시 메탈릭 입자정렬을 일정하게 스프레이 하는 것이 중요하다. 하지만, 자동차의 도장 상태가 어떠한 지를 우선적으로 확인 및 분석한 후 도장방법을 결정하는 것이 무엇보다 중요하다.

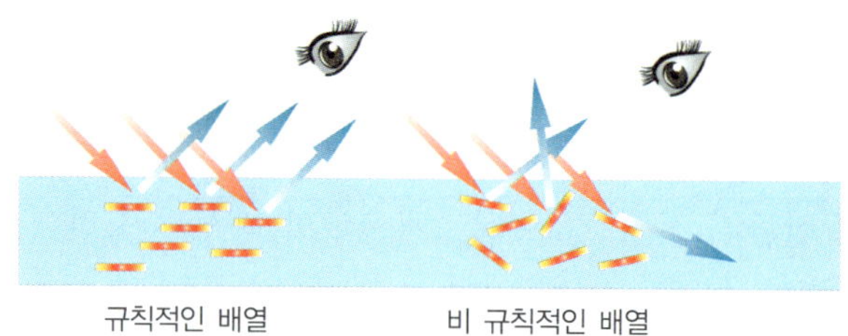

또한 스프레이 방법에 따라 같은 도료를 도장하더라도 색감이 다르게 된다. 대부분의 메탈릭 컬러는 표준도장으로 메탈릭의 정렬을 전체적으로 골고루 배열하여야 같은 색상이 나오나 웨트(wet)방식이나 날림(dry)방식으로 도장할 경우 색상이 달라질 수 있다. 스프레이 도장 중에 도료의 색상을 웨트나 드라이로 미세하게 수정할 수 있으므로 작업 시에 참고하여 도장하도록 한다.

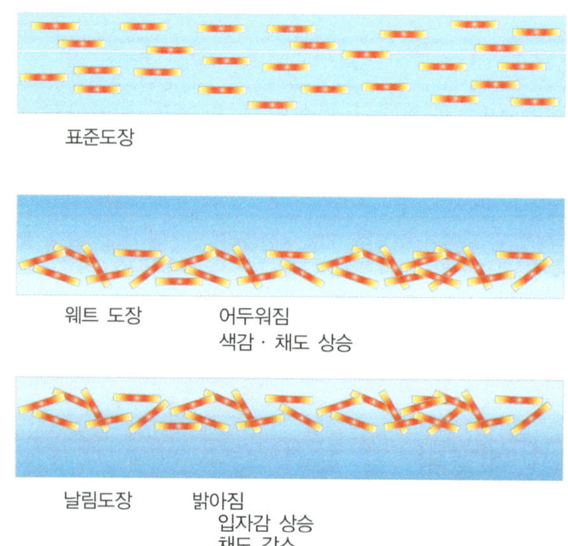

마지막으로 피도면과 스프레이건의 각도에 따라서 색상이 달라진다. 시편을 도장할 경우에도 패널에 도장하는 것과 동일하게 작업을 해야만, 시편색상과 실제 패널에 도장할 때 색상을

같게 만들 수 있다. 패턴의 겹침 폭도 일정하게 해야
하며 압축공기의 압력, 도료의 점도, 도장온도, 이동
속도, 사용 스프레이건의 노즐 지름, 플래시 오프 타
임(flash off time), 패턴의 폭 등에도 색상이 미세하게
변화하기 때문에 항상 같은 조건 하에서 도장 후 제
조사에서 배포하는 표준시편과 도장한 시편을 비교
해야 함을 잊지 말아야 한다.

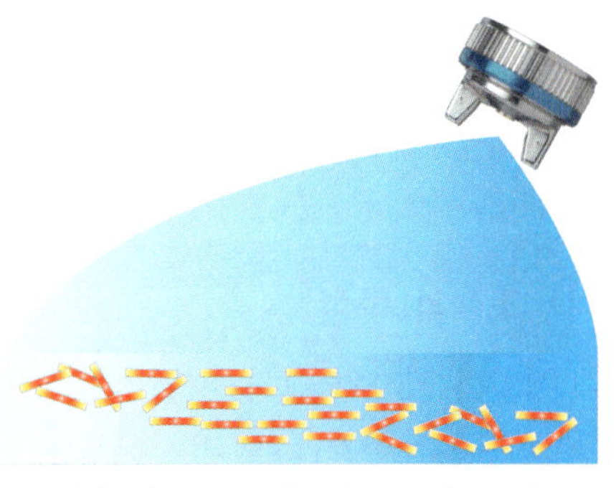

피도체와 스프레이건의 각도는 가능한 직각을 유
지하고 도장하여 웨트 (wet)도장이나 날림(dry)도장이 되지 않도록 한다.

① 작업 조건에 따라 색이 변하는 메탈릭 컬러와 펄 컬러

전날 전체 도장한 차의 보닛에 먼지가 많이 떨어져 사용하고 남은 도료로 후드만 부분
도장 했을 때 전날 도장한 부분과 색상차이를 가끔 느낄 수 있다. 이것은 도료의 색상이
달라진 것이 아니라 처음 작업조건과 다음날 작업한 조건이 다르기 때문이다.

메탈릭과 펄 컬러는 배합된 원색에 의해서 뿐만 아니라 알루미늄입자의 배열상태, 보는
각도에 따라서도 색이 달라진다. 따라서 메탈릭과 펄 도장을 할 경우 색을 정확히 맞추기
위해서는 조색 시와 실제 도장 시의 도장조건을 정확히 맞출 필요가 있다.

스프레이건 노즐의 크기, 도료 토출량, 공기압력, 패턴의 형태 등에 의해서 색상이 민감
하게 변화한다. 물론 이러한 색상 변화가 스프레이건의 조절 상태에 의한 것만은 아니며
시너량, 작업 시의 온도, 습도 등의 작업 환경에 의해서도 변화하는데 이러한 도장조건을
크게 둘로 나누어 젖음 도장 조건과 날림 도장 조건이라 한다.

② 젖음 도장(wet coat)과 날림 도장(dry coat)의 색상 차

젖음과 날림 두 도장 방식은 표준 도장 조건을 조금씩 벗어난 도장 방식으로서 젖음
도장은 도료가 촉촉하게 도장되는 조건으로 안료 입자가 안정감 있게 배치되어 전체적으
로 표준보다 어둡게 보이고 날림 도장은 건조하게 느껴지도록 도장되는 조건으로 입자의
배열이 불규칙해 색이 연하게 보이므로 조색 시와 실제도장 작업 시 똑같은 도장조건을
유지해야 색상이 정확하게 맞아진다.

따라서 실제 차의 미조색 작업 시 한 개의 조색시편에 날림 방식과 젖음 방식으로 칠해
비교해 보면서 작업하면 다소간의 색상 차는 도장 방법에 따라서 극복할 수 있고 시간을
절약할 수 있다.

 ☑ **스프레이 조건에 색상 차이**
- 날림 도장 : 표준보다 밝게 나타난다.
- 젖음 도장 : 표준보다 어둡게 나타난다.

(1) 조색의 목적

메탈릭 입자의 크기, 배열위치, 메탈릭 안료이외의 색상을 맞추어 기존의 색상과 거의 똑같은(똑같은 색상은 만들기 불가능함)색상을 만들어 도장하게 된다. 그리고 메탈릭 컬러의 경우에는 베이스코트만 도장 후 색상을 비교할 경우 기존의 색상과 비교하여 어둡게 보이기 때문에 정확한 컬러판별을 위해서는 클리어를 도장한 후 비교하여 조색하도록 한다(클리어 도장 후 메탈릭 색상은 아주 조금 어두워진다). 또한 도장 조건에 따라 조정이 가능하기 때문에 도장 조건에 대한 내용도 이해하여 조색 작업 시 적용하도록 한다.

대부분의 컬러는 정면과 측면이 다른 방향으로 보인다. 기존의 색상보다 정면이 조금 밝아지면 측면이 약간 어두워지며 정면이 약간 어두워지면 측면 색상보다 약간 밝아 보이게 된다.

① 날림 도장(dry spray)

표준도장과 비교하여 색상이 밝아지며 도장 후 메탈릭 입자는 도막의 표면층에 분포한다.

② 젖은 도장(wet spray)

표준도장과 비교하여 색상이 어두워지며 도장 후 메탈릭 입자는 도막의 하부층에 분포한다.

도장 조건	밝은 방향으로 수정	어두운 방향으로 수정
도료 토출량	도료량을 적게 사용한다	도료량을 많이 사용한다
희석제 사용량	많이 사용 한다	적게 사용 한다
에어 압력	압력을 높게 한다	압력을 낮게 한다
도장 간격	시간을 길게 한다	시간을 줄인다
노즐 구경 크기	작은 노즐구경을 사용한다	큰 노즐구경을 사용한다
패턴의 폭	넓게 한다	좁게 한다
피도체와 거리	멀게 한다	가까이 한다
시너의 증발속도	속건 시너를 사용 한다	지건 시너를 사용 한다
도장실 조건	유속이나 온도를 높인다	유속이나 온도를 낮춘다
참고사항	날림(dry)도장이 되도록 한다	젖은(wet)도장이 되도록 한다

③ 메탈릭 입자의 방향성

메탈릭 도장은 관찰자가 보는 각도에 따라 명암이 달라 보이는 특징이 있다. 그러므로 작업자는 정면과 측면의 명암차이를 인지하여 조색작업 시에 접목시켜야 한다. 일반적으로 플립 톤(flip tone)은 플롭 톤(flop tone)보다 밝은 경향이 있다.

- 플립 톤(flip tone)은 색상을 확인할 때 정면에서 관찰하였을 때의 색상으로 가장 밝게 나타나는 특징이 있다.
- 플롭 톤(flop tone)은 색상을 확인할 때 측면에서 관찰하였을 때의 색상으로 가장 어둡게 나타나는 특징이 있다.

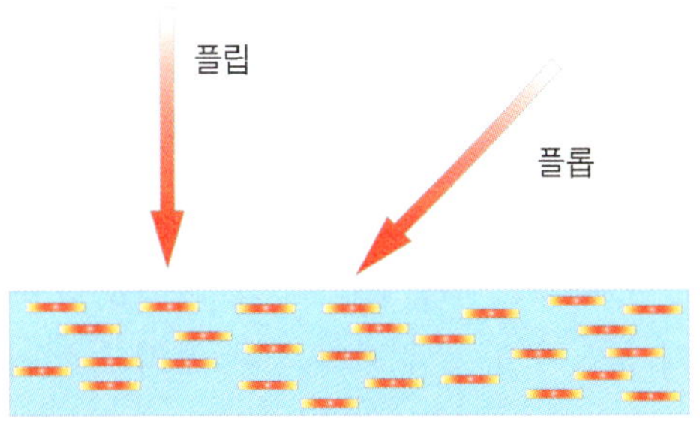

(2) 2coat 컬러 확인 방법

자동차의 경우 태양광이나 데일라이트 등을 이용한다.

① 정면 컬러 확인 방법

광원은 컬러 비교 패널의 90°에서 작업자 뒤에 두고 관찰한다. 이때 컬러의 위치, 컬러의 방향, 채도를 확인한다.

② 측면 컬러 확인 방법

측면에서 관찰하며 색상변화 및 측면 밝기를 확인한다. 특히 광원에 대하여 45°로 관찰할 경우 원래의 색상에 비해 어둡게 보일 수 있기 때문에 주의한다.

1. 메탈릭 컬러를 태양을 등지고 정면에서 관찰하였을 경우 완전 정면은 태양광이 비춰 흰색으로 보이게 된다. 이때는 색상과 메탈릭 안료가 보이지 않기 때문에 색상판독이 불가하다. 따라서 정면에서 색상을 판독할 때는 흰색으로 보이는 부분의 주변 색상을 판독한다. 특히 정면에서 색상을 판독할 때는 메탈릭감이 가장 강하게 나타나는 특징이 있으므로 메탈릭 안료의 크기나 배열을 관찰할 경우 정면에서 확인한다.
2. 45°에서 판독할 경우 메탈릭의 입자감과 동시에 색상을 확인할 수 있다.
3. 완전측면에서 관찰할 경우에는 색상과 명도만 눈에 보이게 된다. 이때 주의해야 할 완전측면이라는 것은 관찰시편을 정면에서 차츰 측면으로 넘어갈 때, 메탈릭 입자가 보이지 않는 각도가 나오게 될 것이다. 이때가 완전측면이라고 이해하면 되겠다. 완전측면이라고 해서 180°에서 색상을 관찰하여서는 안 된다.

(3) 조색공정

솔리드 컬러 조색공정을 충분히 이해하고 조색 가능한 작업자이면, 메탈릭 조색 단계에 쉽게 접근할 수 있을 것이다. 항상 기본을 튼튼하게 갖추어 어려운 컬러를 조색할 경우에도 쉽게 다가갈 수 있도록 색의 기초와 솔리드컬러를 정복해야 할 것이다. 메탈릭 조색을 할 경우 가장 먼저 선행되어야 하는 것은 메탈릭 입자의 크기를 맞추는 것이다. 미조색시에는 조색 배합비 내에서 가감하여 조색하는 것이 색상을 쉽게 맞출 수 있다. 그리고 2coat에는 메탈릭 안료만 함유된 메탈릭 컬러, 색상과 메탈릭이 함유된 메탈릭 컬러, 메탈릭 컬러와 펄이 같이 들어가 있는 컬러가 있다. 이 색상들 모두 베이스코트를 도장 후 클리어를 도장하는 컬러이기 때문에 클리어를 필히 도장한 후 색상을 비교해야 한다.

1) 메탈릭 컬러 조색 순서

유색이 들어가지 않은 컬러의 경우 메탈릭 안료와 흰색, 검정색으로 구성되어 있으며 유색이 들어가 있는 컬러의 경우 솔리드 컬러 조색법과 메탈릭 조색법 두 가지를 모두 병행하여야 한다. 후자의 경우에는 메탈릭 감을 먼저 조색한 후 유색을 조색한다.

일반적으로 현장 작업자는 메탈릭 입자를 선정하지 않고, 증감에 따라 명도만 조절한다. 아래의 조색순서를 지켜야 더욱 확실한 컬러를 얻을 수 있다.

① 메탈릭 안료를 선정한다.

• 도료 중의 메탈릭 입자감을 맞춘다

무엇보다 선행되어야 하는 것이 메탈릭 안료 입자를 선정하는 것이다. 입자감이 맞지 않을 경우 이색현상이 많이 발생되기 때문에 정확한 크기를 파악하고 해당하는 안료를 선정하여 색상을 맞추어 나간다.

대부분의 현장에서는 이 작업은 하지 않는다. 컬러 배합비가 있는 상태에서는 배합비에 있는 메탈릭 안료를 첨가하여 조색하면 된다. 하지만 국내 도료 회사의 경우에는 배합비가 없기 때문에 배율이 높은 전자현미경을 이용하여 도장 사진을 확대하여 안료의 모양이나 크기를 결정하여 조색하게 된다.

메탈릭 입자는 크게 4가지 정도가 있으며 일반형과 중간형, 거친형, 광휘형으로 나뉜다. 거친형의 경우에는 도장 후 정면은 밝아 보이고 메탈릭 입자감은 거칠게 보이며 광휘형의 경우 메탈릭 입자를 둥글게 가공한 것으로 그늘에서는 입자감이 약하게 나타나지만 밝은 명암을 지니며 광원이 있을 경우에는 매우 반짝이면서 입자가 커 보인다.

일반적인 메탈릭 안료는 도장 후 정면 밝기와 측면 밝기가 다르게 변화한다. 정면이 밝아지면 측면이 어두워지고, 정면이 어두워지면 측면이 밝아지는데 이것과 달리 광휘형 메탈릭 안료는 정면이 밝아지면 측면도 밝아지고, 정면이 어두워지면 측면도 어두워지는 특징이 있다.

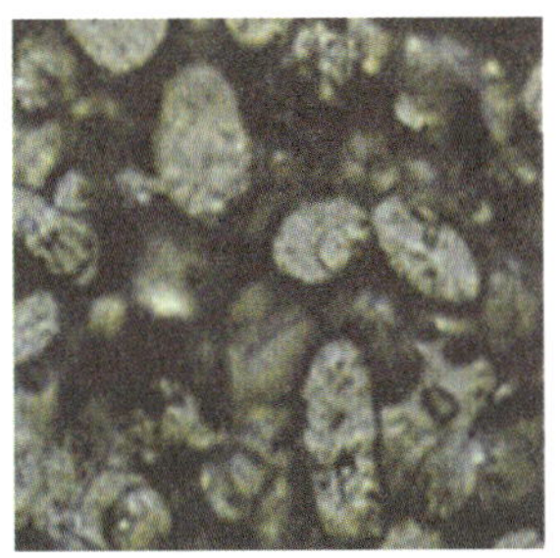

광휘형 메탈릭 안료

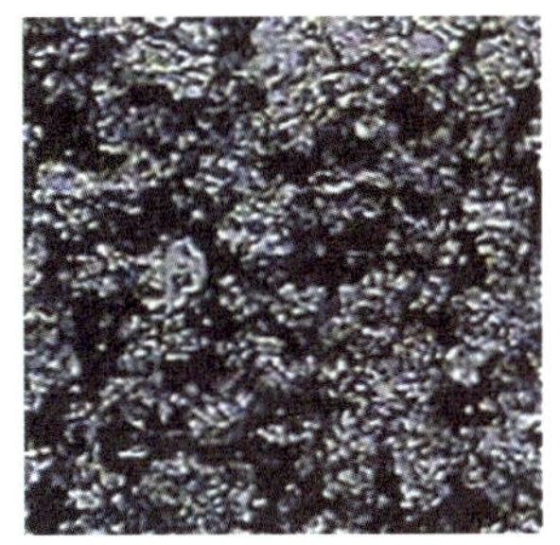
일반형 메탈릭 안료

- **정면 톤(tone)과 측면 톤을 맞춘다**

  정면 톤의 색상을 맞추고, 이후에 측면 톤의 색상을 맞춘다. 측면 톤의 색상을 맞출 때 밝기와 색상 변화에 주의하면서 조색해야 하며 측면 톤의 메탈릭 감을 상승시키는 조색제도 있으므로 해당 조색제를 넣어 조색하도록 한다. 하지만 측면의 밝기를 조정하는 조색제는 도료 중의 일정량 이상을 넘기지 말아야 한다.(도료 회사별로 다른 사항이니 해당 도료의 기술 자료집을 참고한다)

> ☑ **각조정제**
> 정면과 측면의 메탈릭 입자감이나 색감의 변화를 주는 첨가제로서 도장 후 누운 메탈릭 입자를 세워서 밝게 하는 것이다. 정면 톤은 약간 어두워지고 측면 톤은 약간 밝아진다. 또한 메탈릭의 입자감은 조금 커지게 된다.

- **채도를 맞춘다**

  채도의 수정은 힘들며 입자감과 정면 컬러, 측면 컬러를 수정하다 보면 많은 종류의 조색제가 도료 중에 들어가서 채도가 떨어지게 된다. 따라서 조색 배합비 내의 안료들만을 사용하여 조색을 하여 채도가 떨어지는 것을 막아야 한다.

② **명도를 조절한다**

  명도는 메탈릭 안료의 증감으로 조절한다. 메탈릭 안료는 빛을 반사시키기 때문에 도료 중에 메탈릭의 양이 늘어나면 밝아지고, 메탈릭의 양이 줄어지면 어두워진다.

- **컬러에 영향을 주지 않고 컬러의 명도를 조절을 해야 할 경우**

  조색 배합비에 있는 모든 메탈릭 안료들을 동일한 비율로 증가시켜야 한다. 입자가 큰 메탈릭 안료를 추가하면 정면은 밝아지고, 측면은 어두워지며, 작은 입자의 메탈릭 안료를 추가하면 큰입자와는 반대로 정면은 어두워지고 측면은 밝아지게 된다. 첨가 시에는 많은 양의 도료를 한꺼번에 넣지 말아야 하며 소량을 일정한 비율대로 넣고 변화하는 정도를 확인한 후 도료를 넣는 습관을 갖도록 한다. 이렇게 작업하여야 다시 조정하는 경우가 적게 생기기 때문이다.

● 백색 안료를 추가할 경우

백색 안료를 증가시키면 정면이나 측면의 밝기, 메탈릭 안료의 입자감을 조절할 수 있다. 하지만 메탈릭 도료에 백색을 첨가하게 되면 메탈릭 감이 약해지기 때문에 가급적 넣지 않도록 한다. 흰색을 넣어서 조색을 해야 할 경우에는 도료 회사별로 메탈릭에 첨가할 수 있도록 만들어진 조색제가 있다. 은폐가 잘되지 않은 우유 빛의 조색제로 정면의 컬러에 영향을 조금 주면서 측면의 밝기를 조정할 수 있고, 메탈릭감에 손상이 덜생기는 흰색이 있다. 이 조색제도 많이 넣을 경우 메탈릭 감이 약해지기 때문에 기술 자료집을 참고하여 규정이상 넣지 않도록 해야 한다.

● 흑색 안료를 추가할 경우

시편의 컬러가 자동차의 색상과 비교하여 밝을 경우 어둡게 만들기 위해서 첨가하게 된다. 아주 적은 양을 넣어서 조금씩 변화하는 것을 확인하고 첨가하도록 한다.

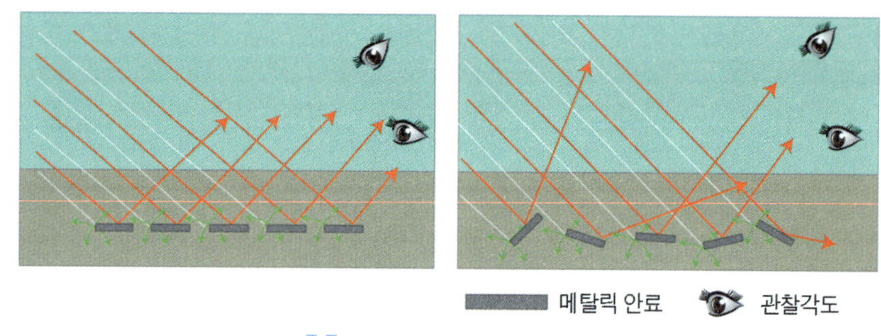

메탈릭 컬러의 측면작용

2) 펄 컬러의 조색

2coat 펄 조색에 대한 내용이다. 솔리드 컬러의 조색과 유사하다. 솔리드 컬러의 조색방법은 앞부분을 참고하고 여기에서는 도료 중 첨가 되었을 때 펄의 특징만 서술하도록 하겠다.

솔리드 컬러나 메탈릭 컬러에 펄(pearl)이 함유된 도료로서 정면 톤(tone)에만 영향을 주고 측면 톤에는 영향을 주지 않는다. 또한 펄 안료의 도료 중에 특징으로는 펄 안료를 첨가하면, 측면 밝기가 어두워진다. 즉, 펄은 정면톤에 영향을 주어 정면톤을 더 깨끗하고 밝게 한다. 측면톤의 변화는 거의 없지만, 측면의 명암은 더 어두워진다. 대부분 펄 안료는 투명하기 때문에 컬러를 변화시키기 위해서는 많은 양을 첨가하여야 한다.

04　3coat 펄 도료의 조색

자동차 보수용 도료 중 바탕색을 도장한 후 은폐력이 없는 펄(pearl)을 도장하는 방법으로서 정면에서는 바탕의 색이 보이고 다른 각도에서 자동차의 색상을 확인할 때 펄이 반사되어 보이는 도료의 조색이다. 스프레이 도장 방법과 조색법이 솔리드나 메탈릭 조색 방법과는 틀리며, 고도의 난이도가 필요하다.

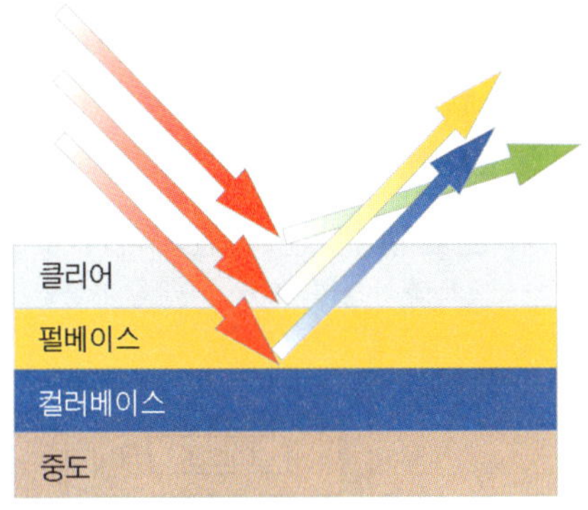

1 펄 컬러(pearl color)

펄(pearl)안료는 천연의 진주로 만들며, 영롱한 빛을 나타낸다. 하지만 가격이 비싸기 때문에 공업용에서는 운모(mica)에 이산화티탄(TiO_2)이나 산화철(Fe_2O_3)을 이용하여 코팅한 것을 사용한다. 펄을 사용하지 않고 운모를 사용하기 때문에 마이카(mica)도료라 한다. 운모를 사용하는 이유는 광물 중 쪼개짐이 가장 완전하기 때문이며, 깨질 때 불규칙적으로 깨지지 않고 밑면에 대하여 편평하게 쪼개지는 특징이 있다. 메탈릭은 불투명하지만 마이카(mica)안료는 반투명하여 일부는 반사, 흡수한다.

 이산화티탄 - 빛(380~385nm 이하)을 흡수하여 활성화된다.

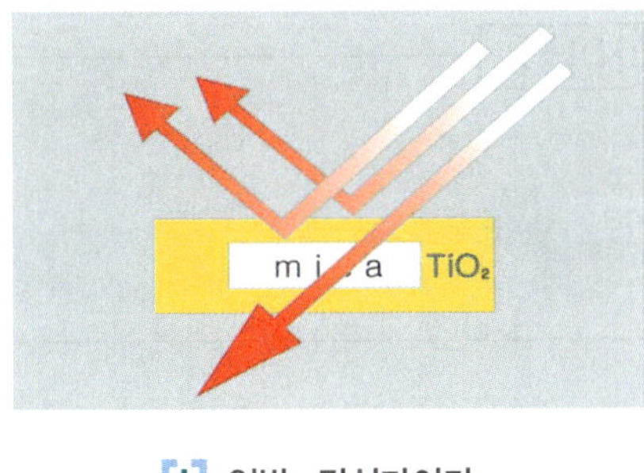

일반, 간섭마이카　　　　　착색, 은색마이카

(1) 마이카(mica)의 종류

마이카(mica)는 크게 화이트마이카, 간섭마이카, 착색마이카, 은색마이카가 있다.

① **화이트마이카**는 반투명으로 은폐력이 약하다. 또한 안료의 입자가 큰 것은 메탈릭안료와

비슷하게 반짝이며, 작은 것은 매끈하고 부드럽게 보인다.

② **간섭마이카**는 마이카에 코팅된 이산화티탄의 두께에 따라 색상이 변한다. 코팅 두께가 두꺼우면 두꺼울수록 노랑계열에서 적색계열, 파랑계열, 초록계열로 만들어지며, 특징으로는 바탕에 있는 컬러베이스가 보이도록 투과성이 높은 것과 색상은 가지고 있지 않으나 각도를 바꾸어 관찰하면 다른 색이 보이는 것이 있다.

③ **착색마이카**는 이산화티탄에 유색 무기 화합물인 산화철을 착색한 것으로 은폐력이 있다.

④ **은색마이카**는 이산화티탄에 은을 도금한 것이다.

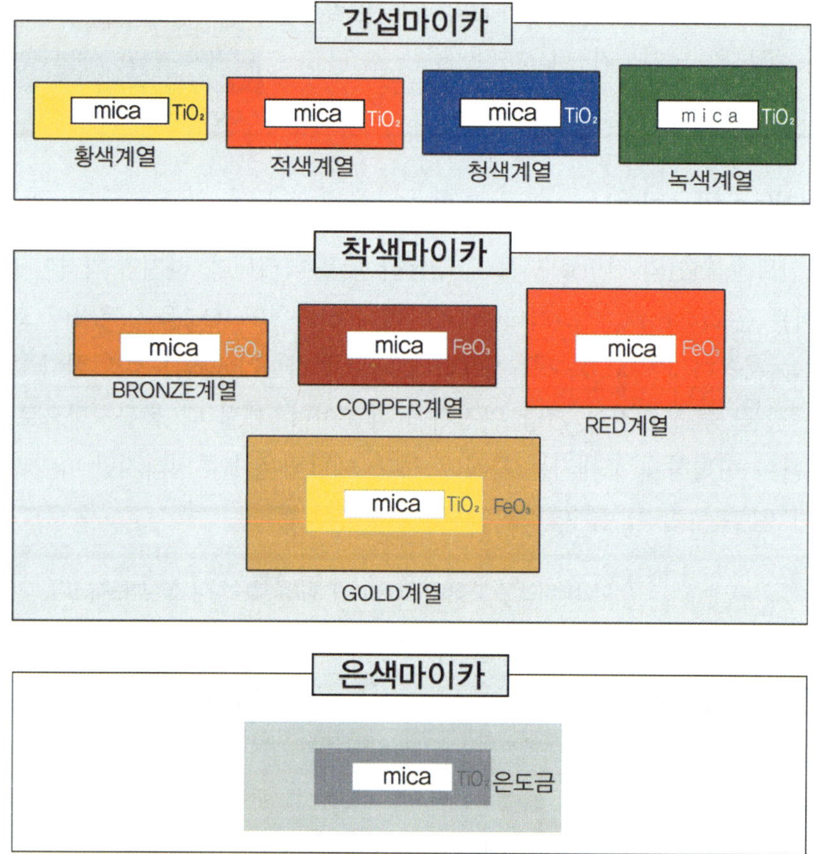

2 펄(pearl) 조색법

펄 컬러(pearl color)는 컬러베이스(color base)색상과 펄 베이스(pearl base)의 도장 횟수에 따라 색상의 변화가 보이는 도료로서 컬러베이스의 조색법은 솔리드 컬러의 조색법과 일치한다. 하지만 3coat펄 베이스의 경우에는 도장횟수에 따라 색상을 비교하고, 가장 알맞은 횟수의 시편 도장법대로 도장하여 색상을 맞추도록 한다. 또한 3coat 펄 도장을 할 경우에는 스프레이건의 압축공기 압력과 피도체와의 거리, 토출량, 도료의 점도 등을 항상 일정하게 해야 한다. 조건에 따라 색상의 편차가 아주 크기 때문에 스프레이건은 압력게이지를 장착하여 항상 일정한 압력으로 도장해야 한다.

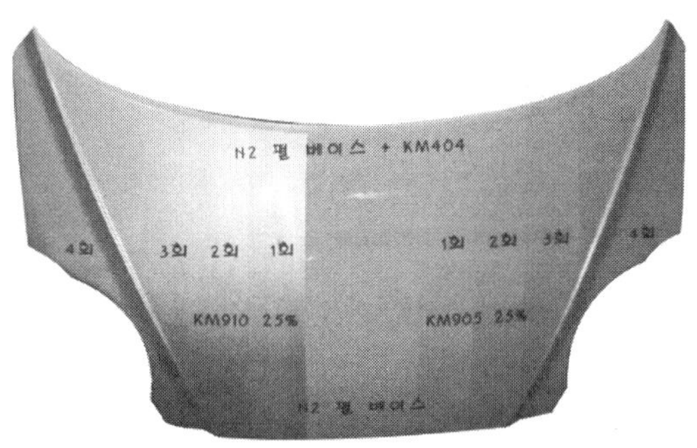

① 컬러베이스의 색상에 따른 컬러변화

컬러베이스의 색상에 따라 컬러가 변화한다. 색상이 다른 컬러베이스 위에 펄 베이스를 도장할 경우 색상이 달라진다.

② 펄 베이스의 도장 횟수에 따른 컬러변화

컬러베이스의 색상이 같아도 펄 베이스의 도장횟수가 적거나 많으면 색상이 달라진다.

❸ 동일한 색상에 정면 색상과 측면 색상이 같은 방향으로 틀릴 경우 펄 입자감은 변하지 않으며, 정면과 측면의 색상이 같은 방향으로 틀리지 않을 경우 펄 베이스를 조색하여 색상을 맞추어 나간다. 기존의 알고 있던 페인트의 색상과는 달리 자동차용 유색 조색제들은 대부분 정면의 컬러와 측면의 컬러의 방향이 다른 특징이 있다. 청색을 한 예로 들면, 정면은 청색이지만 측면에서 적색으로 가면서 탁한 색상과 밝은 색상, 녹색으로 가면서 탁하고 밝은 색상이 있다. 이 청색은 정면이 똑같은 청색이 아니며 몇 종류이고 색상환의 청색 주변에 여러 가지 청색이 있다고 보면 된다.

끝으로 서두에서 언급하였지만 연습과 실전의 반복으로 컬러를 보는 능력을 키워야 한다.

▣ 3 자동차 메이커별 차량 컬러 확인법

자동차 회사별로 컬러 코드 위치가 다르기 때문에 회사별로 참고한다.
(컬러 코드의 위치는 생산년도에 따라 위치가 달라질 수 있다.)

(1) 국내 메이커

현대 · 기아자동차 구형차종

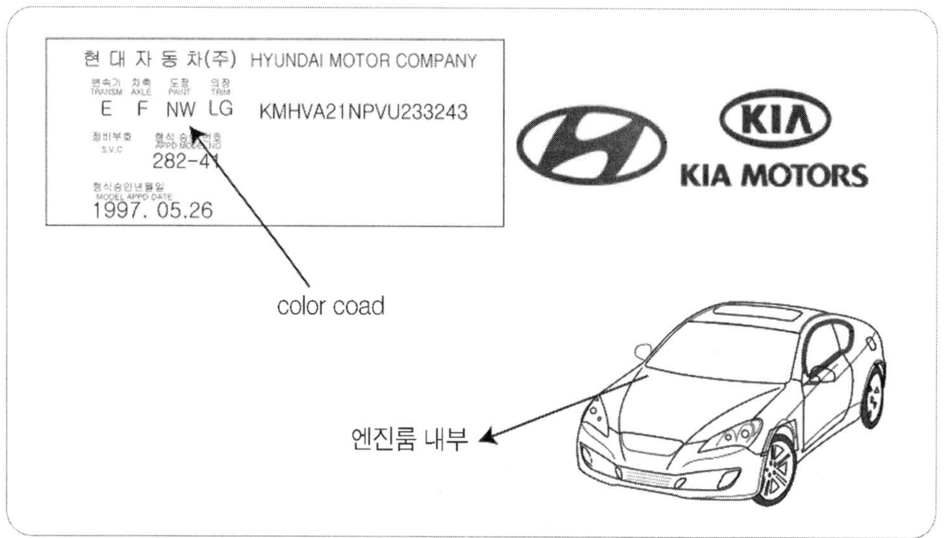

현대 · 기아자동차 신형차종

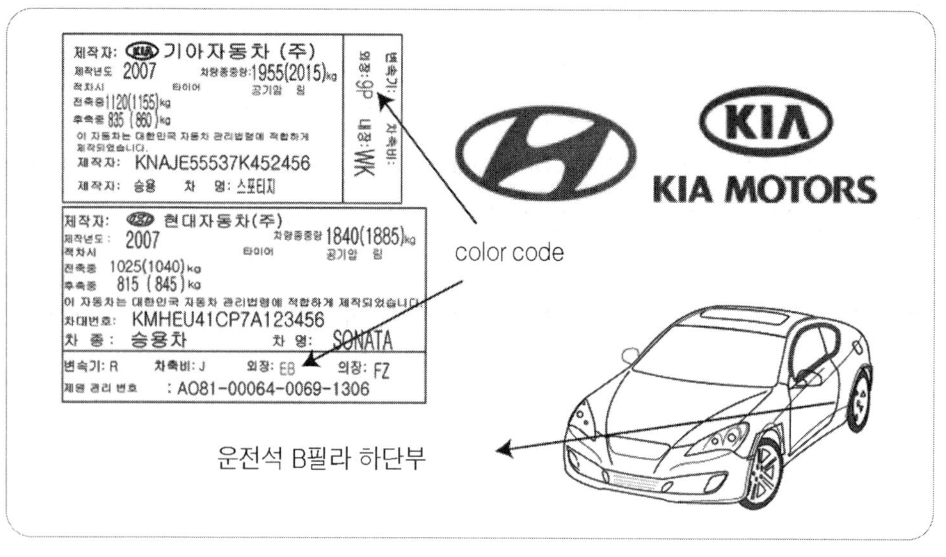

GM대우자동차

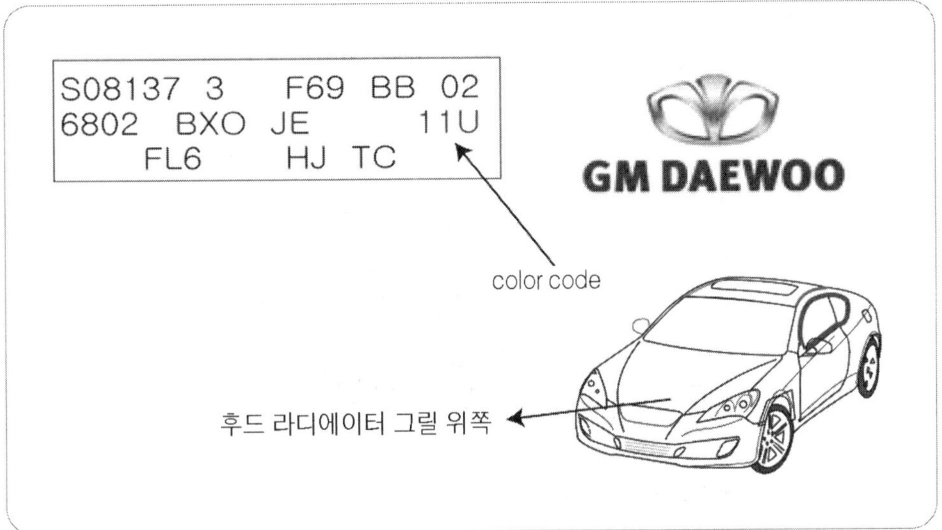

쌍용자동차

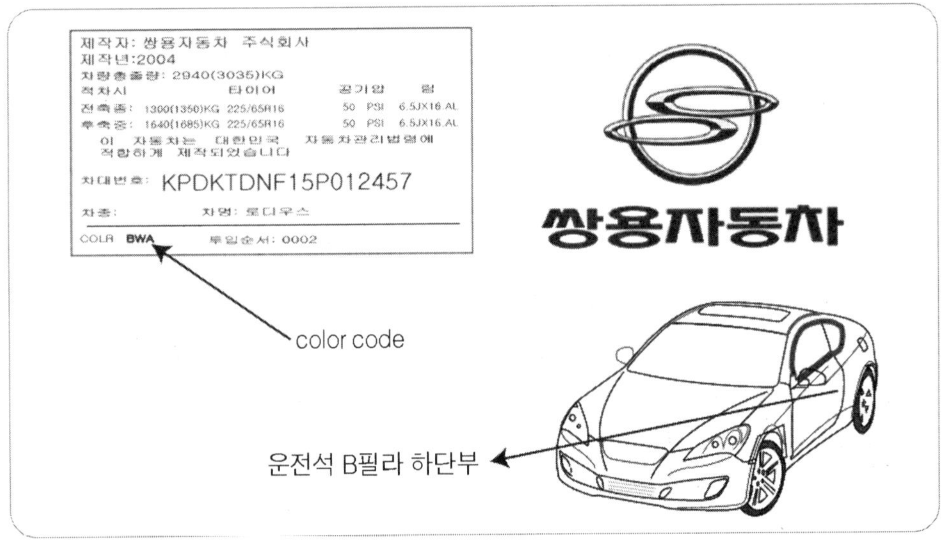

르노·삼성자동차의 경우 사이드미러를 접으면 아래의 사진과 같이 보인다. 회손 되었을 경우에는 자동차에서 컬러를 확인할 방법은 없다. 컬러를 확인해야 할 경우에는 해당회사 엔지니어링 센터로 전화하여 질의해야 한다.

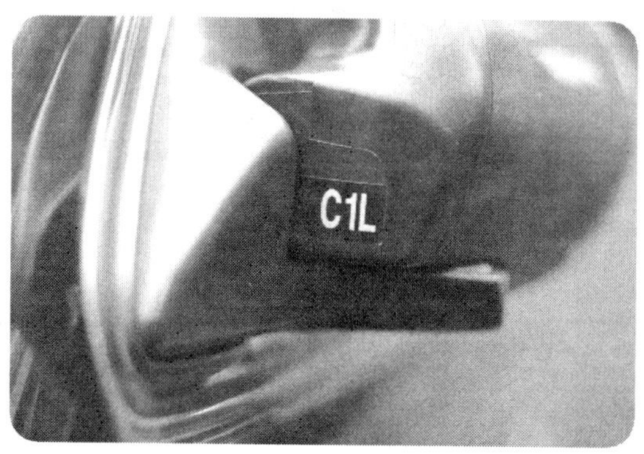

(2) 외국자동차

여기에서는 국내에 많이 판매되는 메이커만을 언급하겠다.
대부분 해당업체에 전화 질의하면 컬러 코드 위치를 알 수 있다.

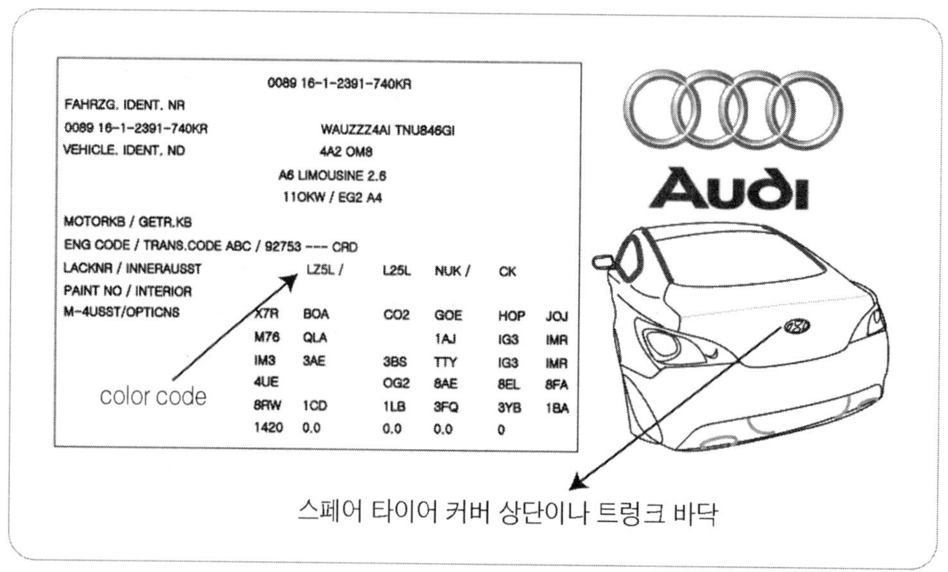

BMW

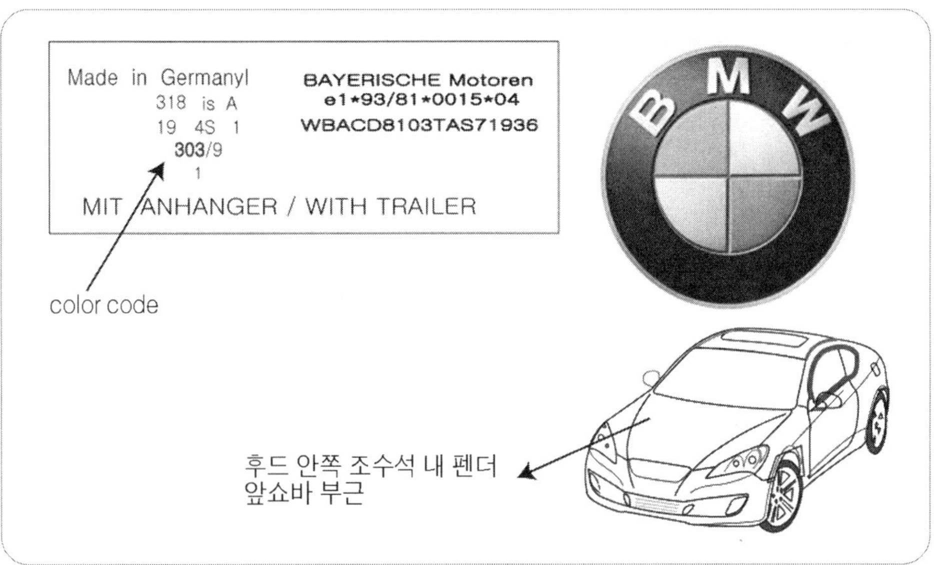

렉서스(Lexus)

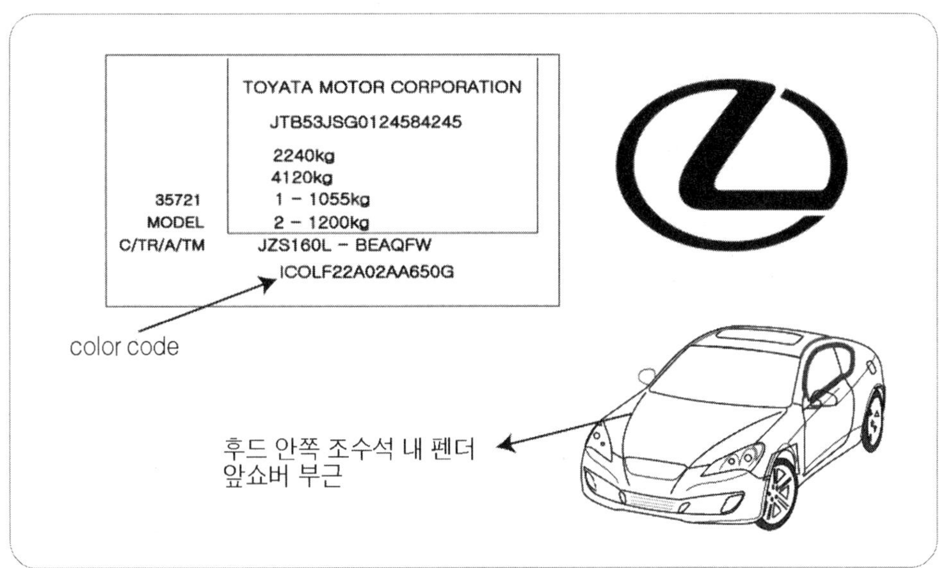

메르세데스-벤츠(mercedes-benz)

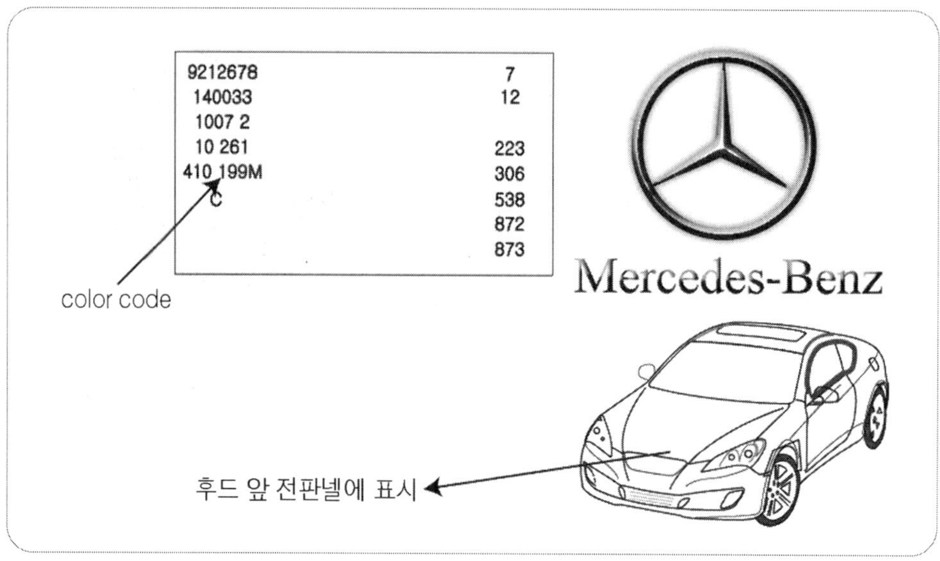

도요타(toyota)

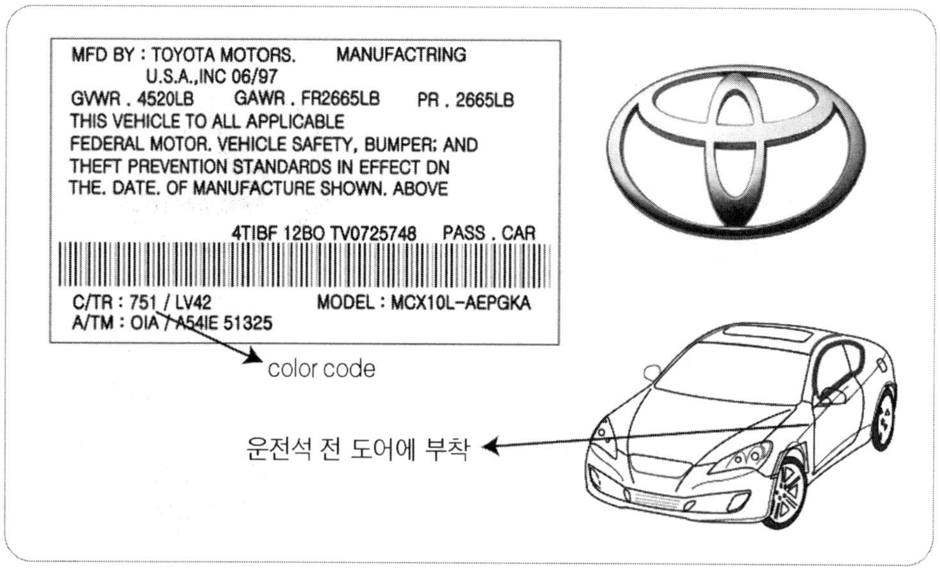

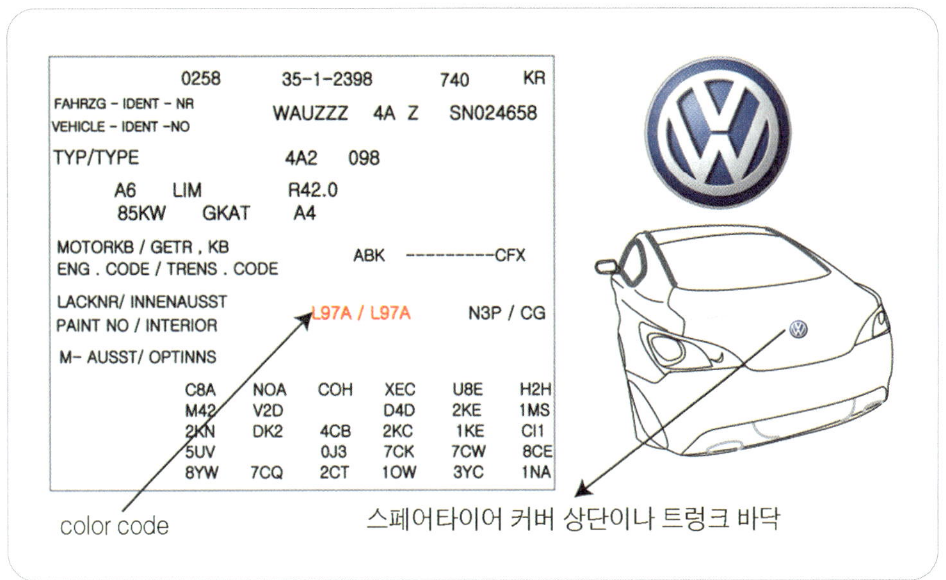

4 컬러 카드

국내 판매 되는 도료 메이커에서는 현장조색시스템을 판매하면서 컬러 카드를 제작해서 배포한다. 안료들을 배합비대로 정량 첨가하여 도장하면 배포한 컬러 카드 색상이 나오게 되어 있지만, 도장 후 색상을 비교하였을 때 색상이 틀린 것을 경험 했을 것이다. 이러한 현상은 도료회사에서 컬러카드를 제작할 때 도장한 조건과 현장 작업자 도장 조건이 틀리기 때문에 발생한다. 따라서 이와 같은 현상을 반복하지 않기 위해서는 아래 사항을 준수해야 한다.

(1) 항상 컬러 카드 작업을 해야 한다.

메이커에서 배포되는 컬러 카드 배합비대로 정량 첨가하여 컬러카드를 도장 후 실차와 확인하는 습관을 갖자.

(2) 실차 도장 조건과 동일한 조건에서 컬러 카드 작업을 한다.

컬러 카드를 작업할 때 빨리 마무리하고 싶은 마음에 젖은 도장과 후레쉬 오프 타임이 없이 도장하는 경우가 많다. 실차 도장 조건과 동일한 조건에서 후레쉬 오프 타임도 충분히 줘야지만 동일한 색상을 얻을 수 있을 것이다.

위의 그림과 같이 필자는 조색 완료 후 보관용 컬러 카드를 제작할 때 카드만 따로 도장하는 것이 아닌 작업하는 패널 옆 마스킹 되어 있는 부분에 컬러 카드를 부착하여 컬러 카드가 있는 부분까지 같이 도장했고, 실차와 동일한 조건이 되도록 하여 보관하였다. 건조가 된 후 컬러카드 뒷면에 조합배합비와 컬러 코드 차량 번호 등을 기입해 두면 다음 미조색 작업에 시간을 줄일 수 있다.

(3) 가급적 금속에 가까운 재질에 도장한다.

조색 연습용 시편에는 종이, 알루미늄 증착필름, 얇은 철판이나 알루미늄 판 등이 있다. 장기간 유지되는 재질로는 얇은 철판, 알루미늄 증착필름, 종이 순이며 얇은 철판에 작업하거나 적어도 알루미늄 증착필름에 작업하여 보관한다.

(4) 컬러 카드 보관

컬러 카드를 장기간 보관하게 되면 표면에 스크래치가 발생되기 때문에 광택이 차이나 색상이 틀려 보이는 현상이 발생한다. 따라서 가급적 6개월에 한번 재 도장하고, 링 바인더(ring binder) 등에 보관한다. 컬러 카드와 카드 사이에는 종이를 넣어 뒷장의 컬러카드가 앞에 있는 컬러카드의 뒷면에 직접 접촉되어 스크래치나 오염물이 묻지 않도록 한다.

(5) 3coat 컬러 카드 제작

펄 도장 횟수에 따라 색상이 틀리기 때문에 도장 횟수를 확인할 수 있도록 도장한다.

자동차 도장공정[표준도장]

06

도장 공정은 크게 **전체 도장**(all painting), **그룹 도장**(group painting), **패널도장**(panel painting), **부분 도장**(blending painting), **터치업 도장**(touch up painting)으로 나뉜다.

패널 표준 도장을 충분히 이해하고 작업 공정을 완벽하게 숙지한다면 전체 도장이나 부분 도장은 패널 범위의 차이이기 때문에 패널 도장에 대해서 자세히 설명하도록 하겠다.

01 자동차 보수 도장의 범위

1 전체 도장(all painting)

자동차의 내·외관의 색상을 모두 도장하는 것으로 기존 색상에 맞추어 전체를 재도장 하거나 고객의 기호에 따라 특별한 색상으로 바꿀 때 전체도장을 하게 된다. 크게 외관만 도장하는 전체 도장과 후드·도어·트렁크 안쪽과 전체 안쪽을 도장하는 방법이 있다. 후자의 경우에는 대부분 기존색상과 달리 색상을 교체하는 경우에 하는 전체 도장 방법이다. 또한 현재에는 자신만의 고유한 자동차 색상을 원하고 특수한 도장을 하는 고객층이 증가하고 있다. 특수한 도장에 대해서는 이후에 특수도장에서 다루도록 하겠다.

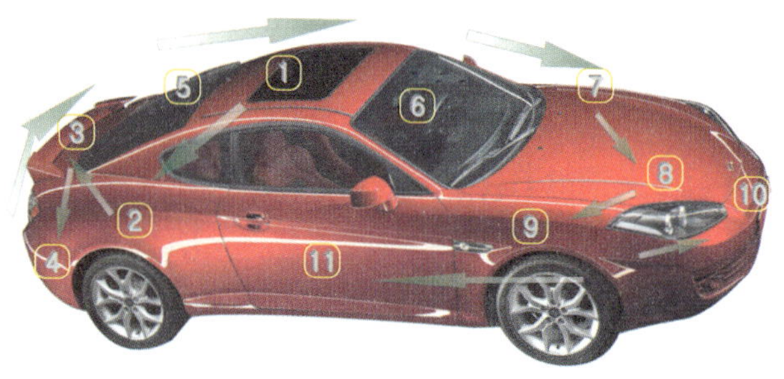

2 패널 도장(panel painting)

자동차 운행이나 주차 중 외부의 응력에 의해 패널이 손상되어 있을 때 원래의 모습으로 복원하기 위하여 패널을 교환하거나 패널로 구분한 범위를 재도장한다. 교환하는 경우에는 패널을 자동차에 부착하기 전에 도장하여 도장 완료 후 자동차에 부착하는 방식으로 현행되고 있고, 기존의 패널을 수정, 복원해서 사용하는 경우에는 패널의 도장할 부위 이외의 부분은 마스킹하여 차단하고 복원패널에만 도장 작업이 이루어진다.

3 부분 도장(blending painting)

자동차의 일부분이 손상이 되었을 때 패널 전체가 아닌 일부분만 도장하는 것을 말한다. 패널의 일부분만 도장하여도 소비자가 알아볼 수 없도록 도료를 날려 도장하고 건조 후 광택 작업을 통해 기존 도막과의 단차를 제거하여 유사한 광택이 나도록 한다. 특히 리어 펜더(rear fender) 교체 작업의 경우 해당 패널과 루프 패널(roof panel)과의 경계 부분에 베이스코트(base coat), 클리어코트(clear coat) 도장 후 블랜딩 시너(blending thinner)를 날려서 경계면이 나지 않도록 작업한다.

이 작업법은 패널 도장과 비교하여 조금 더 높은 난이도를 필요로 하기 때문에 패널 도장을 열심히 연습한 후에 부분 도장에 임하도록 하자. 현재 법률은 부분 도장업체에서 패널도장을 못하게 하고 있으며, 고객이 적은 보수를 지급하고 깨끗하게 만들고자 할 경우와 자동차의 색상이 잘 맞지 않을 때 부분도장하는 경우가 있다.

4 터치업 도장(touch up painting)

운행 중이나 정차 중 아주 작은 범위의 도장면이 손상되었을 때 터치업 페인트나 붓 등을 이용하여 도장 상처 부위에 발라서 수정한다. 스프레이건을 사용하지 않으며, 가장 쉽고 간단하게 자동차에 녹이 발생하는 것을 예방할 수 있다.

02 표준 도장 공정

각각의 공정들에 대해서 자세히 알아보도록 한다. 사용하는 재료와 장비는 앞에서 소개하였으므로 장비나 재료의 특성은 앞부분을 참고한다. 이장에서는 해당 장비나 재료의 사용법 및 작업방법에 대해서 설명하도록 하겠다. 작업공정 중 해당 작업의 포인트를 완전히 이해하고 실무에 적용할 수 있도록 하며 1coat 솔리드도장, 2coat 메탈릭·펄도장의 작업법을 주로 다루었으며, 3coat 펄도장은 도료의 종류와 도장 횟수만 다르기 때문에 이장의 마지막에 간단히 다루도록 하겠다.

그리고 어떤 제품의 완성도를 높이는 중요한 핵심은 작업을 누가 하든 상관없이 모든 공정을 정확히 수행해야 한다는 것이다. 그래야만 해당 결과물의 높은 품질을 기대할 수 있다. 한 공정을 생략하고 작업을 수행하더라도 지금 당장은 아무런 이상이 발생하지 않지만 어느 정도 시간이 경과한 후에 처음과 유사한 품질이 나오지 않는다면 이것은 표준이 아니라고 할 수 있다. 어떤 작업자가 작업을 하더라도 어느 정도의 품질이 나와야 한다. 물론 주어진 환경에 따라 조금씩은 차이가 있겠지만 모든 공정을 빠르게 수행하면서 결함이 발생하지 않도록 작업하는 것이 가장 이상적인 표준이라고 할 수 있다.

탈지공정과 에어블로

도장 공정에서 매 순서마다 빠지지 않는 공정이다. 특히 탈지공정을 거치지 않고 작업하면 작업 중이나 작업 완료 후 결함이 발생하는 경우가 많기 때문에 공정 공정별로 꼭 실시하도록 한다.

1 탈지공정

탈지공정은 작업물의 표면에 있는 유분이나 이물질 등이 퍼티도포면 연마공정에 들어가지 전 작업한다. 유분이나 이물질이 연마자국 안으로 들어가서 도장중이나 완료 후에 결함이 발생할 수 있기 때문이며, 결함발생 요소를 줄이기 위하여 실시하는 공정이다. 탈지할 때는 맨손으로 닦아내지 말아야 한다. 탈지액이 손에 묻어 인체에 해가 될 수 있고, 손의 땀이나 물 등이 철판과 반응하여 녹이 발생될 수 있다. 따라서 내용제 장갑을 꼭 착용 후 작업하도록 한다.

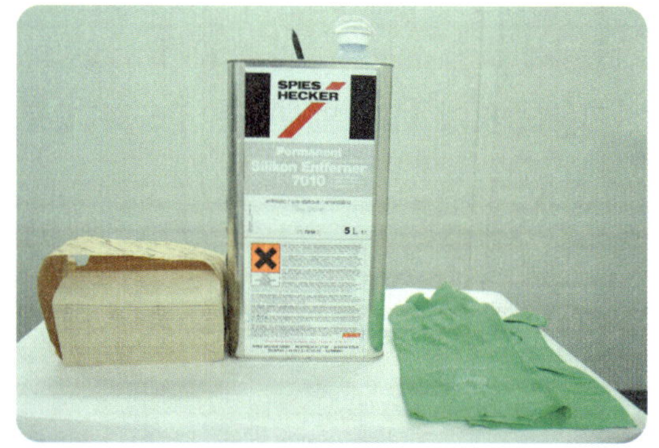

좌측에서부터 탈지용 걸레, 탈지제, 내용제장갑

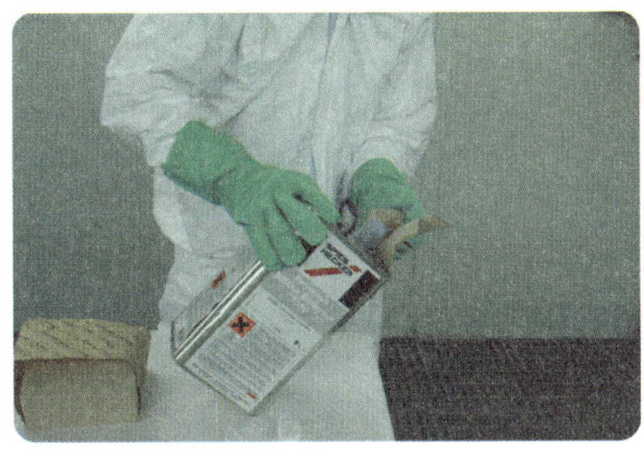

▲ 깨끗한 종이걸레 하나에 탈지액을 묻힌다.

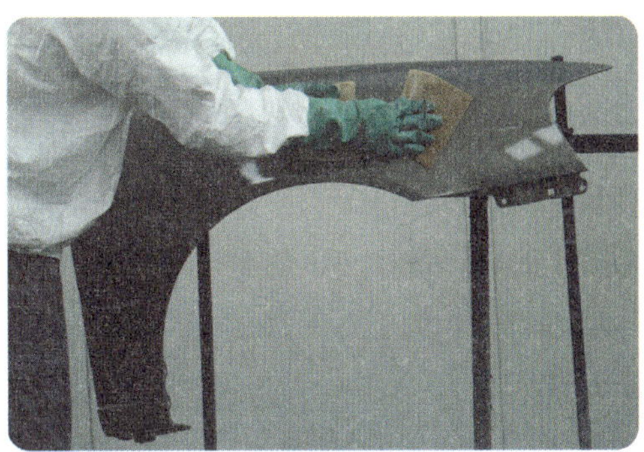

▲ 탈지액이 묻어 있는 종이걸레를 이용하여 먼저 패널을 닦고 패널에 탈지액이 마르기 전에 탈지액이 묻어 있지 않은 종이걸레를 이용하여 깨끗이 닦아낸다.

탈지액은 직접 걸레에 묻혀 사용하지만, 유기용제에 강한 압축부분무기에 탈지액을 담아 사용하면 탈지액의 낭비를 막을 수 있고, 작업법은 압축분무기를 압축 후 도장면에 직접 분사하고 걸레로 닦아내는 것이다.

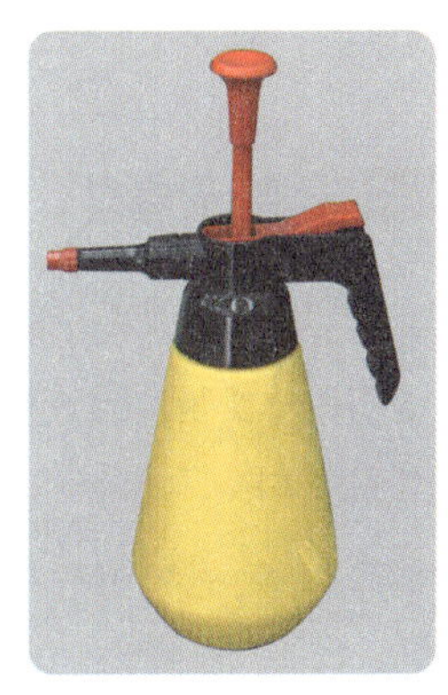

✚ 압축분무기

2 에어블로(air blow)

자동차나 패널에 묻어있는 먼지를 제거할 때 사용한다.
표면에 대해서 45° 정도의 각도로 불어낸다.

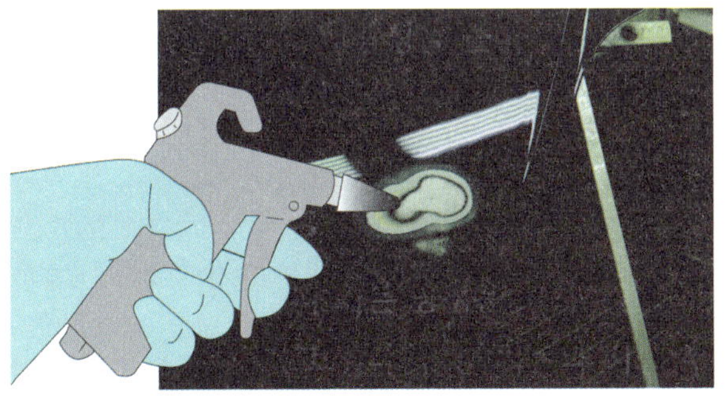

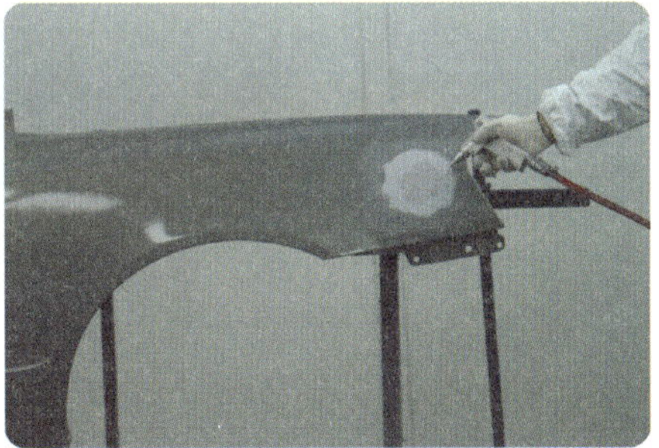

▲ 특히 기공 속에 있는 먼지나 수분을 완벽하게 제거하여 층간 부착 불량이나 블리스터 등의 결함이 발생하지 않도록 한다.

하도 공정

하도 공정은 퍼티도포면 연마공정, 퍼티도포공정, 퍼티연마공정으로 나뉜다. 하도 공정은 전체 도장 공정 중 60~70% 정도의 시간과 비중을 차지하는 가장 중요한 공정으로 하도 작업이 불충분할 경우 중도·상도 공정까지 나타나기 때문에 많은 노력과 기술이 필요하다고 할 수 있겠다.

또한 중도나 상도 공정은 하도 공정과 비교하여 쉽게 익힐 수 있는 공정이지만 하도 공정의 경우 어느 정도 이상의 품질을 만들어 내기 위해서는 수년의 경험이 필요하다. 현장 기술자 중에도 경력이 얼마 되지 않은 기술자들이 가장 힘들어하는 작업이기 때문에 많은 연습으로 빠른 시간에 정복하도록 노력하자.

1 요철 판별법

연마 작업에 들어가기 전 차량 표면의 요철을 판별하여 기준면보다 돌출되어 있는 곳은 망치나 펀치를 이용하여 제거하여야 하며 낮은 곳은 퍼티를 도포하여 기준면과 같게 평활성을 확보한다.

요철을 판별하는 방법은 직선자이용법, 감촉 탐지방법, 육안 확인방법 등이 있다.

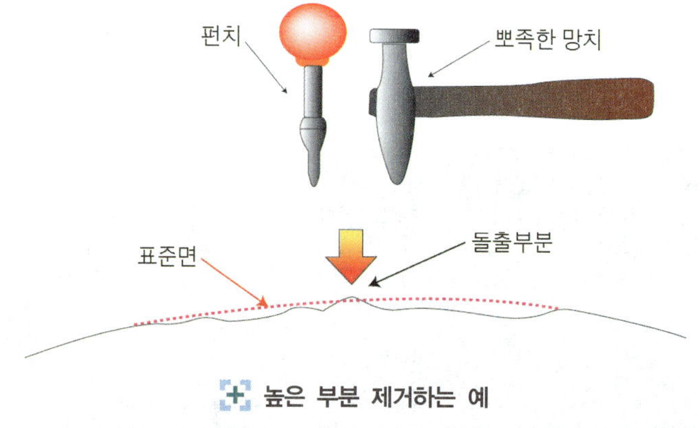

+ 높은 부분 제거하는 예

(1) 직선자 이용법

직선자를 이용하여 패널 요철부분에 대고 확인한다. 그림과 같이 낮은 부분은 직선자와 간극이 발생하고 높은 부분은 직선자가 패널과 붙지 않게 된다.

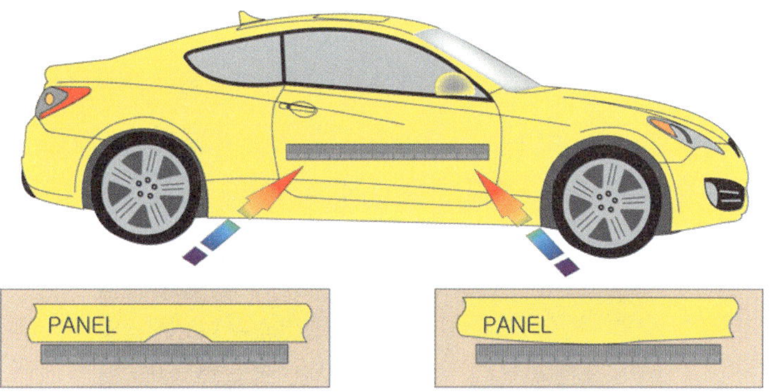

(2) 감촉 확인방법

차량표면을 손으로 만져 확인하는 방법이다.

(3) 육안 확인방법

작업하기 전 요철 확인에 가장 많이 사용하는 방법으로 작업장 내의 물체나 형광등에 차체 표면의 반사를 이용한 것이다. 요철이 있을 경우 직선이 물체가 굴절이 일어나는 것을 확인한다.

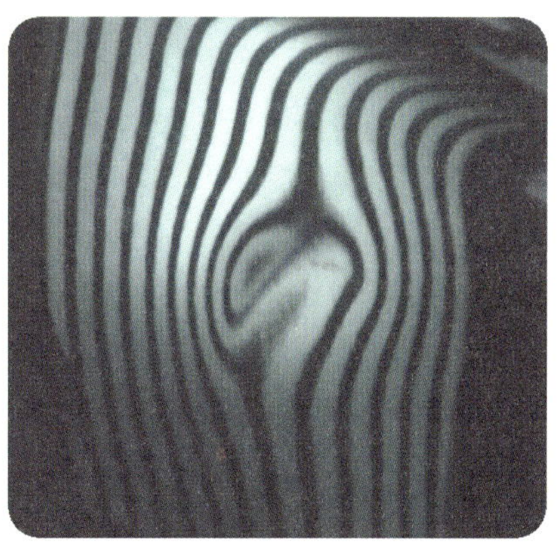

■2 퍼티 도포면 연마공정

퍼티를 도포하기 전 퍼티와 패널과의 부착을 위해서 연마를 하게 된다. 특히 자동차 보수 도장의 경우 기존의 도막 위에 퍼티를 도포하여 평활성을 확보한 뒤 다음 공정으로 순차적으로 진행되기 때문에 가장 중요한 공정이라고 볼 수 있다.

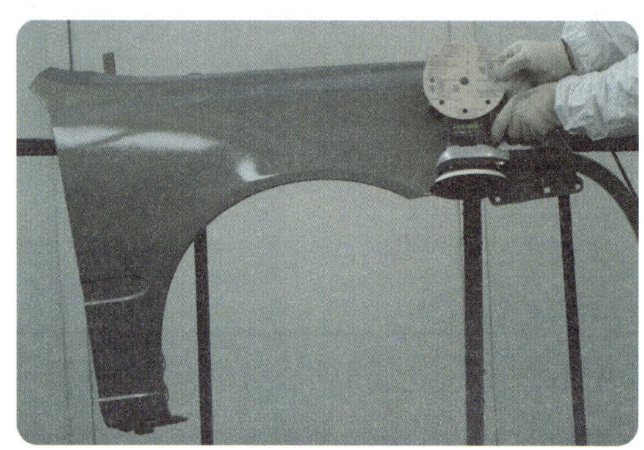

(1) 탈지공정이 완료된 패널에 연마지를 이용하여 단낮추기 작업을 한다.

탈지공정이 완료된 패널에 P80~P120 연마지를 이용하여 단낮추기(feather edging) 작업을 한다. 핸드블록을 사용하거나 더블액션샌더기(오버다이어 5mm 이상)를 이용한다. 전기식 더블액션샌더기의 경우에는 오버다이어가 5mm인 것을 사용하며, 에어식 더블액션샌더기는 7mm를 사용한다. 또한 예전과 비교하여 샌더기와 연마지의 품질이 좋아지고, 퍼티 도포 두께가 줄면서 현재에는 P80보다는 P120 연마지를 많이 사용하고 있는 추세이다. 샌더의 패드는 부드러운 것을 사용하지 않고, 딱딱한 것을 사용하여 요철을 타고 넘지 않도록 한다.

그리고 연마지를 샌더에 부착할 경우 연마지의 구멍과 샌더의 구멍을 일치시켜 연마 분진이 집진기로 쉽게 들어갈 수 있도록 한다.

한 가지 주의해야 할 사항으로 강판을 지나치게 연마하여 광택이 나기 시작하면 부착성이 나오지 않는 경우가 발생하므로 필요 이상으로 연마하지 않도록 한다.

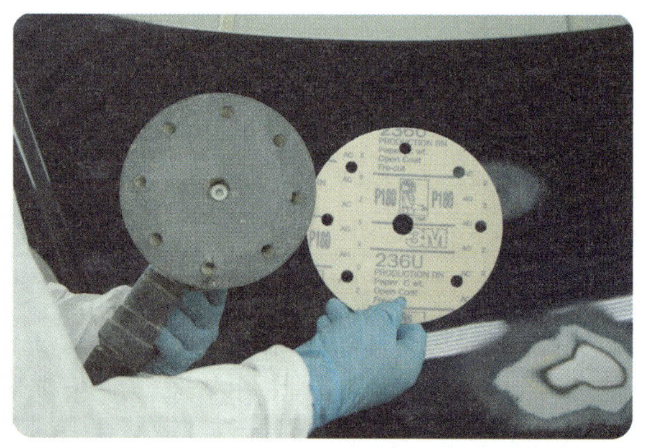

1) 단 낮추기(feather edging)

자동차의 패널에 사고나 판금 정형을 하게 되면 도막에 턱이 발생하게 된다. 이러한 턱이 발생되면 그 부위를 넓게 연마하고, 퍼티를 도포해야 한다. 턱을 없애고 넓게 완만한 경사를 만드는 것을 단낮추기라 하며 또한 단낮추기를 하면 작업 패널에 도장이 몇 번 되었는지가 보이기 때문에 구도막의 상태를 확실히 파악할 수 있다.

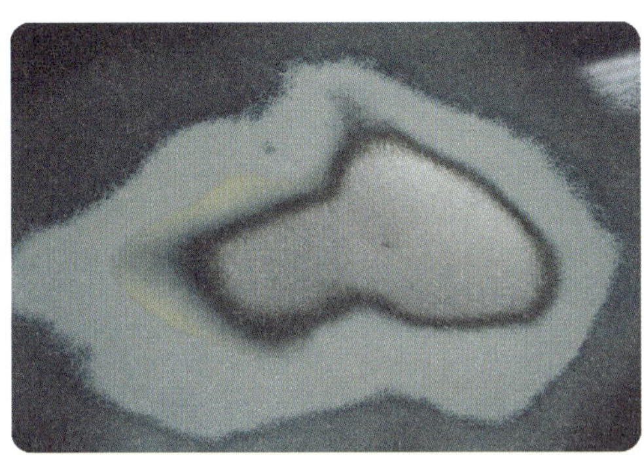
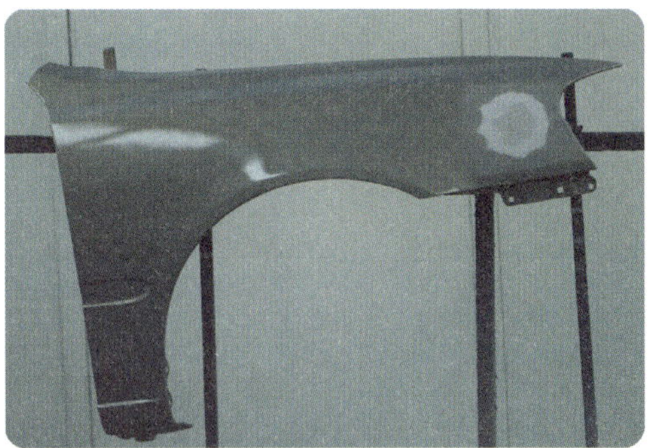

도막의 두께에 따라 단낮추기의 길이는 길어져야 한다. 신차도막의 경우에는 철판과 끝단의 거리를 2~3cm 정도로 하며 보수 도장 후 재 보수하는 도막의 경우에는 3~5cm 정도로 넓게 해주는 것이 좋다. 단낮추기를 하지 않을 경우 퍼티가 완전 건조 되면 기존의 사고에 생긴 자국이나 판금 그라인딩 작업 후 생겨있던 자국들이 보이게 되므로 도막의 두께가 두꺼우면 두꺼울수록 넓게 작업해 주는 것이 좋다.

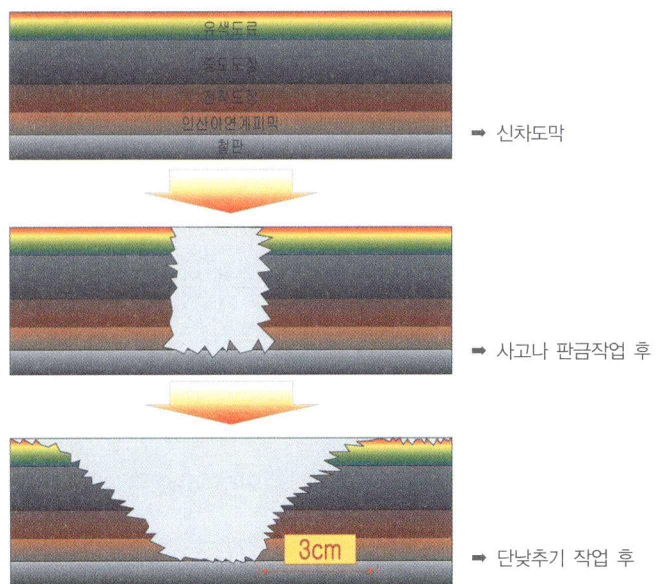

신차도장의 경우 도막의 전체 두께가 얇기 때문에 최대 3cm 정도 단낮추기를 하여도 도장 완료 후 결함이나 턱이 발생하지 않는다.

하지만 보수도막의 경우에는 도막의 두께가 상당히 두꺼우므로 신차도장과 같이 3cm 정도만 단낮추기를 하면 퍼티 도포 후 도막의 턱이 발생하고 평활성을 잡기가 용이하지 않기 때문에 가급적 넓게 해주는 것이 바람직하다.

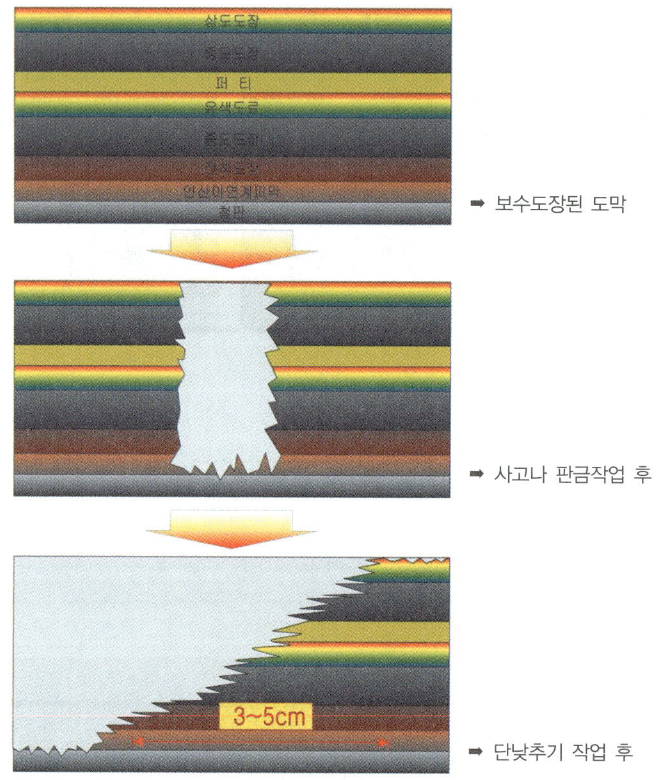

➡ 보수도장된 도막

➡ 사고나 판금작업 후

➡ 단낮추기 작업 후

2) 단낮추기 만드는 방법

① 더블액션 샌더를 사용할 때에는 힘을 주지 않도록 하며 샌더의 무게만을 이용하여 연마한다.

② 샌더 패드의 중심으로 연마하는 느낌으로 연마를 한다. 절대 샌더의 일부분을 들지 않도록 한다.

③ 내부에서 외부로 연마한다. 철판에서 외부 쪽으로 이동하면서 연마를 해야만 단낮추기의 경사각이 깨끗하게 만들어진다.

3) 단낮추기의 장점

① 퍼티나 프라이머 서페이서의 부착력 향상

② 도장결함 방지

단낮추기의 범위를 좁게 작업한 경우 먼지나 이물질 또는 용제가 침투되어 있다가 도장 공정 완료 후 도막 외부로 나오게 되고, 이렇게 되면 내부에 틈새가 생겨 부풀음이 발생하게 된다. 하지만 넓게 작업을 하면, 퍼티를 도포할 때 바짝 당겨 미세한 구멍까지 퍼티를 채울 수 있고, 이물질이나 먼지 때문에 생기는 차후의 결함을 줄일 수 있다.

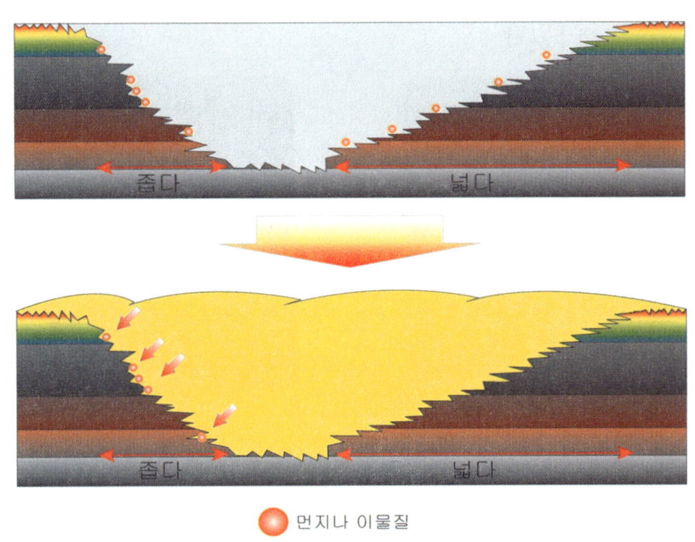

③ 작업공정의 단축

상처가 깊지 않을 경우 단낮추기를 넓게 하고 프라이머 서페이서를 두껍게 도장하여 중도 연마시 평활성을 확보하면 퍼티공정 없이 바로 중도공정으로 갈 수 있기 때문에 작업 시간을 단축시킬 수 있다.

4) 작업 시 주의사항

- 반드시 방진마스크, 장갑 등의 안전보호구를 착용한다.
- 오래 사용하여 연마가 잘 되지 않는 연마지는 신품으로 교체하여 작업속도를 높이도록 한다.
- 샌더는 가볍게 파지하며, 패널 쪽으로 힘을 주지 말고, 샌더의 무게만을 이용하여 연마하는 기분으로 가볍게 연마한다.
- 홈이진 부분이나 샌더가 들어가지 않는 좁은 부분을 무리하게 샌더기로 연마하여 샌더의 패드가 손상되거나 샌더기가 고장나지 않도록 주의한다.
- 가능한 단낮추기의 폭을 넓게 하며 경사가 완만하도록 만든다.
- 샌더는 비스듬히 사용하지 않고 패널에 대하여 평행을 이루도록 한다.

(2) 단낮추기된 부분의 외부를 P180~P220 연마지를 이용하여 연마

주변부위와 P80~P120 연마자국을 제거하면서 연마한다. 퍼티를 도포할 경우 단낮추기가 된 부분만을 도포할 수 없기 때문에 가급적이면 단낮추기가 완료된 부분의 주변부위를 사각형으로 연마한다. 이렇게 하면 퍼티 도포 후 연마를 할 때 부착력이 나오지 않아서 평활성을 잡기 힘든 것을 방지할 수 있다.

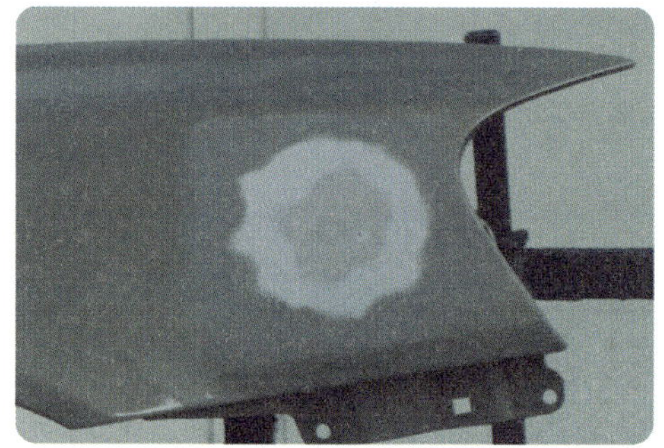

(3) 에어블로 실시

먼지나 이물질이 있는 상태에서 퍼티를 도포하면 층간밀착불량이 발생하기 때문에 압축공기를 이용하여 연마가루나 먼지를 제거한다.

에어블로를 할 경우에는 블로건을 45°로 하여 불어내며 더욱 깨끗이 제거하기 위해서는 블로우건을 들고 있지 않는 손을 연마부위에 대고 털어내면서 불어내는 방법이 있다. 이렇게 하면 더욱 빠른 시간 안에 먼지를 제거할 수 있다.

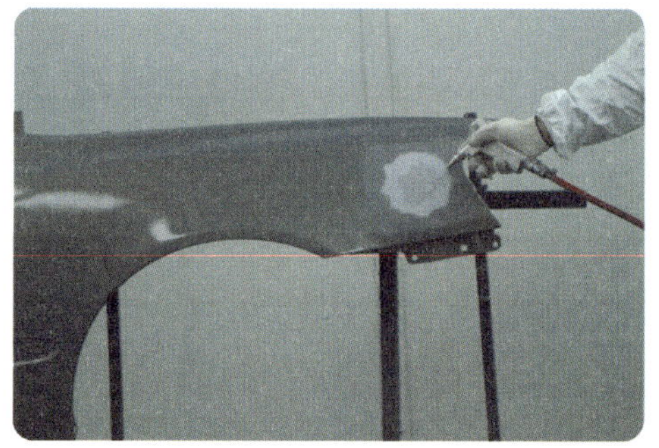

(4) 탈지

에어블로가 끝난 후 탈지를 한다. 이물질이나 먼지 등이 잔존해 있을 경우 층간부착이 잘 나오지 않기 때문에 탈지를 한다. 현장에서 근무하는 일부 기술자들은 이 공정을 생략하고 넘어가는 경우가 많지만 가급적 탈지공정을 생략하지 말고 필히 작업 후 퍼티를 도포하는 습관을 갖도록 하자.

■3 퍼티 도포 공정

자동차 보수 도장에서는 2액형 폴리에스테르 퍼티를 주로 사용한다. 주제 단독으로는 절대 건조되지 않으며, 경화제를 혼합하고 일정한 가사 시간 후에 경화건조되는 형태의 도료를 사용하고 있다.

퍼티 도포 횟수는 가급적 2회로 한다. 1차 퍼티는 도장면의 평활성을 잡기 위해서 도포하고, 2차 퍼티는 1차 퍼티 연마 후의 기공이나 거친 연마자국을 수정하기 위해서 도포한다고 생각하자. 2차 퍼티를 두껍게 도포하면, 또다시 평활성을 잡기 위해 거친 연마지를 사용해야 하고, 깊은 연마자국을 메우기 위해 3차 퍼티를 도포하여 작업 시간이 증가하는 경우가 생길 수 있다.

P180정도의 연마지는 P80의 거친 연마지와 비교했을 때 평활성 확보가 용이하지 않다. 평활성을 쉽게 확보하기 위해서는 연마할 때 연마지가 거친 것을 사용하는 것이 좋지만 지나치게 거친 연마지를 사용할 경우 2차 퍼티도포 후 중도, 상도 도장이 완료되면, 도장면에 거친 연마자국이 남아있을 수 있으므로 P80 정도보다 거친 연마지 사용은 피하도록 하자.

그리고 도료가 완전히 건조되는 3개월 정도가 경과한 후 상도도료에서 연마자국이 보이는 경우가 있다. 이러한 현상이 생기는 이유는 연마지 선택시 연마지간 범위가 넓기 때문이다. 예를 들면 80연마지 사용 후 180연마지를 사용하고, 320연마지로 마무리를 하게 되면 작업 속도는 빠르지만 연마자국이 발생되게 된다.

결함이 생기지 않게 작업하는 방법으로는 80연마지로 평활성을 확보한 후, 120연마지로 살짝 연마하여 표면의 80연마자국을 제거하고, 180으로 다시 연마하여 표면의 80연마자국이 실수로 남게 되는 것을 줄일 수 있다. 그리고 2차 퍼티 연마 후의 180연마자국도 위와 동일한 이유로 220연마지로 180연마자국을 제거하고, 320연마지로 연마한 후 중도 도장을 해야만 차후에 나타나는 결함 발생되는 것을 방지한다.

(1) 퍼티교반공정

퍼티 이김판, 주걱, 퍼티주제, 퍼티경화제가 사용된다. 그 외 여분의 퍼티를 제거하기 위한 스크레이퍼와 걸레가 있다. 일부 현장에서 퍼티 연삭성을 좋게 하기 위해 은분이나 호분을 폴리에스테르퍼티에 첨가하여 도포하는 경우가 있다. 하지만 이렇게 작업하는 것은 마치 석고판 위에 작업하는 것과 같이 퍼티가 도료를 빨아들여 도장 후 광택 감소의 원인이 되고, 주제와 경화제의 사슬구조의 결합을 저해시키기 때문에 절대 넣지 않도록 한다. 또한 퍼티는 중량비로 주제와 경화제를 혼합하기 때문에 반드시 전자저울을 이용하여 정확한 양을 혼합하도록 해야 한다.

① 주제의 뚜껑을 연다.

② 교반봉을 이용하여 주제를 골고루 섞는다.

이김판에 덜어둔다

주제를 교반

③ 퍼티 주제 적당량을 퍼티 이김판에 먼저 덜어둔다.

④ 경화제를 혼합비율에 맞게 주제 옆에 짠다.

이김판에 덜어둔다

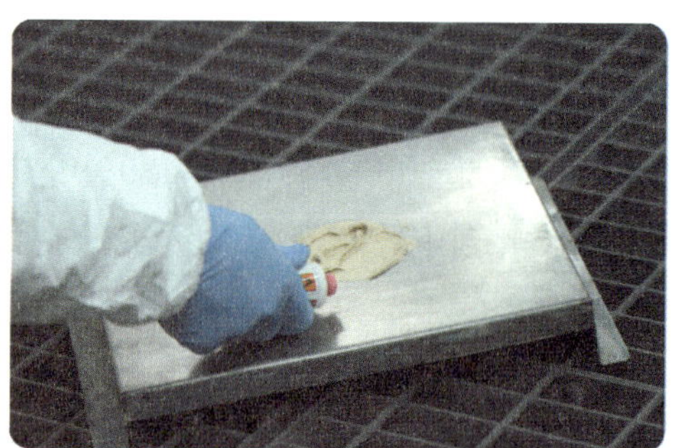

경화제 첨가

⑤ 주걱에 먼저 주제를 묻힌다.

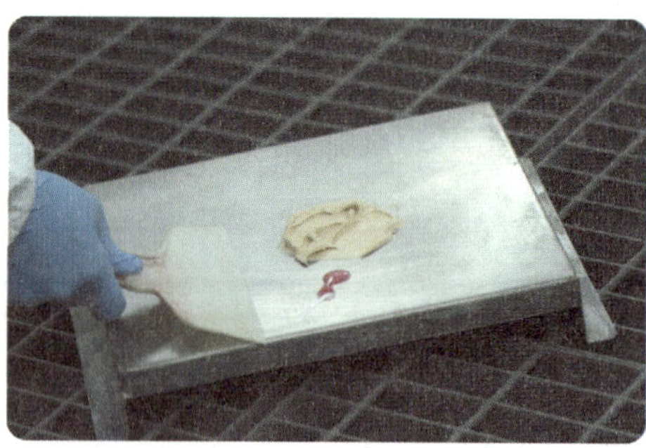

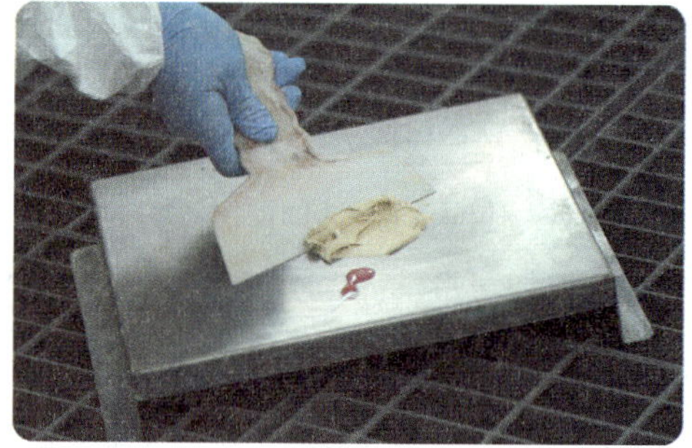

⑥ 주제와 경화제가 골고루 혼합되도록 아래의 사진 순서대로 섞는다.

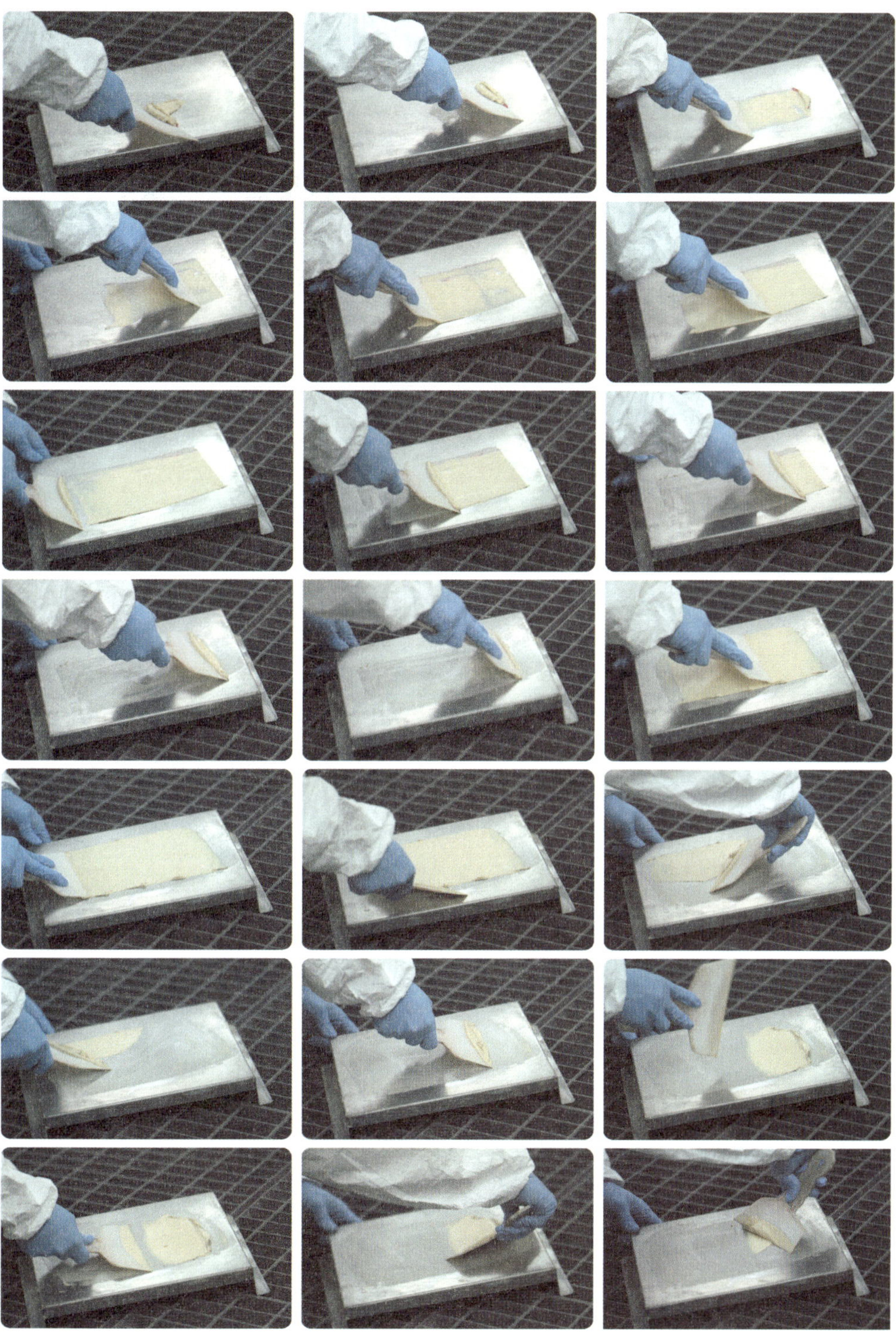

⑦ **이김판의 한쪽 구석에 모아둔다.**

이김판의 나머지 부분은 퍼티를 도포할 때 주걱의 뒷면을 닦거나 퍼티 주걱을 깨끗이 만들기 위해서 사용한다.

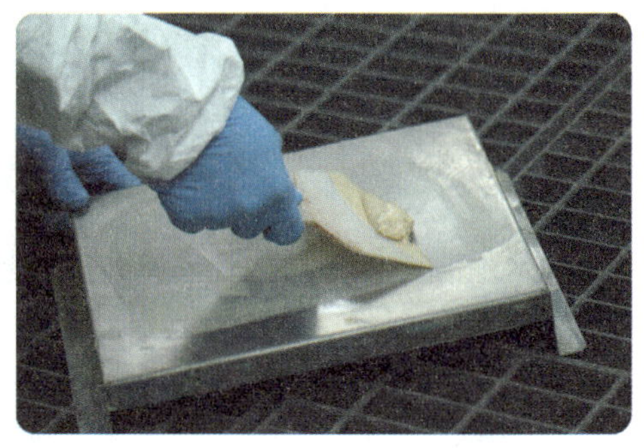

퍼티교반 방법

(2) 퍼티도포공정

주걱을 잡는 방법과 도포각도를 참고한다.

① 주걱에 퍼티를 묻히고 60° 정도의 각도를 유지하면서 도포하고자 하는 면에 퍼티를 바짝 당긴다.

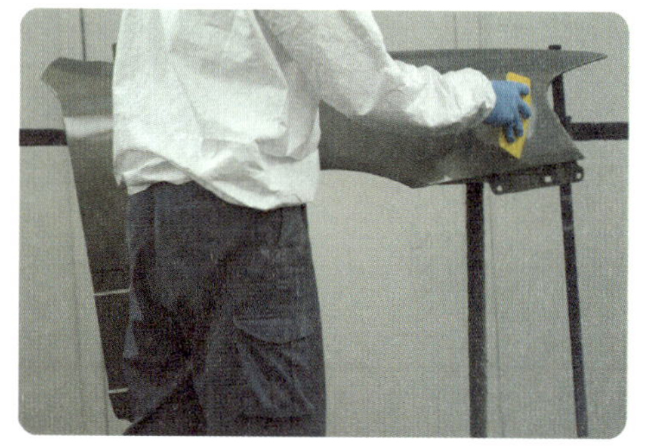

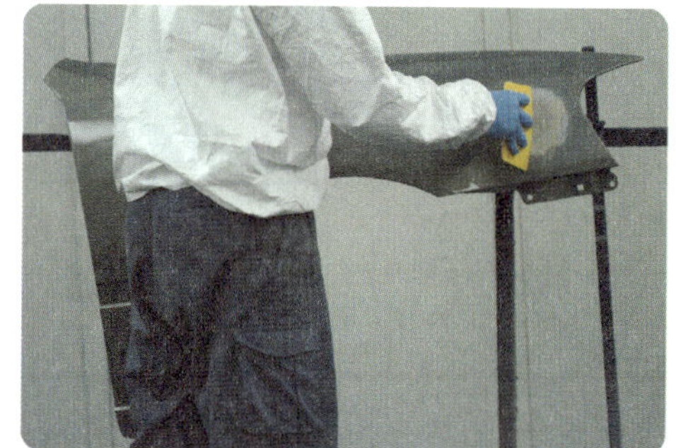

처음에는 퍼티를 바짝 당겨서 연마자국에 퍼티가 들어갈 수 있도록 도포하는 것이 핵심이다. 이렇게 도포해야만 퍼티 내부에 기공이 생기지 않고 층간 부착이 향상된다. 반드시 홈을 메우도록 한다.

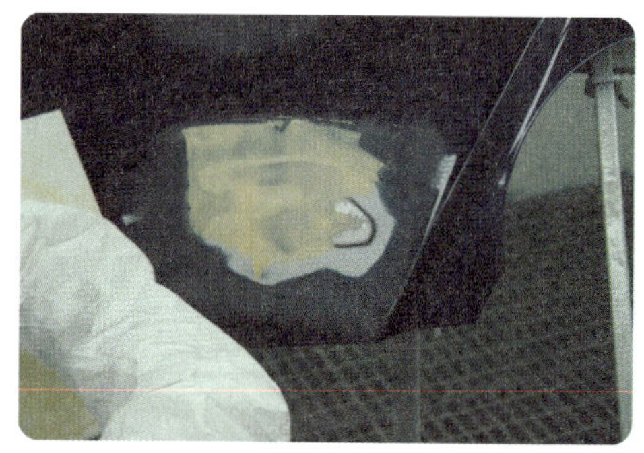

② 살을 채운다.

주걱의 각도를 60°에서 시작하여 중앙부분에서는 15° 정도로 하고 끝나는 부분에서는 다시 60° 정도로 하여 끝낸다. 주걱의 각도가 낮으면 낮을수록 퍼티의 도포 두께가 두꺼워진다. 한 번에 두껍게 도포하면, 퍼티 내부에 기공이 잔존하게 되어 결함의 요소가 되기 때문에 얇게 여러 번 도포하여 기공이 생기지 않도록 하는 것이 중요하다.

4 퍼티 도포 작업

(1) 퍼티 주걱 잡는 법

퍼티주걱을 쥐는 방법에는 그림과 같이 두 손가락을 이용한 방법과 세 손가락을 이용한 방법이 있다. 세 손가락으로 주걱을 잡기는 힘들지만 주걱 날 끝에 힘이 균일하게 가기 때문에 두 손가락으로 잡는 것에 비해 평면에 도포하기가 용이하다.

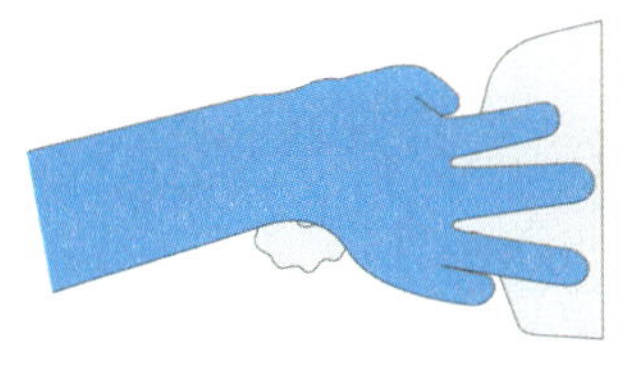

+ 세 손가락 잡는 법   **+ 두 손가락 잡는 법**

(2) 퍼티 도포 각도

피도체에 대하여 각도를 세우면 퍼티가 얇게 도포되며 주걱의 각도를 눕히면 퍼티의 살이 채워진다. 각도는 자연스럽게 눕히고 세워야만 도포 후 도포 방향의 수직으로 자국이 생기지 않으며, 도장면 쪽으로 많은 힘을 주지 않도록 한다.

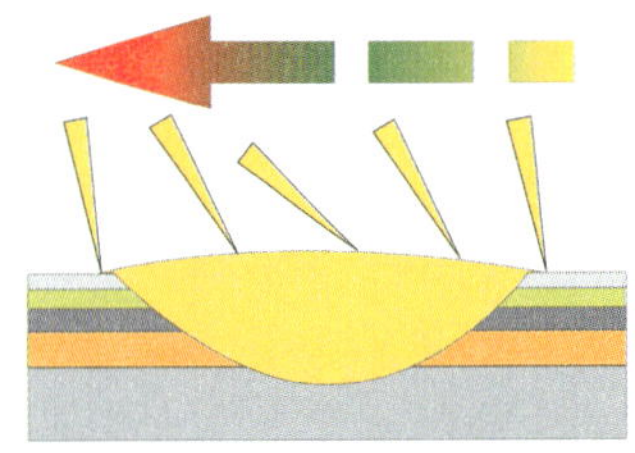

(3) 퍼티 도포 순서

+ 퍼티 도포 각도

1) 주걱 사용법

① 샌딩이 완료된 패널에 먼지를 제거하고 탈지한다.
② 혼합된 퍼티를 주걱을 이용하여 덜어낸다.

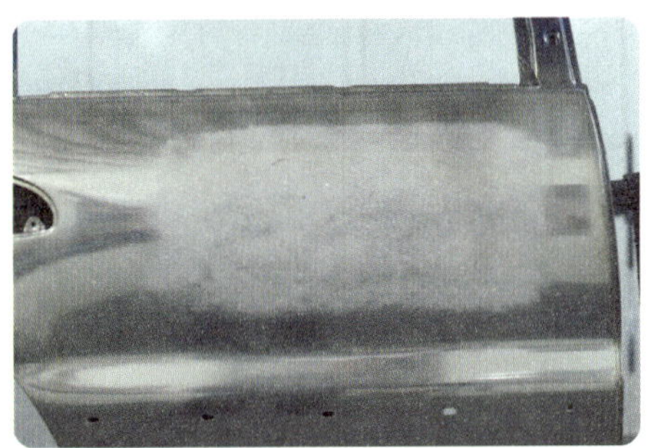

+ 퍼티도포면 표면조정완료   **+ 퍼티 덜어내는 법**

③ 덜어낼 때는 주걱의 각도를 70° 정도로 하여 덜어낸다. 항상 주걱의 뒷부분은 퍼티가 묻어 있지 않도록 한다. 퍼티가 묻어 있으면 도포할 경우 퍼티가 주걱의 뒷부분에 타고 올라가 도포면에 묻을 수 있다.
④ 퍼티를 덜어낸 모습으로 주걱의 양옆에는 묻히지 않도록 한다. 주걱의 양옆에 퍼티가 묻게 되면 도포 시 퍼티의 산을 제거할 수 없게 된다.

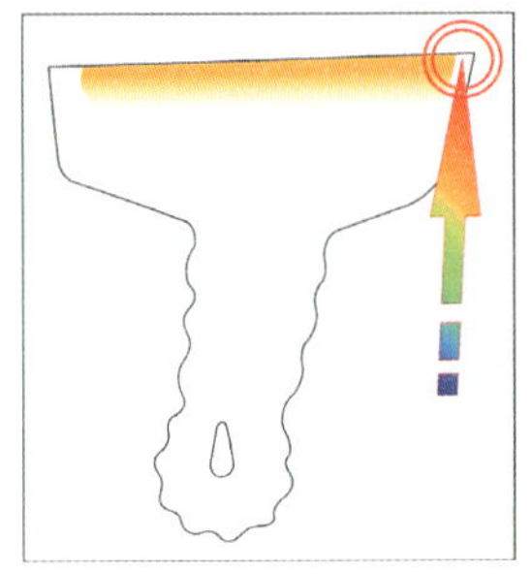

+ 화살표 부분은 퍼티를 덜어낼 때 묻지 않도록 한다.

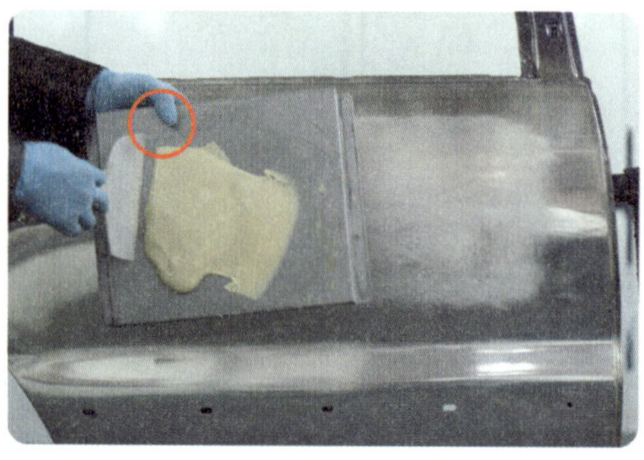

✚ 퍼티 덜어내는 법(좋은 예)

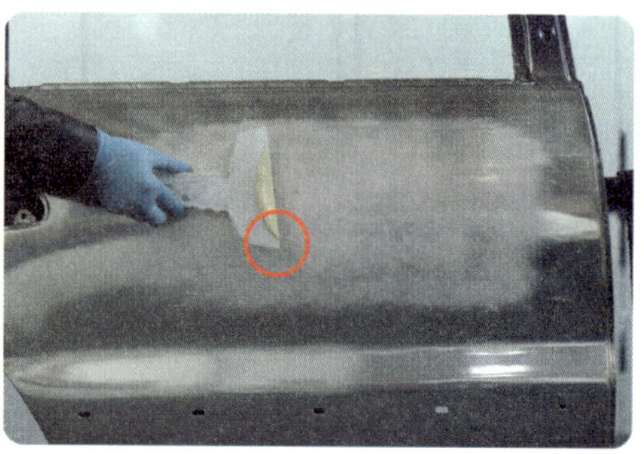

✚ 퍼티 덜어내는 법(좋은 예)

- 주걱의 양옆에 퍼티가 묻어 있을 경우 아래의 사진과 같이 퍼티가 도포된다. 퍼티의 산을 제거하면서 도포해야 하는데 제거할 수 없게 된다.

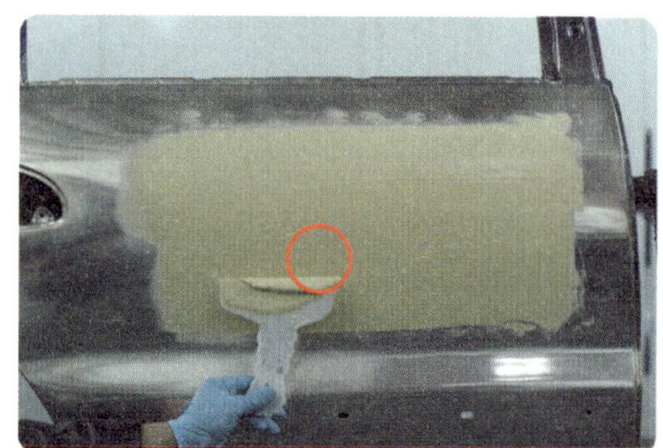

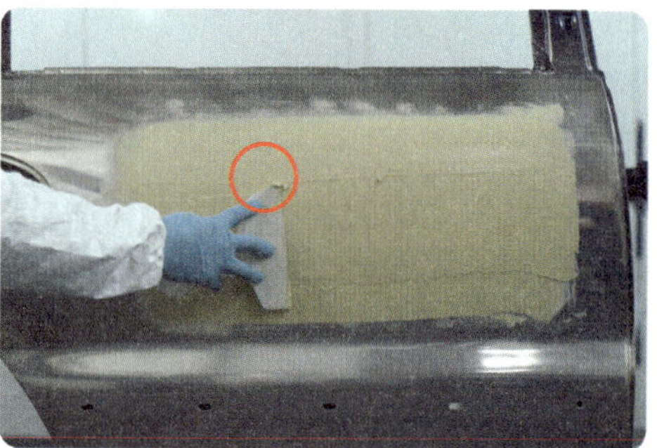

✚ 퍼티 덜어내는 법(나쁜 예)

2) 평편한 면 퍼티 도포하기

위쪽에서 출발하여 아래쪽으로 도포한다. 그림의 순서를 참고한다.

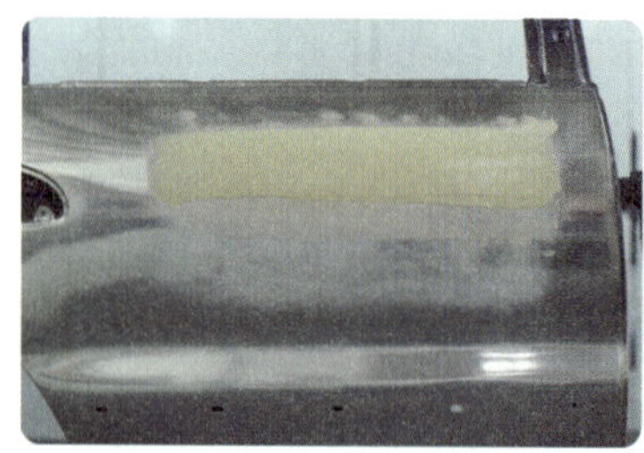

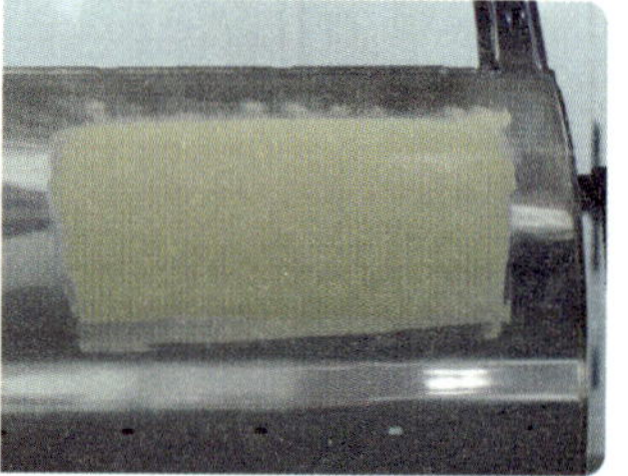

3) 퍼티도포 방법

요철부분의 단낮추기, 에어블로, 탈지가 완료된 도장면에 퍼티를 도포하는 방법이다. 그림

은 오른손으로 작업하는 작업자들이 도포하는 방법이다. 왼손으로 도포하는 방법은 반대로
생각하면 된다.

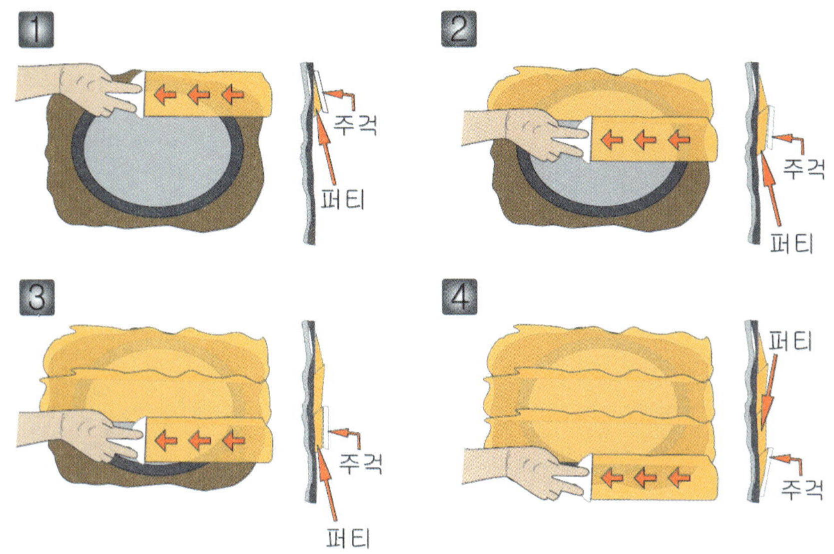

① 단낮추기 되어 있는 부분의 외곽에서 시작한다. 시작점에서는 주걱을 60° 정도 세우고
 시작하며 짙은 회색지점인 부분에서 주걱의 각도를 45° 정도로 하여 당기고 두껍게 도포
 해야하는 부분은 30° 정도로 기울여 도포한다. 다시 외부로 갈 때에는 30°에서 45°로
 60°로 세우면서 단낮추기 밖으로 이동한다. 이동시에는 절대로 멈추지 않도록 주의한다.
 멈출 경우 주걱에 찔려서 멈춘 자국이 남기 때문에 초당 30cm 정도로 이동한다. 주걱을
 파지한 손은 검지에 힘을 주어 퍼티의 단이 최소화 되도록 하며 중지는 주걱이 꺾이지
 않도록 받치고만 있는다.
② 이동속도나 주걱의 도포각도는 ①과 같다. 주걱을 파지한 손 검지에 힘을 빼서 ①번
 도포했던 퍼티가 깎이지 않도록 하는 것이 중요하다. 그림과 같이 ①번 도포된 퍼티를
 ②번 퍼티가 타고 넘어야 한다. 중지는 ①과 같이 주걱을 받치고만 있는다.
③ ②번 설명을 참고한다.
④ 이동속도나 주걱의 도포각도는 ①과 같다. 하지만 주걱을 파지한 손 검지에 힘을 빼서
 ③번 퍼티가 깎이지 않도록 하면서 ③번 퍼티를 타고 넘도록 그림과 같이 도포하며
 중지는 힘을 많이 주어서 퍼티도포의 단이 최소화 되도록 하는 것이 중요하다.

☑ 퍼티 산이 생기는 원인

퍼티를 도포할 경우 주걱의 크기보다 퍼티를 도포해야 하는 부위가 크기 때문에 발생한다. 퍼티의 산은 주걱의 크기보다 퍼티를 도포해야 하는 부위가 3배일 경우 3회 도포하며 그곳이 발생한다. 첫 번째 도포한 도포면과 두 번째 도포한 도포면과의 경계면이 퍼티의 산이다. 그리고 2회와 3회에도 생기게 된다. 퍼티 도포해야 하는 경우 이 산을 최소화시켜야 평활성을 잡는 시간을 단축할 수 있다.

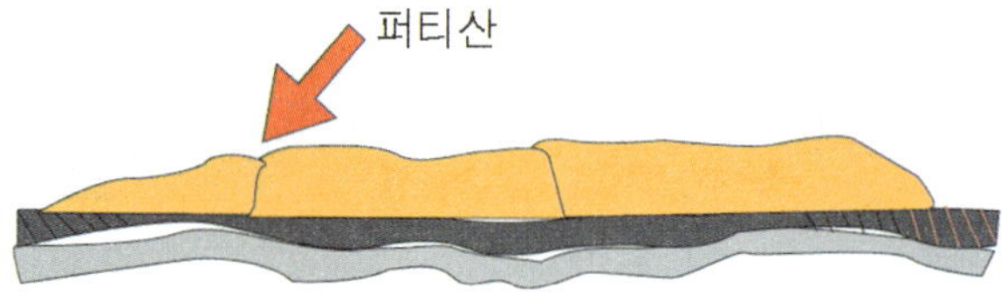

4) 프레스 라인 퍼티 도포하기

① 먼저 위부분에 퍼티를 도포한다.
   우측에서 좌측으로 이동

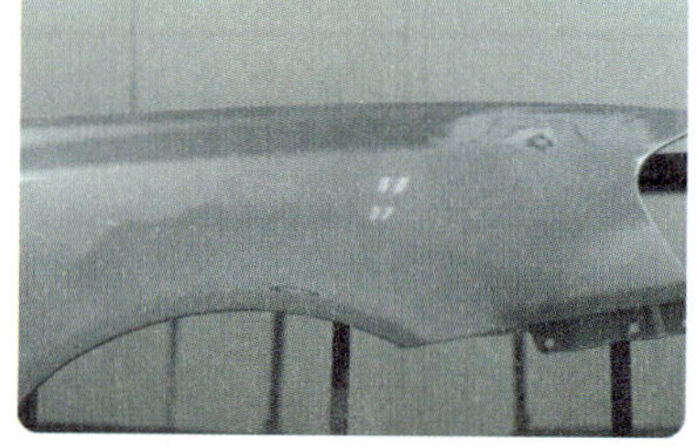
연마 완료

② 아랫부분 퍼티를 도포한다.
   위쪽에서 아래쪽으로 도포한다. 프레스 라인 부분의
   많은 퍼티를 아래쪽으로 긁어낸다.

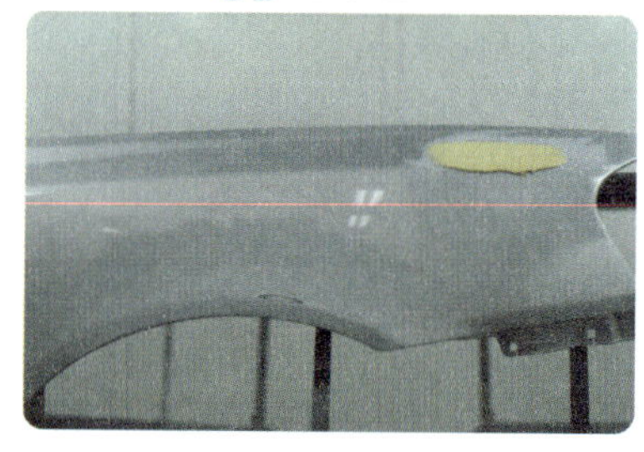
위쪽부분 퍼티도포

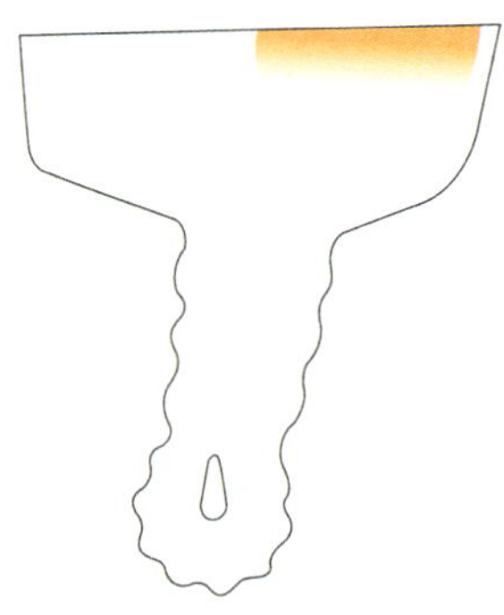
퍼티를 묻히는 부분(안쪽)

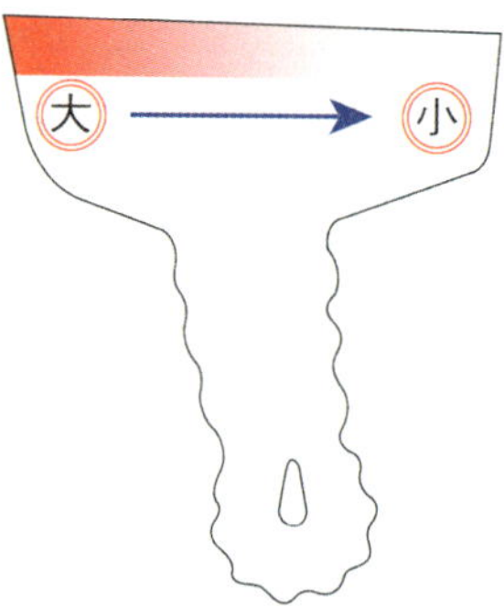

도포시 힘의 배분(바깥쪽)

③ 다시 우측에서 좌측으로 퍼티를 도포한다.

이때 프레스 라인 부분의 퍼티를 남기기 위해서 엄지손가락에 힘을 빼고 살짝 드는 느낌으로 당긴다. 이와 동시에 시작은 주걱의 각도를 60° 정도로 세우고, 서서히 각도를 낮추면서 이동한다. 가장 낮은 부분은 각도를 30° 정도 낮추고 다시 서서히 각도를 높이면서 이동하다가 최종 끝나는 부분에서는 각도를 60° 정도로 하여 마무리한다.

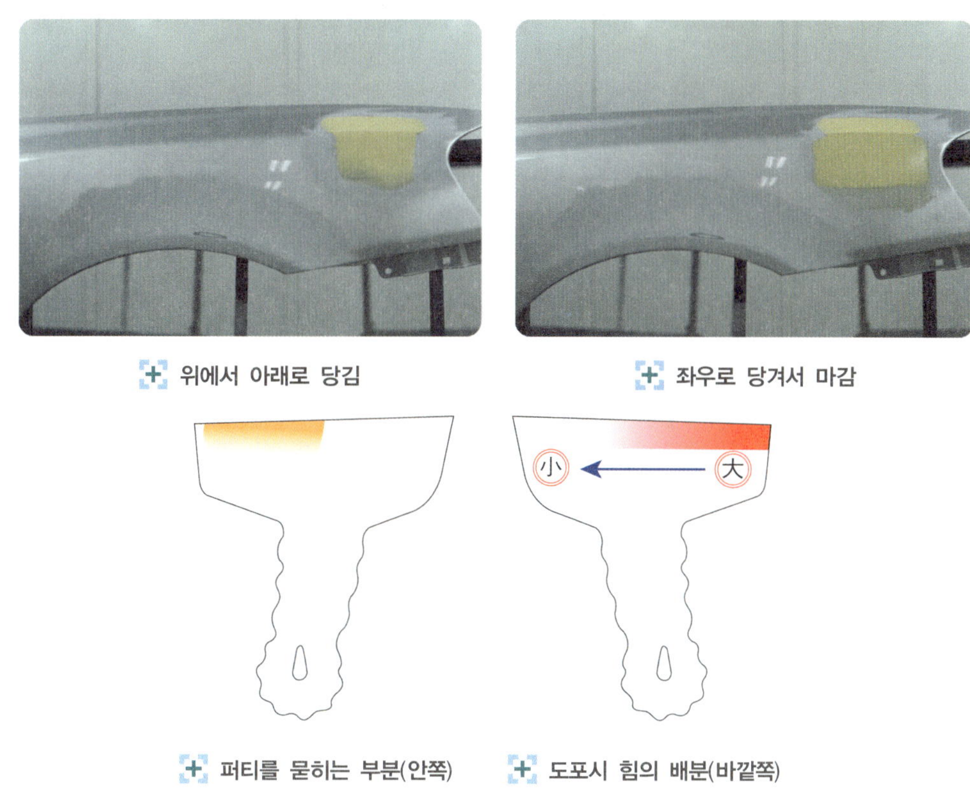

④ 프레스 라인 부분의 퍼티를 깎아낸다.

5) 라운드부분 퍼티 도포하기

라운드와 프레스 라인이 같이 있는 부분의 퍼티 도포하기 순서이다.

① 위에서 아랫방향으로 퍼티를 도포한다.

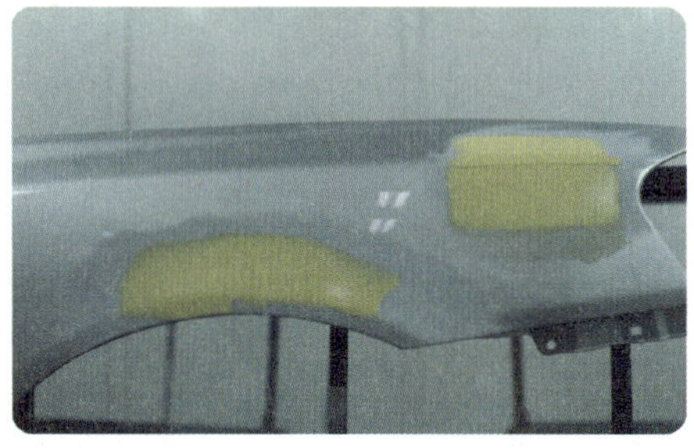
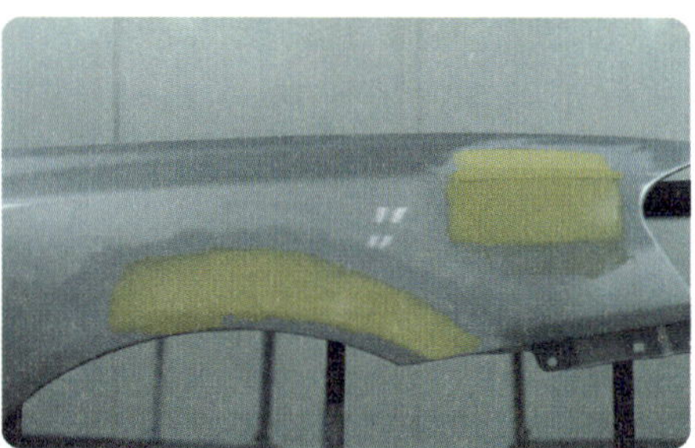

✚ 안쪽으로 들어간 부분을 먼저 도포

② 프레스 라인 아랫부분 평평한 부분에 퍼티 살을 올린다.

✚ 외부로 돌출된 프레스라인에 퍼티를 도포

③ 주걱의 왼쪽부분에 힘을 많이 주고 오른쪽에는 힘을 빼며 각도는 60° 정도로 하여 우측에서 좌측으로 주걱을 당긴다. 이 후 45° 정도로 하여 두께를 조절하며 마무리 부분에서 다시 주걱 각도를 60° 정도로 하여 마무리한다. 왼쪽 주걱에 힘을 많이 주어 퍼티의 도포 경사가 완만하게 될 수 있도록 하는 것이 건조 후 연마 때 좋다.

✚ 안쪽 부분에 도포된 퍼티를 좌우로 당겨 매끈하게 만듦

④ 프레스 라인 아랫부분 퍼티의 면을 만든다. 그림과 같이 주걱을 잡고 도포한다. 이때 패널 방향으로 힘을 주지 않도록 한다.

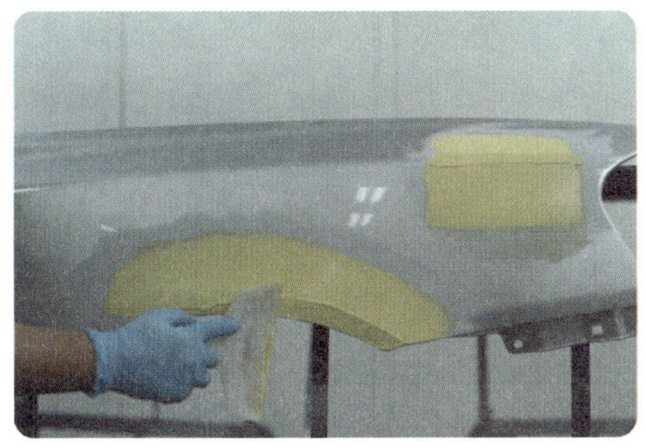

✚ 프레스라인 아래로 내려와 있는 퍼티를 정리

⑤ 퍼티 도포가 완료된 후 가열 건조한다.

✚ 연마하기 어려운 부분을 나중에 당겨서 퍼티의
산이 연마하기 쉬운 외부 각 쪽으로 쌓이게 도포

6) 퍼티 도포 포인트

① 주걱을 세워서 시작하고 점차 주걱의 각도를 눕혀서 살을 채우며 다시 주걱의 각도를 세워서 마무리한다.

② 피도체에 대하여 주걱에는 힘을 주지 않는다 (단지 주걱의 각도로만 조절한다).

③ 초당 30cm 정도의 속도로 이동한다(너무 천천히 이동할 경우 사진과 같이 퍼티산이 남게 된다).

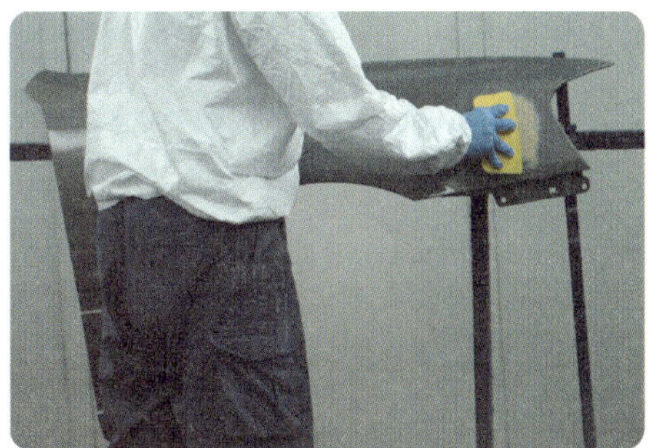

✚ 주걱을 천천히 이동하면 퍼티산이 남는다.

④ 살을 채울 경우 주걱의 각도를 눕힌다.

⑤ 시작과 끝부분은 주걱의 각도를 세워 완만한 경사를 만든다.

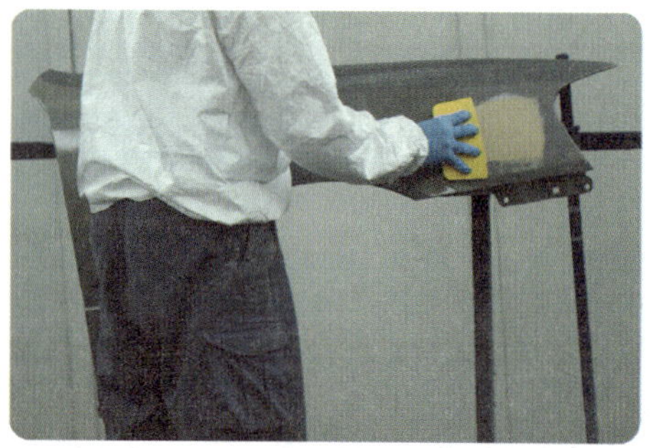

살을 올릴 경우 주걱의 각도를 눕힌다.　시작과 끝은 주걱을 완만한 경사로 만든다.

⑥ 한 번에 두껍게 도포할 경우 기공이 발생하므로 얇게 여러 번에 나누어 도포한다.

⑦ 면을 확보하기 위해서는 연질의 주걱보다는 경질을 사용한다.

⑧ 경화제를 혼합하고 나면 가사시간이 있기 때문에 가급적 빠른 시간 안에 도포한다.

7) 면을 만든다

적당한 두께를 만들기 위하여 주걱을 60°에서 시작하여 45°로 다시 끝나는 지점에서는 60° 정도로 하여 마무리한다. 시작과 끝나는 지점은 주걱의 각도를 세워서 도포하고 평활성을 확보하기 위한 연마공정을 가만하여 단(턱)이 되도록 생기지 않게 하는 것이 중요하다.

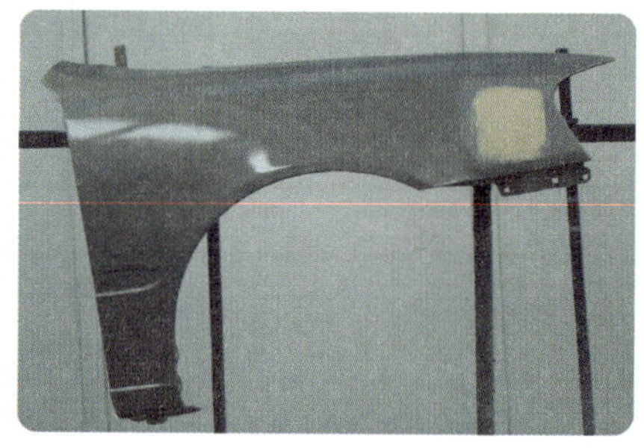

도포완료 사진

8) 퍼티 이김판과 주걱은 깨끗이 닦아낸다

시너를 이용하여 청소

☑ 주걱의 경우에도 건조되기 전에 깨끗이 닦아내야 하지만 제품에 따라 건조 후 쉽게 떨어져 청소가 필요 없는 제품도 있다.

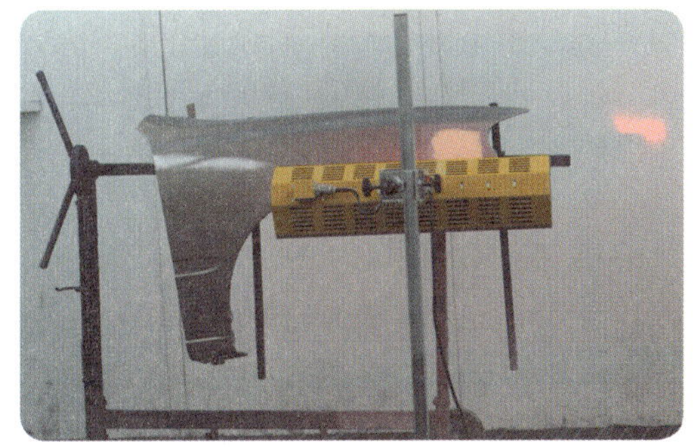

3M 스프레더 사용 후 퍼티제거 사진

9) 가열건조 시킨다

고온으로 가열건조 시키면, 퍼티가 들뜨는 경우가 생기기 때문에 철판의 온도가 너무 올라가지 않도록 가열한다.

10) 퍼티의 건조를 확인한다

① 먼저 퍼티의 가장자리 부분을 손톱으로 긁어본다. 건조가 완료되면 손톱으로 긁힌 자국이 난다.

가열건조

② 가장자리 건조 확인 후 중앙부분을 손톱으로 긁어본다.

폴리에스테르 퍼티는 중앙부분 두껍게 도포된 부분이 얇게 도포된 부분보다 먼저 건조 되지만, 건조 판별 경우는 처음부터 중앙부분을 긁지 않도록 한다. 퍼티가 건조 되었으면 상관없지만, 건조가 되지 않았을 경우에는 다시 퍼티를 도포해야 하는 문제가 발생하기 때문이다. 항상 퍼티의 건조 확인 방법은 먼저 외부를 긁어보고 난 후 내부를 확인하는 것으로 한다.

외부에 건조를 파악

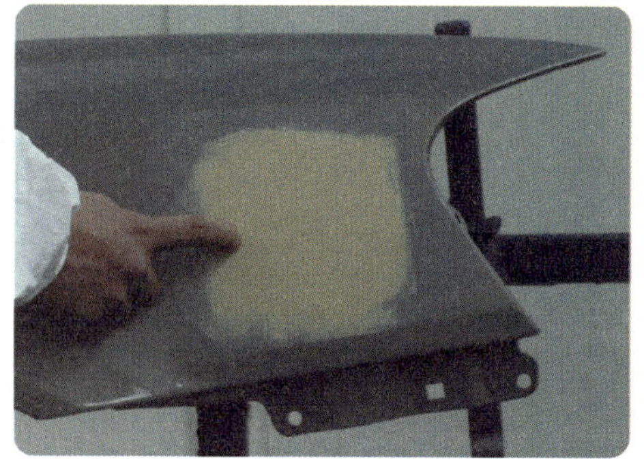

점차 안쪽으로 가면서 건조 확인

5 퍼티 연마 공정

경험과 감각이 많이 필요한 공정이다. 이 공정이 도장 후의 도장면의 품질을 좌우하기 때문에 평활성을 완벽하게 맞추어 상도도장 후 좋은 품질이 될 수 있도록 많은 연습을 하도록 한다.

건식 연마 방법

- 샌더기는 피도물에 대하여 수평으로 유지한다.
- 피도물에 대하여 많은 힘을 주지 않고 샌더의 무게만을 이용하여 연마한다.
- 고회전으로 연마하기 보다는 저회전으로 연마한다.
- 곡면부위를 연마할 경우에는 평면을 먼저 연마하고, 곡면부위를 연마한다(가급적 곡면부위 연마를 피한다. 꼭 필요할 경우 인터페이스 패드 부착하여 샌딩한다.).

1) 딱딱한 패드를 부착한 더블액션 샌더나 오비털 샌더에 P80~P180연마지를 부착하여 연마한다. 샌더를 잡는 방법도 참고하도록 한다.

① 처음에는 가장 높은 부분인 퍼티 중앙부분에서 출발한다.
② 중앙을 중심으로 퍼티도포 방향의 45°의 십자 방향으로 이동하면서 연마한다.

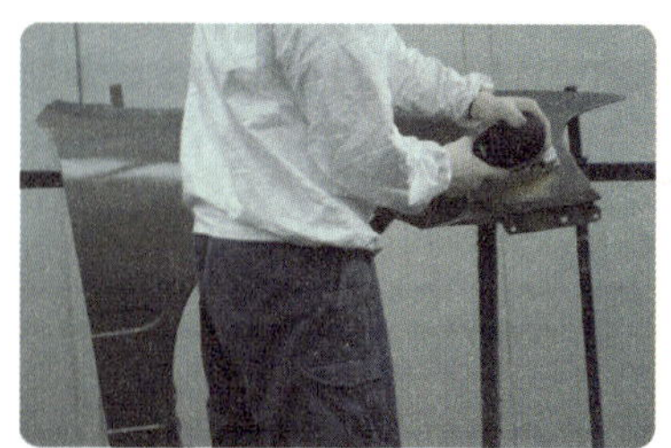

오비털샌더 파지법

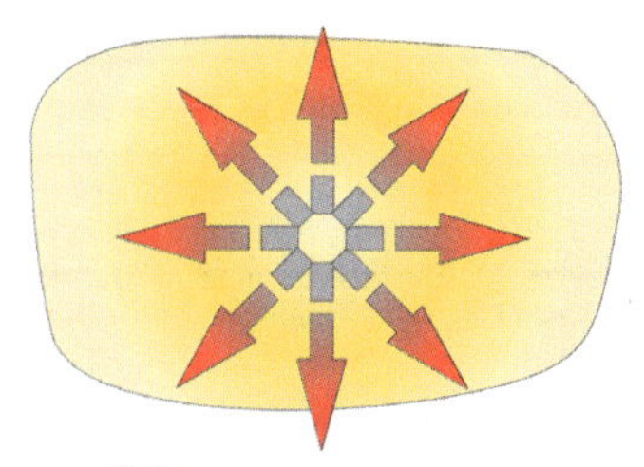

연마 움직이는 방향

③ 퍼티의 산이 제거되면 손바닥으로 만져 높고 낮음을 판별한다.

④ 높은 부분이 있을 경우 높은 부분만 몇 회 정도 움직여 연마하고 퍼티면 전체를 같이 연마한다.

⑤ 다시 전체적으로 만져보고 높고 낮음을 판별한다.

⑥ 평활성이 유지될 때까지 ④, ⑤번을 반복하여 평활성을 맞춘다.

절대 패널 방향으로 힘을 주지 않도록 하며 가볍게 샌더를 움직인다.

패널 방향으로 힘을 많이 주면 급격한 연마로 기준면보다 낮아지기 때문에 주의한다.

12시 방향 연마

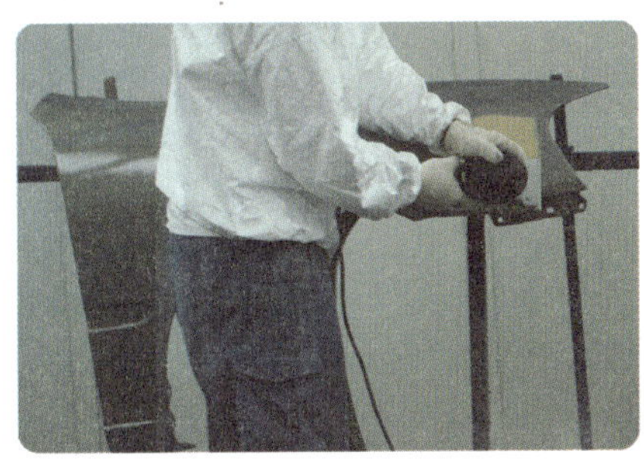

6시 방향 연마

10시 방향 연마

4시 방향 연마

프레스라인이 있는 경우 연마방법

연마할 때 프레스 라인의 양쪽 면의 평활성을 확보하고 난 뒤 프레스 라인을 기준면과 같이 연마한다.

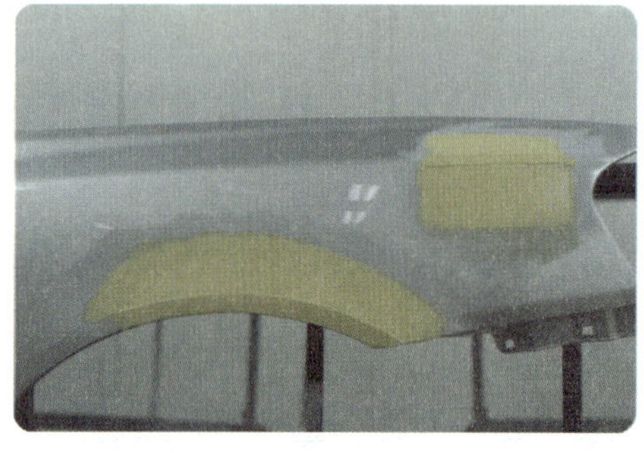

퍼티도포 완료

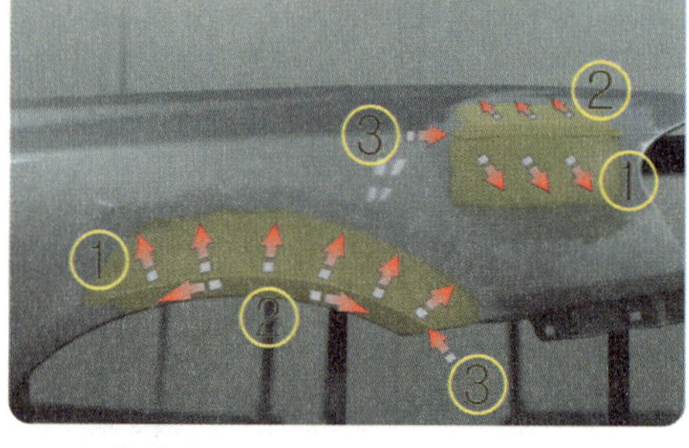

프레스라인 샌딩순서

☑ 프레스라인 퍼티작업 요령
퍼티를 도포할 때에는 프레스라인 주변 중 연마하기가 어려운 부분을 나중에 도포하여 퍼티의 산이 연마하기 쉬운 부분으로 위치하게 하며 연마할 때에도 사진과 같이 연마하기 어려운 부분을 먼저 연마하고 외부로 돌출되어 있는 연마하기 쉬운 부분을 나중에 연마한다.

1) 연마 과정 중 중간 중간 퍼티 면을 확인한다

면을 확인할 경우에는 반드시 손가락을 가지런히 모으고 손바닥과 손가락 전체에서 느끼도록 한다. 면이 어느 정도 잡히기 시작하면 P180~220 연마지를 이용하여 연마하기 시작한다. 거친 연마자국이 있을 경우 중도 도장 후 연마자국이 남게 되며, 중도 도료는 P120 정도의 깊은 연마자국을 감출수가 없다.

연마면 확인법

도장면의 요철 확인법

1) 손바닥 감촉부위

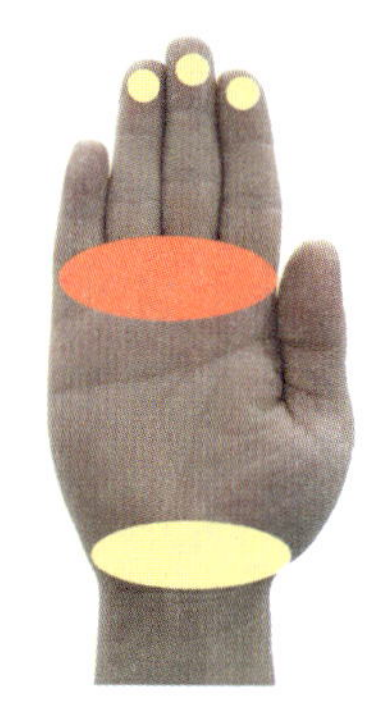

노란색 부분은 작은 요철을 감지되는 부분이며, 적색 부분은 큰 요철을 감지하는 부분이다. 맨손으로 요철을 감지하는 것보다는 장갑을 끼고 요철을 감지하는 것이 좋으며 반지나 기타 장신구는 없는 것이 도장면에 상처를 주지 않는다.

2) 요철을 만지는 방법

확인하는 부분의 외부에서 출발하여 내부를 지나고 확인 부분 외부까지 나간다. 이때 손바닥은 패널위에 힘을 주지 않고 올려놓으며 손목이 꺾이지 않도록 해야 한다. 또한 십자 방향으로 만져 요철의 크기와 모양을 느끼도록 한다.

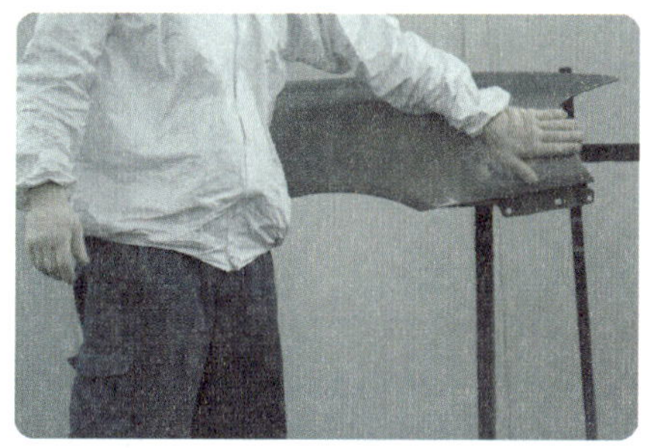

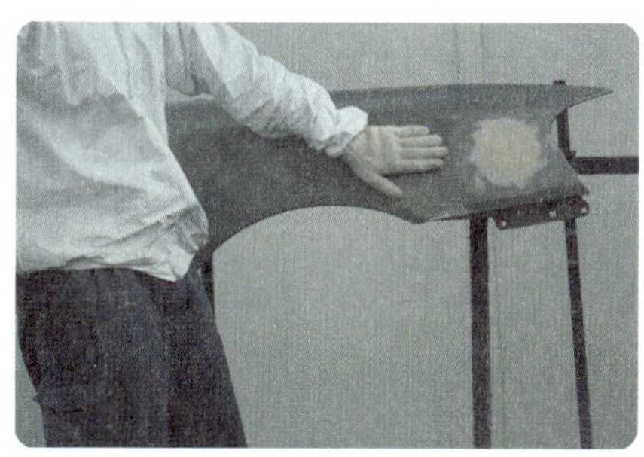

퍼티부분의 외부에서부터 퍼티를 지나 반대쪽 외부까지 손바닥 전체로 감지한다.

직선자를 이용하여 관찰하는 방법이 있지만 현장에서는 사용하지 않는다. 그리고 시각적으로 관찰하는 다른 방법으로는 가이드코트(guide coat)를 이용하는 것이 있다. 가이드코트를 퍼티 도포면에 발라두고 연마를 하면 낮은 부분은 가이드코트가 남고 높은 부분은 연마되어 없어지게 되는 것을 이용하는 것으로 중도도장에서 자세히 설명하도록 하겠다.

항상 많이 만지고 전체적인 패널의 라인을 생각하여야 하며, 자동차 패널은 직선이 아닌 은근히 올라와 있거나 내려가 있는 것을 염두 해두고 있어야 한다. 손감각과 많은 경험이 필요한 공정이다.

6 퍼티 면에 기공이나 거친 연마자국이 있을 경우 마무리 퍼티 도포

에어블로를 이용하여 먼지를 제거하고 탈지한 후에 마무리 퍼티를 도포한다.

현재 대부분의 현장 기술자들은 공정을 생략하고 중도도장 후 기스 제거용 퍼티를 도포하여 연마한 후 바로 상도를 도장을 실시한다. 하지만 이것을 도장 공정 측면에서 보면 퍼티위에 중도가 도장되지 않고 바로 상도가 올라가는 것과 같다. 이렇게 작업한 도장면은 시간이 경과하면서 중도 작업 후 기공제거 퍼티를 도포한 부분부터 도막의 흡습이 틀려져 광택이 소실되게 된다. 아무리 기공만 제거한다고 하지만 그 일부분에서는 중도도장이 없이 바로 상도가 올라가기 때문에 시간이 경과한 후에 결함이 발생할 수 있다.

작업 시간을 보더라도 기스 제거 퍼티를 도포하고 건조시키는 시간과 폴리에스테르 퍼티를 얇게 도포하고 건조되는 시간은 차이가 많이 나지 않는다. 하지만 도장 후의 결함 요소는 기스 제거 퍼티를 이용하여 기공을 제거한 경우가 많이 발생하게 된다. 또한 기스 제거 퍼티를 수연마 하게 되는 경우가 많기 때문에 시간이 경과한 후 녹이 발생하기 쉽고 기스 제거 퍼티의 색상에 따라 블리딩이 발생하기 때문에 사용하지 않도록 한다. 기공제거 퍼티를 중도공정에서 사용하지 말고, 퍼티공정에서 사용하도록 한다. 기공제거 퍼티보다는 폴리에스테르 퍼티를 마무리용으로 얇게 도포하는 것을 습관화 하여 보다 좋은 물성을 만들도록 하자.

부득이 래커퍼티를 사용해야 할 경우에는 중도 도장 후 사용하지 말며 퍼티 작업 완료 후 에어블로를 깨끗이 하고 거친 연마자국이나 기공에 도포하고 건조 후 샌더기를 이용하거나 손 연마로 래커퍼티를 제거하고 중도 공정으로 넘어가는 습관을 갖도록 하여 도장 완료 후 작업물의 품질을 향상시키고 작업 시간도 단축시키자.

7 건조된 도장면에 P320연마지를 이용하여 연마

P220 연마자국의 경우도 중도 도장 후에 연마자국이 보이게 된다. 연마 후에 보이지 않더라도 중도 도료가 완전히 건조되지 않았기 때문에 오랜 시간이 경과한 후에 색상에 따라 연마자국이 다시 나타나게 된다. 이러한 이유로 가급적이면 중도도장 전에 P320 연마지를 이용하여 연마하도록 한다.

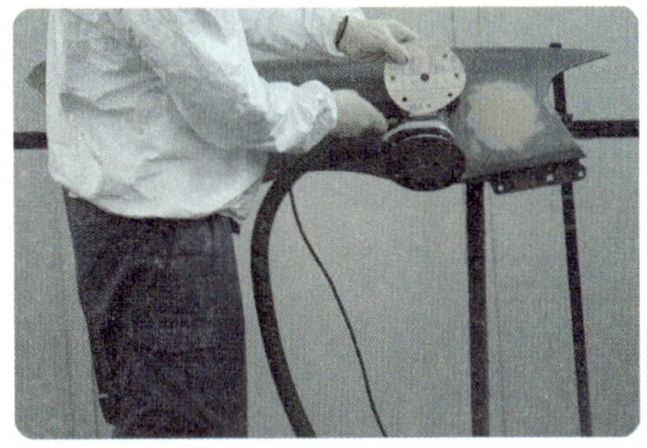
✚ 샌더에 연마지를 부착

(1) 소프트한 재질의 패드에 더블액션샌더(오버 다이어 3mm)에 P320 연마지를 부착하여 연마를 한다.

① 가급적 연마는 한 곳에서 출발하여 시작한 곳의 연마를 완벽하게 한 후 다음 부분으로 이동하면서 연마한다. 전체 면을 한꺼번에 연마할 경우 일부분이 연마되지 않는 경우가 많으며 빠진 곳을 다시 연마하면 다른 면과 비교했을 때 단이 낮아질 수 있기 때문에 좁은 면을 완벽하게 연마하고 조금씩 이동하면서 연마하도록 한다.

✚ 한쪽 구석에서 시작한다.

✚ 일부분을 완전히 연마한다.

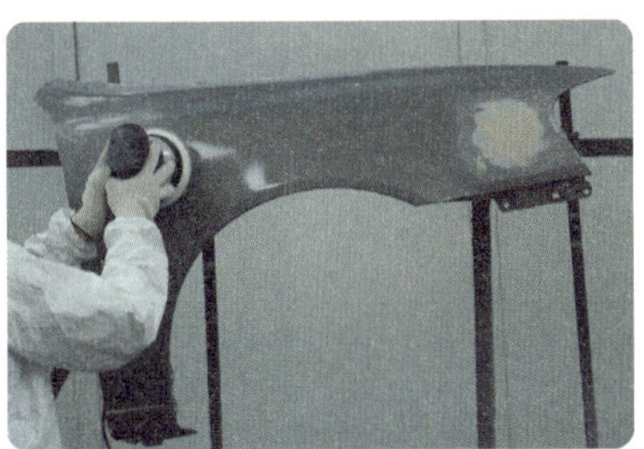
✚ 다른면의 구석에서 연결하여 시작한다.

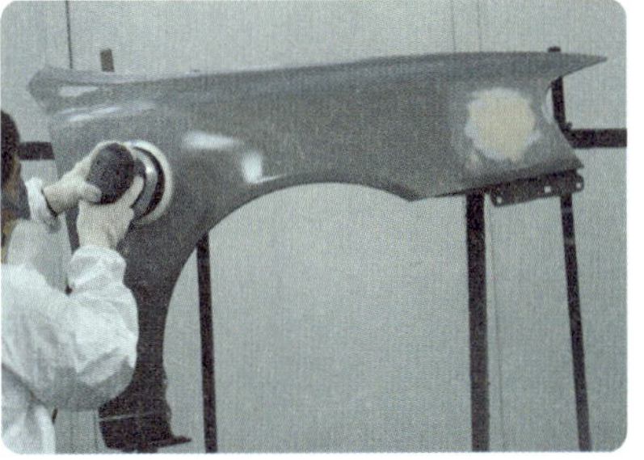
✚ 점진적으로 연마

② 샌더를 이용하여 프레스 라인을 연마하지 않도록 한다. 높은 부분은 쉽게 연마되기 때문에 가급적 샌더를 이용하여 연마하는 것보다는 손으로 연마하는 것을 추천한다.

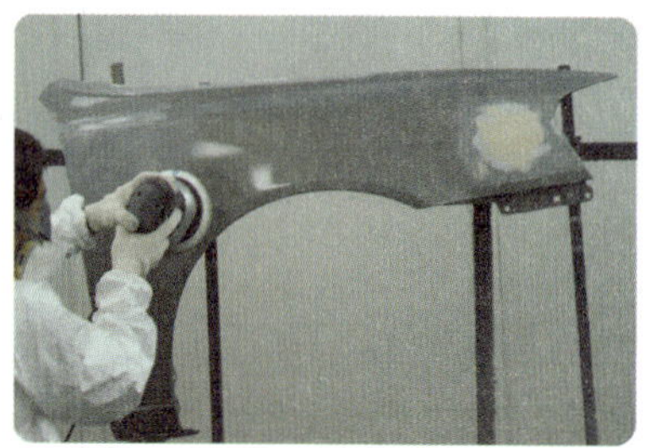

프레스라인은 연마 금지　　　　　　점진적으로 연마

③ 퍼티가 도포되고 연마한 부분도 P320연마지를 이용하여 살짝 연마한다.

④ 프레스 라인의 도장이 연마되지 않도록 항상 주의하면서 연마한다(프레스 라인은 연마 마지막에 손으로 연마한다).

⑤ 하단 부위도 연마를 꼼꼼히 하도록 한다.

⑥ 거친 부직포 연마지를 이용하여 프레스 라인과 패널의 턱 부분을 연마한다. P320 정도의 부직포연마지나 스펀지로 된 연마지를 이용하여 연마한다.

퍼티부분 과도한 연마금지

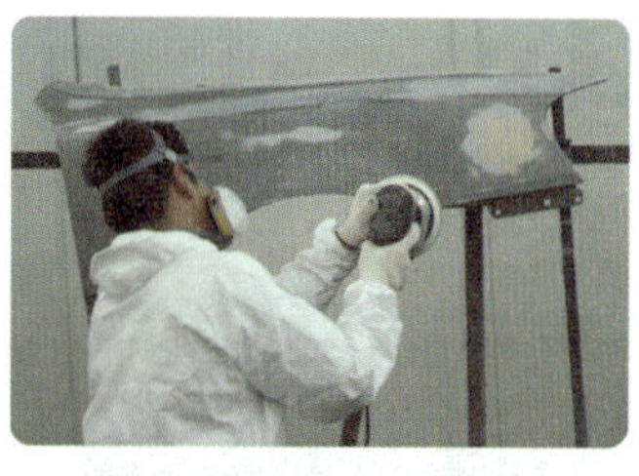

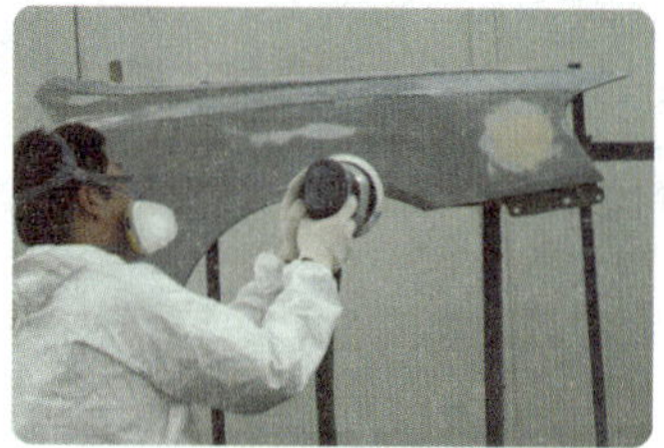

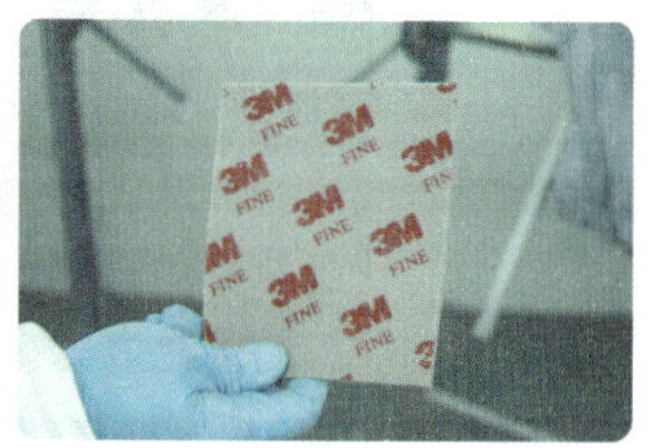

⑦ 연마가 되지 않는 곳이 없도록 한다.

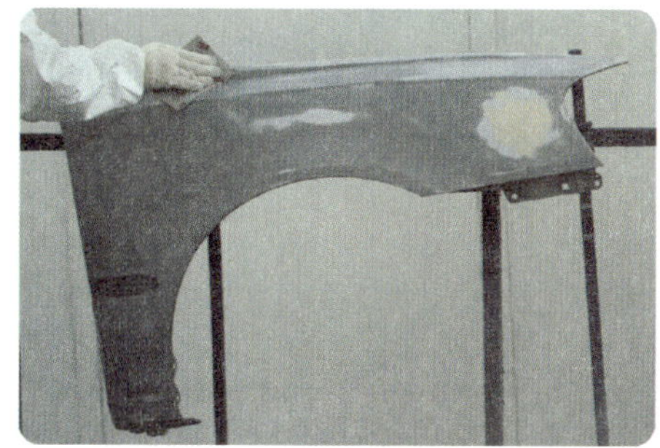
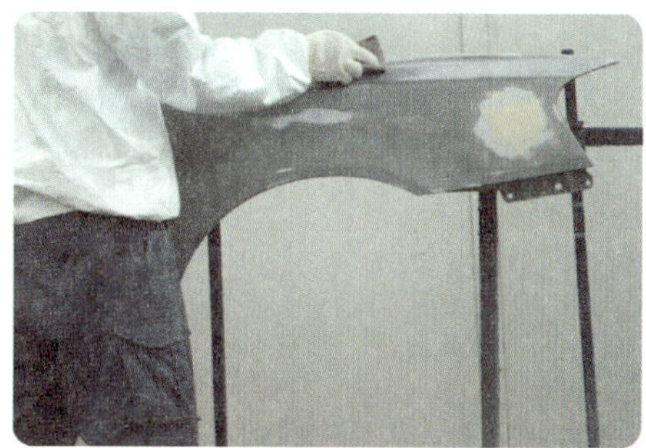
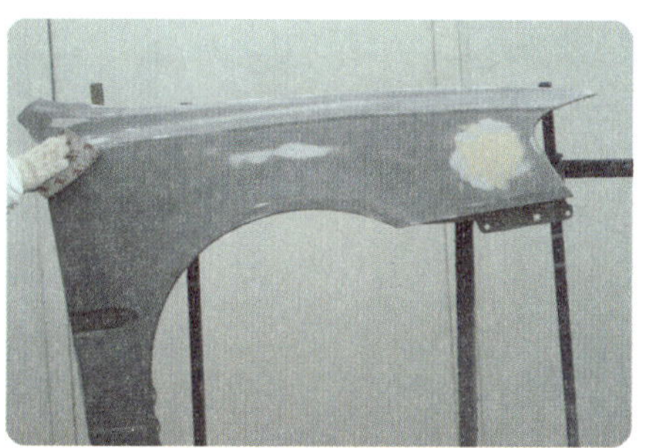

✚ **프레스라인 연마 1**

⑧ 특히 샌더기로 연마할 수 없는 요철에 신경을 써서 연마한다.

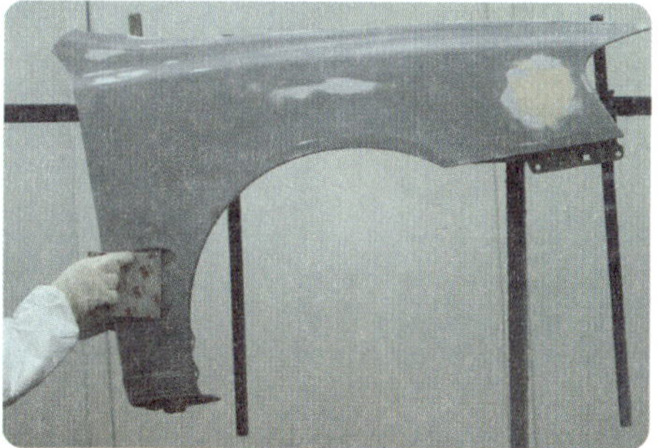

✚ **보이지 않는 부분 연마 철저**

⑨ 프레스 라인 전체를 연마한다.

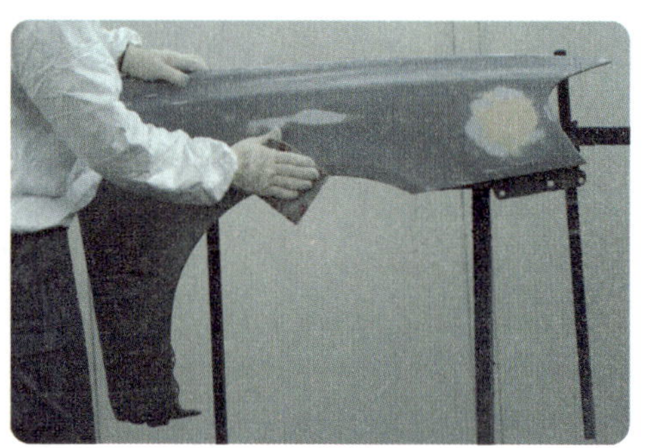

⑩ 패널의 턱 부분을 연마한다.

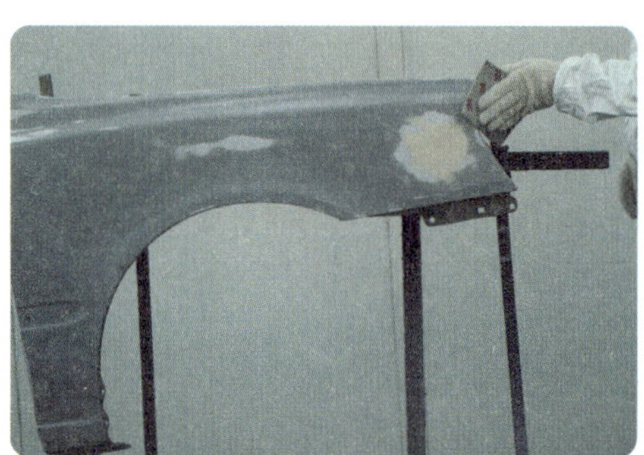

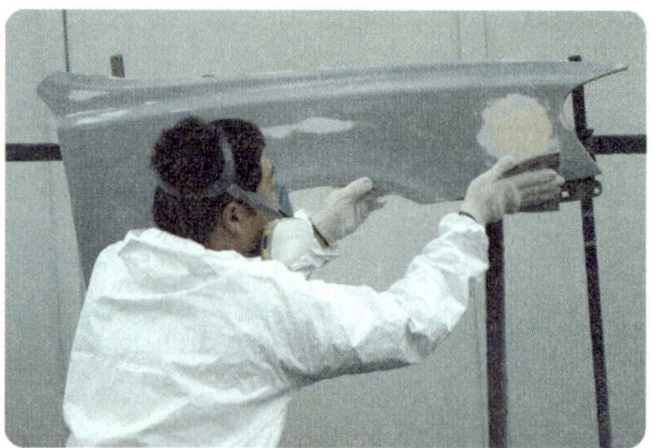

➕ 가장자리 연마 A

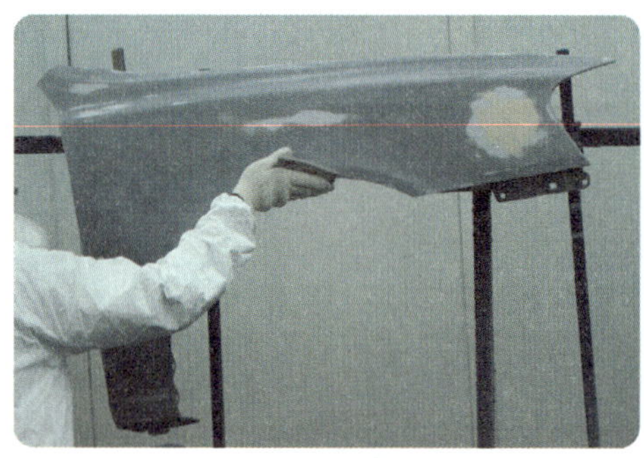

➕ 가장자리 연마 B

항상 연마 시에는 한곳에서 출발하여 자신만의 이동경로를 만들어 빠지는 곳이 없도록 연마하자.

적정도막 두께

각각의 도장 공정별로 사용되는 도료는 아무리 두껍게 도장하여도 도료가 완전 건조된 후에는 다시 연마자국이 보이게 된다. 이것은 해당 도료의 살오름성과 밀접한 관계가 있으며, 연마 후 연마자국이 없다가 시간이 경과한 후에 다시 연마자국이 보이는 이유는 아래와 같은 이유이다.

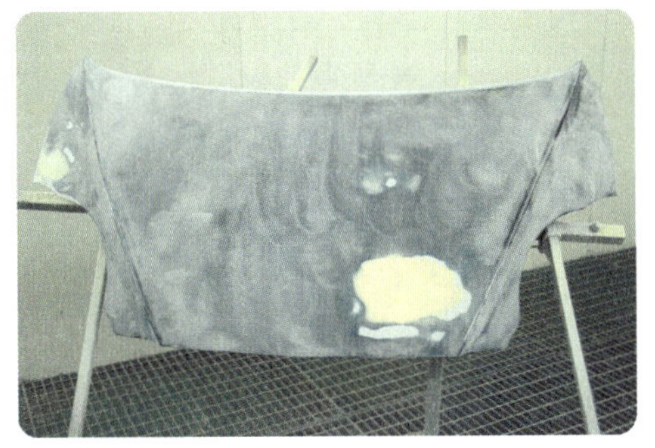

+ 하도 연마가 완료된 패널

+ 연마자국이 남는 원인

또한 중도 도장이나 상도 도장 직후 연마자국이 남는 원인은 아래와 같은 이유로 생기게 된다. 대부분의 도료는 적정 도막 두께가 있다. 중도의 경우 180보다 거친 연마자국은 도장 직후 눈에 보이게 되며, 상도의 경우에는 400보다 거친 연마자국이 도장 직후 눈에 보이게 된다.

+ 상도 도장 시 연마지 선정

따라서 도장 공정별 적정 연마지를 사용하여야 하며, 사용연마지는 아래와 같다.

16	60	80	120	180	320	600	800	1000	1200	1500
녹 제거 구도막 제거			퍼티연마		중도연마		상도연마 및 수정			광택

- 구도막 제거 및 1차 퍼티 연마 : 80~120
- 2차 퍼티 연마 : 180~220
- 중도 도포면 연마 : 320~400
- 솔리드우레탄(흰색계열) : 400 이상
- 솔리드우레탄(흑색계열) : 600 이상
- 메탈릭 컬러 : 600 이상
- 베이스블랙 : 800 이상
- 3Coat 펄 컬러 : 800 이상
- 상도 연마 및 수정 : 800~1,500
- 컬러샌딩 및 광택 : 1,500 이상

8 에어블로를 실시한다

압축공기를 이용하여 연마가루를 패널에서 제거한다.

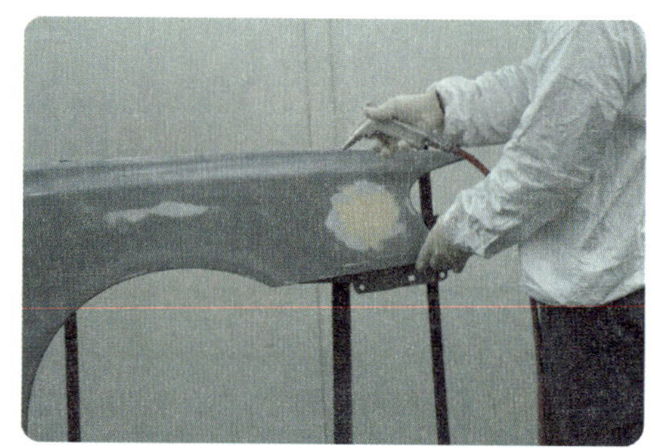

9 작업 시 주의사항

- 항상 안전보호구는 착용한다.
- 과도한 연마가 되지 않도록 주의한다.
- 손연마의 경우 손목으로 연마하는 것이 아니며 팔과 온몸을 이동하면서 연마해야 한다.
- 연마지는 가능하면 핸드블록에 부착하여 사용하는 습관을 갖는다.

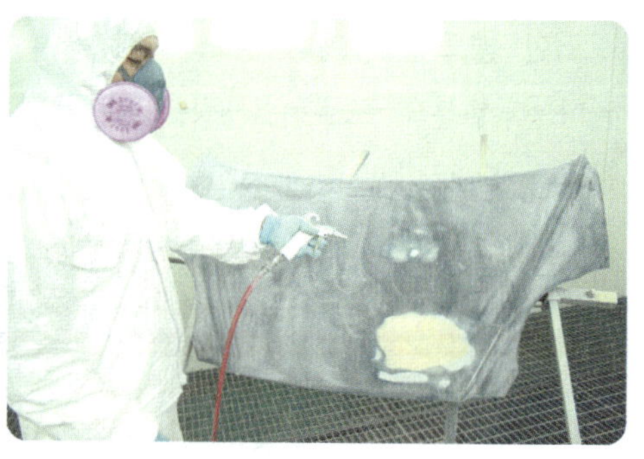

습식연마(water sanding)와 건식연마(dry sanding)의 차이점

예전에는 하도공정부터 물을 이용하여 연마를 하였다. 하지만 현재에는 물의 사용량이 현저하게 감소하였다. 근래에는 중도연마 공정에 사용하고 있으며 퍼티 연마할 경우에는 습식연마를 하고 있지 않다. 건식연마의 경우에는 물을 사용하지 않으며 손연마로 이루어지는 작업보다는 기계를 이용하여 하는 기계연마를 뜻하며 구도막 박리공정부터 마지막 광택공정까지의 공정에 물을 사용하지 않는 것을 말한다. 건식연마의 경우 습식연마에 비해서 장비구입비와 집진관련 시설 및 장비가 있어야 하는 단점이 있지만 작업능률이 향상되고 마무리 연마 상태가 고르기 때문에 현재에 많이 사용하고 있다.

구 분	습 식 연 마	건 식 연 마
작 업 성	보 통	양 호
연마 상태	마무리가 거칠다	마무리가 곱다
연마 속도	늦 다	빠 르 다
연마지 사용량	적 다	많 다
먼지 발생	없 다	있 다
결 점	수분을 완전 제거해야 함	집진장치 필요함
현재작업추세	건식연마에 밀리고 있음	많이 사용하고 있음

중도 공정

1 준비 공정

(1) 탈지 공정

먼지가 제거된 패널을 탈지를 한다. 탈지 방법은 아래의 사진을 참고한다.

탈지공정

(2) 준비된 도료를 스프레이건에 담는다

주제와 경화제, 시너가 혼합된 중도인 2액형 프라이머 서페이서를 도료 컵에 넣는다.

- 도료점도 : 16~20초(Ford Cup #4, 20℃ 기준)

✚ 스프레이건 스텐드

(3) 송진포로 먼지를 제거한다

항상 먼지를 제거할 때는 위에서부터 시작하여 아래로 실시한다. 도장실의 공기 유동이 위에서 아래로 이동하기 때문에 먼지의 오염을 막기 위함이다. 항상 한 곳에서 출발하여 점진적으로 이동하면서 공정을 수행한다.

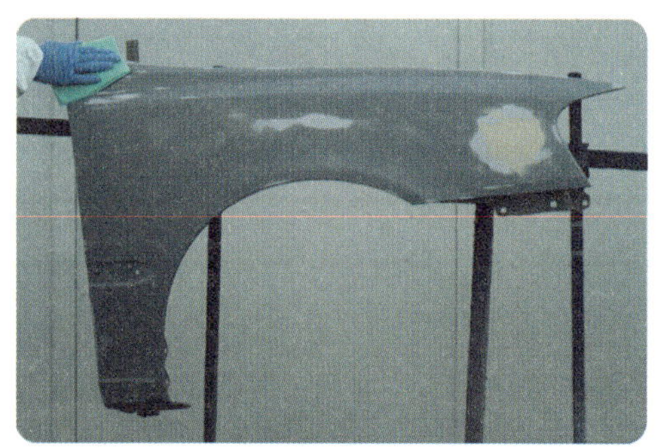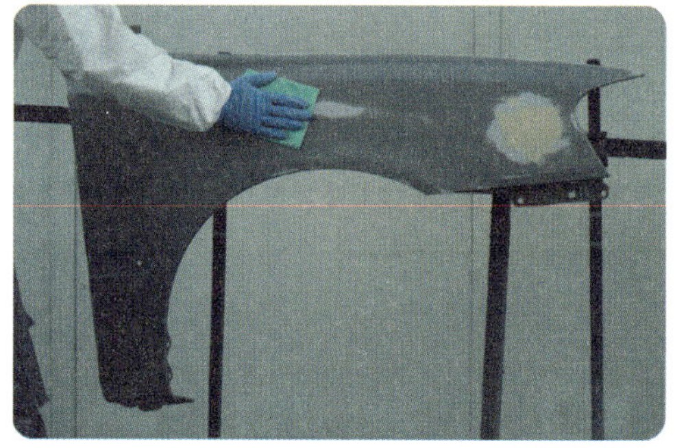

✚ 먼지제거 공정

2 도장 공정

KCC e-프라서페를 사용한다.

SATA KLC RP 스프레이건을 사용한다.

- **사용공기압** : 2bar
- **노즐지름** : 1.6mm
- **패턴조절** : 360°/ 400° 좌측으로 개방
- 2액형 프라이머 서페이서를 도장한다.
- 3회 도장 완료한다.

- 도료나 스프레이건에 따라 작업방법이 약간 상이하다.

(1) 1차 날림도장(dry coat)을 한다

- 외부만 도장한다.
- 좌측상단에서 출발하여 패널과 직각을 유지한다.
- 이동속도 : 60cm/sec
- 피도체와의 거리 : 12~15cm
- 도료량 : 3회전/10회전
- 패턴 겹침폭 : 1/2
- 도장완료 후 플래시 오프 타임을 3~5분 정도 준다.

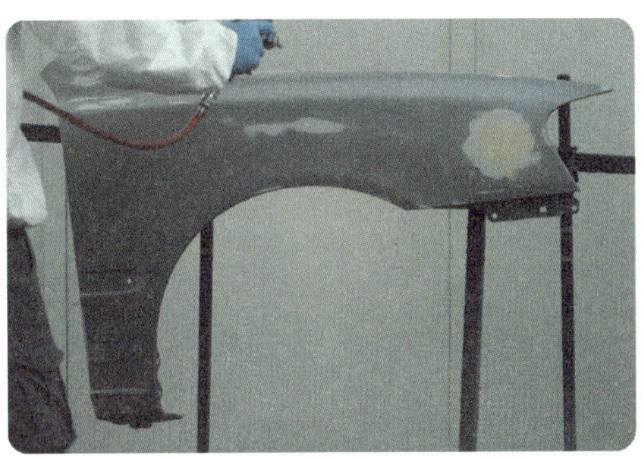

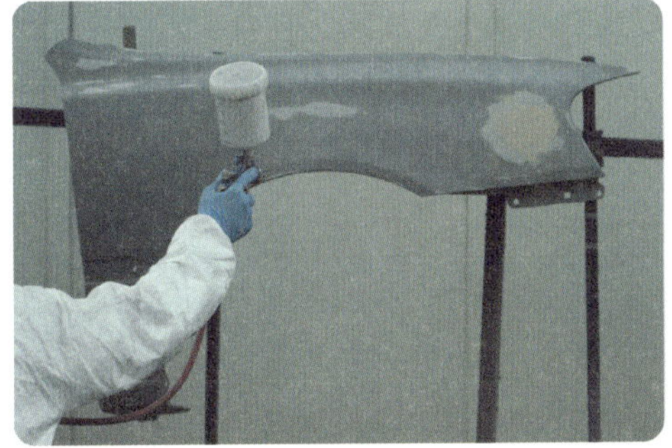

✚ 드라이코트

(2) 2차 젖음 도장(wet coat) 한다

- 측면을 먼저 도장하고 전면부를 도장한다.
- 좌측상단에서 출발하여 패널과 직각을 유지한다.
- **이동속도** : 50cm/sec
- **피도체와의 거리** : 12~15cm
- **도료량** : 5회전/10회전
- **패턴 겹침폭** : 2/3

① 측면을 도장한다.

한 부분에서 먼저 시작하여 한 바퀴를 도장한다.

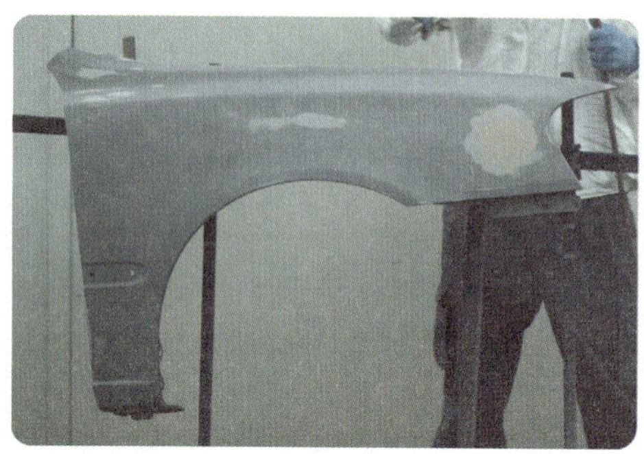
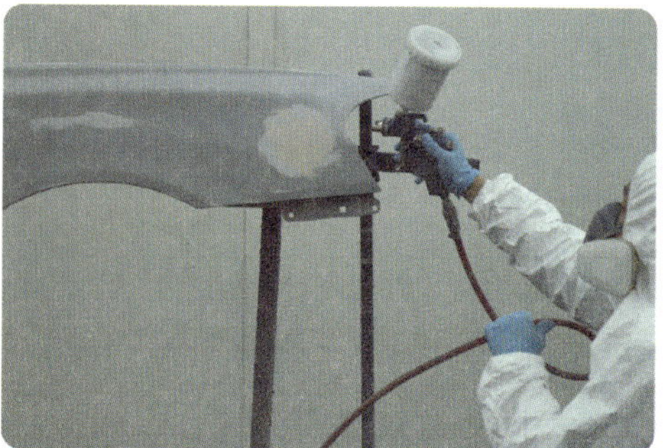

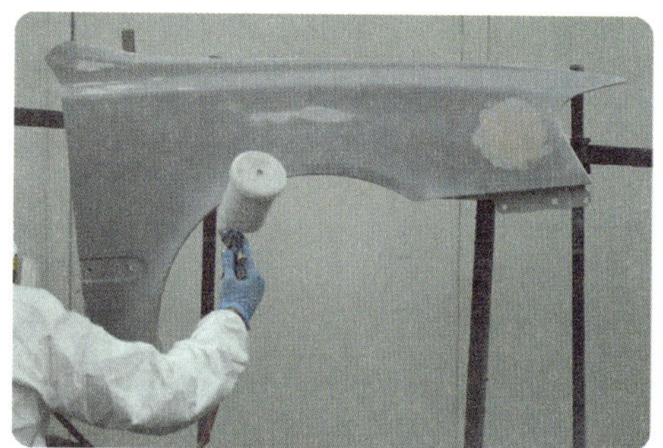
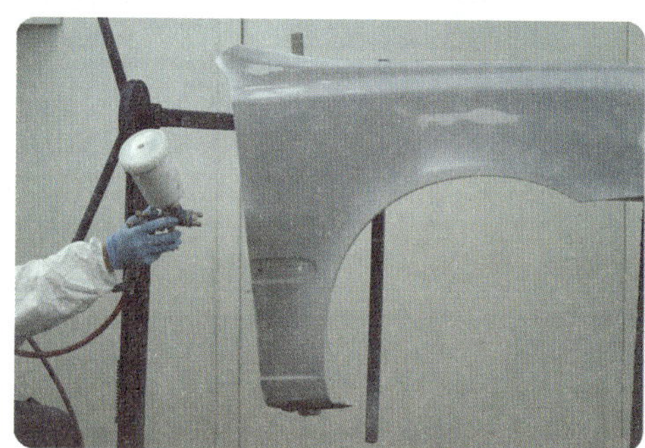

웨트 코트 측면도장

② 전면부를 도장한다.

측면을 도장 후 즉시 전면부를 도장한다.

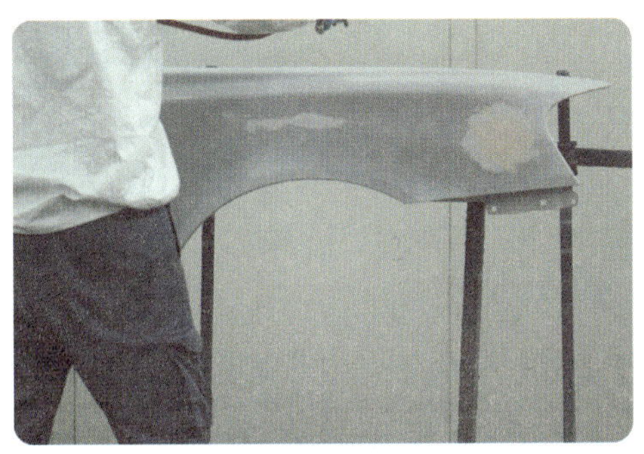 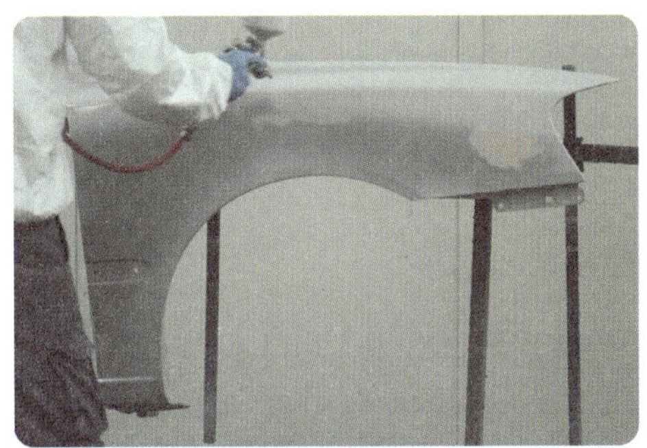

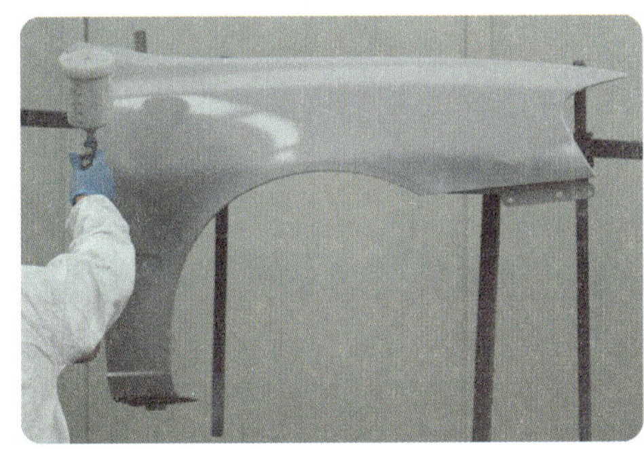 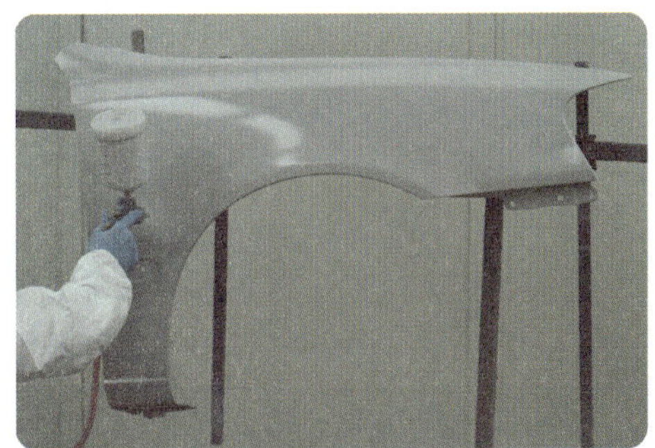

 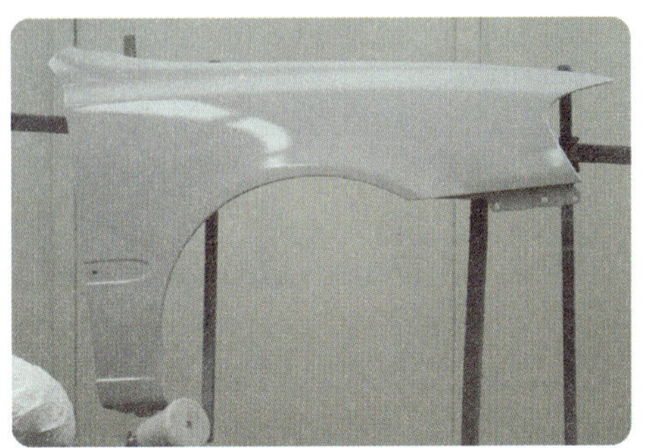

웨트 코트 전면도장

- 도장완료 후 플래시 오프 타임을 3~5분 정도 준다.

(3) 3차 젖음 도장(wet coat)한다

- 측면을 먼저 도장하고 전면부를 도장한다.
- 좌측상단에서 출발하여 패널과 직각을 유지한다.
- 이동속도 : 50cm/sec
- 피도체와의 거리 : 10~13cm
- 도료량 : 8회전/10회전
- 패턴 겹침폭 : 3/4

① 측면을 먼저 도장한다.

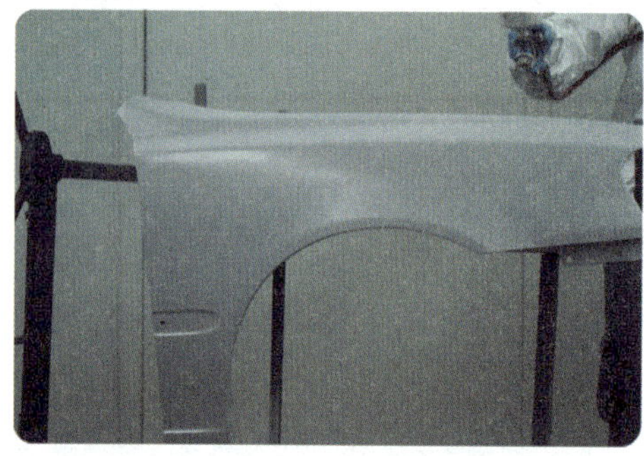
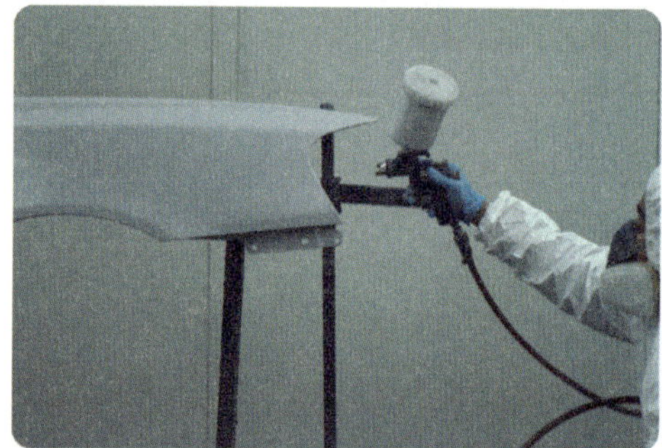
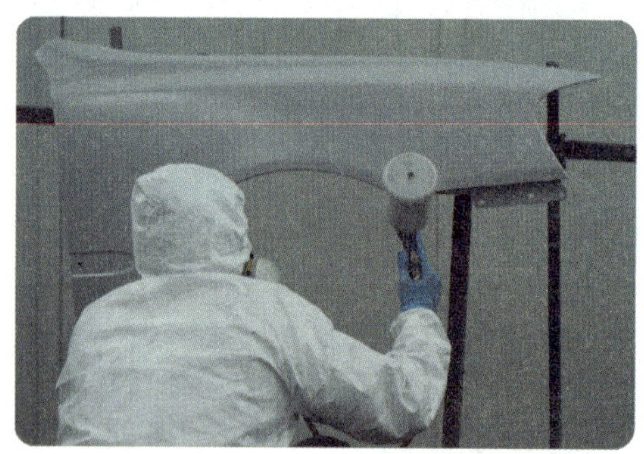

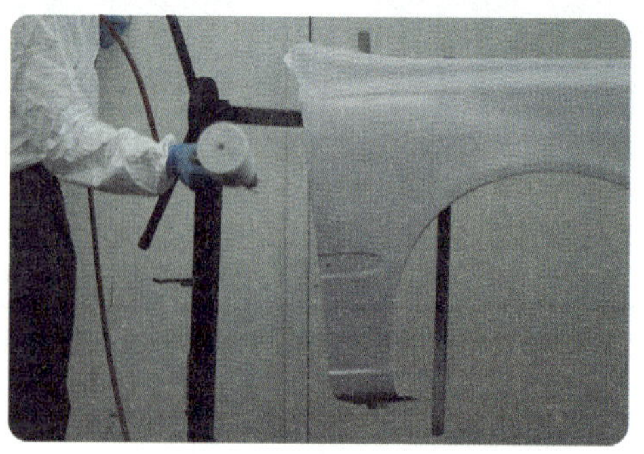

웨트 코트 측면도장

② **전면부를 도장한다.**

측면 도장 완료 후 즉시 전면부를 도장한다.

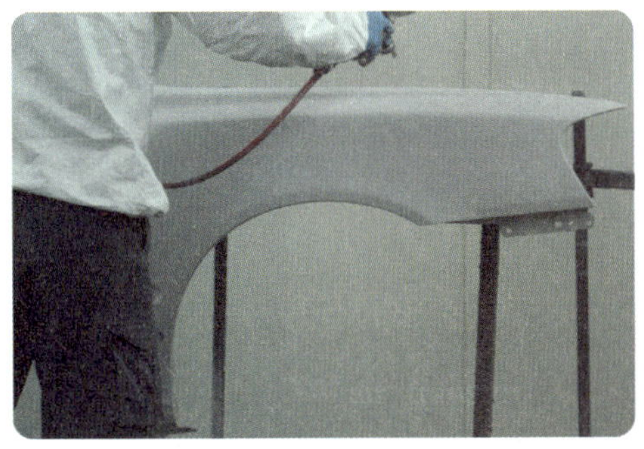
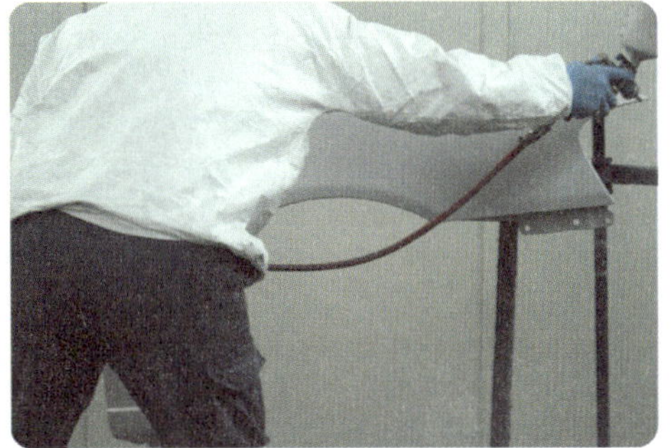

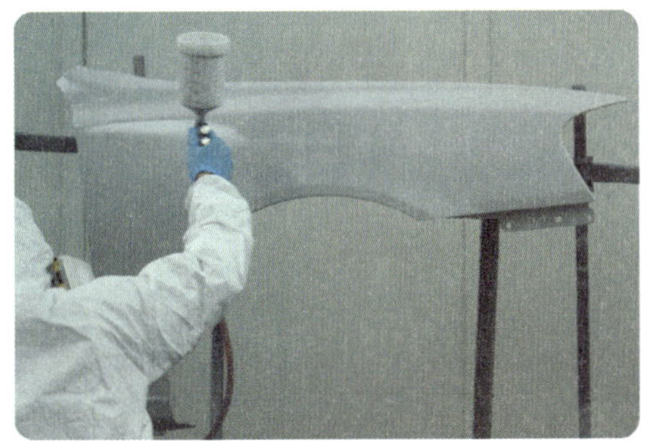
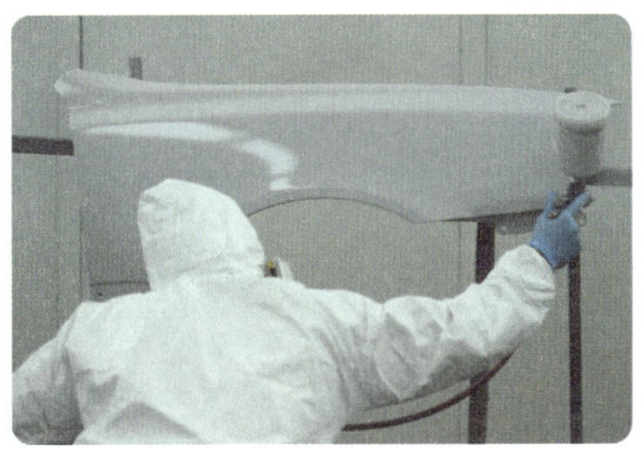

웨트 코트 전면도장

사이드 실 부분을 도장할 때에는 자세를 낮추어 하단부를 바라본다.

- 세팅 타임을 10분 정도 준다.
- 사용한 공구 및 기구는 도료가 건조되기 전에 깨끗이 세척한다.

■3 건조 공정

가열 건조시킨다. 적외선 건조기나 도장실의 열처리 기능을 이용하여 가열건조 시킨다. 가열건조 시간은 페인트 통의 참고자료나 해당 도료의 기술자료집을 참고한다.

✚ 가열 건조

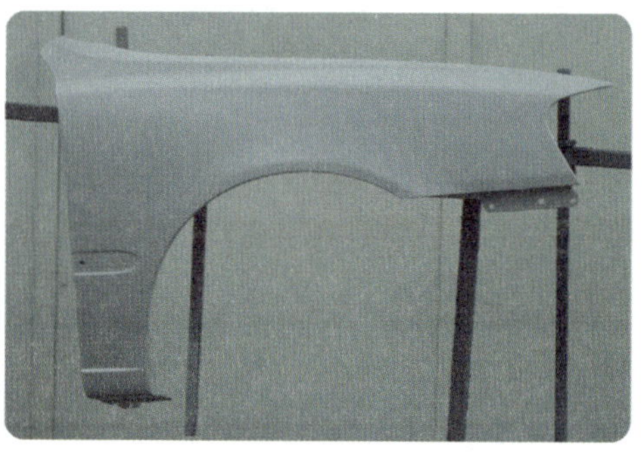

✚ 건조 완료된 패널

2액형 프라이머 서페이서의 주제와 경화제에 따른 작업차이

2액형 프라이머 서페이서의 주제와 경화제를 혼합할 경우 해당 도료의 혼합비율을 참고하여 정확하게 혼합하여야 한다. 주제에 경화제를 다량 혼합하면 빨리 건조되어 작업 시간을 단축시킬 수 있다고 생각하는 것은 잘못된 상식이다. 주제에 경화제를 기준량보다 많이 혼합하여 도장하면, 건조가 완료된 후 연마를 할 때 주제와 반응하지 못한 경화제 성분이 도막의 상부에 남게 되어, 연마지에 연마가루가 끼게 된다. 결국 연마속도가 늦어져 작업 시간이 더욱 길어진다. 또한 중도도료가 너무 딱딱하게 경화되어 충격을 흡수하지 못하고 갈라지는 경우도 발생한다. 주제에 경화제를 기준량보다 적게 혼합하면 건조 되는 속도가 늦어지며 연마 공정 시 경화제와 반응하지 못한 주제가 연마지에 끼고 도료의 물성이 너무 약하여 쉽게 박리되는 경향이 있다. 따라서 주제와 경화제의 혼합을 해당 도료 회사에서 추천하는 비율로 반드시 준수하여 작업해야 한다.

■4 연마 공정

건조가 완료된 중도도료를 연마한다. 간단한 건조 확인방법으로는 손톱으로 살짝 긁어 도장면에 긁힌 자국이 하얗게 나타나면서 박리되지 않는 정도로 확인하면 된다.

☑ **상도도장 방식과 색상에 따른 추천 중도 연마지**
(조금 더 좋은 품질을 얻기 위해서는 1grade 고은 연마지를 사용)

1 coat
- 백색 : 400 이상
- 유색 : 600 이상
- 흑색 : 600~800 이상

2 coat
- 일반형 메탈릭 : 600 이상
- 광휘형 메탈릭 : 800 이상
- 흑색 베이스 : 800 이상
- 펄 : 800 이상

3 coat
- 백색 : 600 이상
- 흑색 : 800 이상

(1) 가이드 코트(guide coat)를 도포한다

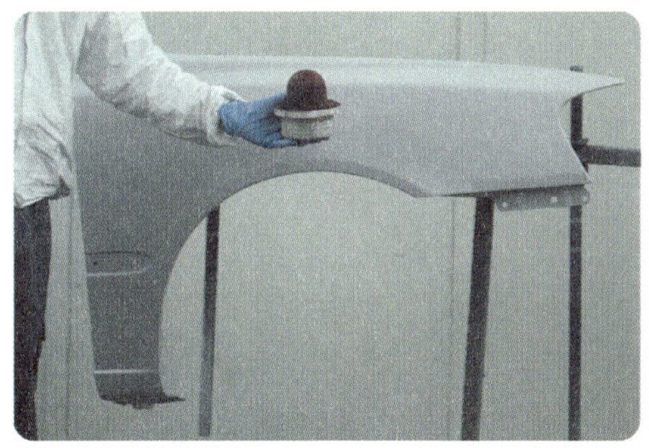

☑ 가이드 코트(guide coat) : 보수 도장면의 상태를 작업자가 쉽게 육안으로 확인할 수 있도록 하여 도장 후의 오렌지필(orange peel)이나 스크래치(scratch), 굴곡(round)부위 등의 도장면 상태를 확인할 수 있다. 종류로는 드라이 타입(dry type)과 스프레이 타입(spray type)이 있다.
드라이 타입의 경우에는 건식 연마나 습식 연마를 할 때 로딩현상이 적지만 넓은 부위에 적용하기가 힘들다. 하지만 스프레이 타입은 도료에 희석제를 300% 정도 희석하여 슈퍼 드라이 도장하기 때문에 작업 시간이 단축된다. 중도 도장 완료 후 즉시 희석된 가이드 코트를 슈퍼드라이 도장하고 도료를 건조 시킨다. 드라이 타입과 비교하여 베이스코트에 희석 된 도료를 도장하면 로딩현상이 발생되어 연마지를 자주 교환해야한다. 하지만 경화제를 혼합한 유색 우레탄 도료에 희석제를 300% 정도 첨가하여 도장하면 베이스코트에 희석제를 혼합한 도료를 도장했을 때 보다 건조 후 건식 연마 때 로딩현상이 감소하게 되어 작업속도가 향상된다.

① 패널의 한 부분에서 시작해서 한 바퀴 도포한다.

측면 부분은 도포하지 않는다.

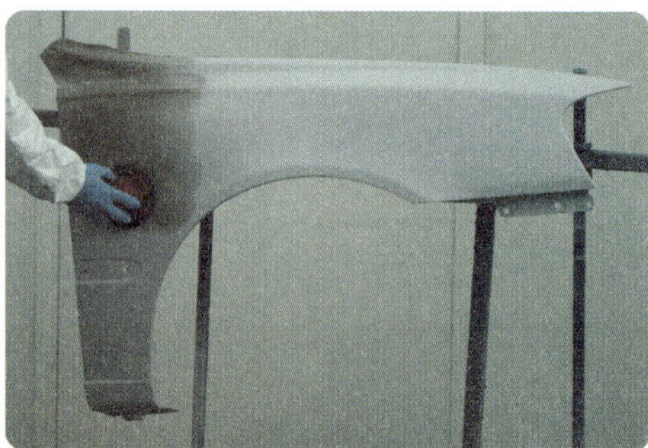
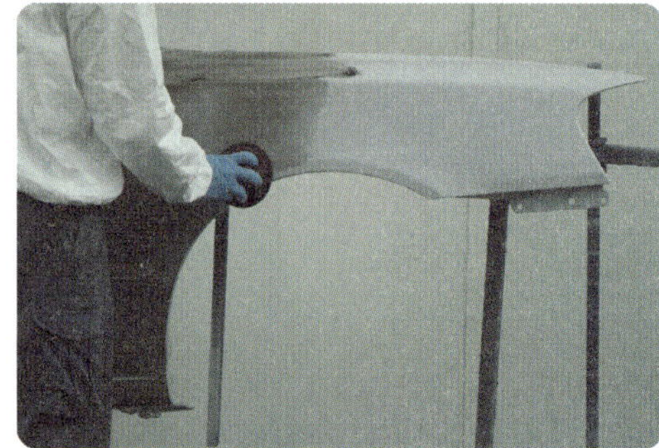
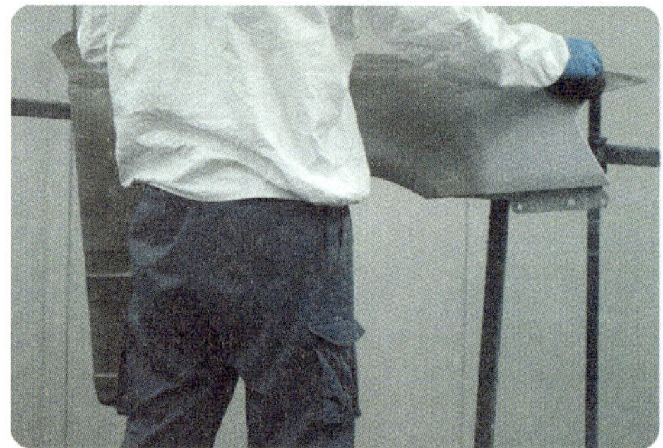

➕ 가이드코트 도포

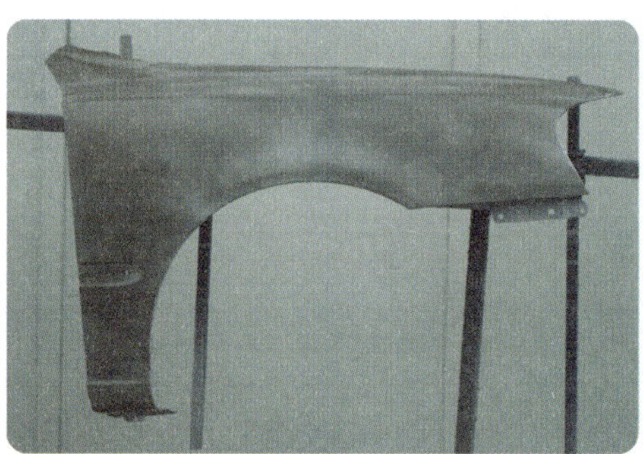

➕ 가이드 코트가 완료된 사진

(2) 중도 프라이머 서페이서를 연마한다

① 샌더를 이용하여 연마한다.

굴곡부분이나 홈이진 부분은 연마하지 않는다.

- **사용 기구** : 더블액션샌더 소프트패드(오버다이어 : 3mm)
- **사용 연마지** : P400~600

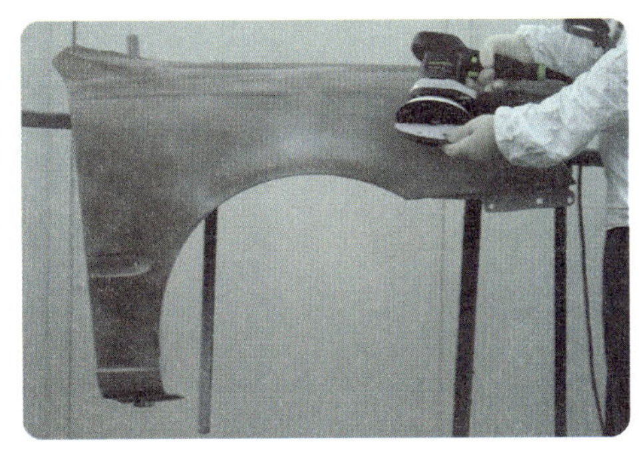

인터페이스 패드 부착

인터페이스 패드를 붙여서 사용한다. 인터페이스 패드를 붙여서 연마하면 도장면의 평활성 확보는 힘들지만 패드의 쿠션이 있기 때문에 굴곡이나 요철이 쉽게 깎여 버리지 않으며, 중도 도료가 남아 있게 된다. 굴곡진 부분은 되도록 연마하지 않도록 하며 아래의 사진을 참고한다.

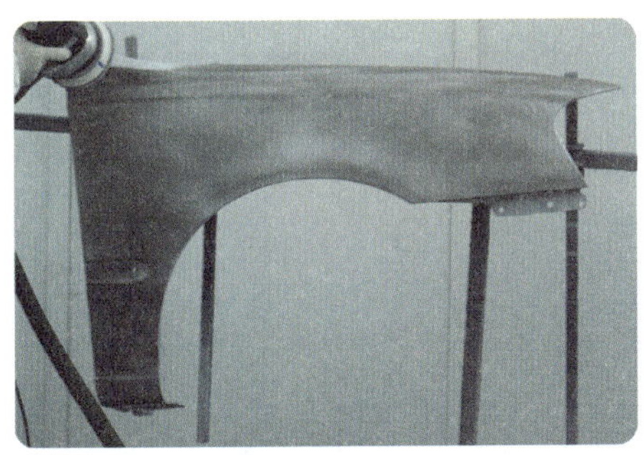
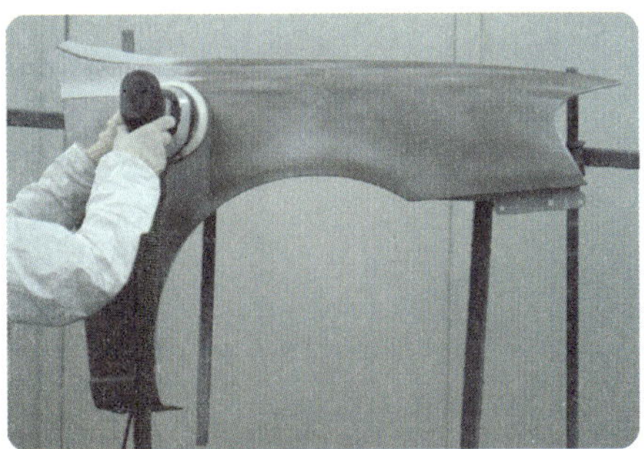
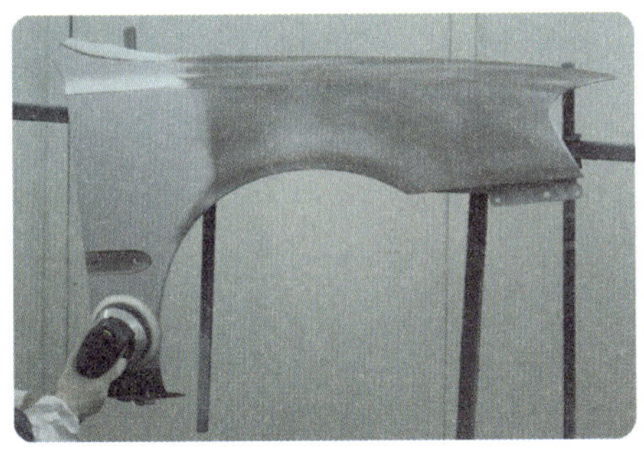
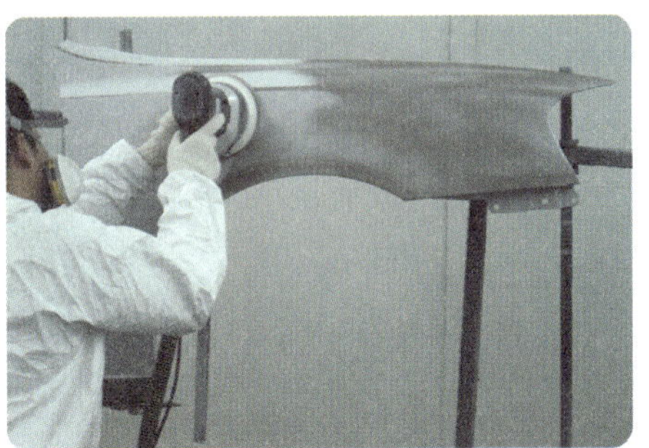
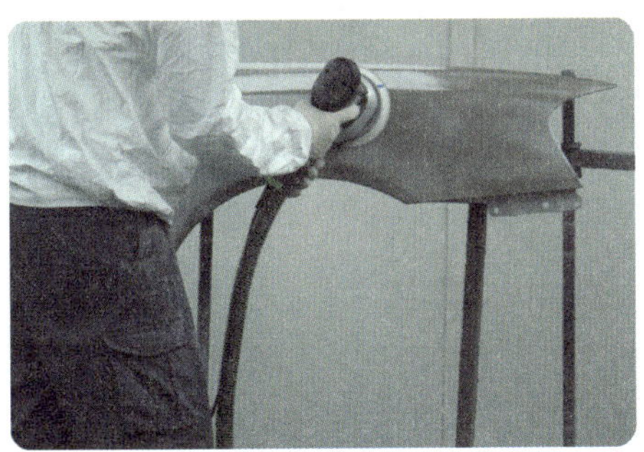
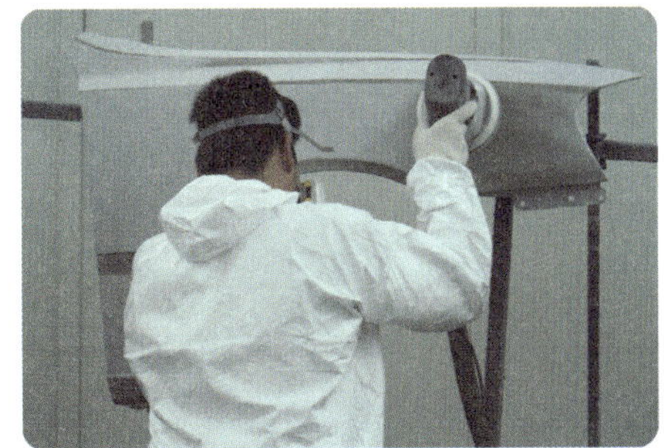

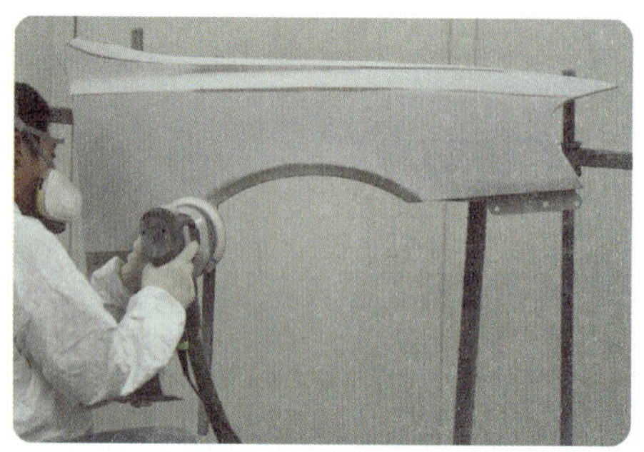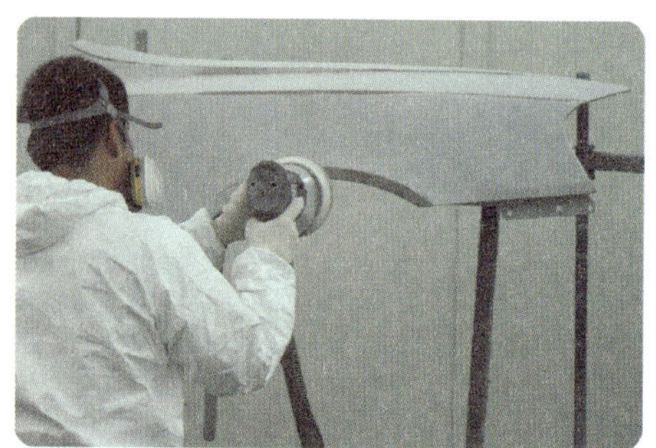

➕ 중도 건식연마

② 스카치 브라이트를 이용하여 연마한다

수퍼파인(superfine)(P500)으로 굴곡진 부분을 연마한다. 패널에 대하여 가볍게 힘을 주고 연마한다. 전면부의 굴곡진 부분을 먼저 연마하고 턱 부분을 연마한다.

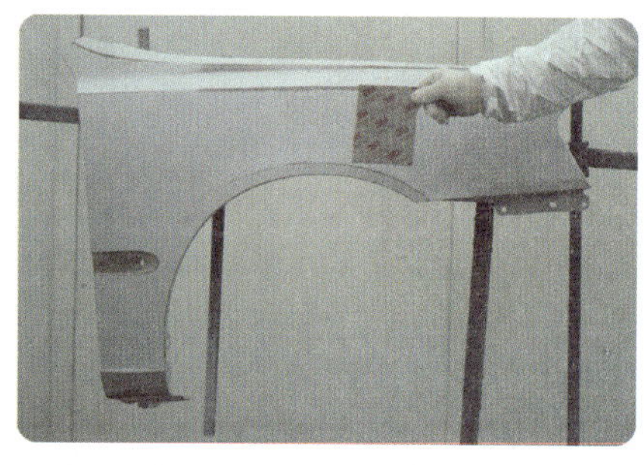

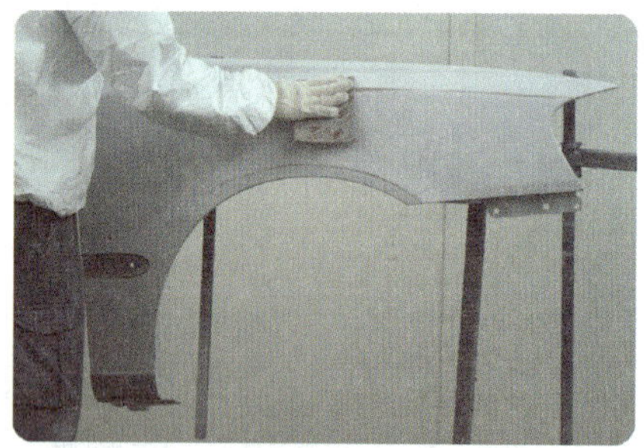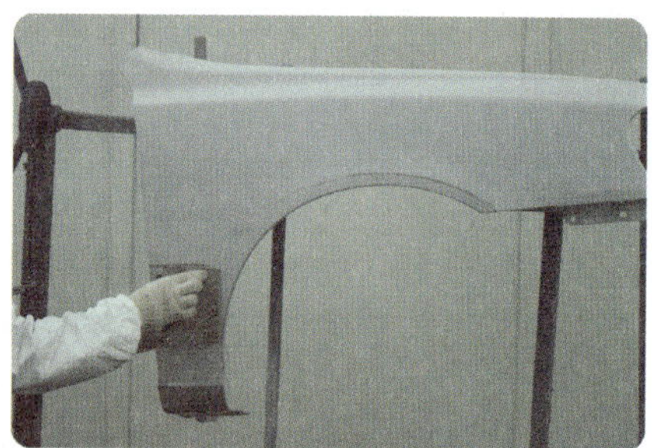

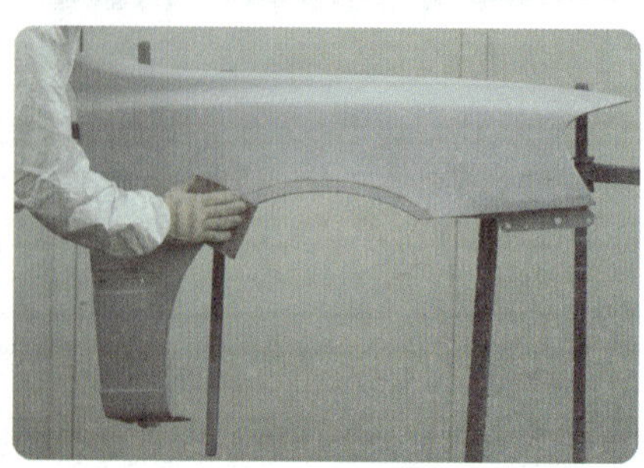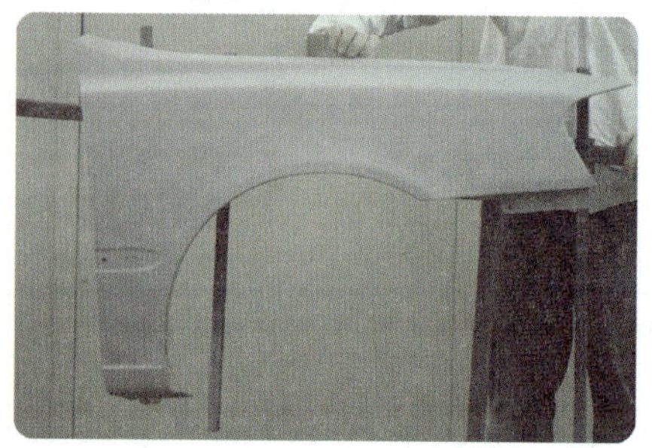

➕ 프레스라인 및 패널가장자리 부직포 연마

☑ 힘을 많이 가해서 연마하게 되면 연마자국이 깊게 남게 되므로 항상 작업 시에는 적은 힘으로 부드럽게 연마한다.

(3) 먼지를 제거한다

압축공기를 이용하여 중도도료의 연마가루를 패널에서 불어낸다.

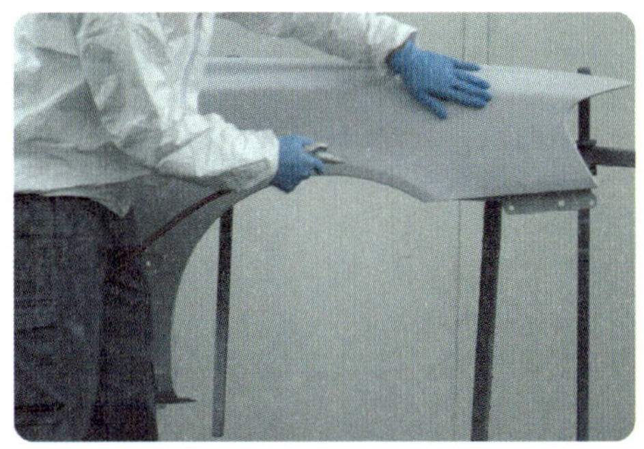

➕ 에어블로

03 상도공정

상도공정에는 1Coat, 2Coat, 3Coat가 있다. 탈지공정은 모든 공정에 공통적으로 들어가며 1Coat 도장법은 2Coat나 3Coat의 클리어 도장법과 같으므로 참고한다. 단지 유색의 도료를 도장하는 것과 무색투명의 클리어 도료를 도장하는 차이뿐이다.

도장부위별 도장방법

베이스코트와 클리어 코트는 같다.

1 도장 시 작업자의 위치(우측 손 작업자 위치)

① 도장부위의 1/3 지점에 몸의 중심을 위치한다.

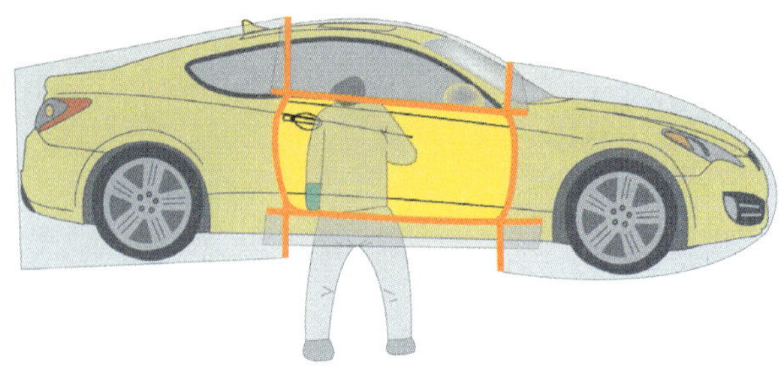

② 오른쪽을 도장할 경우 오른 무릎을 꺾고 손목과 팔꿈치는 꺾지 않고 어깨만 움직인다.

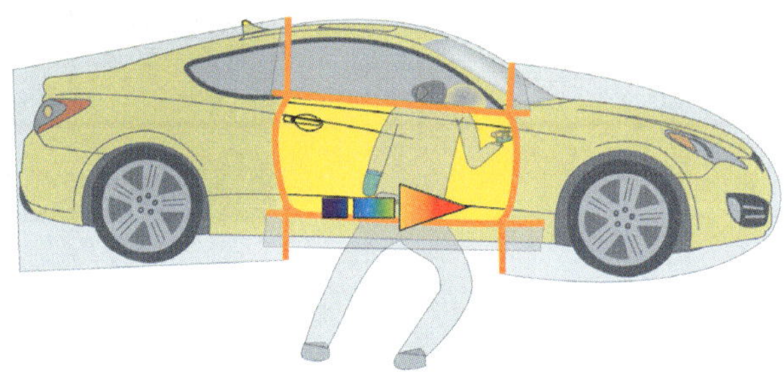

③ 왼쪽을 도장할 경우 왼 무릎을 꺾고 팔꿈치는 꺾지 않고 손목을 오른쪽으로 꺾고 어깨만
   움직인다.

도장 시 측면자세

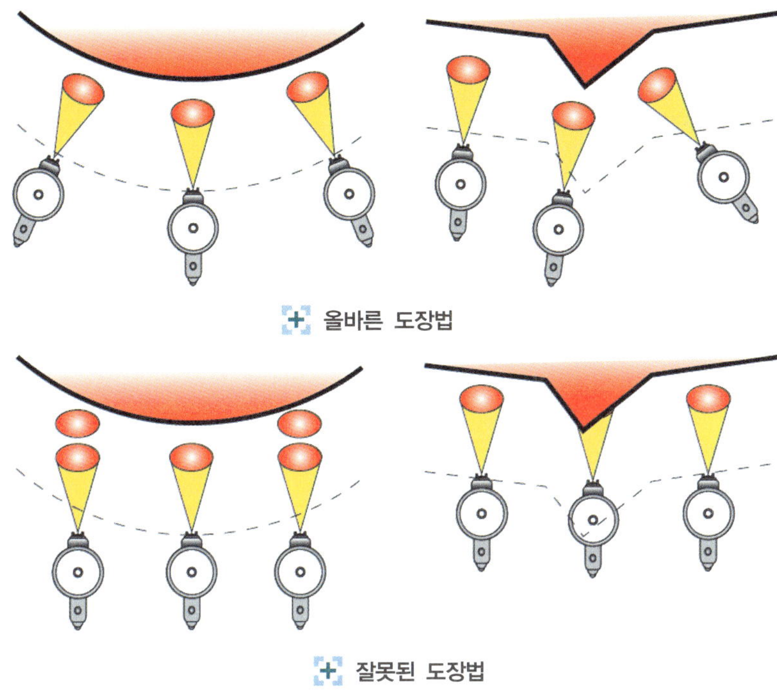

2 도장조건과 도막과의 관계

도장 조건에 따라 마무리 품질에 차이가 나게 된다. 보수 도장하는 차량의 도장면은 기존 도장 면과 컬러 및 도막 필까지 유사하게 만들어야 한다. 컬러는 조색 공정에서 매칭을 시키지만 도장 면의 필은 차종에 따라 미세한 차이가 있다. 기존 도막을 확인하고 확인한 도막 면과 유사한 필(peel)을 작업자가 스프레이 하는 과정에서 맞추어야 하며, 스프레이건의 조작과 도료의 점도 등에 의해서도 좌우된다. 결과물에서 도막 굴곡면을 높거나 낮게 만들기 위해서는 아래의 표를 참고하여 작업한다.

도장조건과 도막과의 관계

분 류	높은 도막면	낮은 도막면
건의 운행속도	느리게 한다	빠르게 한다
건의 노즐 크기	큰 것을 사용한다	작은 것을 사용한다

건의 인입압력	낮게 한다	높게 한다
건과 피도체와 거리	멀게 한다	가깝게 한다
도료량 조절	많이 개방한다	적게 개방한다
도료 점도	높게 한다	낮게 한다
경화제	속건 경화제를 사용한다	지건 경화제를 사용한다
희석제	속건 시너를 사용한다	지건 시너를 사용한다
온도	낮게 한다	높게 한다

➕ 도장조건과 도막 두께와의 관계

분 류	두꺼운 도막 두께	얇은 도막 두께
건의 이동 속도	느리게 한다	빠르게 한다
건의 노즐 크기	큰 것을 사용 한다	작은 것을 사용 한다
건과 피도체와 거리	가깝게 한다	멀게 한다
건의 패턴 조절	좁은 패턴	넓은 패턴
패턴 겹침폭	많이 겹침	적게 겹침
도료량 조절	많이 개방 한다	적게 개방 한다
도료 점도	높게 한다	낮게 한다

3 후드(hood) 도장 순서

자동차 보수 도장에서 가장 좋은 품질로 완성해야 하는 패널이므로 도장 시 다른 부분보다 더 많은 주위가 필요하다. 또한 메탈릭 베이스코트나 3coat 펄을 도장하게 되면, 측면 도어나 펜더와 비교하여 메탈릭 얼룩이 눈에 잘 띄기 때문에 스프레이 방법에 주의하여 규칙적으로 도장하는 습관을 갖도록 한다.

① 운전석 후드 측면을 도장한다.

② 후드의 전면부 측면을 도장한다.

③ 보조석 후드 측면을 도장한다.

④ 전면 유리쪽 보조석 후드 측면을 도장한다(주의 깊게 도장하지 않으면, 룸 안쪽으로 들어가는 부분에 은폐가 되지 않아 실내 좌석에서 후도 모서리를 보면 눈에 띄는 경우가

발생한다.).

⑤ 전면 유리쪽 운전석 후드 측면을 도장한다(④와 ⑤는 후드의 턱 안쪽까지 도장한다는 생각으로 스프레이건을 좀 더 꺾어 도장한다.).

⑥ 운전석 후드 정면을 도장한다(펜더 쪽에서 시작하여 앞으로 밀면서 도장하며 반 정도만 도장해야 한다고 생각하지 말고 스프레이건 패턴 넓이정도 더 도장하여 보조석 쪽에서 도장할 때 겹침 폭을 쉽게 할 수 있도록 한다.).

⑦ 보조석 후드 정면을 도장한다(중앙부의 겹침폭을 신경 써서 도장하도록 한다.).

⑧ 후드의 전면부를 도장한다.(후드가 작을 경우에는 한 번에 도장할 수 있지만 후드의 크기가 크거나 앞부분에 라운드가 심할 경우 도장하기가 어렵기 때문에 그림과 같이 도장한다.)

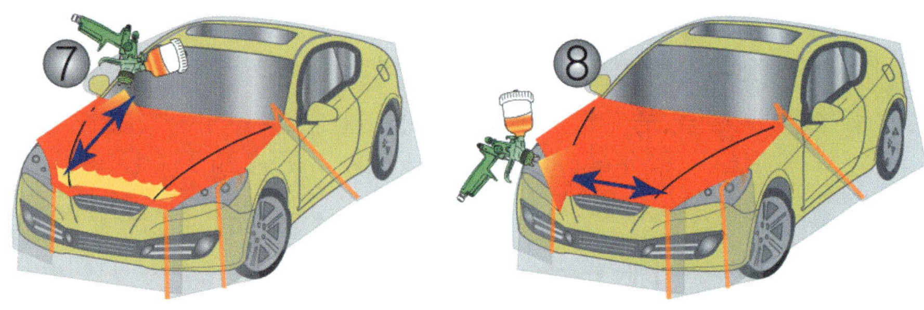

  위와 같이 도장하는 작업자는 후두 도장 후 한 번쯤 중앙을 기준으로 좌측과 우측의 레벨링이 틀린 것을 경험하였을 것이다.

  후드 도장의 경우 처음 시작하는 곳은 밀면서 중앙까지 도장 후 건너편으로 넘어가서 당기면서 도장한다. 이렇게 도장하기 때문에 좌측과 우측의 겹침폭이 틀려지게 된다. 함께 일하는 동료에게 확인을 부탁하거나 동영상을 촬영하여 확인 후 좌·우측 겹침폭을 동일하게 맞추는 훈련을 하자.

내·외부 도장 시 컬러별 도장법

  솔리드 컬러 도장 시에는 1차 드라이(dry) 스프레이 때 내부 드라이·전면부 드라이도장, 2차 미디엄(medium) 스프레이 때 내부 드라이·전면부 미디엄 도장, 3차 색결정 도장 때 내부 웨트(wet)·전면부 풀(full) 도장한다.

  베이스 컬러 도장 시에는 1차 드라이(dry) 스프레이 때 내부 드라이·전면부 드라이도장, 2차 미디엄 스프레이 때 내부 드라이·전면부 웨트(wet) 도장, 3차 색결정 도장 때 내부 스프레이·전면부 미디엄 도장한다(3coat 펄 베이스 도장 시 모든 횟차를 웨트 도장한다.).

  클리어 도장 시 1차 드라이(dry) 스프레이 때 내부 드라이·전면부 드라이도장, 2차 웨트 스프레이 때 내부 미디엄·전면부 웨트 도장, 3차 색결정 도장 때 내부 웨트·전면부 풀 도장한다.

  후드를 도장할 때, 또 다른 방법이 있다.

  이 방법은 측면부 도장법과 도료 토출량은 모두 같다. 1차 때 세로방향으로 도장한다. 하지만 2차 도장 때 후드의 세로 중심을 두고 운전석 쪽에서 왼손으로 그림①과 같이 절반정도 도장한다. 그 후 반대쪽인 보조석 쪽에 가서 오른손으로 스프레이건을 잡고 나머지 반 정도를 그림②와 같이 도장한다. 다시 앞으로 나와서 범퍼의 중앙에서 조금 왼쪽에 치우쳐서 아래로 그림③, ④와 같이 좌우로 도장한다. 3차 때는 세로로 도장할 때와 동일하게 도장하면 된다. 경우에 따라 스프레이방향이 겹치므로 한 방향으로 도장한 것과 비교하여 조금 더 좋은 품질의 도장면을 완성할 수 있다. 참고로 세로로 도장할 때와 비교하여 조금 더 많은 양의 도료를 분무하기 때문에 흘림 불량이 발생할 수 있고 메탈릭 얼룩이나 펄 얼룩이 발생하기 쉽기 때문에 주의해서 도장한다.

1차 Dry coat는 **전후로 도장**
2차 Wet coat는 **좌우로 도장**
3차 Full coat는 **전후로 도장**

이와 같이 도장하면 겹침이 조금 더 좋은 도장면을 완성할 수는 있지만 후드에 프레스라인이 크게 있을 경우 건과 후드와의 거리가 가까워 흐를 가능성이 증가하고 좌우측 펜더(fender)와 경계 가장자리에 도막의 두께가 상승하여 eage턱이 커지는 현상이 발생하므로 도장 시 주의해야 한다.

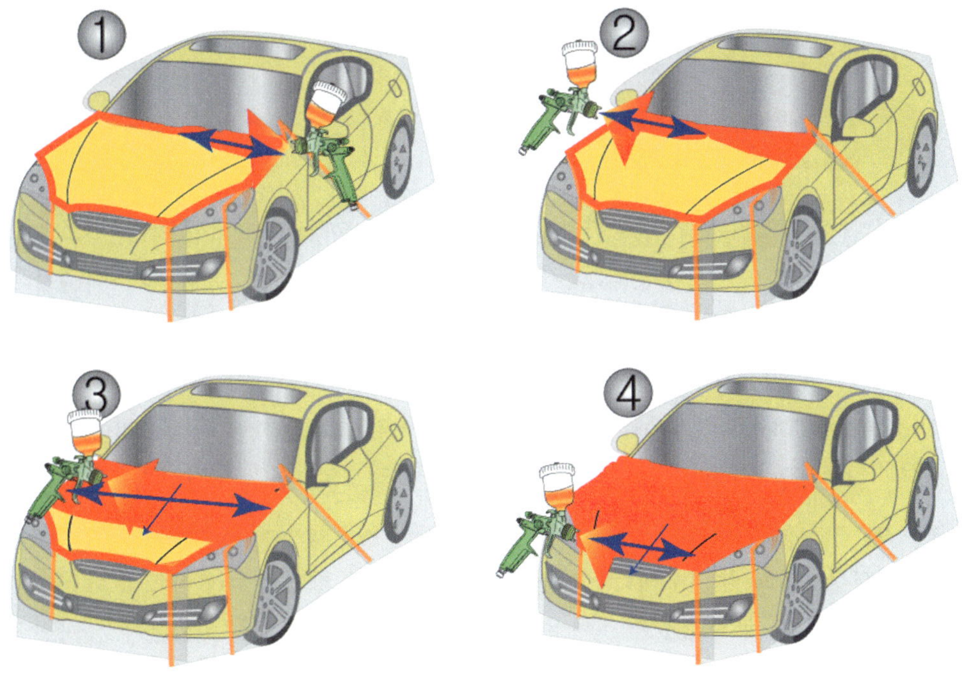

■4 도어(door) 외부 도장 순서

① 앞쪽 도어측면을 도장한다.

② 뒤쪽 도어측면을 도장한다.

③ 도어의 위쪽에서 도장하여 아래로 내려온다.

④ 도장 시 광원이 도장면에 비취는 것을 확인하면서 도장한다.

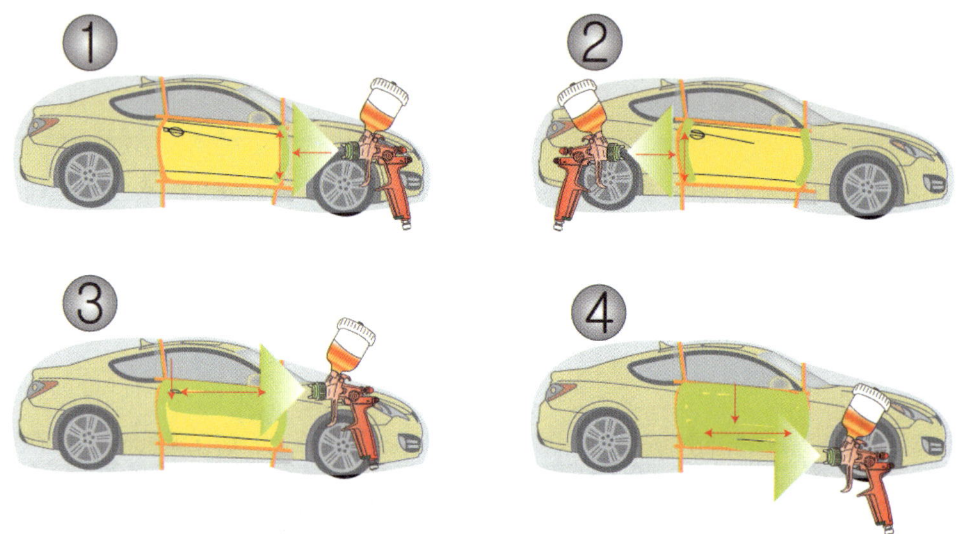

작업자에 따라 아래에서 위로 도장하는 경우가 있다. 가능하면 위쪽에서 아래쪽으로 도장하는 것을 추천한다. 이유는 도장실의 공기의 흐름이 위에서 아래로 유동하기 때문이다.

아래에서 위로 도장할 경우 먼저 도장된 도어의 아랫부분이 미비하게 건조되면서 위쪽을 도장할 때의 도방분진(mist)이 공기 흐름에 따라 아래쪽으로 이동하여 선 도장된 아랫부분에 앉게 되며 광택이 잘 나지 않게 된다. 하지만 위에서 아래로 도장하면 도장실의 공기 유동과 같기 때문에 위로 올라가려는 도장 분진이 적고 전체적으로 좋은 도장면이 된다.

기술자가 위쪽부분을 마지막에 도장하여 가장 잘 나와야 하는 부분을 가장 마지막에 도장한다고 하면 어쩔 수가 없지만, 필자는 자연의 원리상 위에서 아래로 도장하는 것을 추천하며, 도장에 입문하는 작업자의 경우는 필자의 작업방식을 표준으로 삼아 도장하기 바란다.

도어를 교환할 경우와 내부와 전면부를 같이 도장해야 할 경우에는 내부도장을 먼저하고 전면부를 도장한다. 내부 도장 순서는 다음의 그림을 참고한다.

5 도어 내부 도장 순서

마스킹작업을 할 때 도어와 차체 연결되는 부분을 도장하려면 스프레이건이 들어갈 공간이 있어야 하기 때문에 너무 당겨서 하지 말고 여유 있게 마스킹 한다. 그리고 도어 내부는 굴곡이 많아서 흘림 불량이 나올 가능성이 많기 때문에 가급적 웨트(wet) 스프레이는 하지 말고 미디엄(medium) 스프레이나 드라이(dry) 스프레이를 추천한다.

도장 후 은폐가 안 되었을 경우가 있기 때문에 꼭 눈으로 은폐가 되었는지를 확인한다.

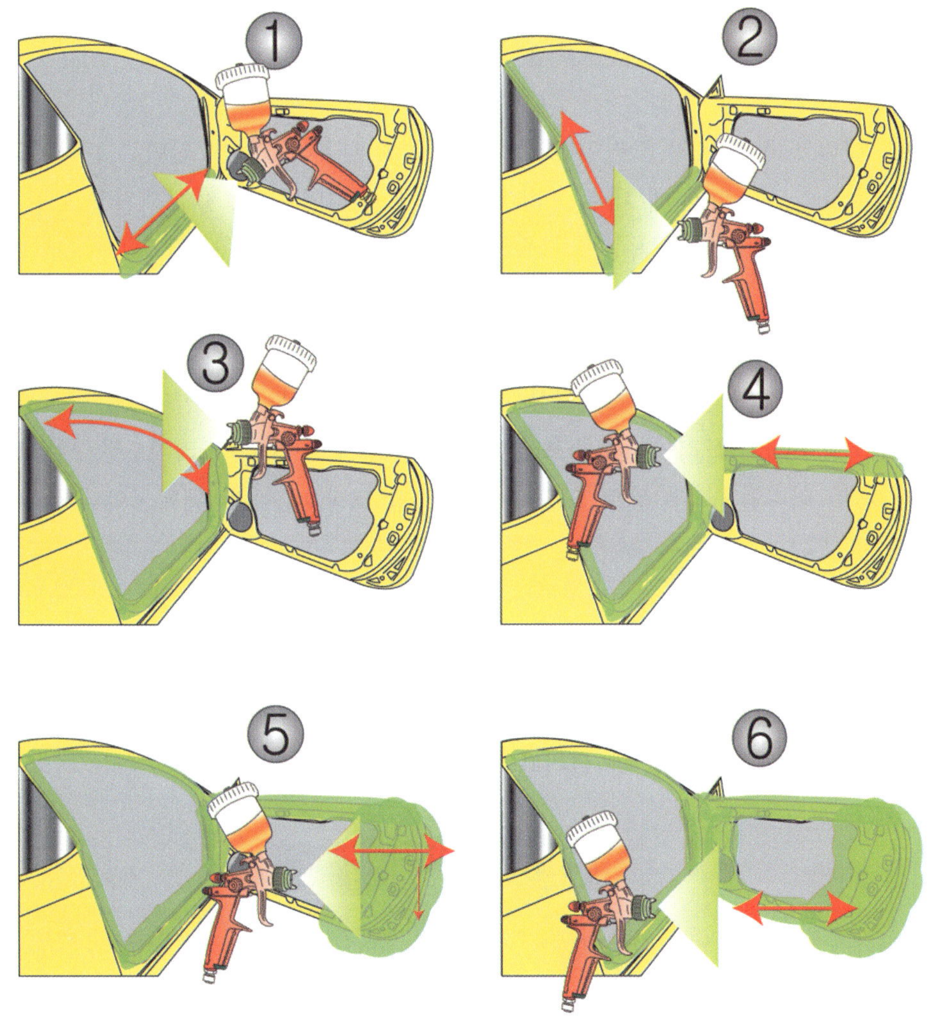

① 스텝부를 먼저 좌우로 도장한다(눈에 잘 띄는 부분이다.).

② 필러부분을 상하로 도장한다(상황에 따라 에어 캡을 90°로 돌려서 작업자가 작업하기

쉬운 것으로 도장).

③ 그림과 같이 중심에서 팔꿈치를 돌려 도장한다. 이때 도어 안쪽도 같이 도장한다.

④ 도어 안쪽 위쪽을 도장한다.

⑤ 위에서 아래로 도장하며 좌우로 스프레이 한다(눈에 잘 띄는 부분이다.).

⑥ 도어 하단부를 도장한다(스프레이 후 은폐가 가장 안 되는 부분이므로 꼭 확인한다.).

내·외부 도장 시 컬러별 도장법

솔리드 컬러 도장 시 1차 드라이(dry) 스프레이 때 내부 드라이·전면부 드라이도장, 2차 미디엄(medium) 스프레이 때 내부 드라이·전면부 미디엄 도장, 3차 색결정 도장 때 내부 웨트·전면부 풀(full)도장한다.

베이스 컬러 도장 시 1차 드라이(dry) 스프레이 때 내부 드라이·외부 드라이도장, 2차 미디엄 스프레이 때 내부 드라이·외부 웨트(wet) 도장, 3차 색결정 도장 때 내부 미디엄 ·외부 미디엄 도장한다(3coat 펄 베이스 도장 시 모든 회차를 웨트 도장한다.).

클리어 도장 시 1차 드라이(dry) 스프레이 때 내부 드라이·외부 드라이도장, 2차 웨트 스프레이 때 내부 미디엄·외부 웨트 도장, 3차 색결정 도장 때 내부 웨트·외부 풀 도장한다.

실리콘 건 파지법

도어나 후드를 교환하였을 때 실리콘을 도포해야 할 경우 참고한다.

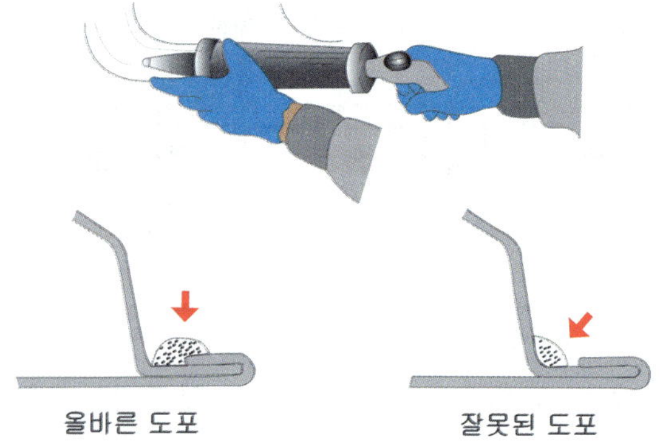

6 범퍼(bumper) 도장 순서

자동차 보수 도장에서 상도 작업을 할 경우 가장 먼저 접하게 되는 부분이다. 그러므로 작업의 순서를 확실히 익혀 도장할 때 좋은 품질을 만들도록 노력하여 선배 기술자들이 계속 작업을 시킬 수 있도록 한다.

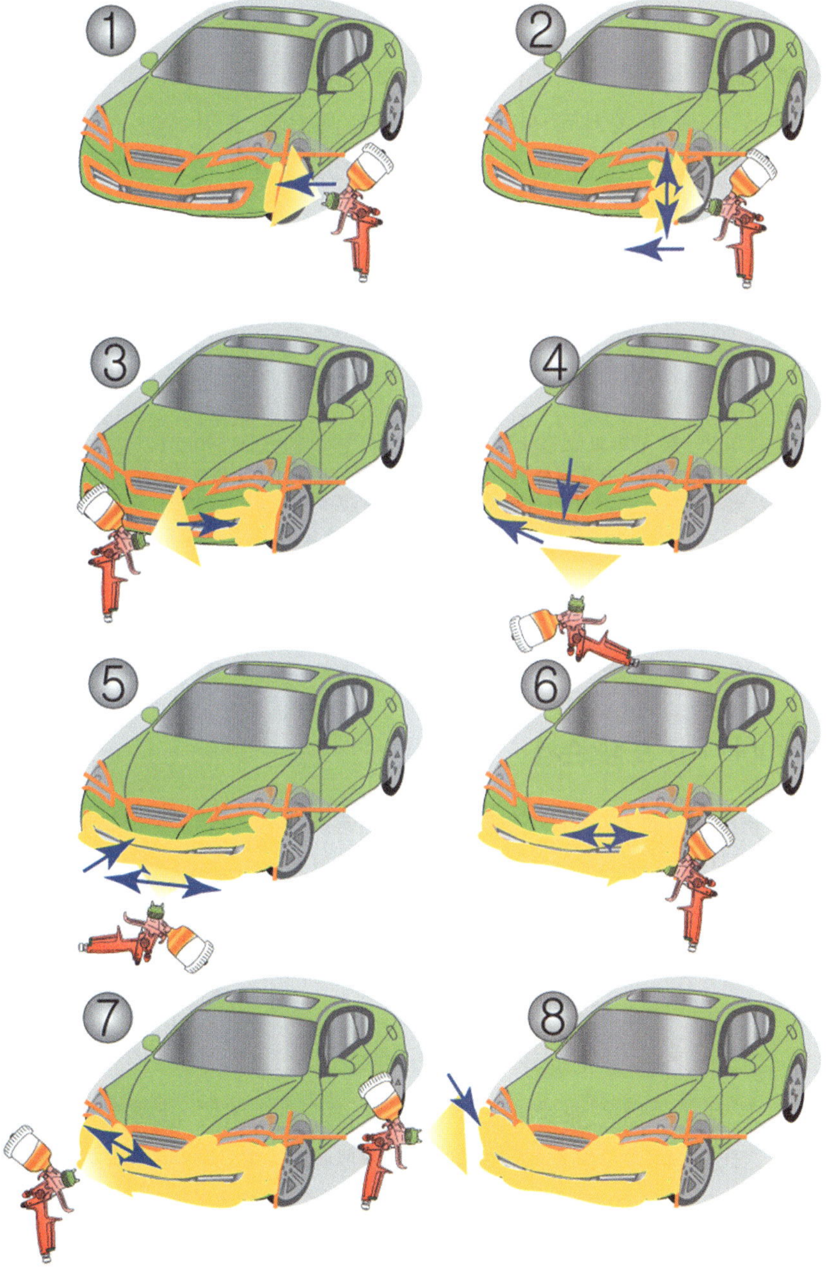

① 운전석 앞 타이어 앞쪽 범퍼 안쪽을 도장한다(은폐가 확실히 되도록 눈으로 확인하여 도장한다.).

② 운전석 쪽 범퍼 측면을 도장한다(위쪽에서부터 출발하여 좌우로 도장하면서 아래쪽으로 도장하며 하단부는 고개를 숙여 은폐가 되도록 한다.).

③ 앞쪽 범퍼의 홀을 먼저 도장한다(눈으로 확인하면서 도장하며 웨트 도장을 하기보다는 드라이 스프레이 방식으로 수 회 도장하면서 흘리지 않고 은폐하도록 한다.).

④ 홀 아랫부분을 도장한다.(아래쪽을 확실히 은폐하도록 한다.)

⑤ 아랫부분을 운전석 쪽에서 시작하여 보조석 쪽으로 도장한다.

⑥ 운전석 쪽 범퍼 위쪽을 도장한다.(도장 후 범퍼 측면과 앞쪽의 운전석 쪽 코너부분을 도장한다.)

⑦ 보조석 쪽 범퍼 위쪽을 도장한다.(운전석과 조수석쪽 범퍼 위쪽을 한 번에 도장할 수 있는 경우에는 가급적 한 번에 도장하여 패턴 겹침이 없도록 하는 것이 좋다.)

⑧ 보조석 쪽 범퍼 측면을 도장한다.(도장 후 앞쪽과 조수석쪽 코너부분을 도장한다.)

교환한 범퍼의 경우 연마 때 스펀지 연마지를 이용하여 연마하면 쉽게 연마할 수 있고 실리콘 리무버(탈지제)나 유분제거제(퐁퐁) 등을 묻혀서 연마하면 이형제와 유분을 더욱더 쉽게 제거할 수 있으며 정전기 발생도 줄일 수 있다. 폴리프로필렌(PP)재질의 경우 플라스틱 프라이머를 도장해야한다. 플라스틱 프라이머는 가볍게 드라이 스프레이 한다는 기분으로 도장하면 적정도막을 도장할 수 있으며 플라스틱 프라이머를 도장하지 않을 경우에는 완전 건조 후 도막은 가벼운 충격에도 쉽게 박리되므로 폴리프로필렌 재질의 경우에는 반드시 도장한다.

7 트렁크(trunk lid) 도장 순서

메탈릭 베이스코트나 3coat 펄을 도장할 경우 측면 도어나 펜더와 비교하여 메탈릭 얼룩이 눈에 잘 띄기 때문에 스프레이 방법에 주의하여 규칙적으로 도장하는 습관을 갖도록 한다.

① 운전석 트렁크 측면을 도장한다.

② 트렁크의 후면 유리쪽 측면을 도장한다(트렁크의 턱 안쪽까지 도장한다는 생각으로 스프레이건을 좀 더 꺾어 도장한다.).

③ 보조석 트렁크 측면을 도장한다.

④ 후범퍼쪽 트렁크 측면을 도장한다.(트렁크 하나만 도장하지 않고 후범퍼와 같이 도장할 경우에는 후범퍼의 윗면을 도장 시 흘림이 발생할 수 있기 때문에 주의해서 도장한다.)

⑤ 운전석 트렁크 윗면을 도장한다(펜더 쪽에서 시작하여 앞으로 밀면서 도장하며 반정도만 도장해야 한다고 생각하여 반만 도장하지 말고 스프레이건 패턴 넓이정도 더 도장하

여 보조석 쪽에서 도장할 때 겹칩폭을 쉽게 할 수 있도록 한다.).

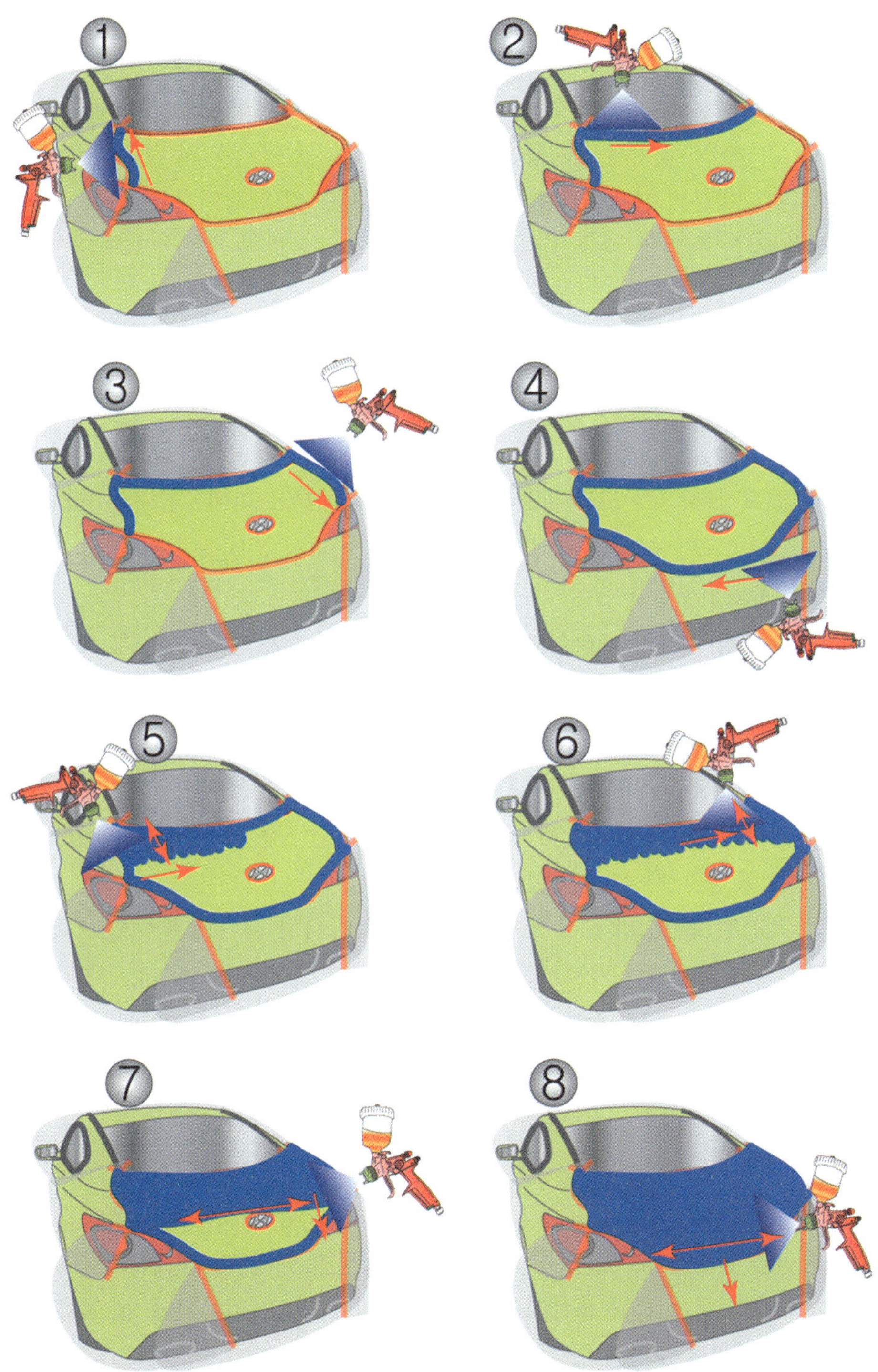

⑥ 보조석 트렁크 윗면을 도장한다.(중앙부의 겹침 폭에 신경 써서 도장하도록 한다.)

⑦ 트렁크의 범퍼쪽 면을 도장한다(⑤, ⑥을 도장한 후 꺾이는 부분을 도장할 때 스프레이 패턴겹침이 좋지 않을 경우 흘림이 발생할 수 있으므로 주의한다.).

⑧ 트렁크 후면을 도장한다.(보통 도장할 때 서서 도장하기 때문에 도장면을 잘 확인하지 않는다. 가능하면 앉아서 형광등을 비춰보며 오렌지필이 생기지 않고 광택이 잘 나도록 도장한다. 대부분의 보수 도장한 자동차는 트렁크를 보면 광택이 잘 나지 않고 오렌지필이 심한 것을 확인할 수 있다.).

내·외부 도장 시 컬러별 도장법

솔리드 컬러 도장 시 1차 드라이(dry) 스프레이 때 내부 드라이·전면부 드라이도장, 2차 미디엄(medium) 스프레이 때 내부 드라이·전면부 미디엄 도장, 3차 색결정 도장 때 내부 웨트·전면부 풀(full)도장한다.

베이스 컬러 도장 시 1차 드라이(dry) 스프레이 때 내부 드라이·전면부 드라이도장, 2차 미디엄 스프레이 때 내부 드라이·전면부 웨트(wet) 도장, 3차 색결정 도장 때 내부 미디엄·전면부 미디엄 도장한다.(3coat 펄 베이스 도장 시 모든 횟차를 웨트 도장한다.)

클리어 도장 시 1차 드라이(dry) 스프레이 때 내부 드라이·전면부 드라이도장, 2차 웨트 스프레이 때 내부 미디엄·전면부 웨트 도장, 3차 색결정 도장 때 내부 웨트·전면부 풀 도장한다. 트렁크를 도장할 때 다른 방법도 있다.

이 방법은 측면부 도장법과 도료 토출량은 모두 같다. 1차 때 세로방향으로 세로로 도장하고, 2차 도장 때는 트렁크의 세로 중심을 두고 운전석 쪽에서 왼손으로 그림①과 같이 코 부분을 도장한다. 그 후 반대쪽인 보조석 쪽에 가서 오른손으로 스프레이건을 잡고 나머지 반 정도를 그림②와 같이 도장한다. 다시 앞으로 나와서 범퍼의 중앙에서 조금 왼쪽에 치우쳐서 아래로 이동하며, 그림③, ④와 같이 좌우로 도장한다. 3차 때는 세로로 도장할 때와 동일하게 도장하면 된다.

경우에 따라 스프레이방향이 겹치므로 한 방향으로 도장한 것과 비교하여 조금 더 좋은 품질의 도장면을 완성할 수 있다. 참고로 세로로 도장할 때와 비교하여 조금 더 많은 양의 도료를 분무하기 때문에 흘림 불량이 발생할 수 있고 메탈릭 얼룩이나 펄 얼룩이 발생하기 쉽기 때문에 주의해서 도장한다.

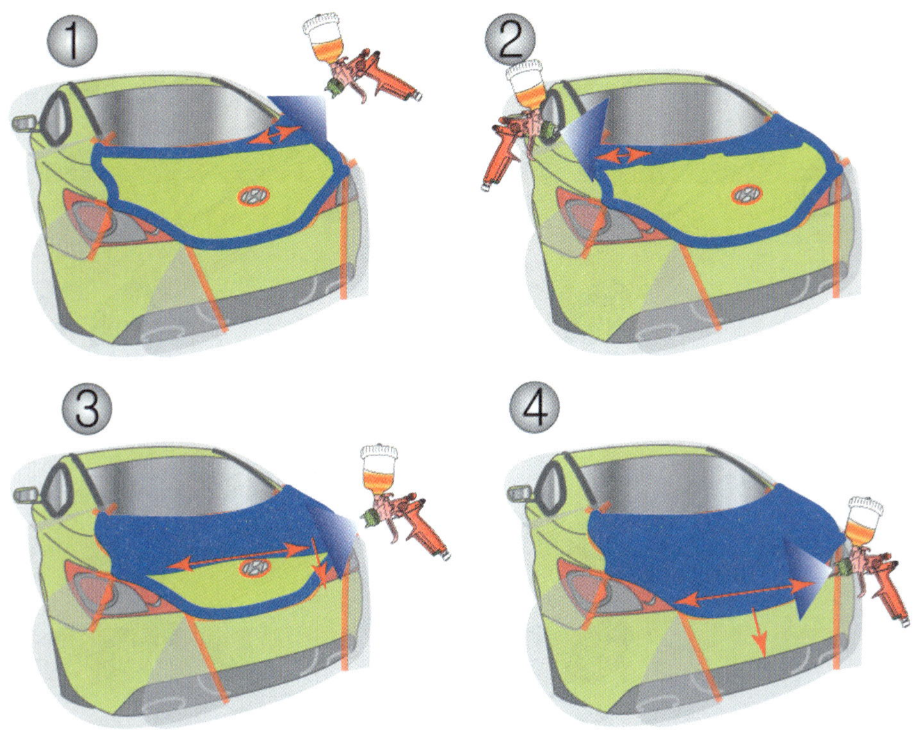

8 **루프(roof) 도장 순서**

자동차 보수 도장에서 가장 어려운 부위이며, 도장하는 경우가 많지 않아 초보자가 많이 접하지 못하는 부위이기도 하다.

① 루프의 뒷유리 위쪽 측면을 도장한다(보조석 쪽에서 왼손으로 루프의 중앙쪽으로 건방향을 향하게 하여 도장하며 반대쪽인 운전석 쪽에서 오른손으로 루프의 중앙에서 운전석 쪽으로 당기면서 도장한다.).

② 루프의 앞유리 위쪽 측면을 도장한다(운전석 쪽에서 왼손으로 루프의 중앙쪽으로 건방향을 향하게 하여 도장하며 반대쪽으로 이동하여 보조석 쪽에서 오른손으로 루프의 중앙에서 당기면서 도장한다.).

③ 리어펜더와 루프가 연결되어 있는 C필러(pillar)를 아래쪽에서 위쪽으로 도장한다.(도장전 왼손으로 뒷유리 중앙쪽에서 뒷유리와 C필러 연결부분을 도장한다. 이렇게 도장하지 않고 C필러만 도장할 경우 반대쪽에 확인할 때 도장이 되지 않는 경우가 있기 때문에 반드시 도장한다.)

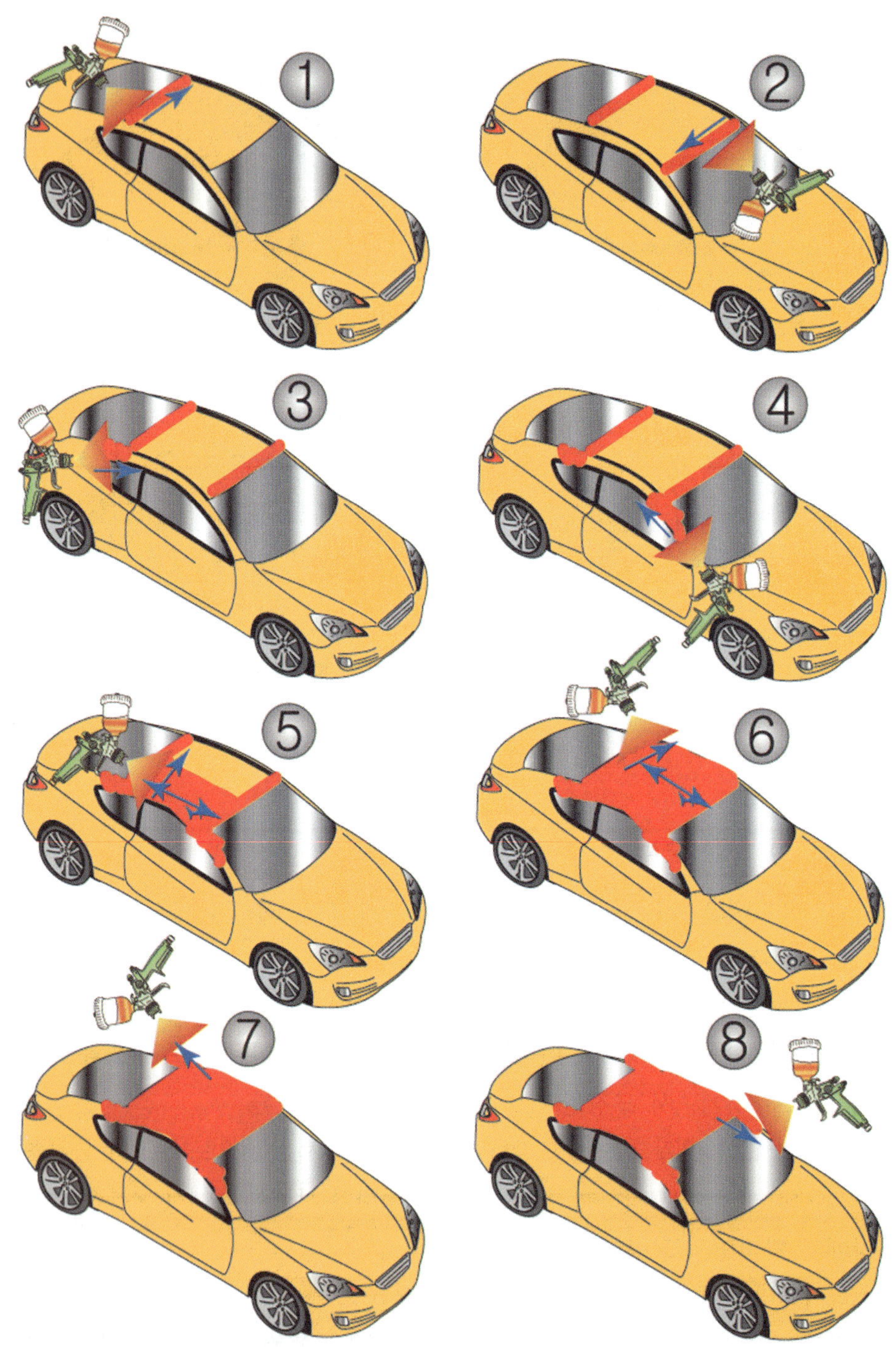

④ 프런트 펜더와 루프가 연결되어 있는 A필러를 아래쪽에서 위쪽으로 도장하고 반대
쪽도 앞쪽 A필러를 도장하고 뒤쪽 C필러를 도장한다.(③같은 경우가 발생하기 때문

에 전유리 중앙에서 오른손으로 도장한다.)

⑤ 보조석 필러 도장된 부분에서 루프의 중앙쪽으로 도장한다.

⑥ 반대쪽에 운전석에서 루프의 중앙부분으로 도장한다.

⑦ 운전석 C필러를 루프에서 아래쪽으로 도장하여 내려온다(③과 같이 도장하여 결함이 생기지 않도록 하여 ⑧도 유리쪽을 먼저 도장하여 결함이 발생하지 않도록 한다.).

⑧ 운전석 A필러를 루프에서 아래쪽으로 도장하여 내려온다.

키가 작은 작업자가 넓은 패턴으로 도장할 경우 중앙부분이 도장하기 힘들어 패턴을 좁게하는 경우가 발생한다. 이럴 경우 중앙부분에 과도막이 되어 결함이 발생할 수 있다. 쉽게 도장하기 위해서는 "⌐"자형의 사다리를 사용하여 도장한다.

사다리가 있으면 SUV나 지프(jeep)형 자동차 루프를 도장할 때 유용하게 쓰이고 안정적이기 때문에 사용하도록 한다. 사다리가 없으면 일반형 자동차의 경우 도장실안에 입고 후 타이어의 바람을 빼면 차고가 10cm 가량 낮아지기 때문에 루프의 도장을 원활히 할 수 있다.

다른 예로는 사용한 시너통을 딛고 도장하는 경우가 있다. 불안전한 상태이므로 안전사고가 발생하지 않도록 사다리를 사용하여 보다 안정적인 자세로 도장하여 최고 품질의 도장물을 만들도록 하자.

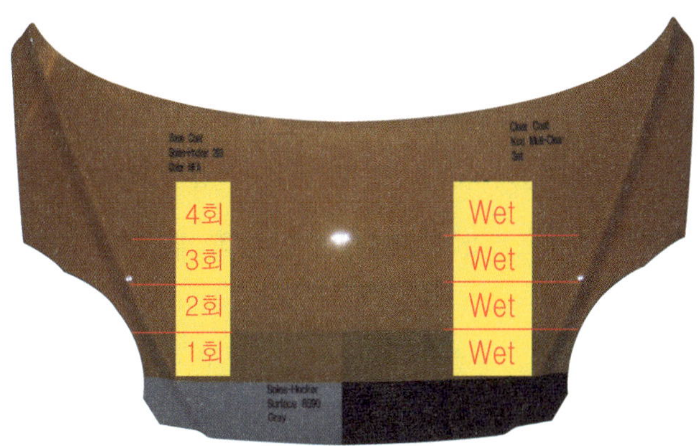

➕ **은폐에 따른 색상차이**

1coat 도장공정

■1 준비공정

1) 탈지공정

에어블로 하여 도장면에 먼지나 이물질을 제거 후 탈지를 한다.

2) 도료만들기

(1) 차량의 컬러코트를 확인한다.

대부분의 국산차는 후드를 개방하면 차량인식표에 컬러코드가 적혀 있다.

하지만 외국자동차의 경우 위치가 후드에만 있는 것이 아니므로 도료회사에서 제공하는 컬러위치를 확인한다.

(2) 페인트를 계량한다.

컬러 배합비에 따라 전자저울 계량한다. 국내의 도료회사의 경우 미리 계량하여 판매되고 있으며 페인트 통을 개방하여 희석제를 넣고 바로 사용할 수 있다.

① 페인트 컵에 계량하였거나 계량이 완료되어 있는 우레탄도료 주제를 넣는다.

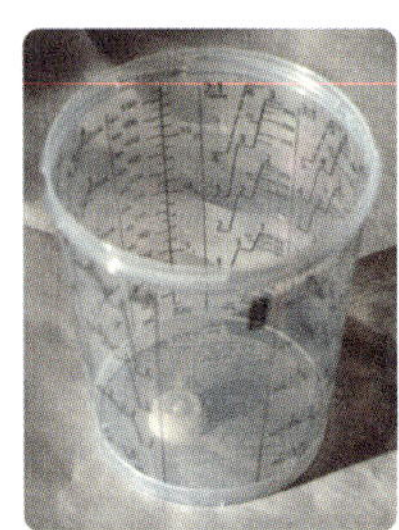

⊕ 주제와 경화제 혼합 비율에 따라 계량

② 주제를 먼저 페인트 컵에 넣고 비율에 따라 경화제를 첨가한다.

③ 시너를 첨가한다.

도료 메이커에 따라 지정된 희석제를 희석한다. 상기 도료는 20% 정도 희석하면 추천하는 점도가 나오게 된다. 해당 도료의 점도는 도료통의 참고자료나 기술자료집을 참고하여 희석한다. 주제, 경화제, 희석제를 충분히 교반한다.

3) 먼지제거를 한다.

우레탄 도료를 도장하기 직전에 패널의 먼지를 제거한다. 송진포를 사용하며 위에서부터 시작하여 아래로 닦아낸다.

2 우레탄(urethane)도료를 도장한다.

준비된 도료를 스프레이건에 넣어서 사용한다.
SATA RP 3000 스프레이건을 사용한다.

- 사용공기압 : 2.3bar
- 노즐지름 : 1.3mm
- 패턴조절 : 360°/400°좌측으로 개방
- 3회 도장 완료한다.
- 도료나 스프레이건에 따라 작업방법이 약간 상이하다.

(1) 주제와 경화제를 혼합한 솔리드 우레탄 도료를 여과지에 걸러서 스프레이건에 담는다.

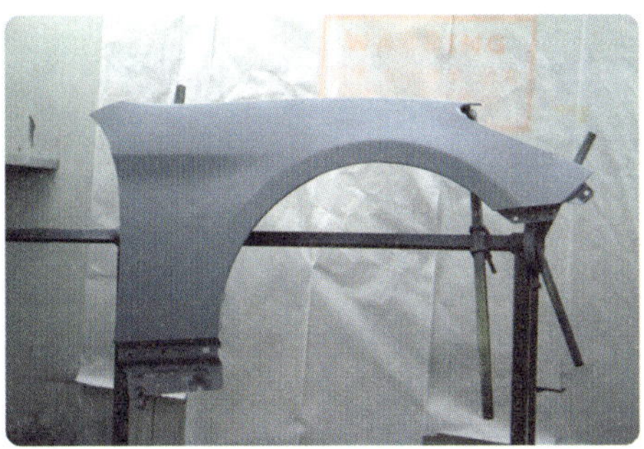

작업 준비가 된 피도체

(2) 1차 날림도장(dry coat)을 한다.

- 측면은 도장하지 않는다.
- 좌측상단에서 출발하여 패널과 직각을 유지한다.
- 이동속도 : 60cm/sec
- 피도체와의 거리 : 12~15cm
- 도료량 : 1회전/5회전
- 패턴 겹침폭 : 1/2

- 도장완료 후 플래시 오프 타임을 3~5분 정도 준다.

(3) 2차 젖음 도장(wet coat)을 한다.

- 측면을 먼저 도장하고 전면부를 도장한다.
- 좌측상단에서 출발하여 패널과 직각을 유지한다.
- 이동속도 : 50cm/sec
- 피도체와의 거리 : 10~13cm
- 도료량 : 3.5회전/5회전
- 패턴 겹침폭 : 3/4

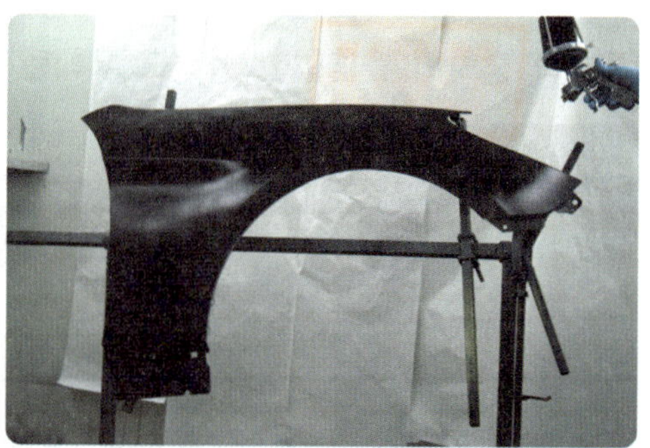

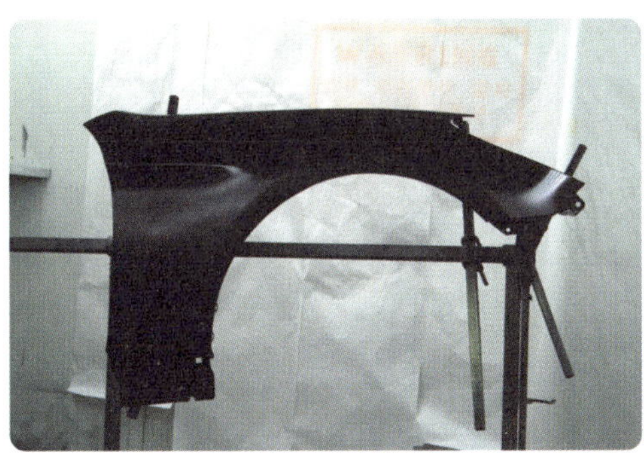 

- 도장완료 후 플래시 오프 타임을 3~5분 정도 준다.
- 도장 후 도막 두께가 얇아야 하고 오렌지필이 없으면서 광택이 나도록 도장해야 한다.

(4) 3차 풀 도장(full coat)을 한다.

- 측면을 먼저 도장하고 전면부를 도장한다.
- 좌측상단에서 출발하여 패널과 직각을 유지한다.
- 이동속도 : 40cm/sec
- 피도체와의 거리 : 7~10cm
- 도료량 : 4.5회전/5회전
- 패턴 겹침폭 : 3/4

세팅타임을 10분 정도 준 후 가열 건조시킨다. 앞에서 언급하였듯이 솔리드 우레탄 도료는 클리어를 도장하지 않는 도료이다.

처음에 접할 때는 클리어보다 쉽게 느껴지지만 자꾸 해볼수록 어렵게 느껴지는 것이 솔리드 우레탄의 특징이다. 많은 시행착오를 바탕으로 미려한 상도 도장면을 완성시키도록 하자.

건조 완료 후 도장면

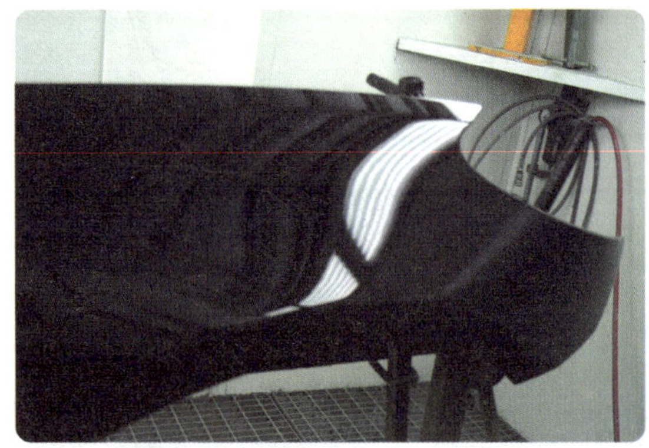

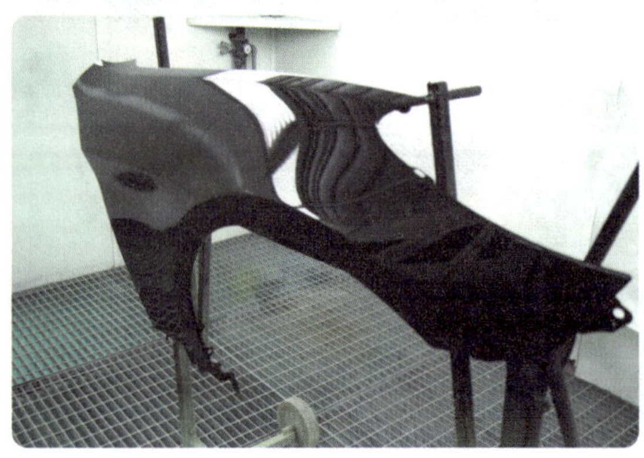

2coat 도장공정

1 준비공정

(1) 탈지공정

먼지가 제거된 패널을 탈지한다.
탈지 방법은 아래의 사진을 참고한다.

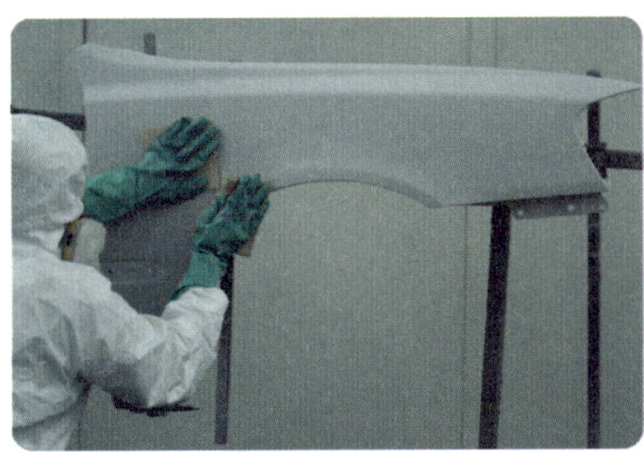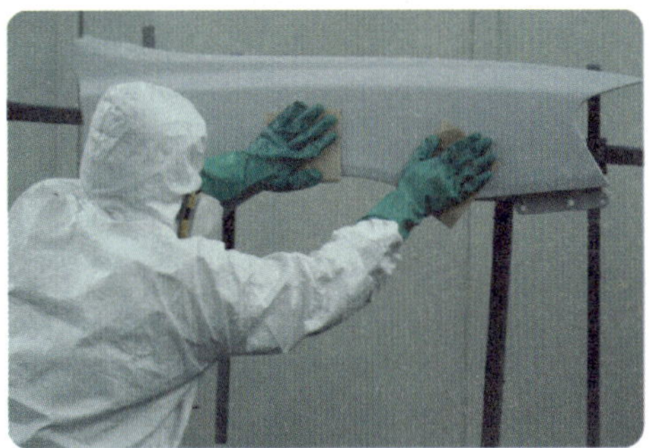

✚ 탈지공정

(2) 도료 만들기

① 차량의 컬러 코드를 확인한다

대부분의 국산차는 후드를 개방하면 차량인식표에 컬러코드가 적혀 있다. 하지만 외국
자동차의 경우 위치가 후드에만 있는 것이 아니므로 도료회사에서 제공하는 컬러위치를
확인한다.

② 페인트를 계량한다

컬러 배합비에 따라 전자저울로 계량한다. 국내의 도료회사의 경우 미리 계량하여 판매
되고 있으며 페인트 통을 개방하여 희석제를 넣고 바로 사용할 수 있다.

- 컬러 배합비에 따라 계량한다.
- **도료 리드기 사용법** : 저울의 눈금을 확인하면서 해당 조색제를 정량 계량한다.
- **시너 첨가** : 대부분의 도료는 도료에 50~60% 정도 희석하면 추천하는 점도가 나오게
  된다. 해당 도료의 점도는 도료통의 참고자료나 기술자료집을 참고하여 희석한다.

컵을 저울에 올림

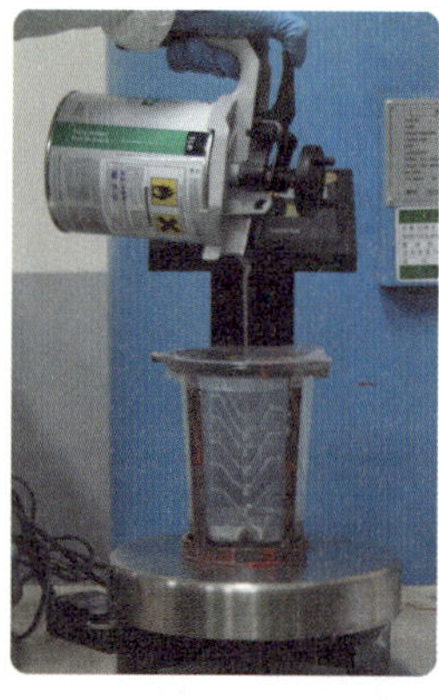

조색제 정량 계량

시너 첨가

- 간이 포드컵을 사용하여 점도를 측정한다.
- 도료가 흘러내리다가 연결이 끝나는 시점까지 시간을 측정한다.

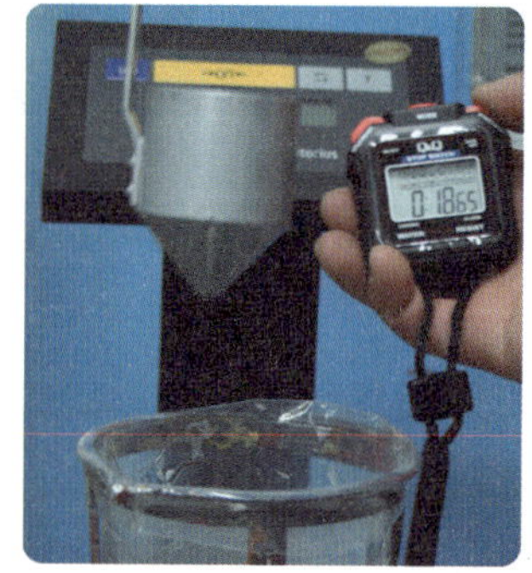

도료 점도측정

※ Base Coat : 16sec(20℃) / Clear Coat : 14~16sec(20℃)

(3) 먼지 제거

상도 베이스코트를 도장하기 직전에 패널의 먼지를 제거한다. 송진포를 사용하며 위에서부터 시작하여 아래로 닦아낸다.

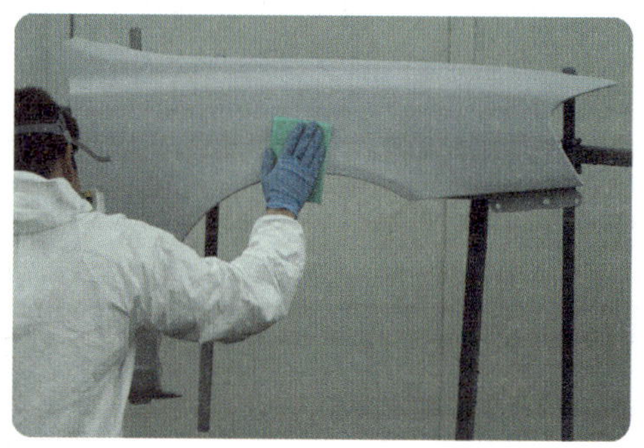

송진포를 이용한 먼지제거

2 도장공정

- **1coat 2액형 우레탄 도료의 경우** 1차 날림도장, 2차 젖음도장, 3차 풀도장을 한다. 도장 후 도료가 광택이 나기 때문에 클리어코트 도장공정은 하지 않는다.
- **2coat 메탈릭·펄 도장의 경우** 베이스코트 도장을 1차 날림도장, 2차 젖음도장, 3차 중간도장을 하고 장시간 방치하지 말고 클리어코트를 1차 날림도장, 2차 젖음도장, 3차 풀도장을 한다.
- **3coat 펄 도장의 경우** 컬러베이스코트 도장을 1차 날림도장, 2차 젖음도장, 3차 중간도장을 하고 장시간 방치하지 말고 펄 베이스 도장을 1차 젖음도장, 2차 젖음도장, 3차 젖음도장을 하고 장시간 방치하지 말고 클리어코트를 1차 날림도장, 2차 젖음도장, 3차 풀도장을 한다.

(1) 베이스 코트(base coat) 도장

준비된 도료를 스프레이건에 넣어서 사용한다.

SATA HVLP 3000 스프레이건을 사용한다.

- **사용공기압** : 1.8bar
- **노즐지름** : 1.4mm
- **패턴조절** : 360°/400° 좌측으로 개방
- 3회 도장으로 완료한다.
- 도료나 스프레이건에 따라 작업방법이 약간 상이하다.

① 1차 날림도장(dry coat or light coat)을 한다

- 전면부만 도장한다.
- 좌측상단에서 출발하여 패널과 직각을 유지한다.
- 이동속도 : 60cm/sec
- 피도체와의 거리 : 12~15cm
- 도료량 : 1회전/5회전
- 패턴 겹침폭 : 1/2

도료가 묻는 부분의 시선을 맞추어서 자세를 낮춘다.

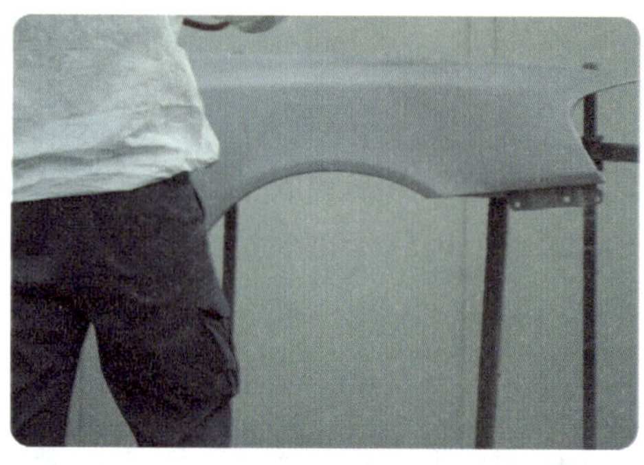 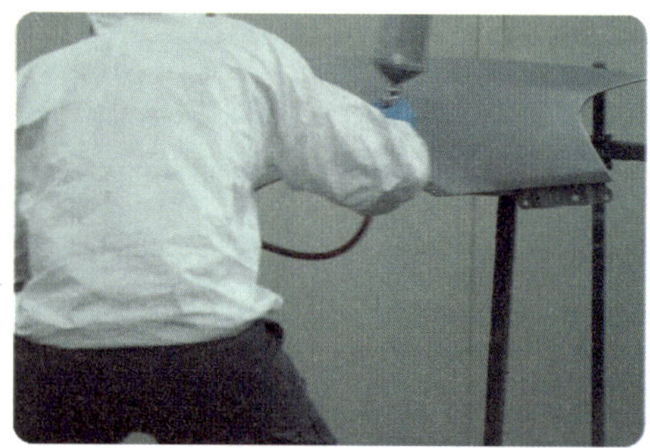
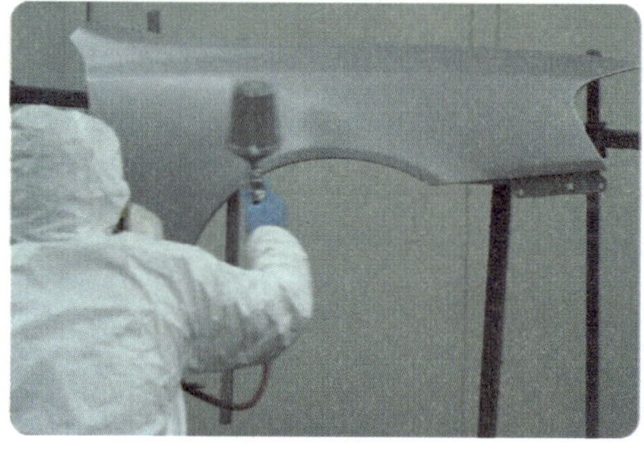 

➕ 드라이코트

- 도장완료 후 플래시 오프 타임을 3~5분 정도 준다.

> 1회 때 날림 도장을 하지 않고 젖음 도장을 할 경우 크레타링 발생이 높아진다.

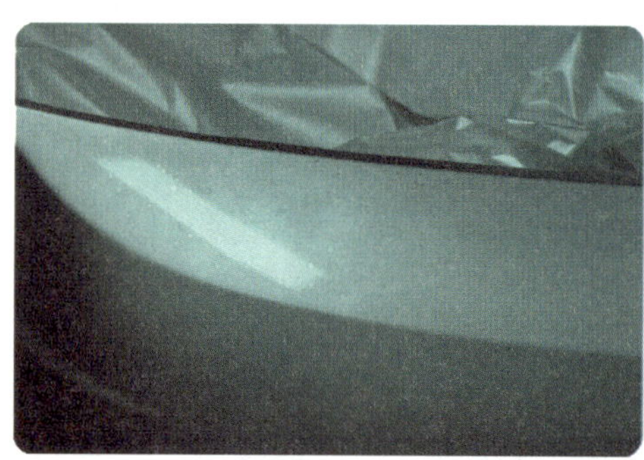

➕ 크레타링 발생 사진

② 2차 젖음 도장(wet coat) 한다

- 측면을 먼저 도장하고 전면부를 도장한다.
- 좌측상단에서 출발하여 패널과 직각을 유지한다.

- **이동속도** : 50cm/sec
- **피도체와의 거리** : 12~15cm
- **도료량** : 3.5회전/5회전
- **패턴 겹침폭** : 3/4

㉮ 측면을 도장한다.

　한부분에서 먼저 시작하여 한 바퀴를 도장한다.

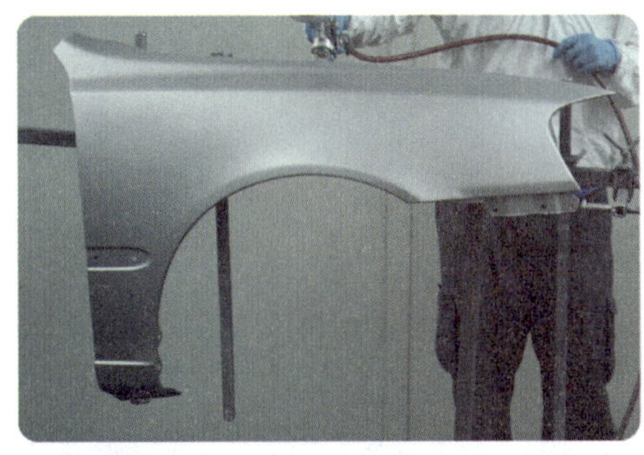
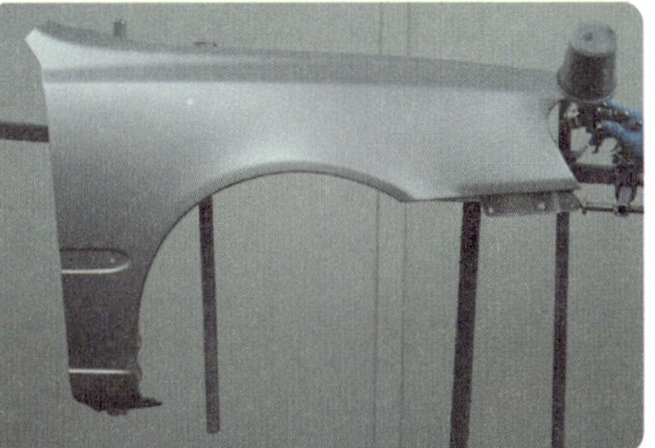
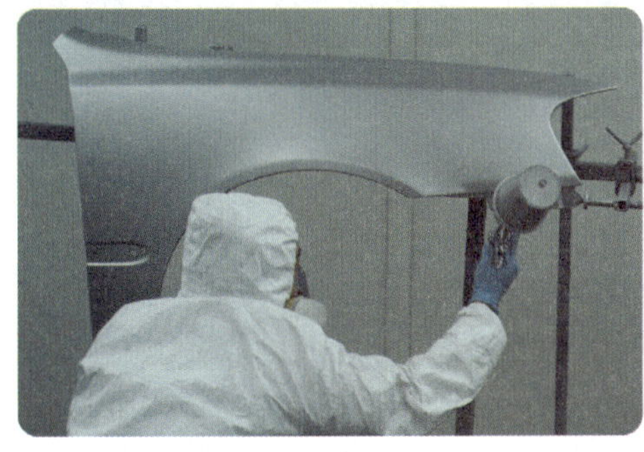
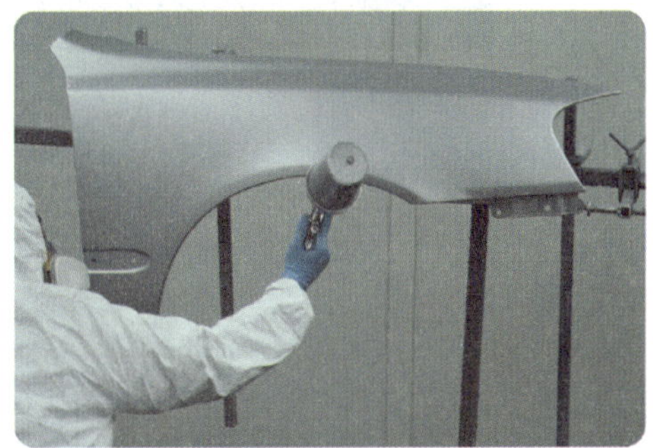
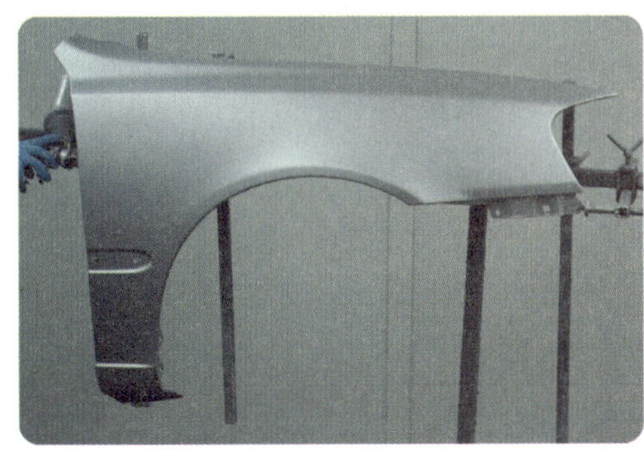
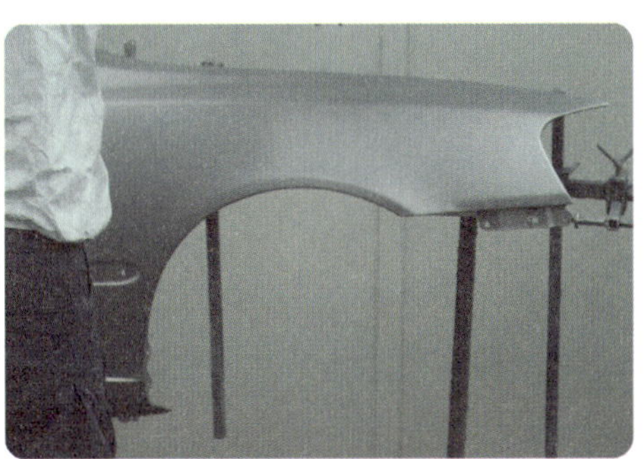

가장자리부분 웨트 코트

㉯ 전면부를 도장한다.

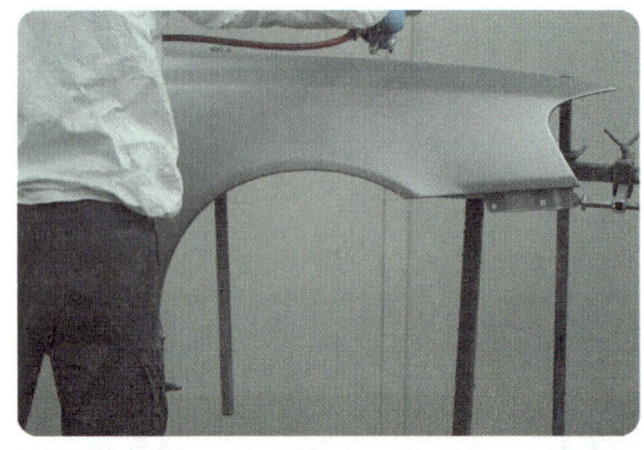
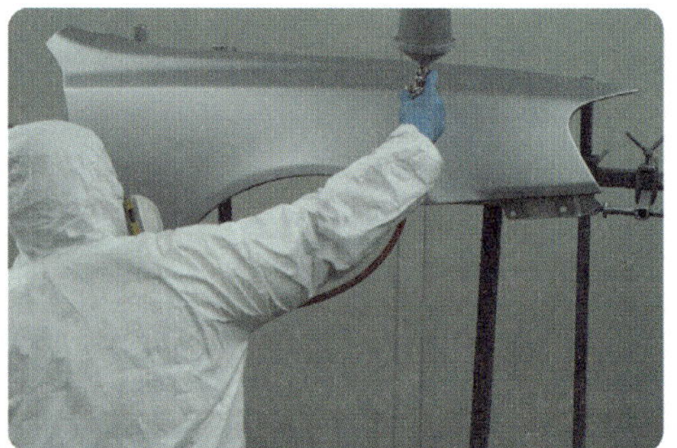
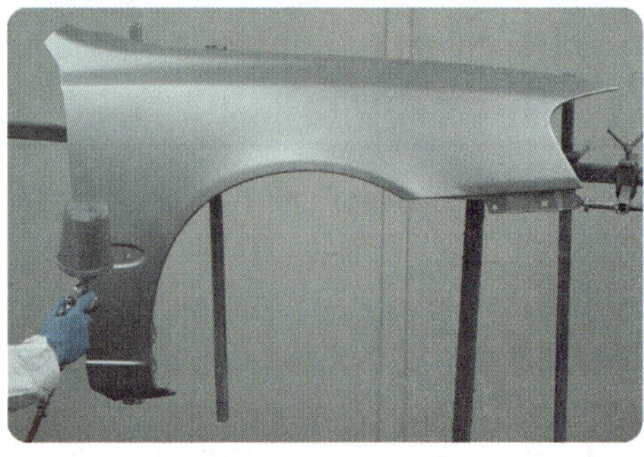
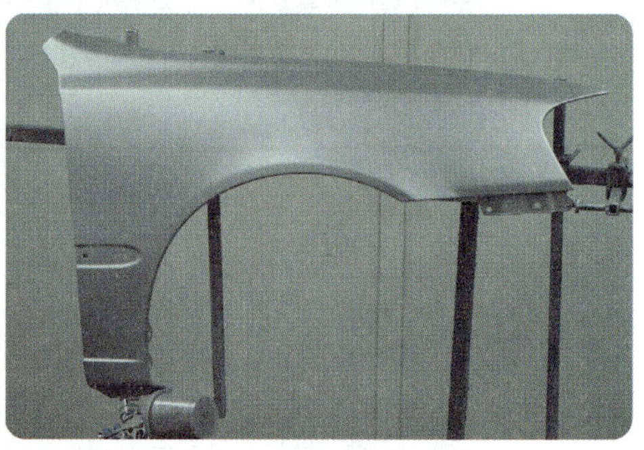

➕ 전면부 웨트 코트

- 도장완료 후 플래시 오프 타임을 3~5분 정도 준다.

③ 3차 중간 도장(medium coat) 한다.

2차 도장은 색상을 은폐시키기 위한 공정이기 때문에 얼룩이 존재한다. 하지만 적당한 플래시 오프 타임이 경과한 후 3차 도장을 하면 기존의 얼룩을 커버하기 때문에 사라지게 된다. 따라서 3차 도장 때 색상을 맞추도록 하며 얼룩이 발생하지 않도록 주의해서 도장한다.

메탈릭 얼룩이 발생된 사진이므로 참고한다.

➕ 메탈릭 얼룩이 발생

- 측면을 먼저 도장하고 전면부를 도장한다.
- 좌측상단에서 출발하여 패널과 직각을 유지한다.
- **이동속도** : 60cm/sec
- **피도체와의 거리** : 12~15cm

- **도료량** : 2.5회전/5회전
- **패턴 겹침폭** : 2/3

　측면을 도장하고 전면부를 도장한다. 한부분에서 먼저 시작하여 한 바퀴를 도장한다.

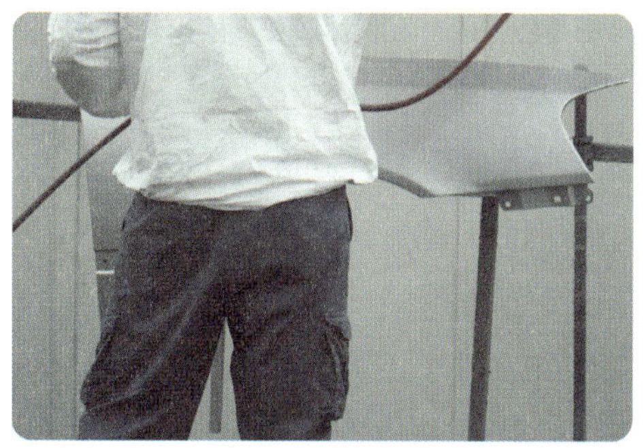

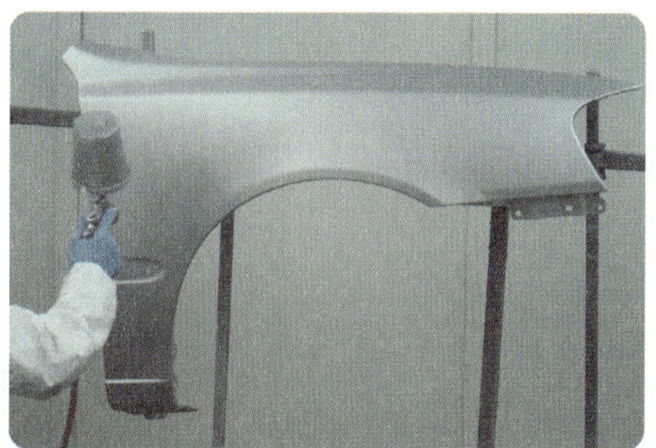

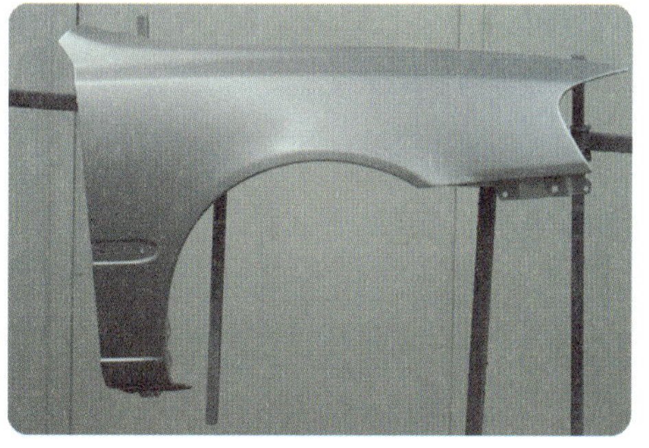

미디엄 코트

- 도장완료 후 플래시 오프 타임을 3~5분 정도 준다. 베이스 도료를 도장한 후 클리어코트를 도장하지 않고 장시간 방치하게 되면 도료중의 왁스 성분이 표면층으로 올라와 클리어코트를 도장한 후 부착이 생기지 않는 경우가 있기 때문에 오랜시간 동안 방지하지 말고 클리어코트를 도장한다. 베이스코트를 너무 두껍게 도장할 경우 클리어 도장 후 베이스코트 도료가 클리어를 빨아들여 도장 광택이 저하되기 때문에 적정도막두께를 넘지 않도록 한다.

　자동차 보수용 베이스코트 도료는 도장 시 웨트 도장을 하여 은폐시키는 것보다 미디엄 도장하고, 건조 후 미디엄 도장으로 하는 것이 은폐도 잘되고 도막 두께도 얇아서 광택도 많이 나게 된다.

베이스코트 완료

(2) **클리어 코트**(clear coat) **도장**

준비된 도료를 스프레이건에 넣어서 사용한다.

SATA RP 3000 스프레이건을 사용한다.

- **사용공기압** : 2.3bar
- **노즐지름** : 1.3mm
- **패턴조절** : 360°/400° 좌측으로 개방
- 3회 도장 완료한다.
- 도료나 스프레이건에 따라 작업방법이 약간 상이하다.

① 주제와 경화제를 혼합한 클리어 도료를 여과지에 걸러서 스프레이건에 담는다

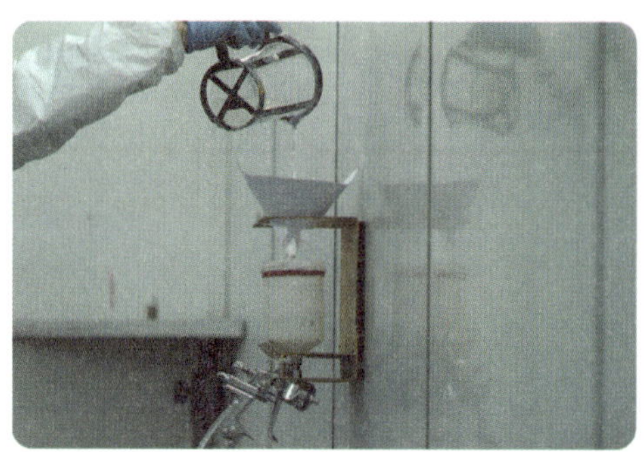

클리어 도료 여과 및 스프레이건 거치대

② 1차 날림도장(dry coat)을 한다.

- 측면은 도장하지 않는다.
- 좌측상단에서 출발하여 패널과 직각을 유지한다.
- **이동속도** : 60cm/sec
- **피도체와의 거리** : 12~15cm
- **도료량** : 1회전 / 5회전
- **패턴 겹침폭** : 1/2

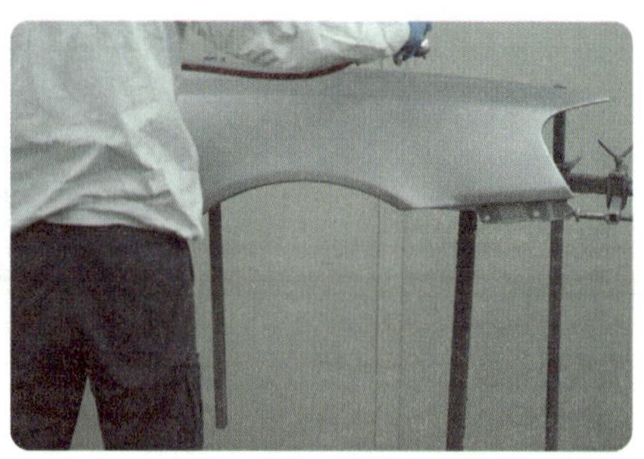
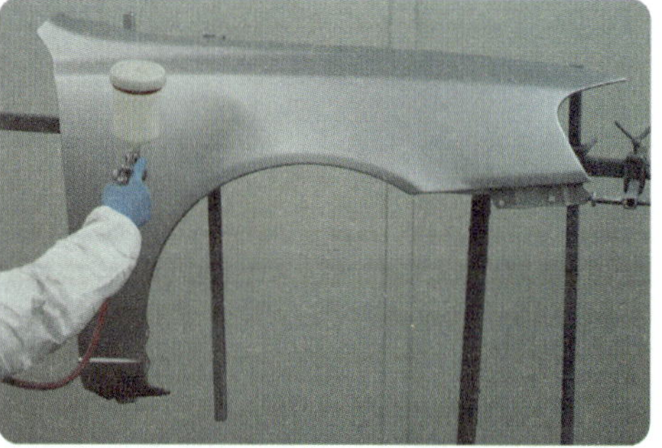

드라이 코트

- 도장완료 후 플래시 오프 타임을 3~5분 정도 준다.

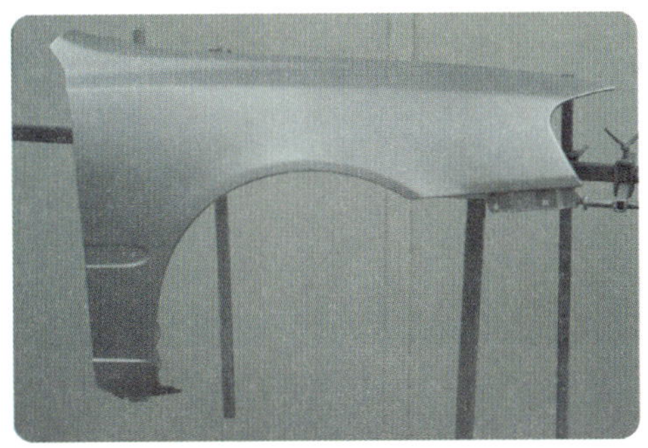

➕ 플래시 오프 타임 중

③ **2차 젖음 도장(wet coat)을 한다.**

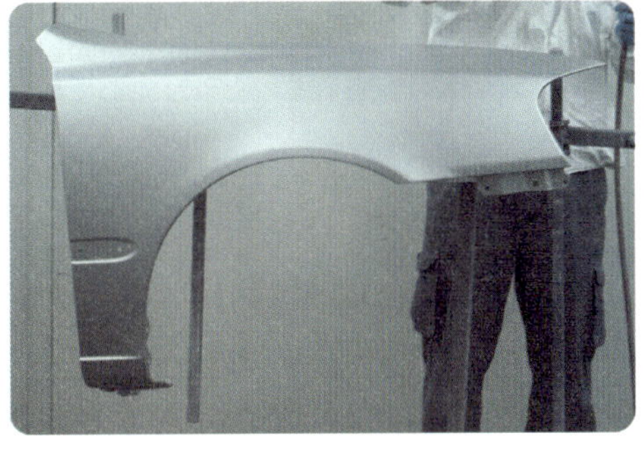

- 측면을 먼저 도장하고 전면부를 도장한다.
- 좌측상단에서 출발하여 패널과 직각을 유지한다.
- **이동속도** : 50cm/sec
- **피도체와의 거리** : 10~13cm
- **도료량** : 3.5회전/5회전
- **패턴 겹침폭** : 3/4

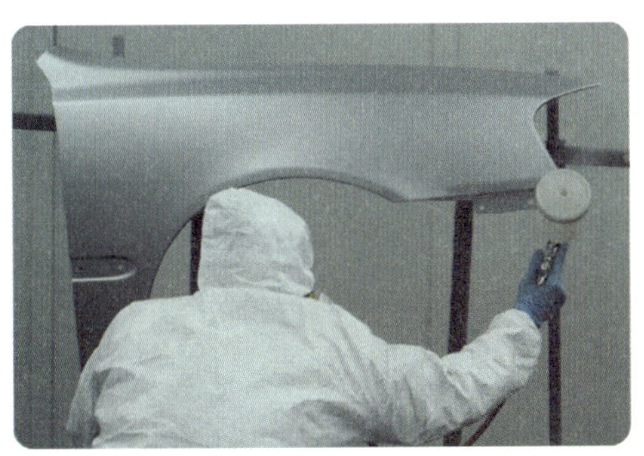

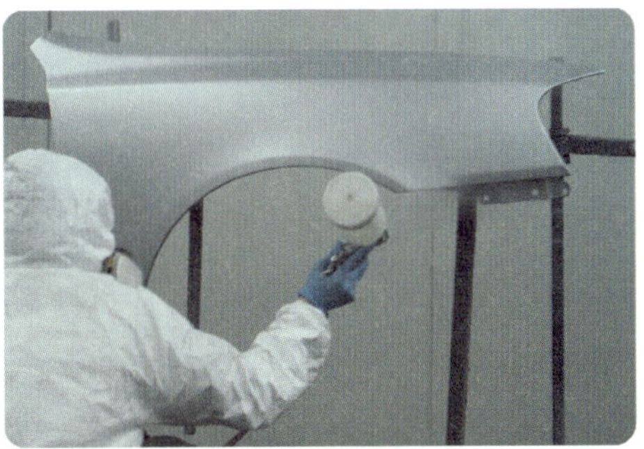

➕ 가장자리 부분 **웨트** 코트

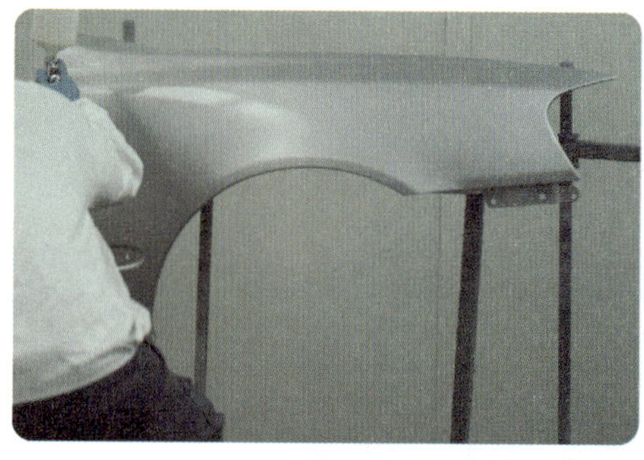
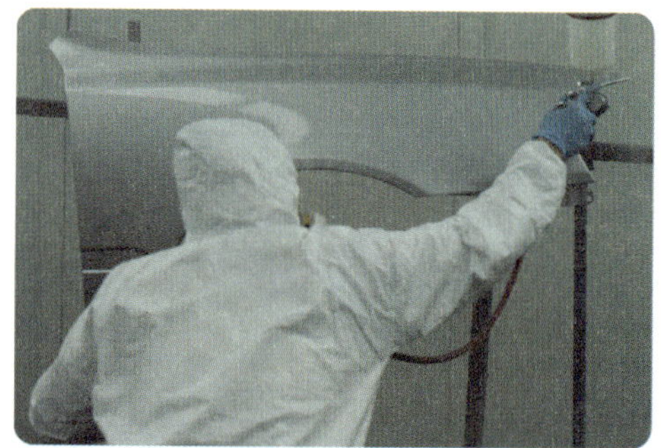
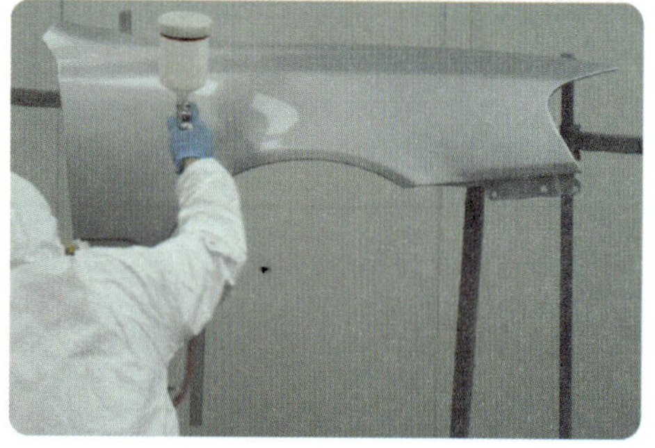
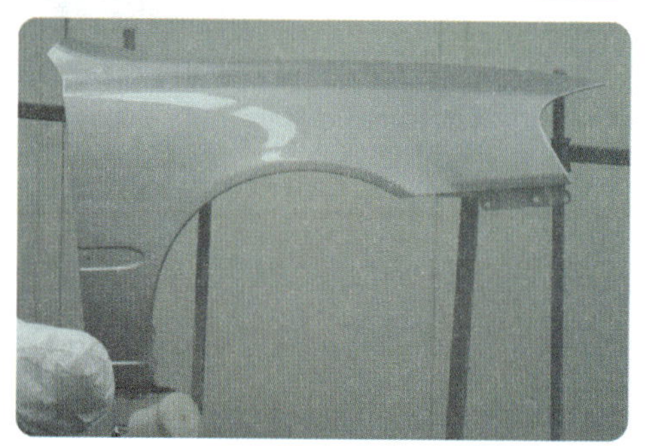

✚ 전면부 웨트 코트

- 도장 완료 후 플래시 오프 타임을 3~5분 정도 준다. 도장 후 도막 두께가 얇아야 하고 오렌지필이 없으면서 광택이 나도록 도장해야 한다.

④ **3차 풀 도장(full coat)을 한다.**

- 측면을 먼저 도장하고 전면부를 도장한다.
- 좌측상단에서 출발하여 패널과 직각을 유지한다.

- **이동속도** : 40cm/sec
- **도료량** : 4.5회전/5회전
- **피도체와의 거리** : 7~10cm
- **패턴 겹침폭** : 3/4

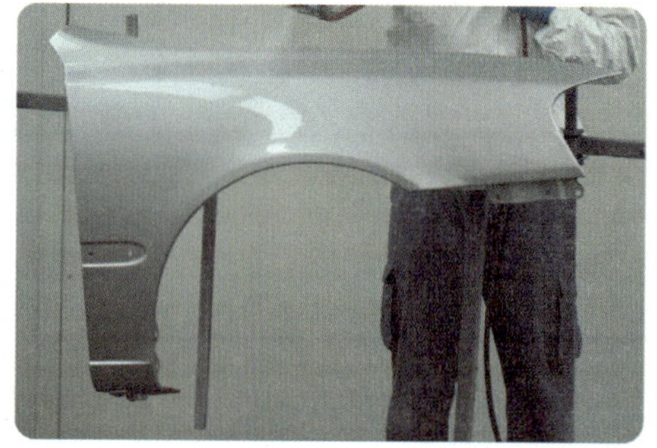
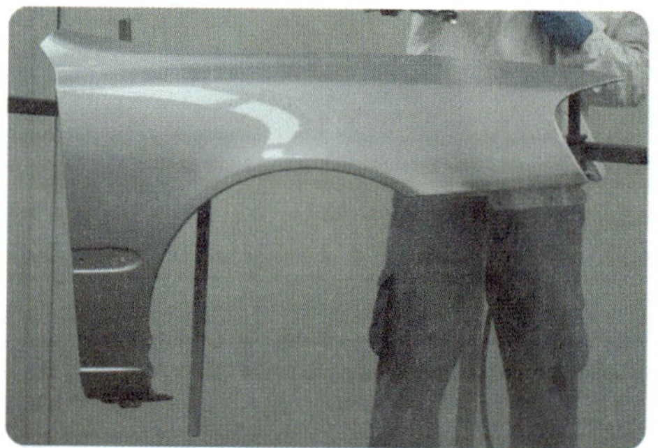

✚ 가장자리 부분 풀코트

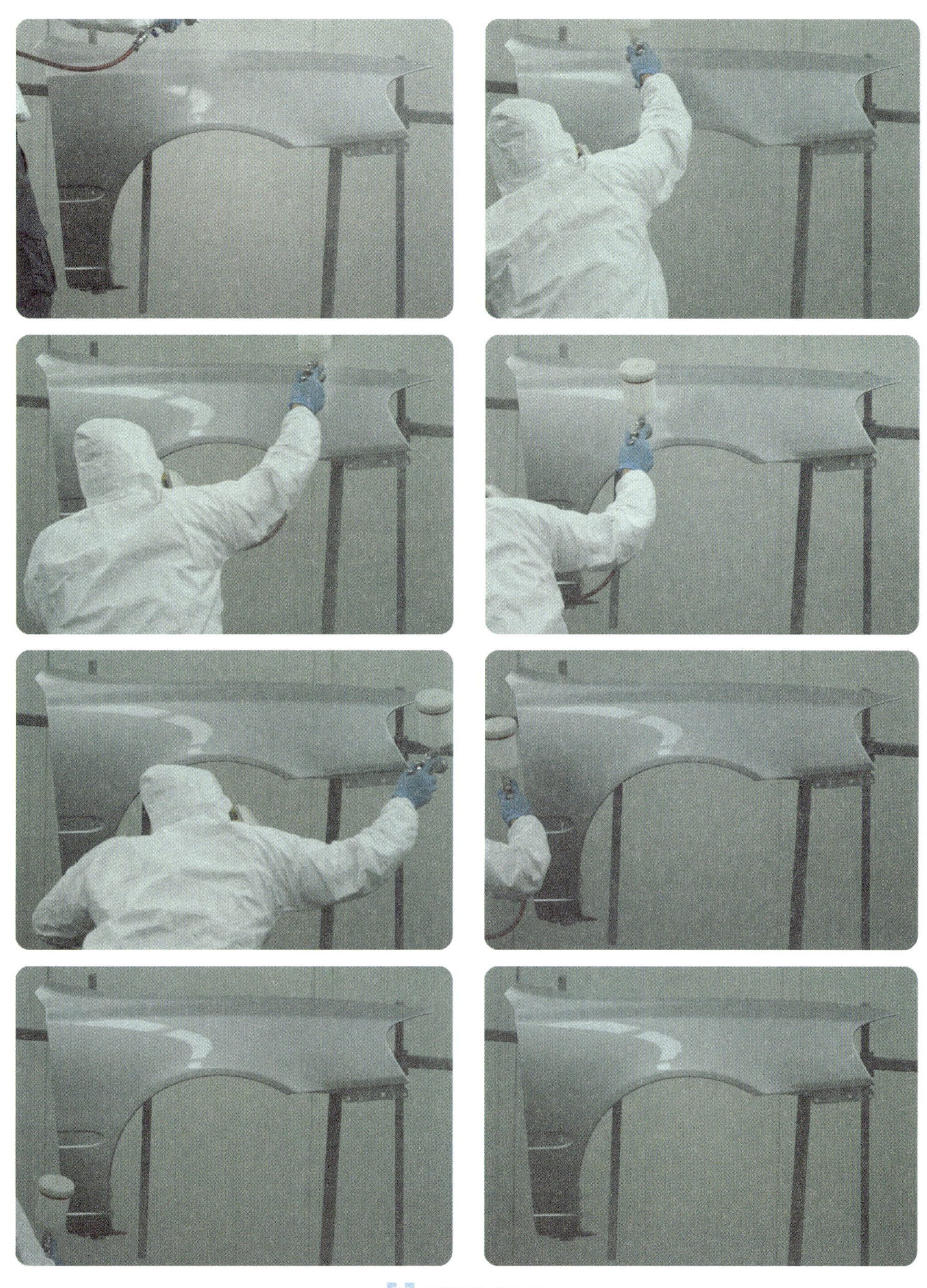

전면부 풀코트

세팅타임을 10분 정도 준 후 가열 건조시킨다.

3coat 도장공정

1 준비공정

탈지가 완료된 패널에 송진포를 이용하여 먼지를 제거한다.

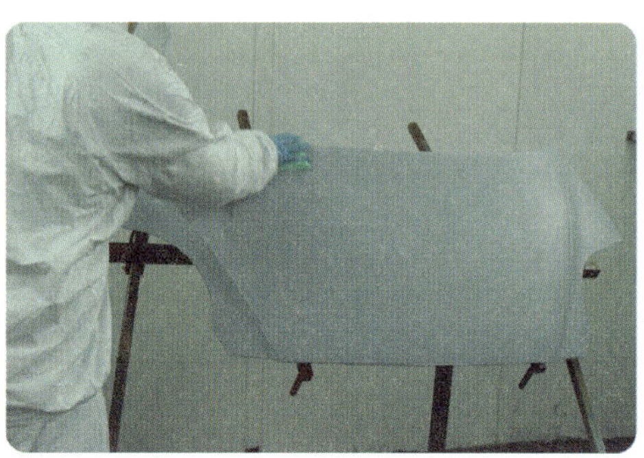

2 도장공정

3coat 도장법은 2coat 도장 공정을 참고한다. 도장 후 플래시 오프 타임과 세팅 타임을 준다.

(1) 컬러 베이스 도장 공정

3coat 컬러 베이스를 도장한다. 준비된 도료를 스프레이건에 넣어서 사용하며 SATA HVLP 3000 스프레이건을 사용한다.

- **사용공기압** : 1.8bar
- **노즐지름** : 1.4mm
- **패턴조절** : 360°/ 400°좌측으로 개방
- 3회 도장 완료한다.
- 도료나 스프레이건에 따라 작업방법이 약간 상이하다.

① **1차 날림도장(dry coat)을 한다.**

- 외부만 도장한다.
- 좌측상단에서 출발하여 패널과 직각을 유지한다.
- **이동속도** : 60cm/sec
- **피도체와의 거리** : 12~15cm
- **도료량** : 1회전/5회전
- **패턴 겹침폭** : 1/2

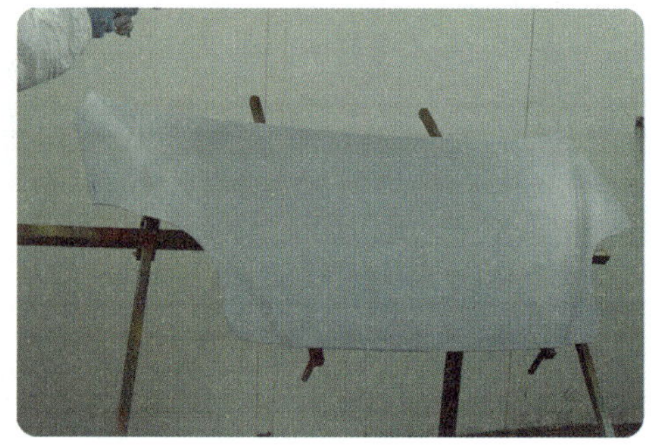

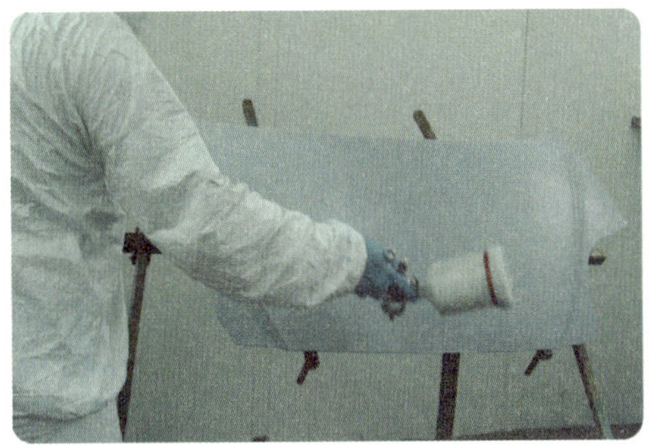 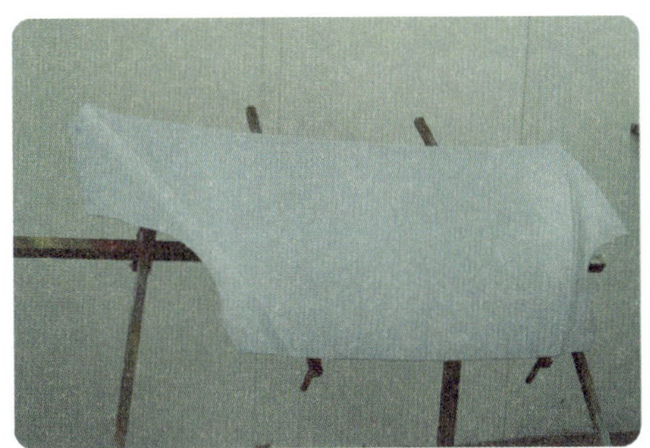

3coat 컬러베이스 드라이코트

② **2차 젖음 도장(wet coat)한다.**

- 측면을 먼저 도장하고 전면부를 도장한다.
- 좌측상단에서 출발하여 패널과 직각을 유지한다.
- **이동속도** : 50cm/sec
- **도료량** : 3.5회전/5회전
- **피도체와의 거리** : 12~15cm
- **패턴 겹침폭** : 3/4

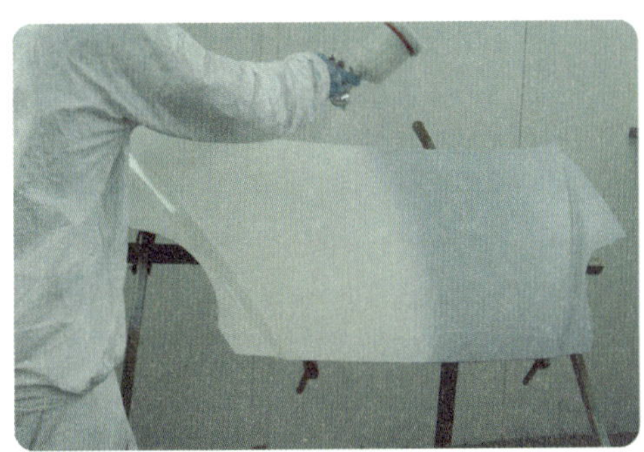 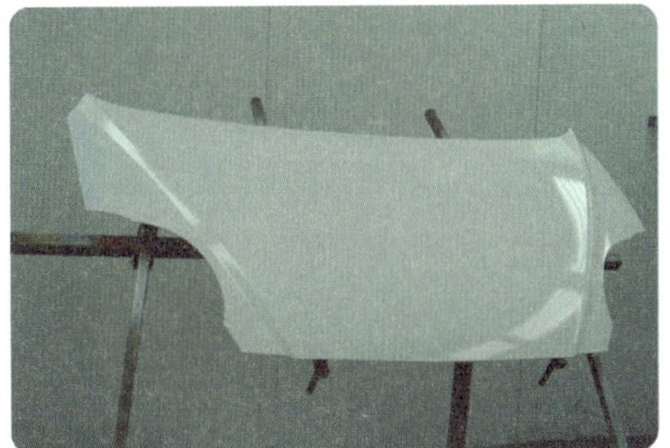

3coat 컬러베이스 미디엄 코트

③ **3차 중간 도장(medium coat)한다.**

중도 도료가 보이지 않도록 은폐시킨다.

- 측면을 먼저 도장하고 전면부를 도장한다.
- 좌측상단에서 출발하여 패널과 직각을 유지한다.
- **이동속도** : 60cm/sec
- **피도체와의 거리** : 12~15cm
- **도료량** : 2.5회전/5회전

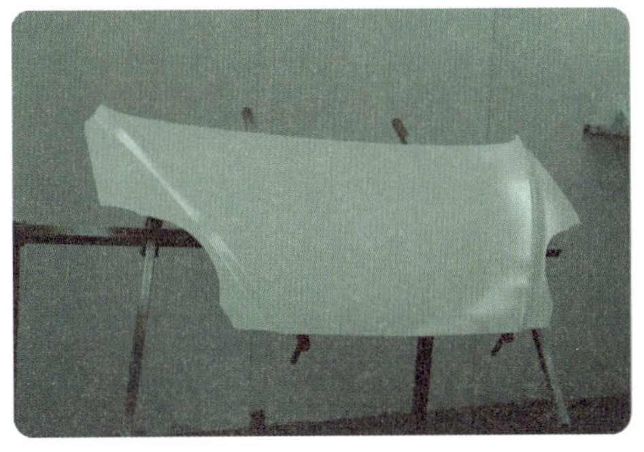

- **패턴 겹침폭** : 2/3

(2) 펄 베이스를 도장한다

3회 젖음 도장을 실시한다.

- 측면을 먼저 도장하고 전면부를 도장한다.
- 좌측상단에서 출발하여 패널과 직각을 유지한다.
- **이동속도** : 50cm/sec
- **도료량** : 3.5회전/5회전
- **피도체와의 거리** : 12~15cm
- **패턴 겹침폭** : 3/4

① 1차 도장

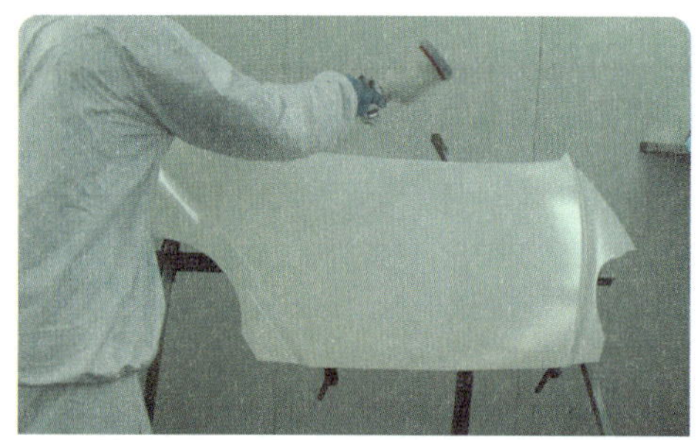
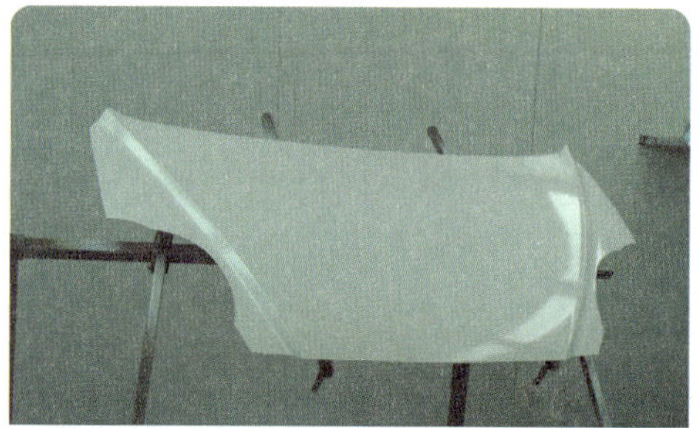

② 2차 도장

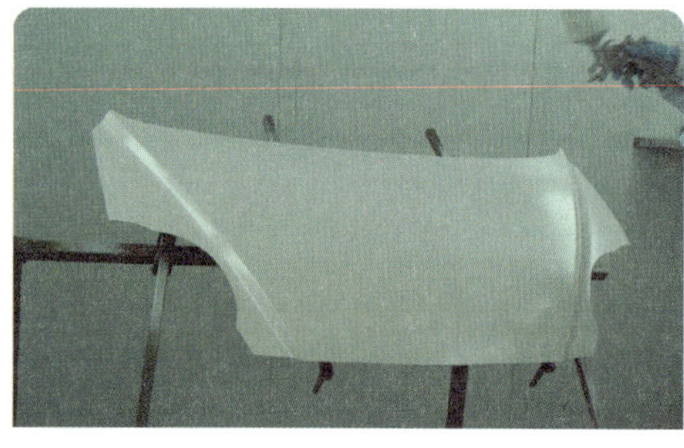
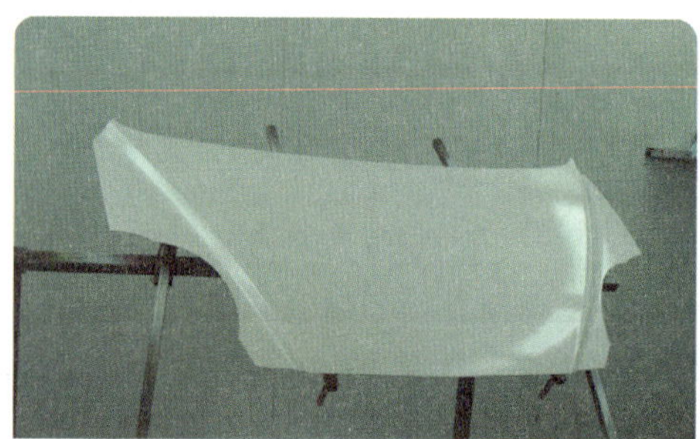

③ 3차 도장

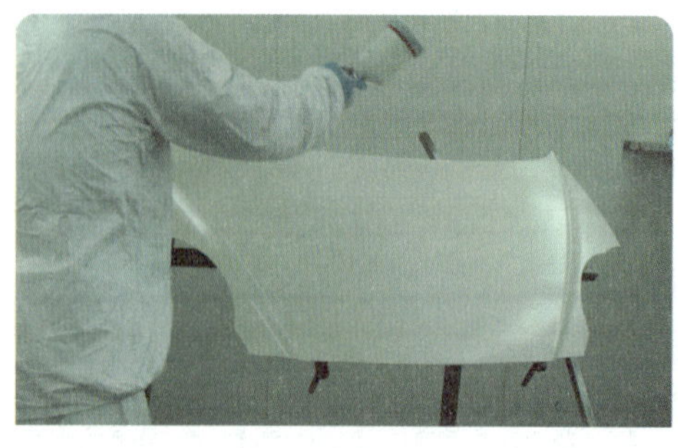
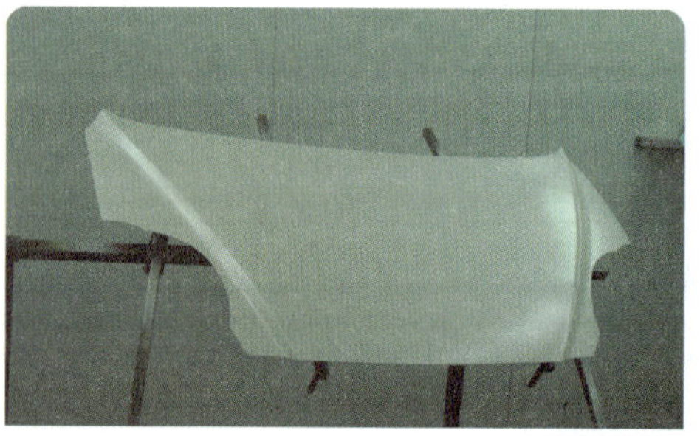

얼룩이 생기지 않도록 주의해서 도장해야 하고 펄 베이스는 도장 횟수에 따라 색상이 변하기 때문에 색상이 일치할 수 있도록 도장한다.

(3) 클리어코트를 도장한다

표준도장 공정의 클리어코트 도장법과 일치하므로 참고한다. 베이스코트를 도장한 후 클리어코트를 도장하지 않고 오랜 시간 방치하게 되면 베이스코트의 왁스 성분이 표면층으로 올라와 클리어코트의 부착력이 떨어지기 때문에 장시간 방치하지 않고 클리어코트를 도장한다.

① 1차 날림도장(dry coat)을 한다.

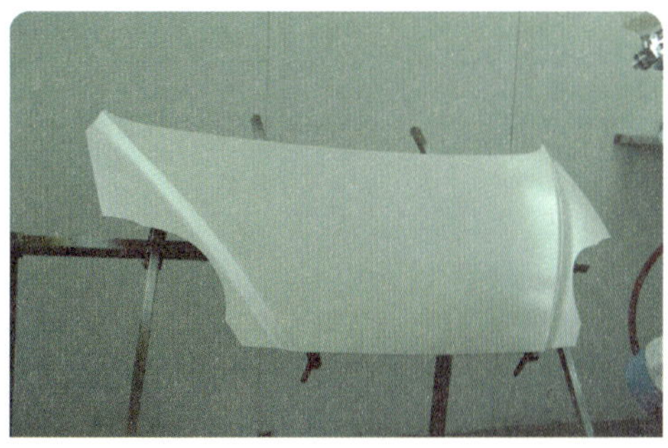
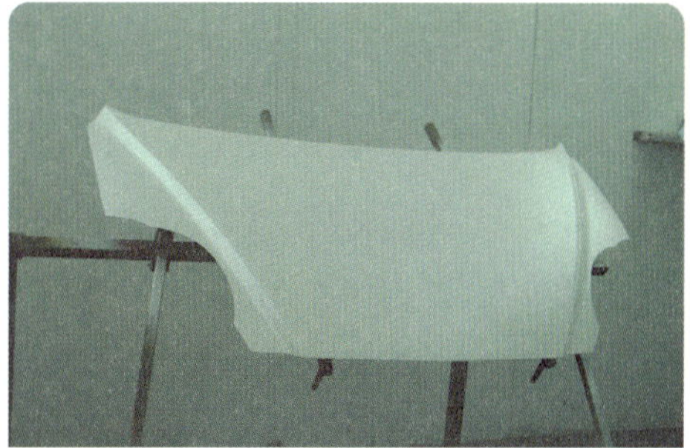

② 젖음 도장(wet coat)을 한다.

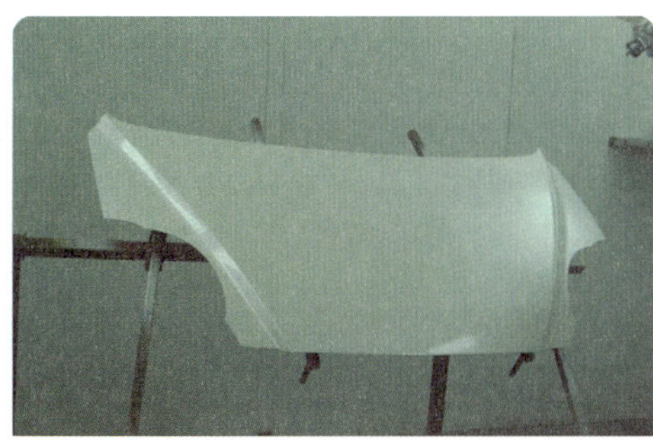
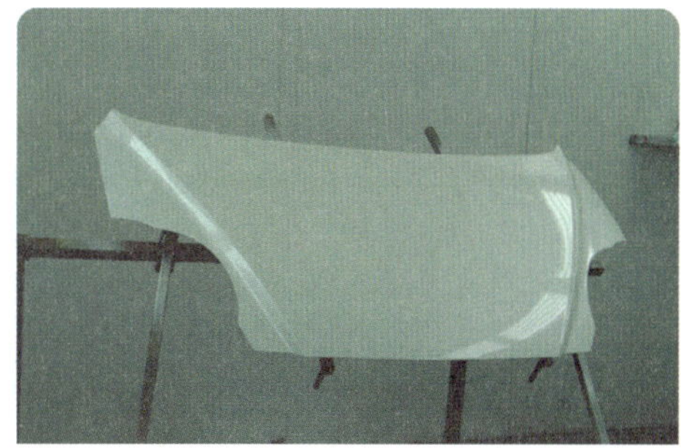

③ 풀 도장(full coat)을 한다.

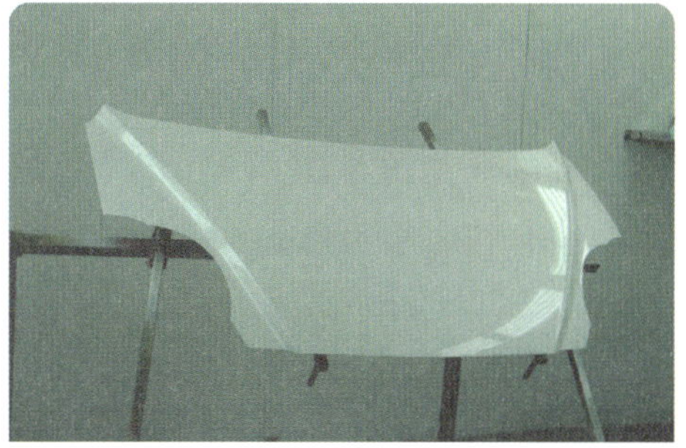

✚ 세팅 타임을 준 후 가열 건조시킨다

수용성 도료(waterborne paint) 도장 방법

수용성 베이스코트의 경우 2회 도장으로 베이스코트 도장을 완료한다.

2coat 수용성 도장을 예로 들겠다. 3coat의 경우 베이스 도료의 도장 방법은 2coat와 같고 다만 컬러베이스를 도장하고 펄 베이스 도장한 후 클리어를 도장하는 방법만 다르다.

1차, 2차 젖음 도장을 실시하며 베이스코트의 수분이 완전히 증발한 후 표준도장 클리어코트 도장법과 같은 방법으로 실시한다.

■ 1 준비 공정

(1) 도료 준비

① 수용성 조색제를 컬러 배합비를 참고 계량 조색한다.

② 수용성 희석제를 10% 첨가한다.

③ 수용성 도료를 여과지에 걸러서 사용할 경우 유성보다 더 고은 여과지를 사용하고, 종이 타입의 여과지는 풀이 녹아 여과되지 않은 도료가 바로 들어가게 된다. 그러므로 종이식 여과지는 2장을 겹쳐 사용하거나 수용성 전용 제품인 플라스틱 여과지를 사용한다.

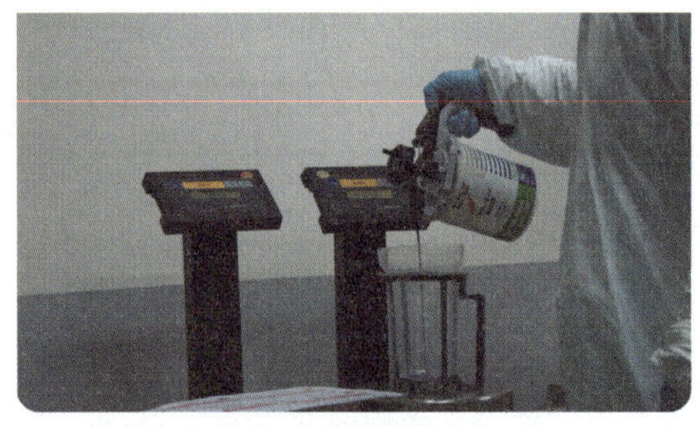

도료를 계량

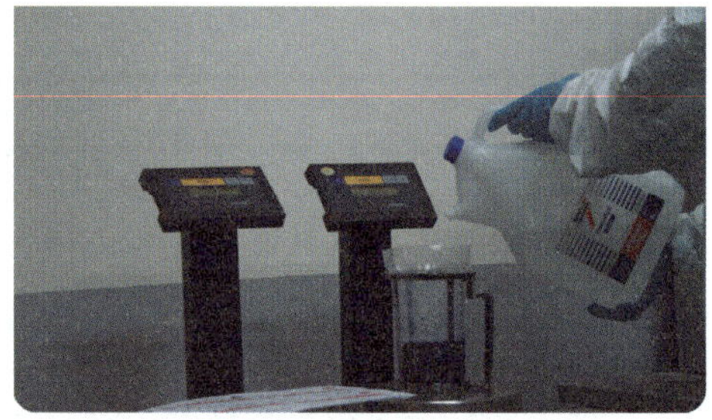

희석제 10%첨가

(2) 탈지공정

① 유성계 탈지제를 이용하여 탈지한다.

② 수용성계 탈지제를 이용하여 탈지한다.

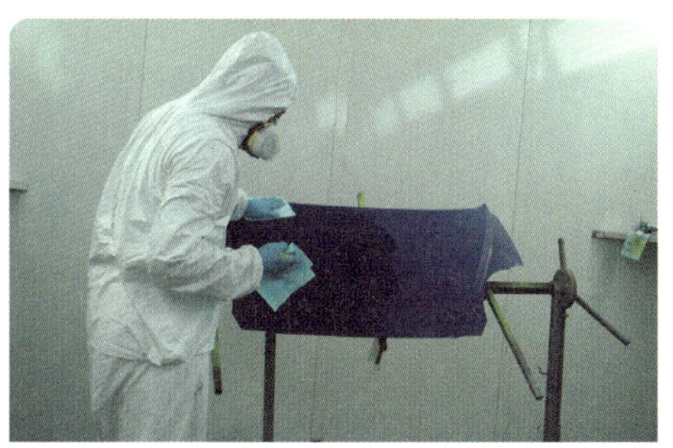

유성계 탈지

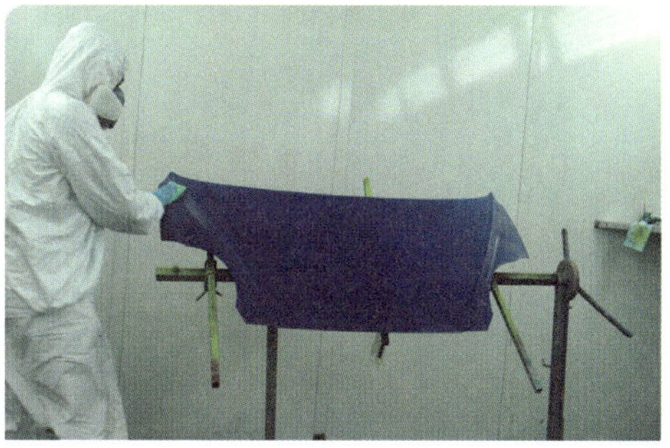

수용성계 탈지

(3) 먼지제거 공정

송진포로 패널의 먼지를 제거한다.

2 도장 공정

(1) 베이스코트(base coat) 도장

준비된 도료를 스프레이건에 넣어서 사용한다.

SATA HVLP 3000 스프레이건을 사용한다.

- **사용공기압** : 1.8bar
- **노즐지름** : WSB
- **패턴조절** : 360° / 400° 좌측으로 개방
- 3회 도장 완료한다.
- 도료나 스프레이건에 따라 작업방법이 약간 상이하다.

① **1차 젖음 도장(wet coat)을 한다.**

- 측면 도장 후 전면부를 도장한다.
- 좌측상단에서 출발하여 패널과 직각을 유지한다.
- **이동속도** : 50cm/sec
- **피도체와의 거리** : 12~15cm
- **도료량** : 3.5회전/5회전
- **패턴 겹침폭** : 3/4

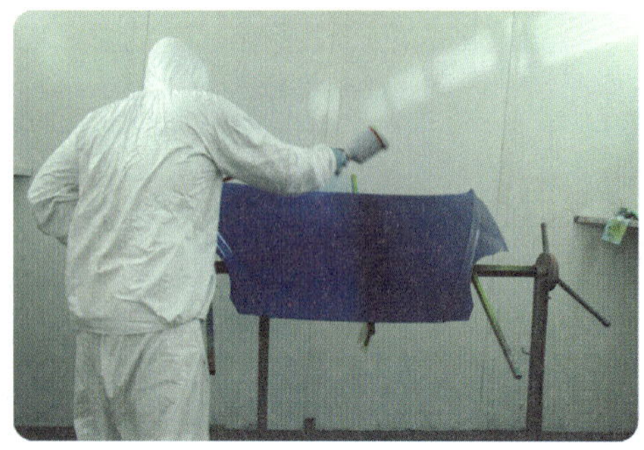 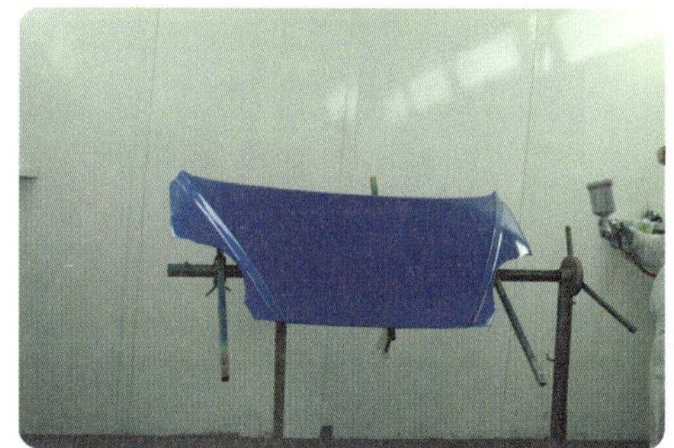

✛ 1차 웨트 코트

② **2차 젖음 도장(wet coat)을 한다.**

1차 도장 후 플래시 오프 타임이 없이 즉시 도장한다.

- 측면 도장 후 전면부를 도장한다.
- 좌측상단에서 출발하여 패널과 직각을 유지한다.
- **이동속도** : 50cm/sec
- **피도체와의 거리** : 12~15cm
- **도료량** : 3.5회전/5회전
- **패턴 겹침폭** : 3/4

 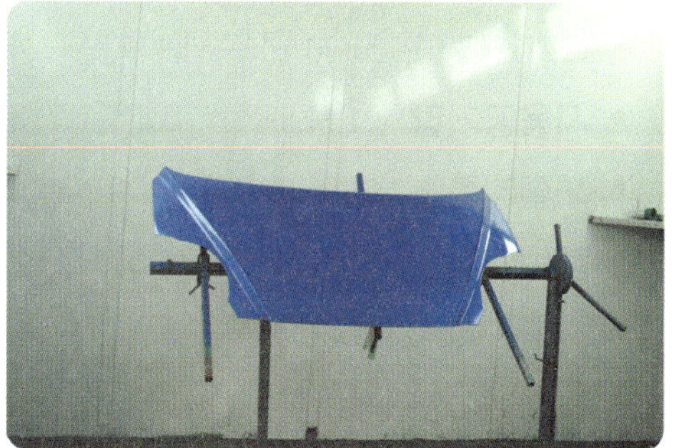

✛ 2차 웨트 코트

③ **에어블로워 건이나 도장실의 바람으로 수분을 완전히 증발시킨다.**

수용성 베이스코트의 경우 유성계 베이스코트와 비교하여 메탈릭 얼룩이 잘 발생하지 않는 특징이 있다. 그 이유는 수용성 베이스코트의 건조속도가 느리기 때문에 도료 중의 메탈릭 안료가 자리를 잡을 수 있는 시간을 충분히 부여하기 때문에 얼룩이 잘 발생하지 않는다. 또한 2회 연속으로 도장하여도 잘 흐르지 않는 것은 물 분자 간에 당기는 응력이 유성도료 보다 크기 때문이다.

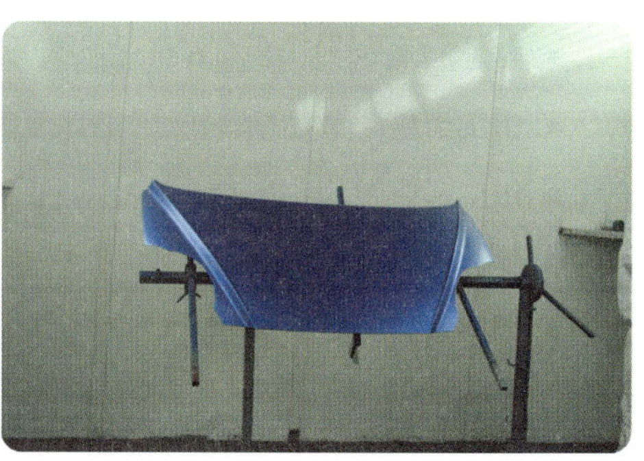

✛ 완전 건조된 수용성 베이스코트

(2) 클리어코트 도장

유성계 클리어코트 도장 방법과 일치하기 때문에 유성계 클리어 코트 도장 조건을 참고한다. 하지만 고형분이 많은 하이솔리드타입(high solid type)의 클리어의 경우 1.5회로 추천하는 도막 두께가 나오는 도료가 있기 때문에 1.5회 도장 방법을 참고한다.

① **1차 날림도장(dry coat)을 한다.**

- 측면은 도장하지 않는다.
- 좌측상단에서 출발하여 패널과 직각을 유지한다.
- **이동속도** : 60cm/sec
- **피도체와의 거리** : 12~15cm
- **도료량** : 1회전/5회전
- **패턴 겹침폭** : 1/2
- 도장완료 후 플래시 오프 타임을 3~5분 정도 준다.

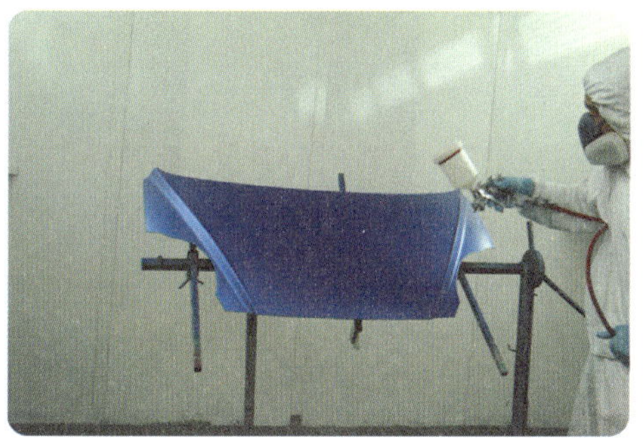

하이솔리드타입 클리어 1차 드라이코트

② **2차 풀 도장(full coat)을 한다.**

- 측면을 먼저 도장하고 전면부를 도장한다.
- 좌측상단에서 출발하여 패널과 직각을 유지한다.
- **이동속도** : 40cm/sec
- **피도체와의 거리** : 7~10cm
- **도료량** : 4.5회전/5회전
- **패턴 겹침폭** : 3/4

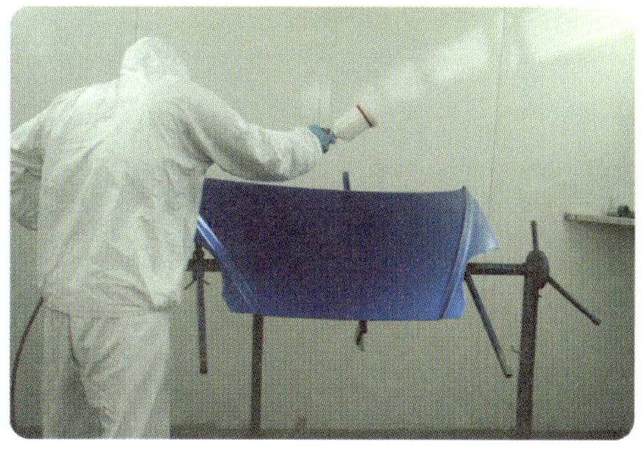

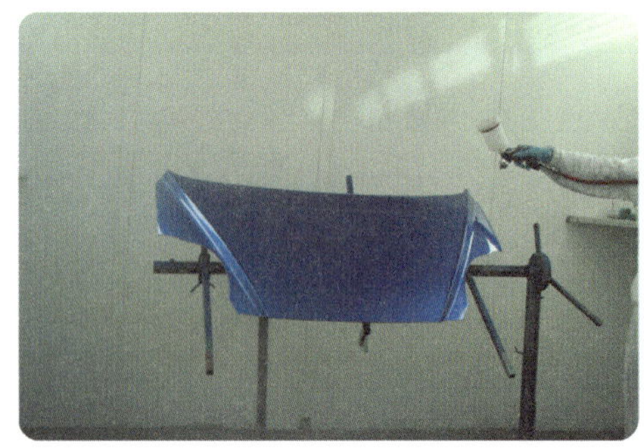 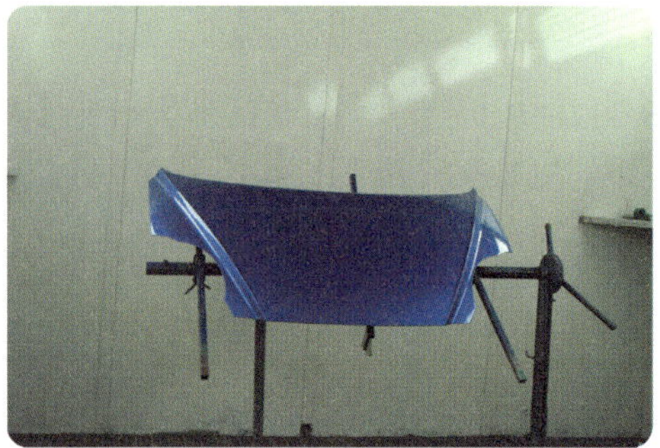

 하이솔리드타입 클리어 2차 드라이코트

☑ 수용성 클리어 코트

세팅타임을 10분 정도 준 후 가열 건조시킨다. 현재 수용성 클리어코트도 시판되고 있으며 도장 직후 우윳빛처럼 표면 뿌옇게 보이다가 시간이 경과하면서 도료가 맑아진다.

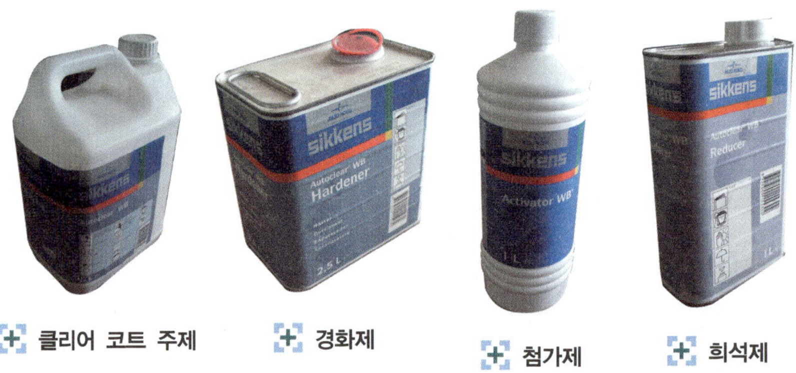

클리어 코트 주제   경화제   첨가제   희석제

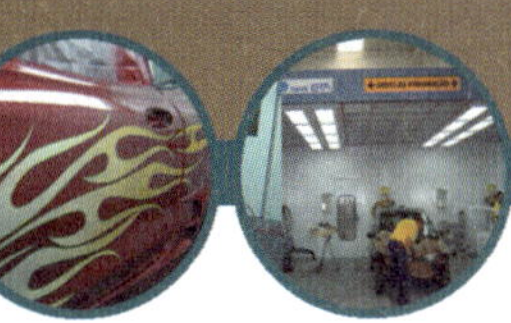

자동차 도장공정[부분도장]

07

　현장 기술자들은 **보카시**라고 하며, 자동차가 운행이나 정지 중에 생긴 작은 요철을 수정하는 방법으로 패널(panel) 전체를 도장하지 않고 일부분만 도장하며, 흠집 부위에서 조금씩 넓혀 나가면서 하도, 중도, 상도의 공정을 거치고 건조 후 광택작업으로 단차를 수정해 나가는 도장 방법으로 날려 뿌려 도장하기 때문에 부분(blending, spot repair painting)도장이라고도 한다.

　부분 도장 작업 핵심은 작업 부위를 넓게 만들지 않고 보수 부분에서 멀어질수록 도막이 얇아지게 만드는 것이다.

　부분 도장 방법은 표준 도장 방법을 익히고 시작하면 아무런 무리가 없지만 부분 도장 방법부터 익히면 도장이 더욱더 어렵게 느껴지게 된다. 현재 부분 도장 업체들은 이러한 문제에 많이 직면해 있다. 도장을 쉽게 생각하고 창업하여 실제로 작업을 해보면 쉬운 작업이 아님을 알게 된다. 표준 도장법보다 더 높은 난이도의 도장이 부분 도장임을 간과해서는 안될 것이다.

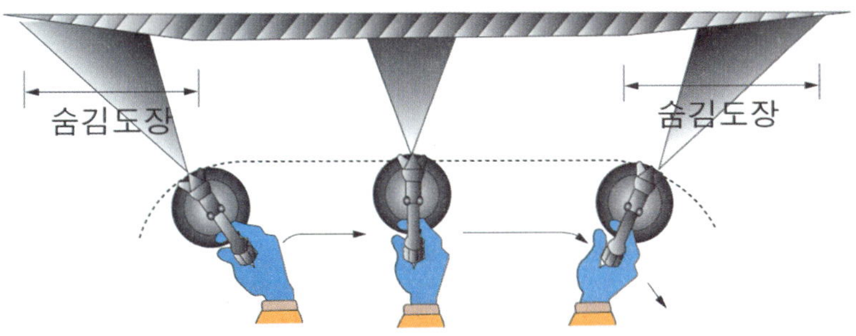

숨김 도장 시 스프레이건과 피도체의 각도

01 도장 범위

■ 1 차체의 중앙에 상처 발생

(1) 클리어를 패널 일부 도장

대부분 소규모 부분도장 업체에서 하는 방법으로 클리어 블랜딩 시너가 날린 부분을 광택작업을 하여야 한다.

① 베이스코트 도장부위

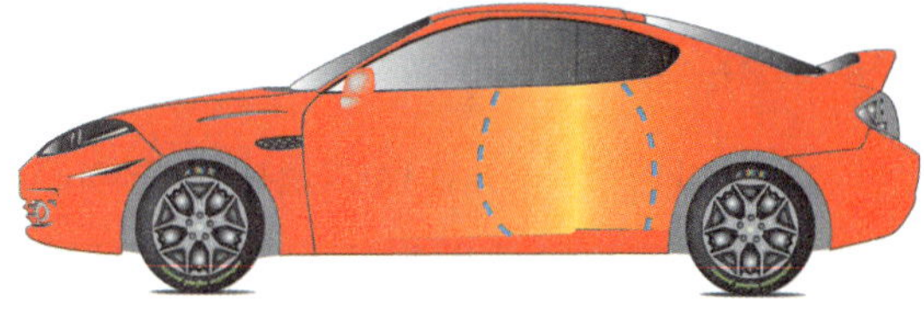

② 클리어코트 도장부위

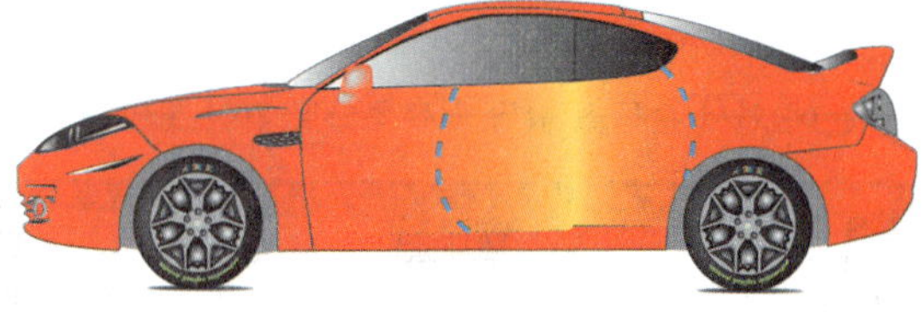

③ 블랜딩 시너 도장부위

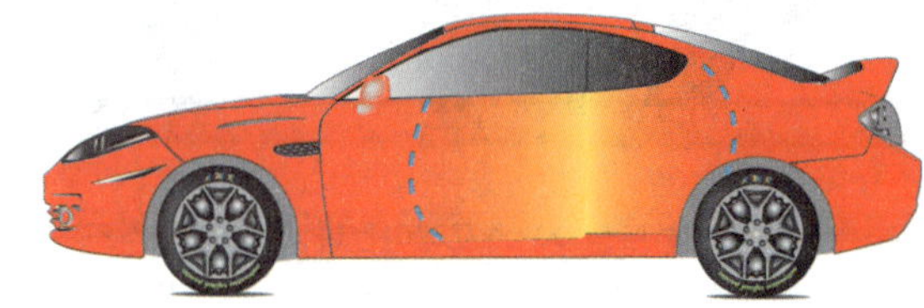

(2) 클리어 패널 전체도장

대부분의 자동차 도장을 하는 정비공장에서 실시하는 부분도장으로 블랜딩한 부분을 클리어가 덮고 있기 때문에 도장이 떨어질 문제를 줄이며 광택작업을 하지 않아도 된다. 하지만 클리어 도료를 많이 사용하게 된다.

① 베이스코트 도장부위

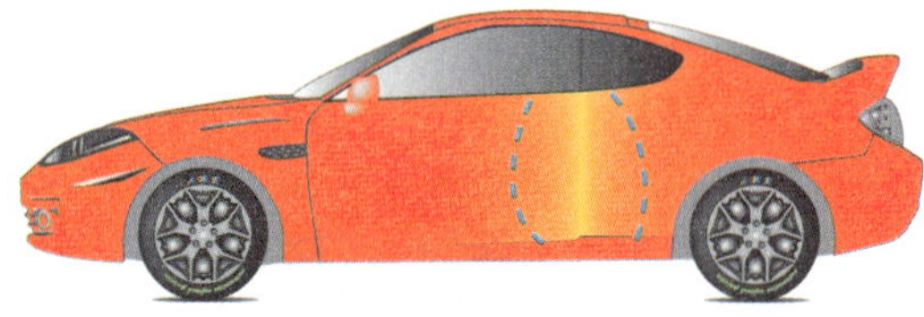

② 클리어코트 도장부위

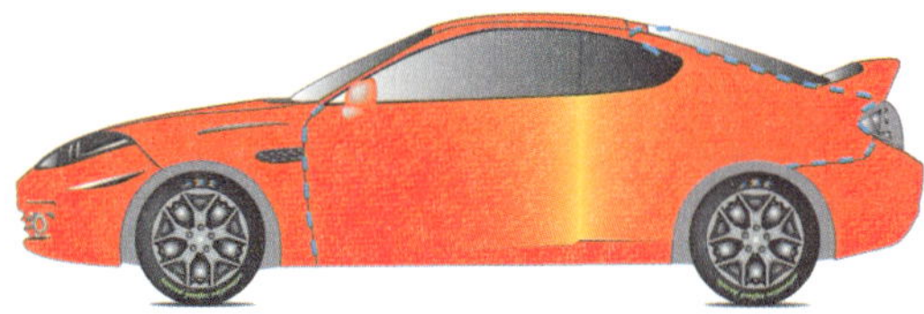

2 패널 모서리 부분의 상처 발생

(1) 클리어를 패널 일부 도장

대부분 소규모 부분도장 업체에서 하는 방법으로 클리어 블랜딩 시너가 날린 부분을 광택작업을 하여야 한다.

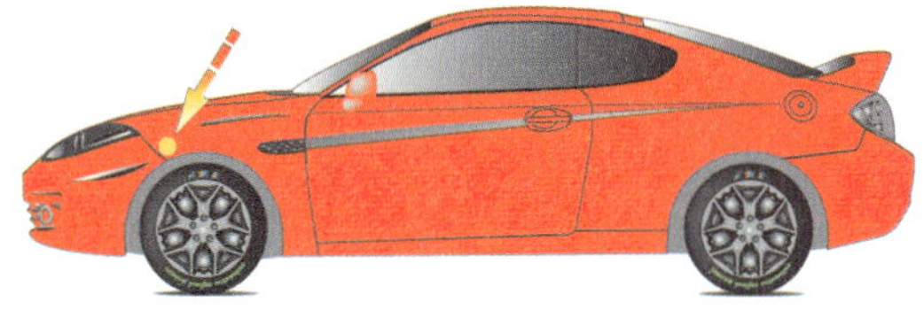

① 베이스코트 도장부위

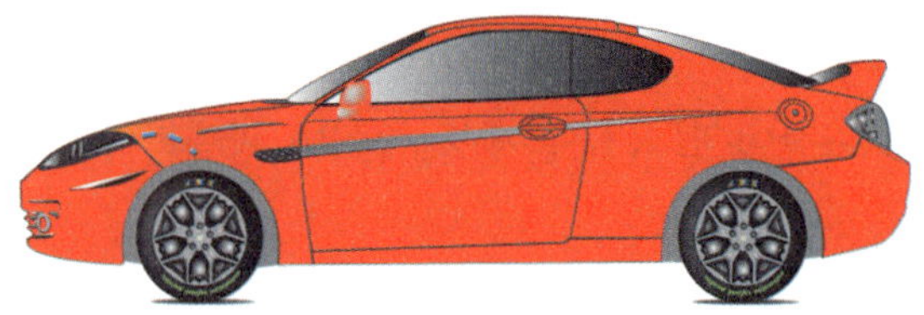

② 클리어코트 도장부위

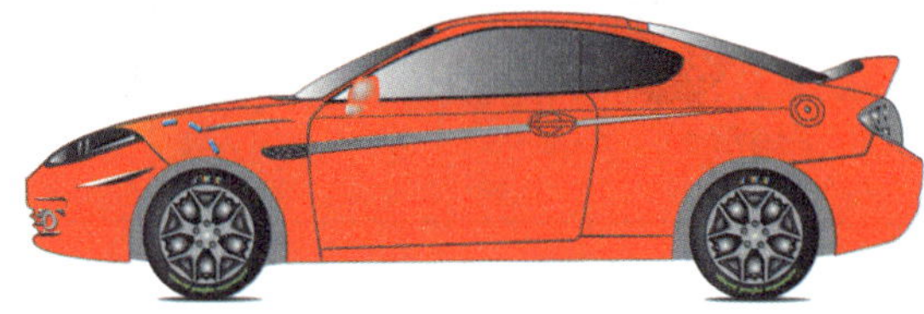

③ 블랜딩 시너 도장부위

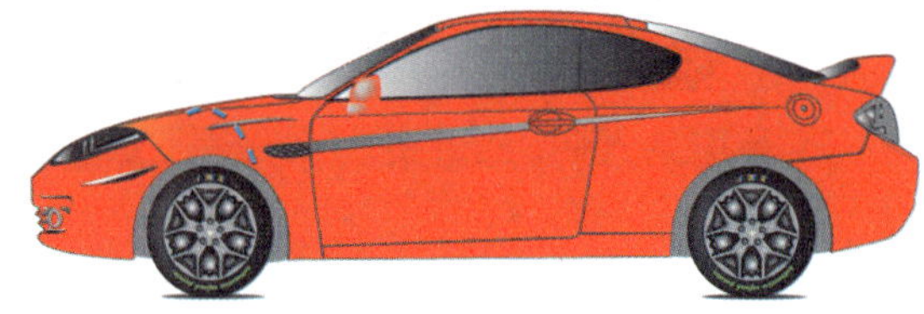

(2) 클리어 패널 전체도장

중앙부위 상처 작업을 참고한다.

3 후드, 트렁크, 루프의 부분 도장

일반적으로 후드, 트렁크, 루프의 경우에는 부분도장을 하지 않고 패널 전체를 도장한다.

Glossography

☑ 다크 라인(dark line)
2coat 메탈릭 컬러의 경우 베이스도료로 날린 부분과 기존 도막 경계부분이 검게 보이는 현상

02 부분도장 공정

하도와 중도까지는 1coat, 2coat, 3coat 공통작업이다.

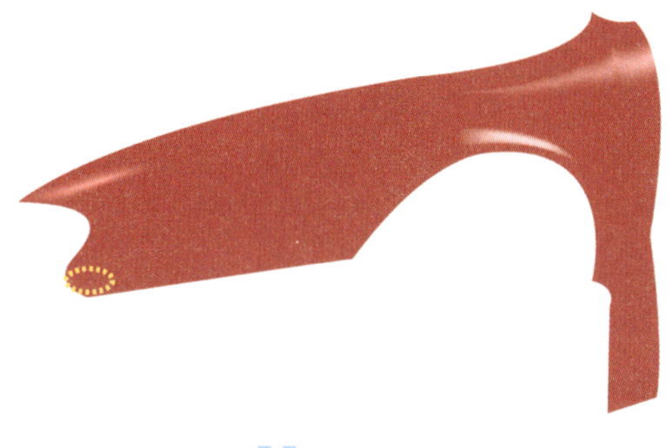

상처부분

① **하도공정** : P80~320 연마지를 사용　　② **중도공정** : P400~600연마지를 사용

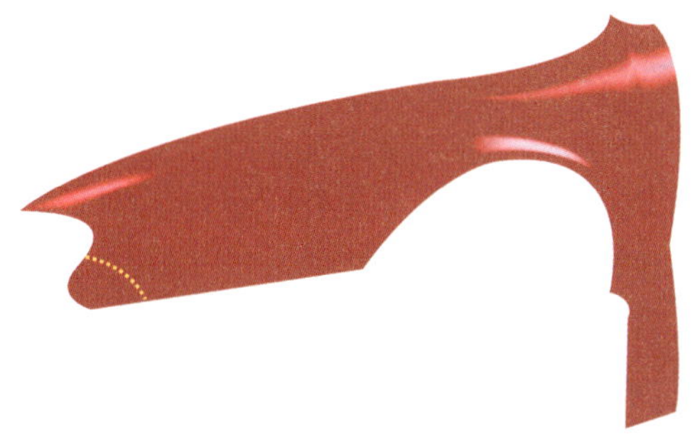

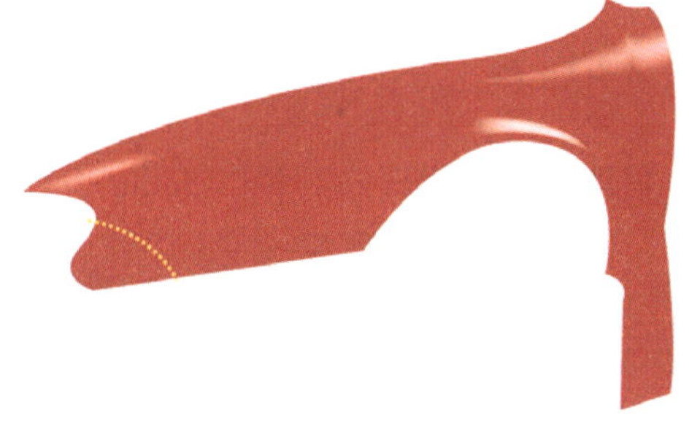

(1) 패널에 상처가 발생

상처가 깊지 않을 경우 단낮추기를 넓게 하여 중도도장 후 부분도장을 실시한다.
하도공정을 시행할 경우에는 퍼티공정을 실시한다.

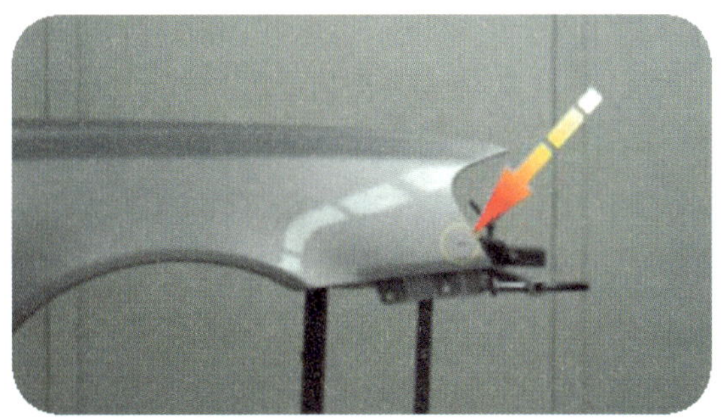

① 도장면의 손상이 퍼티를 도포해야 하는 상처인지 단낮추기만을 하여 제거 가능한 흠집인지를 파악한다.

② 퍼티가 도포되어야 하는 손상일 경우에는 하도공정을 참고하여 작업하지만 가급적 범위를 극소로 하여 하도 작업을 하고 후속 공정인 중도 작업을 한다.

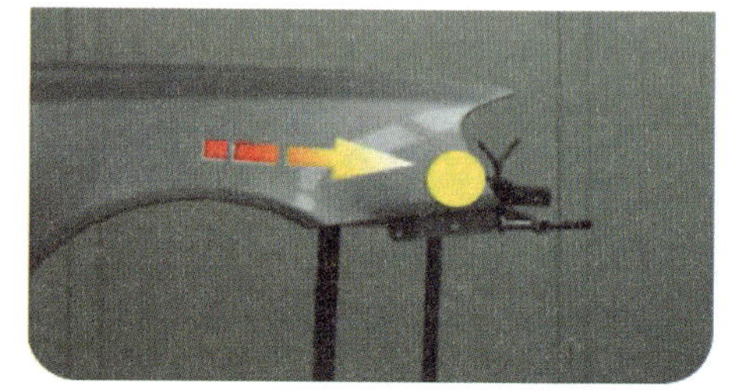

상처부분

(2) 탈지공정

작업할 부분의 오염물이나 유분을 탈지를 통해 제거한다.

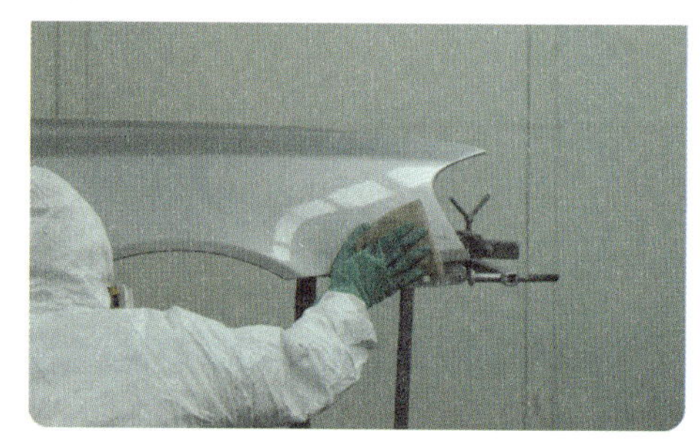

탈지공정

(3) 단낮추기를 실시한다

더블액션 샌더(오버다이어 : 5mm, 딱딱한 패드)에 P400 연마지를 부착하여 단낮추기를 한다.

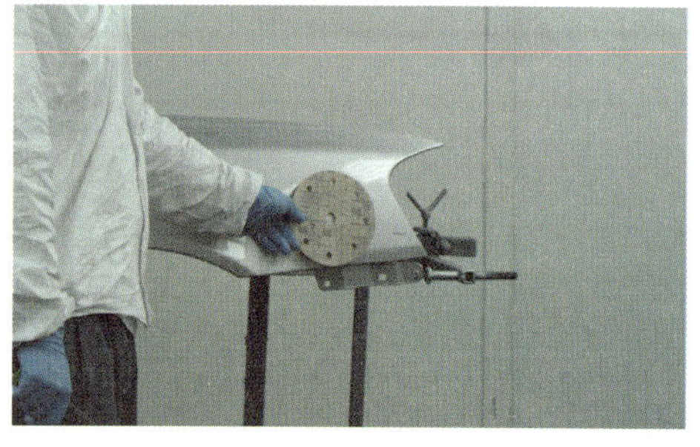

P400연마지 사용

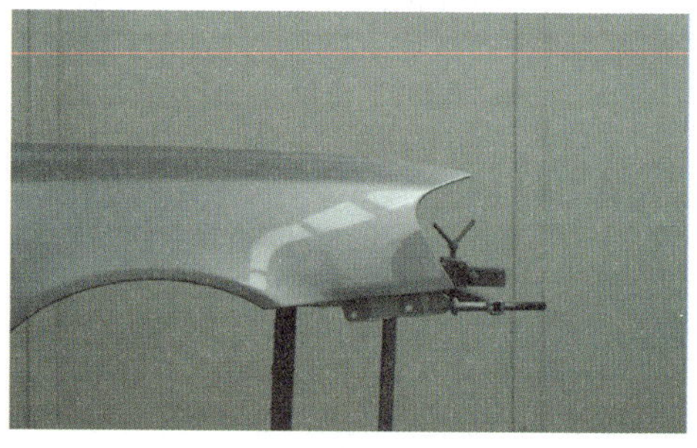

연마 완료

(4) 중도도장 경계면을 연마한다

더블액션 샌더(오버다이어 : 3mm, 부드러운 패드)에 P600연마지를 부착하여 중도도장 후 상도가 도장되는 부분을 연마한다.

P400으로 연마한 부분보다 조금 더 넓게 연마하고 패널의 턱 부분도 연마한다.

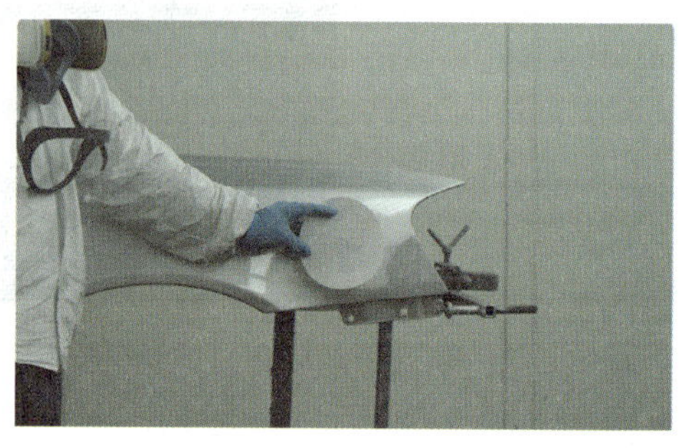

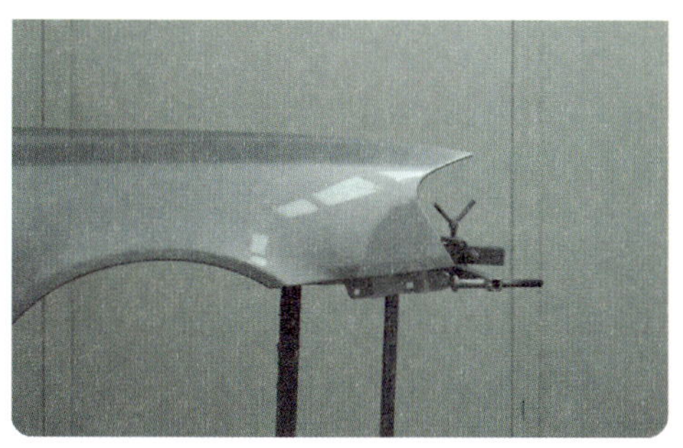
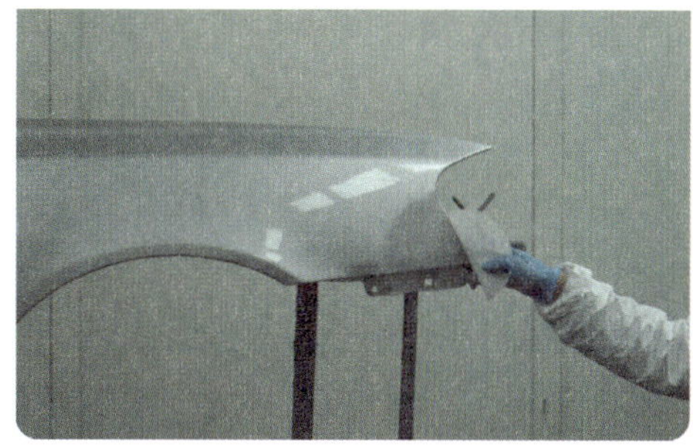

(5) 먼지를 제거한다

단낮추기 공정에서 발생한 먼지를 에어블로
건으로 제거한다.

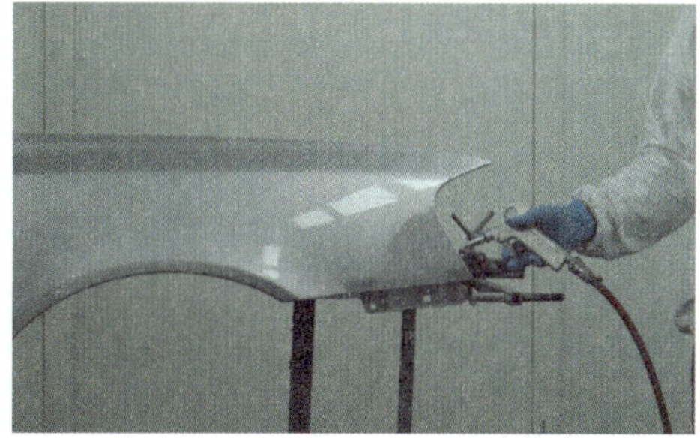

(6) 중도도장 할 부분을 탈지한다

오염물이나 기름성분을 제거하여 중도 도장
시 발생하기 쉬운 크레터링(cratering) 발생을
감소시킨다.

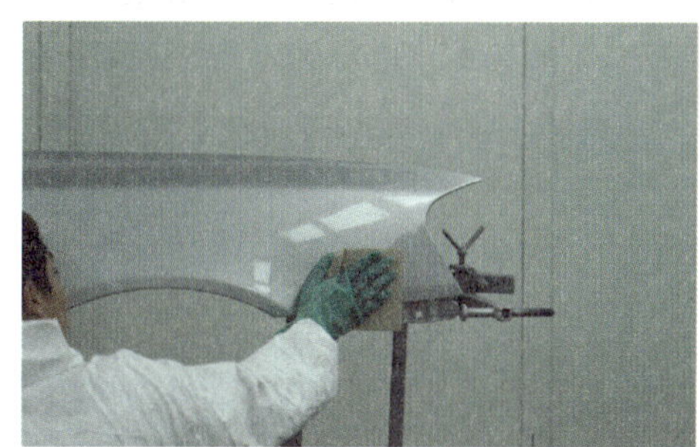

(7) 중도 마스킹을 실시한다

리버스 마스킹(reverse masking)을 한다. 리버스 마스킹에 대한 자세한 내용은 마스킹작업의
부분을 참고한다.

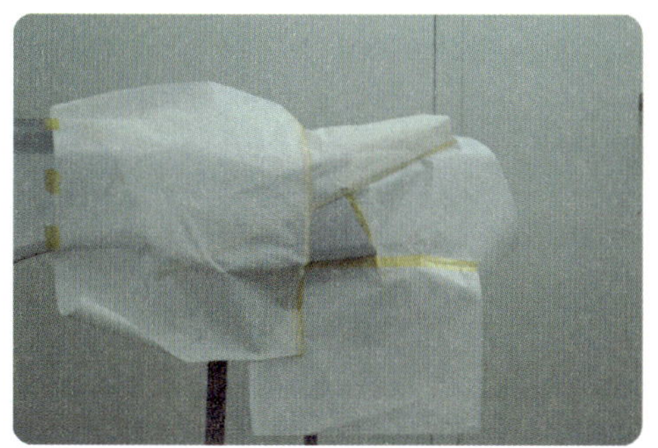

(8) 중도도장을 실시한다

단낮추기 한 부분만 도장하되 리버스 마스킹 턱 부분까지 도료가 날리지 않도록 주의해서 도장한다. 한꺼번에 많은 양의 도료를 도장하려고 하지 말아야 하고 표준도장을 했던 도장횟수보다 가급적 더 많은 횟수를 도장하며 도료는 조금씩 토출되도록 한다.

- SATA KLC RP 1.6mm
- 외부만 도장한다.
- 단낮추기 한 부분에서 마스킹 턱 부분으로 45° 정도 손목을 꺾어준다.
- **피도체와의 거리** : 12~15cm
- **도료량** : 1회전/5회전
- **패턴 겹침폭** : 1/2
- **도장 횟수** : 5회 이상

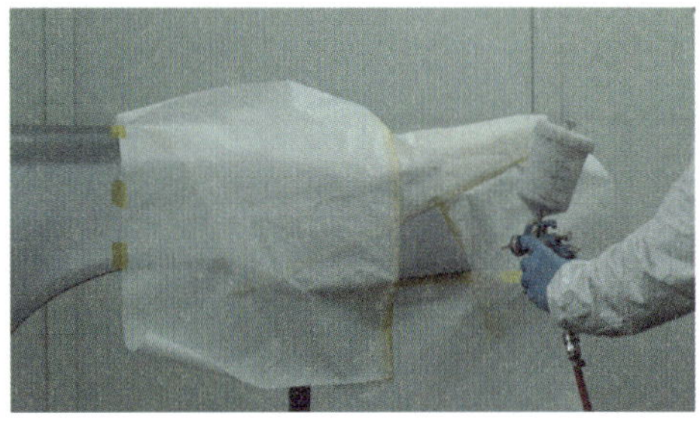
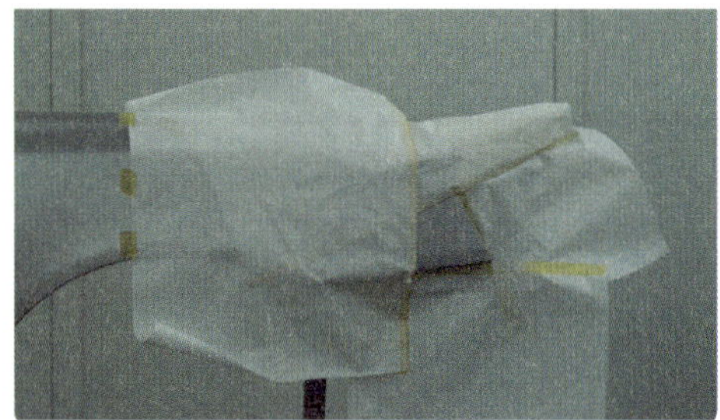

➕ 1차 도장 - 드라이코트

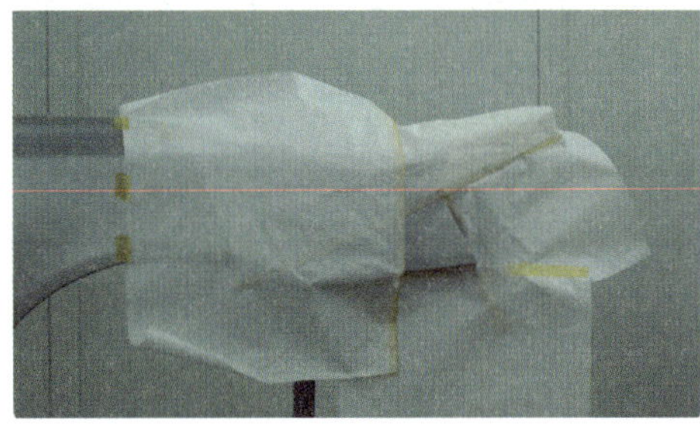
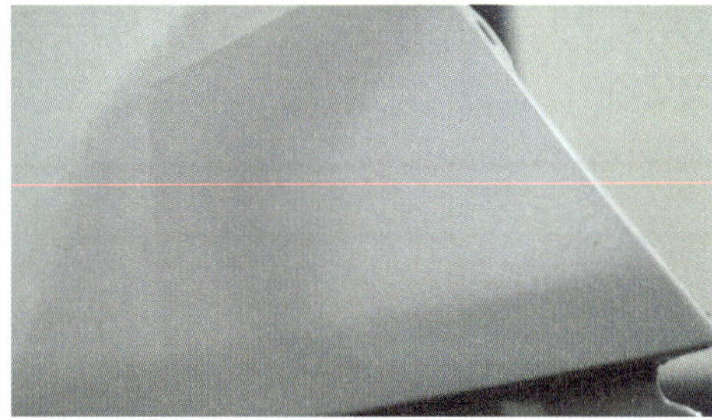

➕ 중도 부분도장 완료

(9) 가이드 코트를 도포한다

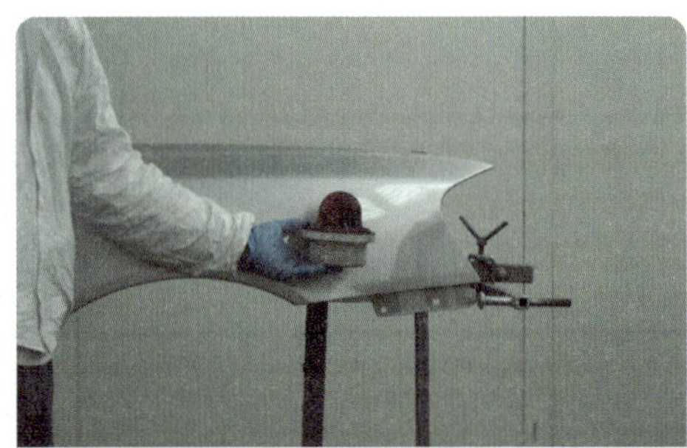
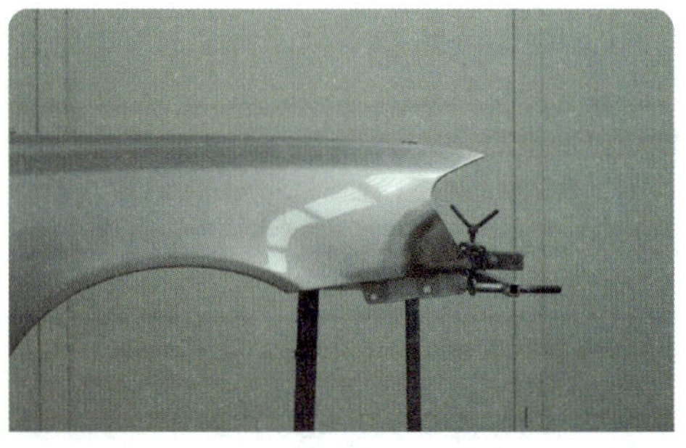

➕ 가이드코트 도포

(10) 중도연마를 실시한다

더블액션 샌더(오버다이어 : 3mm, 부드러운 패드)에 인터페이스패드를 부착하여 P600연마지로 연마한다.

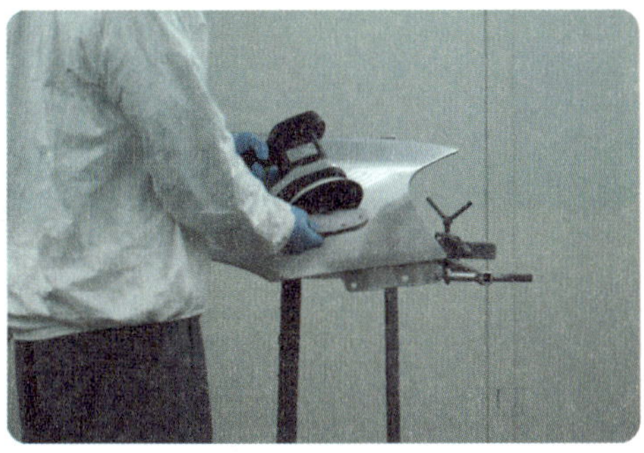 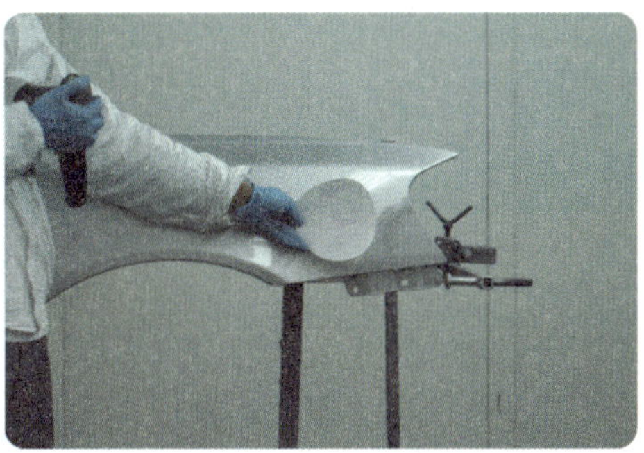

✚ P600 연마지를 인터페이스 패드가 부착된 오버다이어 3mm로 연마

연마공정 시 가급적 중앙 쪽으로 가지 않도록 주의해서 연마한다. 전면부 연마 완료된 사진이다. 패널의 측면부도 연마한다.

 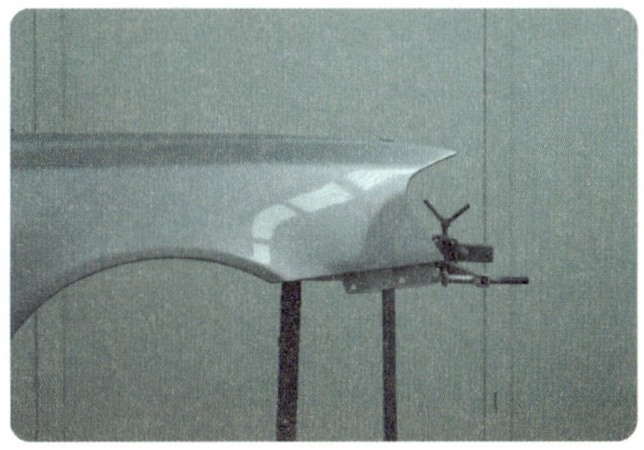

✚ 가이드코트 도포   ✚ 샌더 연마 완료

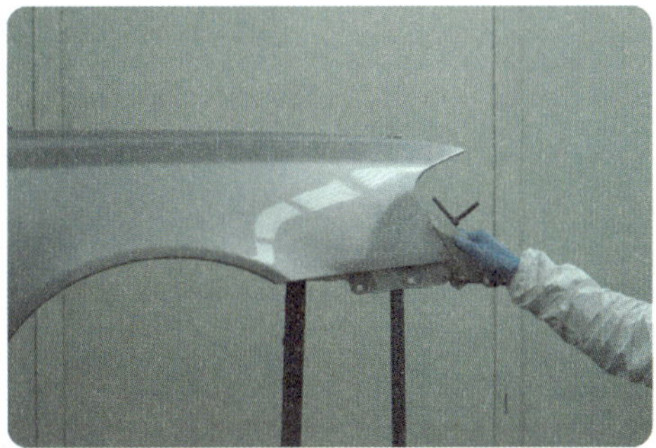

✚ 모서리 부분 손연마

(11) 먼지를 제거한다

  P600 연마가 완료된 사진에서 주변의 5cm 정도를 P1,200연마지를 이용하여 연마한다. 에어블로건을 이용하여 패널에 붙어있는 먼지를 불어낸다.

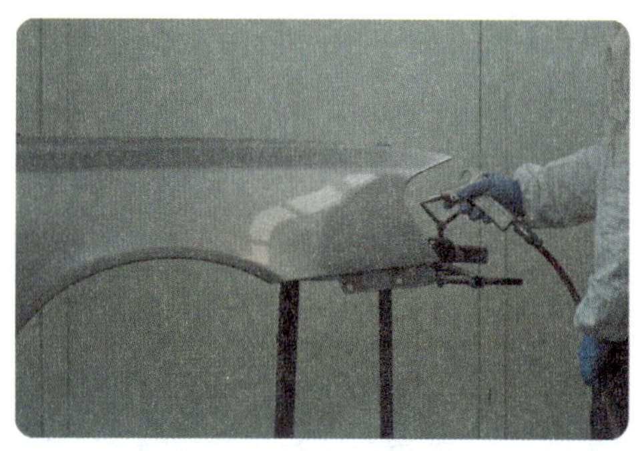

(12) 광택기로 클리어 도장할 면과 블랜딩 시너 도포할 부위를 연마한다

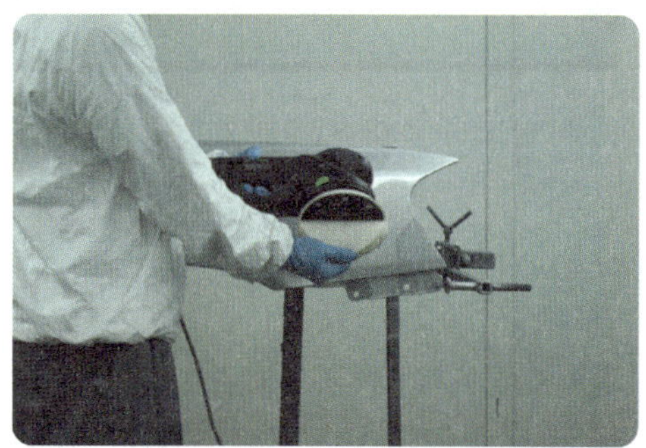
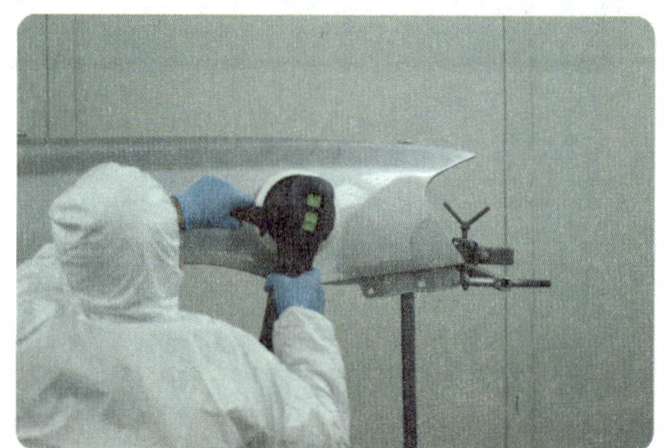

(13) 남아있는 광택약재를 광택타월을 이용하여 제거한다.

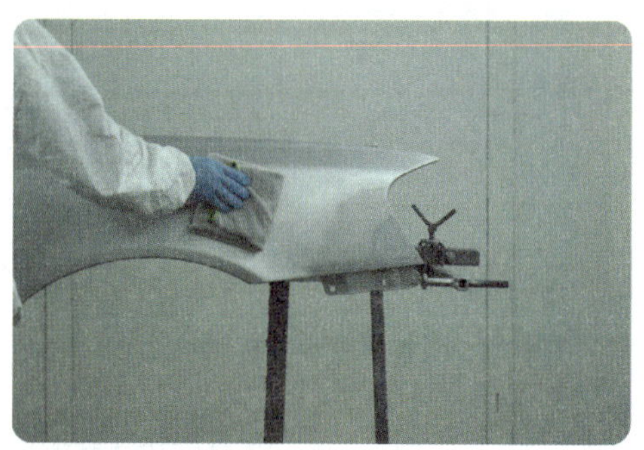

(14) 탈지를 하고 송진포를 이용하여 먼지를 제거한다.

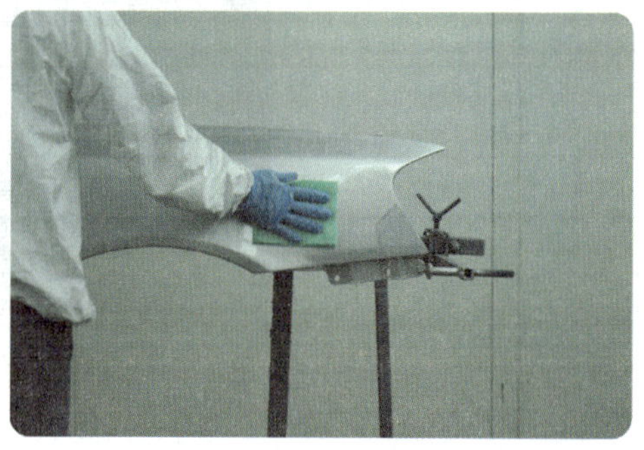

(15) 상도공정

준비된 도료를 스프레이건에 담는다. 이장에서는 2coat 도장을 실시하였다. 1coat와 3coat는 아래의 내용을 참고한다.

- **1coat 2액형 우레탄 도료의 경우** 1차 날림도장, 2차 젖음도장, 3차 풀도장을 한다. 도장 후 클리어는 도장하지 않으며 블랜딩 시너를 이용하여 경계면의 날린(mist)부분을 녹여준다.

- **2coat 메탈릭 · 펄 도장의 경우** 베이스코트 도장을 1차 날림도장, 2차 날림도장, 3차 날림도장, 4차 중간도장을 하고 장시간 방치하지 말고 클리어코트를 1차 날림도장, 2차 젖음도장, 3차 풀도장한 후 블랜딩 시너를 이용하여 클리어코트가 날린부분을 녹여준다.

- **3coat 펄 도장의 경우** 컬러베이스코트 도장을 1차 날림도장, 2차 젖음도장, 3차 중간도장을 한 후 펄 베이스 도장을 1차 젖음도장, 2차 젖음도장, 3차 젖음도장 후 후레쉬 오프 타임을 준다. 클리어코트를 1차 날림도장, 2차 젖음도장, 3차 풀도장을 후 블랜딩 시너를 이용하여 클리어 코트가 날린 부분을 녹여준다.

1coat 블랜딩 도장

① 1회 도장은 건의 이동속도를 빠르게 하면서 날림 도장(dry coat)한다.

② 플래시 오프 타임을 준다.

③ 2회 도장은 건의 이동속도를 표준으로 하면서 80~90% 정도의 은폐를 시킨다. 1차보다 조금 넓게 도장한다.

④ 플래시 오프 타임을 준다.

⑤ 3회 도장은 2회 도장과 같은 방식으로 도장하면서 완전히 은폐를 시키고, 광택과 오렌지필이 생기지 않도록 한다. 2차보다 조금 넓게 도장한다.

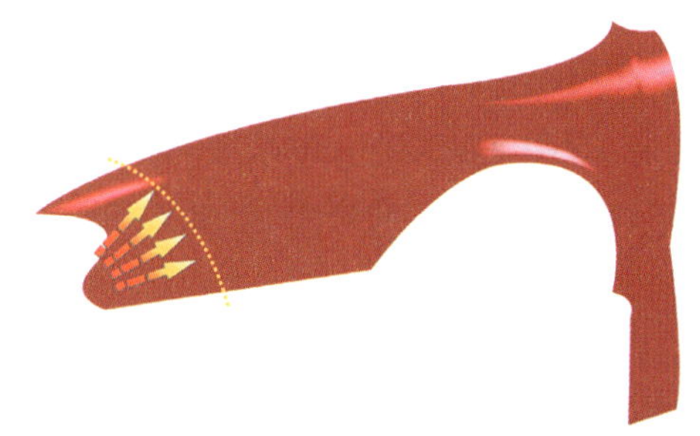

⑥ 도료에 블랜딩 시너를 약 50% 정도 넣어서 블랜딩을 시행한다. 외부쪽으로 스프레이건을 살짝 꺾으면서 도장한다.

 보다 확실하게 블랜딩을 하기 위해서는 블랜딩 시너의 첨가량을 조금씩 증가시키면서(블랜딩 시너의 첨가량 75%, 100%) 블랜딩을 시행하면 블랜딩 시 생긴 미스트(mist)를 줄일 수 있다.

⑦ 세팅 타임이 경과한 후 가열 건조시킨다.
⑧ 건조 후 광택작업을 실시한다(광택 작업을 할 경우 블랜딩 작업을 실시한 곳에서 기존 구도막 방향으로 실시해야 한다. 반대 방향으로 실시할 경우 블랜딩 작업을 한 도막이 벗겨질 수 있다).

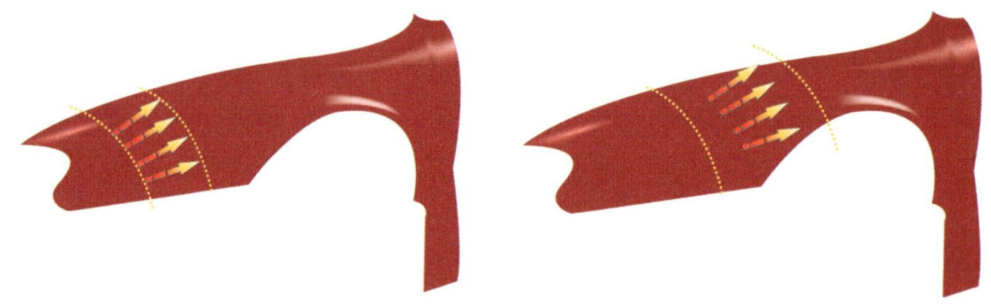

2coat 블랜딩 도장

① 베이스코트 도장
- 1회 2회 도장은 건의 이동속도를 빠르게 하면서 날림 도장(dry coat)한다.
- 압축공기를 이용하여 건조시킨다.
- 3회 도장은 날림도장을 하면서 80~90% 정도의 은폐를 시킨다. 2차보다 넓게 도장한다.
- 플래시 오프 타임을 준다.
- 먼지나 이물질이 있을 경우 #1,200~1,500연마지로 가볍게 털어낸다.
- 4회 도장은 완전히 은폐를 시키고, 광택과 오렌지필이 생기지 않도록 한다. 3차보다 넓게 도장한다.
- 베이스 도료에 블랜딩 시너를 약 50% 정도 넣어서 블랜딩을 시행한다. 외부쪽으로 스프레이건을 살짝 꺾으면서 도장한다.

 보다 확실하게 블랜딩을 하기 위해서는 블랜딩 시너의 첨가량을 조금씩 증가시키면서(블랜딩 시너의 첨가량 75%, 100%) 블랜딩을 시행하면 블랜딩 시 생긴 미스트(mist)를 줄일 수 있다.

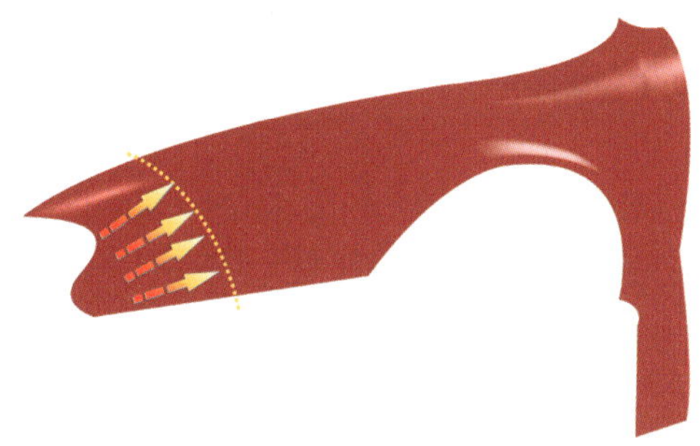

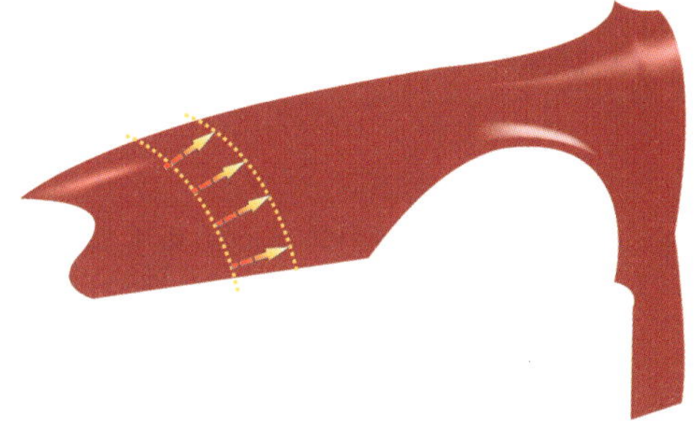

✚ 4회 도장은 은폐시키고 3차보다 넓게 도장   ✚ 외부 쪽으로 스프레이건을 살짝 꺾으며 도장

② 클리어코트 도장

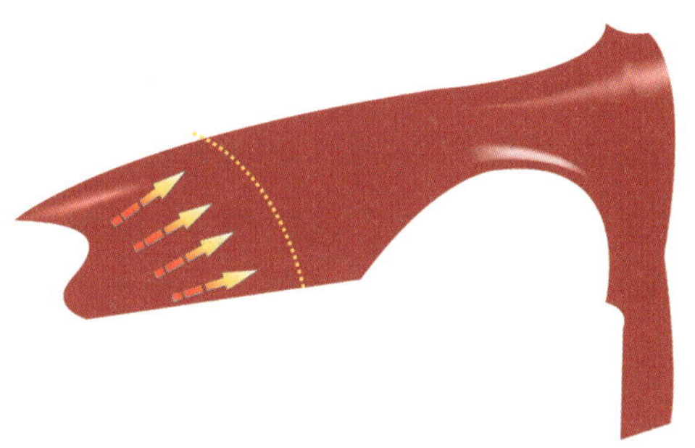

- 1회 도장은 건의 이동속도를 빠르게 하면서 날림 도장(dry coat)한다(wet coat시 베이스 코트 도장 시에는 없 었던 메탈릭 얼룩이 발생하므로 주 의한다.).
- 플래시 오프 타임을 준다.
- 2회 도장은 광택이 나도록 젖음 도장(wet coat)을 한다. 1차 도장부위보다 조금 넓게 도장한다.
- 플래시 오프 타임을 준다.
- 3회 도장은 오렌지필이 생지지 않고 평활성을 유지하면서 광택이 나도록 도장한다. 2차보다 조금 넓게 도장한다.
- 클리어 도료에 블랜딩 시너를 약 50% 정도 넣어서 블랜딩을 시행하며 외부 쪽으로 스프레이건을 살짝 꺾으면서 도장한다.

보다 확실하게 블랜딩을 하기 위해서는 블랜딩 시너의 첨가량을 조금씩 증가시키면서(블랜딩 시너의 첨가량 75%, 100%) 블랜딩을 시행하면 블랜딩 시 생긴 미스트(mist)를 줄일 수 있다.

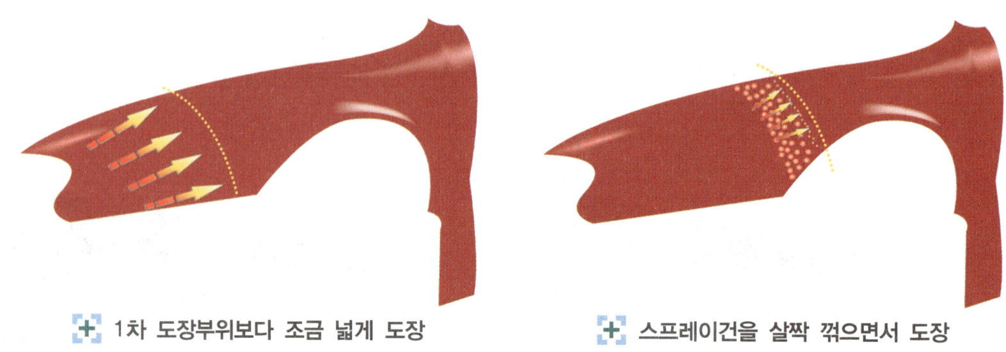

2coat 부분 도장

① 컬러 베이스 도장

- 1회 2회 도장은 건의 이동속도를 빠르게 하면서 날림 도장(dry coat)한다.
- 압축공기를 이용하여 건조시킨다.
- 3회 도장은 날림도장을 하면서 80~90% 정도의 은폐를 시킨다. 2차보다 넓게 도장한다.
- 플래시 오프 타임을 준다.
- 먼지나 이물질이 있을 경우 #1,200~ 1,500 연마지로 가볍게 털어낸다.

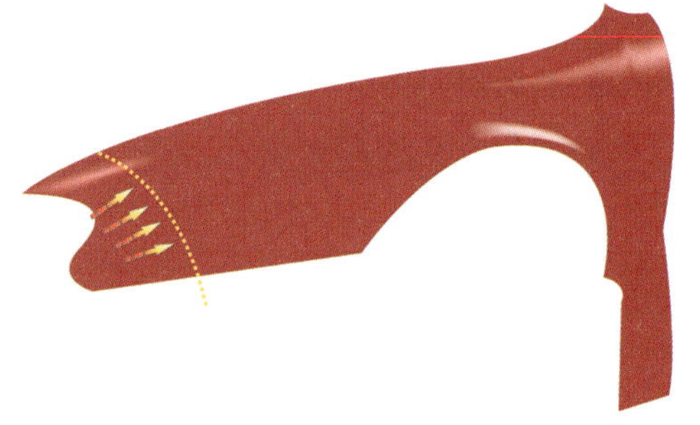

- 4회 도장은 완전히 은폐를 시키고, 광택과 오렌지필이 생기지 않도록 한다. 3차보다 넓게 도장한다.

② 펄 베이스 도장

- 1회 도장은 베이스 코트 도장면보다 조금 넓게 하여 젖음 도장(wet coat)한다.
- 에어 블로잉하지 않고 방치시켜 건조시킨다.
- 2회 도장은 젖음 도장을 하고 1차보다 넓게 도장한다.
- 플래시 오프 타임을 준다.
- 3회 도장은 젖음 도장을 하고 3차보다 넓게 도장한다.
- 블랜딩 시너를 이용하여 블랜딩을 한다.

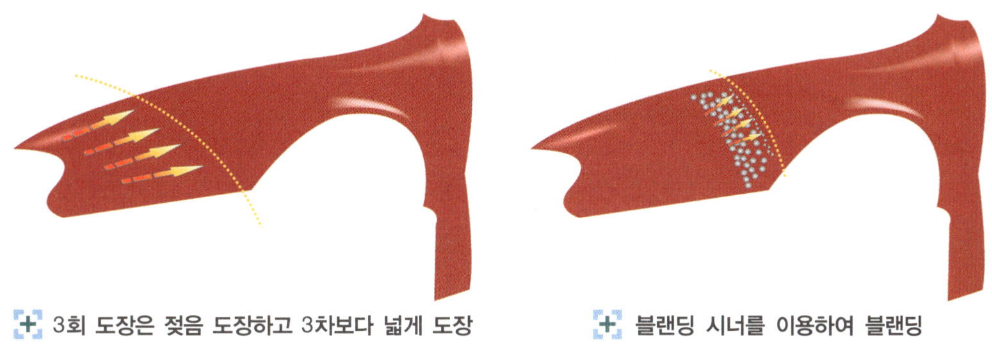

③ 클리어코트 도장

2coat 클리어 도장과 일치한다.

- 1회 도장은 건의 이동속도를 빠르게 하면서 날림 도장(dry coat)한다(wet coat시 베이스 코트 도장 시에는 없었던 얼룩이 발생하므로 주의한다.).
- 플래시 오프 타임을 준다.
- 2회 도장은 광택이 나도록 젖음 도장(wet coat)을 한다. 1차 도장부위보다 조금 넓게 도장한다.

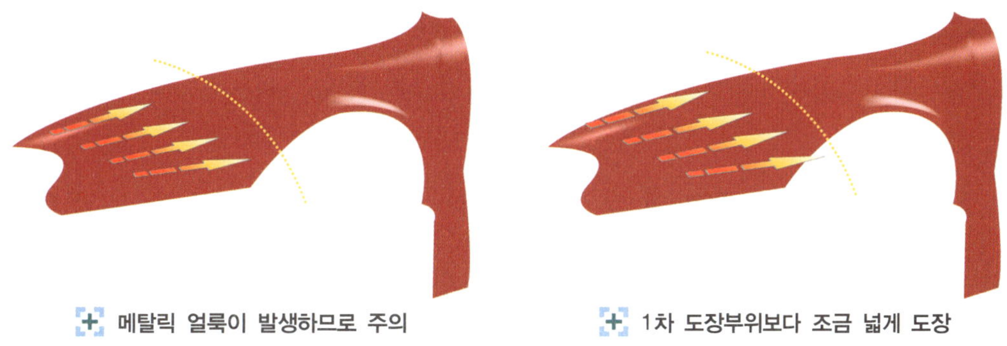

- 플래시 오프 타임을 준다.
- 3회 도장은 오렌지필이 생지지 않고 평활성을 유지하면서 광택이 나도록 도장한다. 2차보다 조금 넓게 도장한다.
- 클리어 도료에 블랜딩 시너를 약 50% 정도 넣어서 블랜딩을 시행한다. 외부쪽으로 스프레이건을 살짝 꺾으면서 도장한다.

보다 확실하게 블랜딩을 하기 위해서는 블랜딩 시너의 첨가량을 조금씩 증가시키면서(블랜딩 시너의 첨가량 75%, 100%) 블랜딩을 시행하면 블랜딩 시 생긴 미스트(mist)를 줄일 수 있다.

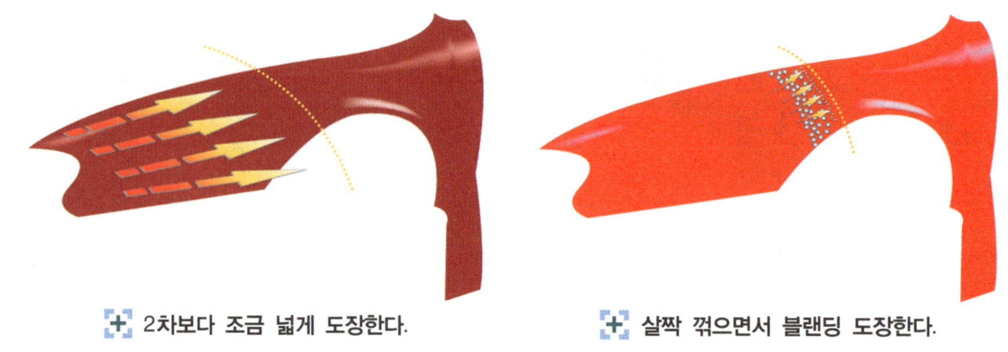

1) 베이스코트(base coat)를 도장한다

준비된 도료를 스프레이건에 넣어서 사용하며 SATA mini jet HVLP 스프레이건을 사용한다.

- **사용공기압** : 에어압력 0.8~1.0bar가 적당
- **노즐지름** : 1.4mm SR(※ SR노즐은 장방향 패턴에서 기본 노즐과 비교하면 상하로 조금 넓고, 좌우로 조금 좁으며, 오버스프레이 존이 적은 것이 특징이다.)
- **패턴조절** : 360°/400°좌측으로 개방
- **도료점도** : 표준도장보다 조금 묽게 한다.(포드컵 No.4 13~15초)
- 도료나 스프레이건에 따라 작업방법이 약간 상이하다.

① **1차 날림도장(dry coat)을 한다.**

- 외부만 도장한다.
- 중도 도장된 부분에 스프레이건을 직각으로 유지하며 팔은 움직이지 않고 손목을 중앙쪽으로 45° 정도 꺾어준다.(도료가 너무 멀리 비산되지 않도록 주의한다.)
- **피도체와의 거리** : 12~15cm
- **도료량** : 1회전/5회전
- **패턴 겹칩폭** : 1/2

압축공기를 이용하여 건조를 시킨다. 도장면 주변에 도료가 많이 날려있을 경우 송진포를 이용하여 닦아준다. 이때의 송진포는 새것을 사용하지 않도록 한다.

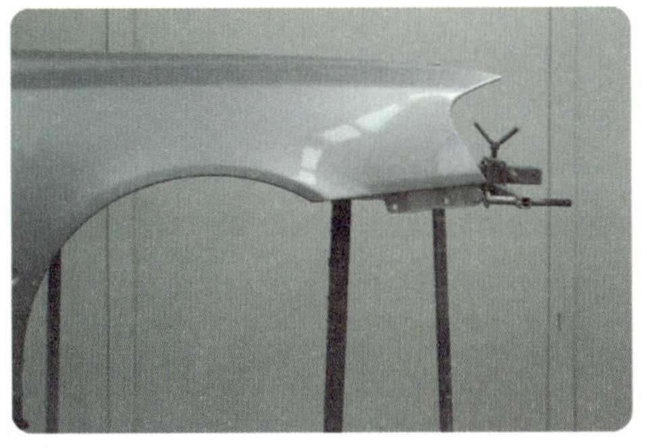
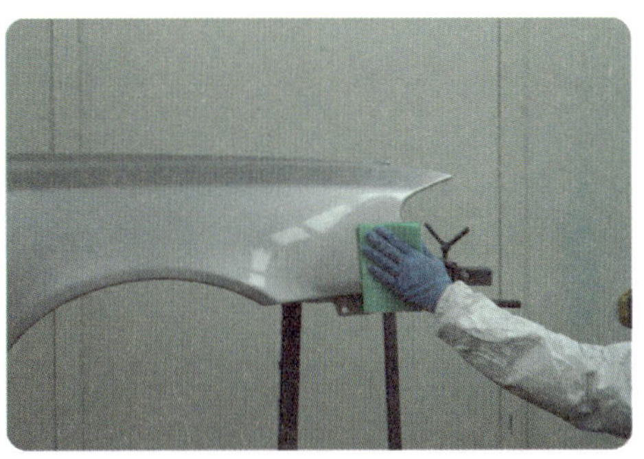

압축공기를 이용하여 건조를 시킨다.　　　송진포로 닦아주며 새것은 사용하지 않는다.

② 2차 날림도장을 한다.

1차와 같은 방법으로 실시한다.

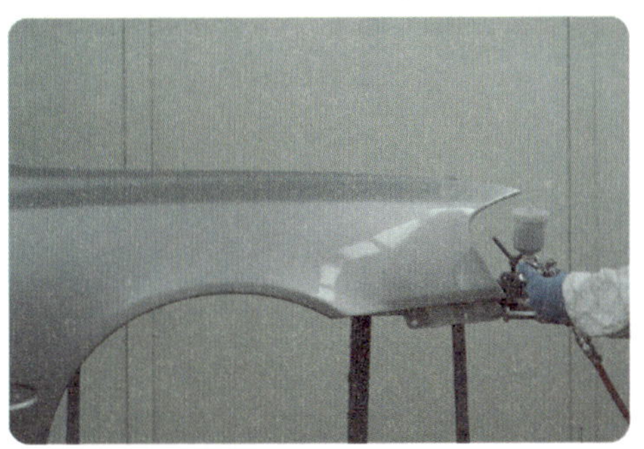

베이스도장

③ 3차 날림도장을 실시한다.

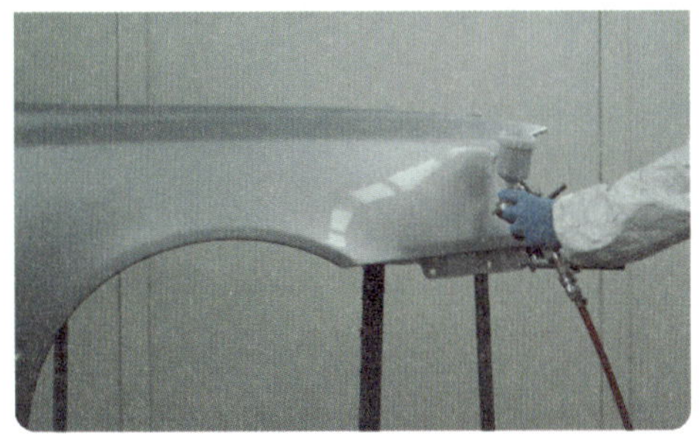
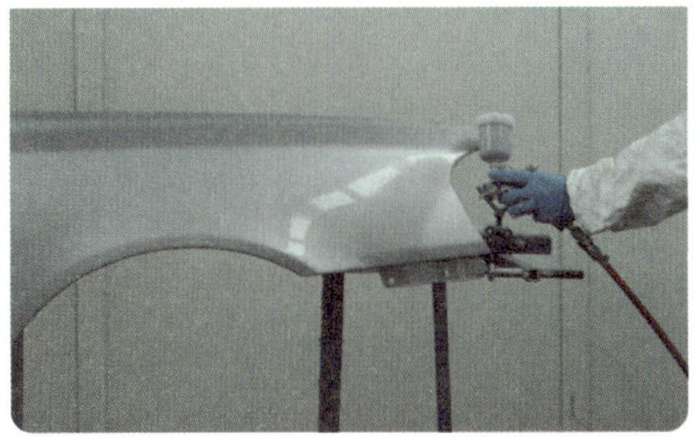

내부에서 외부로 스프레이 한다.　　　외부로 손목을 꺽는다.

④ 4차 중간도장을 실시한다.

- 피도체와의 거리 : 12~15cm
- 도료량 : 3회전/5회전
- 패턴 겹침폭 : 2/3

부분도장 시 경계면은 가급적 45°로 하는 것이 좋다. 베이스 코트를 작업 후 직각으로 경계면이 생기면 쉽게 보이기 때문에 45° 정도로 작업한다.

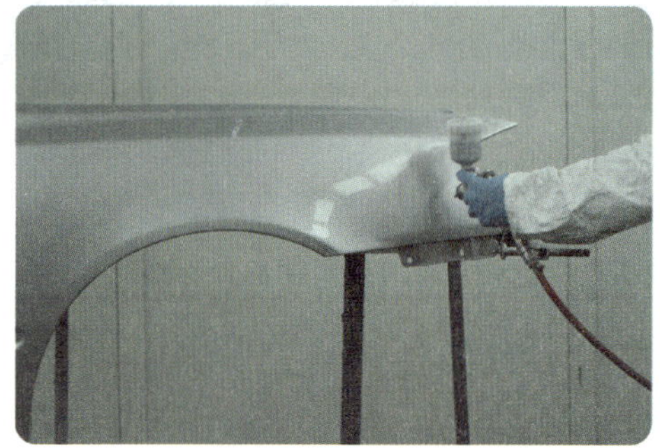

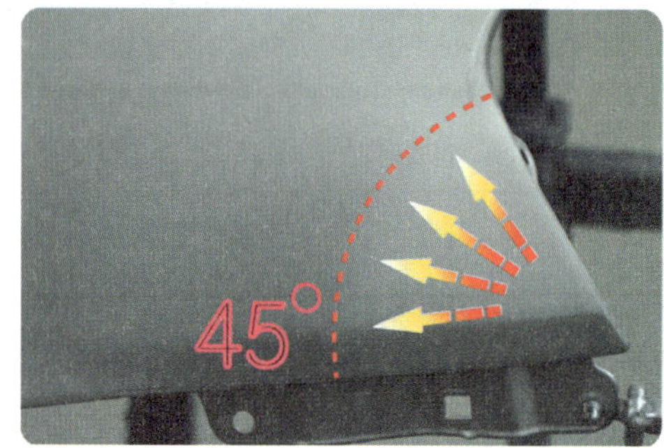

완전히 건조시킨다.

2) 베이스코트 블랜딩을 실시한다

경우에 따라 완벽한 블랜딩을 하기 위하여 베이스코트의 날린 도료를 녹여주기 위해서 블랜딩을 실시한다.

① 표시 부분만 블랜딩한 후 송진포로 닦아낸다.

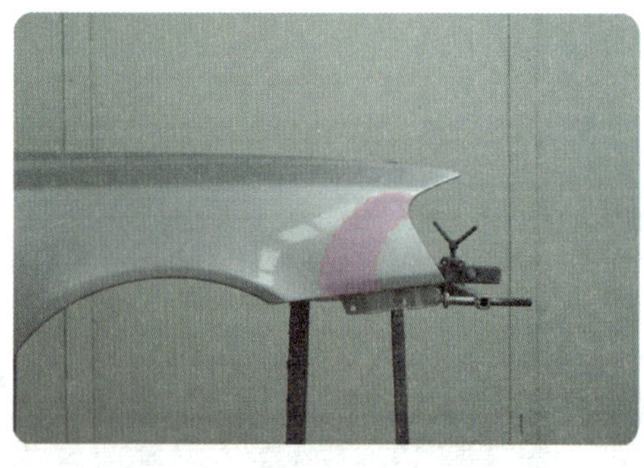

표시 부분만 블랜딩 한다.

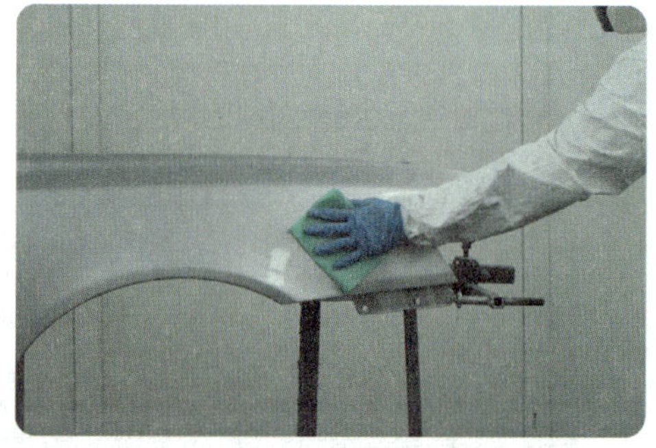

송진포로 닦아낸다.

② 블랜딩을 실시한다.

도료와 블랜딩 시너의 비율은 50 : 50 정도로 한다.

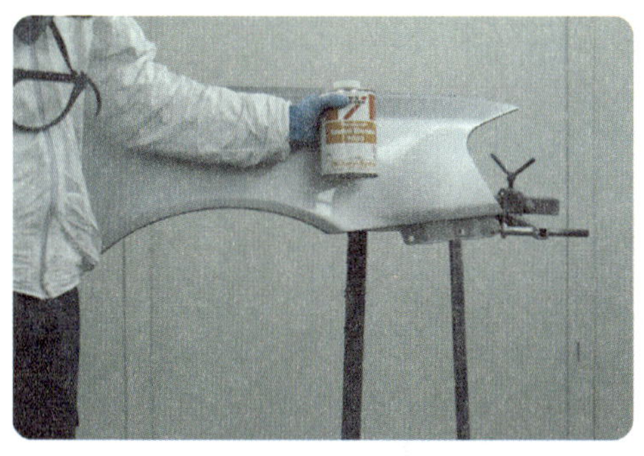

:heavy_plus_sign: 블랜딩 시너

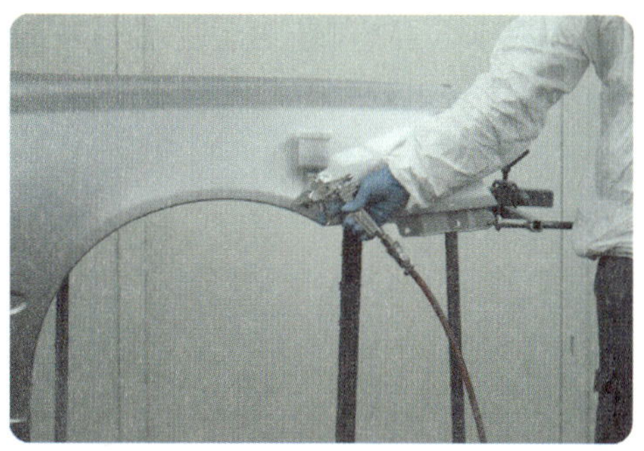

:heavy_plus_sign: 건 컵에 남아있는 도료

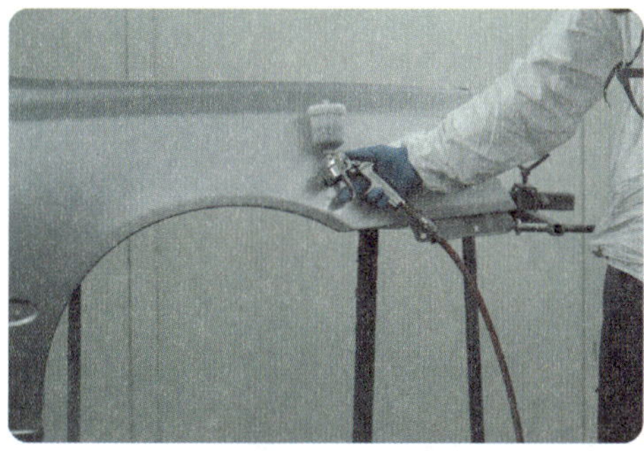

:heavy_plus_sign: 블랜딩 시너 100% 첨가

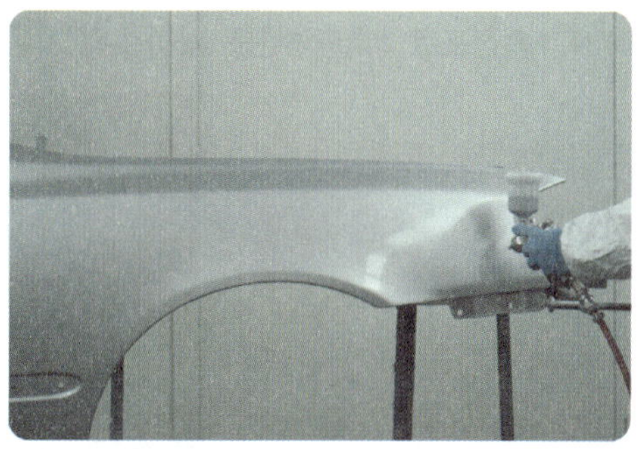

:heavy_plus_sign: 내부에서 외부로 도장한다

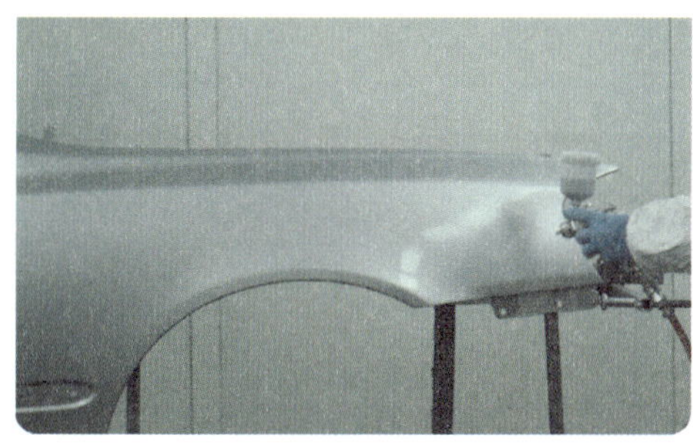

:heavy_plus_sign: 피도체와 각도를 45°정도로 한다

3) 클리어코트(clear coat)를 도장한다

준비된 도료를 스프레이건에 넣어 SATA mini jet HVLP 스프레이건을 사용한다.

- **사용공기압** : 0.8~1.0bar 적당
- **노즐지름** : 1.4mm SR(※ SR노즐은 기본노즐과 비교하여 패턴 폭이 조금 넓다.)
- **패턴조절** : 360°/400° 좌측으로 개방
- 3회 도장 완료한다.
- 도료나 스프레이건에 따라 작업방법이 약간 상이하다.

① 주제와 경화제를 혼합한 클리어 도료를 여과지에 걸러서 스프레이건에 담는다.

② 송진포로 패널전체를 닦아준다.

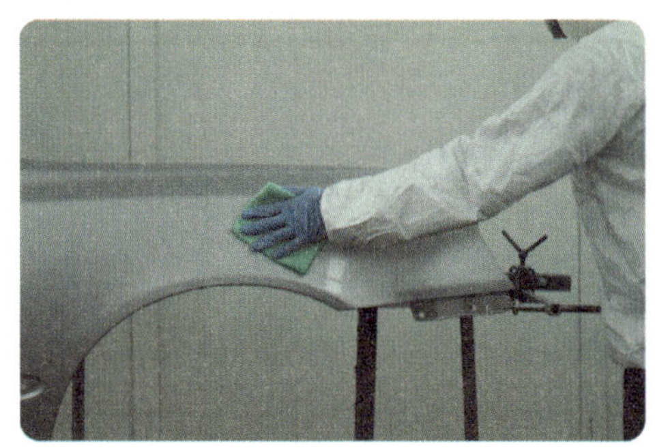

③ 1차 날림도장을 실시한다.

- 전면부만 도장한다.
- 중도 도장된 부분에 스프레이건을 직각으로 유지하며 팔은 움직이지 않고 손목을 중앙 쪽으로 45° 정도 꺾어준다.(도료가 너무 멀리 비산되지 않도록 주의한다.)
- **피도체와의 거리** : 12~15cm
- **도료량** : 1회전/5회전
- **패턴 겹침폭** : 1/2

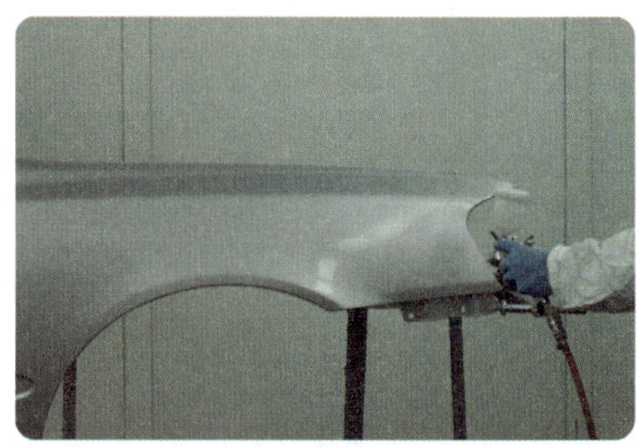

④ 2차 젖음도장(wet coat)을 실시한다.

- 전면부 도장 후 측면부를 도장한다.
- 중도 도장된 부분에 스프레이건을 직각으로 유지하며 팔은 움직이지 않고 손목을 중앙 쪽으로 45° 정도 꺾어준다.(도료가 너무 멀리 비산되지 않도록 주의한다.)
- **피도체와의 거리** : 10~13cm　　　**도료량** : 3.5회전/5회전

- **패턴 겹침폭** : 3/4

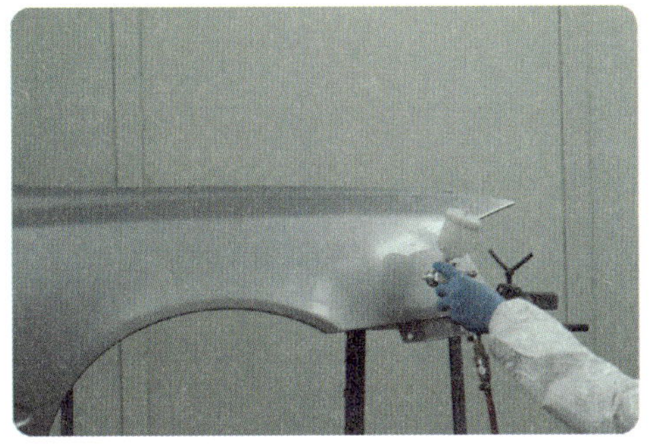 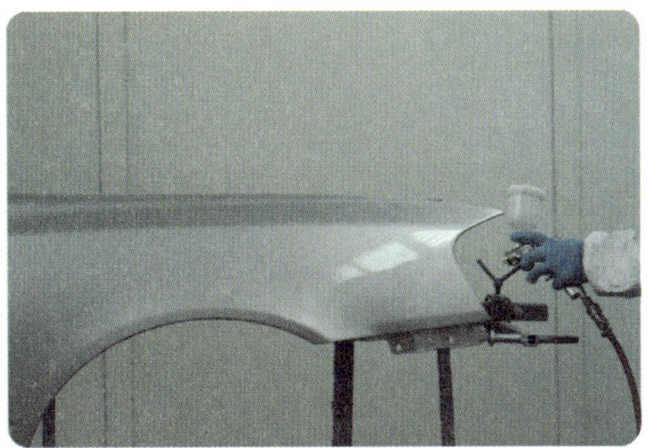

⑤ **3차 풀도장(full coat)을 실시한다.**

- 전면부를 도장한다.
- 중도 도장된 부분에 스프레이건을 직각으로 유지하며 팔은 움직이지 않고 손목을 중앙 쪽으로 45°정도 꺾어준다.(도료가 너무 멀리 비산되지 않도록 주의한다.)
- **이동속도** : 40cm/sec
- **피도체와의 거리** : 7~10cm
- **도료량** : 4.5회전/5회전
- **패턴 겹침폭** : 3/4

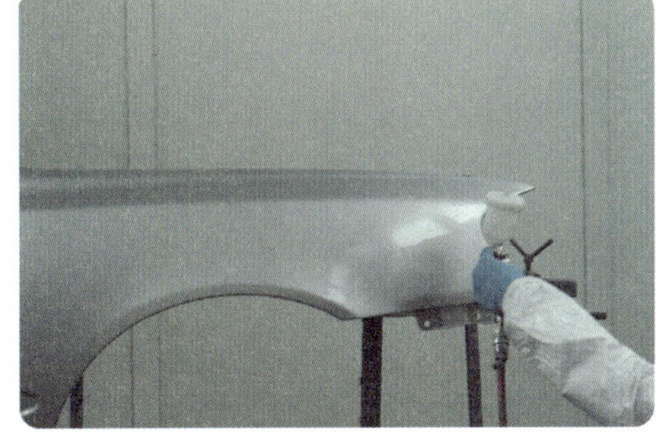

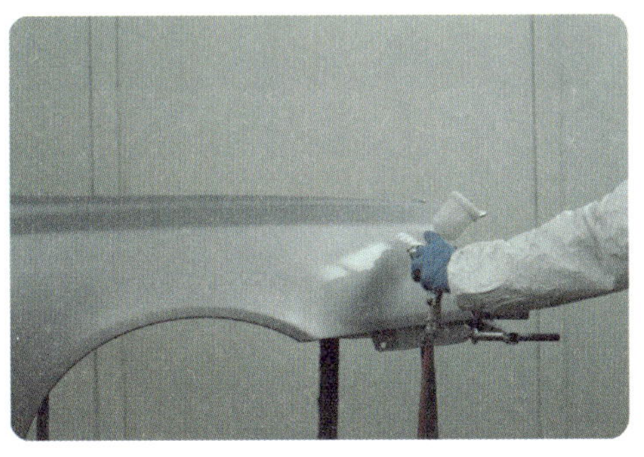 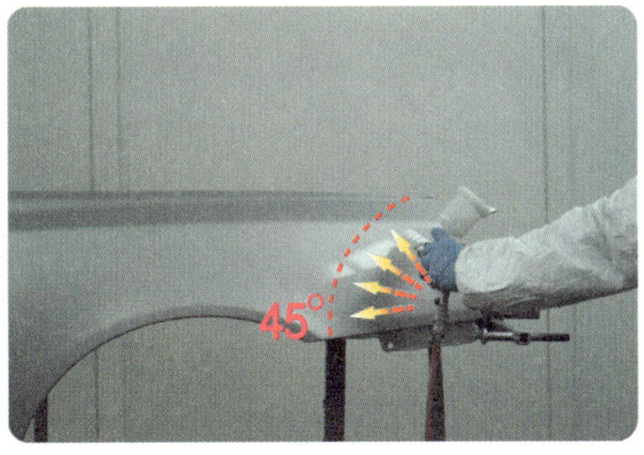

➕ 클리어 코트의 경우에도 베이스 코트와 같은 방법인 45°로 한다.

4) 클리어 코트 블랜딩을 실시한다

베이스 코트와 달리 송진포를 절대 사용하지 않는다. 클리어코트는 건조되는 시간이 오래 걸리기 때문에 송진포가 도장면에 묻으면 도장면에 다량의 먼지가 묻게 된다.

① 클리어 50%에 블랜딩 시너 50%를 혼합하여 클리어가 날린 부분까지 작업한다.

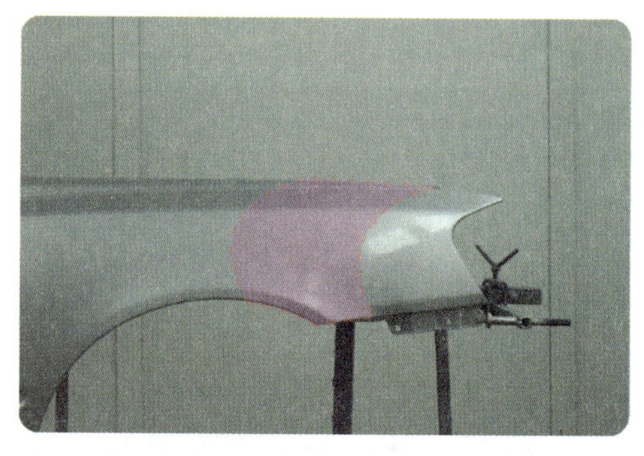

✚ 클리어 블랜딩 실시 부분

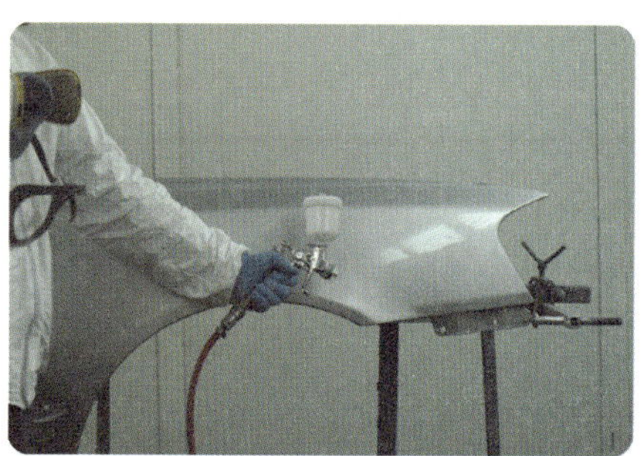
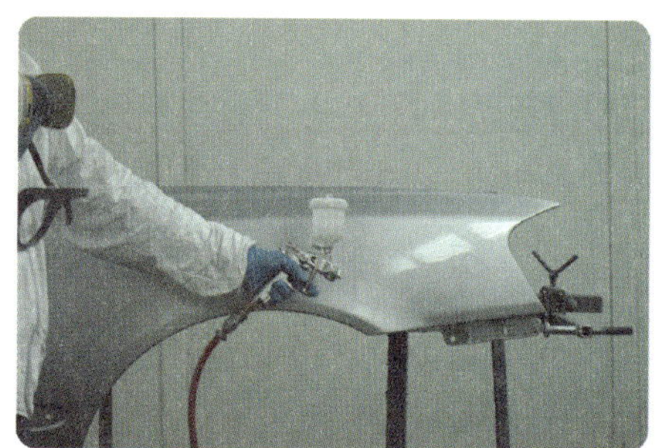

✚ 클리어에 블랜딩 시너를 1:1로 혼합

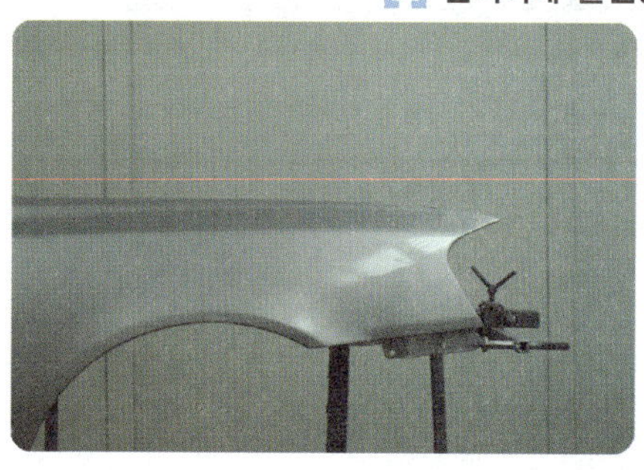

✚ 클리어 블랜딩 전 광택이 없는 경계 부분

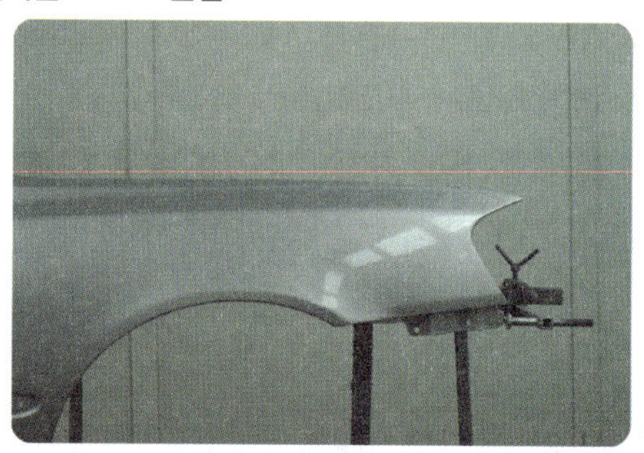

✚ 클리어 블랜딩 완료 사진

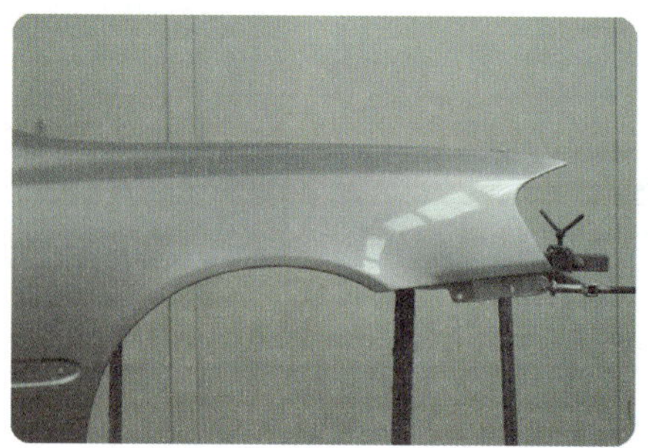

✚ 도장 완료된 사진

5) 광택작업을 실시한다

부분 도장한 면에서 구도막 쪽으로 광택을 실시한다.

기존의 광택작업처럼 구도막 쪽에서 보수한 도막 쪽으로 광택을 실시하면 블랜딩 부분이 박리되는 경우가 발생하므로 블랜딩한 면에서 구도막 쪽으로 실시한다.

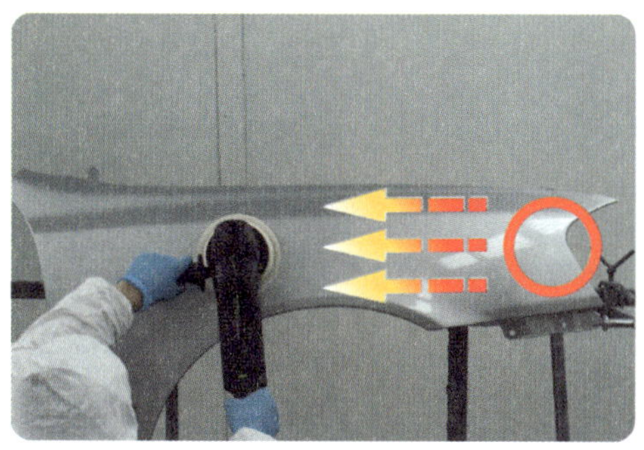

올바른 광택방향

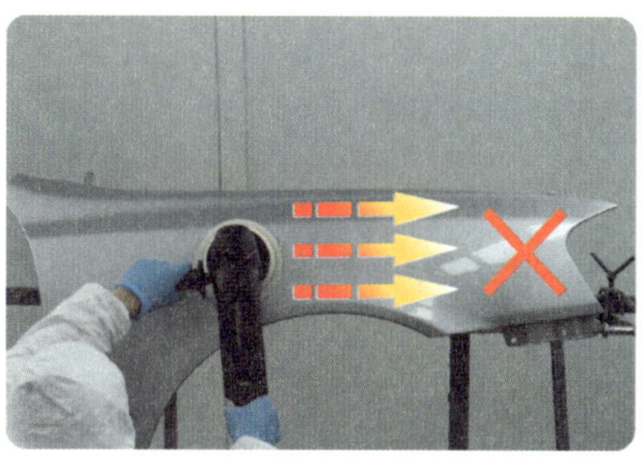
올바르지 못한 광택방향

수지를 이용한 부분 도장

수지를 이용하여 부분 도장을 하면 메탈릭이나 펄 안료들의 정렬을 도와주어 부분 도장 시 얼룩과 다크라인이 발생하는 것을 감소시키고 연마 공정 시 발생한 연마자국을 제거한다. 수지를 먼저 도장하고 이 후 작업은 위의 작업 공정과 유사한다.

① **수지를 2회 도장한다.**

수지와 시너를 혼합하여 도장한다.

5~10분 정도 건조시킨다.

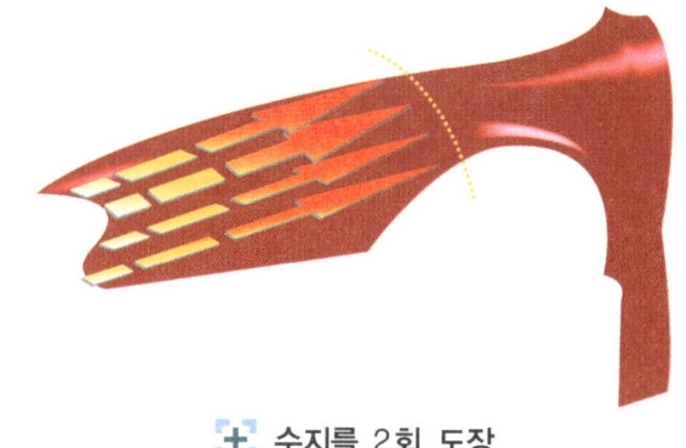
수지를 2회 도장

② 베이스 도료를 도장한다.

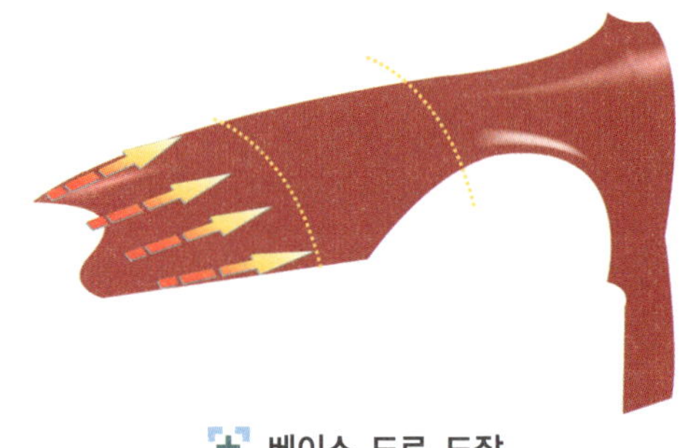

+ 베이스 도료 도장

③ 도료와 수지를 1 : 1로 혼합하여 도장한다.
10~15분 정도 건조시킨다.

④ 클리어 코트를 전체 도장한다.

패널 전체 클리어를 도장하지 않을 경우에는 중간까지만 도장하고 블랜딩 후 광택공정으로 이여진다.

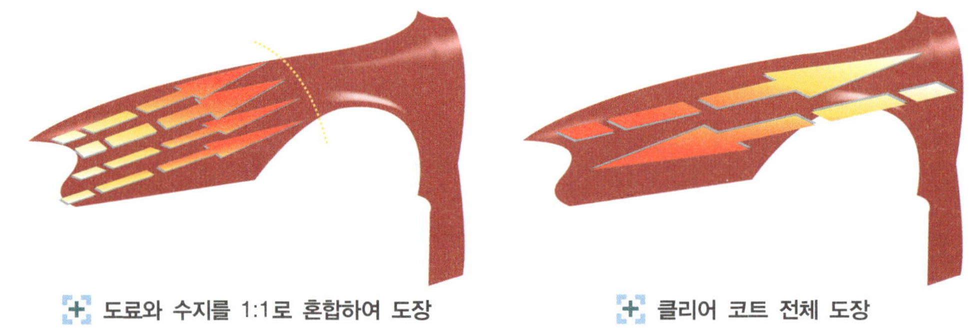

+ 도료와 수지를 1:1로 혼합하여 도장   + 클리어 코트 전체 도장

수용성 도료의 부분 도장

유성 도료의 부분 도장과 차이점은 수용성 베이스 도료를 은폐시키고 수용성 블랜딩 첨가제와 도료를 1 : 1로 혼합하여 마지막에 도장해야 한다.

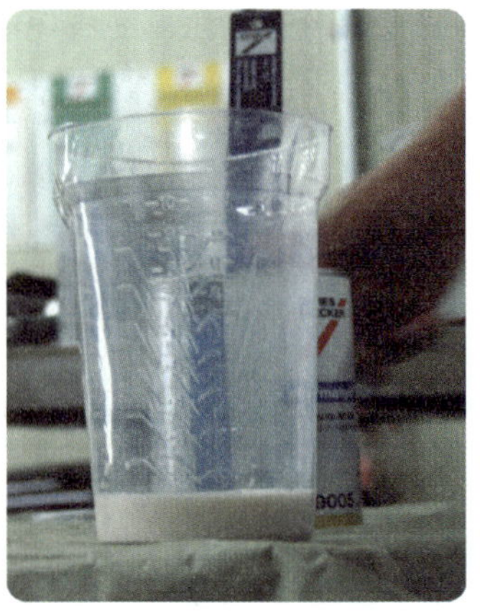

자동차 도장공정[마스킹작업]

자동차 보수 도장 전 공정에 빠짐없이 행하여지는 작업으로 하도에서는 퍼티도포나 연마공정 시 주변에 퍼티가 묻거나 연마자국이 발생하는 것을 방지하기 위해서 하고, 그 외 스프레이 공정 시 도료가 도장부분 이외에 묻지 않도록 하기 위해서 행하여진다. 즉. 서로 다른 색상의 도료를 도장하거나 패널의 일부분만을 도장할 경우 도장이 되어야 하는 부분을 제외한 부분에 도료나 이물질 등이 묻지 않도록 가려주는 것을 말한다.

마스킹 테이프와 마스킹 페이퍼를 사용하여 작업이 이루어지고 마스킹 페이퍼가 없는 경우에는 신문을 마스킹 페이퍼 대용으로 사용하고 있으며 최근에는 작업 시간을 단축하기 위해서 비닐 마스킹을 사용하고 있다. 하지만 비닐 마스킹의 경우 작업 시간은 많이 단축되지만 도료를 수차례 도장하는 3coat 펄도장의 경우와 완전히 건조된 후 비닐 마스킹을 제거하면 비닐 마스킹에 붙어있던 도료가 떨어져 다시 도장면에 붙어 결함이 발생하게 되는 경우가 빈번하므로 주의해서 사용한다.

1 마스킹 테이프 붙이는 방법

마스킹 테이프와 페이퍼는 50% 정도 종이에 붙이고, 50% 정도는 도장면에 붙일 수 있도록 붙인다.

2 마스킹 제거하는 방법

통상 90~130° 정도로 제거하며 상황에 따라 유동적으로 제거 각도는 변한다. 겨울철과 여름철의 경우에는 잔사가 남을 가능성이 높으며 마스킹 테이프를 천천히 제거할 경우 잔사가 남을 수 있지만 붙인 방향으로 당기면서 제거하면 잔사가 조금 남으면서 제거할 수 있으면 빠르게 제거할 경우 마스킹 테이프가 찢어지는 현상이 발생할 수 있다.

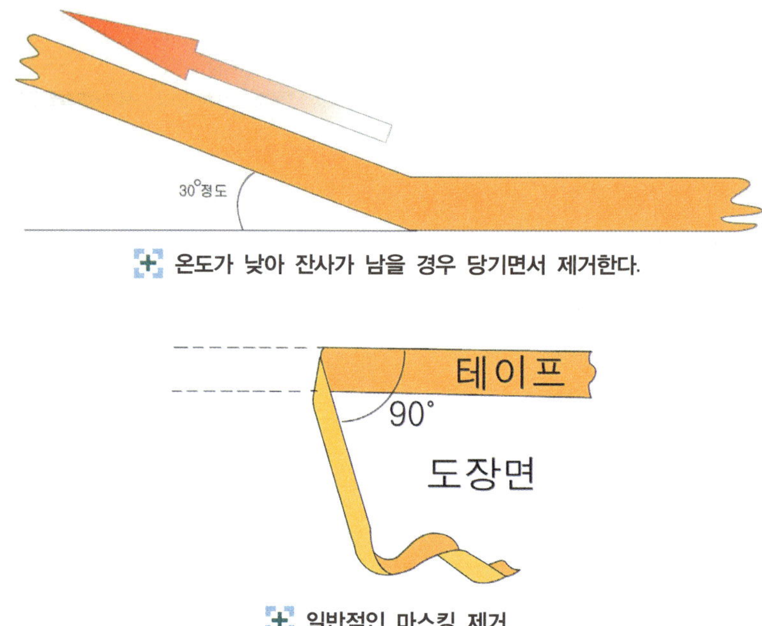

➕ 온도가 낮아 잔사가 남을 경우 당기면서 제거한다.

➕ 일반적인 마스킹 제거

3 마스킹 작업요령

① 마스킹 작업 시 내부부터 마스킹한 후 외부를 마스킹 한다.

② 작업하기 어려운 부분부터 마스킹하고 쉬운 곳으로 한다.

③ 페이퍼와 테이프는 테이프의 50% 정도 붙여서 사용한다.

④ 마스킹 작업부분에 적합한 크기의 테이프를 사용한다.

⑤ 완전히 건조된 후 제거할 경우 테이프에 묻어 있던 도료가 떨어져 다시 붙지 않도록 주의해서 제거한다.

⑥ 마스킹과 도장면과 경계부분에 도막이 남아 있을 경우 칼로 제거한다.

⑦ 제거시간은 도장 후 가열건조 하기 전 경계부분만 제거하여 도막 턱이나 경계가 매끈하게 나오도록 한다.

⑧ 파이널 라인 테이프를 사용하여 작업 후 마스킹 테이프와 페이퍼 전체를 제거하다 제거된 마스킹이 도장면에 붙여 결함을 만들지 않도록 한다.

4 마스킹 테이프 넓이에 따른 작업부위

대부분 현장에서는 15mm나 24mm 정도의 마스킹테이프를 사용하며 7mm 이하의 제품은 파이널 라인 테이프(final line tape)로 사용한다.

- **7mm 이하** : 라인잡기 및 도안마스킹
- **12mm 이하** : 마스킹 페이퍼 붙이기 및 작은 몰딩
- **24mm** : 마스킹 페이퍼 붙이기 및 굵은 몰딩
- **48mm** : 내부 마스킹 및 종이를 붙일 경우 안 되는 부분

파이널 라인 테이프 사용 예

① 몰딩부분을 마스킹 할 경우
② 몰딩 끝부분에서 약 3~5mm 정도 남기고 마스킹 테이프와 페이퍼를 붙인다.

③ 파이널 라인 테이프를 붙인다.
④ 도장완료 후 가열건조 전 파이널 라인 테이프만 제거한다.

비닐 마스킹 사용하여 완전 건조 후 제거할 경우 비닐에 건조된 도료가 떨어져 도장면에 묻게 된다. 이러한 현상은 가급적 비닐 마스킹은 하지 않는 것이 좋으며 중도의 경우에는 연마공정이 있기 때문에 연마를 하면 제거할 수 있지만 상도공정에서는 심할 경우 재도장해야 하므로 가급적 상도도장에서는 사용하지 않도록 한다.

5 마스킹 작업

(1) 중도도장 마스킹

① 패널의 일부분만 도장할 경우 리버스 마스킹을 한다.

리버스 마스킹은 도장면의 턱 발생을 완만하게 하여 연마공정 시 단낮추기를 원활하게 하기 위하여 행하여지는 방식으로 잘못 마스킹 할 경우 도막의 단차가 발생하게 되며 단차를 제거할 때 주변부의 구도막이 연마되는 경우가 있으므로 리버스 마스킹 경계부위까지 도장하지 않도록 주의해서 작업한다.

리버스 마스킹 후 올바른 도장부분

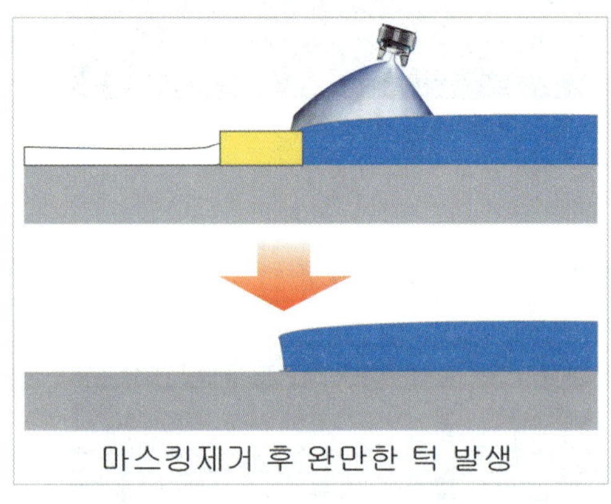

일반 마스킹 작업

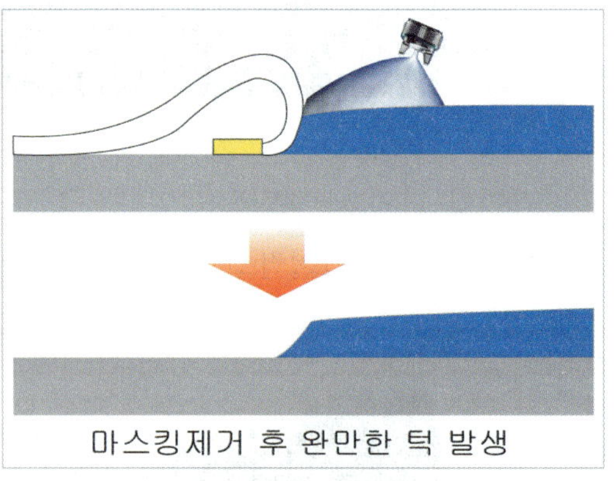

리버스 마스킹 작업

리버스 마스킹 작업방법 및 순서

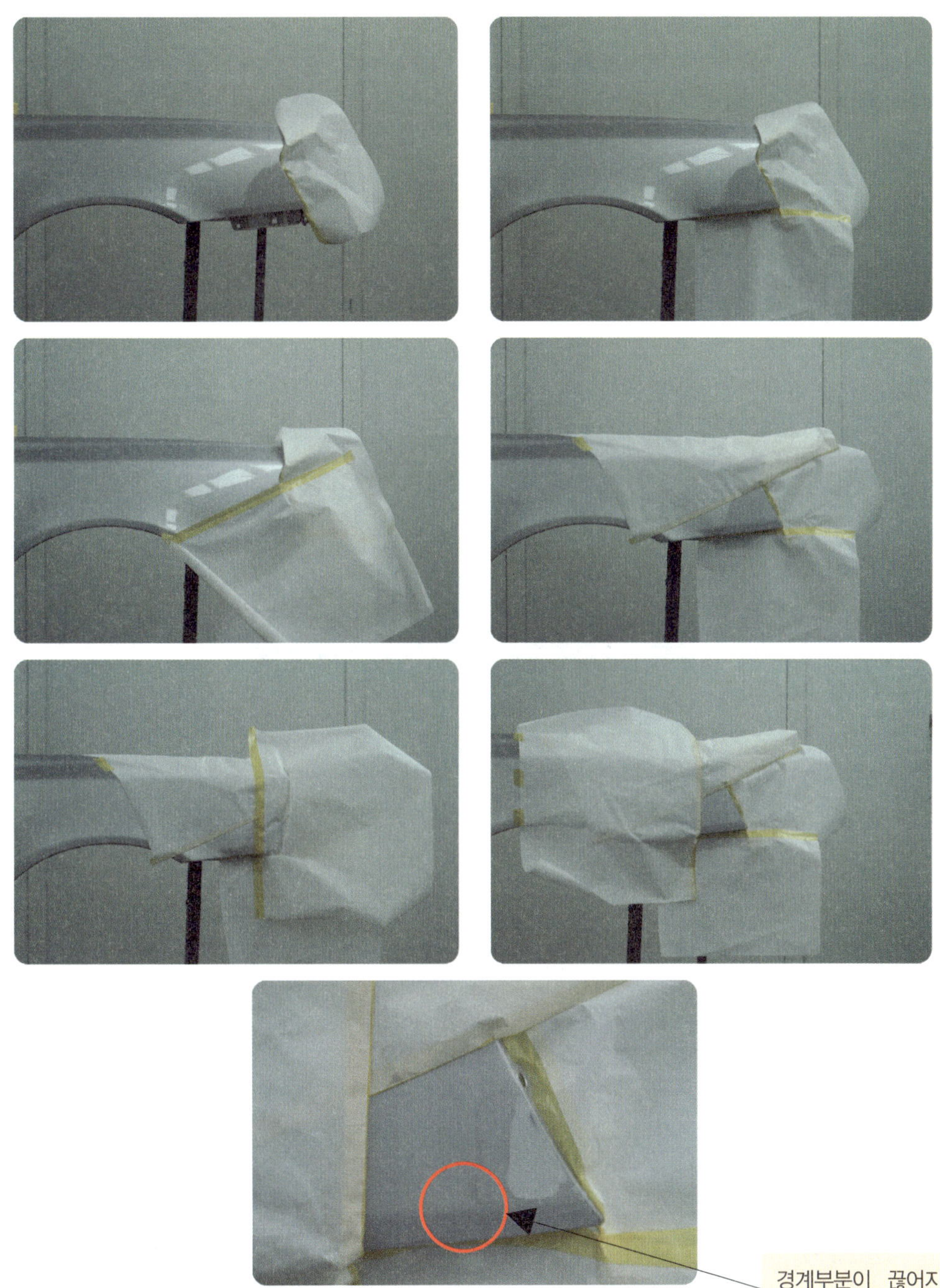

경계부분이 끊어지지
않도록 둥글게 만든다.

올바른 리버스 마스킹

단차가 적고 경계면이 완만하게 만들어진다.

➕ 올바르지 못한 중도마스킹으로 인한 단차발생

마스킹 경계면까지 도장하여 도막 턱이 발생하였을 경우 연마하다가 구도막을 박리하게
되는 경우가 있다.

➕ 리버스 마스킹 연마 후

리버스 마스킹 테이프 편리기

　일반 마스킹 테이프가 편리기를 통과하면 전체 면의 20% 정도가 접혀 접착 면끼리 붙게 된다. 접혀진 일부분은 접착면 없게 되므로 붙지 않는다. 리버스 마스킹 때 페이퍼가 붙은 일반적인 마스킹 테이프를 붙인 후 리버스 마스킹 기법을 사용하지 않아도 되며, 그냥 일반 마스킹처럼 붙이는 것만으로 편리기를 이용하여 접힌 부분이 리버스 마스킹과 같은 효과를 나타낸다(블랜딩 마스킹 테이프와 유사).

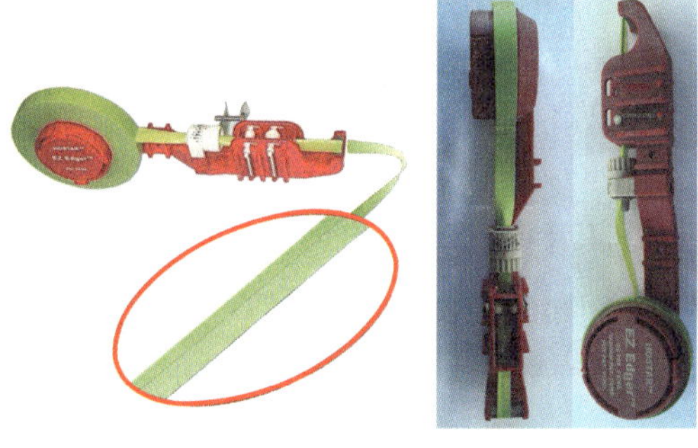

리버스 마스킹 테이프 편리기

② 패널 전체를 마스킹 할 경우

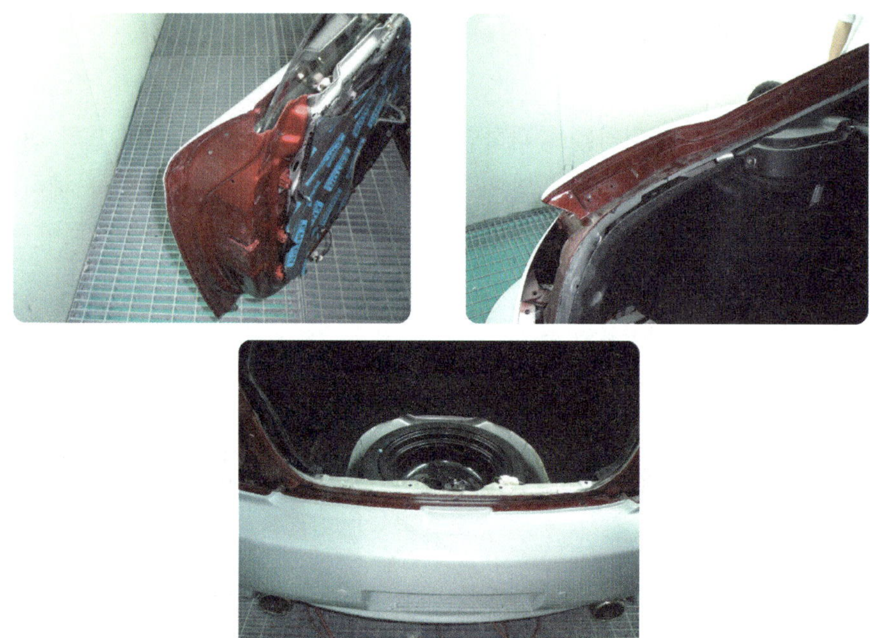

✚ 사진과 같이 패널 턱 부분에 마스킹 테이프를 붙여서 내부로 중도도료가 들어가지 않도록 마스킹 해야 한다.

③ 전체 도장할 경우

퍼티 작업이 없을 경우 루프패널은 도장하지 않는 것이 일반적이다. 타이어와 휠 가이드에 도료가 날리지 않도록 마스킹을 꼼꼼히 한다.

✚ 중도마스킹 완료

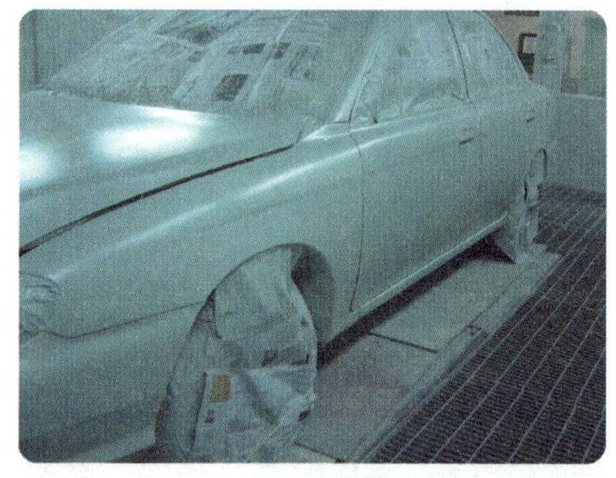

✚ 중도도장 완료

(2) 상도마스킹

마스킹 순서

　마스킹작업은 내부를 먼저하고 외부를 마스킹(masking)한다. 외부를 먼저 마스킹하고 내부를 마스킹하면 내부 마스킹 때 외부의 마스킹이 손상될 수 있다.

　도장 후 은폐가 안 될 경우가 있기 때문에 꼭 눈으로 확인하여 은폐가 되었는지를 확인한다. 내부 마스킹은 외부측면을 도장할 때 내부에 도장분진이 들어가지 않도록 작업하며 너무 당겨서 마스킹하면 패널을 닫을 때 찢어지는 경우가 발생하기 때문에 당겨서 마스킹하지 말고 여유있게 마스킹한다.

　①, ② 헤드라이트를 마스킹한다.

　③ 범퍼(bumper)나 라디에이터 그릴(radiator grille)을 마스킹한다.
　④ 좌측, 우측 펜더(fender)를 마스킹한다.

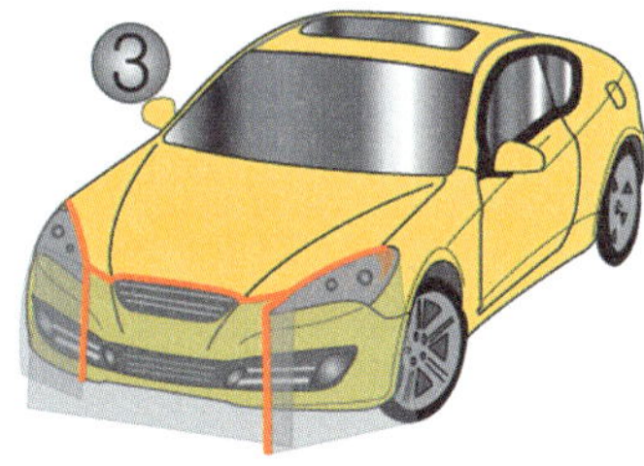
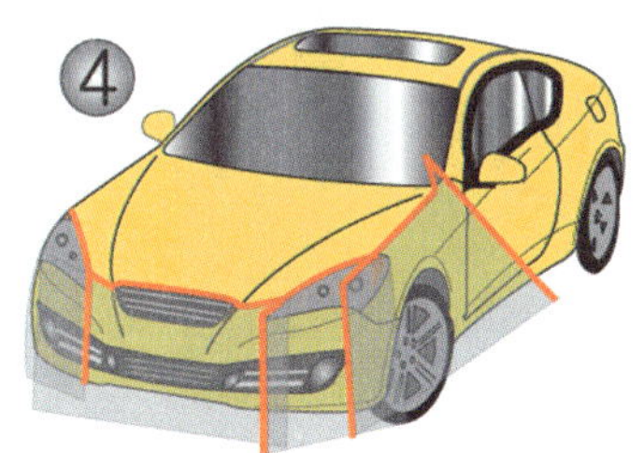

　⑤ 내부에서 윈도우글라스(window glass)로 여유 있게 작업된 마스킹과 연결하여 마스킹을
　　 한다.

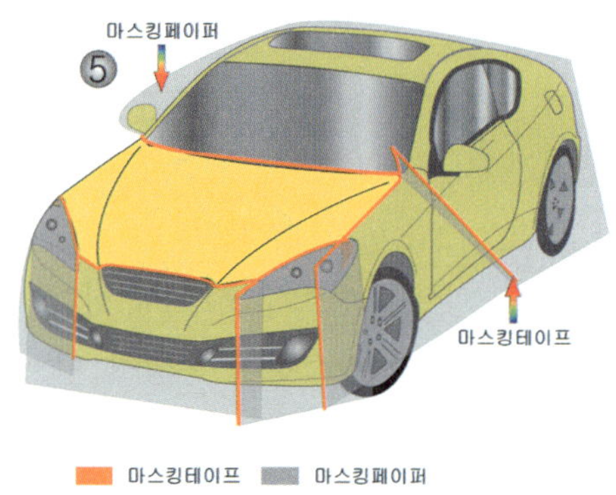

작업을 하면서 조금만 주의해서 작업하면 후드 이외의 다른 패널도 쉽게 마스킹작업을 할 수 있다.

부위별 마스킹 방법

① 후드 안쪽 마스킹

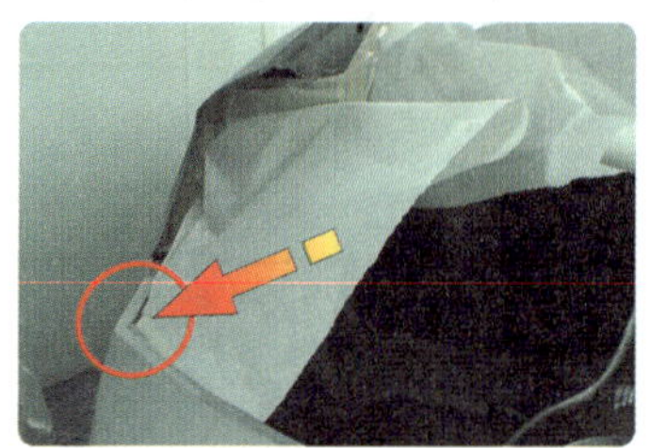

패널 안쪽에 붙여 바깥쪽 부분이 전체가 도장 되도록 마스킹 한다.

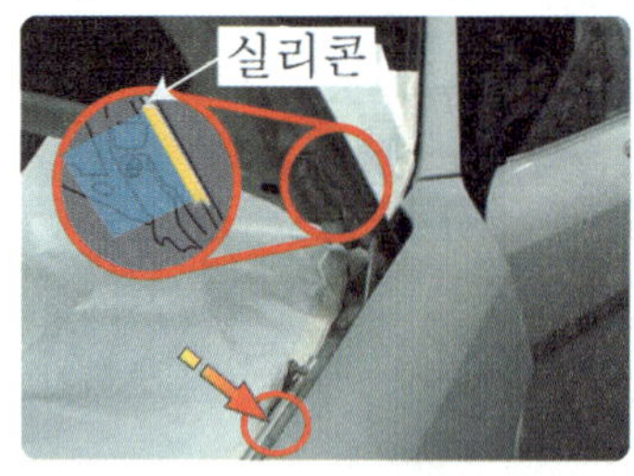

후드 안쪽의 펜더 안쪽 전체가 도장되도록 하고 휠하우스는 도장되지 않도록 마스킹을 하며, 후드는 실리콘이 도포되어 있는 부분까지 마스킹을 한다.

② 도어 안쪽 마스킹

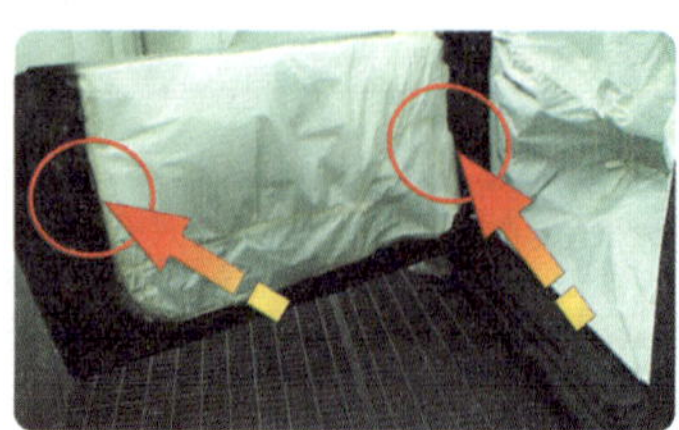

도어 안쪽은 도어 트림 구멍에 맞추어 마스킹 하여 내부의 먼지가 도장 중 나오지 않도록 한다.

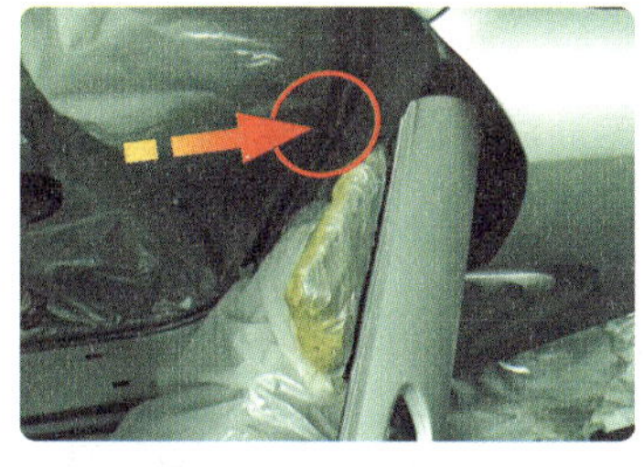

고무를 제거한 후에도 전체가 도장 되도록 안쪽으로 마스킹
한다.

올바르지 못한 마스킹 방법으로 안쪽으로 마스킹하지 않았을
경우 그림과 같이 고무를 제거하면 도장한 표시가 나기 때문
에 고무를 제거한 후에도 표시나지 않도록 안쪽으로 마스킹
한다.

③ 트렁크 마스킹

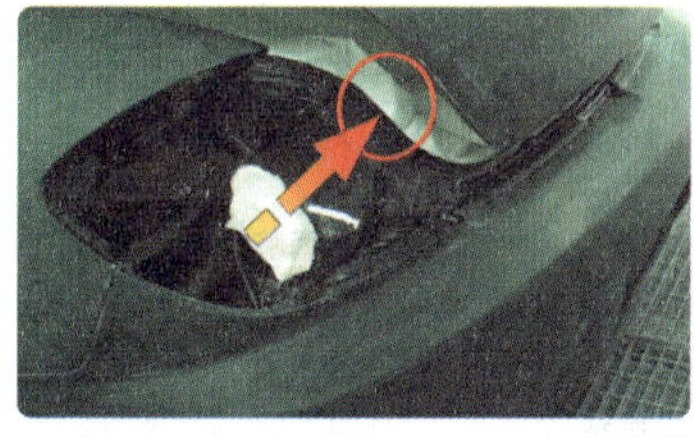

다른 부분과 같이 고무를 제거한 후에 도막 턱이 발생하지 않
도록 뒤쪽으로 마스킹한다.

④ 타이어 마스킹

휠가이드 안쪽의 먼지나 이물질을 제거하고 24mm나 48mm 마스킹테이프로 안쪽에서
접착제 부분이 외부로 절반정도 나오도록 붙이고 타이어 전체를 커버할 수 있도록 마스킹
페이퍼에 테이프를 붙이고 먼저 붙인 테이프와 마스킹페이퍼에 붙인 마스킹테이프의 접
착면 끼리 붙이면 쉽게 붙일 수 있다.

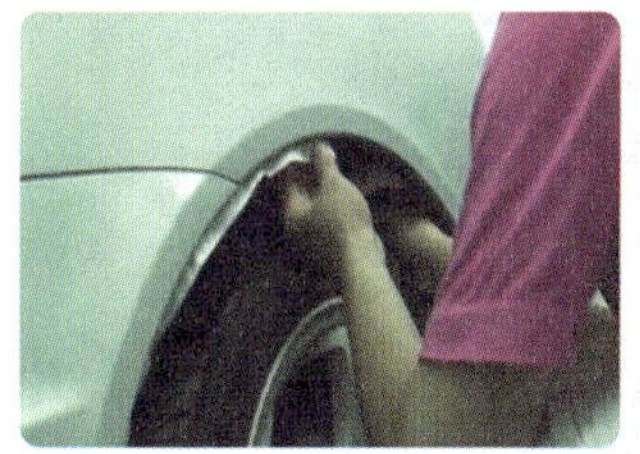 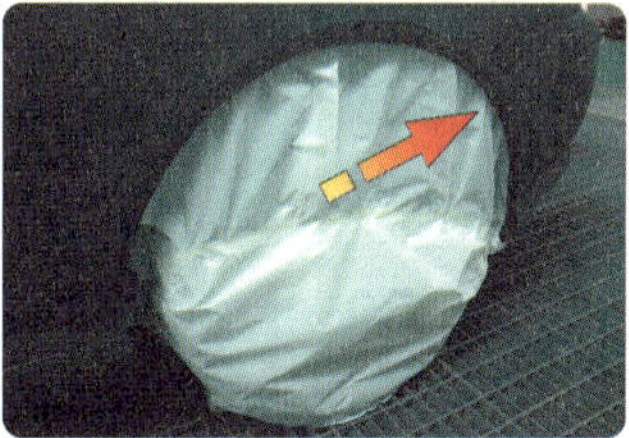 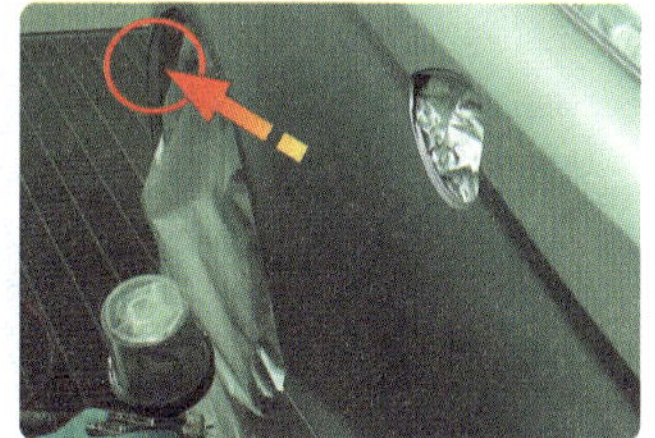

타이어만 마스킹 할 경우 휠가이드에 묻어 있는 먼지가 도장 중 밖으로 나오게 되거나
도료가 묻어 깨끗하지 못한 도장이 되기 때문에 그림과 같이 휠가이드까지 완벽하게 마스
킹하여 먼지가 나오거나 도료가 묻지 않도록 한다.

⑤ 트림마스킹

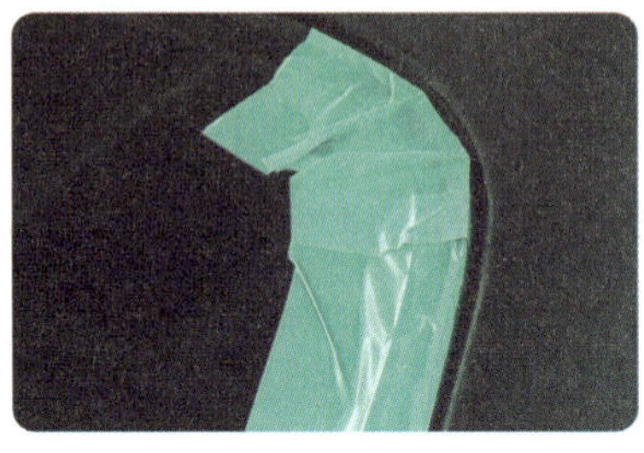

트림마스킹을 알맞은 크기로 자른 후 접착제가 묻어 있지 않은 면을 홈 사이에 끼워 넣고 접착제가 묻어 있는 쪽의 비닐을 제거하여 유리에 붙인다.

⑥ 백미러 마스킹

백미러를 마스킹 할 경우 유리가 쉽게 제거될 경우에는 유리를 제거하고 도장 하는 것이 편리하지만 차종에 따라 유리 제거가 쉽지 않은 것도 있다. 그럴 경우 아래의 그림 순서에 맞추어 도장한다. 쉽게 마스킹하기 위해서 유리 외부에서 먼저 마스킹하고 안쪽을 나중에 마스킹 하는 경우 도장 완료 후 칼이나 시너로 유리에 묻은 도료를 제거해야 하지만 그림과 같이 마스킹 할 경우 유리에 도료가 묻지 않는 장점이 있다.

⑦ **도어캐치 마스킹**

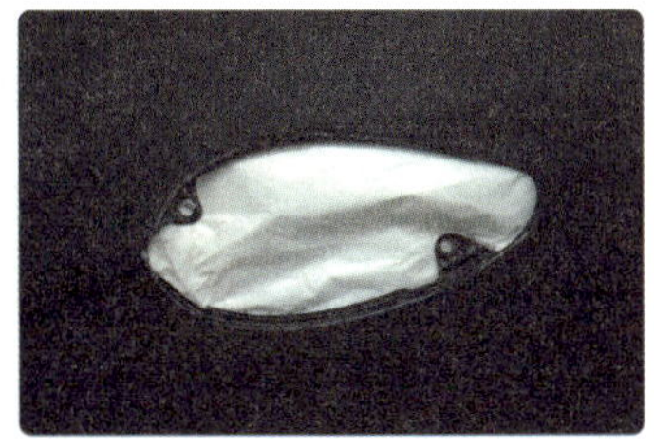

도어 안쪽에서 마스킹하여 도어 안쪽의 먼지가 도장 때 밖으로 나오지 않도록 마스킹한다.

⑧ **범퍼 마스킹**

범퍼를 탈착하지 않고 도장 할 경우에는 머플러와 범퍼 밑 부분도 마스킹하여 먼지가 나오지 않도록 하고 도료가 언더바디에 묻는 것을 방지해야한다.

⑨ **전체도장 마스킹**

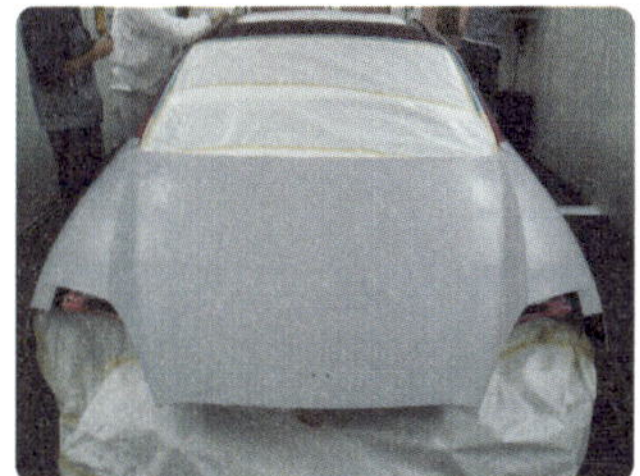

외부 마스킹은 완료된 후 도장 시의 압축공기로 인하여 마스킹 페이퍼가 움직이지 않도록 적당히 당겨서 마스킹한다.

터널 마스킹

리어 펜더의 경우 그림의 C 필러부분이 루프와 경계가 없는 차종이 많다. 이런 경우 사용하는 마스킹 방법으로 블랜딩 도장할 경우 많이 사용된다.

자동차 도장공정[기타 재질도장]

09

자동차의 재질로는 철로된 재질을 많이 사용하고 있으며 플라스틱재질로 범퍼나 몰딩류에 사용되고 있다. 최근에는 자동차를 경량화 하기 위해 섬유강화 플라스틱(FRP)재질, 그라파이트(graphite) 재질, 알루미늄 합금재질이 사용되고 있다. 플라스틱 부품들은 도장이 꼭 되어야 하는 것은 아니지만 현재에는 보디컬러(body color)와 같은 색상이나 멋을 내기 위해서 도장이 되고 있다.

01 플라스틱 도장

자동차에 주로 사용되는 재질로는 ABS수지재질과 폴리우레탄수지(PUR)재질, 폴리프로필렌(PP)재질이 있으며 플라스틱 프라이머를 도장하고 작업이 진행되어야 한다. 플라스틱 표면에 도장한 도막이 금속 표면보다 쉽게 박리가 일어나는 원인은 금속과 비교하여 표면 에너지가 낮고, 불활성이기 때문이다.

1 목 적

(1) 장식

① 표면착색이 가능하다.
② 다색 생산에 경제적이다.
③ 수지 도금과 진공 증착에 의해 금속 질감을 낼 수 있다.
④ 색과 광택의 조정이 용이하다.
⑤ 성형할 때 생긴 불량을 감춘다.

(2) 표면 성질 개선

① 내후성을 향상 시킨다.

② 내약품성, 내용제성, 내오염성을 향상시킨다.

③ 대전에 의한 먼지 부착을 방지 시킨다.

④ 경도를 향상 시킨다.

■2 플라스틱 소재의 종류

열가소성 수지와 열경화성 수지가 있다.

(1) 열가소성 수지

① 열을 가하면 용융유동하여 가소성을 갖게 되고 냉각하면 고화하여 성형되는 것으로서 이와 같은 가열용융, 냉각고화 공정의 반복이 가능하게 되는 수지이다.(리사이클이 가능하다.)

② **종류** : 폴리에틸렌(PE), 폴리프로필렌(PP), 폴리스티렌(PS), 폴리메탈메타아크릴레이트 (PMMA), 폴리염화비닐(PVC), 폴리염화비닐리덴 (PVDC), ABS 수지 등이 있다.

③ 자동차 부품에 많이 사용된다.

④ 태우면 연기가 나지 않는다.

⑤ 불을 대면 녹는다.(recycle)

(2) 열경화성 수지

① 경화된 수지는 재차 가열하여도 유동상태로 되지 않고 고온으로 가열하면 분해되어 탄화되는 비가역적 수지이다.

② **종류** : 초산비닐(PVAC), 불포화폴리에스테르(UPE), 폴리우레탄(PUR), 페놀수지 (PF), 요소수지(Urea), 멜라민수지(MF), 에폭시수지 등이 있다.

③ 자동차 범퍼나 시트에 많이 사용된다.

④ 태우면 연기가 발생한다.

⑤ 불을 대면 타버린다.

■3 플라스틱 도장 공정

신품의 경우 맨 소재에는 플라스틱 프라이머(PP)를 도장하고 표준상도도장과 같이 작업이 진행되고 보수인 경우 상처부위만 퍼티를 도포하고 중도를 도장 후 상도로 이어진다.

(1) 전처리 공정

① 성형품 표면의 이형제와 불순물을 제거한다(크레터링, 부착불량, 먼지불량 등).

② 성형품 표면의 결함을 제거한다.

③ 연마하여 도막의 부착성을 증가시킨다.

④ 피도물이 대전하고 있으면 먼지가 부착하여 도장 불량을 발생시키므로 정전방지액 등으로 제거한다.

(2) 하도 공정

① 내후성 향상과 상도의 정전도장이 가능하도록 도전성을 부여한다.

② 부착성을 향상시킨다(프라이머를 도장하지 않을시 부착이 나오지 않는 재질도 있다).

③ 은폐력을 향상시키고, 평활한 도막 형성에 기여한다.

자동차에 사용되는 플라스틱 부품들

(3) 상도 공정

① 일반적이 자동차 보수공정과 동일하다.

② 상도 도료에 플라스틱 유연제를 첨가 도장하여 소재의 유연성에 부합되도록 한다.(소재의 재질이 유연하므로 약한 충격에 도막 면이 갈라지지 않도록 한다.)

(4) 건조 공정

자동차 보수 표준도장공정의 건조 과정과 동일하다. 하지만 건조하는 과정에 재질 전체가 골고루 받치고 있지 않을 경우 높은 온도에 재질이 휘어지는 경우가 있기 때문에 주의한다. 열변형 온도 이상 열을 올리지 않도록 한다.

플라스틱 보수용 키트

◢4 플라스틱 사출 성형 불량현상

플라스틱 재질의 사출불량 원인으로는 금형의 결함 및 플라스틱 수지의 결함, 제품 설계상의 문제, 성형기 기능의 과대평가, 주변 환경의 변화를 들 수 있다.

① 미성형(shot short)

성형품의 일부가 부족하여 제품이 올바르지 못한 상태로서 사출압력과 수지온도가 낮아 유동성이 저하되므로 사출압력과 플라스틱 수지 온도를 높이고 금형의 온도를 높이고, 사출량이 부족할 경우 금형내의 공급량을 늘린다.

② 바리(burr)

성형품의 여분의 수지가 붙는 현상으로 금형의 강도가 부족하면 금형이 수지의 사출압에 의해 휘고 제품이 두꺼워지거나 압절면을 따라 발생하며 형체압력이 부족할 경우 성형품의 투영면적에 비해서 형체력이 작으면 사출압력에 의해 발생한다.

③ 싱크마크(sink mark)

성형품의 표면에 발생하는 오목현상으로 고화가 늦은 경우, 유효보압시간이 짧은 경우, 금형내의 유동저항이 너무 높기 때문에 충분한 보압이 전달되지 못한 경우에 발생되고, 금형온도의 조절이 부적합한 경우나 사출압이 낮고 사출압 유지시간이 짧은 경우 발생한다.

④ 성형수축(shrinkage)

제품의 치수가 낮아지는 현상으로 보압과 사출압력이 높을수록 발생하기 쉽다.

⑤ 웰드라인(weld line)

용융수지가 금형 내를 분기해서 흐르다가 합류한 부분에 가는 선이 생기는 현상으로 원재료의 충분한 건조를 시킨다.

⑥ 탄화(burn)

수지나 가열성 휘발분 혹은 윤활제가 연소하여 제품에 검은 줄이 생기거나 금형내 휘발분이 빠져 나가지 못하고 내부에서 수지가 탄화하여 검게 변하는 현상이다.

⑦ 플로우 마크(flow mark)

성형 재료의 유동 궤적을 나타내는 줄무늬가 생기는 현상으로 제품 형상이 전체적으로 고르게 냉각라인의 위치를 바꾸거나 유량을 증가시켜 사출속도를 빠르게 한다.

⑧ 크랙(crack)

성형품의 일부가 금이 가는 현상으로 잔류응력에 의한 경우, 외부응력에 의한 경우, 환경에 의한 경우가 있으며 온도가 불균일할 경우 냉각차에 의해 금이 간다.

02 알루미늄 재질 도장

최근의 고급자동차의 경우 경량화와 녹을 방지하기 위하여 알루미늄(aluminium) 재질의 패널을 도입하기 시작하였다. 자동차에서는 순수 알루미늄을 사용하지 않고 마그네슘과 알루미늄을 결합한 합금을 사용하고 있다. 알루미늄은 기존의 강판과 비교하면 가격상 비교가 되지 않으며 일반 용접으로 용접이 되지 않기 때문에 용접작업도 용이하지 않다.

알루미늄의 특징을 보면 산소와 결합하면 산화알루미늄이 되어서 표면이 코팅한 것처럼 투명하면서 껄끄러운 코팅막(Al_2O_3)이 생기게 된다. 이렇게 생긴 산화알루미늄 층은 조밀하여 공기와 물이 표면으로 스며들 수 없어 코팅막 내부에 있는 표면은 안전하다. 하지만 철의 경우에는 반응속도를 빠르게 하면 연소를 하지만 반응속도를 느리게 하고 산소와 결합시키면 붉은 녹이 생기는 것처럼 녹이 발생하게 된다.

그리고 알루미늄 금속을 먼지와 같이 잘게 부수면 금속분말이 된다. 금속분말은 공기와의 접촉 면적이 넓어져 산소와 결합하여 쉽게 폭발을 일으킨다. 이러한 이유로 연마작업을 할 경우 기존의 강판작업과는 다르게 작업해야 한다. 이는 재질의 특성상 생기는 차이점이니 숙지하고 작업에 임하도록 한다. 이 장에서는 기존 작업과의 다른 것만을 서술하겠다.

1 탈지

도장 작업 전 전용 탈지제를 이용하여 탈지하며 완벽히 하여 작업 중 정전기 발생을 최소화시킨다.

2 연마

알루미늄 패널 연마의 경우 기존의 작업과는 준비 작업이나 작업 공구들도 다르기 때문에 반드시 지켜서 작업한다.

(1) 차체나 패널을 접지

연마하는 과정에 정전기가 발생하기 때문에 반드시 접지시키고 작업한다.

(2) 전기방식의 연마기보단 에어방식의 연마기 사용

전기방식의 연마기의 경우 내부에서 브러쉬와 로터의 마찰부분에 스파크가 항상 생기므로 알루미늄 연마가루로 인한 폭발 발생확률이 높아지기 때문에 에어방식의 샌더를 사용하며 집진기 또한 외부와의 차단성이 우수한 집진기를 사용한다.

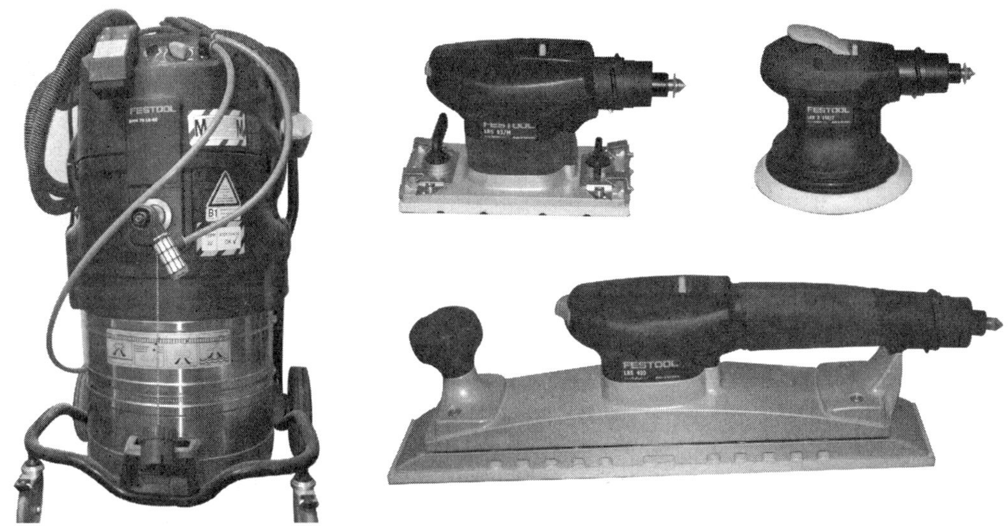

✚ 에어샌더용 집진기

(3) 강판에 사용한 연마지 사용불가

대부분 강판 작업 시에는 사용이 가능한 연마지를 재사용한다. 하지만 강판 작업에 사용했던 연마지를 알루미늄 패널 연마에 사용할 경우 철가루 성분이 결함을 발생시키기도 하기 때문에 가급적 알루미늄 전용 연마지를 사용하거나 신품의 연마지를 사용하도록 한다.

▊3 워시프라이머 적용

알루미늄 맨 소지에는 워시(에칭)프라이머를 도장한다. 워시프라이머는 비철금속 부착을 증진시킬 수 있도록 도장하는 하도도료이다. 비철금속인 알루미늄은 철과 비교하여 부착성이 떨어져 워시프라이머를 도장하지 않고 도장할 경우 도장면에 부착성이 떨어지게 된다. 하지만 워시프라이머는 단독으로는 충분한 물성을 발휘하지 못하며 필히 후속도장을 해야 한다.

자동차 도장공정[광택]

10

　자동차 보수도장의 마무리 단계인 광택작업은 자동차의 도장면의 상태가 오렌지 필(orange peel)이나 상도 도장 시 결함으로 먼지나 티, 흐름 같은 오염물을 제거하며 도장완료 후 페인트가 날린 도장면이나 잦은 자동세차와 외장관리의 소홀로 소멸 된 도료 고유의 광택이 나도록 하는 공정이다. 컬러 샌딩(color sanding), 콤파운딩(compounding), 폴리싱(polishing) 후 표면의 연마자국 등을 제거하기 위한 코팅 작업으로 이루어지고, 광택 작업을 시작하기 전 광택작업으로 제거가 가능한 요소인지를 판별하는 것이 중요하다.

　광택작업의 기본적인 7단계의 과정은 **세차**, 도장상태의 **확인**, **작업준비**, 도장면의 **결함제거**, **콤파운딩**(compounding), **폴리싱**(polishing), **검사**로 이루어진다.

　광택작업을 할 때 폴리셔(polisher)를 사용하는 경우에는 과도한 힘을 주어 도막면에 열이 발생하게 하여 작업을 마치고 나면 도막면이 원래의 온도로 내려가면 다시 연마자국이 보이게 된다. 폴리셔로 광택작업을 할 경우에는 과도한 힘을 주지 말아야 한다. 본 교재의 내용을 숙지하여 광택작업을 하여 결함 없는 광택작업을 할 수 있을 것이다.

01 광택(gloss)의 정의

　광택(gloss)이란 빛을 정반사하는 물체 표면의 능력으로서 페인트(paint) 표면의 오염물이나 이물질은 빛을 흡수·산란시켜 광택을 감소시킨다. 이러한 이유로 자동차의 도장면의 경우도 광택작업(polish)을 하게 된다. 자동차의 광택작업은 차량 외부의 표면을 기존의 색상과 깨끗한 면으로 복원시키는 기술을 말한다. 즉, 신차 출고시 오염물이나 스크래치(scratch)를 제거하여 자동차의 원래 상태로 복원시키는 작업을 말한다.

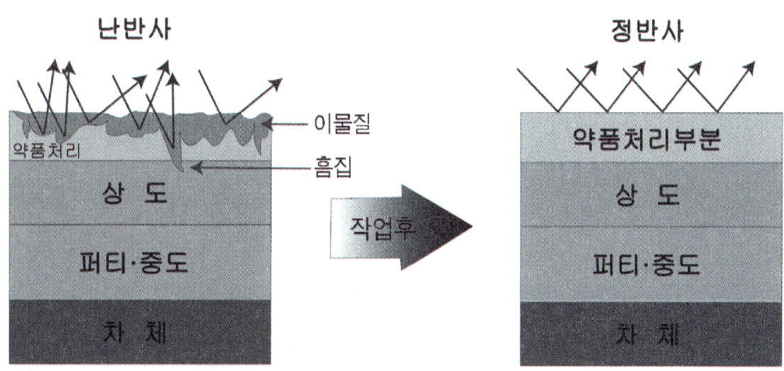

+ 광택 원리

광택의 수명을 결정짓는 요소로는 첫째, 오렌지필(orange peel)을 완벽하게 제거하여 유리와 같은 면을 확보하는데 있다. 이렇게 완벽하게 제거하기 위해서는 샌딩작업에 많은 정성과 표면을 판별할 수 있는 능력을 갖추고 있어야 한다.

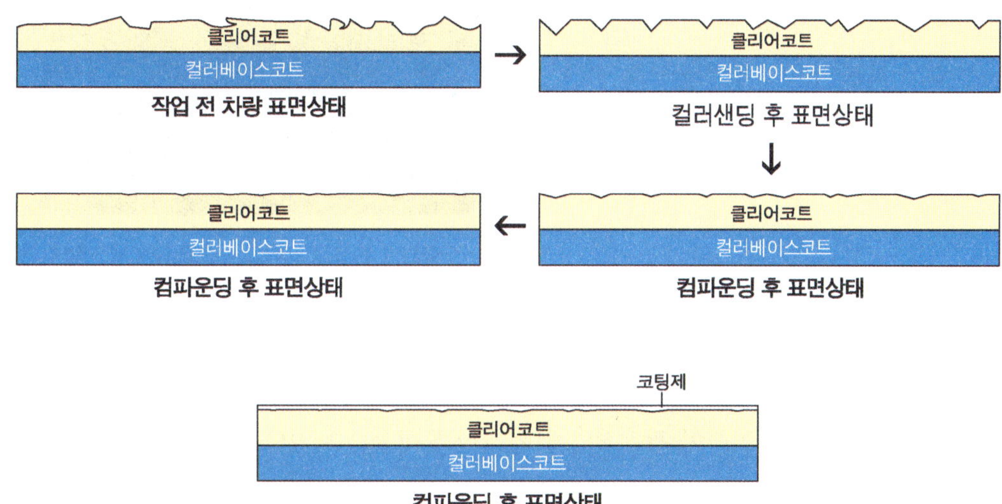

02 광택작업 공정

1 세차(car washing)

고압의 물을 사용하여 먼저 도장면에 묻어 있는 불순물 등을 제거하고 상처가 나지 않도록 전용 스펀지와 전용세제를 이용하여 세차를 실시하며 세차 후 남은 물은 얼룩발생을 방지하기 위하여 가능하면 그늘에서 세차를 하며 물은 완전히 건조시킨다. 물은 위에서 아래로 흐르기 때문에 세차 시에는 위에서부터 시작하여 아래로 하며 세차 후 물을 완전히 건조시키기 위해서는 압축공기를 이용하여 틈새에 남아있는 물을 제거한다.

작업차량 세척장면

2 도장상태의 확인

태양광선 아래에서나 형광등이 있는 밝은 곳에서 자동차를 측면(약 45°)에서 광택작업 할 부위의 표면 상태를 파악하며 손을 뻗어 손바닥을 차체 표면에 살짝 대고 당기면서 차체 표면의 낙진이나 기타 오염물을 확인한다. 그 외 도막두께 측정기를 사용하여 보수한 도장 면인지 아닌지를 판별한다.

표면을 손으로 느끼고 눈으로 보아서 작업의 방향을 결정한다.

3 작업준비

광택작업을 시작하기 전에 작업부위 주변의 몰딩이나 작업하지 않는 부분은 마스킹을 하고 제거하기 쉬운 부품은 제거하여 광택작업이 쉽게 이루어 질 수 있도록 한다. 그리고 컬러샌딩을 할 부분과 클레이샌딩(clay sanding)이 필요한 부분을 파악하여 작업이 원활히 이루어지도록 한다.

(1) 도장면 상태 파악

현재의 대부분의 차량은 페인트가 산화되는 것을 방지하기 위하여 컬러베이스코트(colorbase coat)를 도장하고 클리어코트(clear coat)를 도장하는 도장방식으로 도장하고 있다. 클리어코트의 경우 컬러베이스코트의 변색을 방지하기 위하여 UV 차단 성분이 포함되어 있지만 환경오염으로 인해 산성비(국내 PH4.4 정도로서 포도산 보다 약간 강한 산성 띔) 및 오염된 공기와 오염물질이 차체 표면에 부착하여 변색이 발생하게 된다.

페인트 층에 산성 또는 알칼리 성분이 스며들어 도장면에 부식을 시켜 도장면의 광택도를 떨어뜨리는 경우가 발생하게 된다. 이러한 이유와 스크래치(scratch) 및 환경적인 요소를 제거하기 위해 광택작업을 시행하게 된다.

(2) 마스킹(masking) 작업

차량의 몰딩류나 고무 재질부위는 차체 표면에 비해 돌출되어 있기 때문에 광택작업을 할 때에 패드에 의해 손상되기 쉽다. 샌딩자국이나 광택 패드에 의해 손상 된 부품의 경우 교환해야 하기 때문에 꼭 마스킹 작업을 한 후에 작업에 들어가도록 한다.

① 패널 일부분만 작업할 경우

작업부위 양 옆의 패널을 마스킹하여 손상이 가지 않도록 하며 해당 패널의 유리몰딩이나 보디 사이드 몰딩(body side molding)은 마스킹작업 후에 시행한다.

② 전체 면을 작업할 경우

자동차 전체도장 시 외부 마스킹 하는 것과 동일한 방법으로 외부 전체 유리 및 보디 사이드 몰딩, 워셔액 노즐, 엠블럼(emblem), 라디에이터 그릴, 전조등, 안개등 등을 완벽하게 마스킹한다.

마스킹 작업

☑ 제거 불가능한 스크래치
도장면을 손톱으로 긁어서 손톱에 걸리는 스크래치는 완전히 제거할 수 없고 샌딩 또는 광택작업을 통해 단낮추기식으로 넓게 만들어 인간의 착시현상으로 숨길 수 있을 뿐이다.

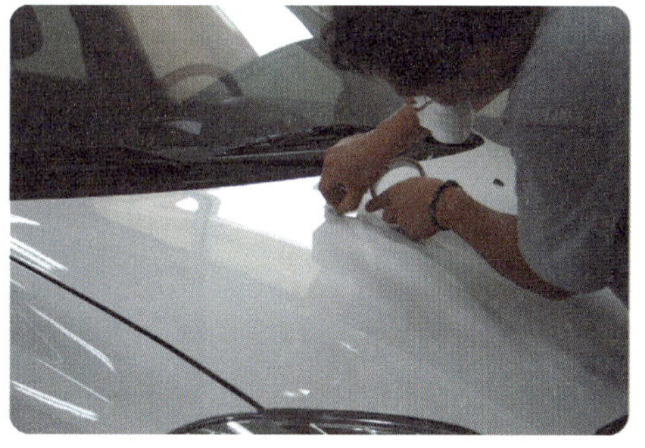

마스킹 작업

클레이 바(clay bar)

차량에 붙어있는 수액, 철분가루 등을 제거해주는 고무찰흙 같은 재질의 세차용품으로 차량 표면의 도장면에 붙어 있지만 눈에 잘 보이지 않는 오염물질을 제거하는데 사용한다. 특히 차량에 녹을 발생시킬 수 있는 아주 미세한 철분 등을 제거하는데 효과적이다. 세차 후에 사용한다.

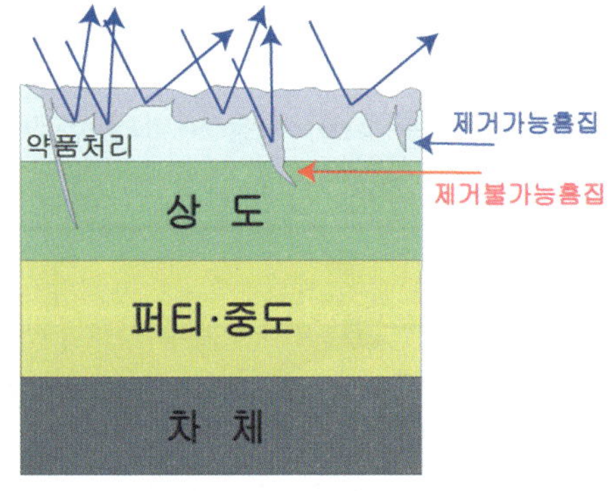

제거 불가능 홈집(스크래치)

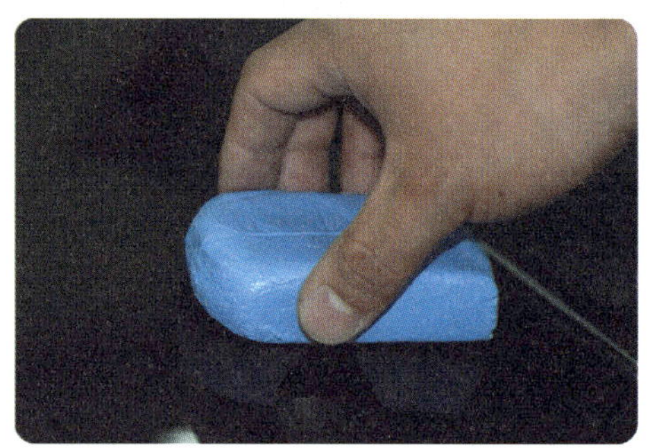

차량면의 이물질 제거를 위한 클레이 바

극소부위 연마용 스켈로퍼

4 작업 용품

연마지류

 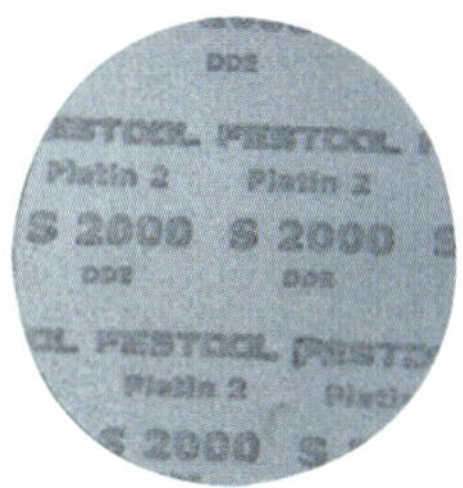 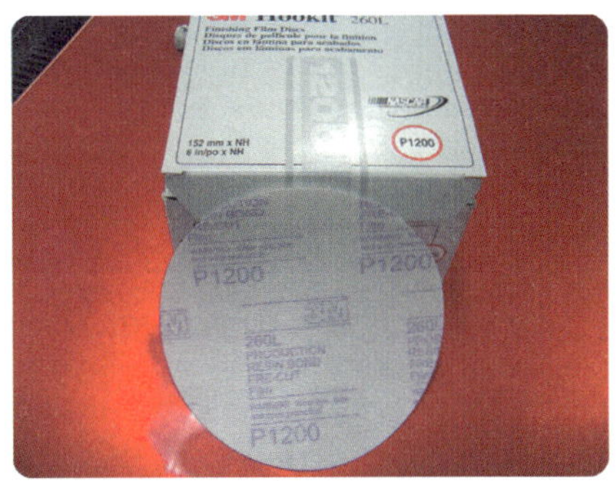

✚ 광택연마지(습식 샌더용)

✚ 광택용 내수연마지

버프류

✚ 양모패드   ✚ 스펀지패드(흰색)   ✚ 스펀지패드(검정)

광택용 핸드블록 및 내수연마지

광택용 걸레

초보자에게 편한 광택약재로서 유기용제가 조금
첨가되어 있다.

MPA 6,000
거친 콤파운드

MPA 8,000
고운 콤파운드

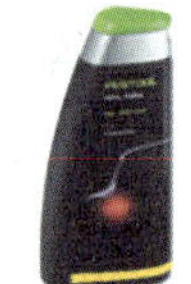

MPA 10,000
중고차용 광택

MPA 11,000
신차/FRESH
PAINT용 광택
세라믹용 광택

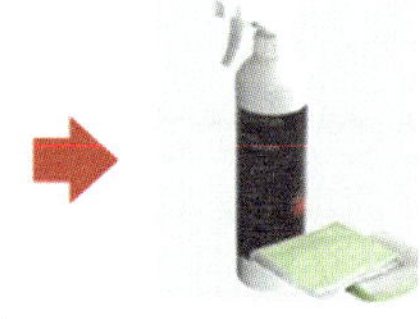

콤파운드

향후 환경규제에 따라 규제될 가능성이 있으나
광택작업이 가장 쉬운 제품
콤파운드에 유기용제 성분이 많으면 많을수록 초
보자가 작업하기 편하며 적은 시간으로 광택의
효과도 크게 볼 수 있다.

5 도장면의 결함제거

차량 표면의 나무수액이나 새의 분비물, 콜타르, 페인트, 시멘트 등을 파악 먼저 탈지제나 세제를 이용하여 제거를 한다. 이 후 제거되지 않은 오염물은 낙진제거제(클레이 바)를 사용한다.

(1) 노후된 차량 및 도장 후 오렌지필이 심한 차량의 광택작업

① 건식샌딩(dry sanding)

P1,200~P1,500연마지를 오버다이어가 적은 홀로그램 제거용 샌더 또는 광택용 샌더에 부착하여 전체면의 오염요소나 오렌지필(orange peel)을 제거한다. 전체면을 한꺼번에 샌딩을 하지 말 것이며, 일부분(약 가로 60cm, 세로 60cm)을 연마하고 연마가 완료되면 옆의 장소로 넘어간다.

② 습식샌딩(wet sanding)

#1,200~#1,500연마지를 스펀지타입의 핸드블록(아데방)에 부착하여 물을 뿌려가면서 전체면의 오염요소나 오렌지필을 제거한다.

오렌지필이 제거된 도장면은 연마스크래치(sanding scratch)로 광택이 나질 않고 우유 빛을 띠게 된다. 이후 콤파운딩 작업을 통해 고유의 광이 나기 시작한다. 전체 면을 한꺼번에 샌딩을 하지 말 것이며, 일부분(약 가로 60cm, 세로 60cm)을 연마하고 연마가 완료되면 옆의 장소로 넘어간다.

(2) 관리가 잘되고 도장 후 일부분에 티나 흐름이 발생한 차량의 광택작업

① 건식샌딩(dry sanding)

P2,000~P3,000연마지를 오버다이어가 적은 홀로그램제거용 샌더 또는 광택용 샌더에 부착하여 일부분의 결함요소나 스크래치를 제거한다.

건식연마작업

② 습식샌딩(wet sanding)

#1,500~#2,000연마지를 스펀지타입의 핸드블록(아데방)에 부착하여 물을 뿌려가면서 오렌지필을 제거하고, 경우에 따라서는 스캘로퍼를 이용하여 극소부위 샌딩을 한다. 오렌지필이 제거된 도장면은 연마스크래치로 인해 광택이 나질 않고 우유 빛을 띠게 된다. 이후 콤파운딩 작업을 통해 고유의 광이 나기 시작한다.

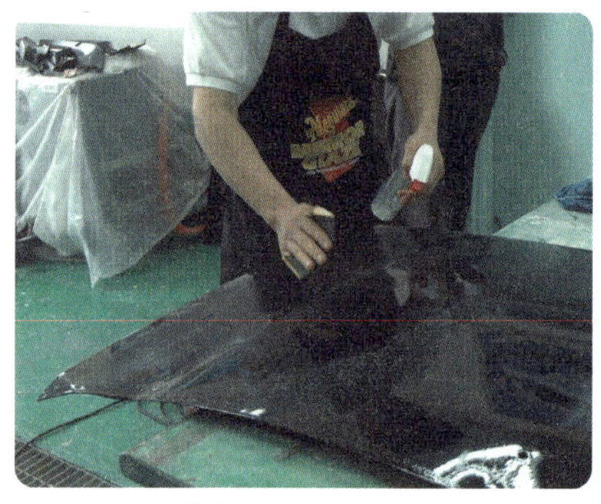

습식연마작업

샌딩작업 후의 우유 빛이 도는 도장면과 콤파운딩 후의 장면

습식연마시 핸드 블록으로 연마 시에는 굴곡이나 프레스라인이 없는 부분인 편평한 부분연마 시에 연마면에 핸드블록 전체가 골고루 도장면에 힘이 가도록 하여 연마를 하며 도장면의 먼지나 흐름 등을 제거할 때도 사용한다. 맨손으로 할 경우는 세밀하고 굴곡이 많은 곡면 부위나 핸드블록으로 연마하기 힘든 좁은 부분 연마 시 사용하고 손바닥 근육이 많은 새끼손가락 밑 부분으로 연마해야 한다. 손가락이나 손바닥의 뼈가 있는 부분으로 연마할 경우 특정부위에 너무 많은 힘이 가해져 평면유지가 힘들기 때문에 손연마 시에는 특히 주의해야 한다.

■6 콤파운딩(compounding) 작업

오렌지필을 제거하기 위하여 연마한 도장면을 콤파운드를 이용하여 연마자국을 제거하여 광택이 나도록 하는 작업이다.

콤파운딩 작업

(1) 순차적인 광택약재 사용 시

① 1,000번 콤파운드(compound) 작업

도장면의 상태가 노후하여 전체 샌딩 작업이 이루어진 도장면에 적용한다. 버프 중 연삭력이 가장 좋은 양모버프를 폴리셔(polisher)에 부착하여 가로 세로 약 60cm 정도의 면에 약재(약 4~6g 정도 ; 500원 동전 크기)를 묻혀 광택작업을 시행한다. 전 공정의 연마자국이 없어질 때까지 확인하면서 작업한다.

② 2,000번 콤파운드(compound) 작업

1,000번 콤파운드 작업이 끝난 후 1,000번 콤파운드 연마자국을 제거하기 위하여 행하는 공정으로 바로 3,000번의 광택제를 사용하여 제거하면 시간이 너무 오래 소요되며 연마자국도 작업 후에 나타날 수 있으므로 2,000번 콤파운드를 이용하여 제거한다. 이 때 폴리셔(polisher)에 흰색 스펀지버프를 부착하여 1,000번 작업과 동일한 방법으로 1,000번 연마자국을 제거한다. 전 공정의 연마자국이 없어질 때까지 확인하면서 작업한다.

③ 3,000번 콤파운드(compound) 작업

2,000번 콤파운드 작업이 끝난 후 2,000번 콤파운드 연마자국을 제거하기 위하여 행하는 공정으로 이 작업이 진행되면서 비로소 차량 본연의 광택이 나오기 시작한다. 작업약재를 폴리셔의 도장면(가로, 세로 약 60cm)에 묻혀 무리한 힘을 가하지 않은 상태에서 폴리셔에 흰색 스펀지 버프를 부착하여 구동시켜 작업을 진행한다.

④ 주의사항

항상 공정이 끝난 후 전 공정의 약재는 광택용 타월을 이용하여 제거하고 샌딩에 의한 연마자국이 없어질 때가지 확인하면서 광택작업을 진행해야 한다. 한 곳을 너무 집중적으로 콤파운딩 작업을 진행하면 마찰열에 의해 콤파운드가 굳어 고체가 되어 연마성을 상실하기 때문에 주의가 필요하다.

(2) 공정단축 콤파운드 광택약재 사용 시

현재 생산 판매되는 광택약재의 대부분은 유기용제 함량을 줄이고 1,000~3,000까지의 광택약재를 한 번에 끝내기 위한 제품들이 출시되어 시판되고 있다.

이러한 콤파운드 약재는 한가지의 약재만으로 처음에는 거칠게 연마되다가 작업이 진행이 되면서 약재의 알갱이가 부셔지면서 점차 고운 콤파운딩 작업이 되도록 만들어지고 폴리싱 작업 중 스월 마크(swirl mark) 발생이 적고 광택 분진이 적게 비산된다.

고형분 높고 내스크레치 특성이 제품의 콤파운딩에 뛰어난 제품들이 있다.

① 콤파운딩(compounding) 작업

폴리셔에 흰색 스펀지 버프를 부착하여 약재를 도장면(가로, 세로 약 60cm)에 묻혀 무리한 힘을 가하지 않은 상태에서 폴리셔를 구동시켜 작업을 진행한다. 전(前) 공정의 연마자국이 없어질 때까지 확인하면서 작업한다.

② 주의사항

항상 공정이 끝난 후 앞 공정의 약재는 광택용 타월을 이용하여 제거하며 컬러 샌딩에 의한 연마자국이 없어질 때가지 확인하면서 광택작업을 진행한다. 한 곳을 너무 집중적으로 콤파운딩 작업을 진행하면 마찰열에 의해 콤파운드가 굳어 고체가 되어 연마성을 상실하기 때문에 주의를 요한다.

■7 폴리싱(polishing)작업

콤파운딩 작업의 스월마크를 제거하는 공정으로 글레이즈(glaze)를 사용한다. 순차적인 약재 사용에서는 스월마크를 제거하기 위하여 색상에 따라 짙은 색상에 사용되는 다크글레이즈(dark glaze)나 밝은 색상에 사용하는 화이트글레이즈(white glaze)를 사용하게 된다.

전 공정의 연마자국이 없어질 때까지 확인하면서 작업하며 공정단축 콤파운딩에서는 머신글레이즈를 사용하여 제거한다. 이러한 약재들을 도장면(가로, 세로 약 60cm)에 묻혀 무리한 힘을 가하지 않은 상태에서 폴리셔에 검정색 스펀지 버프를 부착하여 구동시켜 작업을 진행한다.

작업 후 약재 가루는 광택용 타월을 이용하여 완벽하게 제거한다. 하지만 지금까지의 작업 후 제거되지 않은 스크래치가 있다면 다시 처음으로 되돌아가서 다시 작업해야 하므로 작업이 이루어지는 공정에 앞 공정의 연마자국이 완벽하게 제거한 후 다음 공정으로 넘어가도록 한다.

이 작업이 끝난 후 코팅제나 왁스를 도포하여 눈에 보이지 않는 스크래치와 도장면에 코팅막을 형성시켜 오염물 등이 묻지 않게 하여 광택을 오랫동안 지속시킬 수 있다.

 보수 도장 후 및 신차라인 도장 후 약 90일 정도가 지나지 않은 경우에는 왁스성분이 포함된 광택약재의 사용을 하지 않도록 한다. 이 기간 중에 왁스성분이 포함된 약재를 사용하여 작업을 했을 경우 페인트 건조과정에서 완전히 휘발되지 않은 용제가 대기 중으로 휘발되지 않고 코팅막 내부에 쌓이게 되어 도장면이 얼룩이 지게 된다.

03 광택 작업 시 주의 사항

① 광택 작업 시 직사광선을 피하고, 도장면이 뜨거울 경우에는 도장면을 식힌 후 작업을 진행한다.

② 샌딩(sanding), 콤파운딩(compounding), 폴리싱(polishing) 작업 중에는 반드시 마스크를 착용해야 한다.

③ 작업 전 도장면에 묻어 있는 이물질은 세차, 클레이바 또는 탈지제로 제거 가능한 오물은 제거하며 광택약재로 제거하지 않도록 한다(이러한 오염물을 광택약재나 샌딩으로 제거할 경우 깨끗한 부분에 비해 연마가 되지 않기 때문에 요철이 발생할 수 있으므로 주의한다.).

④ 광택용 약재들은 항상 상온에서 보관한다.

⑤ 사용한 패드는 미지근한 물에 깨끗이 세척하여 다음 작업에 사용할 수 있도록 깨끗이 세척해 둔다(세제를 사용하지 않는다).

⑥ 작업 전 광택약재는 충분히 흔들어 사용한다.

⑦ 광택작업을 하지 않는 부분은 마스킹하여 손상을 방지하기 위해 필히 마스킹을 한다.

⑧ 일부분만 작업하고 작업부위는 가로, 세로 약 60cm 정도로 한다.

FESTOOL 광택시공 방법 참고

• 새차광택

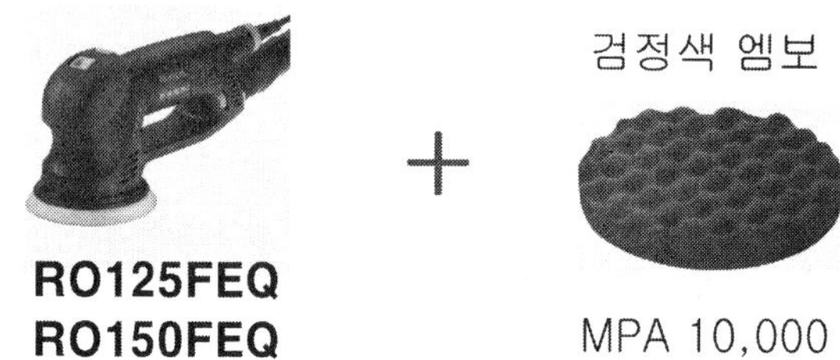

• 중고차 광택

• 오렌지필 제거

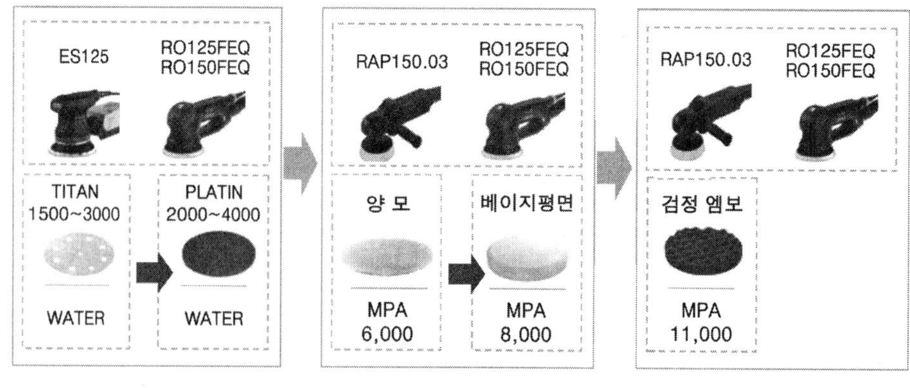

● 보수도장 후 소량 결함제거

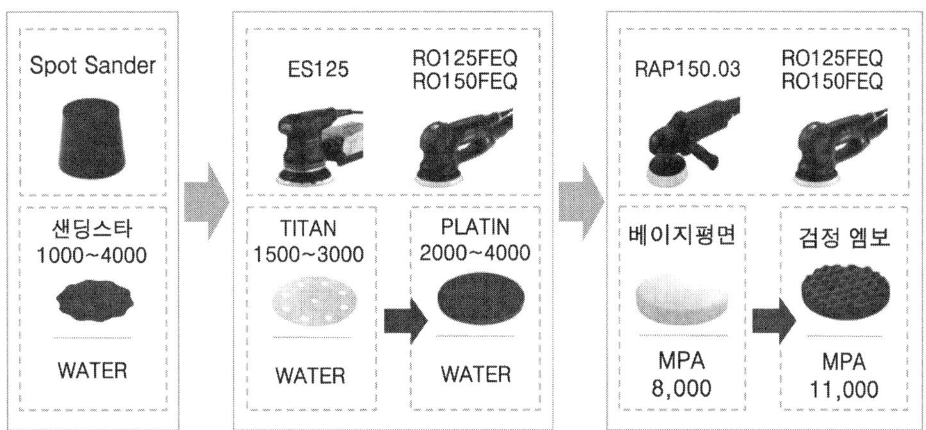

● 보수도장 후 대량 결함제거

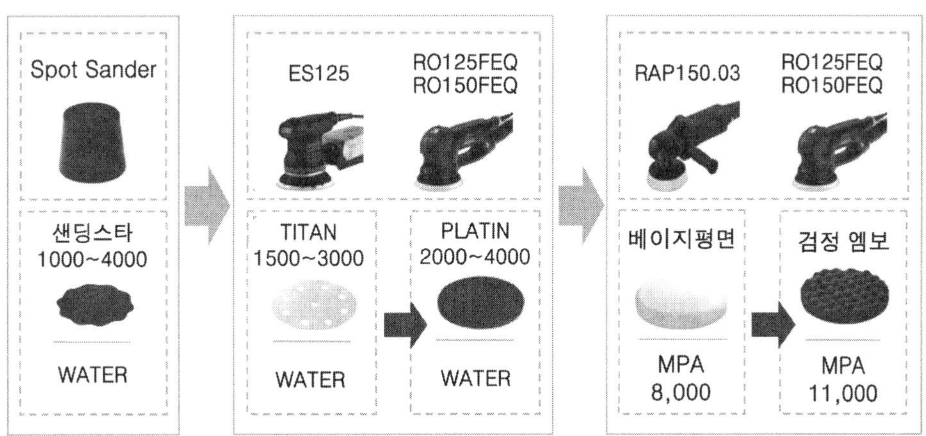

● 홀로그램이나 스월마크 제거

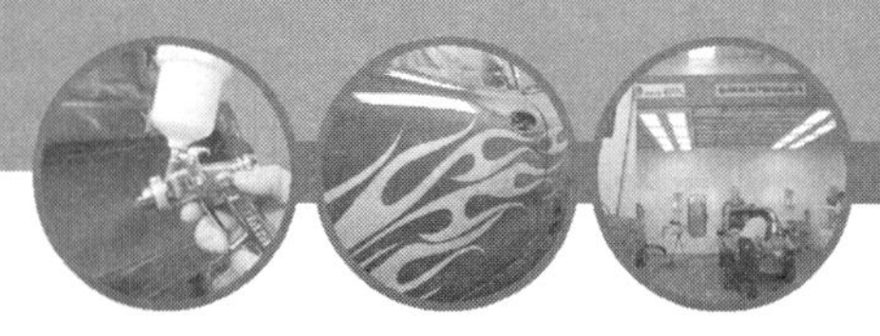

자동차 도장공정[UV 도료]

11

UV(Ultra Violet)란 자외선을 의미하며 자외선 경화 도료는 자외선 조사장치 등에서 발생되는 자외선의 화학적 작용에 의하여 단시간에 건조되는 도료이다. UV코팅은 광개시제(photo initiator)를 이용해 기질 위에서 코팅을 직접 중합하여 건조된다. 광개시제는 자외선에 의해 여기 되어 광중합을 개시하거나 또는 다른 증감제의 도움으로 광중합을 일으키는 작용을 한다.

자동차 보수용으로 사용되고 있는 퍼티의 경우 도료 메이커에 따라 다소 상이하지만 건조시간이 1초가 되질 않는 것도 있다. 하지만 중도용으로 사용되는 도료는 유색안료가 첨가되어 있어 10~30초 정도의 시간이 소요된다. 살오름성은 여러 번에 나누어서 도포해야 하지만 기존의 2액형 도료와 비교하여 건조시간은 월등히 우수하다. 퍼티의 적정도막두께는 700㎛, 중도의 경우에는 100㎛이다.

01 UV 도료

1 UV 경화도료의 조성

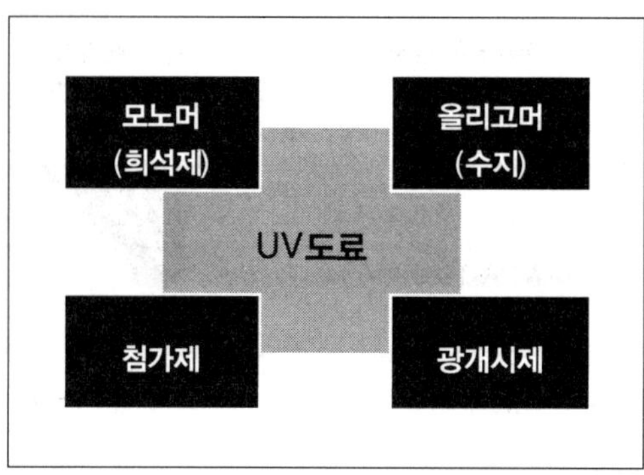

(1) **올리고머**(oligomer)

올리고머는 중합성 2중 결합을 가지며, 도료의 물성을 지배하는 요소로 경화성, 밀착성이 양호하고 적합한 점도를 갖추어야 한다.

(2) **모노머**(monomer)

올리고머 단독으로 도료의 점도가 높기 때문에 반응식 희석제인 모노머로 도료의 점도를 조절하여 도장작업을 원활하게 하고 도막의 일부를 구성하게 된다.

(3) **광개시제**(photoinitiator)

파장 250~450㎚의 자외선을 흡수하여 라디칼(radical)을 형성하고 프리폴리머(prepolymer)와 모노머(monomer)의 반응기와 작용하여 경화 피막을 형성한다. 카르보닐화합물, 유황화합물, 아조화합물, 유기과산화물 등이 있지만, 주로 카르보닐 화합물이 사용되고 있다. 도료 중에 내후성 및 접착력에 영향을 준다.

중합개시 기구에 의해 분류하면 radical 반응형과 ion 반응형이 있으며, radical 반응형은 다시 개열형과 수소치환형으로 나뉜다. 특징으로는 자외선을 흡수해서 중합반응을 개시 시키는 역할을 하며 수지 내에서 저장안정성, 분산력이 우수해야 하며, 특성은 다음과 같다.

- 개시효율이 좋아야 한다.
- 암소저장성이 좋아야 한다.
- 광중합성 oligomer, monomer와 용해성이 좋아야 한다.
- 독성이 적고 휘발성이 적어야 한다.
- 황변성이 없어야 한다.
- 장치나 장비 등의 금속을 부식시키지 않아야 한다.
- 가격이 저렴해야 한다.
- 개시제의 흡수 피크(peak)와 UV-lamp의 파장이 일치되어야 한다.

+ 광개시제의 종류

분　　류	화학명	특　　　　징
Benzoin ether계	Benzionalkylether	우레탄계 주로 사용하며 Benzophenone류와 혼합 사용 시 경화속도에 상승효과가 있지만 저장안정성 문제가 있다.
Benzophenone계	Benzophenone	경화속도 양호, 내후황변성 양호, 저렴한 가격, 표면경화성 우수, 저융점 고체로 수지내 용해가 용이하다.

분 류	화학명	특 징
Acetophenone계 [$C_6H_5COCH_3$]	Benzyl dimethyl ketal	빠른경화속도, 저장안정성 우수, 안료계에도 경화가능, 경화 도막에 냄새가 잔존한다.
	Hydroxycyclohexyl phenyletone	빠른경화속도와 내후성양호 하지만 밀착성이 약간 떨어짐
	1,1−Dichloro acetophenone	저장안정성 양호하지만 약간의 황변이 있고 수지 내 용해력 이 떨어진다.
Thioxznthone계	2−Chloro thioxanthone	백색 및 착색 에나멜(enamel)에 적합하지만 분산성 불량하 다.

2 도료의 반응과정

자외선 경화는 고분자가 되기 전의 저분자 물질이 자외선(UV)이라는 빛 에너지를 받음으로 서 광화학 반응을 일으켜 광중합 및 광 가교 반응으로 최초의 물질과는 전혀 다른 화학 성분인 고분자 물질로 되는 화학적인 변화이다. 일반적으로 광중합은 UV에너지를 받은 광개시제 (photoinitiator) 또는 활성 중간체(active intermediate)의 생성에 도움 인자인 광증감제(photo-dsensitizer)에 의해 이중결합을 가지고 있는 프리폴리머(prepolymer 이하 oligomer) 또는 반응 성 희석제(monomer)등의 단량체와 가교결합(crosslinked)되어 연쇄성장반응(propagation)을 거쳐 고분자 물질로 되거나 3차원 구조로 가교 결합된다.

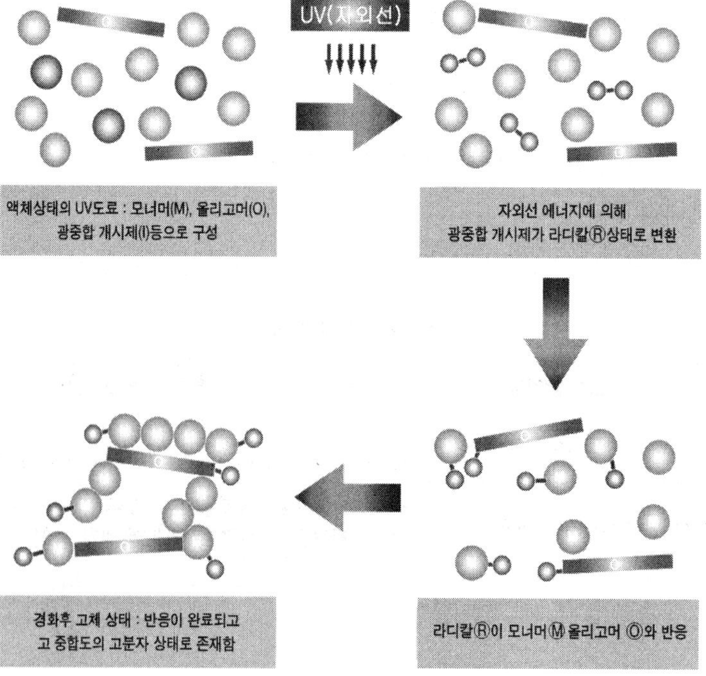

> **☑ 경화 속도에 영향을 미치는 요인**
> ① 도료의 성분 : 고분자 화합물의 화학적 성질, 감광제의 종류, 안료 및 체질안료의 양과 불투명도 등에 따라 경화속도가 달라진다.
> ② 도막 두께 : 도막 두께가 증가할수록 건조시간은 증가한다.
> ③ 흡수되는 자외선 에너지의 양 : 단위 면적당 흡수되는 자외선 에너지의 양에 따라 달라지기 때문에 일정한 자외선 강도가 유지될 수 있도록 조사장치가 필수이다.
> ④ 방사되는 에너지의 양 : 파장의 형태에 따라 억제되거나 촉진된다. 화학 분응에 필요한 파장범위 (230~450nm)가 필요하다.

3 UV 도료의 장단점

현재 시판중인 조광페인트의 도료의 경우 온도에 상관없이 10초정도면 경화가능하여 건조시간을 단축시키며 이에 따라 기계가동 전기료 절감을 들 수 있고 건조 된 도막 연마 후 퍼티의 기공이 적으며 중도의 경우에는 고형분이 매우 높아서 기존의 도료량의 30% 정도만 사용하여도 충분한 도막을 형성하며 남은 도료는 다시 캔에 넣어서 재사용 및 재작업이 가능하며 모든 소재에 사용이 가능한 특징이 있지만 기존의 폴리퍼티처럼 한 번에 두껍게 도포할 경우 건조가 늦어지고 UV조사기라는 특수한 기계를 도료에 조사하여 건조시켜야 하는 단점이 있다.

(1) 장점

① 저온에서 경화가 가능하다.
② 경화속도가 빠르고 생산성이 높다.
③ 도료의 성능 및 경화특성이 우수하다.
④ 표면광택 및 경도가 좋다.
⑤ 에너지가 절감된다.
⑥ 대기오염에 대한 우려가 없다
⑦ 100% 고형분 도료이다.

(2) 단점

① 평면이 아닌 각진 부분이나 요철부분의 경화가 어렵다.
② 유색인 경우 경화속도가 늦다(안료, 염료 등이 경화를 방해한다).
③ 두께 차이에 따른 경화속도 차이가 많이 난다.
④ 제품가격이 비교적 높다.

⑤ 도료의 피부 자극성이 있다.

+ 기존도료와의 비교

	용제증발형도료	반응건조형도료	UV도료
조성	1액형	2액형	1액형
건조성	빠름	느림	아주 빠름
샌딩성	불량	보통	우수
살오름성	불량	보통	우수
부착성	불량	보통	우수
내화학성	불량	보통	우수

4 UV 도료 취급 시 주의사항

(1) 보관 시 주의사항

① 직사광선을 피할 것   ② 냉암소에 보관할 것
③ 산화제, 알칼리, 광증감제 등과는 격리하여 보관할 것

(2) 취급 시 주의사항

① 충격을 주지 말 것
② 개봉 시 드럼의 온도 및 내압을 고려하여 작업
③ 직사광선 및 간접 빛의 차단

(3) 사용 시 주의사항

① 피부나 눈에 접촉금지   ② 가스의 흡입 금지
③ 열을 가해 점도 조정 시 온도를 이용한 간접열 사용
④ 경화설비의 배기를 완벽히 실시

5 UV 도료 및 장비

(1) 도료

현재 시판되고 있는 도료로는 조광페인트 제품이 있다.

(2) 건조기

● 작동 후

● 작동 전

UV 조사장치는 UV 도료 중의 광개시제를 분해하여 도료를 경화시키는 UV를 발생시키는 램프, 반사경, 냉각장치, 배기장치 및 컨베이어로 구성되어 있다. 도장목적에 따라 램프는 수은램프(mercury vapor lamp)와 메탈 램프(metal halide lamp)를 병행하여 사용한다.

램프의 온도는 약 700℃ 정도까지 상승하므로 공랭식 냉각장치를 사용하며, 빛을 모아주는 반사경이 있다.

UV광은 눈으로 보면 실명할 수 있다

12

자동차 도장공정[유리막코팅]

01 유리막 코팅이란

기존의 자동차 코팅은 발수코팅을 많이 하였다. 하지만 발수코팅의 경우 정전기가 발생하기 때문에 먼지나 티끌이 쉽게 부착하게 되어 물이 건조된 후 물방울 흔적이 남아 있게 된다. 이러한 이유에서 현재 친수코팅이 나오게 되었다. 친수코팅은 물을 확산시켜 기름성분과 물을 분리하여 배척하기 때문에 코팅 후 오염물질이 쉽게 부착되지 않는다.

폴리실라잔 코팅은 자동차 표면에 고경도의 순수한 유리막을 형성하는 코팅으로 일명 유리막 코팅이라고 한다.

폴리실라잔 실리카[polysilazane(PHPS) silica] 코팅은 공기 중의 수분이나 산소와 반응하여 석영유리의 도막을 형성하는 코팅이다. 현재에 들어서 친수성 도막의 유용성이 중요시 되고 있기 때문에 기존의 초발수성 코팅의 차세대 제품이다.

상온에서 고순도 실리카 유리로 변화하는 획기적인 신소재로서 분무하는 것만으로 0.25 ㎛의 얇은 유리막을 형성한다. 표면 경도는 석영유리와 같은 9H(다이아몬드의 경도 10H) 정도이며 흠집이나 오염물로부터 도장면을 보호한다.

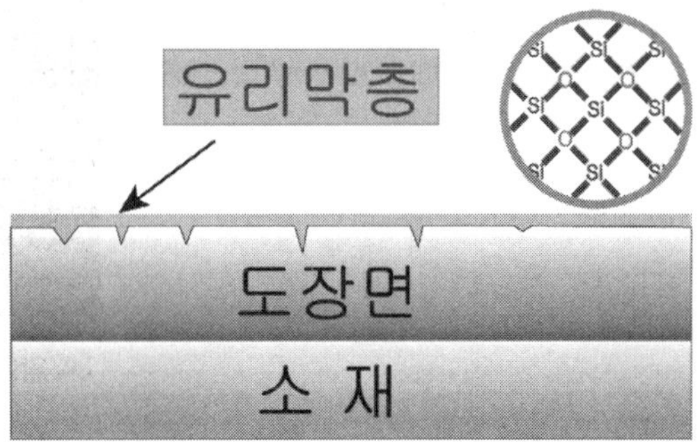

02 유리막 코팅의 특징

일반 대기 온도 하에서 정제된 실리카로 전환 : 2주 후 대략 2.0정도로 필름의 밀도가 증가한다.

① **친수성**(hydrophilic) : 물에 대한 접촉각이 대략 10정도이다.

② **비경화제에만 용해** : 취급이 간단(에어졸 스프레이 형태로 만들 수 있다.)

③ **무색 및 투명** : 기존의 페인트와 쉽게 조화된다.

④ **친 환경제품** : 코팅제는 자연계의 석영을 기본으로 하므로 폐기하여도 환경에 무해하며 세정폐수를 대폭적으로 절감시키기 때문에 환경 친화적인 제품이다.

⑤ **다양한 용도** : 수지타입과는 달리 무기질의 유리막이 형성하므로 도막이나 고무, 수지, 알루미늄, 석재 등 다양한 소재와 뛰어난 밀착성을 가지며 1,300℃의 고열에 대한 내열성이 있으므로 열에도 강하다.

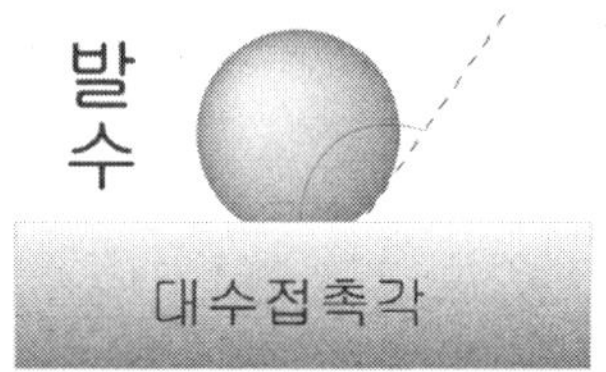

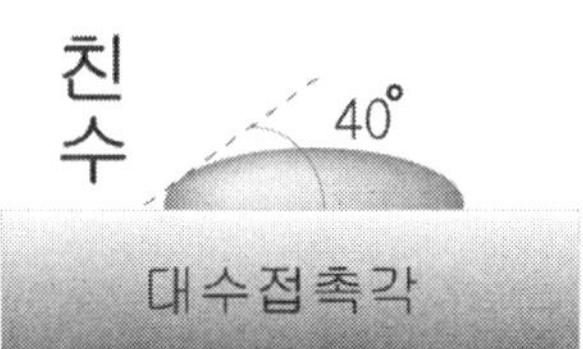

+ 발수와 친수

03 자동차 도장면에 대한 오염방지 코팅

자동차 정비업소, 정비센터 및 자동차 판매상과 같은 보수 및 부품시장에서 코팅 서비스가 가능하며 비나 눈이 코팅제의 친수성으로 인하여 오염물질을 세척한다. 따라서 이러한 이유로 코팅 후 차량에 왁스를 할 필요가 없어진다.

04 유리막 코팅의 작업방법

작업을 하기 전에 작업할 차량의 광택, 코팅의 경력이 있는지를 자동차 오너에게 3개월

이내 코팅 작업을 한 적이 있는지? 시기와 코팅의 종류, 최근에 보수한 패널이 있는지를 확인해야 한다.

(1) 차량을 세차한다

차량에 붙어 있는 진흙이나 이물질 등을 제거해야 한다.

(2) 철분 또는 타르를 제거한다

클레이 바나 탈지제를 이용하여 철분이나 차량 하부에 묻어 있는 타르를 제거한다.

(3) 폴리싱을 한다

① 유리막 콤파운드 1

코팅 표면의 연마 및 박리에 적합한 거친 연마지이다.

② 유리막 콤파운드 2

분첩 자국을 남기지 않고 산화 및 열화 된 도막의 제거나 작은 상처가 많은 도장면이나 가벼운 물자국(water spot) 제거 등에 사용한다.

③ 쿼츠 콤파운드 3

도장표면을 거울처럼 마무리하는 효과가 있다.

(4) 유리막 시공

① 유리막 전용 클리너로 세정 및 탈지 공정

20배 정도로 희석한 유리막 전용 클리너를 펌프스프레이에 주입한다. 이때 유리막 전용 클리너를 차량에 직접 도포하지 말며 스펀지나 타월에 분사하여 세정과 헹굼을 한다. 세정을 한 후 헹굼을 하지 않을 경우나 차량에 직접 클리너를 도포하여 흘러내린 자국 등이 발생하면 제거하기가 어려우므로 헹구면서 아직 발수되는 부분이 있는가를 점검해 주고, 유분 등이 제거되면 그 시점에서 친수상태가 되어 있을 것이다.

하지만 작업 후 발수상태에서 변화가 없는 경우에는 세제를 바른 후 수분 경과 후 헹궈내고 전용 클리너를 5배 희석하여 세정한다. 그리고 최근 3개월 이전에 코팅이나 광택을 했던 차량의 경우 작업을 피하며 불소클리어가 도장된 차량의 경우도 작업을 하지 않는다.

② 물 세척 공정

클리너 성분을 완전히 제거하는 공정으로 간과하기 쉬운 공정이지만 매우 중요한 공정이다. 이 공정 이후 차량 표면에 절대 손자국을 남기지 않도록 하며 세제성분이 남아 있을 경우 유리막 코팅 후 화학반응을 일으켜 하얗게 경화되어 버리므로 주의한다.

③ 건조공정

타월이나 에어블로우건 등을 사용하여 수분을 완전히 건조시킨다. QGC(Quartz Glass Coating)는 물에 닿으면 수 초 만에 경화되고 이러한 반응이 일어나면 물자국(water spot) 처럼 보이므로 완전 건조시킨다.

④ 마스킹 공정

창문유리, PP소재의 부품, 와이퍼 고무는 필히 마스킹한다. 유리창에 유리막 코팅이 될 경우 작업 중 침투하는 불순물로 인하여 운전자의 시계가 나빠지고 PP소재의 부품은 발포 성형이 되어 있으므로 연식이 오래된 차량의 경우에도 가스가 새어나와 부분적 박리 가 진행된다. 마지막으로 와이퍼 고무는 유리의 상처를 입힐 가능성이 있으므로 꼭 마스킹 하여 유리에 상처가 생기지 않도록 한다.

⑤ 점검 공정

건조 공정이나 마스킹 공정 시 부착된 얼룩이나 오염물을 한손에는 물을 꽉 짠 깨끗한 천과 한손에는 깨끗한 마른 천을 들고 마스킹시의 손자국 및 테이프 자국 등을 제거한다.

⑥ 유리막 도장

1액형 타입으로 직접 컵에 코팅제를 붓고 뚜껑은 신속하게 닫는다(공기 중의 수산기와 반응하여 혼탁하게 되어 사용을 하지 못하게 됨). 도장 시에는 마스크를 착용하여 안전에 주의한다.

＋ 차종별 사용 기준

경차	소형차	중형차	대형차	웨건
400cc	450cc	500cc	600cc	700cc

정착 공정

- 도장~닦아내기~대기(접촉건조에서 약 10분)
- air 압력 : 1.5kg/cm²
- 토출량 : 전폐에서 2회전 연다.
- 패턴 : 전개에서 2회전 닫는다.

- GUN 거리 : 20cm

코팅제는 웨트 도장(wet coat)하고 용매가 휘발하여 접촉 건조할 때까지 사이에 깨끗한 마른 천으로 분무한 부분을 건조될 때까지 닦아준다. 닦아내기 전에 건조되어 버리면 이 공정의 의미가 없으므로 시공 범위는 가로 60cm, 세로 60cm를 기준으로 하여 정착 공정을 한다. 이 공정은 분무를 하기 전에 미리 도막에 코팅제를 정착 시키는 것으로 특히 짙은 색상의 차량과 범퍼, 도금부분에 권장하며 도장한 것이 남지 않도록 확실하게 작업한다.

스프레이 공정

- 도장~대기(접촉 건조에서 약 10분) × 3
- air 압력 : 1.5kg/cm²
- 토출량 : 전폐에서 1회전 연다.
- 패턴 : 전개에서 1회전 닫는다.
- GUN 거리 : 30cm

신차의 경우 도장 횟수는 수평면 3회, 수직면 2회를 한다. 도장 후 자동차의 도막 상태를 확인하고 도장 횟수를 늘릴 것인지를 결정한다. 각 도장 공정 후의 접촉 건조 후에는 깨끗한 마른 천으로 가볍게 닦아 준다. 도장 시 생긴 미스트(mist)의 요철을 닦아주는 것으로 코팅 막의 표면을 보다 평활하게 마무리 할 수 있다.

특히, 시공 시 차체의 표면 온도가 40℃를 넘으면, 유리막제가 레벨링하기 전에 휘발하여 하얀 안개가 묻은 것처럼 되기 때문에 표면 온도가 높을 경우 시공하지 않는다. 그리고 유리막 제가 병이나 컵 속에서 경화하면 혼탁해지며 습도가 높은 장마철이나 여름에는 주의한다. 혼탁해진 약재는 폐기하고 코팅건은 신속하게 전용클리너로 세척하며 압축공기에서 수분이 침투하지 않도록 설비를 하며 남은 코팅제는 주제 병에 넣지 않는다.

친수 촉진제

마무리용 천을 사용하여 차체를 닦아낸 후 물로 닦아낸다. 작업 완료 후 약 20분 정도가 경과하면 친수촉진제로 닦아준다.

마무리용 천에 친수촉진제를 적셔서 물방울이 떨어지지 않을 정도로 가볍게 짠다. 친수촉진제를 전체에 바른 후, 천은 바꾸어 물을 적셔서 강하게 짜낸 후 친수촉진제의 잔유 분을 닦아낸다.

한번 화학반응을 일으켜 친수가 되면 그 후에는 발수가 되지 않는다. 이 작업은 친수화 시키기 위함이 아니며 시공 후 고객에게 납품한 후에 약 1개월간 유리막 도막이 경화할 때까지의 상태를 보호해 주는 것이다.

＋ 유리막 코팅 주제

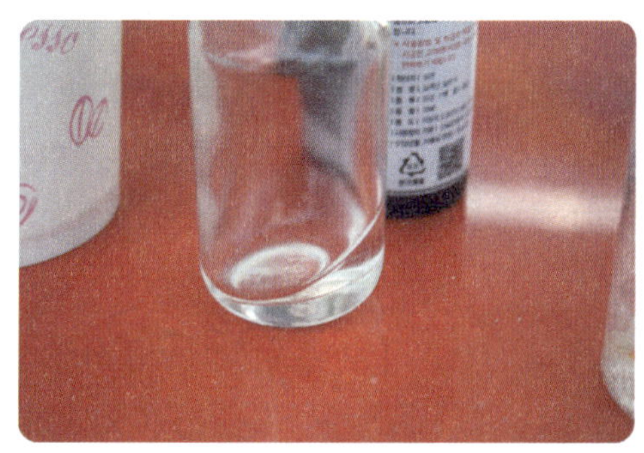

＋ 건조 진행 중

＋ 건조 후의 모습

자동차 도장공정[덴트]

01 덴트의 정의

덴트(dent) 복원은 막연하게 찌그러진 곳을 복원한다는 것이지만 자세한 실체를 접하기 쉽지 않았을 것이다. 그것은 덴트 복원 장비자체보다 그 장비를 활용한 기술에 비중이 크기 때문이다. 또한 덴트 기술을 소수가 독점하여 공개를 꺼리는 것에도 그 이유가 있다.

덴트 복원 기술은 누구나 배워서 할 수 있는 쉬운 기술이다. 즉, 자동차 외부 도장면이 충격을 받아 페인트의 손상이 없이 찌그러졌을 경우 패널 내부에서 적절한 공구를 사용하여 외부로 밀어내는 작업이다. 그러나 찌그러진 부위만을 도막 손상 없이 정확하게 밀어내기 위해서는 덴트 복원용 전용 공구와 이것을 활용할 수 있는 기술력이 뒷받침되어야 하며 반복적인 연습을 통해 감각을 익히는 것이 더욱 더 중요하다.

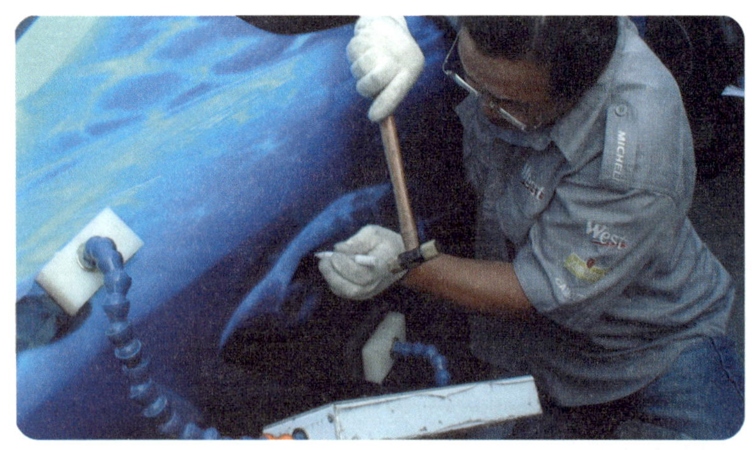

02 덴트 복원기술의 이해

경미한 찌그러짐은 모든 자동차에 다양한 형태로 발생하며 덴트로 해결할 수 있는 찌그러짐은 도장을 해야 할 상태가 아닌 도장면에 상처를 주지 않고 부품이나 패널이 찌그러짐만을 복원하는 것이다. 덴트 복원 시스템을 원활하게 활용하기 위해서는 다음의 사항을 숙지하고 실천해야 한다.

(1) 집중력

덴트 복원 작업은 매우 큰 집중력을 필요로 한다. 연습 시나 실제 작업을 할 경우 덴트 부위에서 시선을 집중시켜야 하며 장비를 잡은 손에는 모든 감각이 집중되고 이 집중력은 덴트 복원 기술의 대부분을 차지하게 된다.

(2) 손과 눈의 조화

작업 시에는 편안한 자세로 하여 손과 눈의 조화가 이루어진다. 손과 눈의 조화가 이루어지고 일치되어야 실수를 하지 않게 된다. 실수로 인하여 너무 심하게 꺾을 경우 도장면이 손상이 되어 도장을 해야 하는 경우가 발생하게 된다. 그러므로 작업부위에 시선을 집중하고 시선 부위에 장비 끝이 위치하여야 하며 손과 눈의 조화가 이루어질 때 최상의 결과물을 얻어낼 수 있다.

(3) 반복연습

감각을 키우기 위해서는 많은 시간의 연습이 필요하다. 작업 방법을 충분히 이해하고 작업 방법대로 올바르게 연습을 해야 한다.

최고의 덴트 기술자가 되기 위해서는 빨리 보다는 완벽한 품질의 작업을 이루어 내야 함을 잊지 말자. 어떠한 작업도 마찬가지이다. 빨리 작업을 마무리 하다가 결함이 발생하면 천천히 작업하여 완벽한 품질의 작품을 만들어 내는 것보다 더 늦어지는 것은 당연지사이다. 여러분들은 기술 습득과 작업을 급하게 서둘지 마시고 정도를 지켜서 기술을 연마하자.

03 덴트 복원용 공구

(1) 덴트 스코프(dent scope)

형광등에 검은색 선이 있어 도장면의 요철을 판별하기 쉽도록 되어 있다.

(2) 덴트 로드(dent load)

내부에서 로드를 휘어 요철을 밀어 올려 철판을 바로 잡아주는 장비이다.

끝이 너무 날카로운 것은 테이프 등을 감아서 사용하며, 빠른 시간 안에 작업을 끝낼 목적에 힘을 많이 주면 도장면이 터져 도장을 해야 하므로 조금씩 힘을 줘야 한다. 항상 스코프(scope)의 음영을 확인하면서 작업한다.

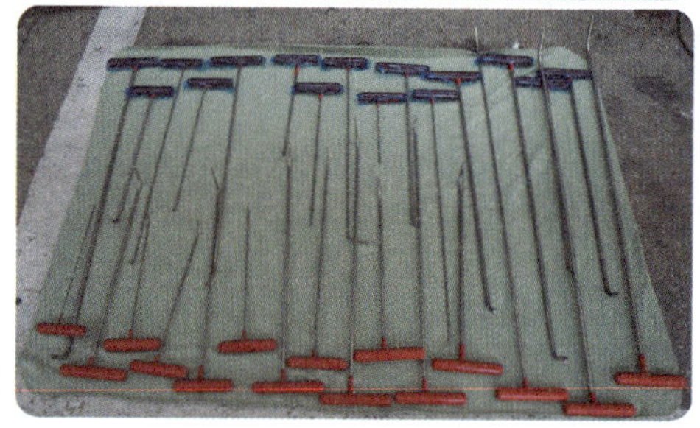

(3) 우레탄 망치(urethane hammer)

튀어나온 도장면을 펀치를 대고 수정하는 공구이다.

(4) 덴트 펀치(dent punch)

(5) 실리콘 제거 톱(silicon remover saw)

실리콘을 제거할 경우 사용하는 톱이다.

(6) 틈새 벌리기

도어 내부의 빔과 도어 판넬과의 거리를 넓혀 덴트 로드가 쉽게 들어갈 공간을 만들어 준다.

04 덴트 공정

① 요철부위를 덴트스코프를 이용하여 요철이 보이도록 한다. 덴트스코프의 줄무늬를 일정하게 맞춰서 덴트를 복원한다.

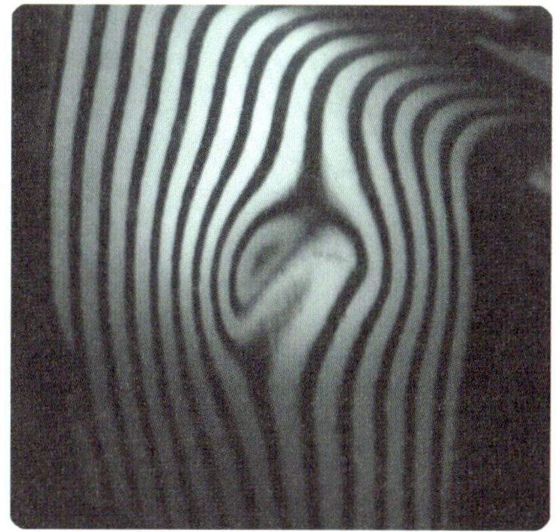

② 덴트로드의 경우 금속재질이므로 페인트가 터질 수 있기 때문에 사진과 같이 테이프를 이용하여 로드의 끝단을 감아 무디게 만든다.

③ 자동차의 패널 안쪽으로 덴트로드를 삽입한다.

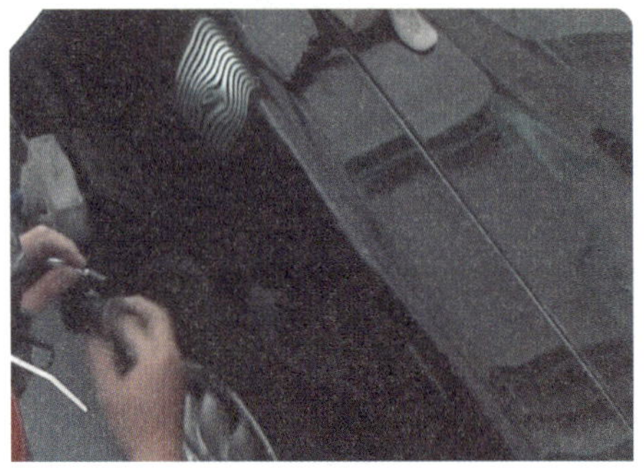

✛ 먼저 로드의 끝단에 테이프를 감는다.

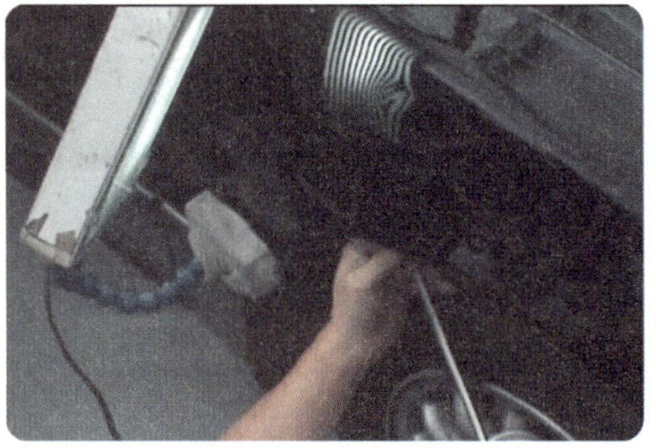

✛ 덴트로드 삽입

④ 눈과 손의 감각을 이용하여 덴트 부위를 수정한다.

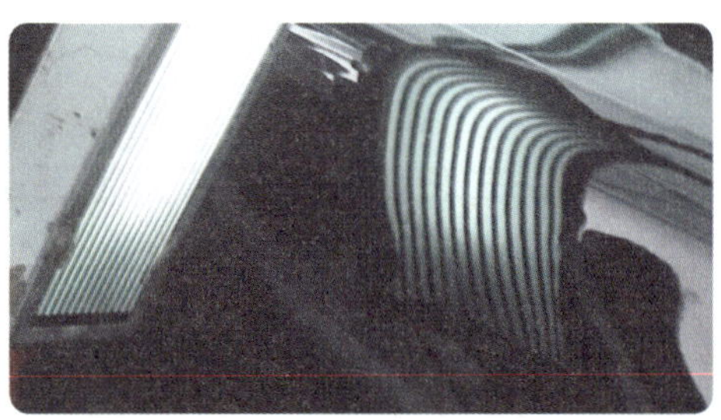

✛ 덴트부위 수정 중

⑤ 덴트로드로 수정 후 돌출부분은 제거한다. 아주 작은 요철을 수정하여 스코프의 줄무늬를 일정하게 수정한다.

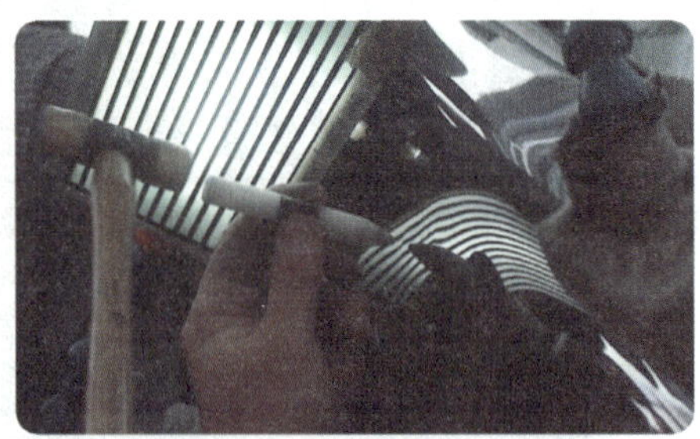

✛ 수정 후 돌출부분을 제거한다.

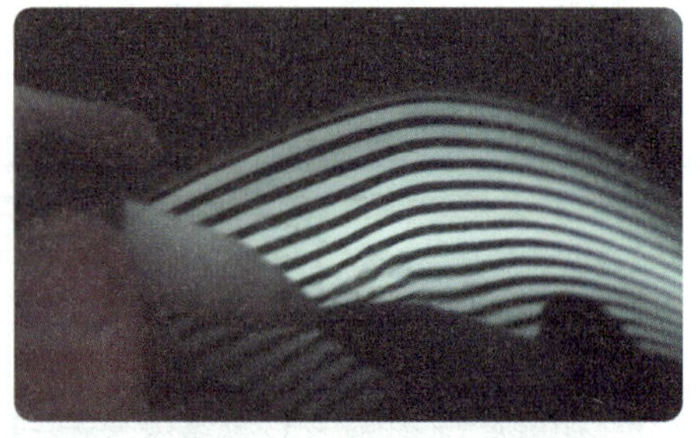

✛ 스코프에 비치면 줄무늬로 수정한다.

⑥ 광택 작업으로 펀치 흠집을 제거한다.

특수 도장

14

현재 자동차 보수 도장에서 사용하고 있는 색상은 많은 변화를 일으키고 있다. 기존의 색상에 만족하지 못하고 자기만의 고유한 컬러를 원하는 시점에 있다. 불과 10년 전 상단 색상과 하단 색상을 다른 색으로 도장했던 투톤컬러가 있었지만 현재에는 단순한 색상에 만족하지 못하고 크롬 도장(chromium painting), 캔디 도장(candy painting), 마블링 도장(marbling painting) 등이 있으며 기존의 색상과는 완전히 다른 색을 시각적으로 보여주며 그 외 온도에 따라 색상이 변화하거나 보는 각도에 따라 변화하는 도료도 시판되어 도장되고 있다.

이렇게 다양한 컬러가 존재하지만 이러한 색상에 만족하지 못하고 자동차 패널을 캔버스라고 생각하고 그림을 그리고 도장하는 단계까지 도달했다. 이렇게 변화하는 과정에 남보다 한발 먼저 기술을 습득한다면 보다 높은 부가가치를 올릴 수 있을 것이다.

01 특수 도료

1 크롬 도장(chromium painting)

인체에 유해한 크롬을 사용한 것이 아니며 시각적으로 보았을 때 크롬 도금과 유사한 효과를 나타낸다고 해서 붙여진 이름이다. 크롬 도장은 은거울 반응으로 은 환원반응을 이용한다.

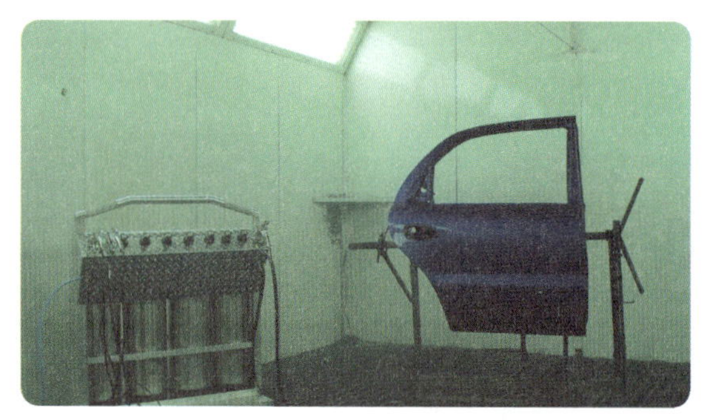

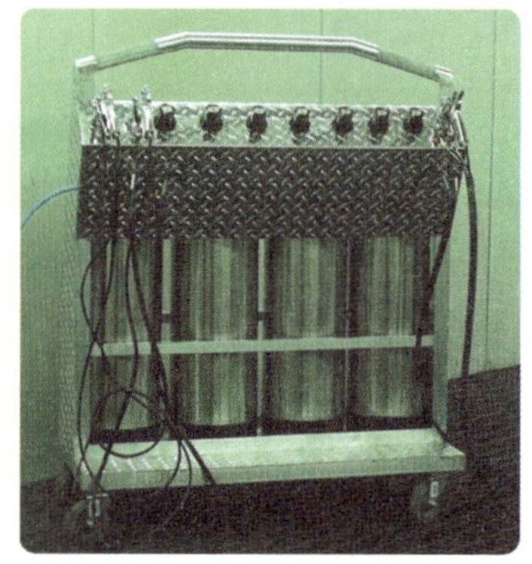

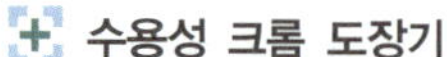

+ 수용성 크롬 도장기   + 크롬 도장에 사용되는 도료

　도장되는 원리는 질산은 용액에 암모니아수를 넣을 때 생성되는 갈색앙금은 산화은(Ag_2O)이며 계속해서 암모니아수를 가하면 $Ag(NH_3)_2^+$착이온이 생성되어 산화은이 이온 상태로 되어서 물에 녹게 된다. 질산은이 물속에서 이온 상태로 녹은 후에 포도당 용액(포름알데히드)을 넣게 되면 포도당 용액이 외부에 전자를 제공하여 은이온이 그 전자를 받아들여 다시 금속으로 환원되며 피도체 위에 도금막이 형성되게 된다.

　수산화나트륨($NaOH$)은 촉매 역할을 하여 은이온이 금속으로 환원되는 작용이 빨리 일어나도록 도와주며 PH를 높여주면 반응이 좀 더 빨리 일어나게 된다. 즉, 질산이 산화되고 환원되면서 얼굴이 비치게 된다.

암모니아성 질산은 용액 만드는 화학식

$2Ag + 2OH^- \rightarrow Ag_2O(갈색앙금) + H_2O$

$Ag_2O + 4NH_3 + H_2O \rightarrow 2[Ag(NH_3)_2] + 2OH^-$

포름 알데히드 반응

$HCHO + 2[Ag(NH_3)_2] + +2OH^- \rightarrow HCCOH + 2Ag(석출) + NH_3 + H_2O$

작업공정은 소재의 전처리 공정, 베이스코트 도장공정, 표면조정제 처리공정, 수세공정, 스프레이 도금공정, 수세공정, 건조공정, 클리어 도장공정으로 나뉜다. 특히 베이스코트 도장공정후 표면이 마르지 않도록 하는 것이 중요하다. 표면이 말라버리게 되면 물자국과 같은 결함이 발생하기 때문에 표면이 말라가는 것이 확인되면 베이스코트 도장공정 이후에는 언제든지 수세를 해야 한다.

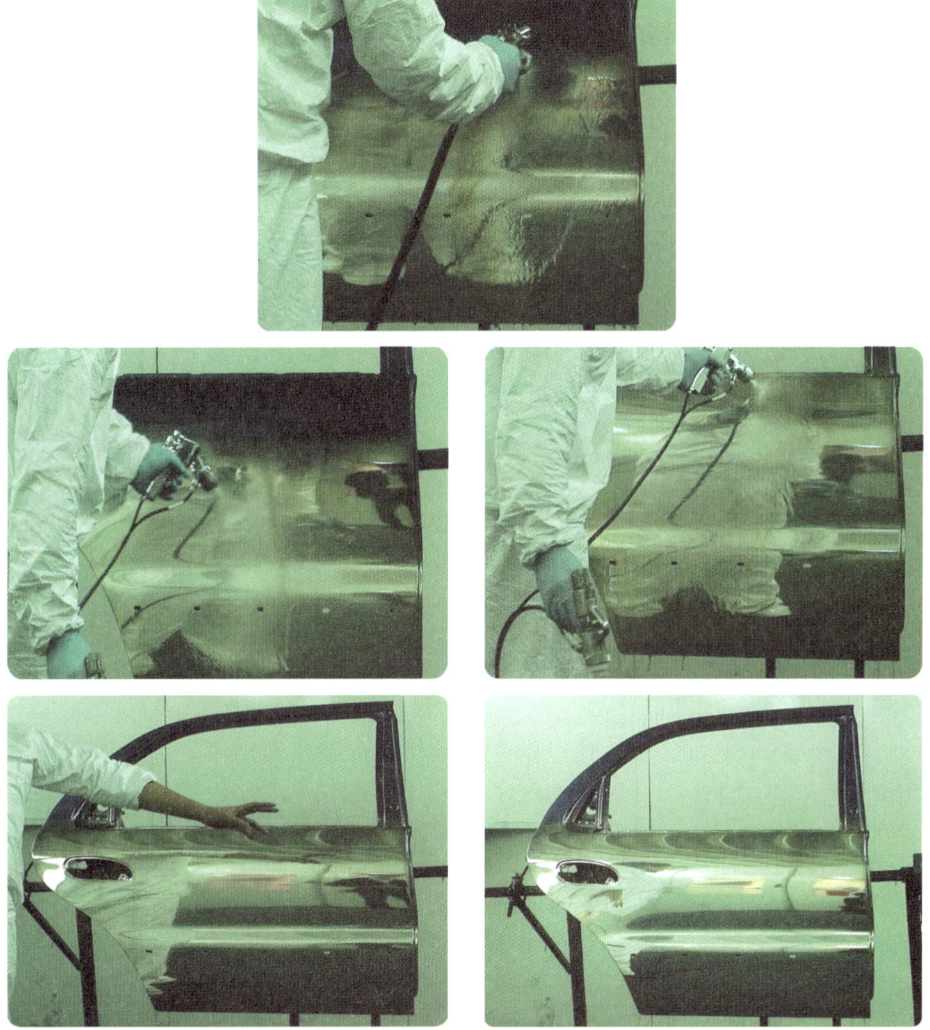

(1) 전처리 공정

소재의 표면에 묻어있는 이물질(먼지, 기름 등)을 탈지한다.

(2) 베이스코트 도장공정

소재에 연마한 연마자국이 건조 후 0.3㎜인 크롬도장 후 보이기 때문에 수지성분의 도료를 도장하고 완전히 건조시킨다. 이 공정은 표면을 조정하고 내식성을 향상시키기 위해서 하는 공정이다.

(3) 표면조정제 처리공정

베이스코트와 크롬도장면에 부착이 일어날 수 있도록 하고 균일한 도막을 형성하도록 하는 공정으로 기존의 도장공정은 연마지를 이용하여 연마를 하였지만 크롬도장은 박막을 형성하기 때문에 연마공정을 하지 않고 약품을 이용하여 충분한 부착이 일어나도록 하는 것이다.

(4) 수세공정

표면조정제 처리공정에 사용한 약품(염화주석)을 수세공정을 거처 완전히 제거한다.

(5) 스프레이 도장공정

이 공정에서 사용하는 스프레이건은 전 공정에서 사용했던 일반적인 스프레이건과는 달리 쌍두건을 사용한다. 질산은 용액과 암모니아수가 동시에 분사하여 은거울 반응에 의한 은을 석출하여 은도막이 형성되는 것이다.

(6) 건조공정

전 공정에서 부착되지 않고 남아있는 회색의 찌꺼기를 수세공정으로 제거하고 압축공기나 열풍을 이용하여 건조시킨다. 이때 열풍은 지나치게 뜨거운 열풍을 이용하면 물자국이 생기기 때문에 가급적 압축공기로 제거하도록 한다.

(7) 클리어코트 도장공정

내후성을 증가시키기 위해서 클리어를 도장한다. 대부분 이 공정에서 캔디도료를 도장하게 된다. 크롬도장은 반사도가 높기 때문에 실차에 적용하여 외부에서 운행을 할 경우 반대편에서 오는 차량이나 자동차를 보는 사람이나 눈이 부시게 된다. 이러한 이유로 캔디도료를 도장하여 반사도를 줄이게 된다.

2 캔디 도장(candy painting)

캔디 도장의 경우 색의 채도를 높게 하기 위하여 도장하는 것으로 베이스코트에 넣어서 사용하거나 클리어 코트에 넣어서 사용된다.

도장 방법은 베이스코트 타입의 경우에는 수지에 캔디 도료를 소량 첨가하여 바탕베이스 컬러 위에 도장하게 된다. 바탕 베이스 컬러는 크롬 도장을 한 것이거나 미라크롬, 입자가 큰 메탈릭 도료를 사용한다.

15종의 캔디 도료 색상이 있으며 원하는 색상이 없을 경우 두 종류를 혼합하여 새로운 컬러로 도장하기도 한다.

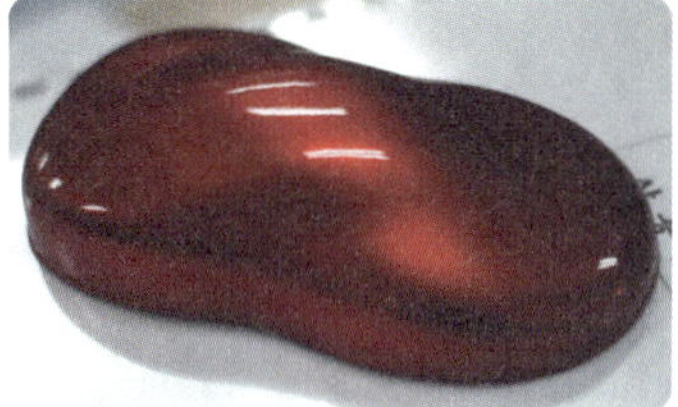

색상별 캔디도료

3 미라크롬

미세한 알루미늄 입자를 도장하여 실버색상의 다른 느낌을 주는 도료이다.

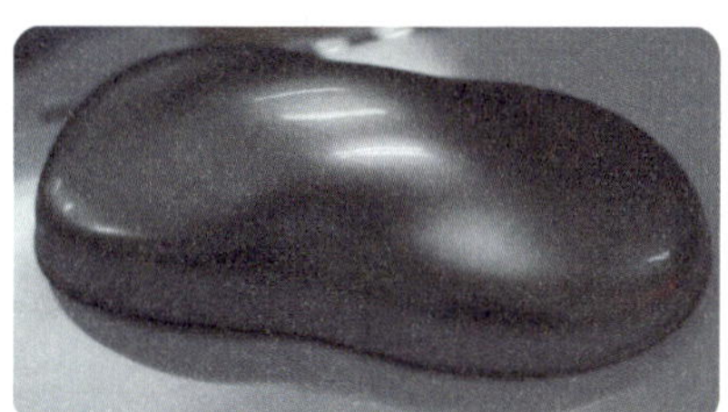

※ 출처 www.alsacorp.com

4 온도 감응형 도료

일정 온도가 되면 색상이 바뀌는 도료이다. 자동차나 오토바이에 적용되고 있다.

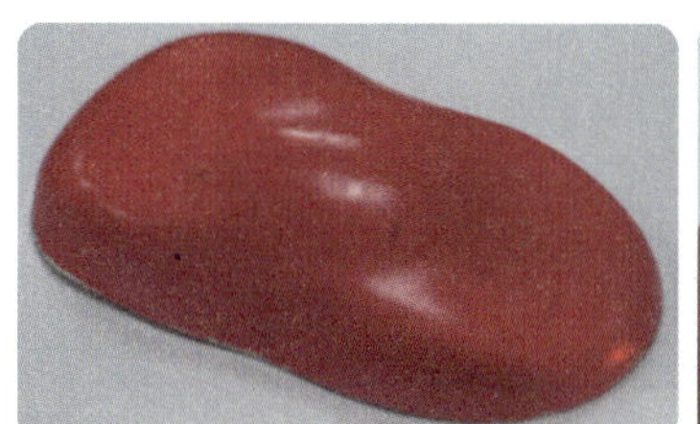
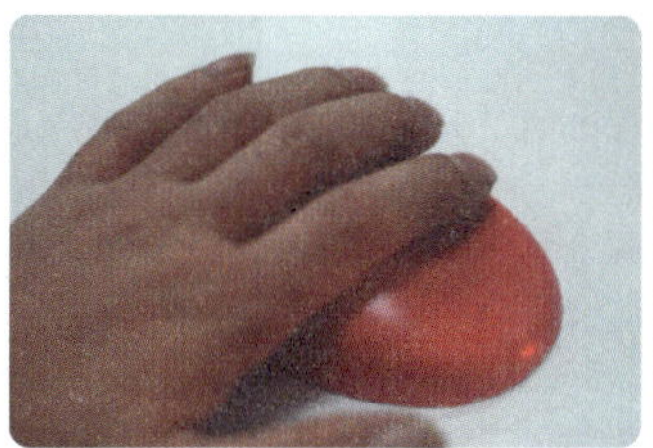

적색에서 흰색

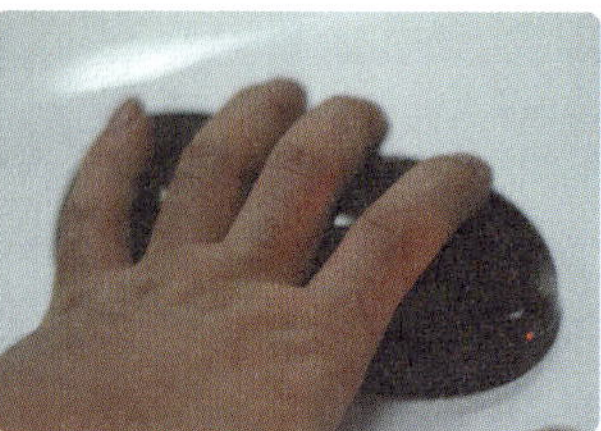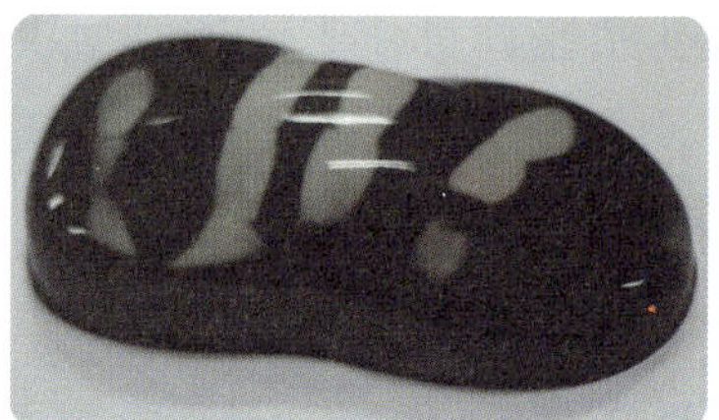

✛ 흑색에서 흰색

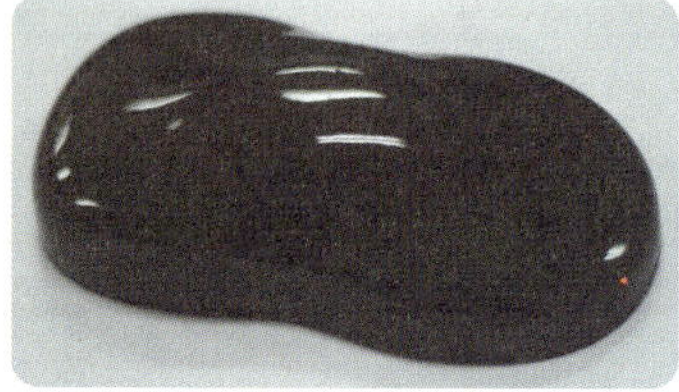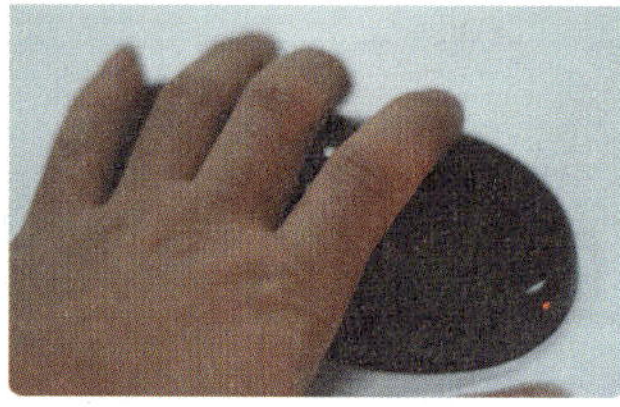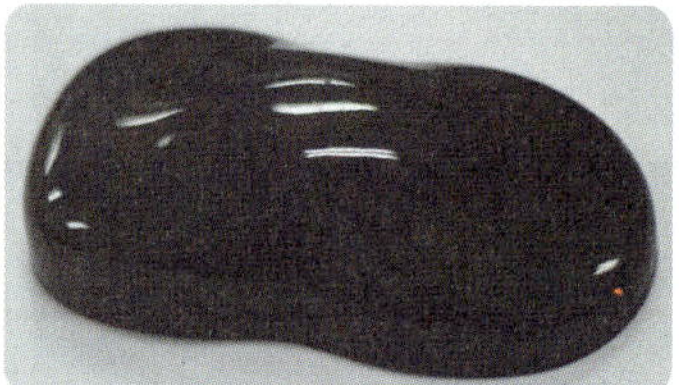

✛ 3가지 컬러로 바뀌는 도료

5 야광도료 및 형광도료

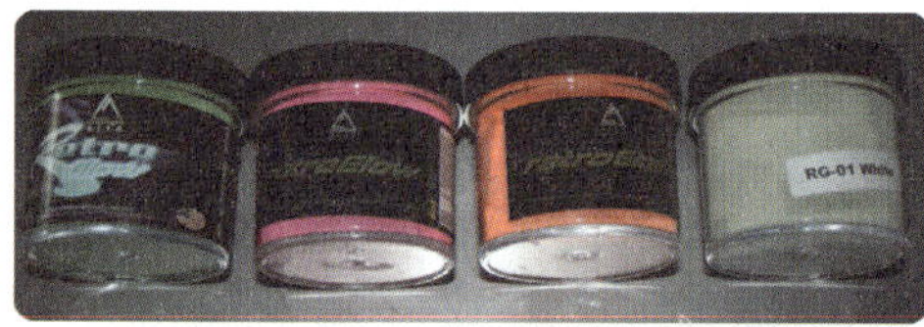

✛ 야광도료에는 4가지 컬러가 있다.

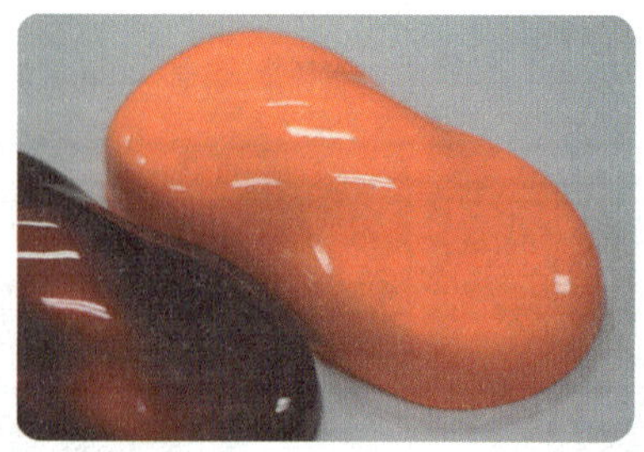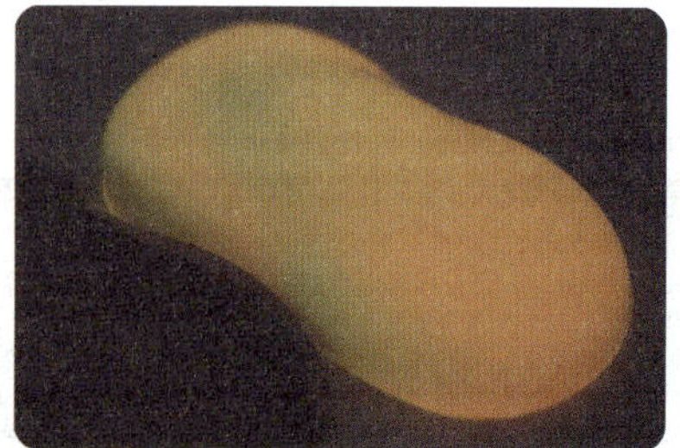

6 무늬 형성 도료

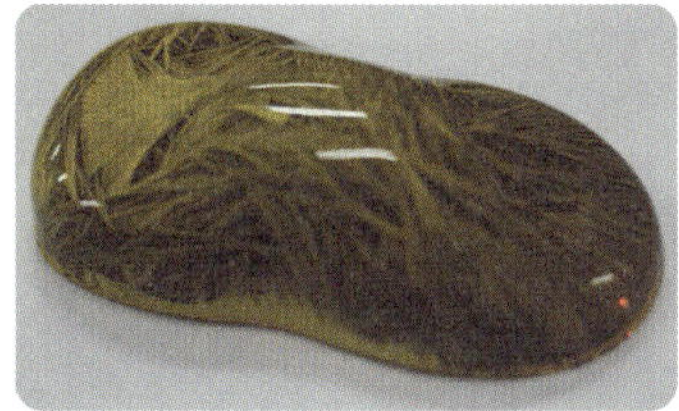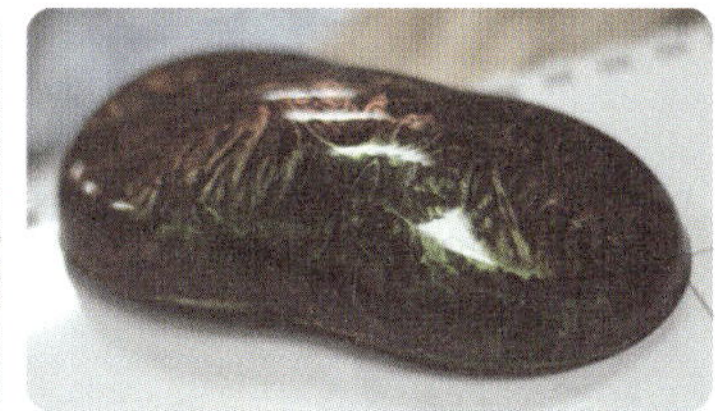

7 마블링(marbling)

마블링이란 물과 기름이 서로 섞이지 않는 성질을 이용한 것으로 우연의 효과를 살려 작품을 제작하는 기법이다. 찍는 방법에 따라 모양이 달라지기 때문에 보수할 경우 똑같은 모양을 만들기가 어려운 점이 있다.

자동차 보수도장에서는 물위에 페인트를 떨어뜨려서 패널을 찍어 내기가 어렵기 때문에 주방에서 사용하는 랩을 이용하여 불규칙적인 모양을 만들어 낸다.

아래의 작업순서를 보고 참고한다.

① 중도도장이 완료된 패널에 탈지를 하고 먼지를 제거한다.

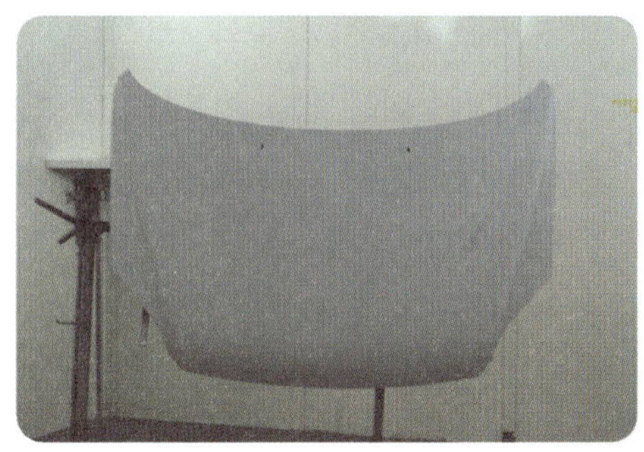

② 1차 유성 검정색 베이스 코트를 드라이 도장한다.

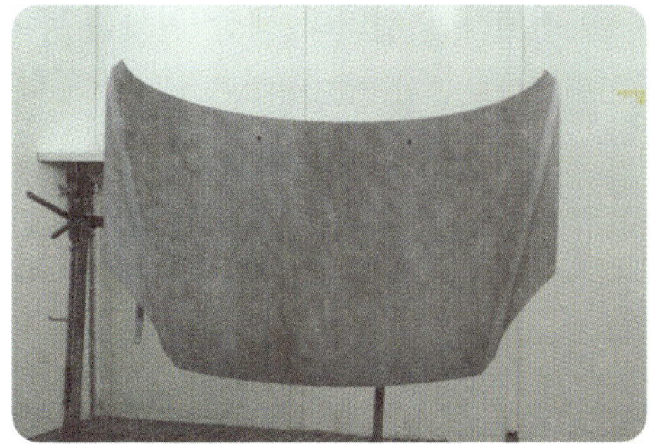

③ 2차 유성 검정색 베이스 코트를 웨트 도장
　한다.

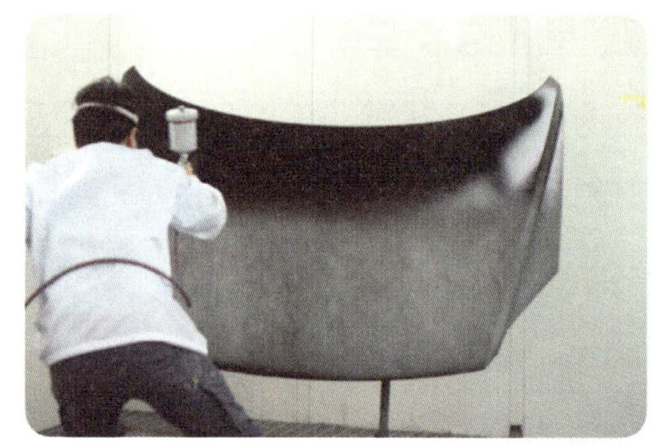

④ 3차 유성 검정색 베이스 코트를 미디엄 도장
　한다.

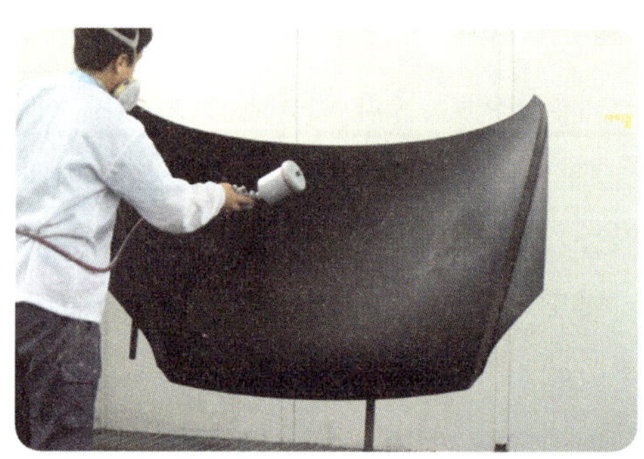

⑤ 유성 베이스 코트를 완전히 건조시키고 주방
　에서 사용하는 랩을 이용하여 수용성 베이스
　코트 흰색이나 취양에 따라 선택한 색상을
　찍어낸다. 완전히 건조시킨다.

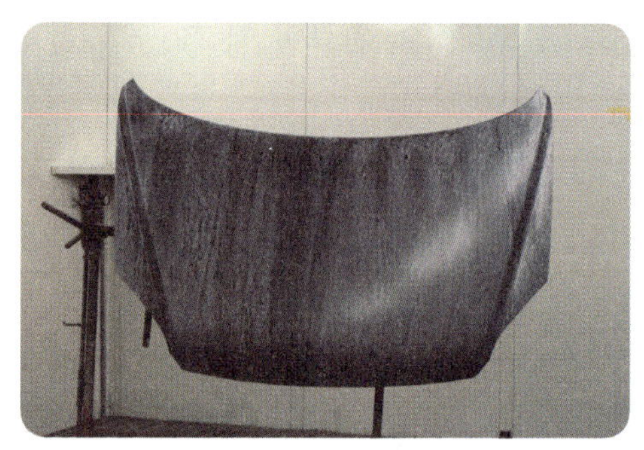

⑥ 전체적인 컬러의 색상 변화를 주기 위하여
　캔디도료를 도장한다.
　1차 웨트 도장한다.

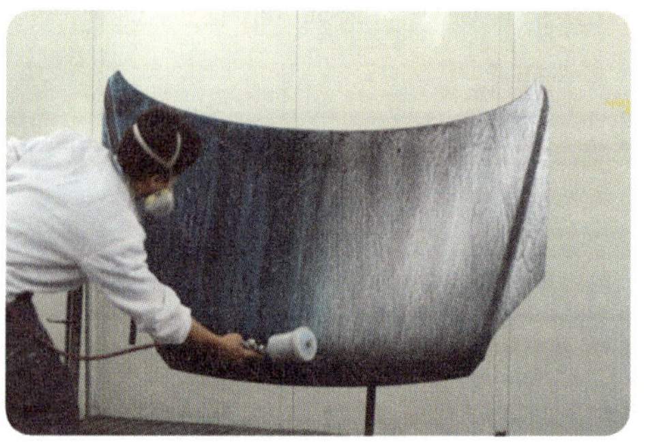

⑦ 중간 건조시간 경과 후 2차 웨트 도장한다.

⑧ 중간 건조시간 경과 후 3차 웨트 도장한다. 캔디 도료의 경우 도장하는 횟수가 많아질수록 색상이 짙어진다.

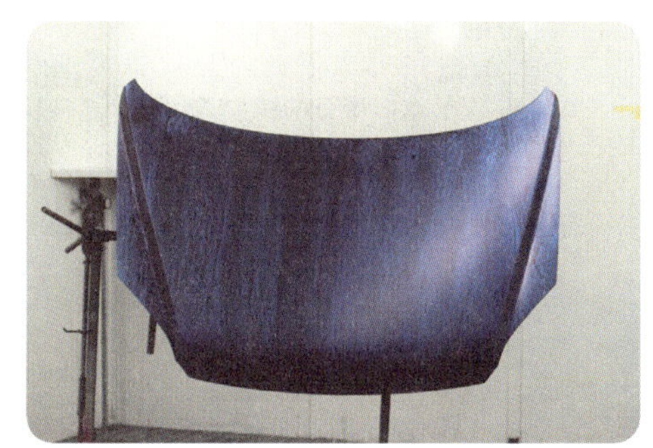

⑨ 중간 건조시간 후 클리어코트를 1차 드라이 도장한다.

⑩ 중간 건조시간 후 클리어코트를 2차 웨트 도장한다.

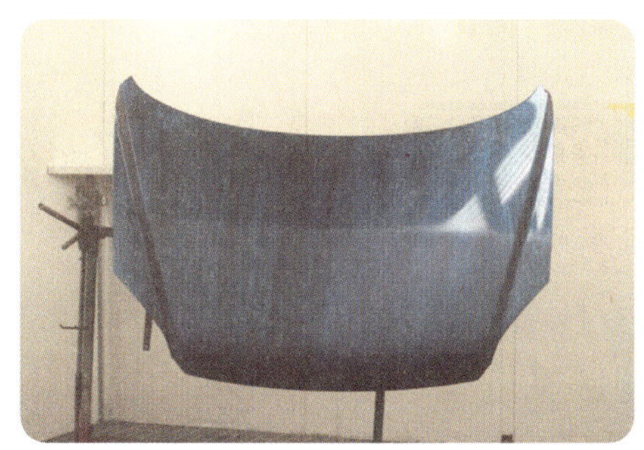

⑪ 중간 건조시간 후 클리어 코트를 3차 풀 도장
   한다.

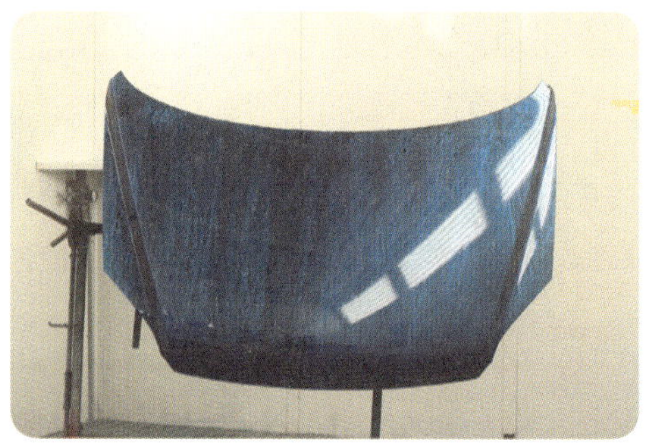

⑫ 세팅타임 후 가열건조 한다.

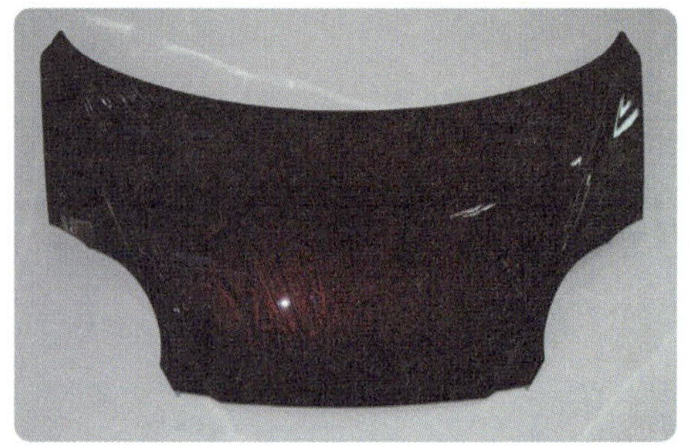

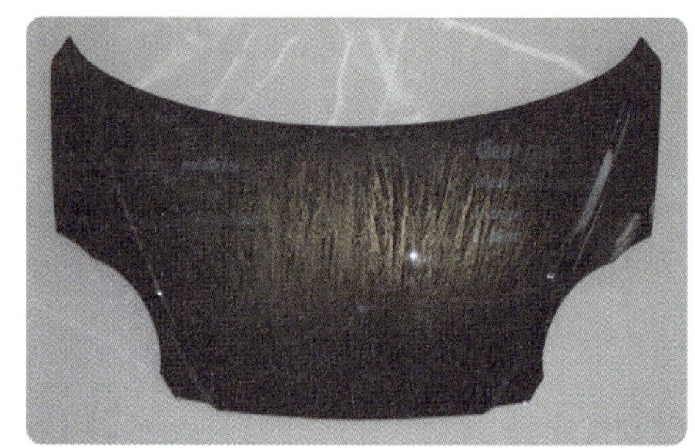

8 기타

앞에서 소개했던 도료들이 나오기 전 보는 각도
에 따라 색상이 변화하는 페이네이션 컬러들이 있
었지만 보수 도장의 불가능으로 현재에는 도장하
지 않고 있으며 홀로그램처럼 보이게 하는 플레이
크 안료를 사용하는 경우도 있다.

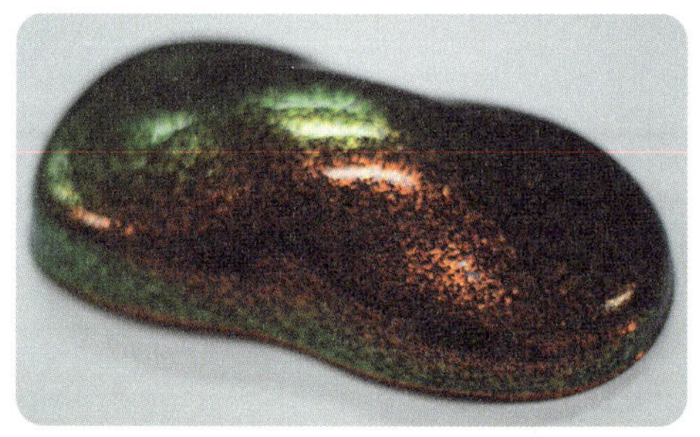

02 커스텀 도장(custom painting)

자동차의 패널에 그림이나 도안 등을 넣는 것으로 실사와 같은 그림을 넣는 것과 프레임을
넣는 것, 붓을 이용하여 기하학적인 형상을 간단하게 그리는 것들이 있다. 대부분 커스텀 도장
은 국내보다는 미국이나 일본 등지에서 마니아층에서 도장되고 있으며 국내에는 이제 시작단
계라고 볼 수 있겠다. 현재 국내에 이러한 작업을 하는 작업자들은 대부분이 미술전공자로서
그림만 잘 그리는 작업자를 커스터머(customer)로 불리며 이들은 페인터(painter)가 되기 위해
서 많은 노력을 하고 있다. 하지만 도장기술자들이 그림을 그리는 것이 어렵듯이 커스터머들

은 자동차 보수 작업이 어려운 것이 두 가지 모든 기술을 익혀 페인터가 되자.

자동차는 한자리에 세워두기 위해서 도장하는 것이 아니다. 전시장에 진열만 해두는 차량이면 더 없이 좋지만 자동차는 빠른 속도로 움직인다. 움직일 때 작은 그림들은 차체 표면에 묻어 있는 얼룩으로 보이게 된다. 그리고 사고가 발생하여 보수 도장이 되어야 할 경우 보수가 힘든 단점이 있다. 따라서 저자는 실사도장보다는 그래픽 도장을 추천한다. 대부분의 커스텀 자동차들이 그래픽 작업에 의한 도장이나 고스트 프레임을 많이 하거나 앞서 소개한 특수한 도료를 이용한 도장을 하고 있는 것이다.

아래의 작업들이 특별한 작업방법이 없기 때문에 점진적으로 진행되는 그림들을 참고하여 작업하도록 한다.

1 이미지 도장

일러스트 그림이나 실생활에서 보는 것을 자동차에 표현하는 것으로 미술적인 감각과 소질이 있어야 한다. 처음 입문하는 분들이 관심을 많이 가지고 있는 리얼프레임 작업과정을 소개하겠다. 단기간에 이루어지는 작업이 아니며 꾸준한 연습이 필요한 작업이다.

(1) 이미지 도장 종류

크게 일러스트 도장(illust painting)과 리얼플레임(real flame) 도장으로 나뉜다.

① 일러스트 도장

자동차 보수 도장 공정과 같이 하도, 중도, 상도 공정을 거치고 작업을 한다. 베이스코트 도장 후 클리어를 도장하지 않고 도장을 하는 경우 작업 시간은 많이 단축할 수 있지만 실수할 경우 수정하기 어려운 단점이 있다. 하지만 클리어까지 도장 후 작업한다면 작은 실수가 발생할 경우 고운 연마지로 연마 후 다시 도장할 수 있다. 따라서 베이스코트 도장 후 클리어를 도장하지 않고 에어브러시나 기타 스프레이건을 이용하여 그림을 그리는 것보다는 클리어를 도장하고 작업하는 것을 추천한다.

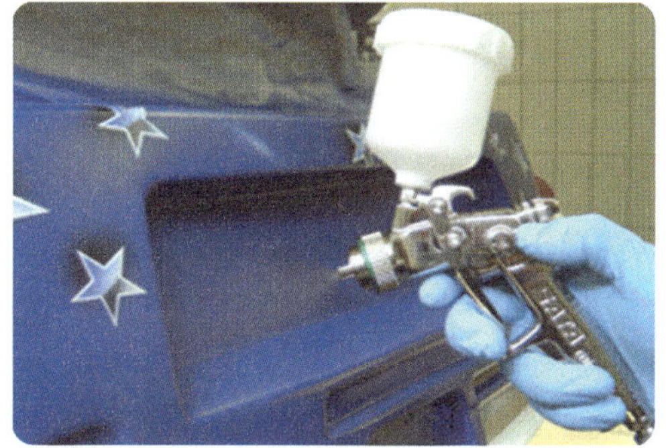

일러스트 도장(illust painting)

도안을 보고 대략적인 이미지를 그리고 명암을 조정하여 도장해 나간다.

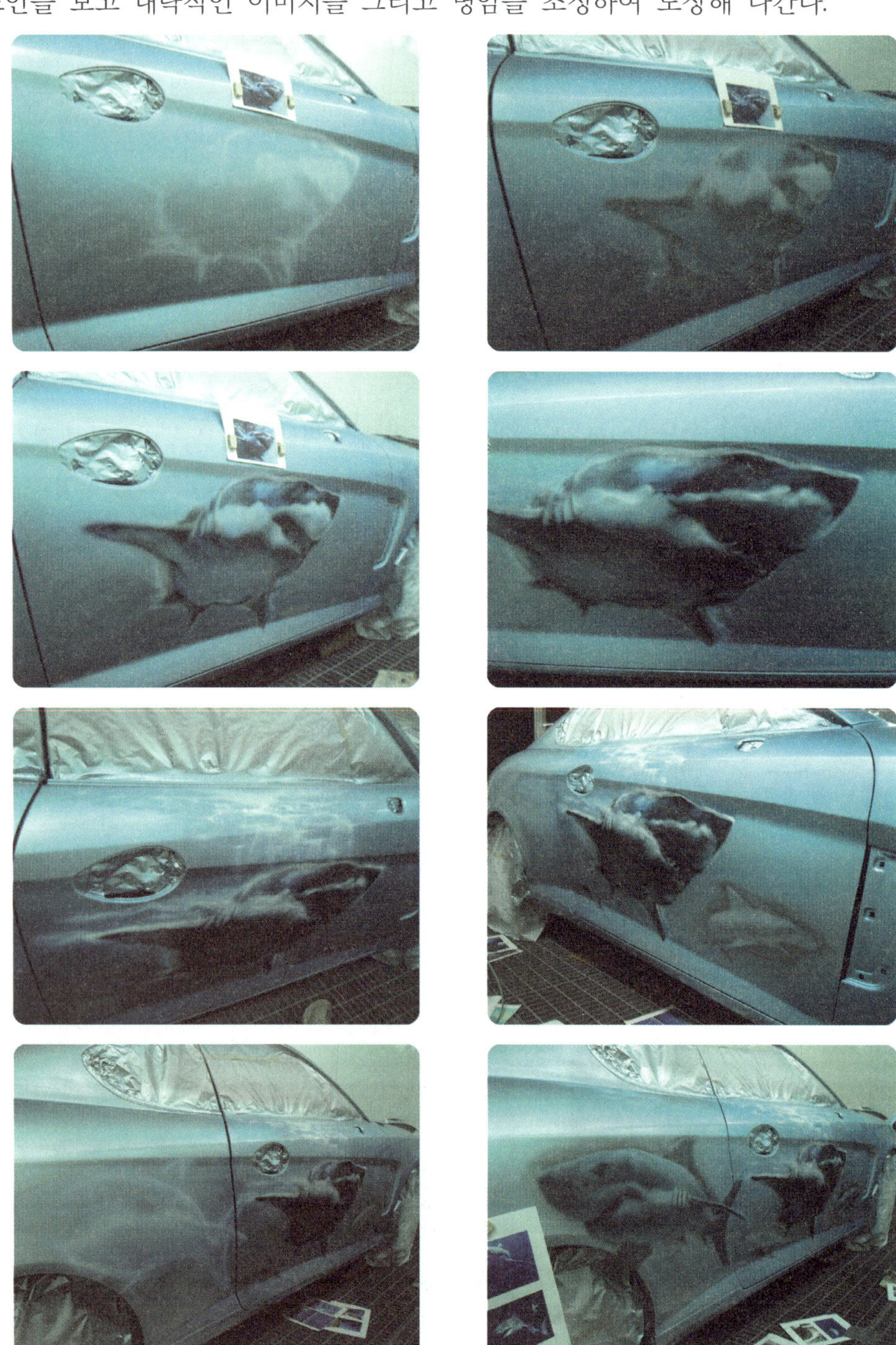

그림들이 도장면과 이질감을 줄이기 위해서 중간 중간 캔디도료를 도장하면서 그림을 조금씩 그려 나간다.

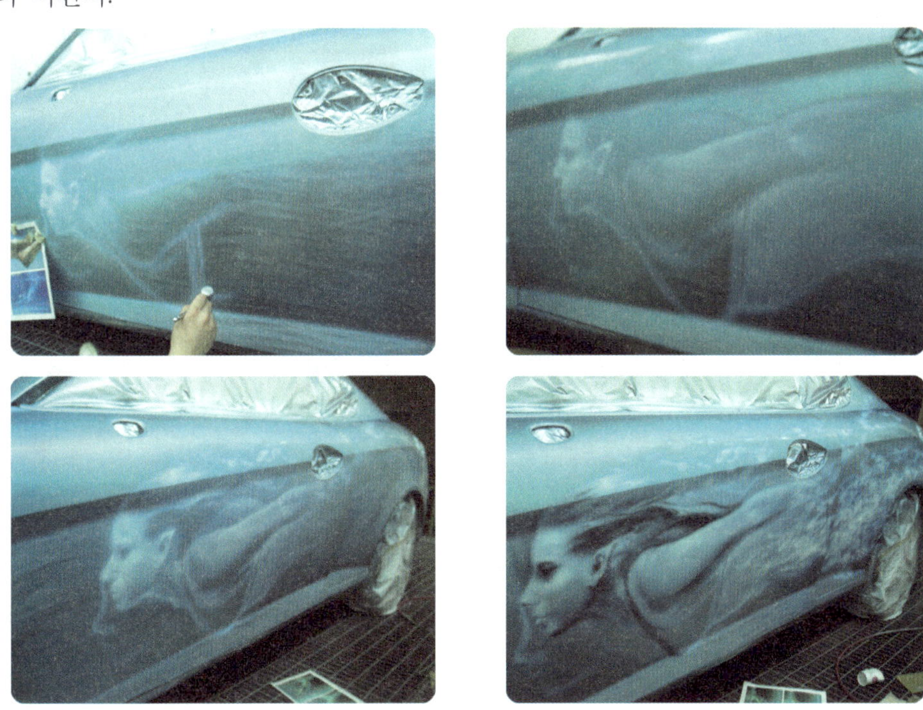

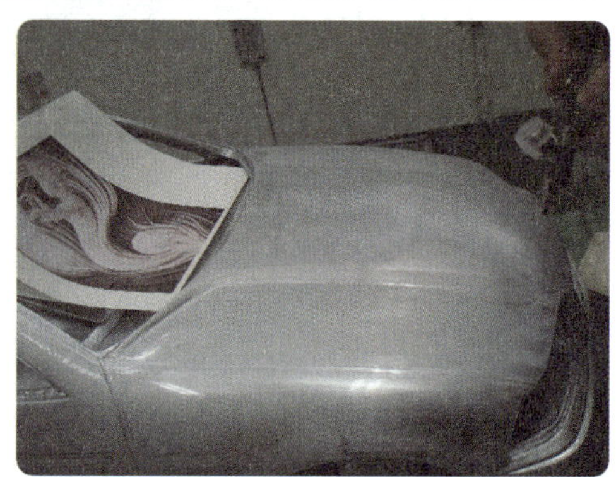
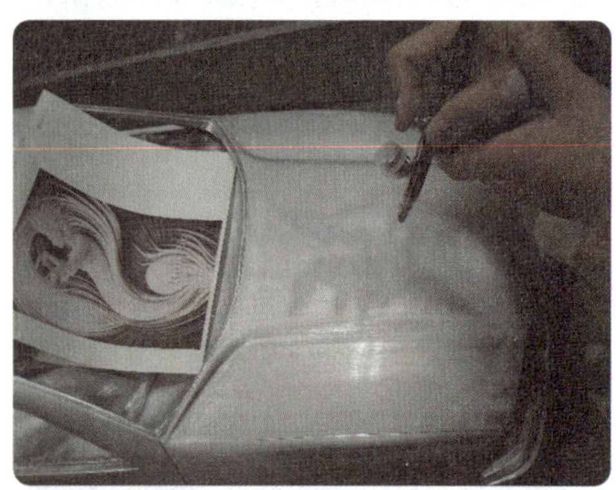
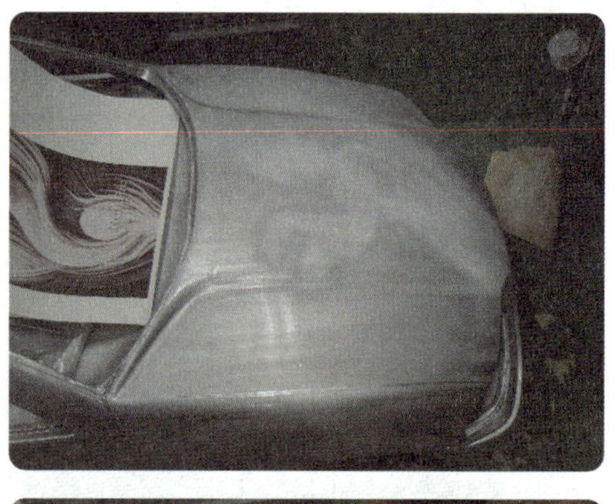
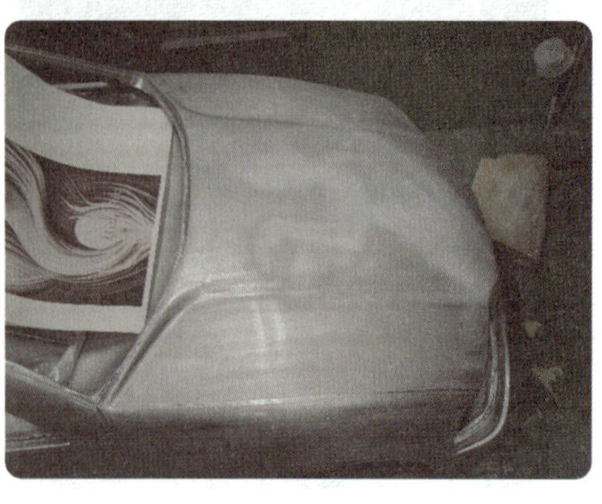

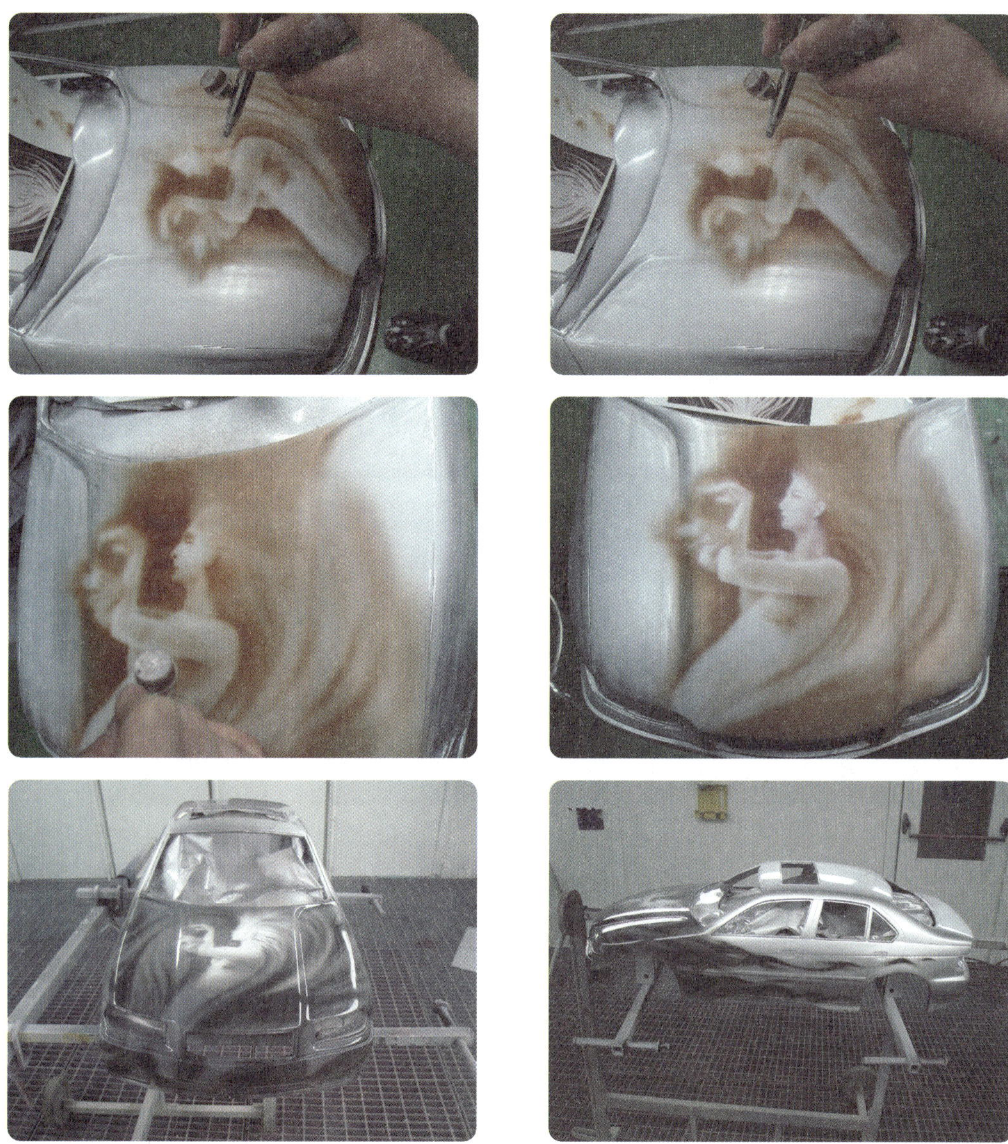

물방울 그리기

원형자를 이용하여 원 테두리를 그린다.

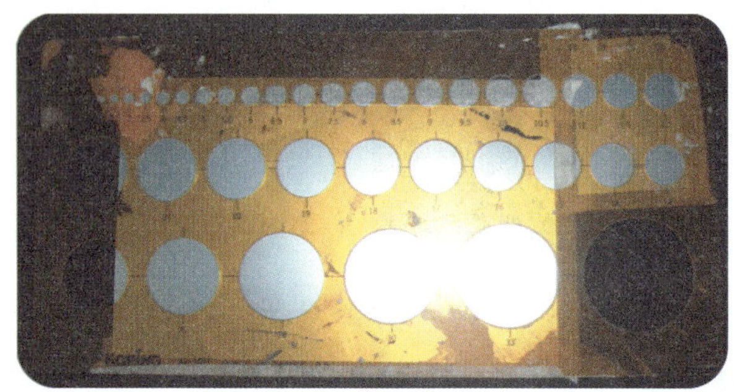

② **리얼프레임 도장(real flame painting)**

진짜 불이 붙은 것과 같이 그리는 것으로 프리핸드
로 작업하며 하이라이트 부분만 템플릿 등을 사용한다.
많은 색상의 도료를 사용하기 보다는 은폐한 정도로
표현하는 경우가 많다.

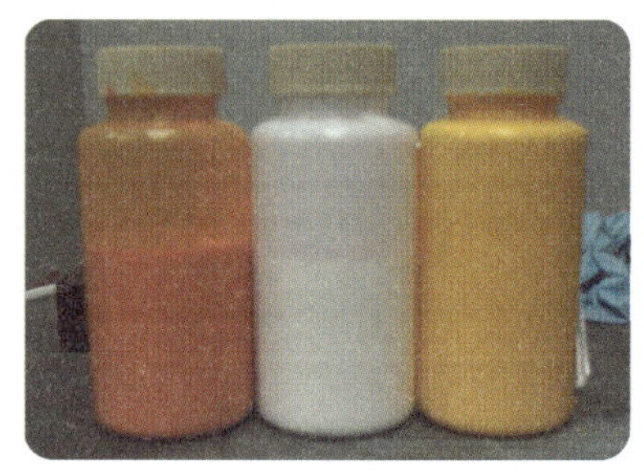

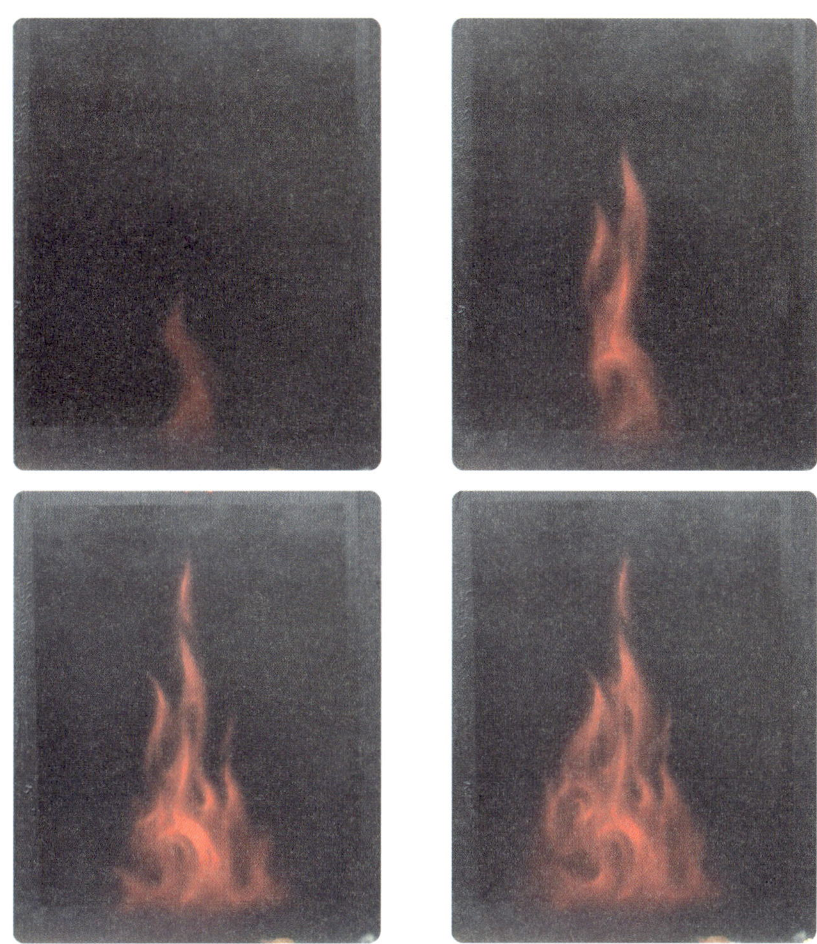

■ 붉은 색 도료를 이용하여 외곽을 도장한다.

✚ 노란색 도료를 이용하여 불과 같이 보이도록 도장한다.

✚ 흰색 도료로 하이라이트를 준다.　　　✚ 클리어를 도장한다.

③ 차량 이미지 도장용 프린터

　에어브러시를 사용한 것처럼 자연스럽게 번지는 느낌이 없는 것이 단점이지만 빠른 작업이 이루어지며 사고 후 복원이 가능한 것이 특징이다.

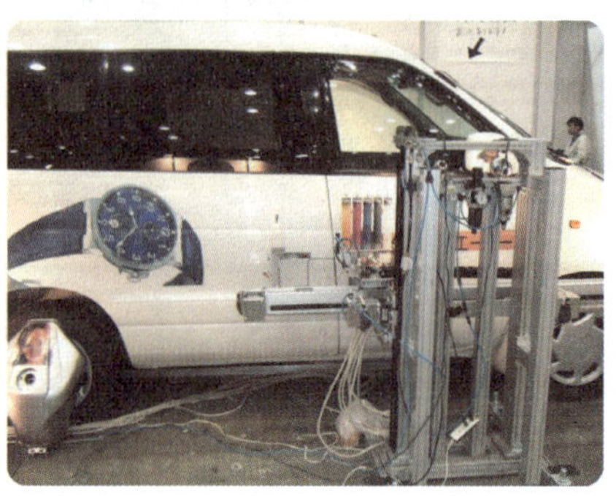 

검정색만을 이용한 이미지 도장

연습을 할 경우 색상의 종류가 많지 않아도 충분히 그림을 완성할 수 있으므로 처음에는 한 가지 색상으로만 연습한다.

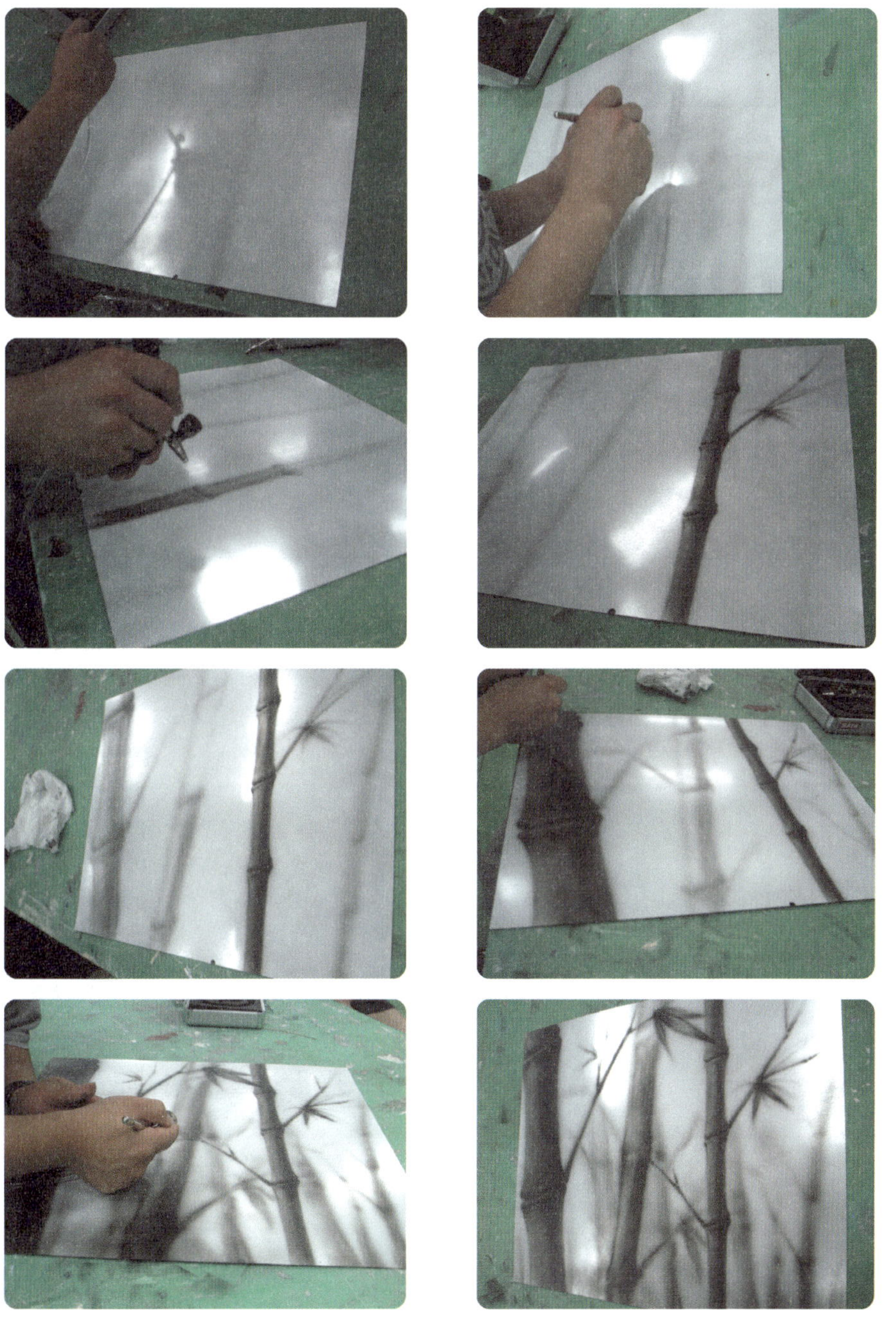

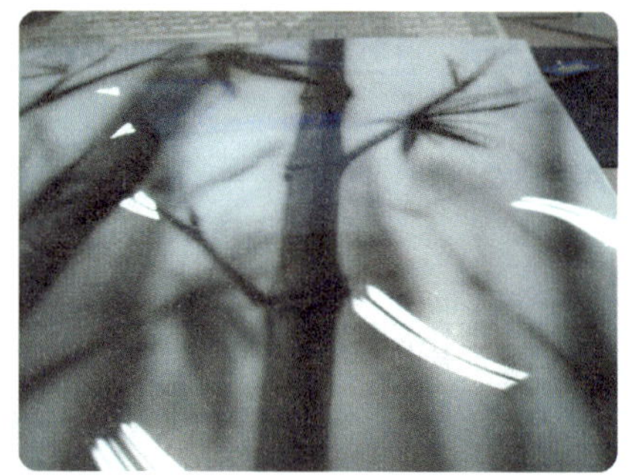

클리어를 도장한다.

2 고스트 플레임 도장(ghost flame painting)

플라스틱 테이프를 이용하여 도안을 뜨거나 일러스트레이터 작업을 통하여 프린터로 출력하여 붙이는 두 가지가 있으며 후자의 경우 좌측과 우측의 도안이 똑같이 작업할 수 있고 작업한 파일을 남겨둘 경우 사고로 인한 일부분 작업이 가능한 특징이 있다.

경우에 따라 핀스트라이프(pinstripe) 붓을 이용하여 테두리 부분만 도장하여 단조로운 느낌을 줄일 수 있다. 베이스 완료 후 도안 작업을 시작한다. 플라스틱 테이프나 출력물을 붙여서 도장한다.

캔디 도료로 하이라이트를 준다.

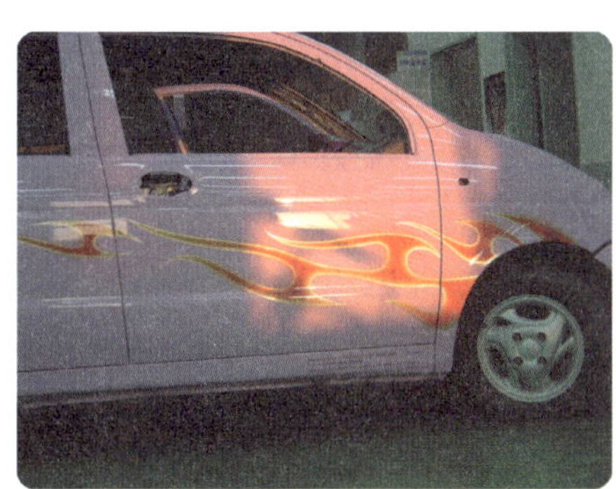

클리어를 도장한다.

핀 스트라이프 붓

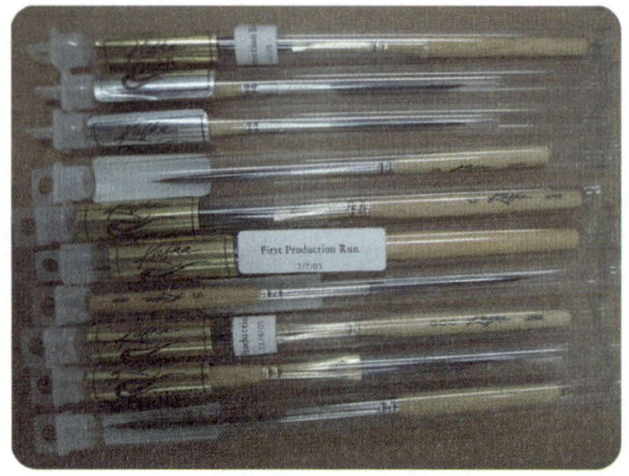

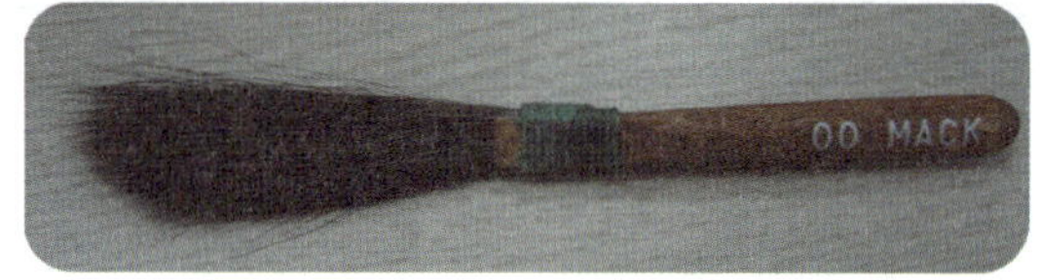

핀 스트라이프

핀 스트라이프의 경우 특별한 도료를 사용하며 중간에 쉬지 않고 한 번에 끝까지 붓을 이동시켜야 하기 때문에 고도의 기술이 필요한 작업이다.

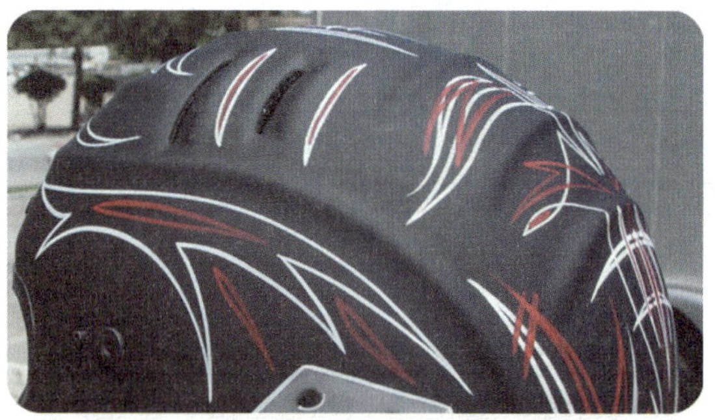

핀 스트라이프 작업 예(출처 www.alsacorp.com)

15

안 전

01 안전기준 및 재해

1 안전기준

(1) 안전(safety)

사고가 없는 상태 또는 사고의 위험이 없는 상태

(2) 안전관리(safety management)

재해로부터 인간의 생명과 재산을 보호하기 위한 계획적이고 체계적인 활동

① 안전관리 목표

- 인간존중(안전제일 이념)
- 경영의 합리화(생산손실예방)
- 사회적 신뢰성 확보(기업이미지 실추 예방)

② 안전관리 효과

- 직장의 신뢰도 증가
- 이직률 감소
- 품질향상 및 생산성 확보
- 인간관계 개선
- 기업의 경비 절감

(3) 산업재해

사업장에서 우발적으로 일어나는 사고로 인한 피해로 사망이나 노동력을 상실하는 현상
천재지변 1%, 물리적 재해 10%, 불안전 행동 89%

(4) 하인리히(W.H.Heinrich) 이론

- 사회적 환경과 유전적 요소
- 개인적 결함
- 불안전 상태 및 불안전 행동
- 사고
- 상해

① 재해 발생 과정

선천적 결함 ⇒ 원인 결함 ⇒ 불안전 행동, 상태 ⇒ 사고 ⇒ 재해

② 불안전한 동작이 일어나는 원인

- 착각을 일으키기 쉬운 외부 조건이 많을 때
- 감각 기능이 정상을 이탈했을 때
- 두뇌의 명령에서 근육 활동이 일어날 때까지 전달하는 시신경의 저항이 클 때
- 올바른 판단에 필요한 지식이 부족할 때
- 의식 동작을 필요로 할 때까지 무의식 동작을 행할 때
- 시간적이나 수량적으로 세밀한 능력을 발휘하는데 필요한 신경계의 저항이 클 때

(5) 산업재해 발생원인

① 인적 요인(man factor)

- 심리적원인 : 망각, 고민, 집착, 착오, 생략
- 생리적원인 : 피로, 음주, 고령
- 직장적원인 : 인간관계, 조직, 분위기

② 설비적 요인(machine factor)

- 기계설계 결함
- 비표준화
- 방호장치 불량
- 정비·점검불량

③ 작업적 요인(media factor)

- 작업정보 부적절
- 작업자세, 동작 결함
- 작업공간 부족

④ 관리적 요인(management factor)

- 관리조직 결함
- 교육 부족
- 규정미비
- 지도감독 소홀
- 건강관리 불량

(6) 산업재해예방 4원칙

① 예방 가능의 원칙

천재를 제외한 인재는 사전에 예방이 가능하다

② 손실 우연의 법칙

사고 발생시 손실의 유무 및 대소는 우연으로 정해지므로 예측할 수 없다.

③ 원인 연계의 원칙

사고에는 반드시 원인이 있고 그 원인은 대부분 복합적으로 연계되어 있다.

④ 대책선정의 원칙

직접, 간접 사고의 원인과 불안전 요소가 발견되면 반드시 대책 선정이 가능하고 대책이 실시되어야 한다.

2 재해

(1) 산업 재해의 종류

① **화학적 위험** : 화재, 폭발
② **물리적 위험** : 방사선 장해, 화상, 동상, 난청, 손 절단
③ **전기 위험** : 감전
④ **건설 위험** : 추락, 붕괴, 침하, 낙반
⑤ **수공구 위험** : 공구, 운반

(2) 산업 안전사고

① **감전** : 전기 사용량이 많아져 감전 사고도 매년 늘고 있다.
② **화재** : 기름, 가스, 전기, 목재, 종이, 섬유류 등에 불이 붙어 발생
③ **폭발** : 도시 가스, LP 가스, 석유 제품, 화학 약품 등이 폭발
④ **추락** : 사다리에서 떨어지는 사고 등
⑤ **기계설비** : 기계장치에 손 물림, 벨트 장치에 손 물림, 드릴링 머신에 넥타이 감김, 절단기 및 굽힘 기계에 손 끼임 등

(3) 교통 안전사고

자동차, 철도 차량, 선박, 항공기 등 교통수단에 의한 사고

(4) 학교 안전사고

① **활동 시간별** : 체육 시간, 휴식 시간, 과외 활동, 교과 수업, 실험 실습 시간순
② **발생 원인별** : 학생 부주의, 시설 미비, 교사의 과실, 학생들 간의 다툼 순
③ **학교급별** : 중학교와 고등학교에서 많이 발생

(5) 가정 안전사고

감전, 화재, 가스 폭발, 욕실에서 미끄러짐, 사다리나 옥상에서 추락, 물체를 이동시킬 때 등

3 화재

(1) A급 화재

보통 화재(일반화재)라고도 하며 목재, 섬유류, 종이, 고무, 플라스틱처럼 다 타고 난 이후에 재를 남기는 화재이다.

(2) B급 화재

유류 화재(가스화재 포함)라고도 하며 액체 화재 시 연소 후에 보통화재와는 달리 재 같은 찌꺼기가 남지 않는 화재로 휘발유, 석유류 및 식용유 등과 같이 연소되기 쉬운 인화성액체가 포함된다. 외국에서는 가스 화재를 별도로 구분하는 경우도 있으나, 우리나라에서는 LPG(액화석유가스), LNG(액화천연가스), 부탄가스 등과 같은 가연성가스도 B급 화재로 분류한다.

(3) C급 화재

전기화재라고도 하며 변압기, 전기다리미, 두꺼비집 등 전기기구에 전기가 통하고 있는 기계나 기구 등에서 발생하는 화재를 말한다.

(4) D급 화재

금속분화재라고도 하며 우리나라의 경우 별도 구분하지 않는 경우가 많은데, 금속분(금속가루), 마그네슘가루, 알루미늄가루 등이 연소될 때는 무척 빠른 속도로 연소하여 폭발하기도 하는데 이런 금속화재의 경우 일반 ABC분말소화기로는 소화를 할 수 없으므로 금속화재용 전용 소화기를 사용하여야 한다. 이러한 이유로 금속가루는 물 등 수분과 결합하면 폭발적인 반응을 하므로 수분이 없는 장소에 보관하여야 한다.

4 안전 색채

(1) **적색**(red) : **위험, 방화, 방향**
　① **위험표시** : 고압선, 폭발물 등
　② **적색등** : 차폐물, 방해물 등
　③ **운반용 안전통** : 인화성 물질 등
　④ **비상 정지 스위치** : 위험한 기계류 등
　⑤ **방화설비** : 소화기, 화재 경보 장치, 소화전, 소화용 기구 등

(2) **황색**(yellow) : **주의**
　충돌, 추락, 전도 및 기타 유사 사고의 방지를 위해 물리적 위험성을 표시하며 보통 황색과 흑색의 무늬를 적용 사용

(3) **녹색**(green) : **안전, 구급**
　안전에 직접 관련된 설비와 구급용 치료 설비를 식별하기 위해 사용

(4) **청색**(blue) : **조심, 금지**
　수리, 조절 및 검사 중인 기타 장비의 작동을 방지하기 위하여 사용

(5) **자색**(purple) : **방사능**
　방사능의 위험을 경고하기 위해 사용

(6) **오렌지색**(orange) : **기계의 위험 경고**
　기계 또는 전기 설비의 위험 위치를 식별하고 기계의 방호장치를 제거함으로써 노출되는 위험성을 인식하기 위해 사용

(7) **흑색 및 백색**(black & white)
　건물 내부 관리, 통로 표시, 방향지시 및 안내표시로 사용

5 유기용제

　시너, 솔벤트 등 어떤 물질을 녹일 수 있는 액체상태의 유기화학물질로서 휘발성이 강한 것이 특징인데, 공기 중에 유해가스의 형태로 존재하기도 한다.

(1) 성질

① 기름이나 지방을 잘 녹이며, 특히 피부에 묻으면 지방질을 통과하여 체내에 흡수된다.
② 쉽게 증발하여 호흡을 통하여 잘 흡수된다.
③ 인화성이 있어 불이 잘 붙는다.
④ 대부분은 중독성이 강하여 뇌와 신경에 해를 끼쳐 마취작용과 두통을 일으킨다.

(2) 종류

유해성의 정도 등에 따라 1종, 2종, 3종으로 분류

	1종 유기용제	2종 유기용제	3종 유기용제
표시색상	빨 강	노 랑	파 랑
종 류	• 벤진 • 사염화탄소 • 트리클로로에틸렌	• 톨루엔 • 크실렌 • 초산에틸 • 초산부틸 • 아세톤 • 트리클로로에틸렌 • 이소부틸알코올 • 이소펜틸알코올 • 이소프로필알코올 • 에틸에테르	• 가솔린 • 미네랄스피릿 • 석유나프타 • 석유벤진 • 테레핀유

(3) 작업환경관리

① 유기용제 대처사용

유기용제를 사용하는 경우 현재 취급하고 있는 물질보다 유해성이 적은 물질로 대체하는 것은 효과적인 작업환경개선 방법 중의 하나(수용성도료)

② 작업공정의 적합한 배치

• 해당공정이 분산 배치되지 않도록 한다.
• 해당공정을 가능한 한 자동화하거나 타 작업장과 격리시켜 유기용제의 광범위 노출을 방지한다.
• 관련 기계·기구 등의 배치 시는 밀폐시키거나 국소배기설비를 설치하는 등 해당 작업근로자의 노출기회를 줄인다.

(4) 증기발산원 밀폐

① 작업에 필요한 개구부를 제외하고는 완전히 밀폐시켜 유기용제의 확산을 방지한다.

② 유기용제의 보관장소 등 밀폐된 작업장소에서는 음압(−)을 유지하여 밀폐실 내부의 공기가 밖으로 나오지 않도록 설계한다.

③ 밀폐작업장소가 음압(−)의 유지가 곤란하거나, 음압을 유지해도 개구부 등을 통하여 유기용제가 누출 될 경우 국소배기장치를 설치하여 오염 발산원을 원천적으로 봉쇄한다. 그리고 유기용제가 들어있는 용기는 사용할 때만 열어서 사용하고 즉시 밀봉하여 유기용제의 확산을 막고, 유기용제가 묻은 걸레나 휴지는 밀폐된 쓰레기통에 버리고 자주 비워야 한다.

(5) 산업환기시설의 설치

① 국소배기장치의 설치 및 관리

작업특성상 유기용제의 확산을 방지하는 설비의 조치가 곤란한 경우에는 작업특성에 맞는 형식과 성능을 갖춘 국소배기장치를 설치한다.

- 후드의 설치는 유기용제의 증기를 흡입하기에 적당한 형식과 크기로 선택한다.
- 후드는 유기용제 증기의 발산원마다 설치해야 한다.
- 배기닥트의 길이는 가능한 짧고, 굴곡부의 수의 적게 하여 배출이 용이하도록 한다.
- 배풍기의 위치는 공기청정장치의 앞으로 조정가능하다.
- 배기구는 직접 외부로 개방하며 공기청정장치가 없는 장치의 배기구의 높이는 옥상 또는 옥상난간 상부로부터 1.5m 이상으로 한다.
- 공기청정장치를 설치할 때는 고체흡착방식 또는 그보다 정화성능이 우수한 공기청정장치를 설치한다.
- 국소형 공기청정장치를 설치하지 아니한 국소배기장치 등의 배기구의 높이는 옥상 또는 옥상난간 상부로부터 1.5m 이상으로 한다.
- 국소배기장치의 제어풍속은 오른쪽 표 이상이 되도록 한다.

후드의 형식		제어풍속(m/s)
포위식 후드		0.4
외부식 후드	측방흡인형	0.5
	하방흡인형	0.5
	상방흡인형	1.0

(6) 건강관리

1) 근로자 개인 위생관리

① 휴게시설을 설치하되 유기용제를 취급하는 장소와 격리된 장소에 설치

② 흡연금지

③ 음식물 섭취금지

④ 작업 실시 후 음식물을 섭취할 경우에는 손이나 얼굴을 깨끗이 씻고, 별도의 방에서 섭취

⑤ 필요시 보호구를 착용한 후 작업에 임하도록 하고 사용한 보호구는 불순물 및 감염물등을 제거한 후 청결한 장소에 보관

⑥ 비상시 사용한 호흡용 보호구는 최소 1개월 또는 사용한 후 소독하여 보관

⑦ 오염된 피부를 세척할 경우에는 유기용제의 사용을 금하고 피부에 영향을 주지 않는 제품을 사용하여 세척

⑧ 작업을 종료한 후에는 손, 얼굴 등을 깨끗이 씻거나 목욕을 실시

⑨ 퇴근 시에는 작업복을 벗고 평상복으로 갈아입는다.

2) 응급조치

① 유기용제 등이 눈에 들어간 경우에는 즉시 많은 양의 물로 씻어내고 안과의사의 검진을 받는다.

② 유기용제 등이 피부에 접촉된 경우에는 비누 또는 물로 씻어내고 씻은 후에도 계속 가렵고 염증이 발생되면 즉시 의사의 검진을 받는다.

③ 재해가 탱크내부 등 밀폐된 곳에서 일어난 때에는 급히 뛰어 들거나 방독면을 착용하고 들어가는 것을 금지하고 필히 송기마스크를 착용한 후 정확한 방법으로 구조작업을 한다.

④ 환자는 즉시 통풍이 잘되는 평탄한 곳에 옮긴 후 머리를 낮추고 옆으로 눕히거나 엎드려 눕혀서 응급조치를 하고 즉시 의사의 진단을 받도록 한다.

⑤ 환자의 옷을 헐겁게 풀어주고 입안에 구토물이 있는지의 유무를 확인하여 있을 경우에는 씻어내고 호흡이 정지된 환자는 지체 없이 의사가 올 때까지 인공호흡이나 산소 호흡기에 의한 호흡을 계속한다.

⑥ 어두운 곳에서 재해가 발생한 경우에는 성냥 등 화기 사용을 금지하고 방폭구조형 전등을 이용한다.

6 도장 작업 시 발생하는 손상

① **분진** : 분진이 폐에 침입하면 치료가 어렵고 혈액의 산소 교환을 방해한다.

② **이소시아네이트** : 코가 건조해지고 가슴이 답답해지며 두통과 호흡 곤란을 일으킨다.

③ **솔벤트** : 간, 뇌, 신경 조직에 영향을 준다.

7 휘발성유기화합물 [VOC ; Volatile Organic Compounds)]

도료 중에 들어있는 휘발성유기화합물은 증기압이 높아 공기 중으로 쉽게 증발되는 액체 또는 기체상 유기화합물의 총칭이며, 사람이 숨 쉬는 지표면에 인체에 해로운 오존(O_3)을 생성시키는 유기화합물질이다. 이물질은 대기오염뿐만 아니라 암을 유발시키고 지구온난화의 원인물질이기도 한다. 주요 배출원은 유기용제사용시설, 도장 시설, 세탁소, 저유소, 주유소 및 각종 운송수단의 배기가스 등이 있다.

이에 국내에서는 2005년 7월부터 수도권 대기관리권역에는 도료에 대한 휘발성유기화합물 함유기준을 설정하고 시행하고 있다. 이 규제로 인하여 도료제조업체나 수입업체에서는 VOC 함유량이 많은 도료를 수용성도료나 하이솔리드 도료 등으로 개발 공급하고 있다. 수도권 대기환경특별법에서는 용도별로 건축용, 자동차보수용, 도로표지용 3가지로 나누어 기준을 정하고 있다. 여기에서는 자동차보수용 도료에 대해서 언급하도록 하겠다.

+ 수도권 대기관리권역

지역구분	지역 범위
서울특별시	전 지역
인천광역시	옹진군(옹진군 영흥면은 제외)을 제외한 전지역
경 기 도	김포시, 고양시, 의정부시, 남양주시, 구리시, 하남시, 성남시, 의왕시, 군포시, 과천시, 안양시, 광명시, 시흥시, 부천시, 안산시, 수원시, 용인시, 화성시, 오산시, 평택시, 파주시, 동두천시, 양주시, 이천시

(1) 휘발성유기화합물의 유해성

VOC는 여름철 도심 광화학 오존오염의 원인물질로서, 사람의 호흡기 자극, 신경계장애, 백혈병 등을 유발할 수 있는 유해물질이며, 포름알데히드(formaldehyde)는 급성독성, 피부자 극성, 발암성 등의 인체 유해성 물질이다. 벤젠(benzene), 할로겐화(halogen化) 탄화수소 등 일부 물질은 그 자체가 발암성 등 유해성을 가지며 휘발유 등 유류에 다량 함유된 벤젠 및 1.3-부타디엔의 경우 백혈병을 유발하기도 한다. 또한 주유소 인근 어린아이의 백혈병 위험이 보통아이들과 비교하여 4배 이상이며 급성 비림프아구 백혈병은 7배나 높게 나타났다. 임산부 역시 VOC에 많이 노출될 경우 태아의 저체중이나 조산아를 낳을 위험이 크다고 조사되어 있다.

(2) 휘발성유기화합물 배출원

도장 시설 (64%)	세정시설 (16.5%)	세탁시설(6.4%)	기타 (13%)

(3) 휘발성유기화합물 저감 기준 설정

VOC 함유 기준을 강화하고 저VOC 도료로 대체 하는 것을 목적으로 하고 있다. 이에 2007년 1월부터는 전년도 대비 15~17% 저감하고, 2010년 이후에는 2007년 대비 최고 30% 저감 수준으로 함유기준을 설정하고 수용성 도료나 하이솔리드 도료 사용을 유도하고 있다.

(4) 도료사용 준수 및 유의사항

수도권 대기관리권역내 사용가능 제품을 구별하여 사용하며 도료와 희석제를 배합할 경우 도장실내에서 하여야 하며 사용하고 남은 희석용제와 도료는 반드시 대기 중에 오염되지 않도록 실내에 조치를 취해 보관해야 한다.

(5) 도료함유 휘발성유기화합물의 함유 기준(자동차 보수용 도료)

용도분류	휘발성유기화합물 함유 기준(g/L)	
	2007년 1월 1일부터 2009년 12월 31일까지	2010년 1월 1일 이후
워시프라이머	780 이하	780 이하
프라이머/서페이서	580 이하	580 이하
상도 – single	580 이하	500 이하
상도 – basecoat	620 이하	500 이하
상도 – topcoat	620 이하	500 이하
특수기능도료	840 이하	840 이하

수도권 지역 보급 도료에 대한 2005년, 2007년 대기환경유해물질 함유기준 설정(04.12)에서 당초 10년 기준(안)이 마련되었으나, 수도권대기환경개선에관한특별법 시행규칙 제정안에 대한 규제개혁위원회 심사시(04.10) 향후 기술개발 수준을 감안하고 추가적인 연구조사를 통하여 07.12월까지 2010년 기준을 설정하도록 권고되었다. 이는 측정치가 당초 10년 기준안을 만족하지 못하는 항목은 완화한다는 지침이다.

유럽과 같은 경우에는 수용성도료의 보급으로 유럽기준 유해물질 배출 허용을 만족시켰지만 국내 도료 제조업체의 기술력 부족으로 기존 배출허용을 만족시키지 못하는 실정이다. 수도권대기환경청은 2009년 7월부터 도료 중 휘발성유기화합물(VOC) 함유기준 측정방법이 변경되었다. 이 기준을 만족시키기 위해서는 면제 물질을 사용해야만 한다.

면제물질이라 함은 1기압 250℃ 이하에서 최소 비등점을 가지는 유기화합물 중 광화학 오존생성능력이 적고 인체 및 환경에 대한 유해성이 미미하여 기존용제에 대한 대체효과가 높은 물질로서 국립환경과학원장이 별도로 정하여 공고하는 물질을 말한다.

면제물질의 종류는 다음과 같다.

	화학물질명	CAS NO.
1	아세톤(Acetone)	67-64-1
2	파라-클로로벤조 트리플루오라이드(para-Chlorobenzotrifluoride)	98-56-6

(6) 휘발성유기화합물 물질별 유해성

도료 중에 규제대상 휘발성유기화합물은 총 37종이며, 2009년 7월 1일부터 총휘발성유기화합물로 적용된다(수증기는 제외).

	물 질 명	주요 위해성	비 고
1	아세트알데히드	졸음, 의식불명, 통증, 설사, 현기증, 구토	특정대기유해물질
2	아세틸렌	현기증, 무기력증 및 액체 상태로 접촉 시 동상	오존 전구물질
3	아세틸렌 디클로라이드	졸음, 의식불명, 구토, 복통	-
4	아크롤레인	화상, 숨참, 통증, 수포, 복부경련	-
5	아크릴로니트릴	두통, 구토, 설사, 질실, 발암성	특정대기유해물질
6	벤젠	졸음, 의식불명, 통증, 설사, 현기증, 경련, 구토, 발암성 특히 백혈병 유발오존 전구물질	특정대기유해물질
7	1,3-부타디엔	졸음, 구토, 의식불명, 액체 상태로 접촉 시 동상, 발암성(B2)	특정대기유해물질
8	부탄	졸음, 액체 상태로 접촉 시 동상	오존 전구물질

	물 질 명	주요 위해성	비 고
9	1-부텐, 2-부텐	현기증, 의식불명, 액체 상태로 접촉 시 동상	오전전구물질
10	사염화탄소	현기증, 졸음, 두통, 구토, 복통, 설사, 발암성(B2)	특정대기유해물질
11	클로로포름	졸음, 두통, 통증, 설사, 현기증, 복통, 구토, 의식불명, 발암성(B2)	특정대기유해물질
12	사이클로헥산	현기증, 두통, 메스꺼움, 구토	오전 전구물질
13	1,2-디클로로에탄	졸음, 의식불명, 통증, 설사, 현기증, 구토, 시야가 흐려짐, 복부경련	늑정대기유해물질
14	디에틸아민	호흡곤란, 수포, 고통화상, 설사, 구토, 시력 상실	–
15	디메틸아민	복무 통증, 설사, 호흡곤란, 고통, 화상, 시야가 흐려짐	–
16	에틸렌	졸음, 의식불명	오존 전구물질
17	포름알데히드	호흡곤란, 심각한 화상, 통증, 수포, 복부경련 발암성(B1)	
18	n-헥산	현기증, 졸음, 무기력증, 두통, 호흡곤란, 구토, 의식불명, 복통	–
19	이소프로필알코올	현기증, 졸음, 두통, 구토, 시야가 흐려짐	–
20	메탄올	현기증, 구토, 복통, 호흡곤란, 의식불명	–
21	메틸에틸케톤	현기증, 졸음, 두통, 구토, 호흡곤란, 의식불명, 복부경련	–
22	메틸렌클로라이드	현기증, 졸음, 두통, 구토, 의식불명, 화상, 복통, 발암성	–
23	엠티비이(MTBE)	현기증, 졸음, 두통	–
24	프로필렌	졸음, 질식, 액체 상태로 접촉시 동상	오존 전구물질
25	프로필렌옥사이드	졸음, 질식, 두통, 메스꺼움, 구토, 화상 발암성(B2)	특정대기유해물질
26	1,1,1-트리클로로에탄	졸음, 두통, 구토, 숨참, 의식불명, 설사	–
27	트리클로로에틸렌	현기증, 졸음, 두통, 의식불명, 통증, 복통	특정대기유해물질
28	휘발유	졸음, 두통, 구토, 의식불명	–
29	납사	졸음, 두통, 구토, 경련	–
30	원유	두통, 구토	–
31	아세트산(초산)	두통, 현기증, 호흡곤란, 수포, 화상, 시력상실, 복통, 설사	–
32	에틸벤젠	현기증, 두통, 졸음, 통증, 시야가 흐려짐	특정대기유해물질 오존 전구물질
33	니트로벤젠	두통, 청색증(푸른 입술 및 손톱), 현기증, 구토, 의식불명	–

	물 질 명	주요 위해성	비 고
34	톨루엔	현기증, 졸음, 두통, 구토, 의식불명, 복통	오존전구물질
35	테트라클로로에틸렌	현기증, 졸음, 두통, 구토, 의식불명, 수포, 화상, 복통	특정대기유해물질
36	자일렌(o-,m-,p-포함)	현기증, 졸음, 두통, 의식불명, 복통	오존 전구물질
37	스틸렌	현기증, 졸음, 두통, 구토, 복통	특정대기유해물질 오존 전구물질

※ 특정대기유해물질 : 사람의 건강·재산이나 동·식물의 생육에 직접 또는 간접으로 위해를 줄 우려가 있는 대기오염물질
※ 오존전구물질 : 대기 중에서 오존을 생성시킬 수 있는 물질

02 안전보건표지

1 금지표지

2 경고표지

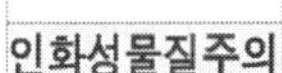

3 안내표지

4 소방표지

03 도장 작업 시 사용되는 안전보호구 종류

■1 방진복

도장 작업 시 분진의 발생을 줄이고 도료가 신체에 직접 접촉하는 것을 방지한다.

■2 마스크

① **방진마스크** : 연마나 광택 작업 시 분진을 막아준다.

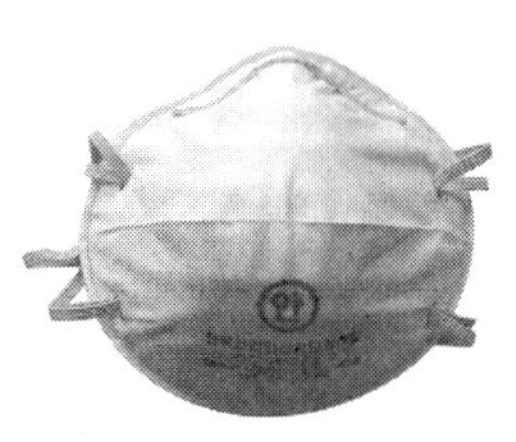
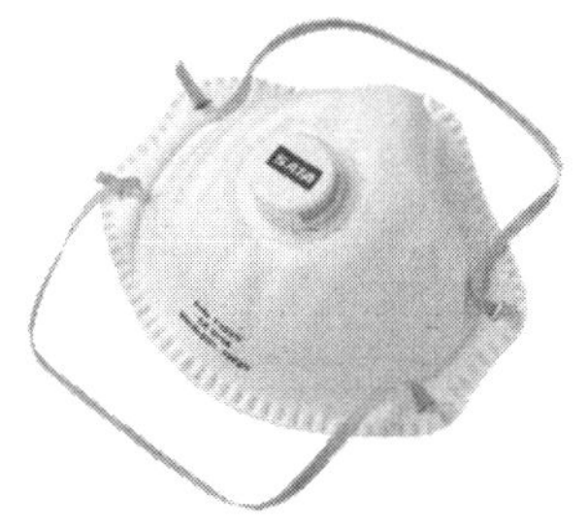

② **도장용 유기용제 마스크** : 유기용제 냄새 및 악취 발생 분진을 막아준다.

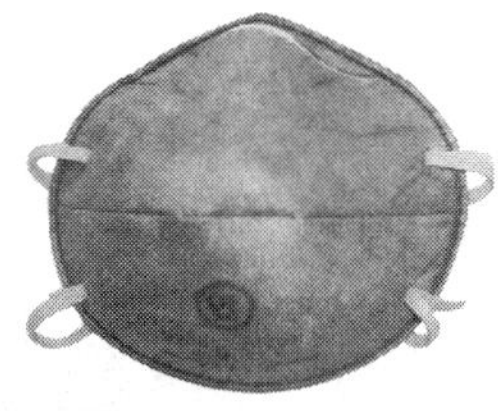
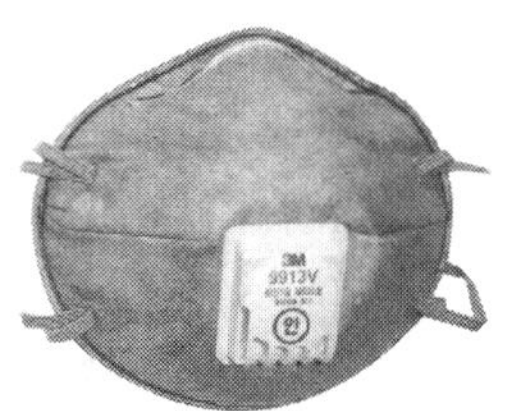

③ **방진, 방독마스크**

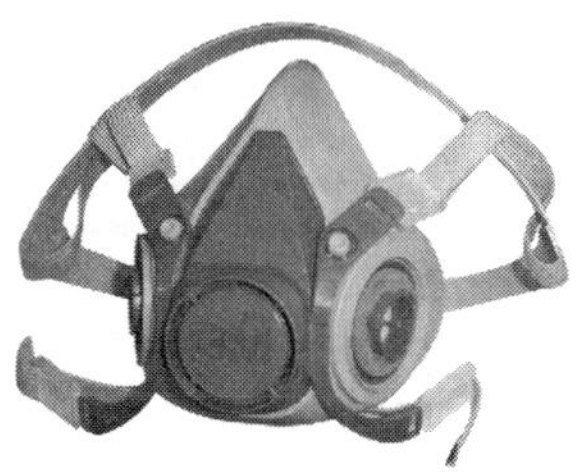
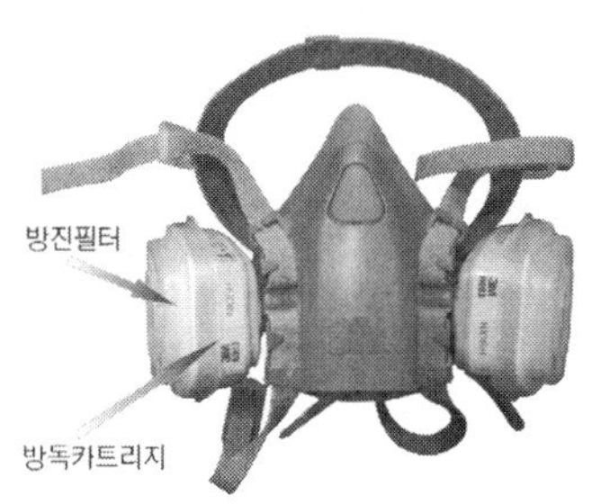

④ 공기 급기식 마스크

3 기타

① **내용제 장갑** : 동물성지방, 유기용제 등에 우수한 내화학성이 있으며 작업 시 손을 보호하기 위해서 착용한다.

② **도장장갑** : 일회용으로 잘 찢어지지 않으며 시너와 잠깐 동안의 접촉도 가능하며 손이 직접적으로 유기용제에 접촉되는 것을 막아준다.

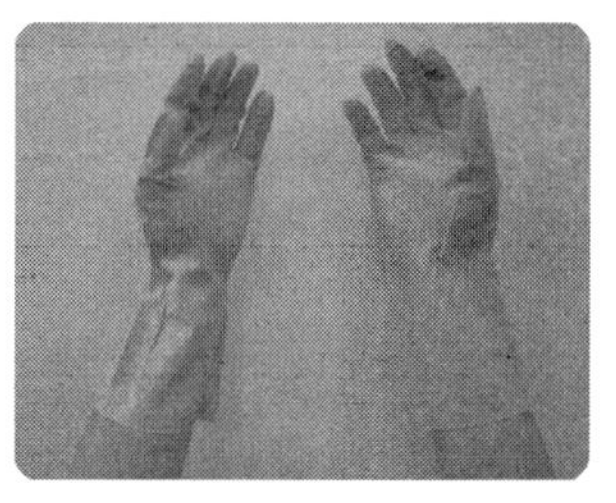

내용제 장갑

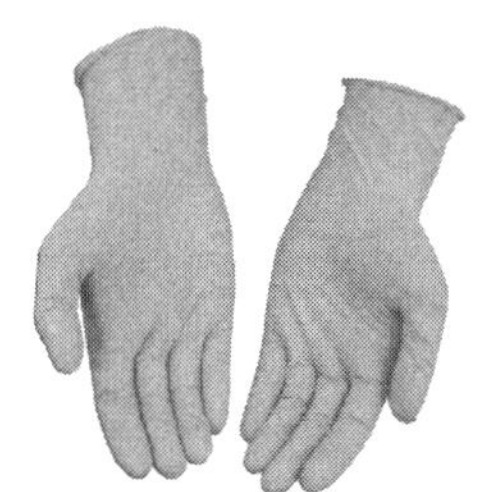

도장 장갑

③ **보안경** : 작업 중 분진이나 도료가 눈에 들어갈 위험이 있기 때문에 착용해야 한다.

④ **안전화** : 작업 중 낙화물에 대한 저항과 미끄럼 방지 기능이 있다.

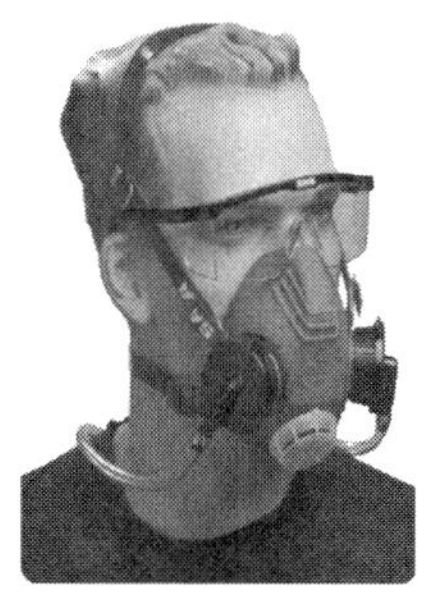

보안경

안전화

⑤ **귀마개** : 작업장의 시끄러운 소리가 잘 들리지 않도록 하여 청력
을 보호한다.

⑥ **핸드클리너** : 작업 후 손의 오염 물질을 쉽게 제거한다.

귀마개

핸드클리너

도장 결함

16

01 도장작업 전 도장 결함

1 침전(settling)

(1) 현상

수지와 안료가 분해되어 안료가 도료용기의 바닥에 가라앉아 있다.

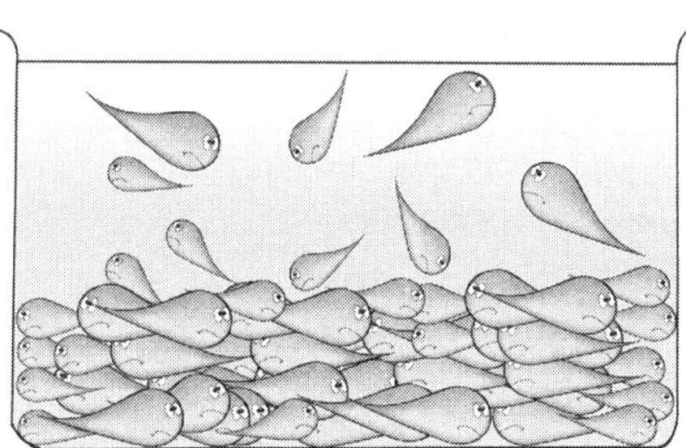

(2) 발생원인

① 희석을 많이 하였을 경우

② 저장기간이 오래 되었을 경우

③ 수지가 안료에 대한 습윤성이 적을 경우

④ 하도, 중도 도료는 안료의 비중이 커서 가라앉기 쉽다.

⑤ 상도도료 중 펄 안료도 다른 안료에 비해서 가라앉기 쉽다.

(3) 예방대책

① 장기간 보관을 피하고, 정기적으로 교반 혹은 뒤집어서 보관

② 희석제를 과잉으로 희석하지 말 것

③ 습윤성이 큰 희석제를 사용

④ 충분히 교반하여 사용할 것

2 겔화(gelling, livering)

(1) 현상

유동성이 없어지고 서서히 겔(gel)화

(2) 발생원인

① 저장기간이 오래된 도료에서 반응이 일어났을 경우
② 래커도료에 에나멜 시너를 희석하였을 경우
③ 2액형 도료에 주제와 경화제를 혼합 후 가사시간이 경과하였을 경우
④ 용제가 휘발 하였을 경우

(3) 예방대책

① 장기간 저장을 피한다.
② 도료에 적합한 지정 시너를 사용
③ 가사시간 전에 사용한다.
④ 밀봉을 확실히 하고 도료저장 창고에 보관할 것

3 피막(skinning)

(1) 현상

도료의 표면이 말라붙은 피막이 형성

(2) 발생원인

① 도료의 첨가제중 피막방지제의 부족이나 건조제가 너무 많았을 경우
② 도료 통의 뚜껑을 완전히 밀봉하지 않고 보관하였을 경우
③ 증발이 빠르고, 용해력이 약한 용제를 사용하였을 경우

(3) 예방대책

① 건조제 사용을 줄이고, 피막방지제를 사용
② 도료 통의 뚜껑을 완전히 밀봉하여 보관한다.
③ 증발이 느리고, 용해력이 강한 용제를 사용한다.

02　도장작업 중 도장결함

1　연마 자국(sand scratch)

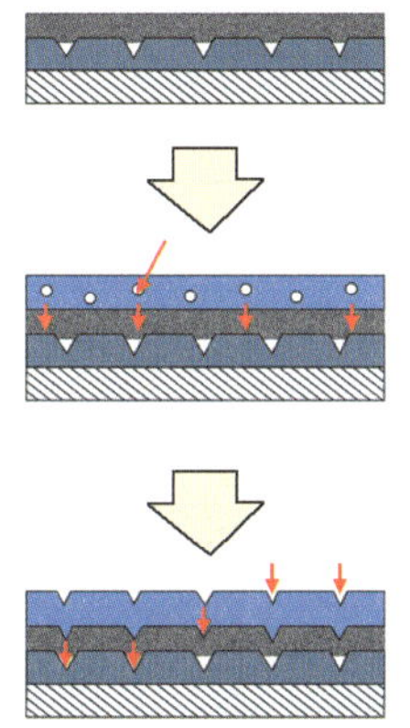

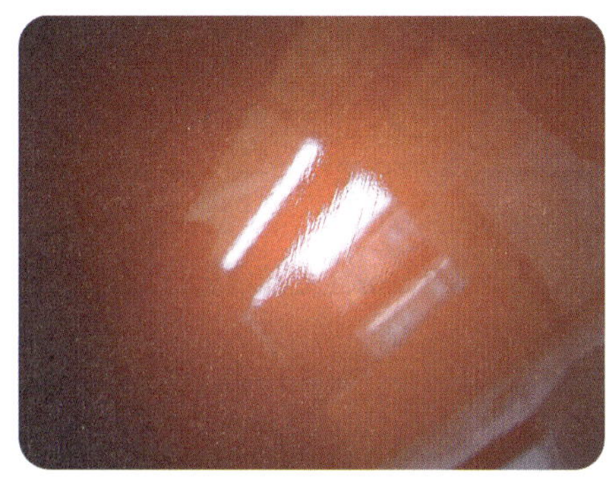

(1) 현상

　상도 도료의 용제가 도막 경계면이나 구도막의 연마자국에 침투하여 연마자국을 확장시켜 피도면에 연마자국이 나타나는 현상

(2) 발생원인

① 공정에 맞지 않는 거친 연마지 사용
② 재도장하기 전 도막이 충분하게 건조되지 않았을 경우
③ 점도가 낮은 도료를 두껍게 도장
④ 용해력이 강한 시너나 지건성 시너를 사용
⑤ 건조 도막의 두께가 너무 얇은 경우

(3) 예방대책

① 공정에 맞는 연마지 사용(굵은 것부터 고운 것 순으로 단계적으로 사용)
② 완전 건조 후 연마한다.
③ 적정 시너를 사용한다.
④ 점도 조절을 적절히 유지한다.

(4) 조치사항

① 건조 후 미세한 결함부위는 정교하게 연마한 후 광택작업

② 자국이 깊을 경우 연마한 후 재도장

2 퍼티 자국(putty mark)

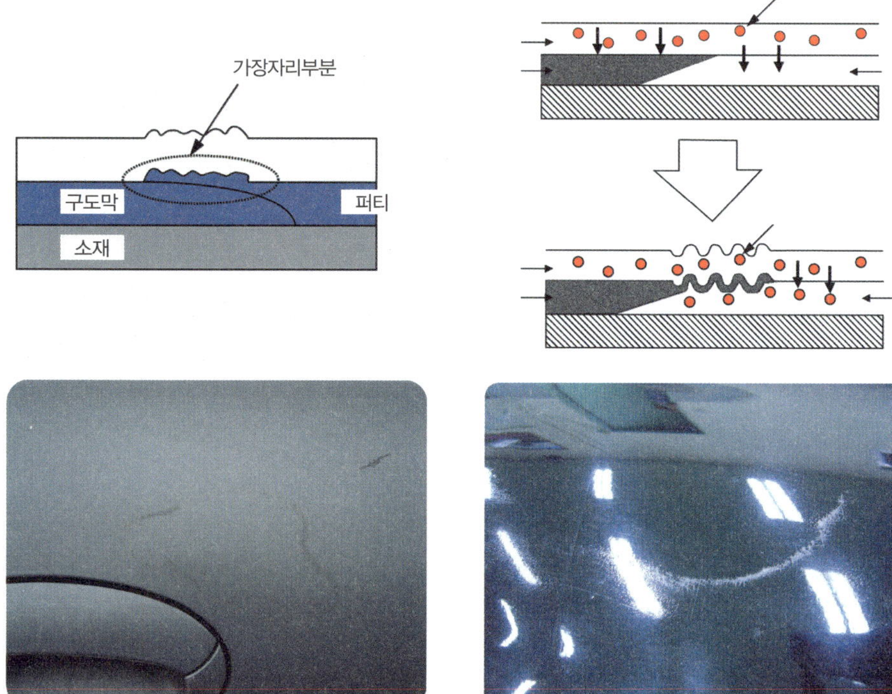

(1) 현상

퍼티 작업 부위에 주름이 지는 현상

(2) 발생원인

① 퍼티 작업 후의 불충분한 건조
② 래커 도막위에 폴리퍼티를 도포
③ 도료의 점도가 너무 낮을 경우
④ 퍼티면의 단 낮추기 및 평활성이 불충분한 경우
⑤ 1액형 프라이머 서페이서의 사용

(3) 예방대책

① 퍼티의 완전 건조

② 래커도막위에 폴리퍼티 작업을 하지 않도록 한다.

③ 도료의 점도를 적절히 유지한다.

(4) 조치사항

① 건조 후 결함부위를 연마한 후 우레탄 프라이머 서페이서로 도장

3 퍼티 기공

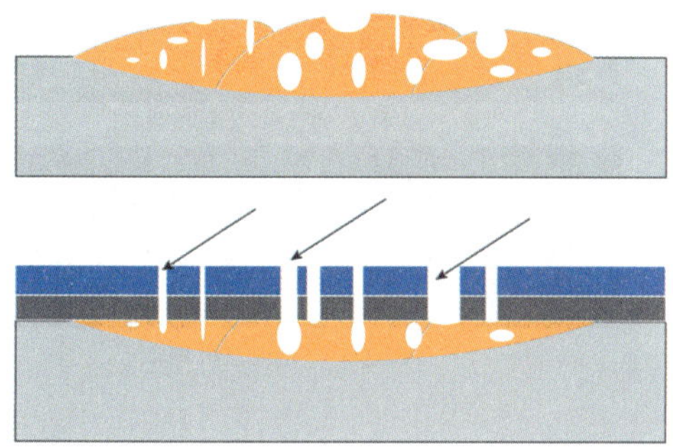

(1) 현상

퍼티 작업 부위에 작은 기공이 발생된 현상

(2) 발생원인

① 퍼티 작업에 한 번에 두껍게 퍼티를 도포하였을
경우

② 퍼티의 점도가 너무 높을 때

(3) 예방대책

① 퍼티 도포 시 얇게 여러 번 도포

(4) 조치사항

① 건조 후 기공퍼티 및 폴리퍼티를 얇게 재 도포하여 기공을 제거

■4 메탈릭 얼룩(metallic stain)

(1) 현상

메탈릭이나 펄 입자가 불균일 혹은 줄무늬 등을 형성한 상태

(2) 발생원인

① 과다한 시너량
② 스프레이건의 취급 부적당
③ 도막의 두께가 불 균일
④ 지건 시너 사용
⑤ 도장 간 플래시 오프 타임 불충분
⑥ 클리어코트 1회 도장 시 과다한 분무

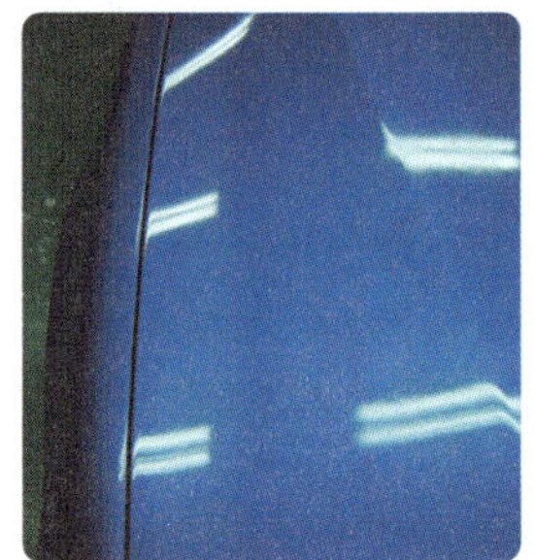

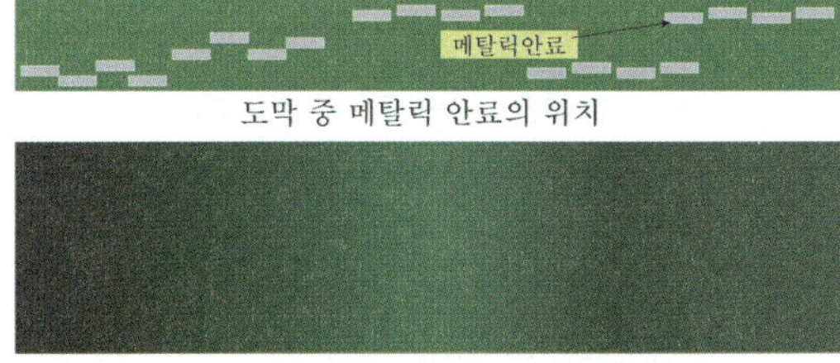

도막 중 메탈릭 안료의 위치

위에서 확인한 도막색상

(3) 예방대책

① 적당한 점도조절
② 스프레이건의 사용 시 표준작업 시행
③ 적정 시너를 사용한다.
④ 도장 간 플래시 오프 타임 준수
⑤ 클리어 1회 도장 시 얇게 도장

(4) 조치사항

① 베이스 코트 도장 시 발생한 얼룩은 충분한 플래시 오프 타임을 준 후 얼룩제거 한다.
② 건조 후에 발생한 얼룩은 완전 건조 후 재 도장

■5 먼지 고착(seeding)

(1) 현상

먼지나 이물질이 부착하여 도장면에 볼록한 부위가 생기는 것

(2) 발생원인

① 도장 시 먼지가 피도체에 부착
② 압축 공기 중에 먼지가 부착
③ 작업장의 먼지

④ 부적절한 도료 여과지 사용

⑤ 스프레이건의 세척 불충분

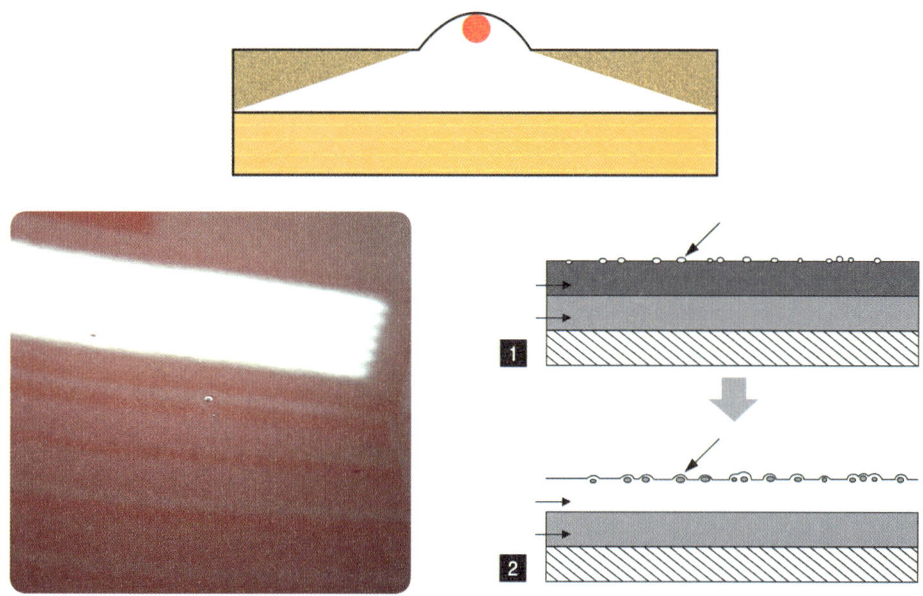

(3) 예방대책

① 피도체의 충분한 세정 작업

② 에어트렌스포머 설치

③ 작업장 청소 철저

④ 적절한 도료 여과지 사용

⑤ 스프레이건 세척 철저

(4) 조치사항

① **도장 작업 중** : 니들(먼지제거용 바늘), 뾰족한 바늘 혹은 마스킹테이프로 제거

② **도장 작업 후** : 건조 후 광택용 내수 연마지를 이용하여 제거 후 광택 작업 시행

6 크레터링(cratering)

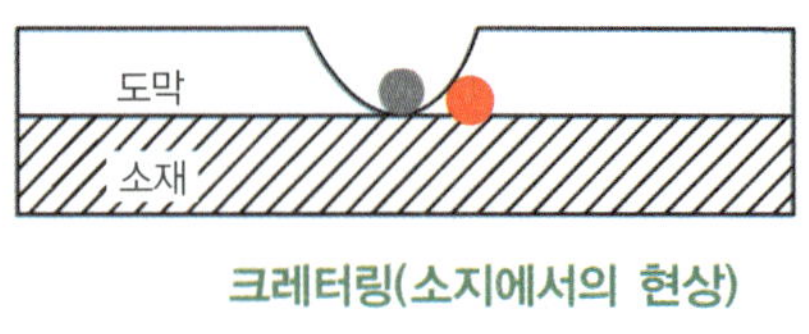

크레터링(소지에서의 현상)

피시아이(도막층 내의 현상)

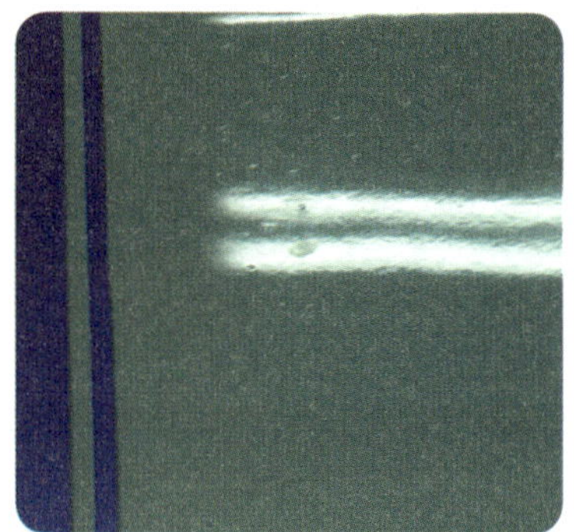

(1) 현상

도장면이 분화구 모양으로 움푹 패인 현상

(2) 발생원인

① 탈지 불충분
② 압축 공기 중에 수분이나 유분이 도료에 포함되어 분사
③ 유수분리기(에어트랜스포머)의 오염

(3) 예방대책

① 전용 탈지제를 이용하여 유분이나 실리콘성분 완전 제거
② 깨끗한 걸레의 사용
③ 공기배관에 대한 정기적인 유지보수

(4) 조치사항

① 도장 작업 중 : 불량부위에 공기압과 토출량을 낮추어 드라이(dust) 도장 후 전체 도장
② 도장 건조 후
　　㉠ 심하지 않을 경우 광택용 내수 연마지로 연마 후 광택
　　㉡ 심할 경우 서페이서 도장

7 오렌지 필(orange peel)

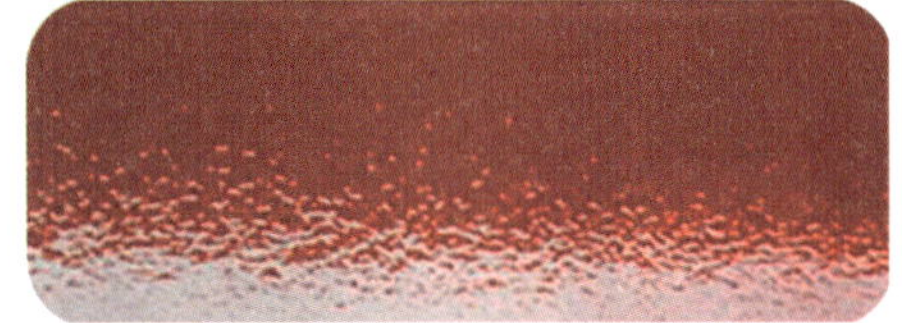

(1) 현상

스프레이 도장 후 표면에 오렌지 껍질 모양으로 요철이 생기는 현상

(2) 발생원인

① 도료의 점도가 높을 경우
② 시너의 증발이 빠를 경우
③ 도장실의 온도나 도료의 온도가 너무 높을 때
④ 스프레이건의 이동속도가 빠르거나, 공기압이 높거나, 피도체와의 거리가 멀거나, 패턴
조절이 불량할 때

(3) 예방대책

① 도료의 점도를 적절하게 맞춘다.
② 온도에 맞는 적정 시너를 사용한다.
③ 표준작업 온도에 맞추어 작업한다(온도 : 20~25℃, 습도 : 75% 이하).
④ 스프레이건의 이동속도, 공기압, 거리, 패턴을 조절하여 사용한다.

(4) 조치사항

① 건조 후 결함부위는 광택용 내수 페이퍼로 정교하게 연마한 후 광택작업
② 심할 경우 연마 후 재도장

8 흘림(sagging)

(1) 현상

한 번에 너무 두껍게 도장하여 도료가 흘러내려 도장
면이 편평하지 못한 상태

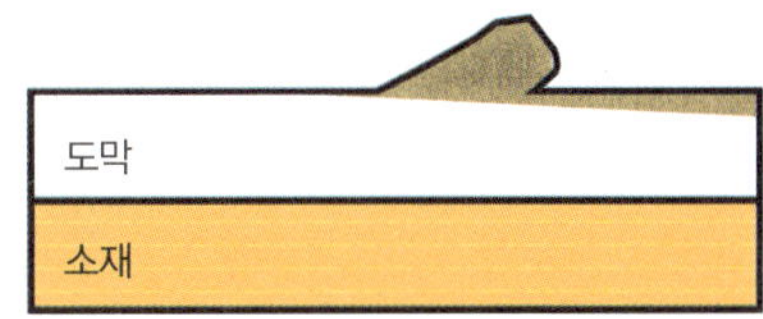

  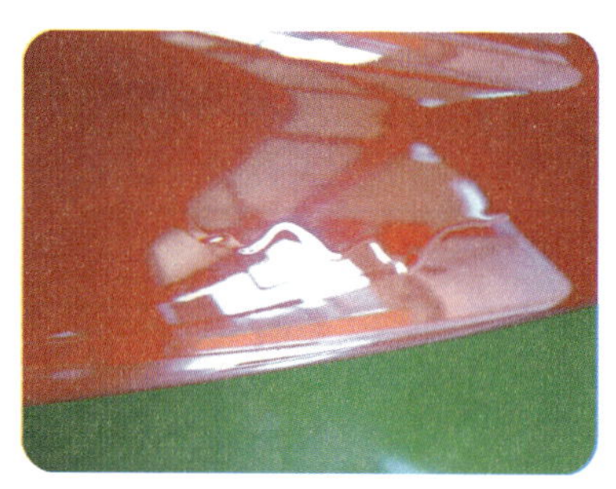

(2) 발생원인

① 한 번에 너무 두껍게 도장하였을 경우

② 도료의 점도가 너무 낮을 경우

③ 증발속도가 늦은 지건 시너를 많이 사용하였을 경우

④ 저온 도장 후 즉시 고온에서 건조시킬 경우

⑤ 스프레이건의 운행 속도의 불량이나, 패턴 겹치기를 잘못하였을 경우

(3) 예방대책

① 여러 번에 나누어서 도장 간 플래시 오프타임을 주면서 도장한다.

② 적절한 점도의 도료의 사용

③ 적절한 시너를 사용

④ 저온에서 도장을 피하고 세팅타임을 준 후 도장한다.

⑤ 스프레이건의 사용을 규정대로 한다.

(4) 조치사항

① 건조 후 광택용 내수 페이퍼로 연마 후 광택작업

② 심하여 없어지지 않을 경우 재도장

9 백화 (blushing)

(1) 현상

도장 시 도장 주변의 열을 흡수(증발잠열)하여 피도면에 공기 중의 습기가 응축되어 안개가 낀 것처럼 하얗게 되고 광택이 없는 상태

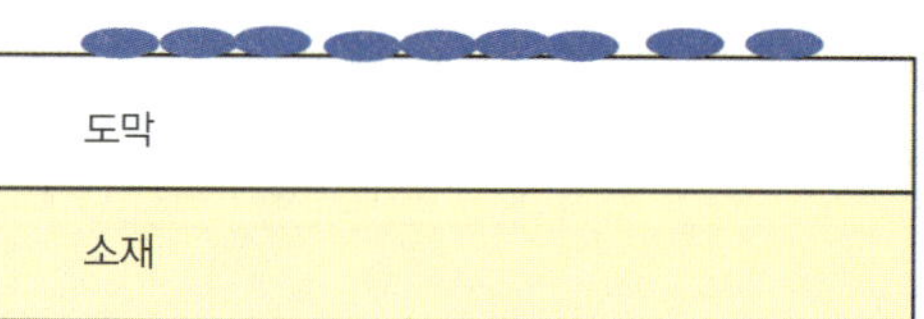

(2) 발생원인

① 도장실의 높은 습도 ② 건조가 빠른 시너를 사용 하였을 경우

③ 스프레이건의 사용 압력이 높을 경우

(3) 예방대책

① 도장실의 습도를 조절한다. ② 지건성 시너를 첨가한다.

③ 스프레이건의 압력을 낮춘다.

(4) 조치사항

① 건조 후 상태가 약할 경우 광택작업

② 심할 경우 재도장

10 번짐(bleeding)

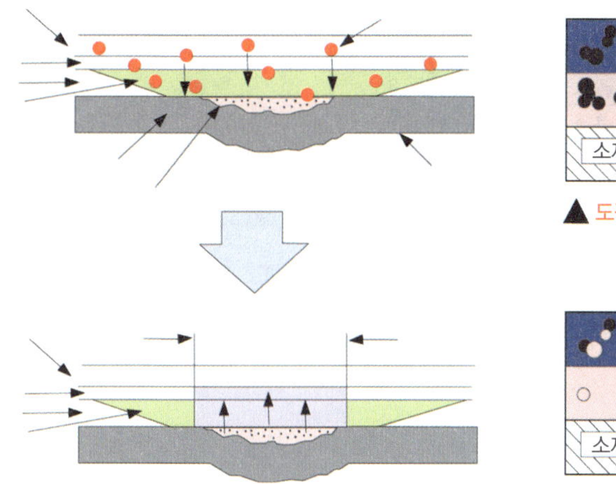

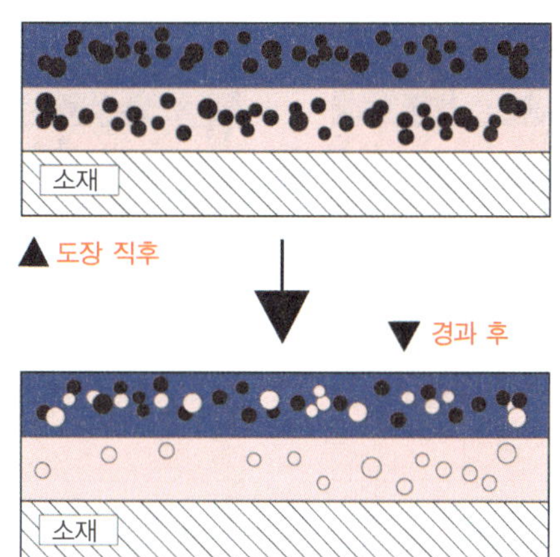

(1) 현상

용제가 구도막에 침투하여 도막의 색상이 녹아
번지며 얼룩이 지는 현상

(2) 발생원인

구도막을 도료 시너가 용해

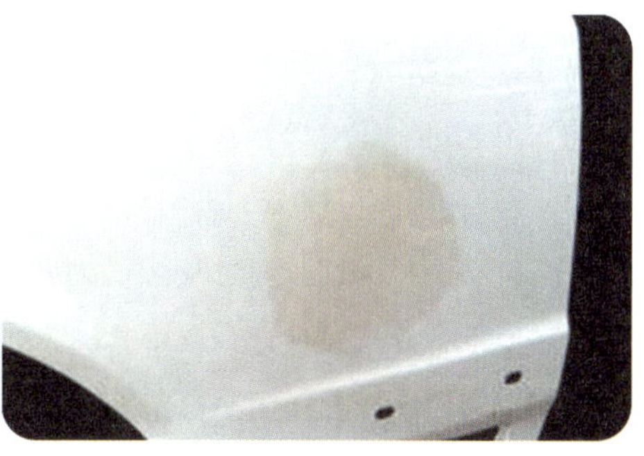

(3) 예방대책

① 2K 우레탄 프라이머 서페이서 도장

(4) 조치사항

① 건조 후 2K 우레탄 프라이머 서페이서 도장 후 상도 재도장
② 심할 경우 구도막 완전 박리 후 재도장

03 도장 작업 후 작업 불량

1 부풀음(blister)

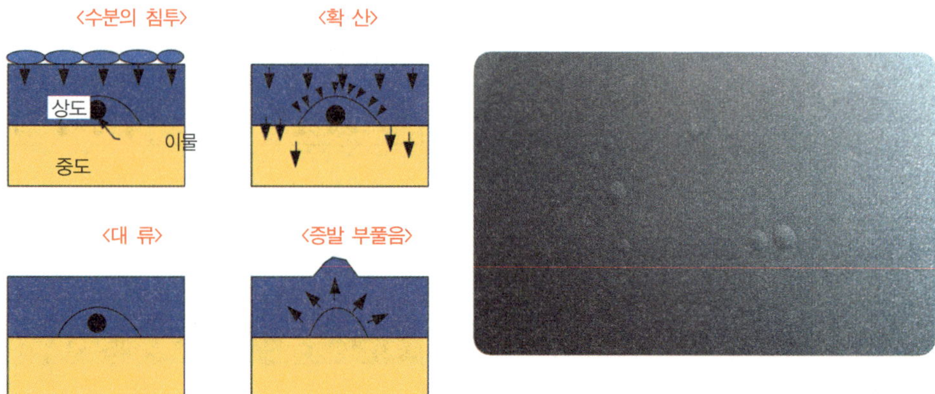

(1) 현상

피도면에 습기나 불순물의 영향으로 도막사이에 틈이 생겨 부풀어 오른 상태

(2) 발생원인

① 피도체에 수분이 흡수되어 있을 경우
② 습식연마 작업 후 습기를 완전히 제거하지 않고 도장 하였을 경우
③ 도장 전 상대 습도가 지나치게 높을 경우
④ 도장실과 외부와의 온도차에 의한 수분응축현상
⑤ 도막 표면의 핀홀이나 기공을 완전히 제거 하지 않았을 경우

(3) 예방대책

① 폴리에스테르 퍼티 적용 시 도막 면에 남아있는 수분을 완전히 제거하고 실러 코트적용

② 핀홀이나 기공 발생 부위에 눈메꿈작업 시행

③ 도장 작업 시 수시로 도장실의 상대습도를 확인

(4) 조치사항

① 결함 부위를 제거하고 재도장

2 리프팅(lifting)

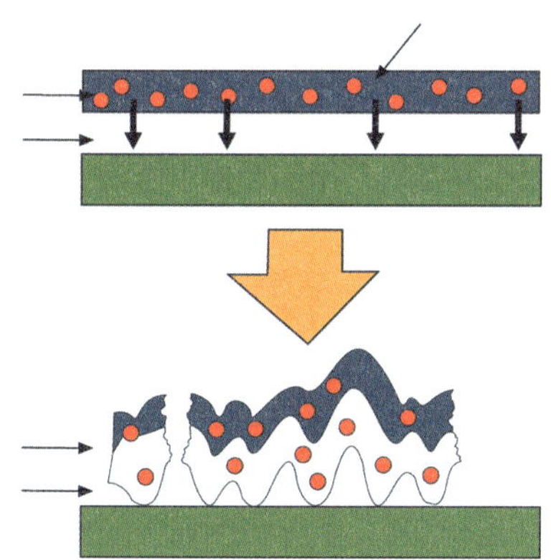

(1) 현상

상도 도료가 하도 도료를 용해하여 도막내부를 들뜨게 하여 주름지게 하는 현상

(2) 발생원인

① 상도시너가 구도막을 용해한 경우

② 우레탄 도료가 완전 경화되지 않았을 때 재보수 했을 경우

③ 에나멜 도료가 완전히 건조되지 않은 상태에서 래커도료를 도장한 경우

④ 에나멜 도료에 래커 시너를 혼합한 경우

(3) 예방대책

① 열화되어 있는 구도막을 완전히 제거 한다.

② 작업하기 전에 구도막의 상태를 정확히 파악하고 작업한다.

③ 하도 건조를 충분히 시키고 후속 도장으로 넘어간다.

(4) 조치사항

① 구도막을 제거하고 재 도장한다.

3 핀홀(pin hole)

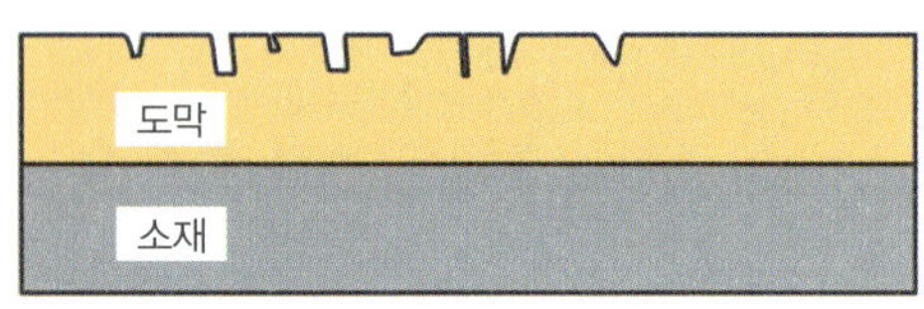

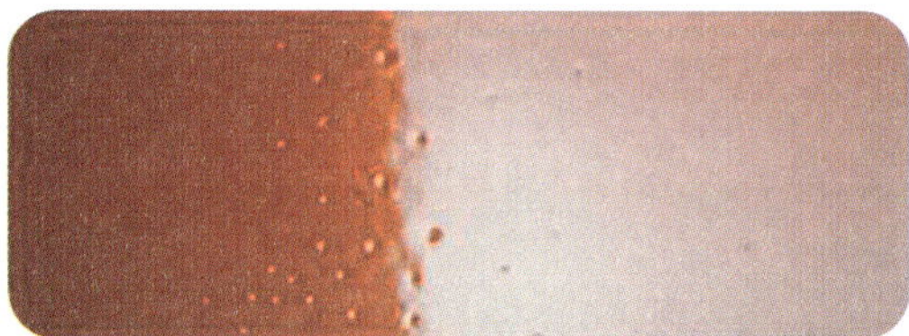

(1) 현상

도장 건조 후에 도막에 바늘로 찌른 듯한 조그마한 구멍이 생긴 상태

(2) 발생원인

① 도장 후 세팅타임을 주지 않고 급격히 온도를 올린 경우
② 증발 속도가 빠른 시너를 사용하였을 경우
③ 하도나 중도에 기공이 잔재해 있을 경우
④ 점도가 높은 도료를 두껍게 도장 하였을 경우

(3) 예방대책

① 도장 후 세팅타임을 충분히 준다.
② 적절한 시너 사용을 한다.
③ 도장 전 하도, 중도 기공의 유무를 확인하고, 발견 시 수정하고 후속 도장을 한다.
④ 도료에 적합한 점도를 유지하여 스프레이 한다.

(4) 조치사항

① 심하지 않을 경우 완전 건조 후 2K 프라이머 서페이서로 도장 후 후속도장 한다.
② 심할 경우 퍼티공정부터 다시 한 후 재도장한다.

4 박리현상(peeling)

(1) 현상

층간 부착력의 부족으로 도장 피막이 벗겨지는 것

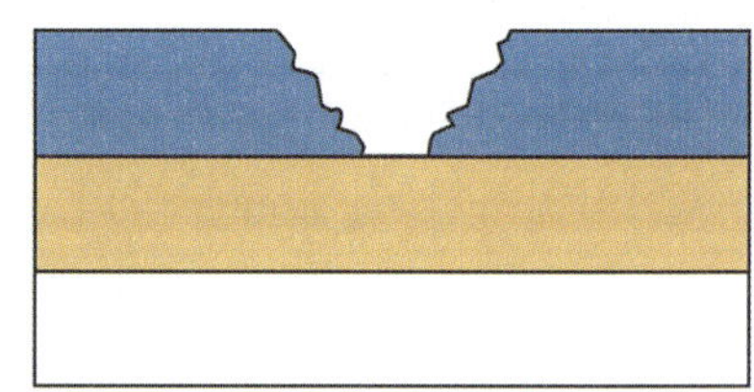

(2) 발생원인

① 소지 전 전처리 상태가 양호하지 않았을 경우

② 부적합한 폴리퍼티를 사용하였을 경우

③ 건조 시 건조 작업을 정확히 하지 않았을 경우

(3) 예방대책

① 소지면 탈지를 완벽하게 한다.

② 아연도금 강판의 경우 적절한 퍼티를 사용한다.

③ 건조사항 준수를 해야 함

(4) 조치사항

① 결함 발생 부위 연마 후 재도장

5 광택저하(fading)

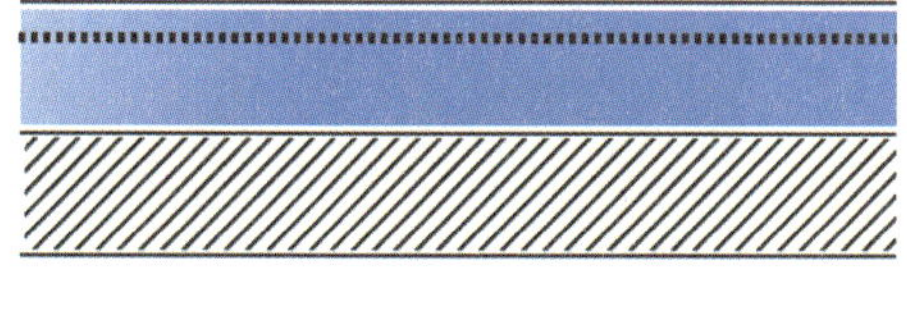 

(1) 현상

도료 자체의 광택이 나질 않는 현상

(2) 발생원인

① 하도의 완전한 건조가 이루어지지 않은 상태에서 상도 작업을 했을 경우

② 2coat, 3coat 도료의 경우 베이스 코트의 도막 두께가 너무 두꺼울 경우

③ 완전 건조되지 않은 상도를 광택 작업한 경우

④ 오염된 경화제를 사용한 경우

(3) 예방대책

① 완전 건조 후 후속 도장을 한다.

② 베이스 코트를 적정 도막두께만큼 도장한다.

③ 완전건조 후 광택 작업 시행

④ 경화제 사용 후 경화제는 공기의 혼입이 되지 않도록 밀봉한다.

(4) 조치사항

① 심하지 않을 경우 광택작업을 한다.

② 심할 경우 가볍게 연마 후 재도장

6 균열

(1) 현상

도장면이 금이 가는 현상

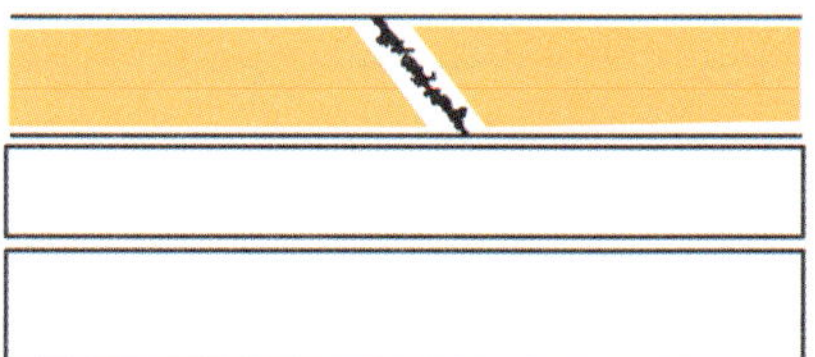

(2) 발생원인

① 도막을 너무 두껍게 도장하였을 경우

② 우레탄 도료의 경화제를 과다 사용하였을 경우

(3) 예방대책

① 도장 시 두껍게 도장하지 않도록 한다.

② 경화제 사용시 규정 비율 준수(비율자 사용)

(4) 조치사항

① 결함 부위를 제거하고 재도장

7 물자국 현상(water spoting)

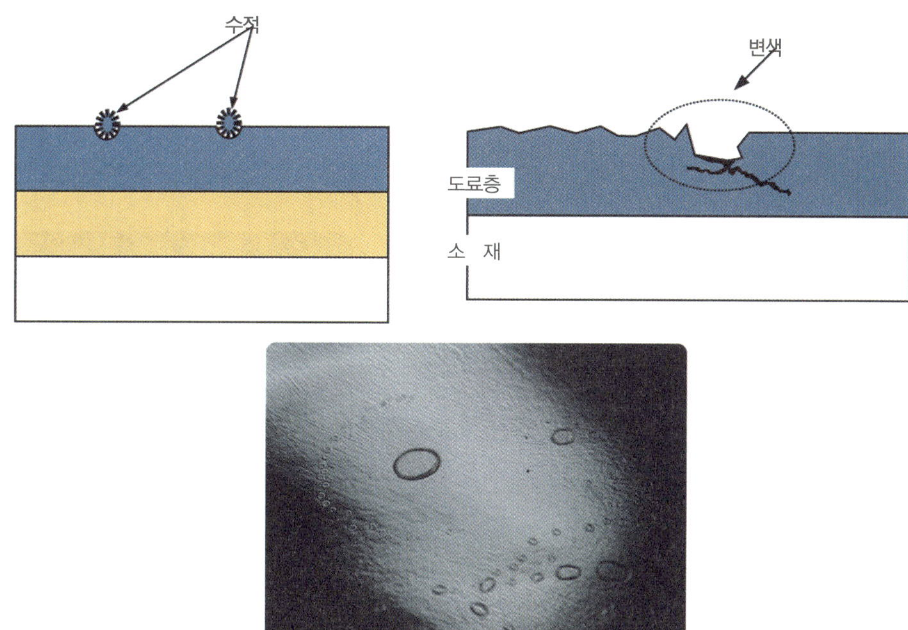

(1) 현상

도막 표면에 물방울 크기의 자국 혹은 반점이나 도막의 패임이 있는 상태

(2) 발생원인

① 불완전 건조 상태에서 습기가 많은 장소에 노출 하였을 경우
② 베이스 코트에 수분이 있는 상태에서 클리어 도장을 하였을 경우
③ 오염된 시너를 사용하였을 경우

(3) 예방대책

① 도막을 충분히 건조시키고 외부 노출시킨다.
② 베이스코트에 수분을 제거하고 후속 도장을 한다.

(4) 조치사항

① 가열 건조하여 잔존해 있는 수분을 제거하고 광택 작업을 한다.
② 심할 경우 재도장

8 크래킹(cracking)

(1) 현상

가뭄에 논바닥이 갈라지는 것처럼 갈라지는 것처럼 보임

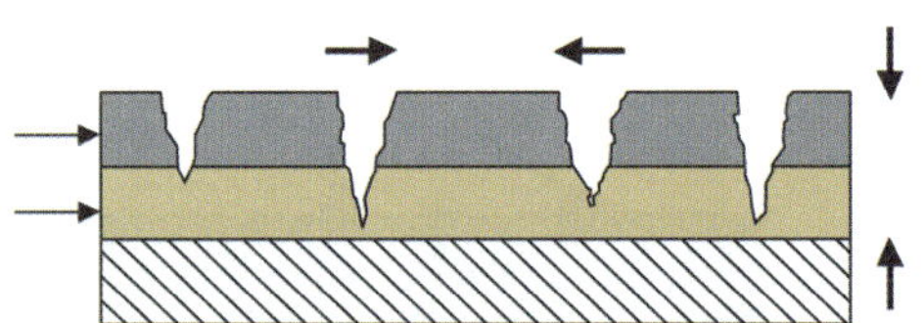

(2) 발생원인

① 도료가 충분히 혼합되지 않을 경우
② 저급의 프라이머 서페이서를 사용한 경우
③ 부적절한 첨가제 사용
④ 플래시 타임이 충분하지 않을 경우
⑤ 상도를 웨트(wet)도장 하였을 경우

(3) 예방대책

① 도료를 충분히 혼합하고 사용한다.
② 첨가제 사용을 줄인다.
③ 플래시 타임을 충분히 주고 도장한다.
④ 상도를 너무 두껍게 하지 않는다.

(4) 조치사항

박리 후 재도장한다.

9 변색(discoloration)

(1) 현상

도막이 외부로의 영향을 받아 다른 색으로 변하는 현상

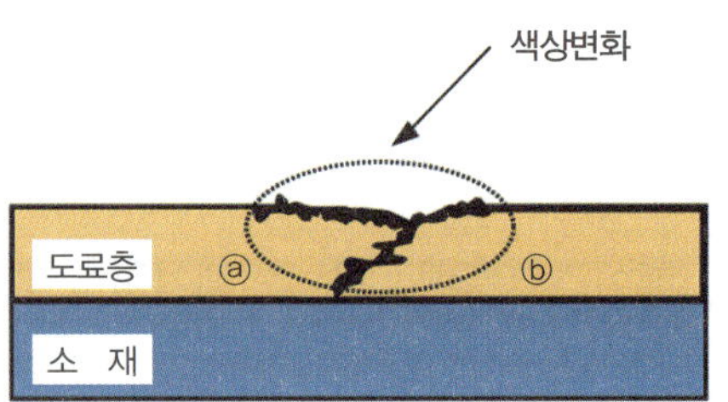

(2) 발생원인

① 안료의 내후성이 안 좋을 경우

(3) 예방대책

① 내후성이 강한 도료를 사용

(4) 조치사항

① 심하지 않을 경우 광택작업

② 심할 경우 재도장

10 녹(rusting)

(1) 현상

도막 내부에서 발청에 의한 도막 손상

(2) 발생원인

① 운행 중 외부충격으로 대기 중의 염분이
나 수분이 반응한 경우

② 표면조정 작업 불량한 경우

③ 금속면 연마를 잘못한 경우

(3) 예방대책

① 완벽한 표면조정작업 시행을 한다.

(4) 조치사항

① 결함 부위 녹 제거 후 재도장

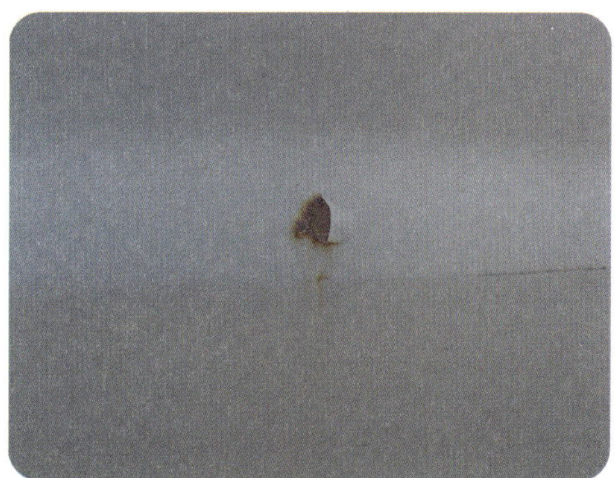

11 화학적 오염

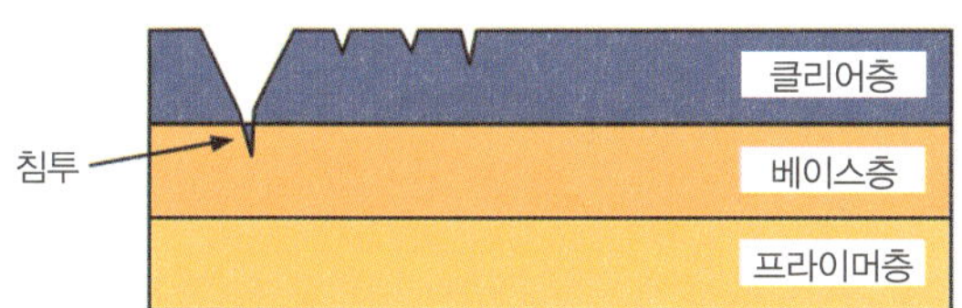

(1) 현상

도장면이 부분적으로 변색이나 탈색이 생긴 상태

(2) 발생원인

① 완전 건조되기 전 용제나 석유 화합물이 묻었을 경우

② 산업지대에 오랜 기간 방치한 경우

(3) 예방대책

① 기타 오염물이 묻을 경우 즉시 세척한다.

(4) 조치사항

① 오염물이 묻으면 즉시 세척하고 심할 경우 재도장한다.

도장에서 사용되는 픽토그램 예

	탈지		1.4~1.6mm 0.7bar at the nozzle hvlp 중력식건 0.7bar
	계량조색		3~4x 3~4회 도장
	비율자사용		1.4~1.6mm 3.5~4bar 중력식건과 스펙
	2 : 1 주제 : 경화제 = 2 : 1		1.6~1.8mm 3.5~4bar 흡상식건과 스펙
	17~20sec F/4 포트컵#4로 17~20초		적외선 건조기 사용
	가사시간 내 사용		기술자료집 참고
	20℃에 10분 건조		방독면 착용
	20℃ 12시간		

김 재 훈 〔現〕 한국폴리텍II대학(화성캠퍼스) 도장과 교수
http://cafe.naver.com/licenceautopaint.cafe

김 순 경 〔現〕 동의과학대학교 자동차과 교수

자동차 도장실무

초 판 발 행 | 2010년 2월 9일
전면개정1판발행 | 2018년 1월 15일

지 은 이 | 김재훈, 김순경
발 행 인 | 김 길 현
발 행 처 | 도서출판 골든벨
등   록 | 제 3─132호(87. 12. 11)   ⓒ 2010 Golden Bell
I S B N | 978-89-7971-868-3
가   격 | 25,000원

이 책을 만든 사람들

본문 디자인	조경미	진 행	최병석
표지 디자인	조경미	오프라인 마케팅	우병춘, 강승구
공 급 관 리	오민석, 김경아, 남윤정	

㉾ 〔0〕〔4〕〔3〕〔1〕〔6〕 서울특별시 용산구 원효로 245 (원효로1가 53-1) 골든벨 빌딩

● TEL : 영업부 02-713-4135 / 편집부 02-713-7452   ● FAX : 02-718-5510
● http : // www.gbbook.co.kr   ● E-mail : 7134135@ naver.com

이 책에서 내용의 일부 또는 도해를 다음과 같은 행위자들이 사전 승인없이 인용할 경우에는 저작권법 제93조 「손해배상청
구권」 에 적용 받습니다.
① 단순히 공부할 목적으로 부분 또는 전체를 복제하여 사용하는 학생 또는 복사업자
② 공공기관 및 사설교육기관(학원, 인정직업학교, 단체 등에서 영리를 목적으로 복제·배포하는 대표, 또는 당해 교육자
③ 디스크 복사 및 기타 정보 재생 시스템을 이용하여 사용하는 자
※ 파본은 구입하신 서점에서 교환해 드립니다.